编委会

主　编　韩雪涛

副主编　吴　瑛　韩广兴

编　委　张丽梅　张湘萍　吴鹏飞　韩雪冬

吴　玮　周文静　唐秀鸯

自学宝典系列

扫描书中的“二维码”
开启全新的微视频学习模式

电子元器件自学宝典（第2版）

数码维修工程师鉴定指导中心　组织编写
韩雪涛　主编　吴 瑛　韩广兴　副主编

全彩
全图解

電子工業出版社
Publishing House of Electronics Industry
北京·BEIJING

内容简介

本书是一本全面介绍电子元器件的种类、特点、功能、应用、检测、选用及代换的自学宝典。

本书采用全彩+全图+微视频的全新讲解方式，系统全面地介绍各类电子元器件的实用知识及应用与检测代换技能。通过本书的学习，读者可以了解并掌握不同类型电子元器件的识别方法、功能应用、检测方法和选用代换规则。本书开创了全新的微视频互动学习体验，使微视频教学与传统纸质的图文讲解互为补充。在学习过程中，读者通过扫描相关页面上的二维码，即可打开相应知识技能的微视频，配合图文讲解，轻松完成学习。

本书适合相关领域的初学者、专业技术人员、爱好者及相关专业的师生阅读。

使用手机扫描书中的“二维码”，开启全新的微视频学习模式……

图书在版编目（CIP）数据

电子元器件自学宝典 / 韩雪涛主编. --2版. -- 北京：电子工业出版社，2021.6
（自学宝典系列）
ISBN 978-7-121-41114-4
Ⅰ. ①电… Ⅱ. ①韩… Ⅲ. ①电子元件－基本知识 ②电子器件－基本知识 Ⅳ. ①TN6
中国版本图书馆CIP数据核字（2021）第077248号

责任编辑：富　军
印　　刷：中国电影出版社印刷厂
装　　订：三河市良远印务有限公司
出版发行：电子工业出版社
　　　　　北京市海淀区万寿路173信箱　邮编 100036
开　　本：787×1 092　1/16　印张：24　字数：615千字
版　　次：2020年5月第1版
　　　　　2021年6月第2版
印　　次：2021年6月第1次印刷
定　　价：98.00元

凡所购买电子工业出版社图书有缺损问题，请向购买书店调换。若书店售缺，请与本社发行部联系，联系及邮购电话：（010）88254888，88258888。

质量投诉请发邮件至zlts@phei.com.cn，盗版侵权举报请发邮件至dbqq@phei.com.cn。

本书咨询联系方式：（010）88254456。

前言

这是一本全面介绍电子元器件的种类、特点、功能、应用、检测、选用及代换的自学宝典。

本书第1版自2020年出版以来深受读者欢迎，特别适合初学者及相关专业院校培训使用。为了更加贴近实践，方便读者阅读，我们对图书内容进行了修订，增添了电子元器件的检测案例，力求内容更加准确、专业和完善。

电工电子领域的各个工种都需要相关人员掌握电子元器件的相关知识和实用技能。如何能够让读者从零开始，在短时间内快速掌握并精通电子元器件的实用技能是本书的编写初衷。

为了能够编写好本书，我们依托数码维修工程师鉴定指导中心进行了大量的市场调研和资料汇总，从电工电子相关岗位的需求出发，对电工电子领域所涉及的元器件进行系统整理，以国家相关职业资格标准为核心，结合岗位的培训特点，重组技能培训架构，制订符合现代行业技能培训特色的学习计划，全面系统地讲解元器件的识别方法、功能应用、检测方法、选用代换规则等综合技能。

明确学习目标

本书目标明确，使读者从零基础起步，以国家职业资格标准为核心，以就业岗位需求为出发点，以自学为目的，以短时间掌握电子元器件的实用知识和应用技能为目标，实现对电子元器件相关知识的全精通。

创新学习方式

本书以市场导向引领知识架构，按照电工电子岗位的从业特色和技术要点，以全新的培训理念编排内容，摒弃传统图书冗长的文字表述和不适用的理论讲解，以实用、够用为原则，依托实际的检测应用展开讲解，即通过结构图、拆分图、原理图、三维效果图、平面演示图、实操图及大量的数据，让读者轻松、直观地学习。

升级配套服务

为了方便读者学习，本书电路图中所用的电路图形符号与厂家实物标注（各厂家的标注不完全一致）一致，不进行统一处理。

本书由数码维修工程师鉴定指导中心组织编写，由全国电子行业资深专家韩广兴教授亲自指导。编写人员有行业资深工程师、高级技师和一线教师。本书无处不渗透着专业团队的经验和智慧，使读者在学习过程中如同有一群专家在身边指导，将学习和实践中需注意的重点、难点一一化解，大大提升学习效果。

值得注意的是，电子元器件的应用是电工电子领域中的一项基础技能，要想活学活用、融会贯通，须结合实际工作岗位进行循序渐进的训练。因此，为读者提供必要的技术咨询和交流是本书的另一大亮点。如果读者在工作学习过程中遇到问题，可以通过以下方式与我们交流。

数码维修工程师鉴定指导中心
联系电话：022-83718162/83715667/13114807267　　E-mail:chinadse@163.com
地址：天津市南开区榕苑路4号天发科技园8-1-401　　邮编：300384

编　者

目 录

第1章 电子元器件的检测仪表 1

1.1 万用表【1】

1.1.1 指针万用表【1】

1.1.2 数字万用表【5】

1.2 示波器【8】

1.2.1 模拟示波器【8】

1.2.2 数字示波器【10】

第2章 万用表的使用方法 15

2.1 学用指针万用表【15】

2.1.1 连接指针万用表表笔【15】

2.1.2 指针万用表的表头校正【16】

2.1.3 指针万用表的量程选择【16】

2.1.4 指针万用表的欧姆调零【18】

2.1.5 指针万用表测量结果的读取【19】

2.2 学用数字万用表【21】

2.2.1 数字万用表的表笔连接和模式设定【21】

2.2.2 数字万用表的量程选择【23】

2.2.3 数字万用表测量结果的读取【25】

2.2.4 数字万用表附加测试器的使用【26】

第3章 示波器的使用方法 27

3.1 学用模拟示波器【27】

3.1.1 模拟示波器使用前的准备【27】

3.1.2 模拟示波器的开机与调整【28】

3.2 学用数字示波器【29】

3.2.1 数字示波器使用前的准备【29】

3.2.2 数字示波器的开机与调整【30】

3.2.3 数字示波器基准信号的校正【31】

第4章 电子元器件的焊接工具 32
4.1 学用电烙铁【32】
4.1.1 电烙铁的种类特点【32】
4.1.2 电烙铁的使用规范【34】
4.2 学用热风焊机【35】
4.2.1 热风焊机的种类特点【35】
4.2.2 热风焊机的使用规范【36】

第5章 安装、焊接电子元器件 38
5.1 安装、焊接电子元器件的工艺要求【38】
5.1.1 电子元器件的安装流程【38】
5.1.2 电子元器件的焊接方式【41】
5.2 安装、焊接直插式电子元器件【43】
5.2.1 安装直插式电子元器件【43】
5.2.2 直插式电子元器件的焊接方法【48】
5.3 安装、焊接贴片式电子元器件【51】
5.3.1 手工焊接贴片式电子元器件【51】
5.3.2 自动化焊接贴片式电子元器件【52】
5.4 电子元器件焊接质量的检查【53】
5.4.1 直插式电子元器件焊接质量的检查【53】
5.4.2 贴片式电子元器件焊接质量的检查【54】

第6章 电阻器 55
6.1 电阻器的功能与分类【55】
6.1.1 电阻器的功能【55】
6.1.2 电阻器的分类【57】
6.2 电阻器的识别、选用与代换【63】
6.2.1 电阻器的识别【63】
6.2.2 普通电阻器的选用与代换【70】
6.2.3 熔断电阻器的选用与代换【71】
6.2.4 水泥电阻器的选用与代换【71】
6.2.5 热敏电阻器的选用与代换【72】
6.2.6 光敏电阻器的选用与代换【73】
6.2.7 湿敏电阻器的选用与代换【73】

6.2.8 压敏电阻器的选用与代换【74】
6.2.9 气敏电阻器的选用与代换【74】
6.2.10 可调电阻器的选用与代换【75】
6.3 电阻器的检测【75】
6.3.1 色环电阻器的检测【76】
6.3.2 热敏电阻器的检测【77】
6.3.3 光敏电阻器的检测【79】
6.3.4 湿敏电阻器的检测【81】
6.3.5 压敏电阻器的检测【82】
6.3.6 气敏电阻器的检测【84】
6.3.7 可调电阻器的检测【85】
第7章 电容器 88
7.1 电容器的功能与分类【88】
7.1.1 电容器的功能【88】
7.1.2 电容器的分类【90】
7.2 电容器的识别、选用与代换【101】
7.2.1 电容器的识别【101】
7.2.2 普通电容器的选用与代换【106】
7.2.3 电解电容器的选用与代换【107】
7.2.4 可变电容器的选用与代换【108】
7.3 电容器的检测【108】
7.3.1 普通电容器的检测【109】
7.3.2 电解电容器的检测【112】
第8章 电感器 118
8.1 电感器的功能与分类【118】
8.1.1 电感器的功能【118】
8.1.2 电感器的分类【121】
8.2 电感器的识别、选用与代换【126】
8.2.1 电感器的识别【126】
8.2.2 普通电感器的选用与代换【131】
8.2.3 可变电感器的选用与代换【132】
8.3 电感器的检测【133】
8.3.1 色环电感器的检测【133】

8.3.2 色码电感器的检测【134】
8.3.3 贴片电感器的检测【135】
8.3.4 微调电感器的检测【136】
8.3.5 电感线圈的检测【137】

第9章 二极管 139

9.1 二极管的功能与分类【139】
9.1.1 二极管的功能【139】
9.1.2 二极管的分类【146】
9.2 二极管的识别、选用与代换【152】
9.2.1 二极管的识别【152】
9.2.2 整流二极管的选用与代换【155】
9.2.3 稳压二极管的选用与代换【155】
9.2.4 检波二极管的选用与代换【158】
9.2.5 发光二极管的选用与代换【159】
9.2.6 变容二极管的选用与代换【160】
9.2.7 开关二极管的选用与代换【161】
9.3 二极管的检测【162】
9.3.1 二极管引脚极性的判别【162】
9.3.2 二极管制作材料的判别【163】
9.3.3 整流二极管的检测【164】
9.3.4 稳压二极管的检测【166】
9.3.5 发光二极管的检测【166】
9.3.6 光敏二极管的检测【169】
9.3.7 检波二极管的检测【170】
9.3.8 双向触发二极管的检测【171】

第10章 三极管 173

10.1 三极管的功能与分类【173】
10.1.1 三极管的功能【173】
10.1.2 三极管的分类【178】
10.2 三极管的识别、选用与代换【183】
10.2.1 三极管的识别【183】
10.2.2 三极管的选用与代换【187】
10.3 三极管的检测【191】
10.3.1 NPN型三极管引脚极性的判别【191】

10.3.2 PNP型三极管引脚极性的判别【193】
10.3.3 NPN型三极管好坏的检测【195】
10.3.4 PNP型三极管好坏的检测【197】
10.3.5 三极管放大倍数的检测【198】
10.3.6 三极管特性曲线的检测【201】
10.3.7 光敏三极管的检测【204】
10.3.8 交流小信号放大器输出波形的检测【206】
10.3.9 交流小信号放大器三极管性能的检测【207】
10.3.10 三极管直流电压放大器的检测【208】
10.3.11 三极管驱动电路的检测【209】
10.3.12 三极管光控照明电路的检测【210】

第11章 场效应晶体管 212

11.1 场效应晶体管的功能与分类【212】
11.1.1 场效应晶体管的功能【212】
11.1.2 场效应晶体管的分类【214】
11.2 场效应晶体管的识别、选用与代换【218】
11.2.1 场效应晶体管的识别【218】
11.2.2 场效应晶体管的选用【221】
11.2.3 场效应晶体管的代换【223】
11.3 场效应晶体管的检测【226】
11.3.1 结型场效应晶体管的检测【226】
11.3.2 绝缘栅型场效应晶体管的检测【228】
11.3.3 场效应晶体管驱动放大特性的检测【228】
11.3.4 场效应晶体管工作状态的检测【229】

第12章 晶闸管 231

12.1 晶闸管的功能与分类【231】
12.1.1 晶闸管的功能【231】
12.1.2 晶闸管的分类【232】
12.2 晶闸管的识别、选用与代换【238】
12.2.1 晶闸管的识别【238】
12.2.2 晶闸管的选用与代换【241】
12.3 晶闸管的检测【243】
12.3.1 单向晶闸管引脚极性的判别【243】

12.3.2 单向晶闸管触发能力的检测【244】
12.3.3 双向晶闸管触发能力的检测【247】
12.3.4 双向晶闸管正、反向导通特性的检测【249】

第13章 变压器 250
13.1 变压器的功能与分类【250】
13.1.1 变压器的功能【250】
13.1.2 变压器的分类【252】
13.2 变压器的识别、选用与代换【255】
13.2.1 变压器的识别【255】
13.2.2 变压器的选用与代换【257】
13.3 变压器的检测【258】
13.3.1 变压器绕组阻值的检测【258】
13.3.2 变压器输入、输出电压的检测【261】
13.3.3 变压器绕组电感量的检测【263】

第14章 集成电路 265
14.1 集成电路的功能与分类【265】
14.1.1 集成电路的功能【265】
14.1.2 集成电路的分类【266】
14.2 集成电路的识别、选用与代换【270】
14.2.1 集成电路的识别【270】
14.2.2 集成电路的选用与代换【275】
14.3 集成电路的检测【277】
14.3.1 三端稳压器的检测【277】
14.3.2 运算放大器的检测【281】
14.3.3 音频功率放大器的检测【283】
14.3.4 微处理器的检测【287】

第15章 电动机 290
15.1 电动机的功能与分类【290】
15.1.1 电动机的功能【290】
15.1.2 电动机的分类【291】
15.2 电动机的识别、选用与代换【293】

15.2.1 电动机的识别【293】
15.2.2 电动机整体的选用与代换【295】
15.2.3 电动机零部件的选用与代换【296】
15.3 电动机的检测【298】
15.3.1 小型直流电动机绕组阻值的检测【298】
15.3.2 单相交流电动机绕组阻值的检测【299】
15.3.3 三相交流电动机绕组阻值的检测【300】
15.3.4 电动机绝缘电阻的检测【301】
15.3.5 电动机空载电流的检测【302】

第16章 数码显示器与电声器件 303
16.1 数码显示器的特点与检测【303】
16.1.1 数码显示器的特点【303】
16.1.2 数码显示器的检测【304】
16.2 扬声器的特点与检测【306】
16.2.1 扬声器的特点【306】
16.2.2 扬声器的检测【307】
16.3 蜂鸣器的特点与检测【308】
16.3.1 蜂鸣器的特点【308】
16.3.2 蜂鸣器的检测【309】

第17章 光电耦合器与霍尔元件 310
17.1 光电耦合器的种类与检测【310】
17.1.1 光电耦合器的种类【310】
17.1.2 光电耦合器的检测【311】
17.2 霍尔元件的特点与检测【312】
17.2.1 霍尔元件的特点【312】
17.2.2 霍尔元件的检测【314】

第18章 电气线路中的元器件 315
18.1 典型电气线路中的元器件【315】
18.1.1 电动机控制线路中的主要元器件【315】
18.1.2 供电线路中的主要元器件【321】
18.2 电气线路中主要元器件的检测【322】
18.2.1 电气线路中按钮开关的检测【322】

18.2.2 电气线路中电磁继电器的检测【324】
18.2.3 电气线路中时间继电器的检测【325】
18.2.4 电气线路中热继电器的检测【326】
18.2.5 电气线路中接触器的检测【327】
18.2.6 电气线路中断路器的检测【328】

第19章 实用电路中的元器件 329

19.1 电源电路【329】
19.1.1 电源电路中的主要元器件【329】
19.1.2 电源电路中熔断器的检测【332】
19.1.3 电源电路中过压保护器的检测【333】
19.1.4 电源电路中桥式整流堆的检测【333】
19.1.5 电源电路中降压变压器的检测【334】
19.1.6 电源电路中稳压二极管的检测【335】
19.2 遥控电路【336】
19.2.1 遥控电路中的主要元器件【336】
19.2.2 遥控电路中遥控器的检测【337】
19.2.3 遥控电路中遥控接收器的检测【338】
19.2.4 遥控电路中指示灯的检测【338】
19.3 音频处理电路【339】
19.3.1 音频处理电路中的主要元器件【339】
19.3.2 音频处理电路中音频信号处理芯片的检测【340】
19.3.3 音频处理电路中音频功率放大器的检测【341】
19.4 控制电路【342】
19.4.1 控制电路中的主要元器件【342】
19.4.2 控制电路中微处理器的检测【344】
19.4.3 控制电路中反相器的检测【346】
19.4.4 控制电路中电压比较器的检测【346】
19.4.5 控制电路中三端稳压器的检测【347】

第20章 元器件的检测案例 348

20.1 电风扇中元器件的检测案例【348】
20.1.1 电风扇中启动电容器的检测【348】
20.1.2 电风扇中驱动电动机的检测【350】
20.1.3 电风扇中摆头电动机的检测【351】

20.2 电饭煲中元器件的检测案例【352】
20.2.1 电饭煲中继电器的检测【352】
20.2.2 电饭煲中双向晶闸管的检测【354】
20.2.3 电饭煲中操作按键的检测【355】
20.2.4 电饭煲中整流二极管的检测【357】
20.3 电磁炉中元器件的检测案例【358】
20.3.1 电磁炉中门控管的检测【358】
20.3.2 电磁炉中微处理器的检测【359】
20.3.3 电磁炉中蜂鸣器的检测【361】
20.3.4 电磁炉中热敏电阻的检测【362】
附录A 常见电子元器件的图形符号【364】
附录B 常见电气部件的图形符号【365】

第1章 电子元器件的检测仪表

1.1 万用表

1.1.1 指针万用表

图1-1为典型指针万用表的实物外形。指针万用表主要是由表盘（刻度盘）、指针、功能/量程旋钮、表头校正螺钉、零欧姆校正钮、正/负极性表笔插孔、三极管检测插孔、2500V交/直流电压检测插孔、5A电流检测插孔及红/黑表笔等组成的。

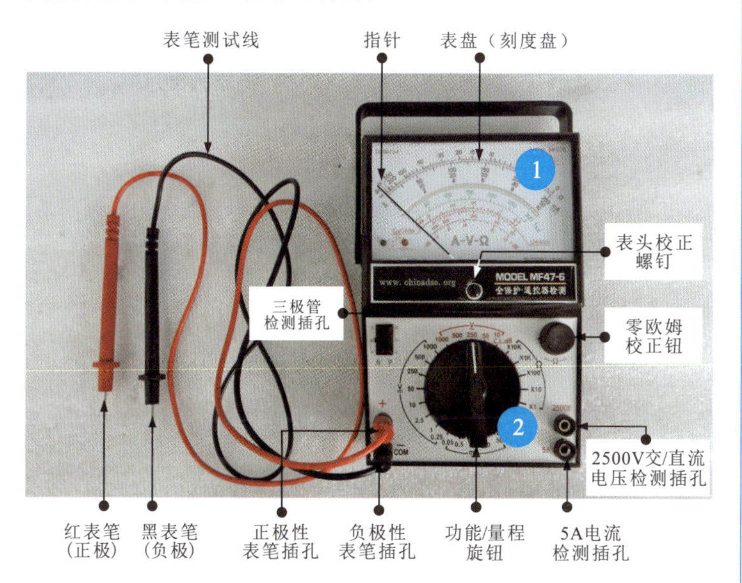

图1-1 典型指针万用表的实物外形

1 表盘（刻度盘）

表盘（刻度盘）位于指针万用表的最上方，由多条弧线构成，用于显示测量结果。由于指针万用表的功能很多，因此表盘上通常有许多刻度线和刻度值。

图1-2为典型指针万用表的表盘。

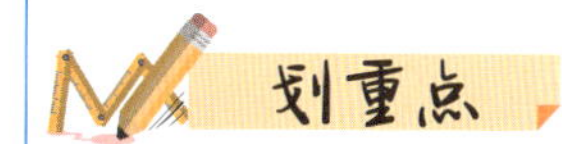

1 指针万用表用灵敏的磁电式直流电流表（微安表）作为表盘，通过指针指示的方式直接在表盘上显示测量结果。其最大特点就是能够直观地显示出电流、电压等参数的变化过程和变化方向。

2 测量时，通过表盘下面的功能/量程旋钮可调整设置不同的测量项目和挡位。

通常，在指针万用表的表盘上有6条同心弧线，每条弧线都标识有刻度。不同的弧线对应不同的测量项目。

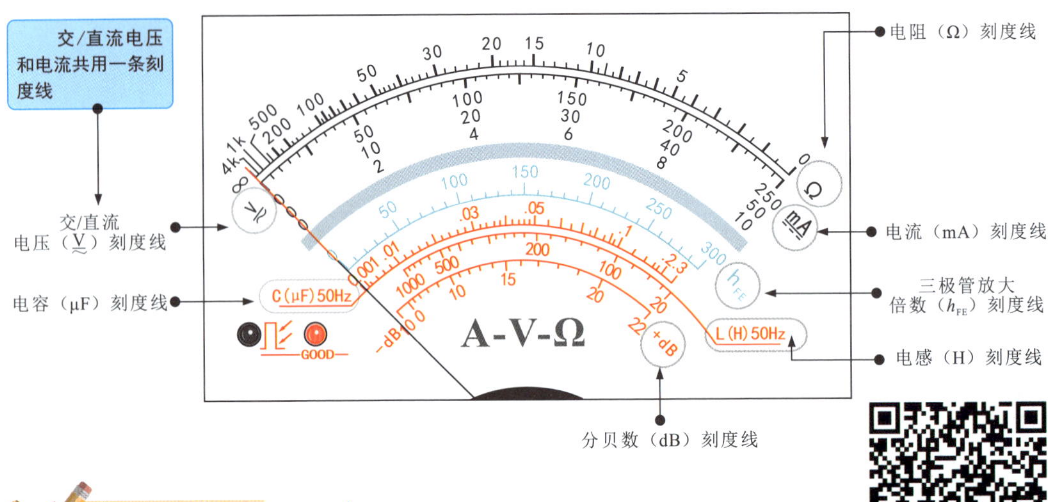

划重点

1 电阻刻度线位于表盘的最上边，右侧标识“Ω”，呈指数分布，从右到左，由疏到密，最右侧为0，最左侧为无穷大。

2 交/直流电压刻度线的左侧标识“V”，表示在测量交流电压和直流电压时所要读取的刻度，左侧为0，下方有三排刻度值与量程刻度相对应。

3 电流刻度线与交/直流电压刻度线共用一条，右侧标识“mA”，表示在测量电流时所要读取的刻度，左侧为0。

4 三极管放大倍数刻度线是表盘上的第三条线，右侧标识“h_{FE}”，左侧为0。

5 电容刻度线是表盘上的第四条线，左侧标识“C（μF）50Hz”，检测电容时，需要使用50Hz的交流信号。

6 电感刻度线是表盘上的第五条线，右侧标识“L（H）50Hz”，检测电感时，需要使用50Hz的交流信号。

7 分贝数刻度线是表盘上最下边的一条线，两侧都标识“dB”，两端的“-10”和“+22”表示量程范围，主要用来测量放大器的增益或衰减值。

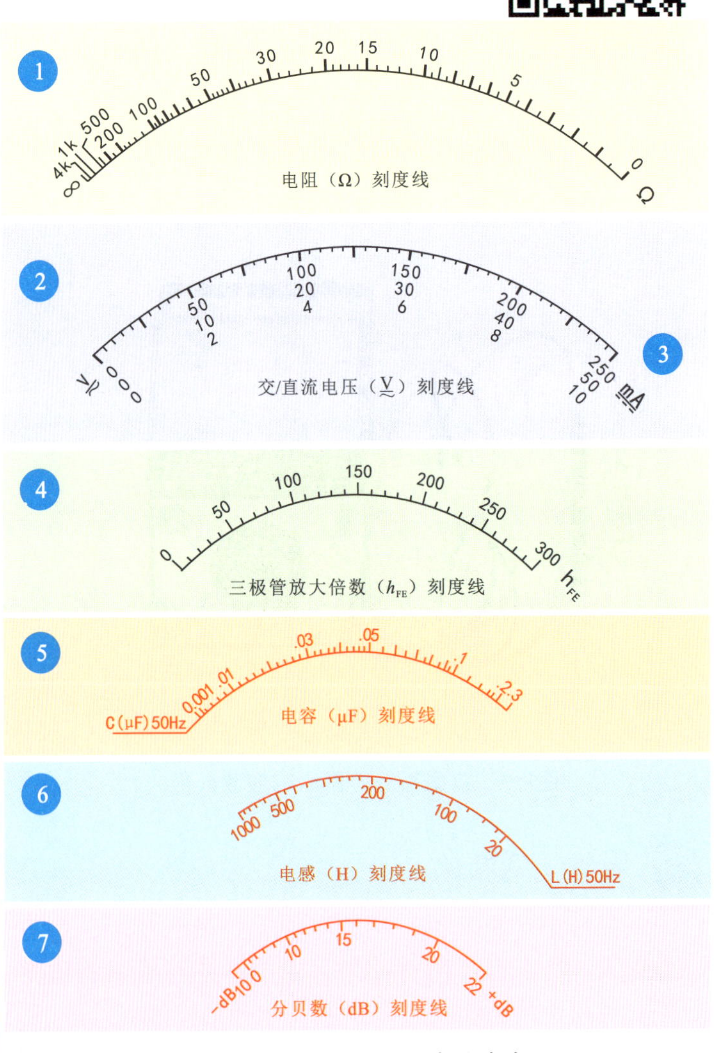

图1-2　典型指针万用表的表盘

2 功能/量程旋钮

图1-3为指针万用表的功能/量程旋钮。可以看到，功能/量程旋钮位于指针万用表的主体位置（面板），圆周标有测量功能和测量范围。

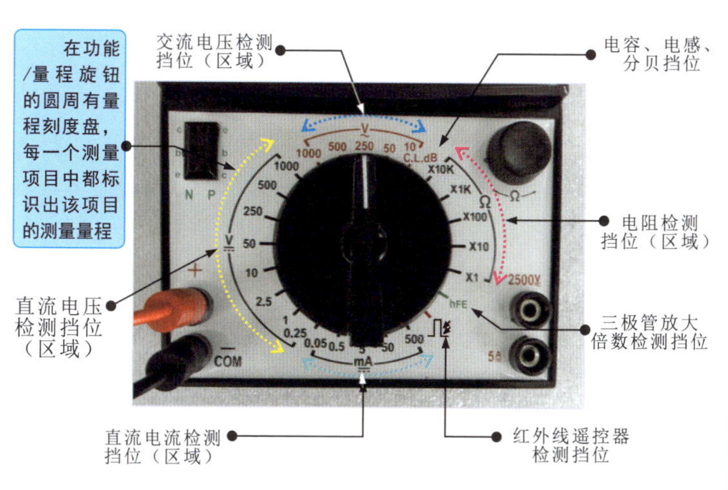

图1-3 指针万用表的功能/量程旋钮

1 交流电压检测挡位

测量交流电压时选择该挡位，根据被测量的电压值，可选择的量程为10V、50V、250V、500V、1000V。

2 电容、电感、分贝挡位

测量电容器的电容量、电感器的电感量及分贝数时选择该挡位。

3 电阻检测挡位

测量电阻值时选择该挡位，根据被测量的电阻值，可选择的量程为×1Ω、×10Ω、×100Ω、×1kΩ、×10kΩ。

4 三极管放大倍数检测挡位

测量三极管的放大倍数时选择该挡位。

5 红外线遥控器检测挡位

测量红外线遥控器时选择该挡位。

6 直流电流检测挡位

测量直流电流时选择该挡位，根据被测量的电流值，可选择的量程为0.05mA、0.5mA、5mA、50mA、500mA。

7 直流电压检测挡位

测量直流电压时选择该挡位，根据被测量的电压值，可选择的量程为0.25V、1V、2.5V、10V、50V、250V、500V、1000V。

划重点

指针万用表都具备测量电阻、交流电压、直流电压、直流电流、电容、电感等功能。

通过功能/量程旋钮即可选择不同的测量功能及相应的量程。

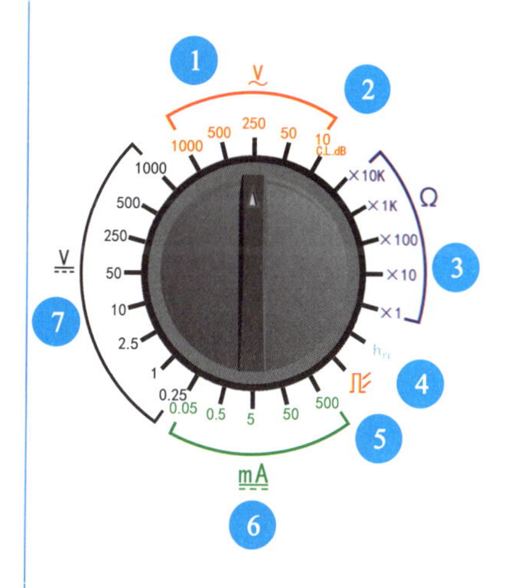

3 测量插孔和表笔插孔

图1-4为指针万用表的测量插孔和表笔插孔。通常，在指针万用表的操控面板上设有三极管测量插孔和表笔插孔。其中，三极管测量插孔专门用来测量三极管的放大倍数；表笔插孔一般有2～4个，测量时，会根据测量项目选择不同的表笔插孔。

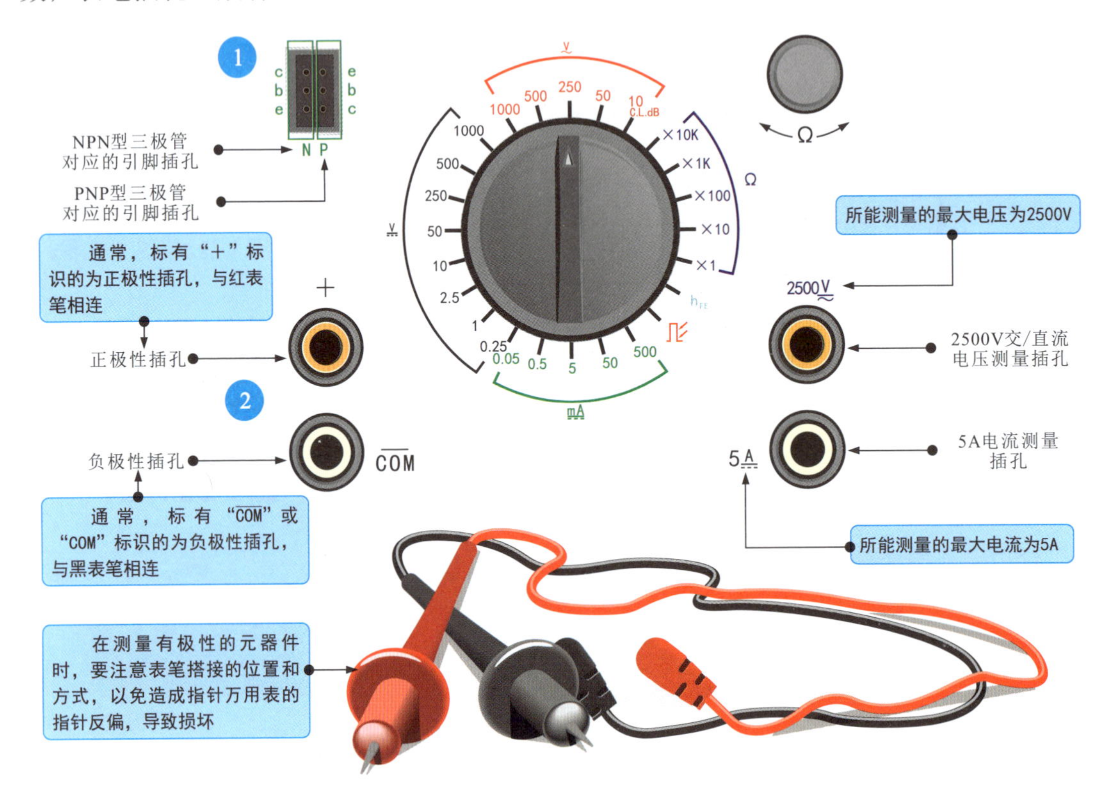

划重点

1 指针万用表的三极管测量插孔有两排，不同类型的三极管要对应插入。

2 在使用指针万用表完成不同的测量项目时，要根据测量环境和项目要求选择表笔插孔。

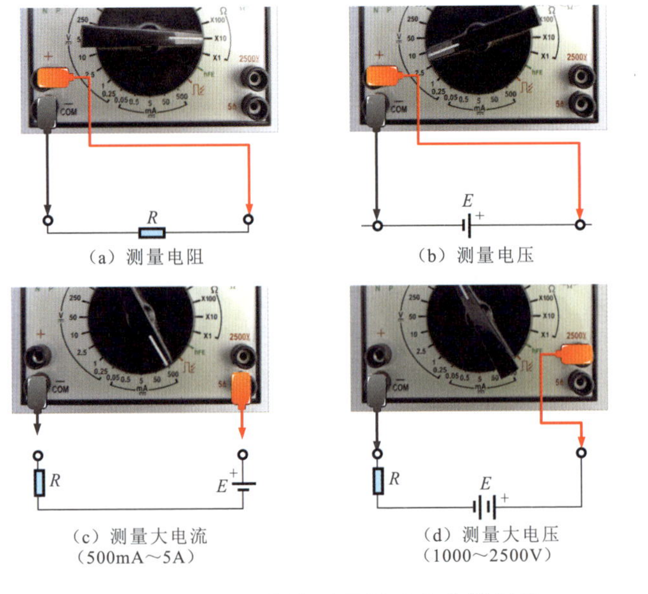

图1-4 指针万用表的测量插孔和表笔插孔

图1-5为指针万用表的内部结构，主要由表头部分、功能/量程调整旋钮及内部电路板等构成。

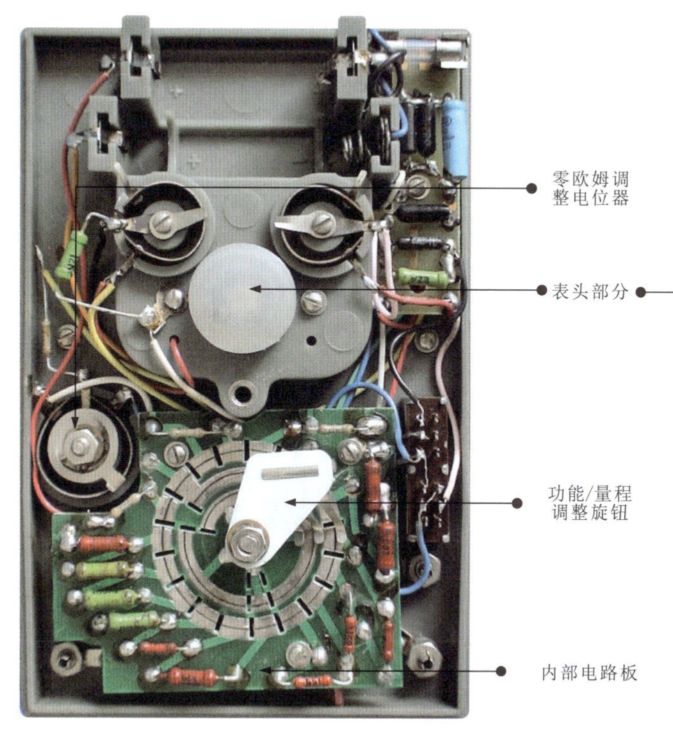

图1-5 指针万用表的内部结构

1.1.2 数字万用表

图1-6为典型数字万用表的实物外形。

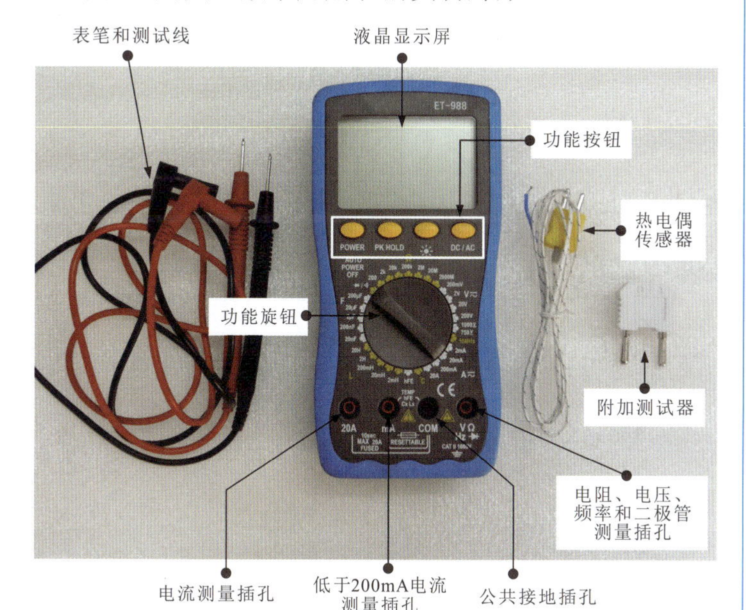

图1-6 典型数字万用表的实物外形

划重点

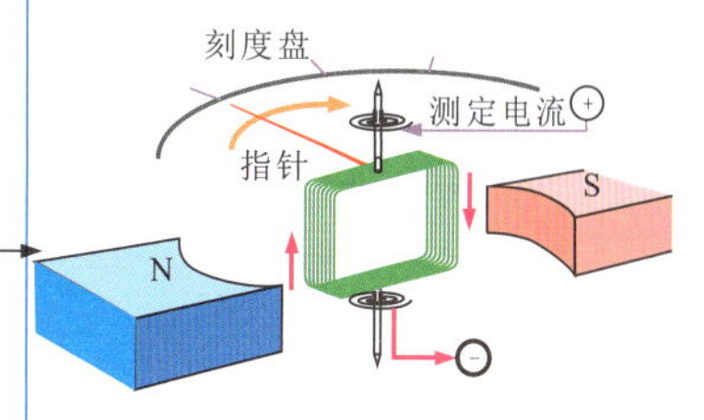

表头部分采用动圈式结构，指针与线圈相连，线圈受弹簧的支撑并置于由永磁体形成的磁场中，当线圈中有电流时，由磁场作用产生的磁场力使线圈转动（电磁感应左手定则），带动指针摆动，电流越大，指针摆动的角度越大。

数字万用表主要是由液晶显示屏、功能旋钮、功能按钮（电源按钮、峰值保持按钮、背光灯按钮、交/直流切换按钮）、表笔插孔（电流测量插孔、低于200mA电流测量插孔、公共接地插孔及电阻、电压、频率和二极管测量插孔）、表笔和测试线、附加测试器、热电偶传感器等构成的。

划重点

数字万用表的液晶显示屏是用来显示当前的测量状态和测量结果的。由于数字万用表的功能很多，因此在液晶显示屏上会有许多标识，根据不同的测量功能可显示不同的测量状态。

1 液晶显示屏

图1-7为数字万用表的液晶显示屏。

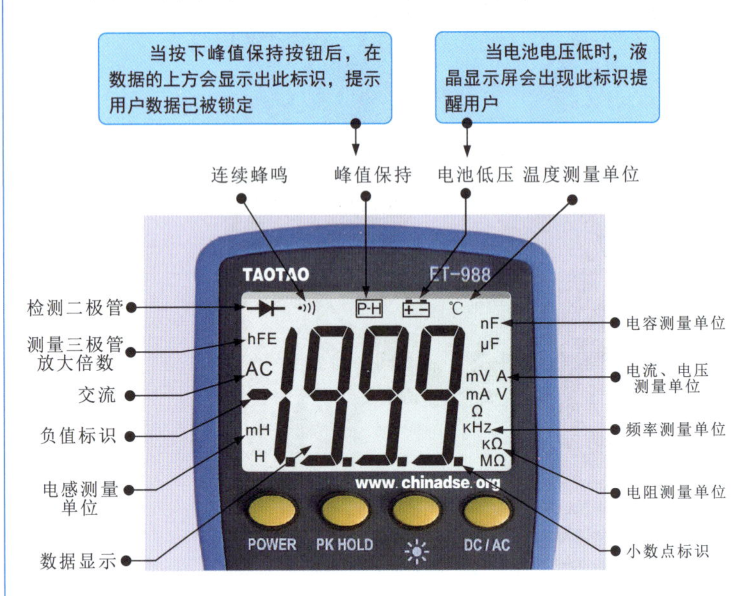

图1-7　数字万用表的液晶显示屏

2 功能旋钮

图1-8为数字万用表的功能旋钮。

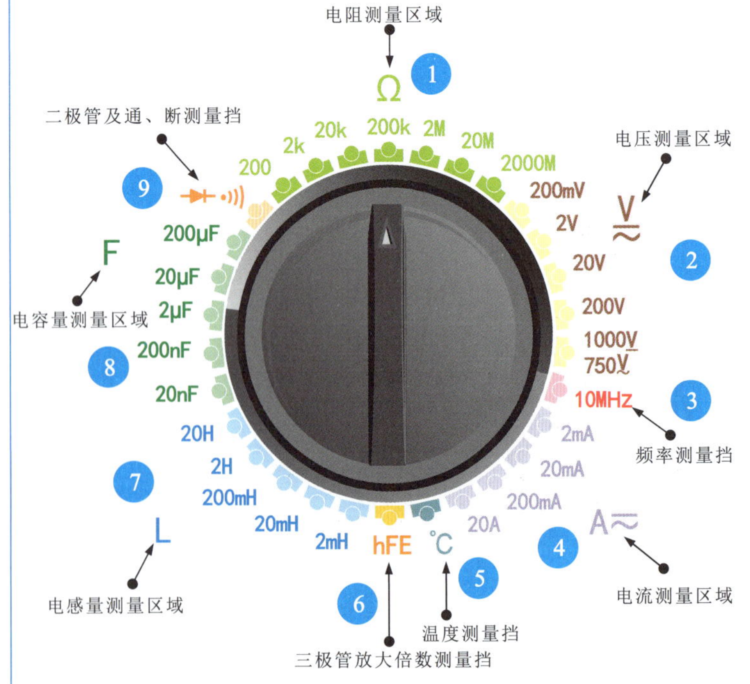

图1-8　数字万用表的功能旋钮

① 当测量电阻时选择该区域，根据被测的电阻值，可选择的量程有200Ω、2kΩ、20kΩ、200kΩ、2MΩ、20MΩ、2000MΩ。

② 当测量电压时选择该区域，根据被测电压值的不同，可选择的量程有200mV、2V、20V、200V、1000V、750V。

③ 当测量频率时选择该挡。

④ 当测量电流时选择该区域，根据被测电流值的不同，可选择的量程有2mA、20mA、200mA、20A。

⑤ 当测量温度时选择该挡。

⑥ 当测量放大倍数时选择该挡。

⑦ 当测量电感量时选择该区域。

⑧ 当测量电容量时选择该区域。

⑨ 当测量二极管的性能是否良好或通、断情况时选择该挡。

3 功能按钮

如图1-9所示，数字万用表的功能按钮位于液晶显示屏与功能旋钮之间，主要包括电源按钮、峰值保持按钮、背光灯按钮及交/直流切换按钮。

图1-9 数字万用表的功能按钮

4 附加测试器

附加测试器是数字万用表的附加配件，主要用来测量电容的电容量、电感的电感量、三极管的放大倍数等。图1-10为数字万用表的附加测试器。

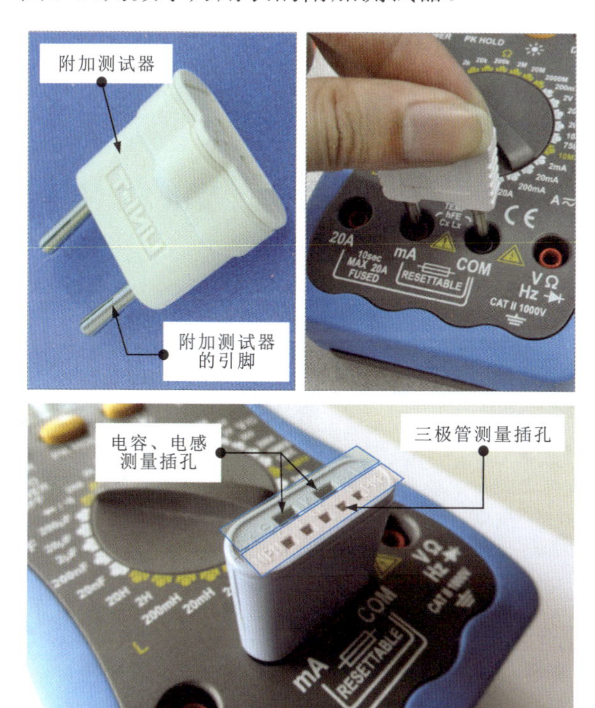

图1-10 数字万用表的附加测试器

划重点

1 用来启动或关断供电电源。很多数字万用表都具有自动断电功能，当长时间不使用时会自动切断电源。

2 用来锁定某一瞬间的测量结果，方便用户记录数据。

3 按下后，液晶显示屏点亮，5s后自动熄灭，方便用户在黑暗的环境下观察数据。

4 未按下时，测量直流电压/电流；按下后，测量交流电压/电流。

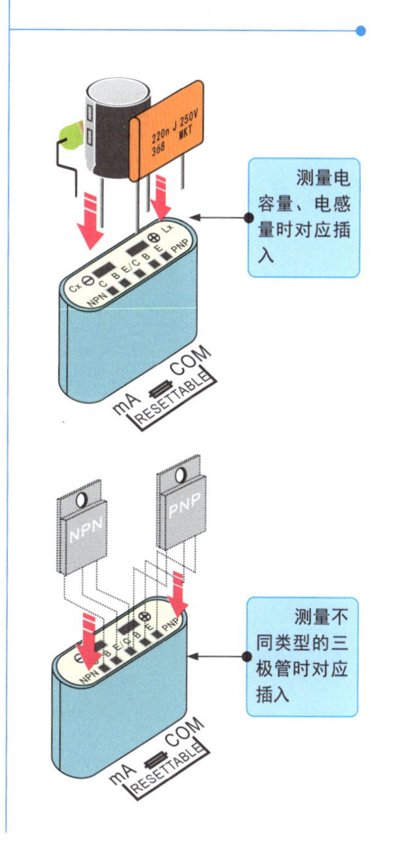

5 表笔插孔

图1-11为数字万用表的表笔插孔。通常，在数字万用表的操作面板下面有2～4个插孔，每个插孔都用文字或符号标识。

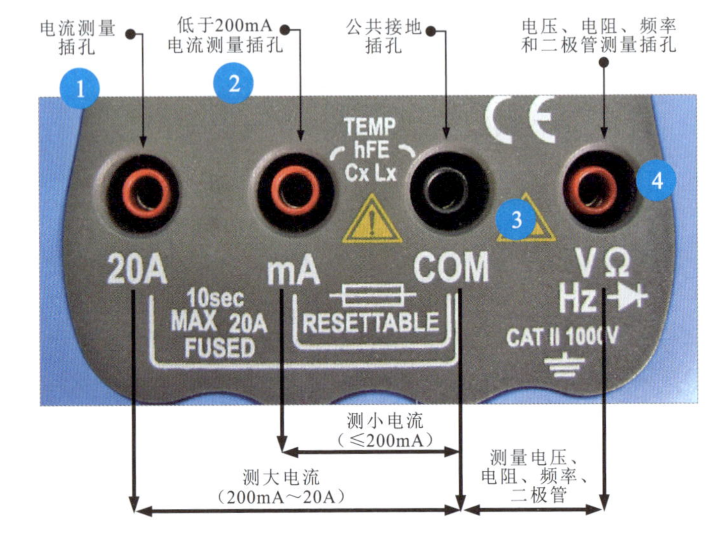

图1-11　数字万用表的表笔插孔

划重点

1. 标有“20A”的表笔插孔用于测量大电流（200mA～20A）。
2. 标有“mA”的表笔插孔为低于200mA电流测量插孔，还是附加测试器和热电偶传感器的负极输入端。
3. 标有“COM”的表笔插孔为公共接地插孔，主要用来连接黑表笔，还是附加测试器和热电偶传感器的正极输入端。
4. 标有“VΩHz ”的表笔插孔为电阻、电压、频率和二极管测量插孔，主要用来连接红表笔。

1.2 示波器

1.2.1 模拟示波器

图1-12为模拟示波器的外形结构。由图可知，模拟示波器主要由显示部分、键控区域、测试线及探头、外壳等构成。

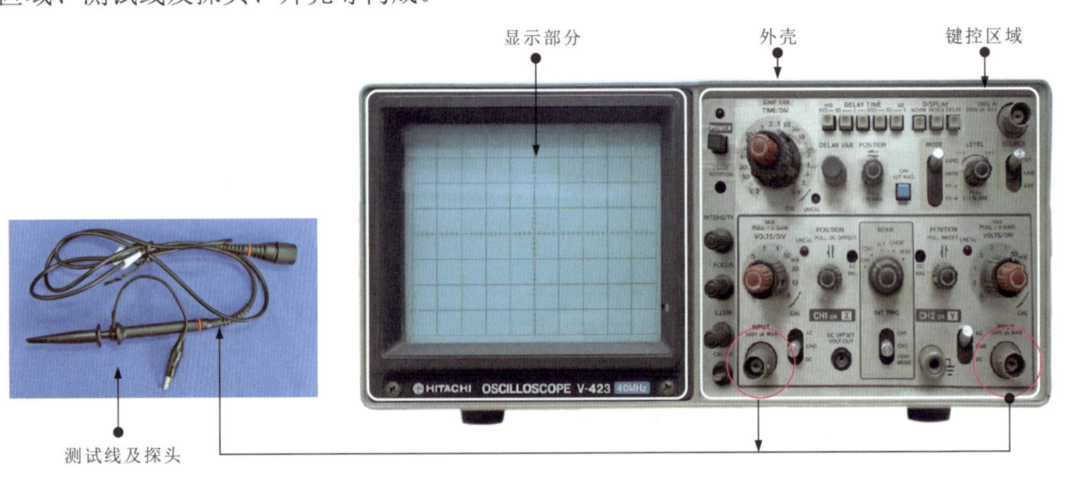

图1-12　模拟示波器的外形结构

1 显示部分

如图1-13所示，模拟示波器的显示部分主要由显示屏、CRT护罩和刻度盘组成。

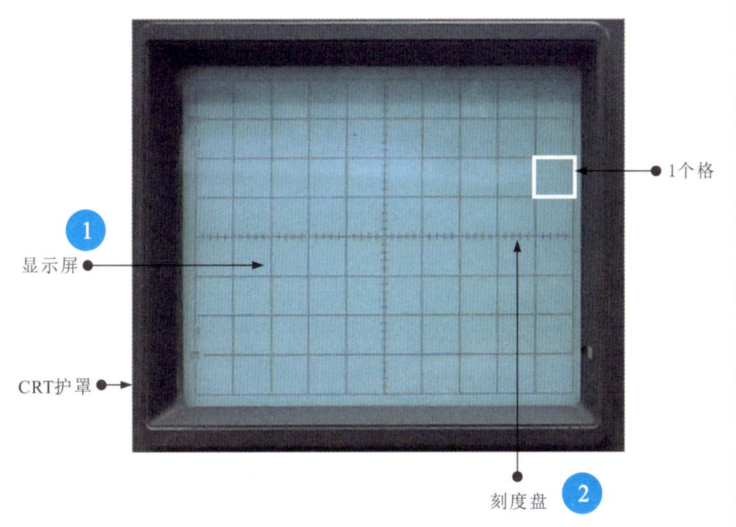

图1-13 模拟示波器的显示部分

2 键控区域

如图1-14所示，键控区域的每个旋钮、按钮、开关、连接端等都有相应的标识符号。

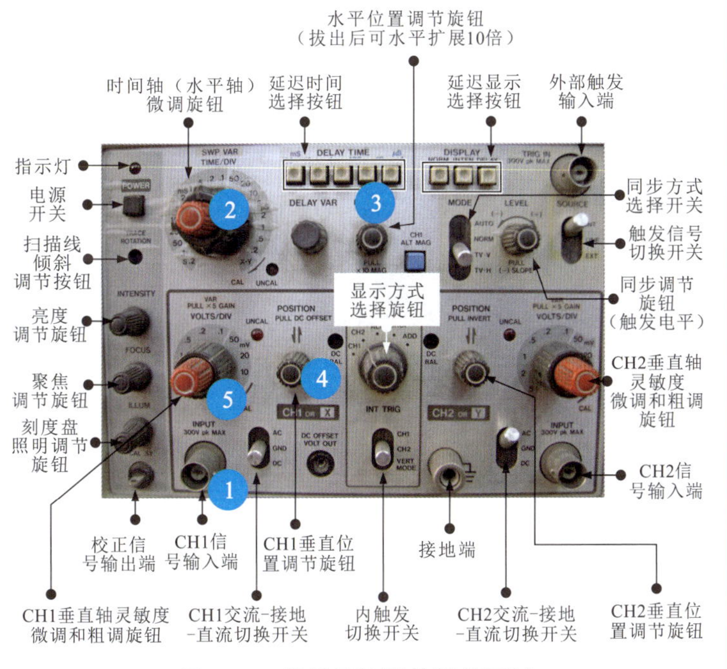

图1-14 模拟示波器的键控区域

划重点

1 显示屏是由示波管构成的。示波管是一种阴极射线管，简称CRT。CRT护罩可保护示波管的显示屏不受损伤。

2 刻度盘是度量波形周期和幅度的标尺，有8×10个格，一般垂直方向等效为电压（幅度），水平方向等效为时间（周期）。测量时，1个格常被称为1DIV。

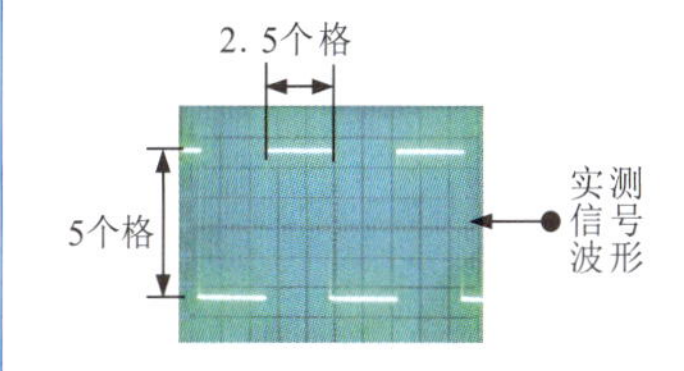

1 连接CH1测试线。

2 微调波形的时间轴比例。

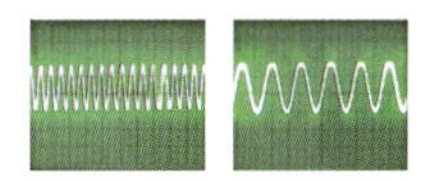

3 调节波形的水平位置。

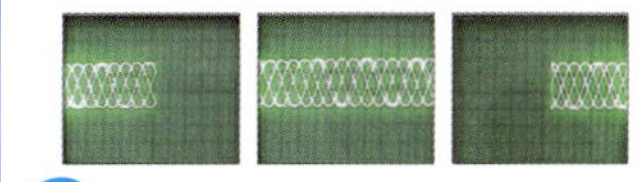

4 调节波形的垂直位置。

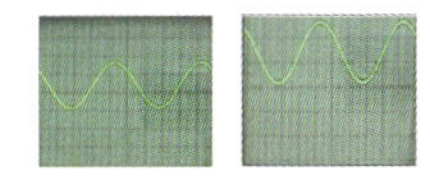

5 调节波形的垂直灵敏度。外圆环形旋钮是灵敏度粗调旋钮，内圆旋钮是灵敏度微调旋钮。

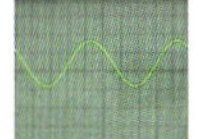

划重点

1 在×1挡时，探针的输入阻抗为1MΩ，输入电容小于等于250pF，频率范围为DC～5MHz；在×10挡时，探针的输入阻抗为10MΩ，输入电容小于等于25pF，并可在20～40pF范围内调节，衰减系数为（1/10）±2%，频率范围为DC～40MHz。

2

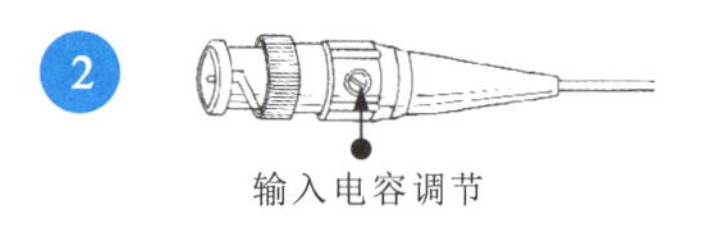

3

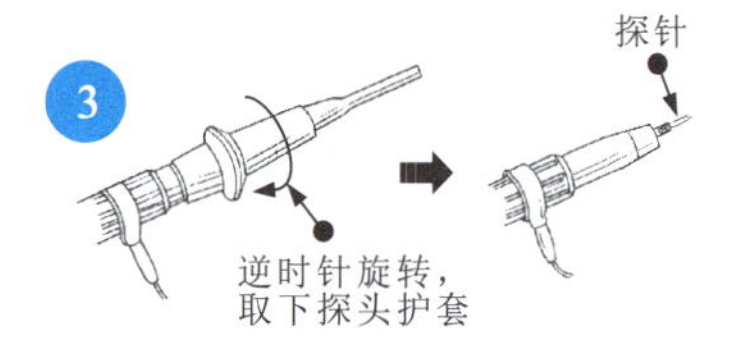

1 数字示波器的显示屏用来显示测量结果、当前的工作状态及在测量前或测量过程中的参数设置、模式选择等。

2 数字示波器的键控区域设置有多种按键和旋钮，用以调整数字示波器的系统参数、检测功能和工作状态。

3 数字示波器的探头连接区域用来连接示波器的探头。

3 测试线及探头

图1-15为模拟示波器的测试线及探头。

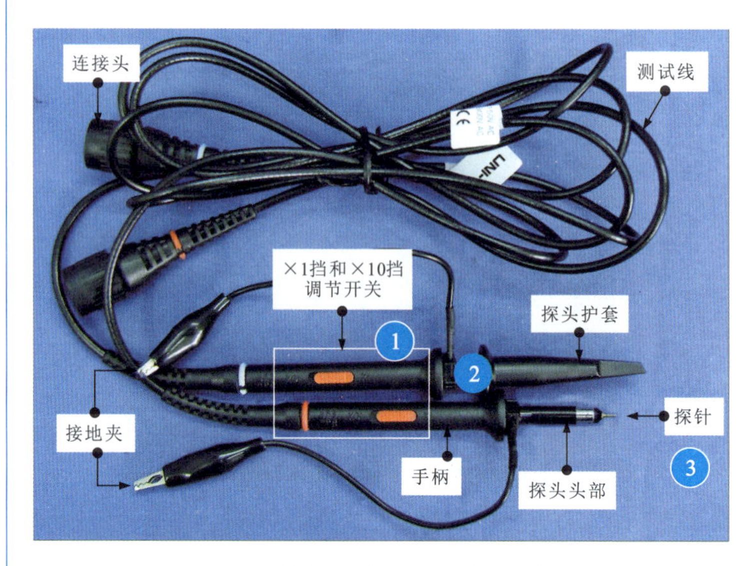

图1-15　模拟示波器的测试线及探头

1.2.2 数字示波器

图1-16为数字示波器的实物外形，主要由显示屏、键控区域、探头连接区域构成。

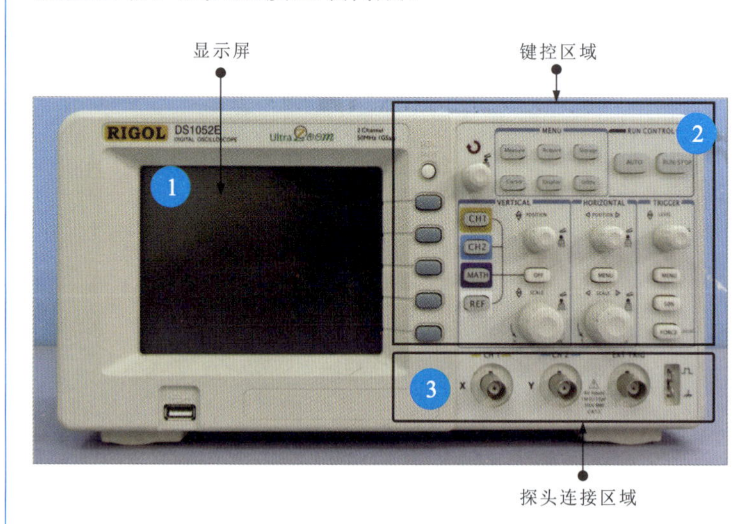

图1-16　数字示波器的实物外形

数字示波器的显示屏一般采用液晶显示屏，除了能够显示波形，还能够显示波形状态和波形参数等数据。

1 显示屏

图1-17为数字示波器的显示屏，能够直接显示波形的类型及其幅度、周期等。

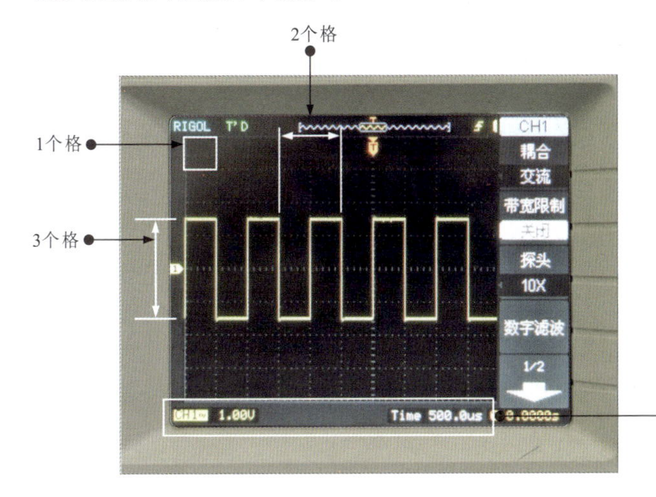

图1-17 数字示波器的显示屏

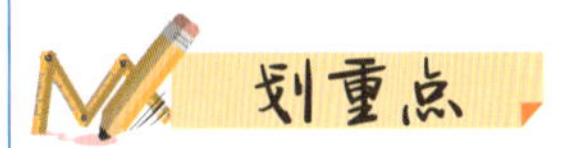

识读区在显示屏的下方，通道为CH1，幅度为1.00V/格（垂直位置），周期为500.0μs/格（水平位置）。实测波形垂直方向占3个格，幅度为1.00V×3=3V；一个完整波形在水平方向占2个格，周期为500.0μs×2=1000μs，显示屏的右侧显示波形的类型为交流。

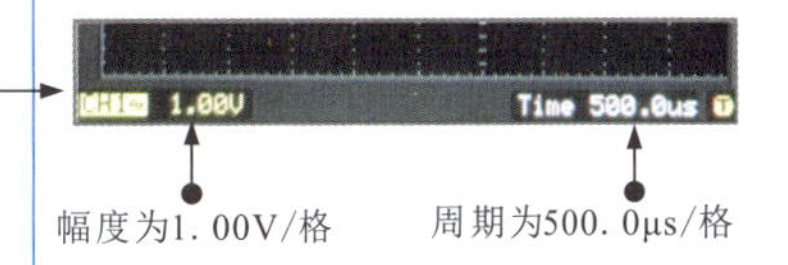

2 键控区域

如图1-18所示，键控区域设有菜单键、菜单功能区、触发控制区、水平控制区及垂直控制区。

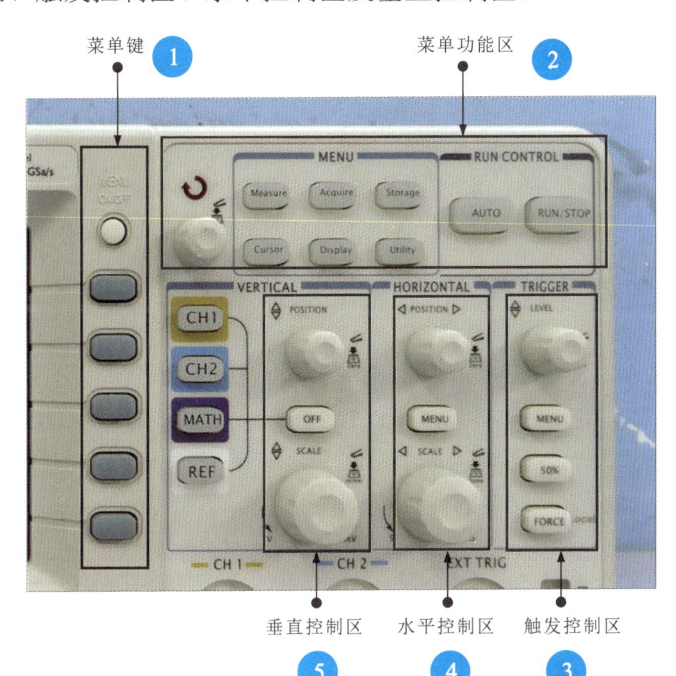

图1-18 数字示波器的键控区域

1 菜单键有5个按键，分别对应显示屏右侧的参数选项，可对参数选项进行设定。

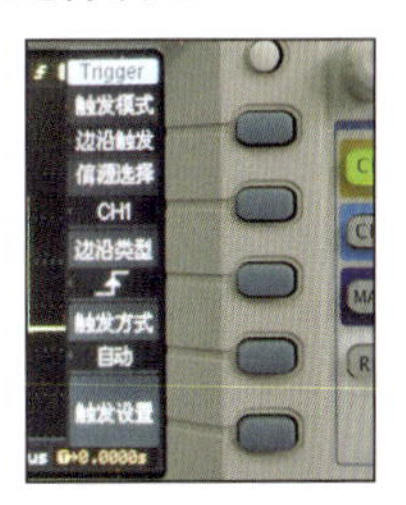

2 菜单功能区包括自动设置按键、屏幕捕捉按键、存储功能按键、辅助功能按键、采样系统按键、显示系统按键、自动测量按键、光标测量按键、多功能旋钮等。

3 触发控制区包括一个触发系统旋钮和三个按键（菜单键、设定触发电平在触发信号幅值的垂直中点键、强制按键）。

4 水平控制区包括水平位置调节旋钮和水平时间轴调节旋钮。

5 垂直控制区包括垂直位置调节旋钮和垂直幅度调节旋钮。

① 菜单键

如图1-19所示，菜单键由5个按键（F1～F5）构成。

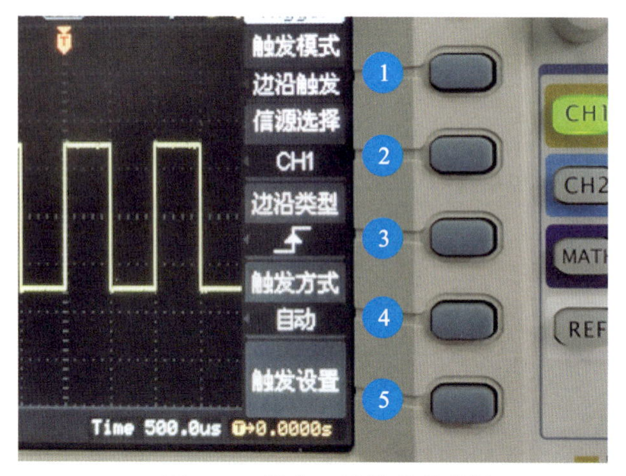

图1-19　数字示波器的菜单键

划重点

1 F1:用来选择输入信号的耦合方式，有三种耦合方式，即交流耦合（将直流信号阻隔）、接地耦合（将输入信号接地）及直流耦合（交流信号和直流信号都通过，被测交流信号包含直流信号）。

2 F2:控制带宽抑制，可进行带宽抑制开与关的选择，关断带宽抑制时，通道带宽为全带宽；开通带宽抑制时，高于20MHz的噪声和高频信号将被衰减。

3 F3:垂直偏转系数，可对幅度（伏/格）进行粗调和细调。

4 F4:控制探头倍率，有1×、10×、100×、1000×四种选择。

5 F5:控制波形反相设置，可对波形进行180°反转。

② 垂直控制区

如图1-20所示，垂直控制区包括垂直位置调节旋钮和垂直幅度调节旋钮。

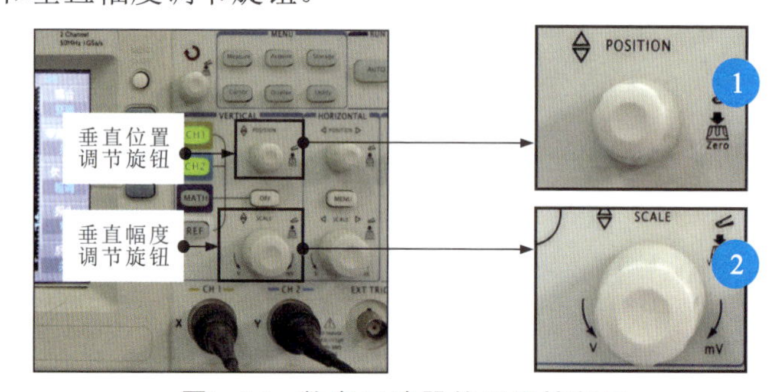

图1-20　数字示波器的垂直控制区

1 可对被测波形进行垂直方向的位置调节。

2 可对被测波形进行垂直方向的幅度调节，即调节输入信号通道的放大量或衰减量。

③ 水平控制区

如图1-21所示，水平控制区包括水平位置调节旋钮和水平时间轴调节旋钮。

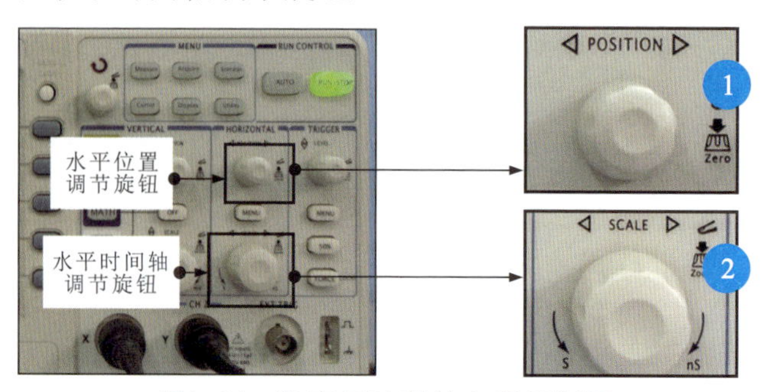

图1-21　数字示波器的水平控制区

1 可对被测波形进行水平位置调节。

2 可对被测波形进行水平方向时间轴的调节。

④ 触发控制区

如图1-22所示，触发控制区包括一个触发系统旋钮和三个按键。

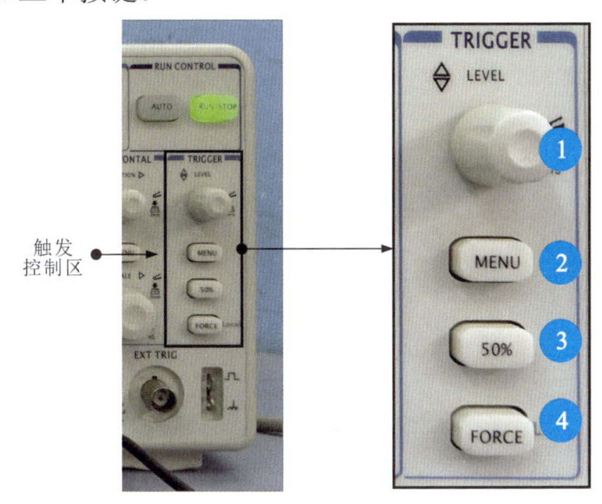

图1-22 数字示波器的触发控制区

划重点

1 用来改变触发电平，触发电平线随触发系统旋钮的转动而上下移动。

2 用来改变触发设置。

3 用来设定触发电平在触发信号幅值的垂直中点。

4 强制产生触发信号，主要应用在触发方式中的正常模式和单次模式。

⑤ 菜单功能区

如图1-23所示，菜单功能区包括自动设置按键、屏幕捕捉按键、存储功能按键、辅助功能按键、采样系统按键、显示系统按键、自动测量按键、光标测量按键、多功能旋钮等。

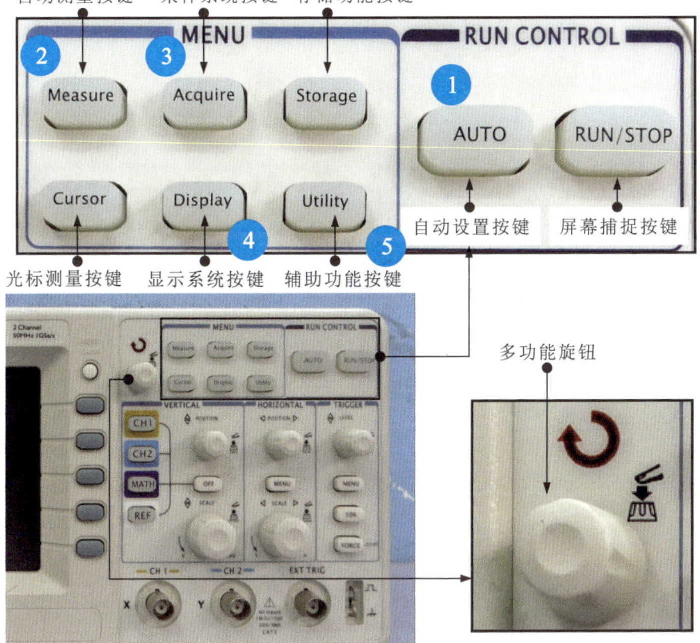

图1-23 数字示波器的菜单功能区

1 可自动设置垂直偏转系数、扫描时基及触发方式。

2 可进入参数测量的显示菜单，该菜单有5个可同时显示测量值的区域，分别对应菜单键的F1～F5。

3 可弹出采样设置菜单，通过菜单键调节获取方式（普通采样方式、峰值检测方式、平均采样方式）、平均次数（设置平均次数）、采样方式（实时采样、等效采样）等选项。

4 用来弹出设置菜单，通过菜单键调节显示方式，如显示类型、格式（YT、XY）、持续（关闭、无限）、对比度、波形亮度等信息。

5 用来调节设置参数。

⑥ 其他键钮

如图1-24所示，其他键钮主要包括菜单按键、关闭按键、REF按键、USB接口、电源开关等。

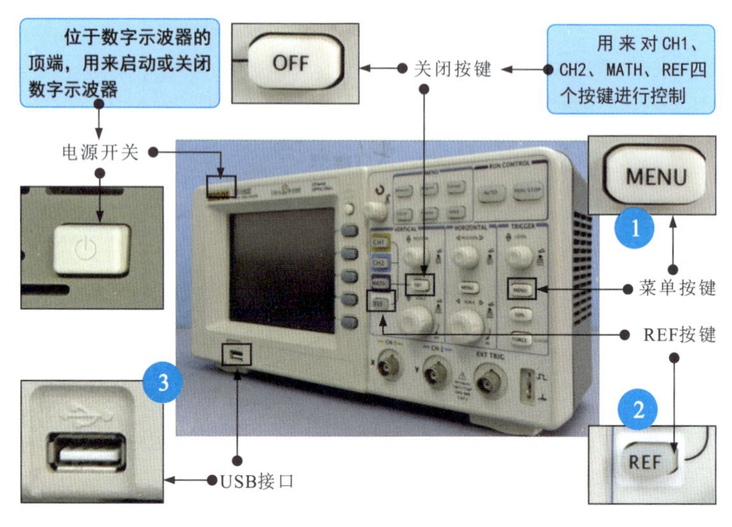

图1-24 数字示波器的其他键钮

划重点

1 用来显示变焦菜单，可配合F1～F5使用。

2 可调出存储波形或关闭基准波形。

3 用来连接U盘或移动硬盘，并读取其中的波形。

3 探头连接区域

如图1-25所示，探头连接区域包括CH1按键和CH1（X）信号输入端、CH2按键和CH2（Y）信号输入端。

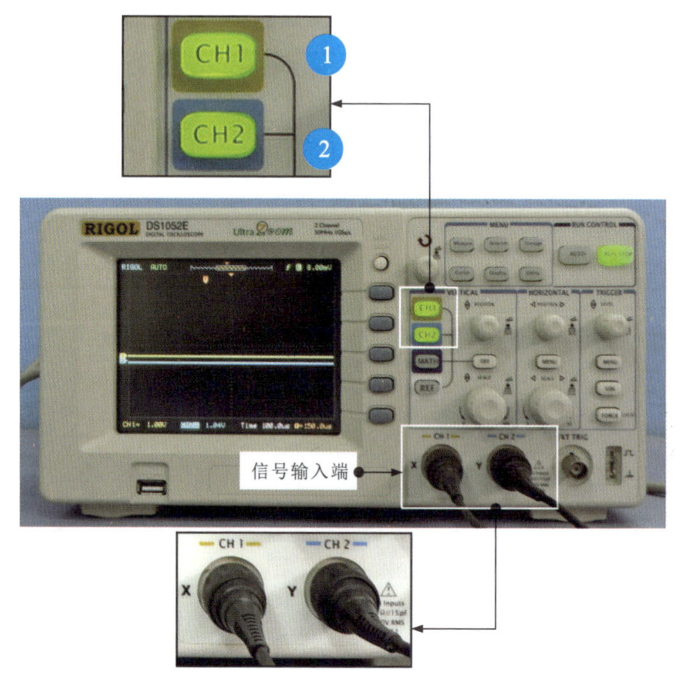

图1-25 数字示波器的探头连接区域

1 当探头连接在CH1（X）信号输入端时，CH1按键被点亮。

2 当探头连接在CH2（Y）信号输入端时，CH2按键被点亮。

万用表的使用方法

学用指针万用表

2.1.1 连接指针万用表表笔

图2-1为指针万用表的表笔连接。指针万用表有两支表笔：红表笔和黑表笔。在使用指针万用表测量前，应先将两支表笔对应插入相应的表笔插孔中。

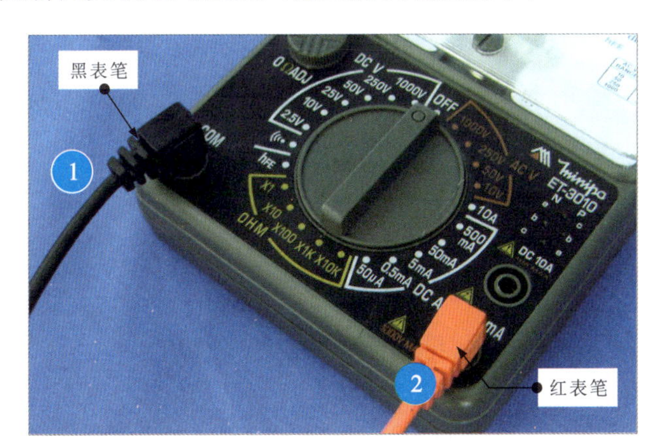

图2-1　指针万用表的表笔连接

划重点

1 黑表笔插入有“COM”标识的表笔插孔中。

2 红表笔插入有“+”标识的表笔插孔中。

在测量高电压或大电流时，需将红表笔插入高电压或大电流的测量插孔内，如图2-2所示。

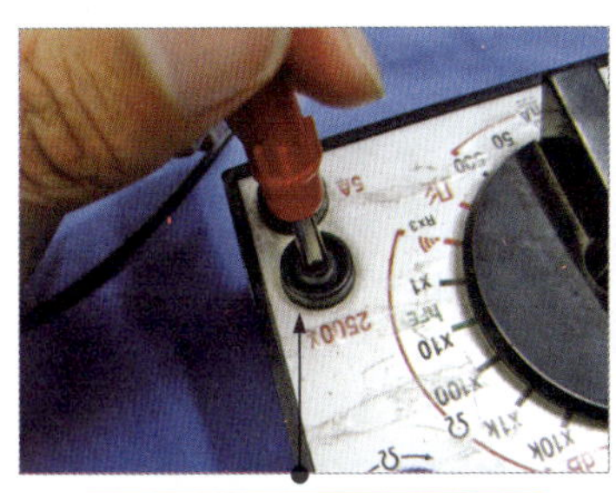

在测量500～2500V的高电压时，将红表笔插入该插孔中

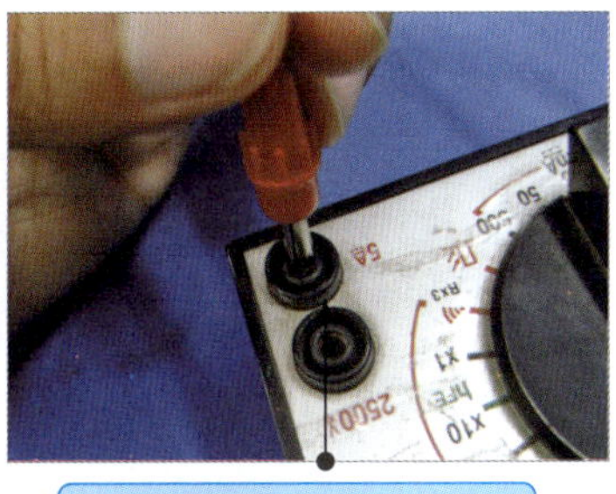

在测量0.5～5A的电流时，将红表笔插入该插孔中

图2-2　指针万用表高电压或大电流测量插孔

2.1.2 指针万用表的表头校正

划重点

1 将指针万用表置于水平位置，表笔开路，观察指针是否处于0位。

2 如指针偏正或偏负，都应微调表头校正螺钉，使指针准确地对准0位，校正后能保持很长时间不用校正，只有在指针万用表受到较大冲击、振动后才需要重新校正。指针万用表在使用过程中超过量程时可出现“打表”的情况，可能引起表针错位，需要注意。

图2-3为指针万用表的表头校正，指针应指在0位。

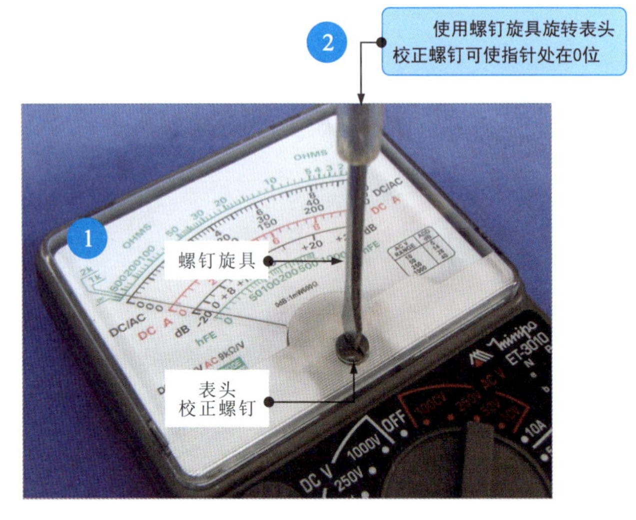

图2-3　指针万用表的表头校正

指针万用表靠指针的摆动角度来指示所测量的数值。例如，在测量直流电流时，电流流过表头的线圈会产生磁场力使指针摆动，流过的电流越大，指针摆动的角度越大。若电流为0，则指针在初始0位。若不在0位，在测量时就会出现误差。因此在使用指针万用表测量前都需要对指针万用表进行表头校正。

2.1.3 指针万用表的量程选择

在使用指针万用表进行测量时，应根据被测数值选择合适的量程才能获得精确的测量结果，如果量程选择得不合适，会引起较大的误差。

1 测量电阻时的量程选择

图2-4为用指针万用表测量电阻时的量程选择。

① 测量小于200Ω的电阻时，应选$R\times1\Omega$挡。

② 测量200～400Ω的电阻时，应选$R\times10\Omega$挡。

③ 测量400Ω～5kΩ的电阻时，应选$R\times100\Omega$挡。

④ 测量5～50kΩ的电阻时，应选$R\times1k\Omega$挡。

⑤ 测量大于50kΩ的电阻时，应选$R\times10k\Omega$挡。

⑥ 测量二极管或三极管时，常选$R\times1k\Omega$挡，也可选$R\times10k\Omega$挡。

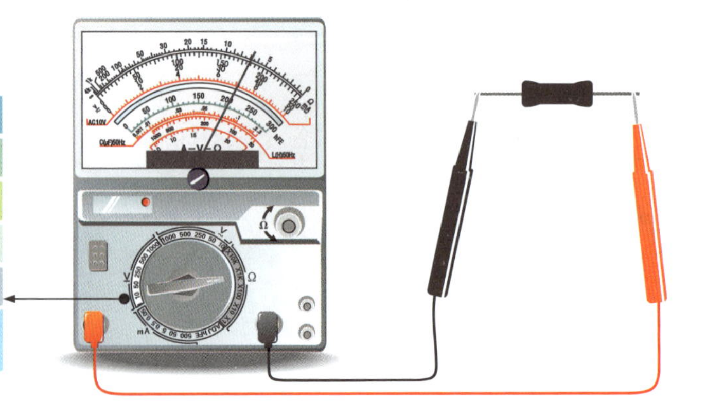

图2-4　用指针万用表测量电阻时的量程选择

2 测量直流电压时的量程选择

图2-5为用指针万用表测量直流电压时的量程选择。

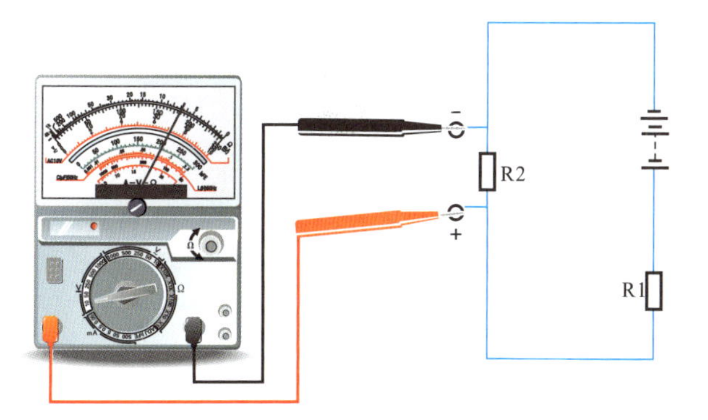

图2-5 用指针万用表测量直流电压时的量程选择

划重点

① 测量小于0.25V的直流电压时选择0.25V挡。

② 测量大于0.25V、小于1V的直流电压时选择1V挡。

③ 测量1～2.5V的直流电压时选择2.5V挡。

④ 测量2.5～10V的直流电压时选择10V挡。

⑤ 测量10～50V的直流电压时选择50V挡。

⑥ 测量50～250V的直流电压时选择250V挡。

⑦ 测量250～500V的直流电压时选择500V挡。

⑧ 测量500～1000V的直流电压时选择1000V挡。

⑨ 测量1000～2500V的直流电压时应使用2500V高电压测量插孔。

3 测量直流电流时的量程选择

图2-6为用指针万用表测量直流电流时的量程选择。

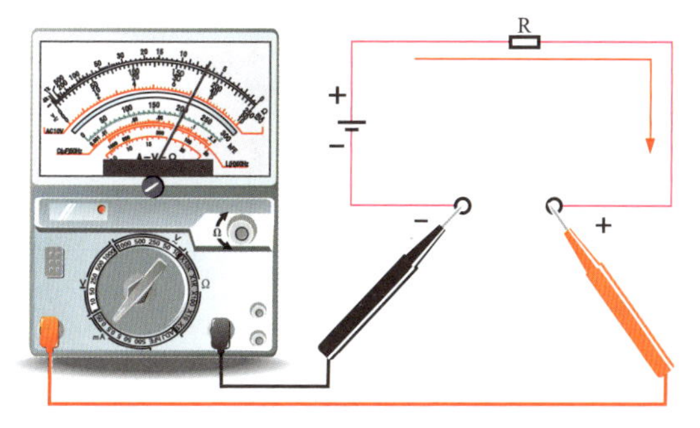

图2-6 用指针万用表测量直流电流时的量程选择

① 测量小于0.25mA的直流电流时选择0.25mA挡。

② 测量0.25～0.5mA的直流电流时选择0.5mA挡。

③ 测量0.5～5mA的直流电流时选择5mA挡。

④ 测量5～50mA的直流电流时选择50mA挡。

⑤ 测量50～500mA的直流电流时选择500mA挡。

⑥ 如测量电流超过500mA、小于5A，则应用大电流测量插孔进行测量。

4 测量交流电压时的量程选择

图2-7为用指针万用表测量交流电压时的量程选择。

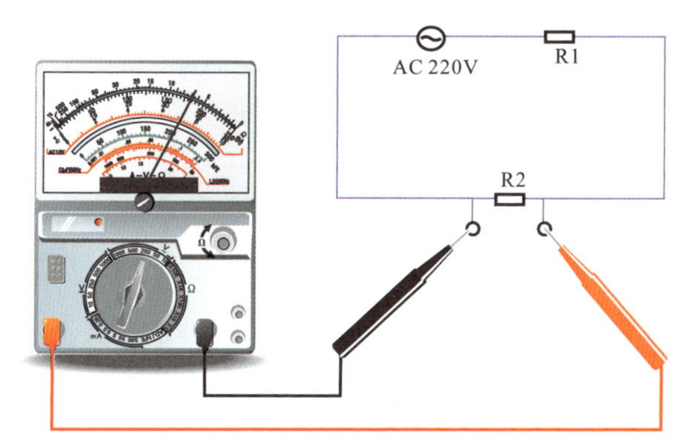

图2-7 用指针万用表测量交流电压时的量程选择

① 测量10V以下的交流电压时选择10V挡。

② 测量10～50V交流电压时选择50V挡。

③ 测量50～250V交流电压时选择250V挡。

④ 测量250～500V交流电压时选择500V挡。

⑤ 测量500～1000V交流电压时选择1000V挡。

⑥ 测量超过1000V、小于2500V的交流电压时，选用高电压测量插孔。

2.1.4 指针万用表的欧姆调零

图2-8为指针万用表的欧姆调零操作。

划重点

在测量电阻值时，每变换一次量程，均需要重新通过零欧姆校正钮进行零欧姆校正。测量电阻值以外的其他量时不需要进行零欧姆校正。

① 调整功能/量程旋钮至需要的电阻量程。

② 将红、黑表笔短接，观察表盘上指针的指示位置，未指向0位。

③ 调整零欧姆校正钮。

④ 直至指针指向0位。

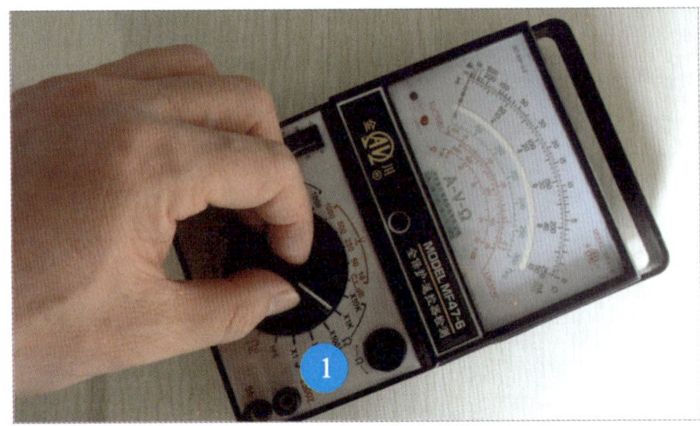

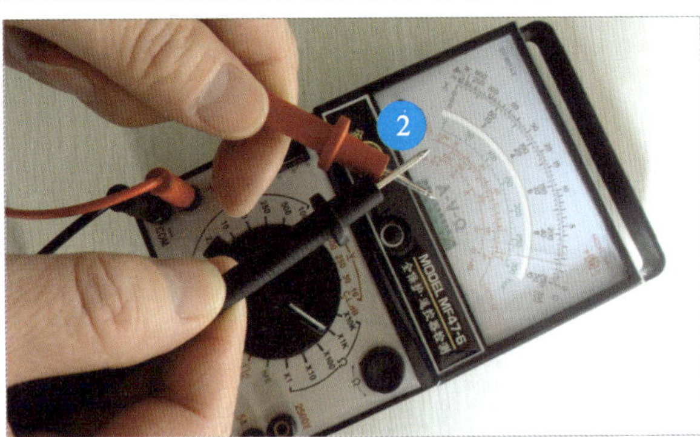

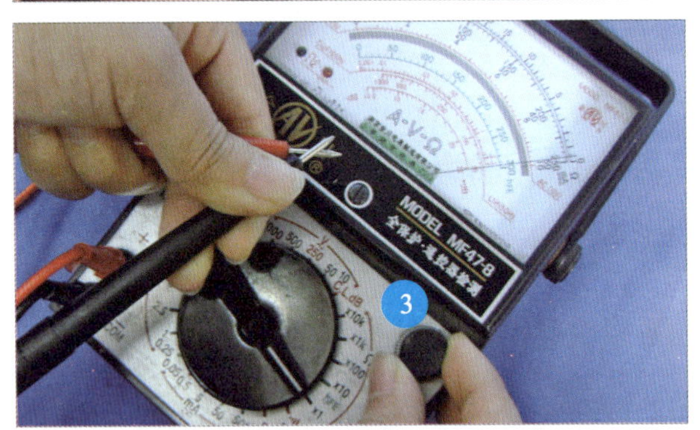

图2-8 指针万用表的欧姆调零操作

由于指针万用表内的电池容量会随使用时间逐渐减少，电池电压随之降低，0Ω时的电流也会发生变化，因此在测量电阻值前都要进行零欧姆校正，即当两表笔短接时，指针应指向0Ω。如果指针不指向0Ω，则需要通过零欧姆校正旋钮进行调整，使指针准确地指向0Ω。

2.1.5 指针万用表测量结果的读取

1 电阻测量结果的读取

图2-9为指针万用表电阻测量结果的读取方法。

划重点

用指针万用表测量时，要根据选择的量程，结合指针在相应刻度线上的指示刻度读取测量结果。不同测量功能，其所测结果的读取方法不同。

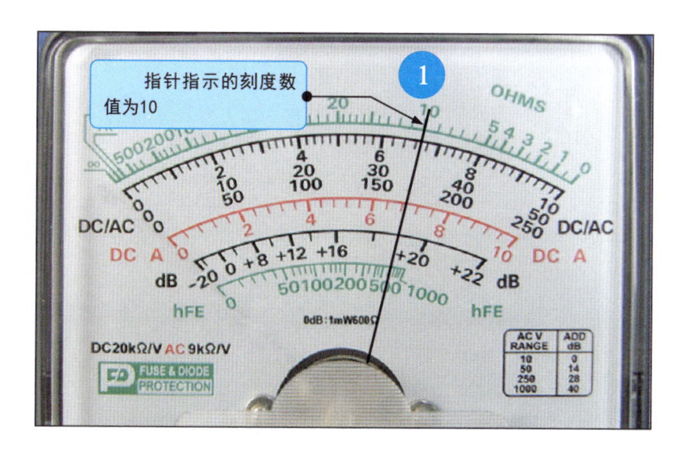

将量程旋钮调至$R\times10\Omega$

1 测量结果:

10×10=100（Ω）

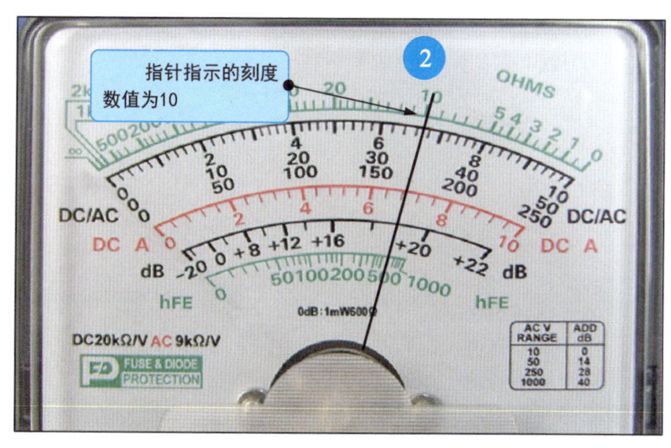

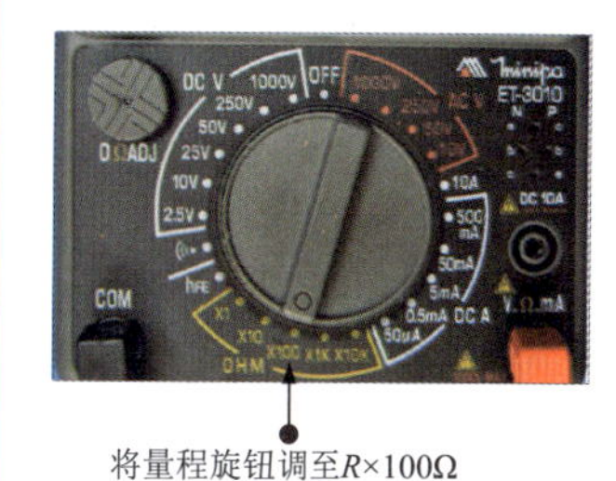

将量程旋钮调至$R\times100\Omega$

2 测量结果:

10×100=1000（Ω）

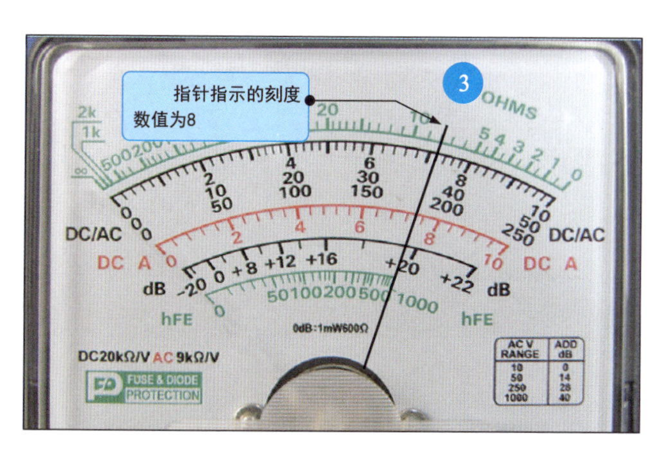

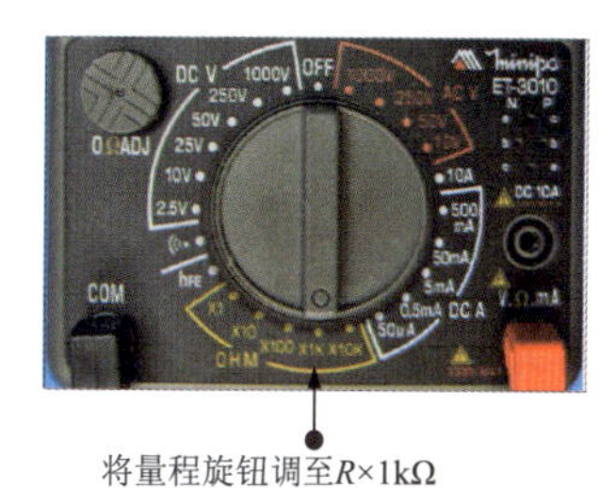

将量程旋钮调至$R\times1\text{k}\Omega$

3 测量结果:

8×1k=8（kΩ）

图2-9 指针万用表电阻测量结果的读取方法

2 电压测量结果的读取

电压测量结果的读取比较简单，根据选择的量程，找到对应的刻度线后，直接读取指针指示的刻度数值（或换算）即为测量结果。

图2-10为指针万用表电压测量结果的读取方法。

划重点

将量程旋钮调至直流2.5V

① 测量结果：

175×(2.5/250)=1.75(V)

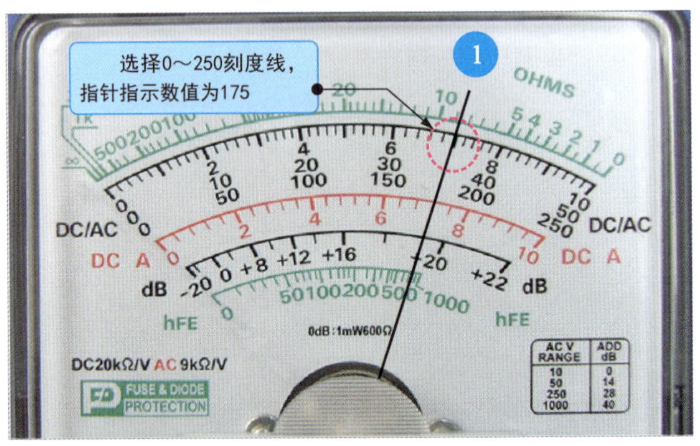

将量程旋钮调至直流10V

② 测量结果：

直接读取测量结果7V即可

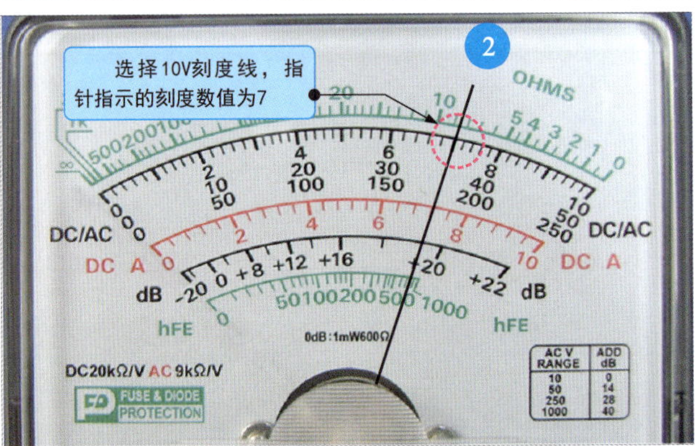

将量程旋钮调至直流25V

③ 测量结果：

170×(25/250)=17.0(V)

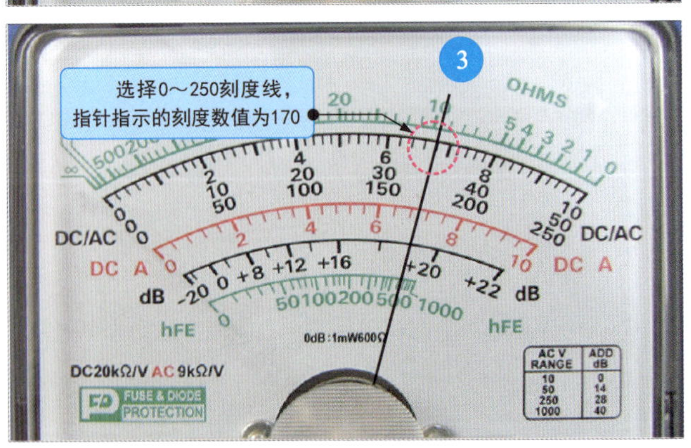

图2-10 指针万用表电压测量结果的读取方法

用指针万用表测量直流电压、交流电压、直流电流、交流电流的结果读取方法相同。

2.2 学用数字万用表

2.2.1 数字万用表的表笔连接和模式设定

1 连接数字万用表表笔

图2-11为数字万用表的表笔连接示意图。

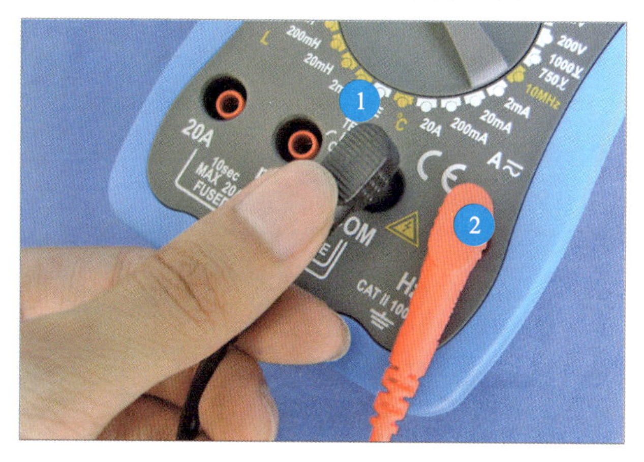

图2-11 数字万用表的表笔连接示意图

划重点

在使用数字万用表测量前，应先将两支表笔对应插入相应的表笔插孔中。

1 黑表笔插入有“COM”标识的表笔插孔中。

2 红表笔可根据功能不同，插入其余的三个红色插孔中。

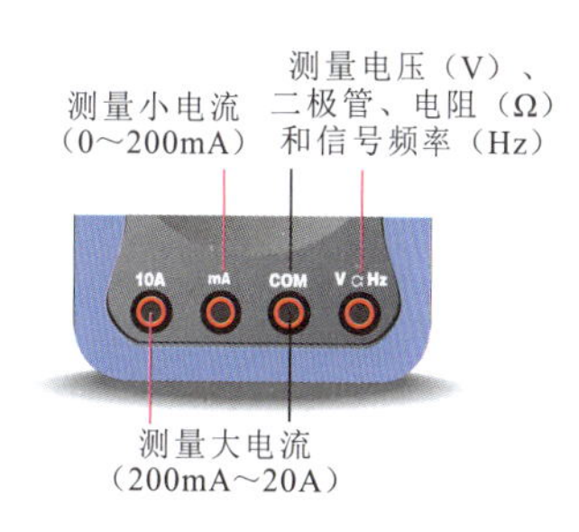

2 按下电源按钮

如图2-12所示，数字万用表设有电源按钮，使用时，需要先按下电源按钮，开启数字万用表。

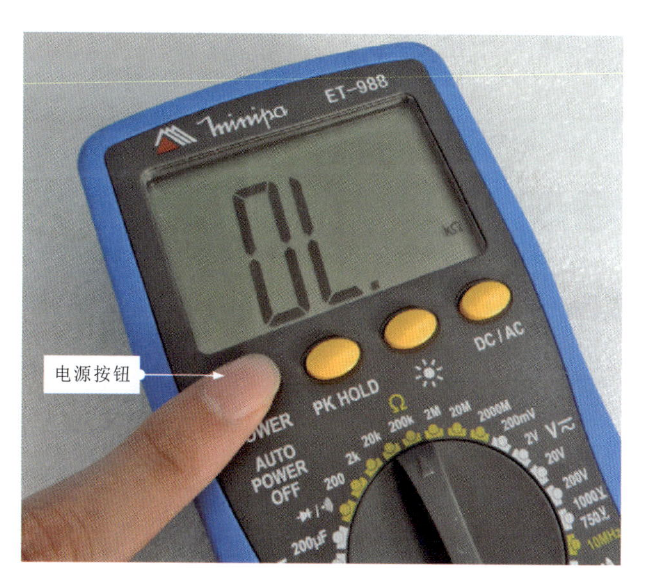

图2-12 按下数字万用表电源按钮

按下电源按钮，数字万用表开启，液晶显示屏显示测量单位或测量功能。

某些数字万用表不带有电源按钮，而是在功能旋钮上设有关闭挡，当选择功能或量程时，直接通电开启。

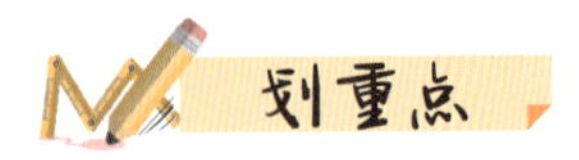

3 数字万用表的模式设定

如图2-13所示，数字万用表的电压测量区域具有交流和直流两种测量状态。若需要测量交流电压，则需要进行模式设定。

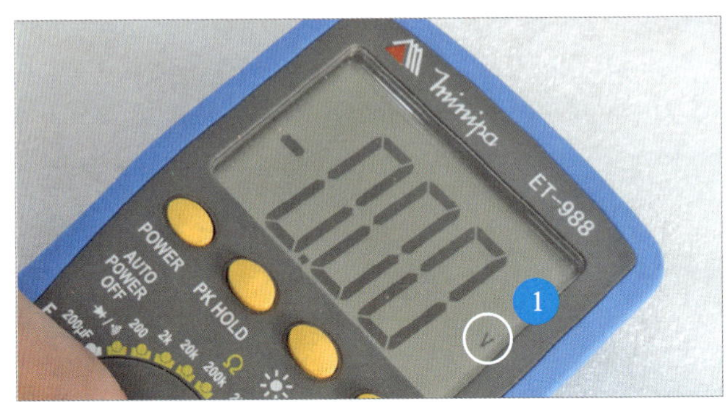

1 开启数字万用表后，将功能旋钮设定在电压测量区域，默认状态为直流电压测量模式。

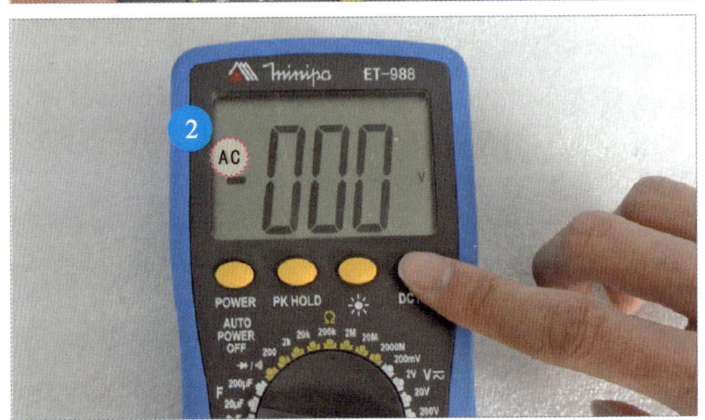

2 按下交/直流切换按钮后，液晶显示屏显示“AC”字样，表明当前处于交流电压测量模式。

图2-13　数字万用表的模式设定

如图2-14所示，自动量程数字万用表的模式设定方式可通过“MODE”模式按钮切换。

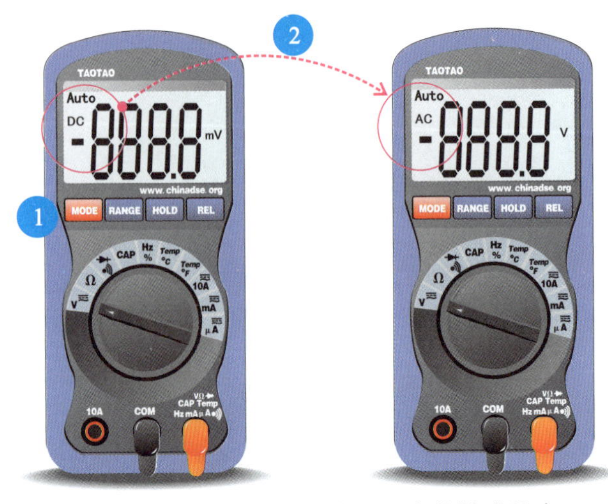

图2-14　自动量程数字万用表的模式设定

1 “MODE”模式按钮可以用来切换直流（DC）/交流（AC）、二极管/蜂鸣器、频率/占空比的测量模式。

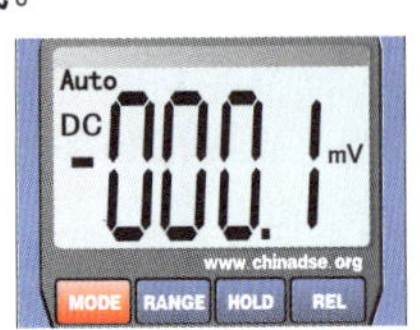

2 按下“MODE”模式按钮，可切换直流（DC）/交流（AC）电压测量模式。

2.2.2 数字万用表的量程选择

在使用数字万用表测量时，最终测量结果的分辨率（精度）与量程的选择关系密切。

图2-15为测量直流电压时量程与分辨率的关系。

划重点

分辨率为0.1mV

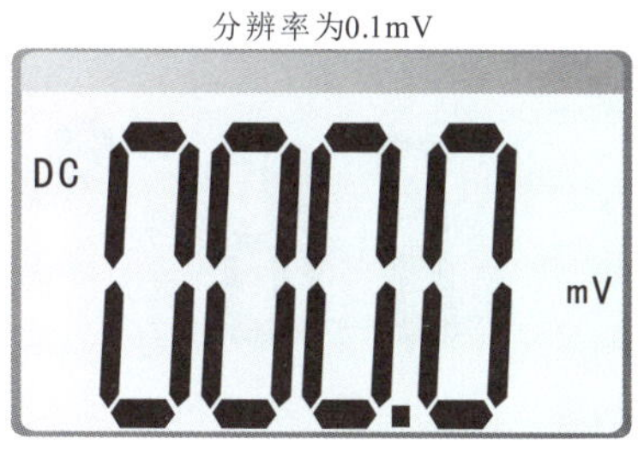

直流200mV

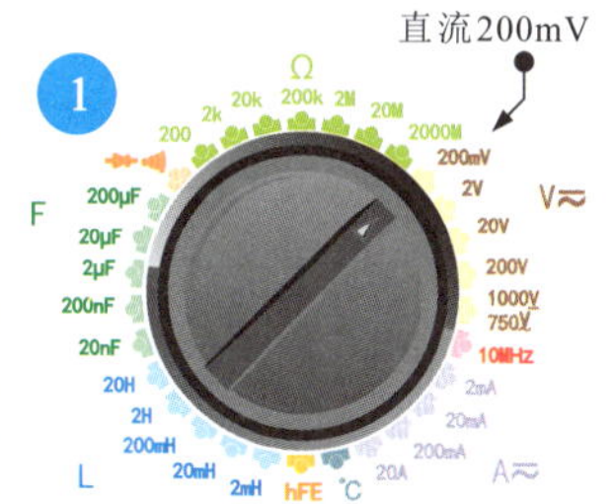

1 量程选择直流200mV，分辨率为0.1mV，显示000.0mV，测量范围为000.1～199.9mV。

分辨率为0.001V

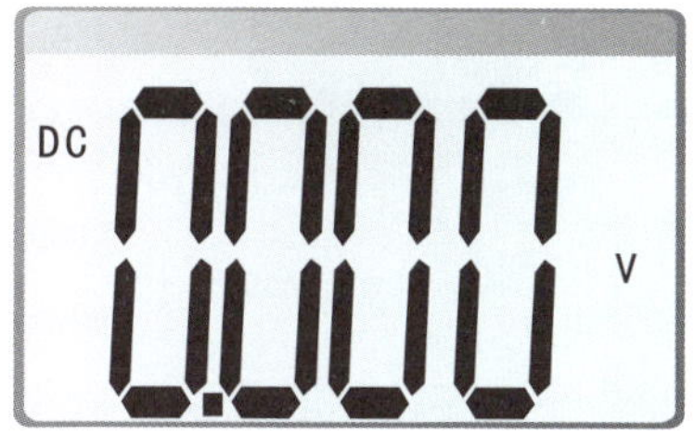

直流2V

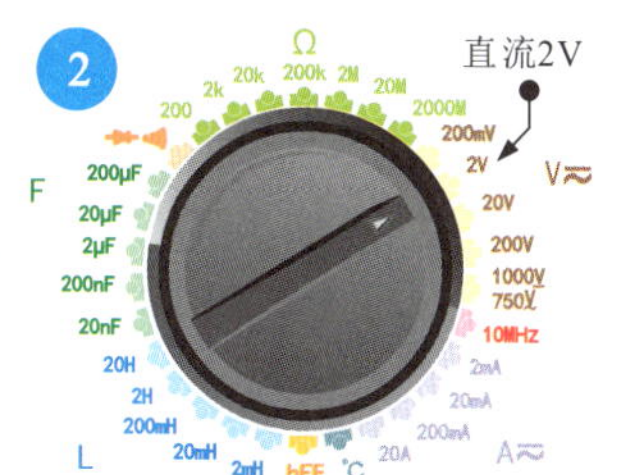

2 量程选择直流2V，分辨率为0.001V，显示0.000V，测量范围为0.001～1.999V。

分辨率为0.01V

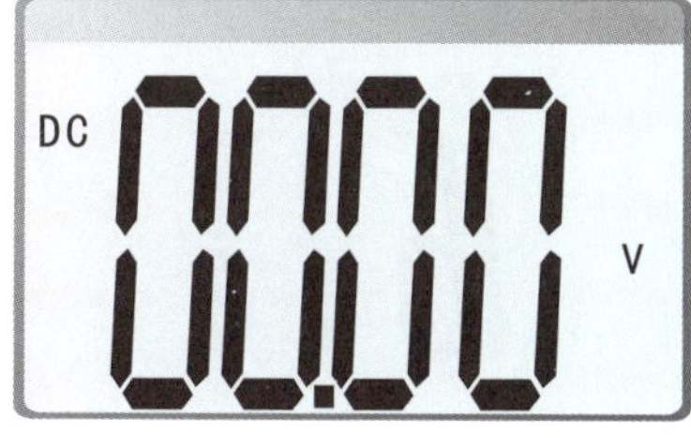

直流20V

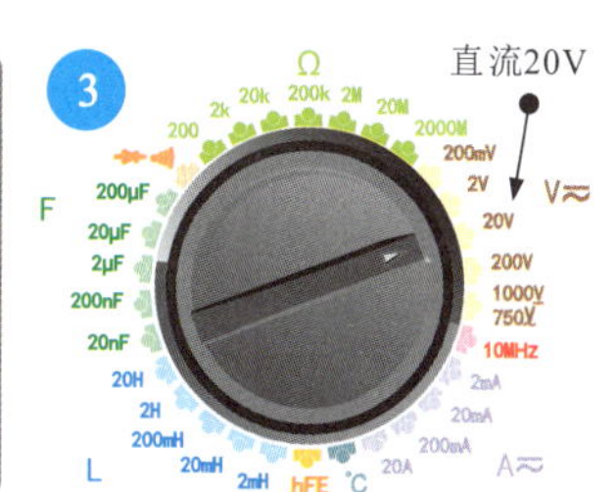

3 量程选择直流20V，分辨率为0.01V，显示00.00V，测量范围为0.01～19.99V。

分辨率为0.1V

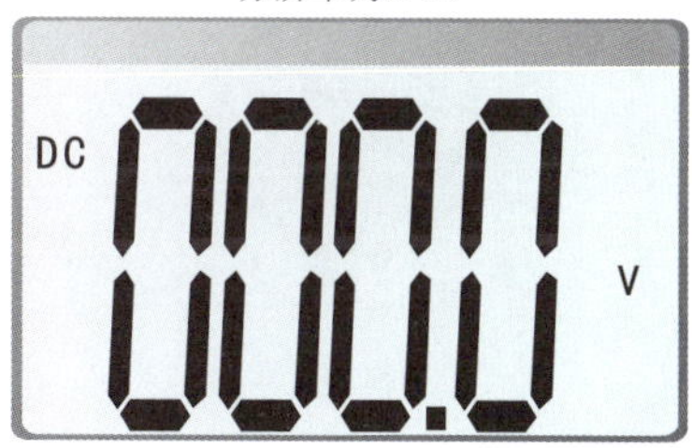

直流200V

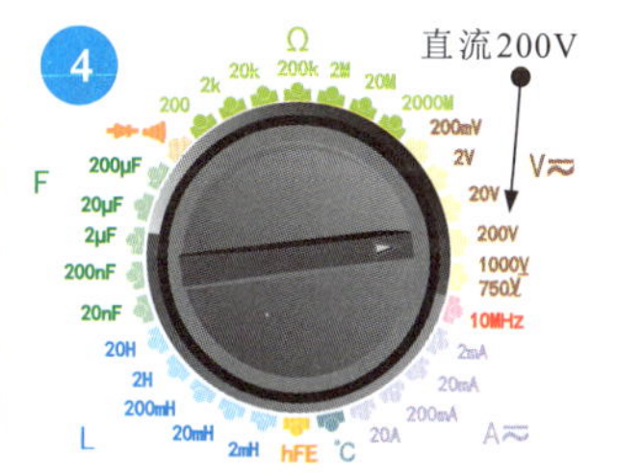

4 量程选择直流200V，分辨率为0.1V，显示000.0V，测量范围为0.1～199.9V。

分辨率为1V

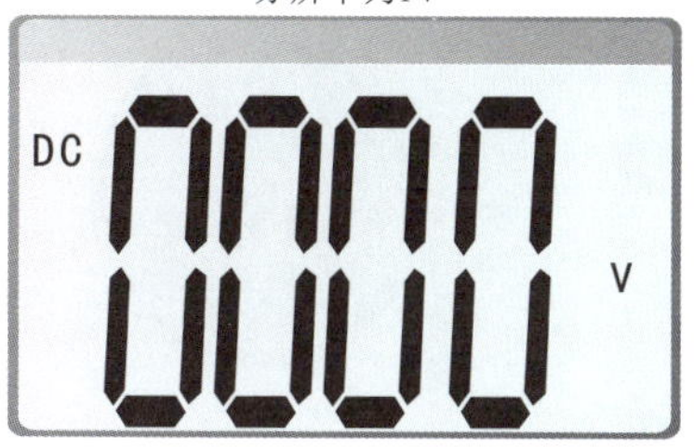

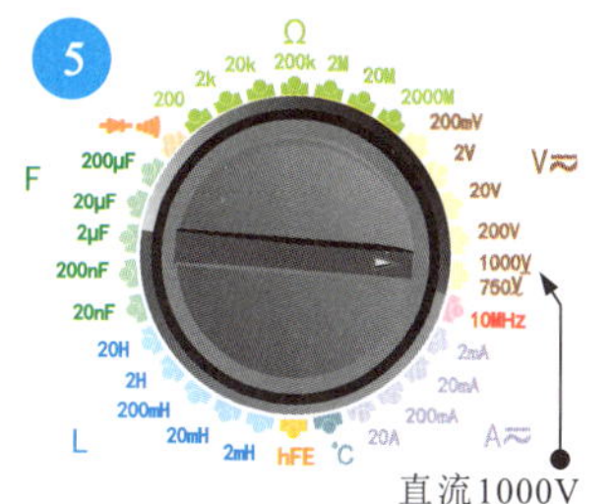

直流1000V

5 量程选择直流1000V，分辨率为1V，显示0000V，测量范围为1～999V。

图2-15 测量直流电压时量程与分辨率的关系

划重点

1 显示的测量结果为1V。不能显示小数点后面的数值，测量结果为近似值。

2 显示的测量结果为1.6V。可以显示小数点后面1位，最后1位数字误差较大。

3 显示的测量结果为1.61V。可以显示小数点后面两位，测量结果比较准确。

4 显示的测量结果为1.617V。可以显示小数点后面3位，测量结果更准确。

5 选择直流200mV量程测量5号电池的电压时，若显示"OL"符号（过载），则表明测量数值已超出测量范围，不能使用该量程进行测量。

如图2-16所示，以测量电压标称值为1.5V的5号电池为例。可以看到，量程范围设定得越接近且略大于待测数值时，测量的结果越准确。

图2-16 电池电压的量程与结果对照

2.2.3 数字万用表测量结果的读取

数字万用表测量结果的读取比较简单，测量时，测量结果会直接显示在液晶显示屏上，直接读取数值和单位即可。

当小数点在数值的第一位之前时，表示“0.”。使用数字万用表测量电阻时测量结果的读取方法如图2-17所示。

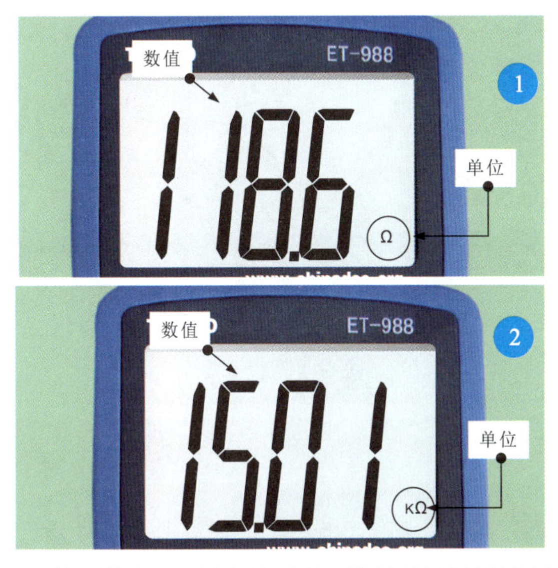

图2-17 使用数字万用表测量电阻时测量结果的读取方法

使用数字万用表测量电压时测量结果的读取方法如图2-18所示。

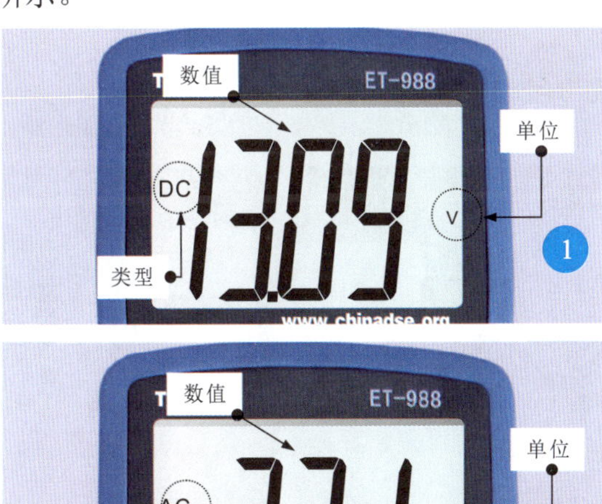

图2-18 使用数字万用表测量电压时测量结果的读取方法

划重点

在使用数字万用表测量前，应先将两支表笔对应插入相应的表笔插孔中。

1 根据屏幕显示，直接读取测量结果为118.6Ω。

2 根据屏幕显示，直接读取测量结果为15.01kΩ。

1 根据屏幕显示，直接读取测量结果为直流13.09V。

2 根据屏幕显示，直接读取测量结果为交流23.1V。

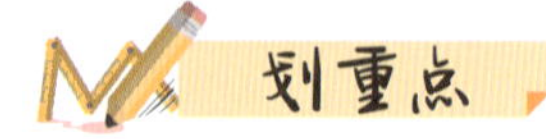

2.2.4 数字万用表附加测试器的使用

数字万用表的附加测试器可用来测量电容量、电感量、温度及三极管的放大倍数。图2-19为附加测试器的安装使用。

1 将附加测试器按照极性插入数字万用表相应的表笔插孔中。

2 将无极性电容器插入附加测试器的相应插孔。

3 将电解电容器插入附加测试器的相应插孔。

4 将色环电感器插入附加测试器的相应插孔。

5 将PNP型三极管插入附加测试器的PNP型三极管插孔。

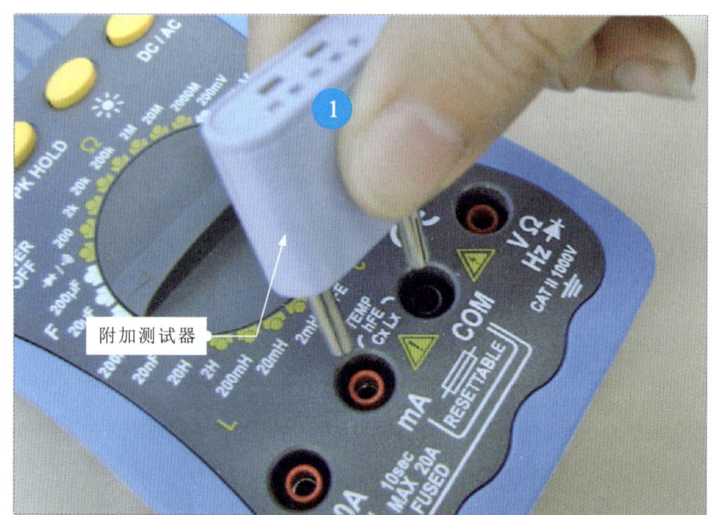

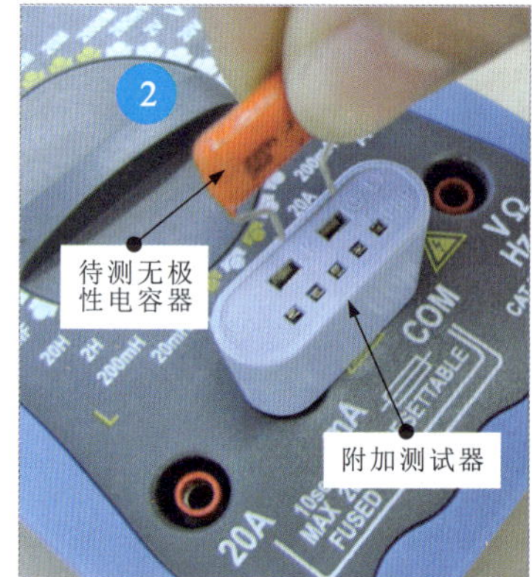

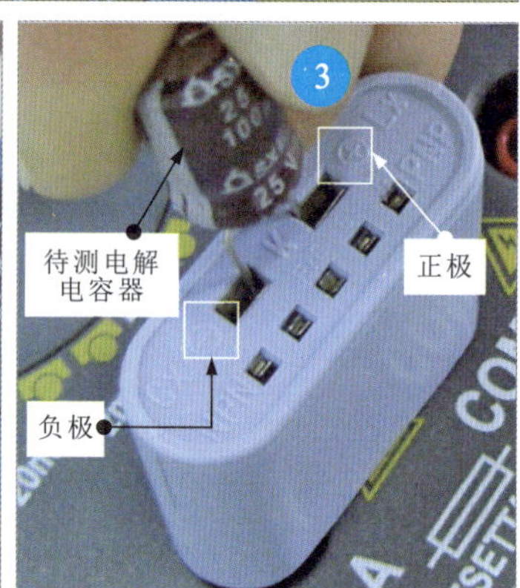

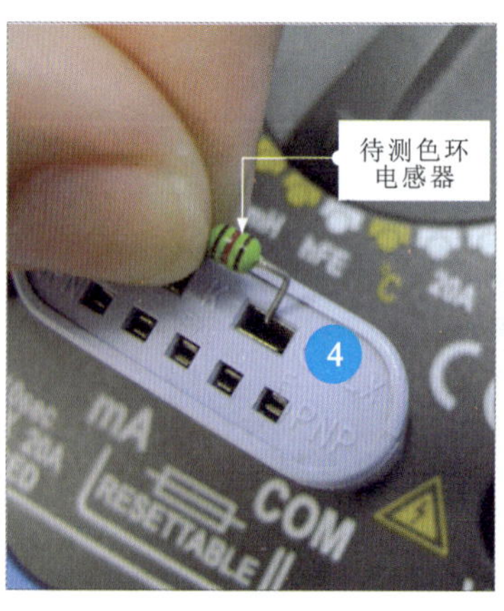

图2-19 附加测试器的安装使用

示波器的使用方法

3.1 学用模拟示波器

3.1.1 模拟示波器使用前的准备

模拟示波器的连接线主要有电源线和测试线。电源线用来为模拟示波器供电，测试线用来检测信号。

图3-1为模拟示波器电源线和测试线的连接方法。

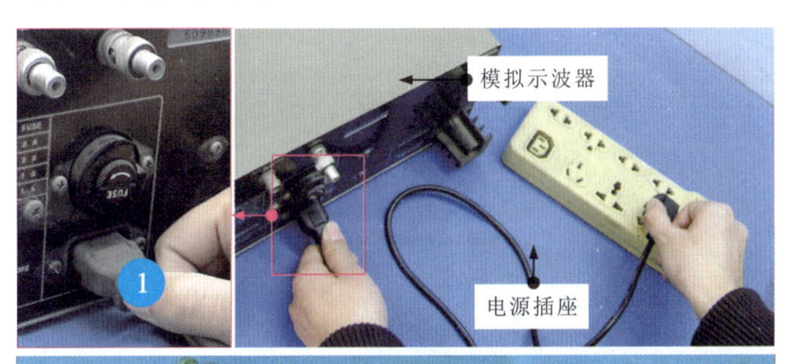

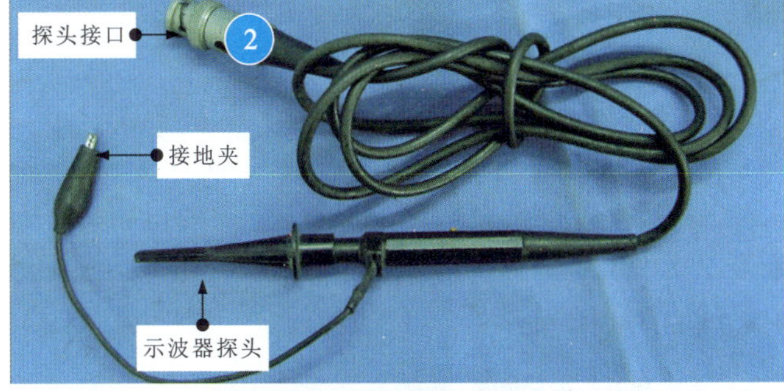

图3-1　模拟示波器电源线和测试线的连接方法

划重点

1 用电源线连接模拟示波器和电源插座。

2 将探头测试线的连接头与探头接口连接。

3 顺时针旋转探头接口，将其旋紧在模拟示波器上。

3.1.2 模拟示波器的开机与调整

若是第一次使用或较长时间没有使用模拟示波器时，则在开机后，需要对模拟示波器进行自校正调整。

图3-2为模拟示波器的开机与调整。

划重点

1 按下电源开关，开启模拟示波器，指示灯点亮。

2 开启后约10s，显示屏显示一条水平亮线，即扫描线。

3 模拟示波器正常开启后，为了使其处于最佳的测试状态，需要对探头进行校正。

校正时，将探针搭在基准信号输出端（1000Hz、0.5V的方波信号）。

4 在正常情况下，显示屏会显示出1000Hz的方波信号波形。此时，波形补偿过度。

5 使用一字槽螺钉旋具调节探头校正端的螺钉。

6 边调整，边观察显示屏的波形状态。直至将波形调节到正常状态（1000Hz的方波）。

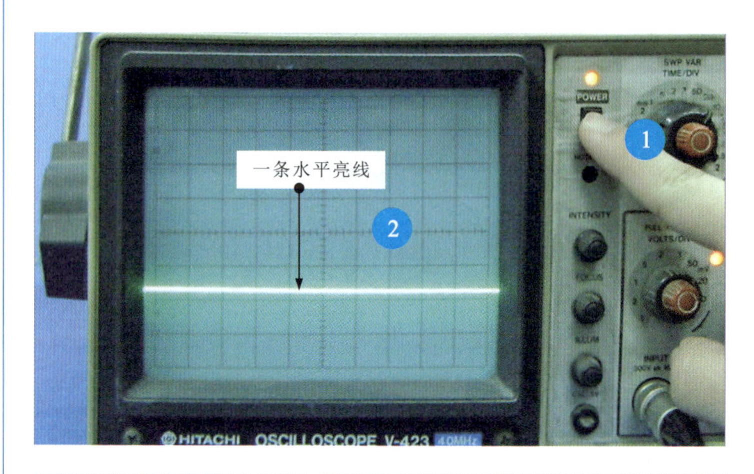

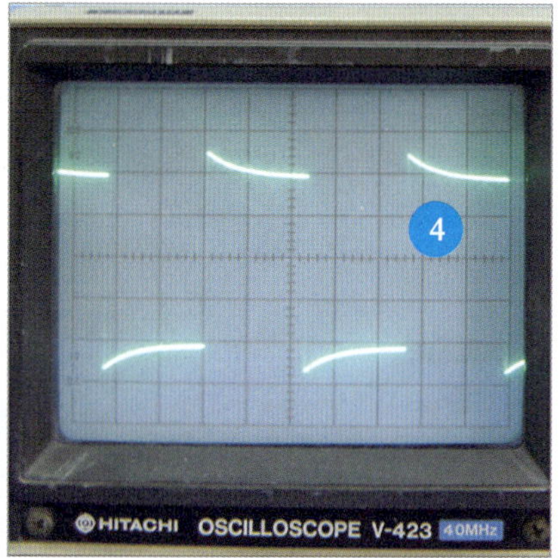

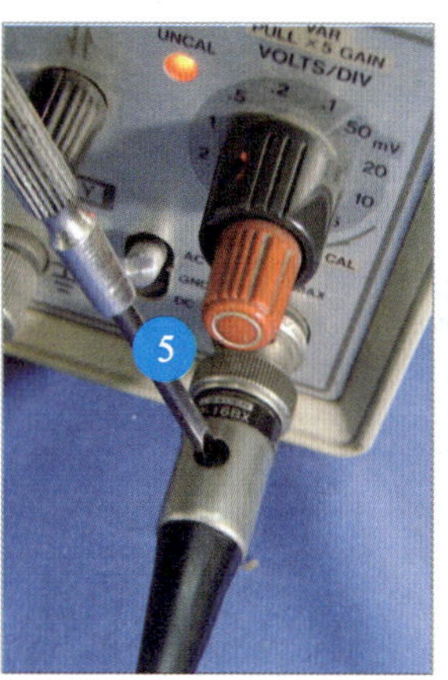

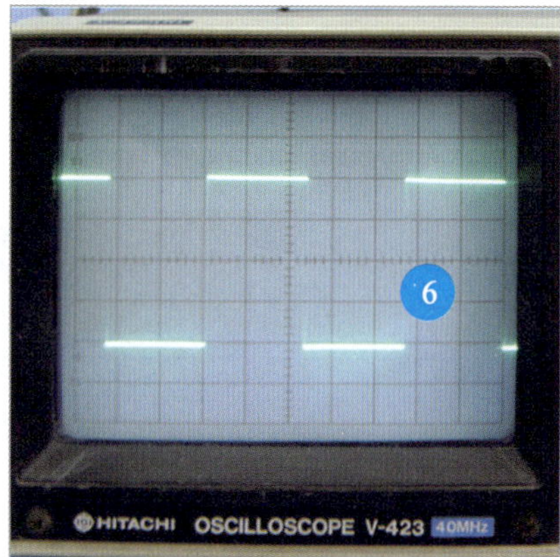

图3-2 模拟示波器的开机与调整

3.2 学用数字示波器

3.2.1 数字示波器使用前的准备

数字示波器在使用前的准备主要分为两个步骤，即连接测试线和电源线、开机前的检查。

图3-3为数字示波器测试线的连接操作。

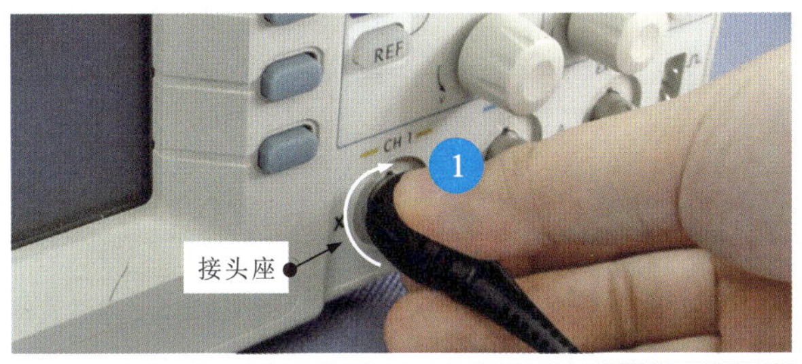

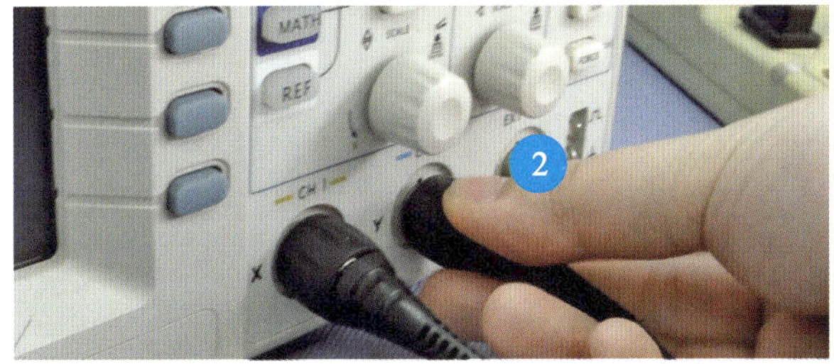

图3-3 数字示波器测试线的连接操作

划重点

1 将测试线的接头座对应插入探头接口后，顺时针旋动接头座锁紧。

2 另一根测试线采用同样的方法锁紧在另一个探头接口上。

图3-4为数字示波器电源线的连接操作。

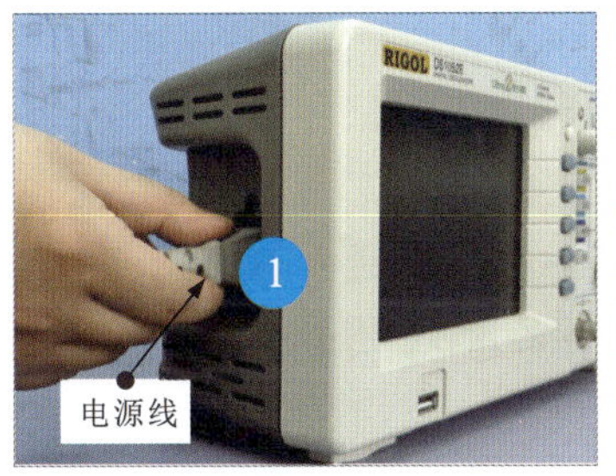

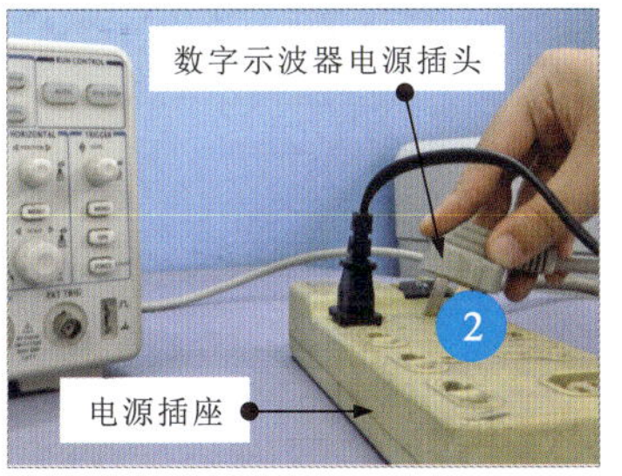

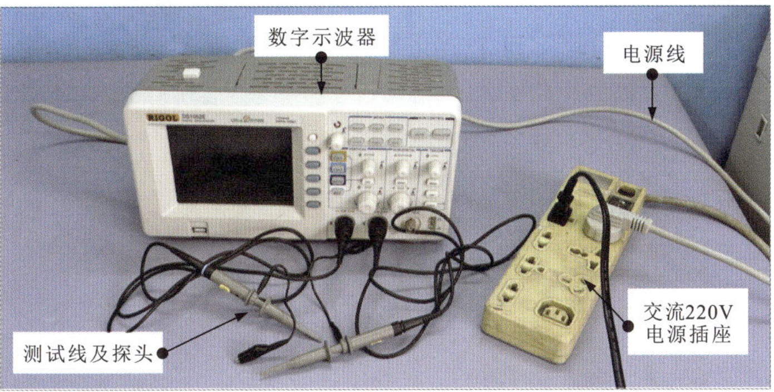

图3-4 数字示波器电源线的连接操作

1 将电源线的一端插入数字示波器的供电接口。

2 将电源线的另一端插入电源插座。

3.2.2 数字示波器的开机与调整

做好开机前的准备工作后，按下电源开关，数字示波器开机，左侧显示屏会显示开机界面。

图3-5为数字示波器的开机操作。

划重点

1 按下电源开关，数字示波器显示开机界面。

2 等待10s后的数字示波器启动界面。

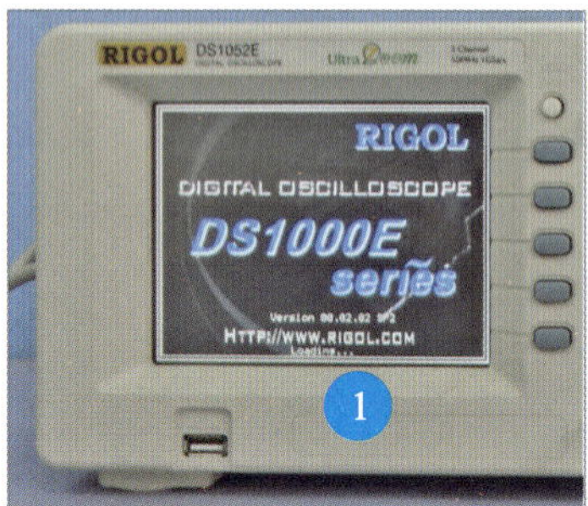

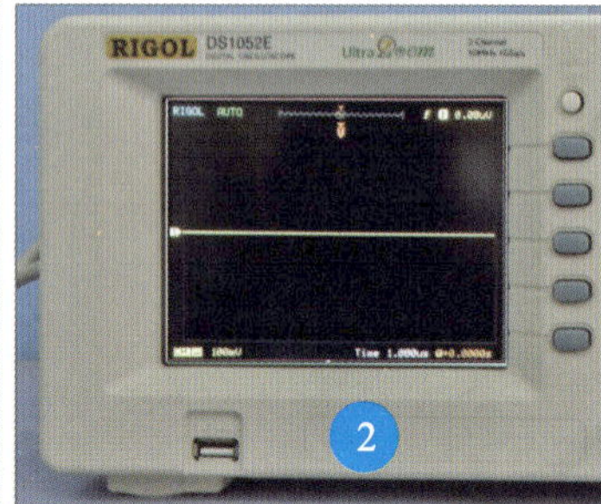

图3-5 数字示波器的开机操作

1 数字示波器的自校正

图3-6为数字示波器的自校正操作。

1 按下辅助功能按键进入菜单选项。

2 按F1翻页键，对应左侧屏幕上的菜单选项，找到“自校正”选项。

3 按F3按键，执行数字示波器的自校正操作。

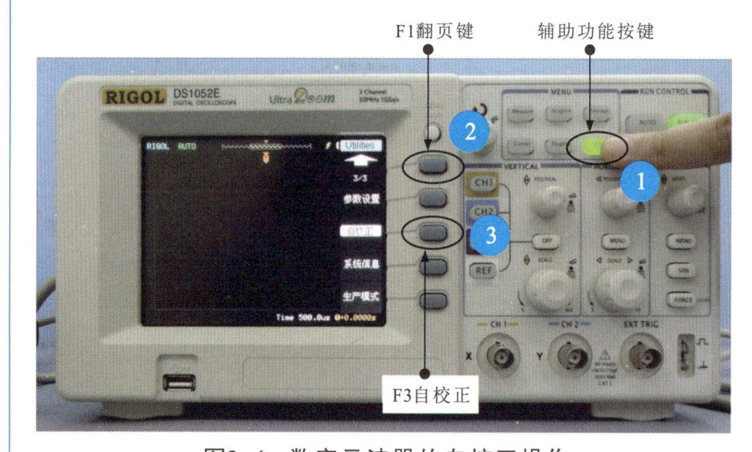

图3-6 数字示波器的自校正操作

2 数字示波器的调整

图3-7为数字示波器的通道设置方法。

1 按下CH1键，CH1按钮指示灯为绿色，表明当前CH1通道处于可用的状态。

2 按下CH2键，CH2按钮指示灯为绿色，表明当前CH2通道处于可用的状态。

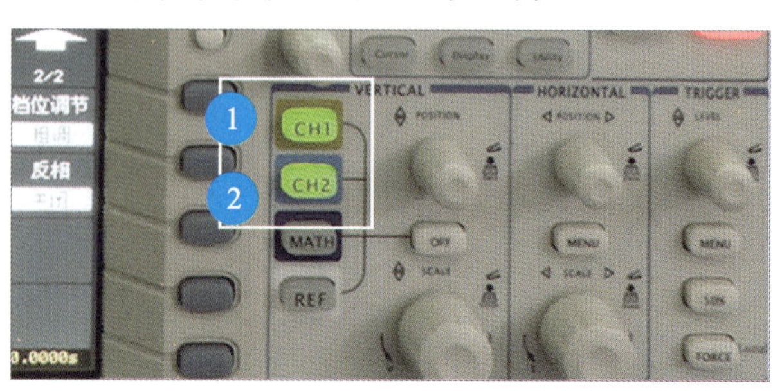

图3-7 数字示波器的通道设置方法

3.2.3 数字示波器基准信号的校正

数字示波器在自校正完成后不能直接进行测量，还需要校正探头，使整机处于最佳测量状态。

数字示波器本身有基准信号输出端，可将探头连接在基准信号输出端进行校正，如图3-8所示。

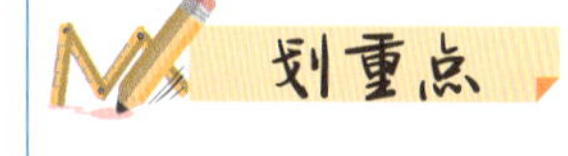

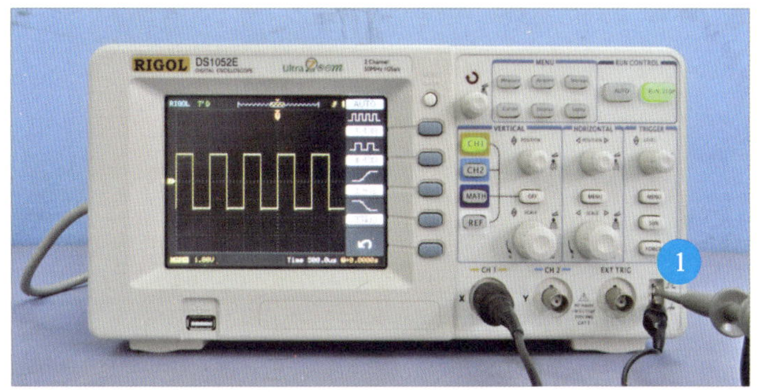

1 将测试线探头连接在基准信号输出端。

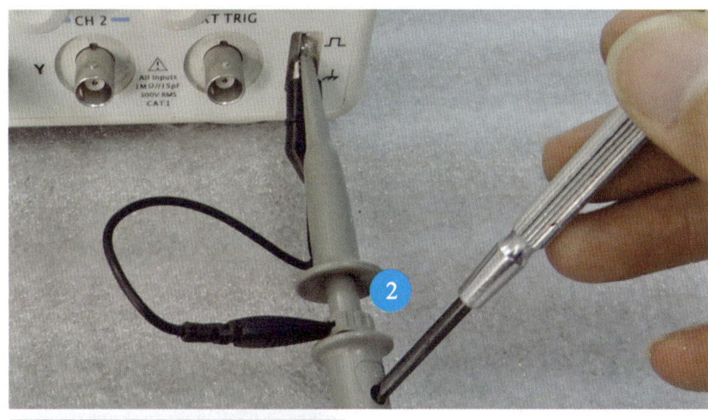

2 使用一字槽螺钉旋具微调探头上的调节螺钉，边调整边观察显示屏上的波形，直到显示正常的波形。

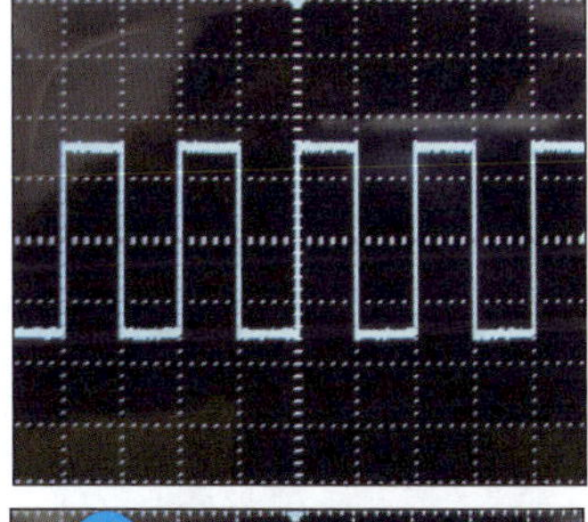

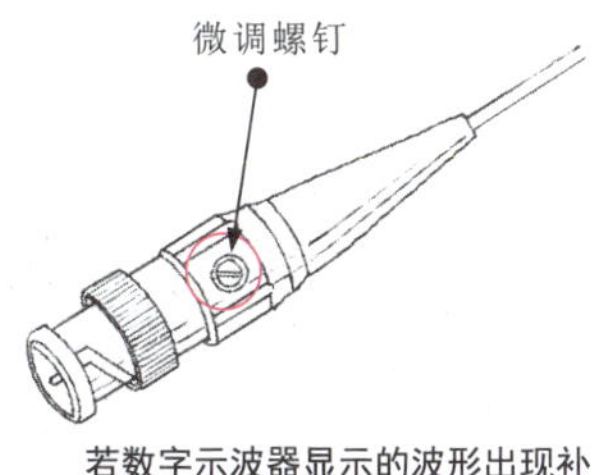

若数字示波器显示的波形出现补偿不足或补偿过度的情况，则需调整。

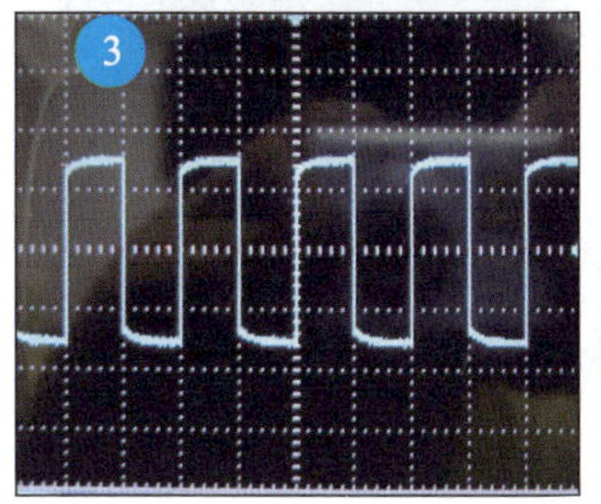

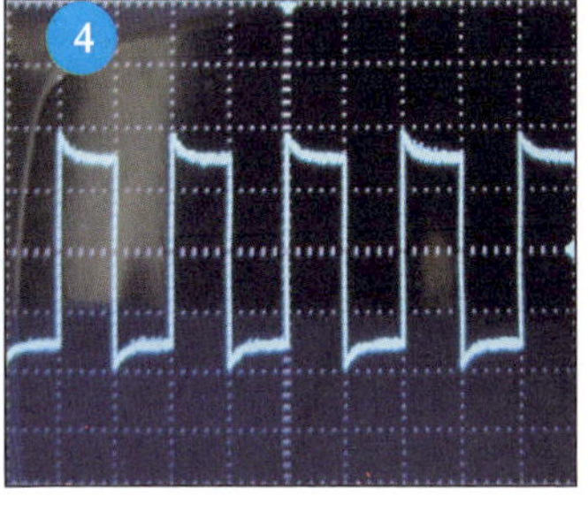

3 显示的波形为补偿不足的信号波形。

4 显示的波形为补偿过度的信号波形。

图3-8 数字示波器基准信号的校正

第4章

电子元器件的焊接工具

4.1 学用电烙铁

4.1.1 电烙铁的种类特点

电烙铁是手工焊接、补焊、代换元器件时的常用工具之一，如图4-1所示。

划重点

1 电烙铁通过热熔的方式实现引线端的焊接，操作时，需要使用镊子配合操作，避免烫伤。

2 在拆焊元器件时，使用电烙铁将元器件引脚处的焊点热熔，使用吸锡器将热熔的焊锡吸除。

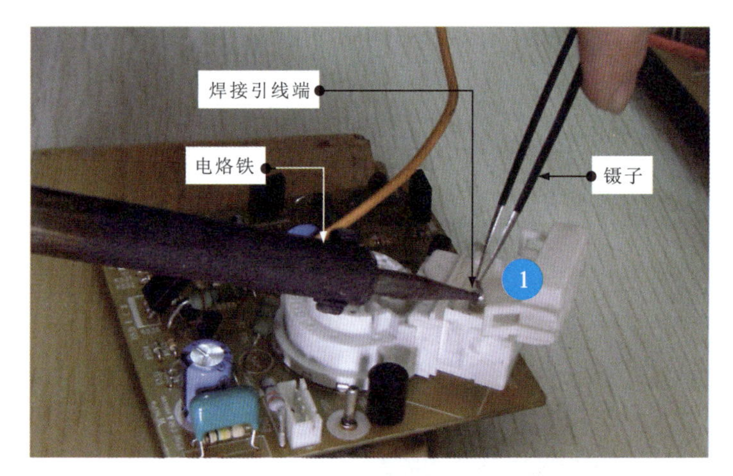

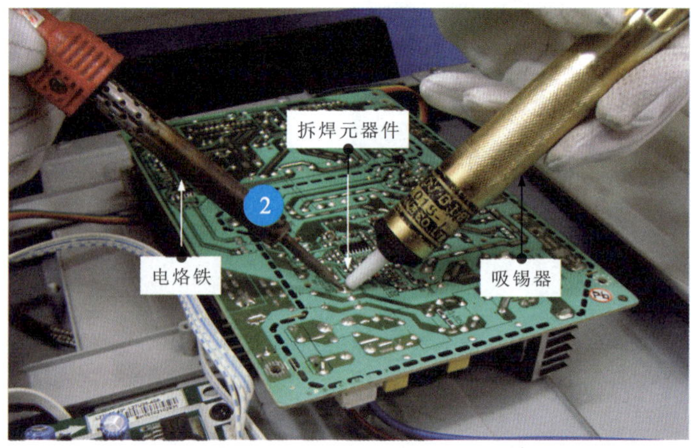

图4-1　电烙铁的功能应用

电烙铁根据不同的加热方式可分为内热式电烙铁和外热式电烙铁。

图4-2为常用电烙铁的实物外形。

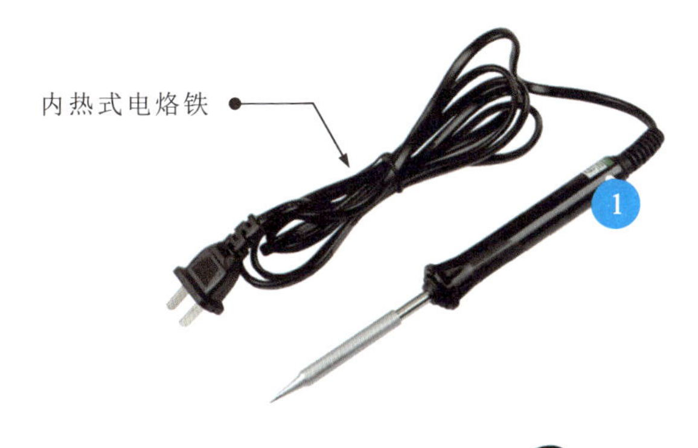

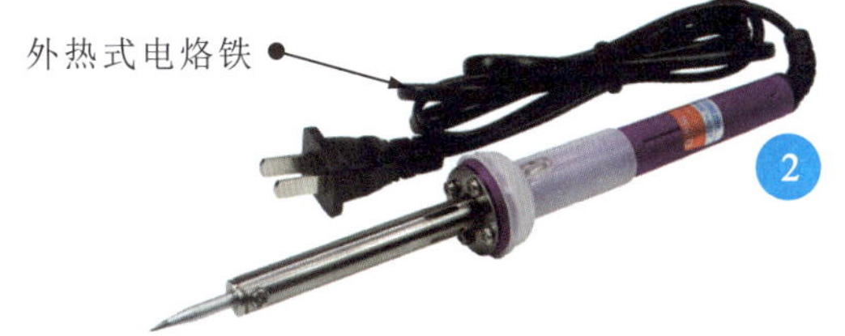

图4-2　常用电烙铁的实物外形

划重点

1 内热式电烙铁加热速度快、功率小、耗电低，适于焊接小型元器件。

2 外热式电烙铁功率大，适合大型元器件的焊接。

常见的电烙铁还有恒温式（电控式和磁控式）电烙铁和吸锡式电烙铁等。其实物外形如图4-3所示。

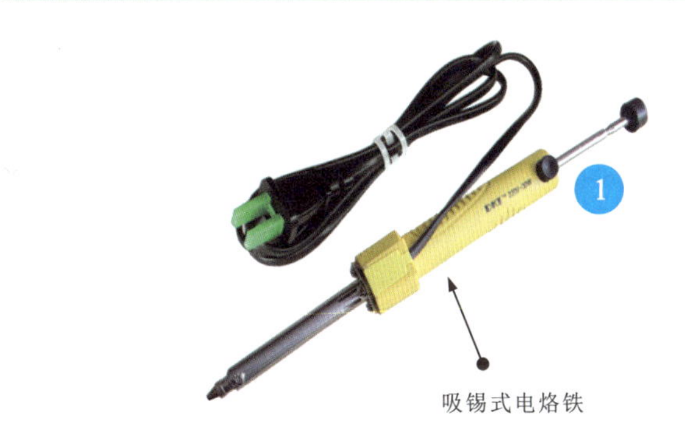

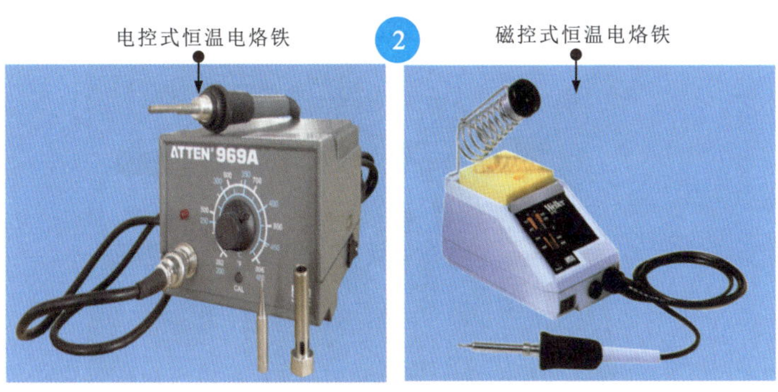

图4-3　吸锡式电烙铁和恒温式电烙铁的实物外形

1 吸锡式电烙铁将吸锡器与电烙铁的功能合二为一，非常便于拆焊、焊接。

2 恒温式电烙铁可以通过电控方式或磁控方式准确控制焊接温度，常应用在对焊接质量要求较高的场合。

4.1.2 电烙铁的使用规范

在使用电烙铁之前，应先学会电烙铁的正确握法。

如图4-4所示，电烙铁的握法主要有握笔法、反握法和正握法三种形式。

划重点

1 握笔法是最常用的一种电烙铁持握方式，动作精确，适于小型电路板的焊接或拆焊。

2 反握法的动作稳定性好，适于操作体积较大的分立式元器件的焊接或拆焊。

3 正握法的动作稳定性较差，适于大型电路元器件的焊接或拆焊。

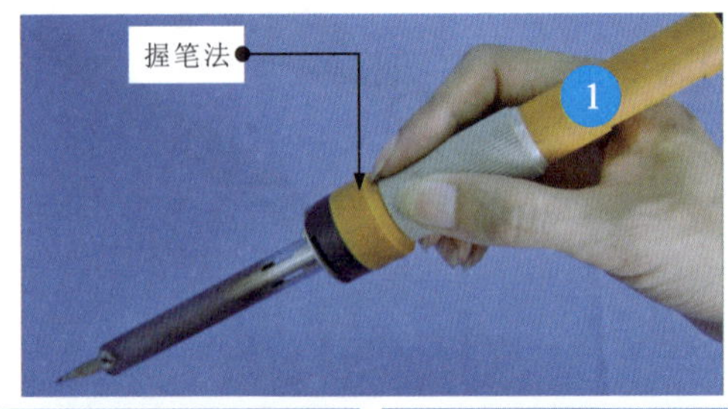

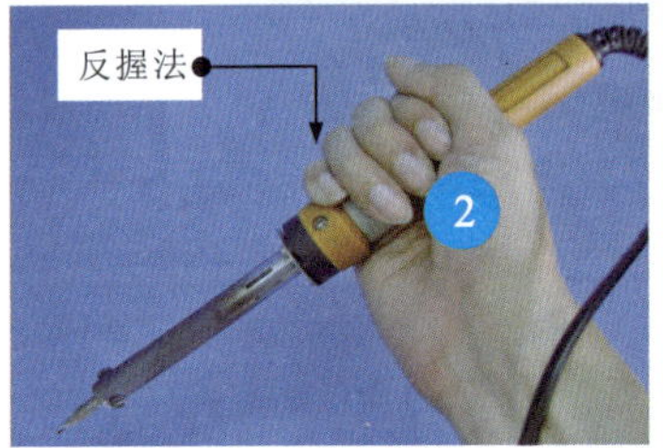

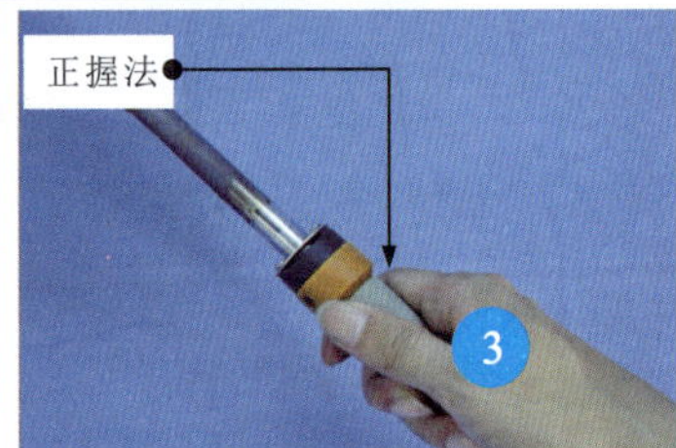

图4-4 电烙铁的正确握法

接下来就是对电烙铁进行预加热。当电烙铁达到工作温度后，要用右手握住电烙铁，用左手握住吸锡器，对需要拆焊的元器件进行拆焊。

图4-5为使用电烙铁拆焊元器件的操作方法。

1 将电烙铁放置在烙铁架上，接通电源，开始预热。

2 待电烙铁达到拆焊温度后，用电烙铁熔化IGBT引脚的焊锡，用吸锡器吸除焊锡。

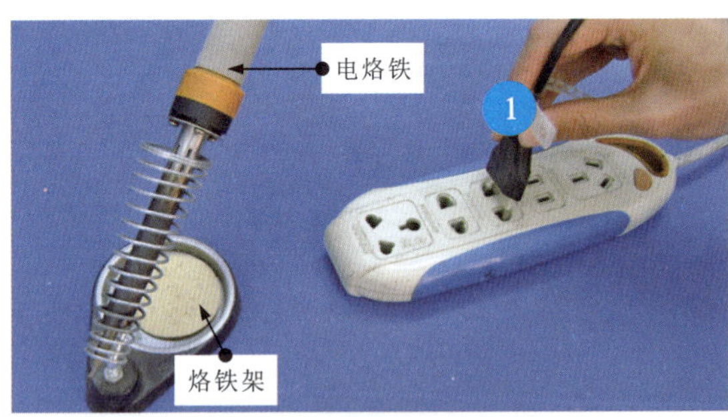

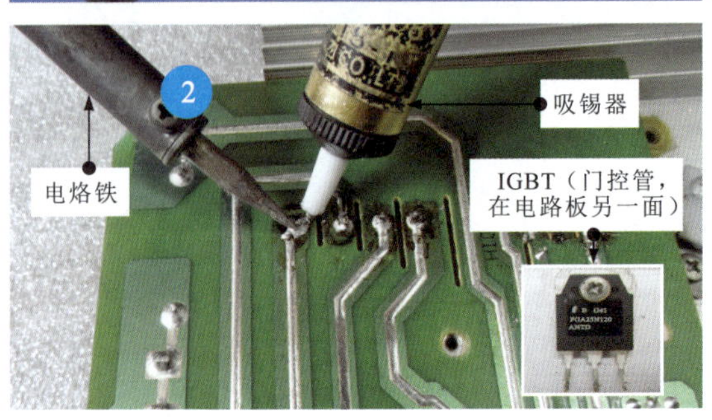

图4-5 使用电烙铁拆焊元器件的操作方法

4.2 学用热风焊机

4.2.1 热风焊机的种类特点

热风焊机是专门用来拆焊、焊接贴片元器件的焊接工具。图4-6为热风焊机的实物外形。

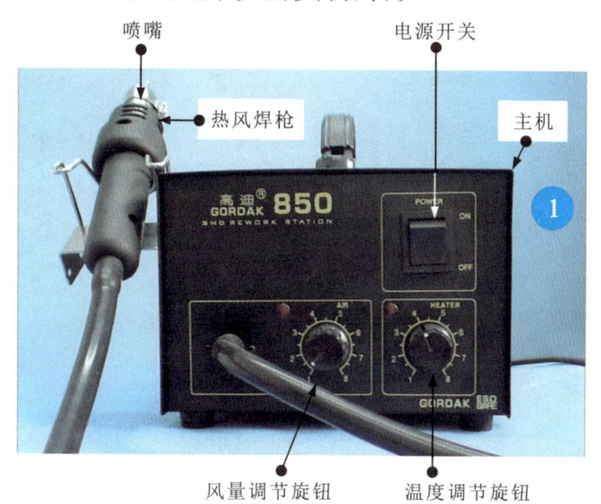

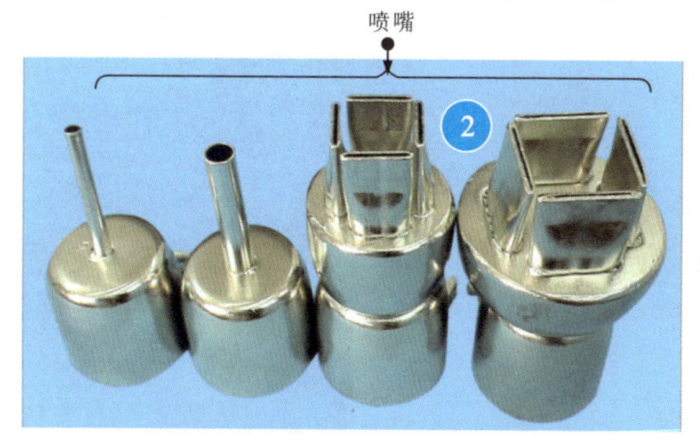

图4-6　热风焊机的实物外形

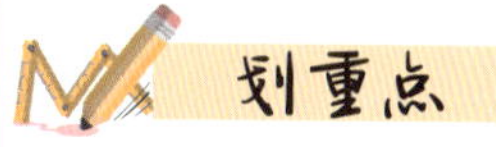

1 热风焊机主要由主机和热风焊枪等部分构成。

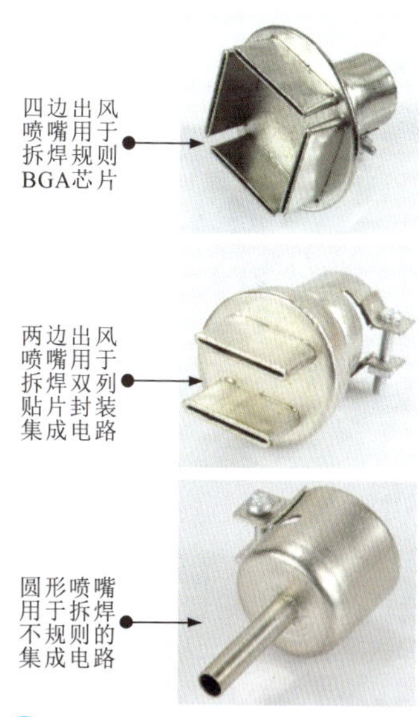

2 热风焊机配有多种规格的喷嘴。在使用热风焊机时，应根据焊接部位的大小和形状，选择合适的喷嘴。

图4-7为热风焊机的应用。

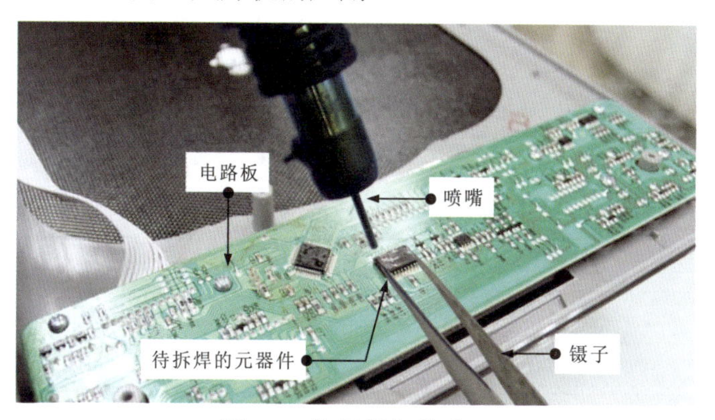

图4-7　热风焊机的应用

热风焊机在拆焊贴片元器件时常需要镊子或IC起拔器配合使用。

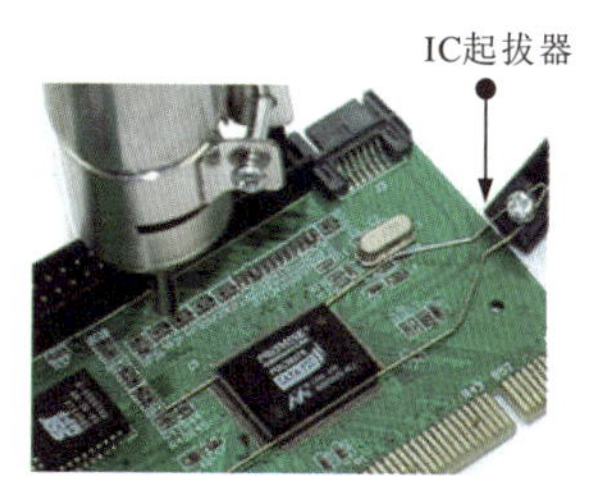

4.2.2 热风焊机的使用规范

热风焊机的使用一般分为三个步骤：一是通电开机；二是调节温度和风量；三是进行拆焊操作。

图4-8为热风焊机的通电开机操作。

划重点

1 将热风焊机的电源线插头插入电源插座。

2 从焊枪架上取下热风焊枪，按下电源开关。

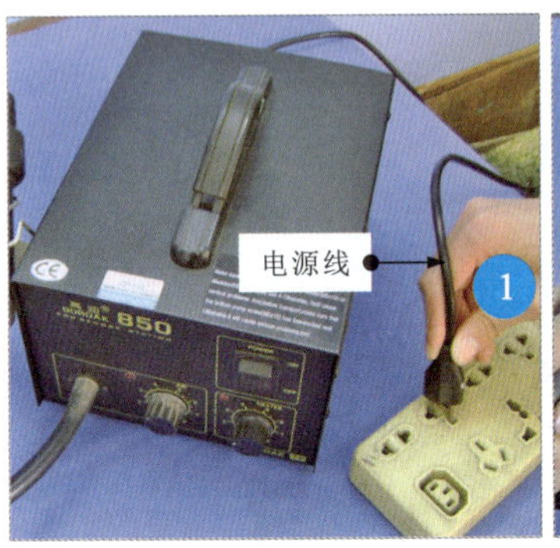

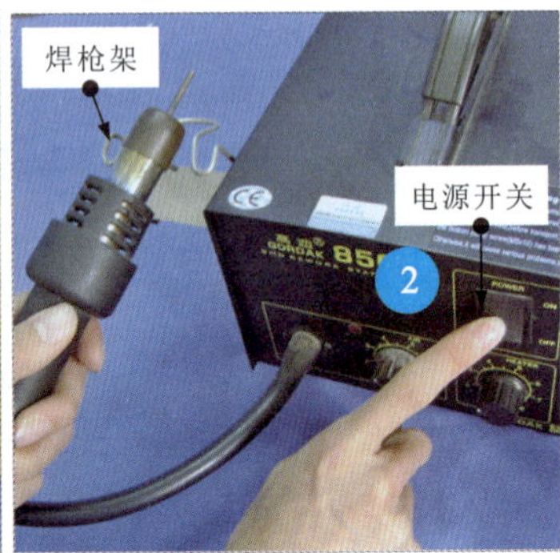

图4-8 热风焊机的通电开机操作

焊接前，应根据焊接要求调节设置热风焊枪的风量和温度。图4-9为热风焊机风量和温度的调节。

1 风量调节旋钮用以设定热风焊机喷嘴的风量大小。

2 温度调节旋钮用以调节热风焊机喷嘴的温度高低。

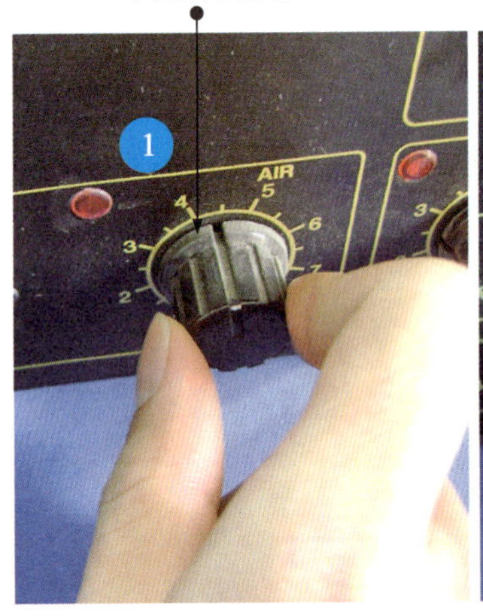

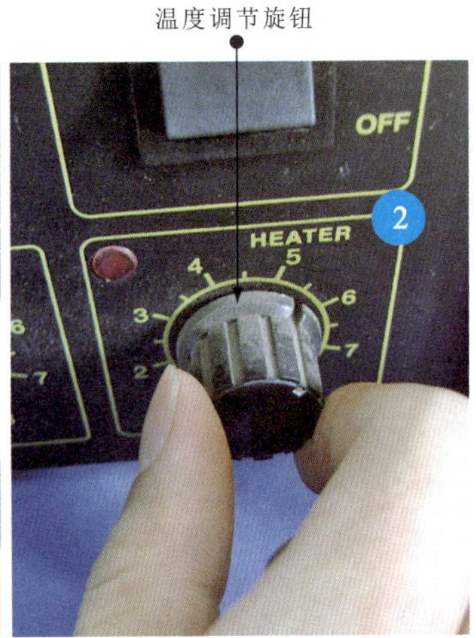

图4-9 热风焊机风量和温度的调节

多说两句！

待拆焊贴片元器件的类型不同，热风焊机的风量和温度调节范围不同。表4-1为热风焊机风量和温度调节旋钮的调节位置。

表4-1 热风焊机风量和温度调节旋钮的调节位置

待拆焊贴片元器件	风量调节旋钮	温度调节旋钮
贴片式分立元器件	1～2	5～6
双列贴片式集成电路芯片	4～5	5～6
四面贴片式集成电路芯片	3～4	5～6

图4-10为使用热风焊机拆焊贴片元器件的操作演示。

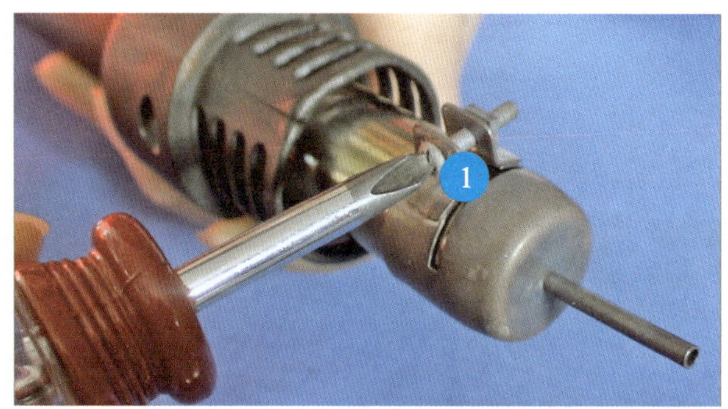

图4-10 使用热风焊机拆焊贴片元器件的操作演示

划重点

1 在拆焊之前，根据元器件的规格选择相应的喷嘴并安装到热风焊枪上。

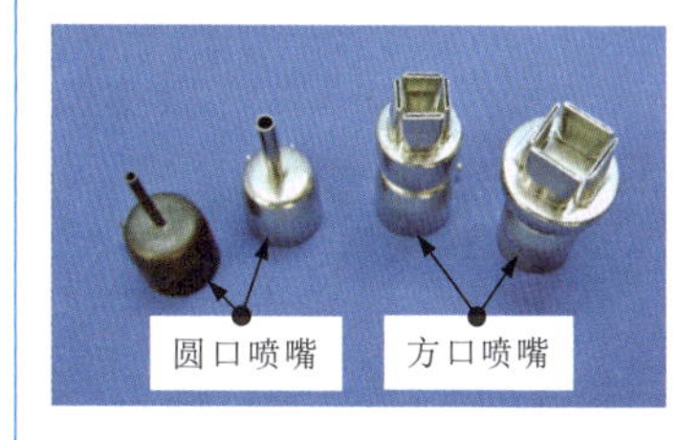

2 调节设置好风量和温度后，按下电源开关，待达到拆焊温度后，将热风焊枪垂直悬空放置在贴片元器件的引脚上方，来回移动实现均匀加热。

3 热风焊枪使用以后，必须将其放回到焊枪架上，并关闭电源开关。

如图4-11所示，在使用热风焊机焊接贴片元器件之前，可在焊接位置涂抹一层助焊剂。

图4-11 涂抹助焊剂

在焊接前，可先在焊点位置熔化一些焊锡后再涂抹助焊剂。将贴片元器件放在涂有助焊剂的焊接位置上，用镊子微调贴片元器件的位置。

第5章 安装、焊接电子元器件

5.1 安装、焊接电子元器件的工艺要求

5.1.1 电子元器件的安装流程

电子元器件的大小、数量不同，安装方式也不同，当按照要求将电子元器件安装完成后，还需要根据相关的工艺要求进行焊接操作。

1 清洁引脚

图5-1为电子元器件引脚的清洁操作。在安装前，应先清洁电子元器件的引脚，如果引脚表面有氧化层，则最好用细砂布擦拭。

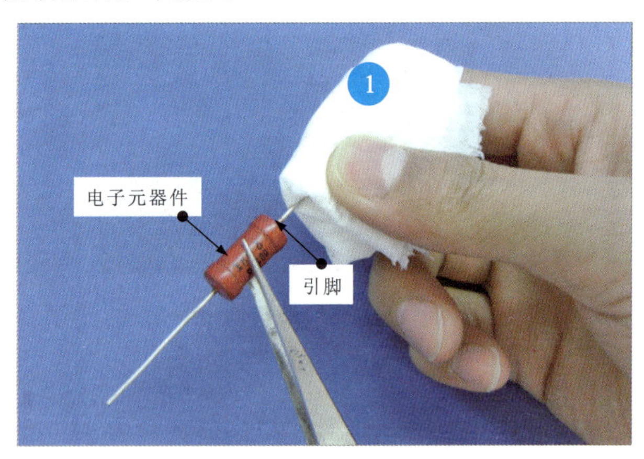

图5-1　电子元器件引脚的清洁操作

① 使用蘸有酒精的软布擦拭引脚可以去除引脚表面的氧化层，以便在焊接时容易上锡。

② 电子元器件引脚的氧化层可通过细砂布擦拭或用刮刀刮除。

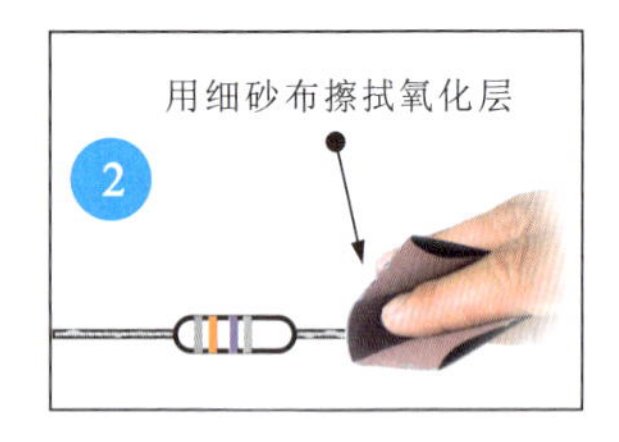

2 机械固定部件

在安装电子元器件前，应先安装那些需要进行机械固定的部件，如功率器件的散热片、支架、卡子等；操作时，不可以用手直接触碰电子元器件的引脚或印制电路板上的铜箔，避免因人体静电而损坏电子元器件或汗渍残留导致印制电路板氧化等情况。

3 安装间隔

如图5-2所示，在安装时，各种电子元器件之间应留有一定的距离。

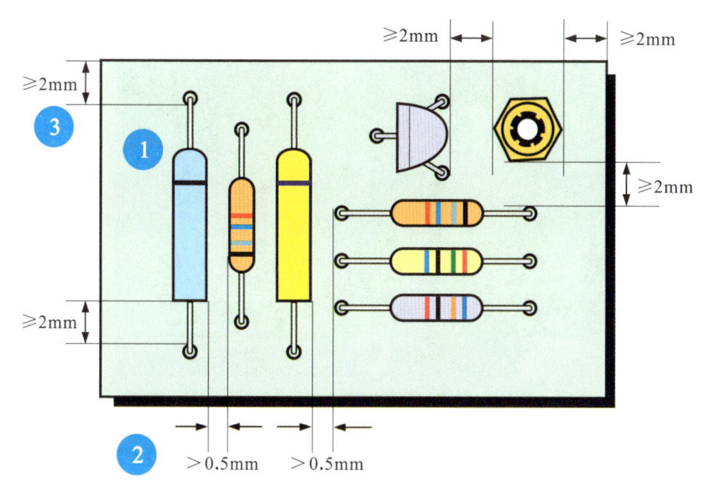

图5-2 电子元器件的间隔要求

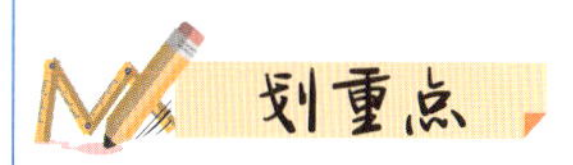

① 电子元器件的安装应整齐、美观、稳固，并插装到位，不可有明显的倾斜和变形现象。

② 直插式分立元器件之间的安装间距要大于0.5mm。

③ 直插式分立元器件引脚焊盘与印制电路板边缘的距离要大于等于2mm。

电子元器件应按一定的次序进行安装，先安装较小功率的卧式电子元器件，再安装立式电子元器件、大功率卧式电子元器件、可变电子元器件及易损坏的电子元器件，最后安装带散热器的电子元器件和特殊电子元器件，即按照先轻后重、先里后外、先低后高的原则进行安装。

4 弯曲引脚

如图5-3所示，分立式电子元器件在安装前应按要求对其引脚进行弯曲。

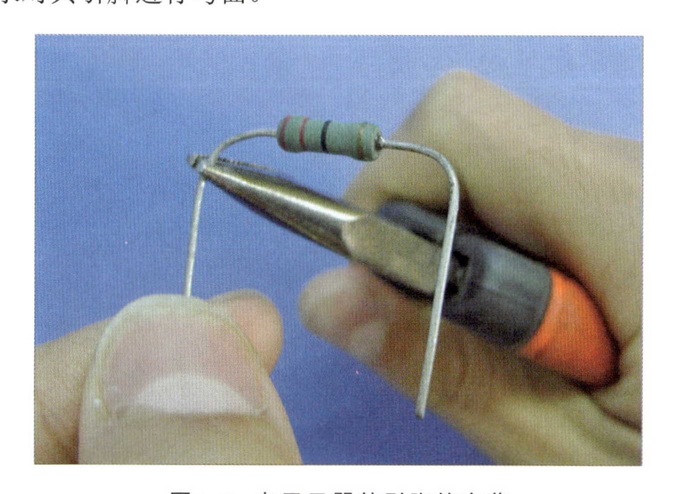

图5-3 电子元器件引脚的弯曲

应在距根部大于1.5mm的位置弯曲，弯曲半径R要大于引脚直径的两倍，弯曲后的两个引脚要与电子元器件自身垂直。

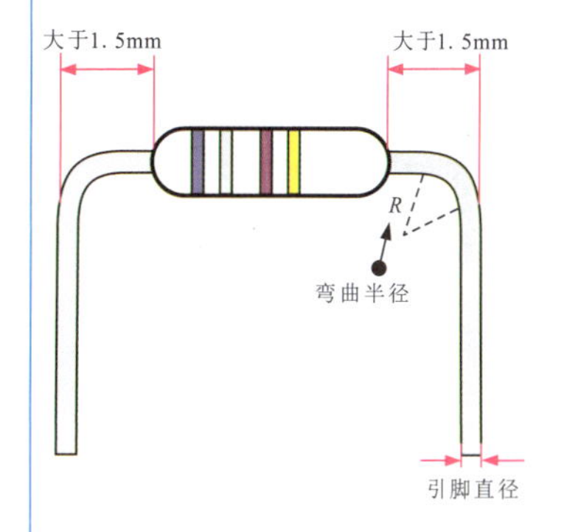

5 安装电子元器件

1 当采用立式安装时，电子元器件要与印制电路板垂直。

2 当采用卧式安装时，电子元器件要与印制电路板平行或贴在印制电路板上。

当工作频率较高时，电子元器件最好采用卧式安装，可以使引脚尽可能短一些，防止产生高频寄生电容。

多说两句！

值得注意的是，在安装电子元器件时，若需要保留较长的引脚，则必须在引脚上套上绝缘套管，可防止因引脚相碰而短路。

1 在安装有极性的电子元器件时，还要保证安装极性与印制电路板的标识一致。

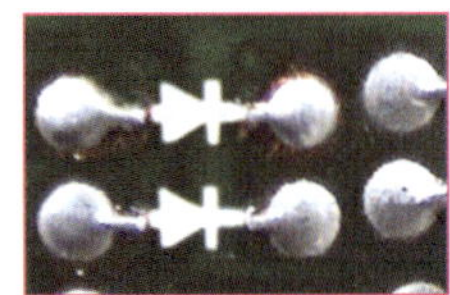

二极管的安装标识

2 对安装品质进行检查时，要按标识核对电子元器件的型号，检查引脚是否有损伤。

电子元器件的安装方式如图5-4所示。根据安装环境，电子元器件的安装方式有立式安装和卧式安装。

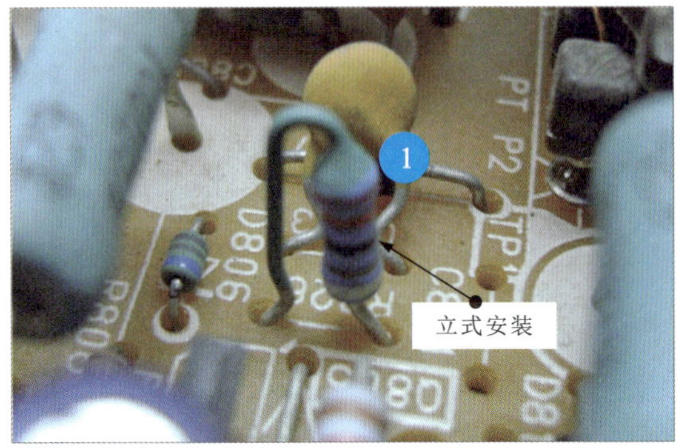

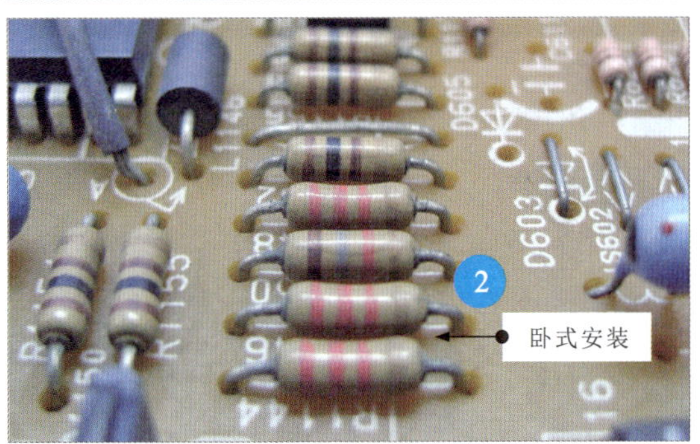

图5-4 电子元器件的安装方式

按标识安装电子元器件如图5-5所示。为了易于辨认，在安装时，电子元器件各种标识，如型号、数值等应朝上或朝外，以利于焊接和检修时查看。

图5-5 按标识安装电子元器件

5.1.2 电子元器件的焊接方式

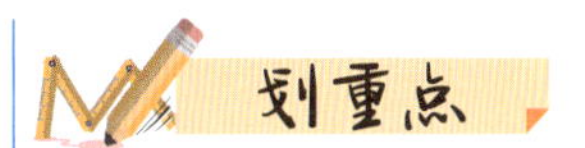

电子元器件常用的焊接方式主要有手工焊接和自动化焊接。

1 手工焊接

手工焊接是利用电烙铁加热被焊金属件和锡铅等焊料，并将熔化的焊料覆盖在已被加热的金属件表面，待焊料凝固后，使被焊金属件连接起来。

图5-6为手工焊接的正确操作。

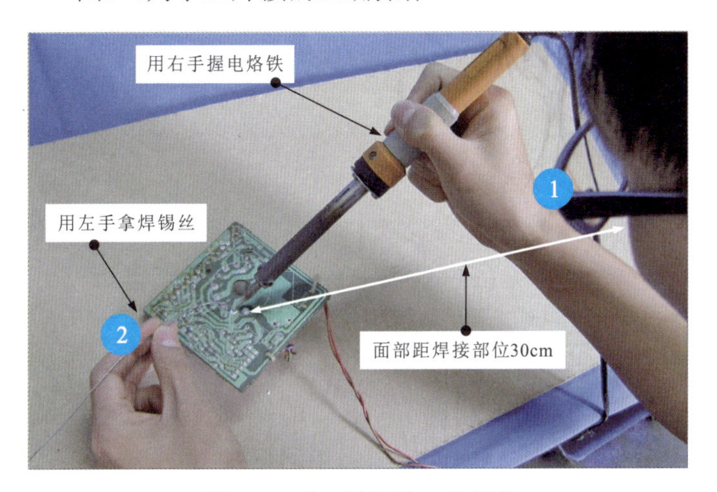

图5-6 手工焊接的正确操作

1 操作人员的面部与焊接部位应保持30cm以上的距离，且应在通风的环境下操作。

2 习惯上，一般操作人员用左手拿焊锡丝，用右手握电烙铁进行焊接操作。

2 自动化焊接

自动化焊接主要可以分为浸焊、波峰焊、再流焊及电子束焊等。

自动化焊接是使用计算机控制焊接设备进行焊接的一种工艺，是电子产品生产线上主要的电子元器件焊接方法，具有误差小、效率高的特点。

① 浸焊

图5-7为浸焊机的实物外形。

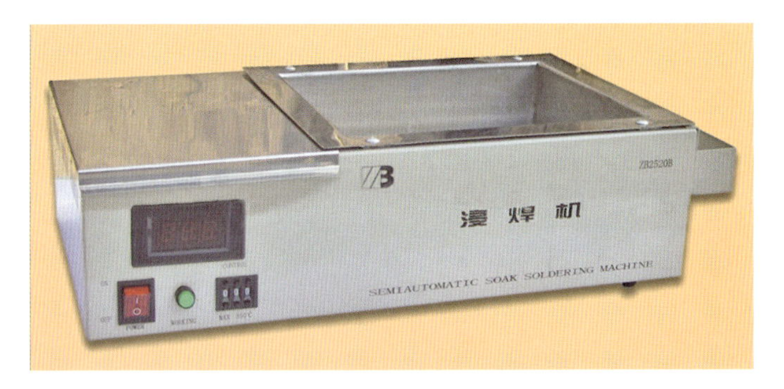

图5-7 浸焊机的实物外形

浸焊是将插装电子元器件的印制电路板浸入浸焊机，并一次完成印制电路板上众多焊点的焊接方法。浸焊大大提高了焊接的工作效率，消除了漏焊现象。印制电路板上不需要焊接的部位可涂抹阻焊剂。

② 波峰焊

图5-8为波峰焊机的实物外形。

图5-8　波峰焊机的实物外形

划重点

波峰焊是将熔化的软钎焊料（铅锡合金），经电动泵或电磁泵喷流成设计所要求的焊料波峰，也可以通过向焊料池内注入氮气来形成焊料波峰，使预先插装有电子元器件的印制电路板通过焊料波峰，实现电子元器件焊点或引脚与印制电路板焊盘之间机械与电气连接的软钎焊。

波峰焊分为单波峰焊、双波峰焊、多波峰焊等。图5-9为单波峰焊的原理示意图。

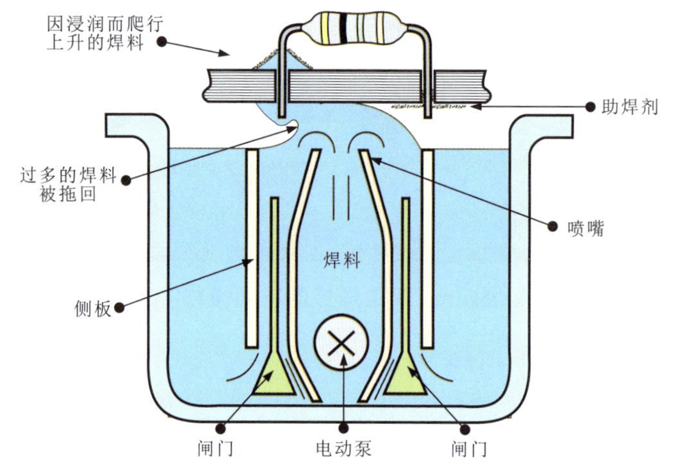

图5-9　单波峰焊的原理示意图

③ 再流焊

图5-10为再流焊机的实物外形。

再流焊也叫回流焊，是伴随微型化电子产品的出现而发展起来的焊接技术，主要应用于各类贴片式（表面贴装）电子元器件的焊接。

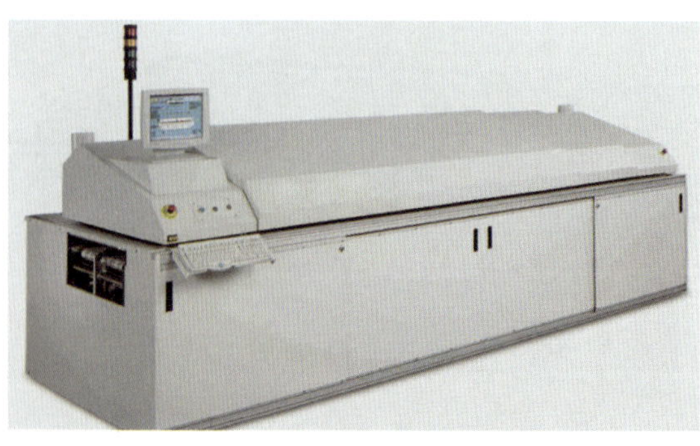

图5-10　再流焊机的实物外形

④ 电子束焊

图5-11为电子束焊机的实物外形。

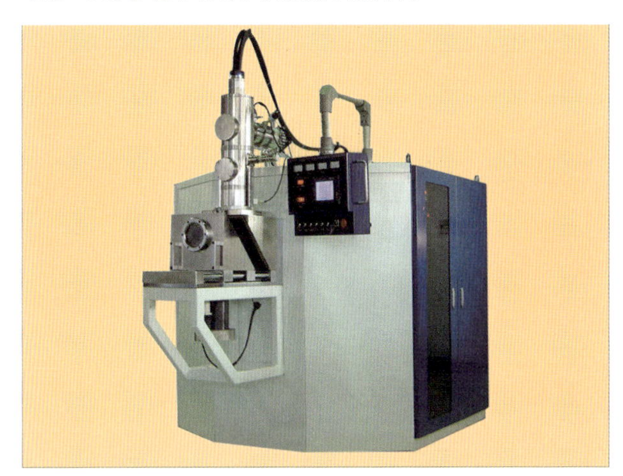

图5-11 电子束焊机的实物外形

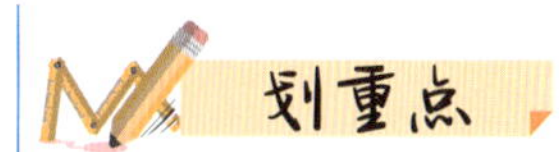

电子束焊是新颖、高能量密度的熔焊工艺，具有不用焊条、不易氧化、工艺重复性好及热变形量小等优点，被广泛应用于航空航天、原子能、汽车和电工仪表等众多行业。

5.2 安装、焊接直插式电子元器件

5.2.1 安装直插式电子元器件

1 直插式电子元器件的安装方式

直插式电子元器件的安装方式主要有机械自动安装和手工安装。图5-12为机械自动安装方式。

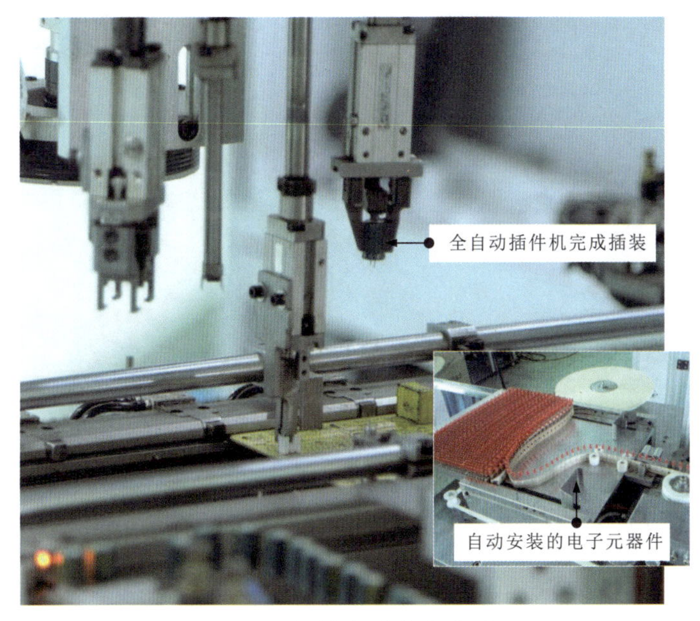

图5-12 机械自动安装方式

机械自动安装方式采用全自动插件机，通过计算机控制直插式电子元器件的插装，安装效率高，安装质量好。

全自动插件机

划重点

手工安装简单、易操作，只需将直插式电子元器件的引脚插入对应的插孔即可，主要用于自动化插装设备无法操作的直插式电子元器件的安装。

图5-13为手工安装方式。

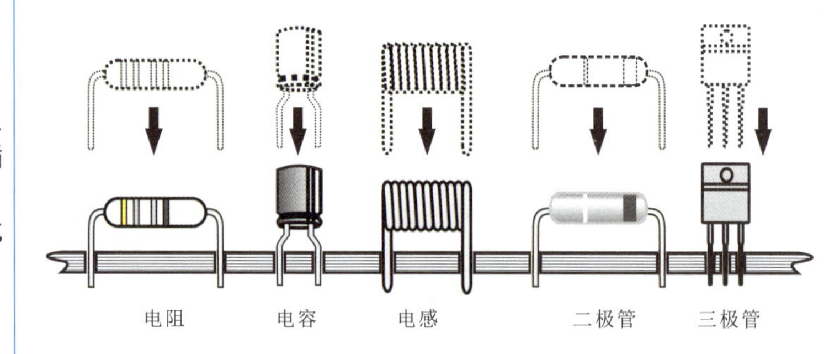

图5-13　手工安装方式

2 直插式电子元器件的安装要求

直插式电子元器件的安装高度应符合规定，同一规格的直插式电子元器件应尽量安装为同一高度，如图5-14所示。

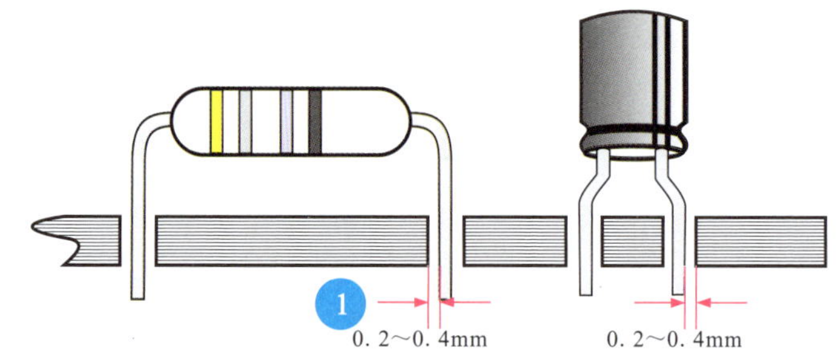

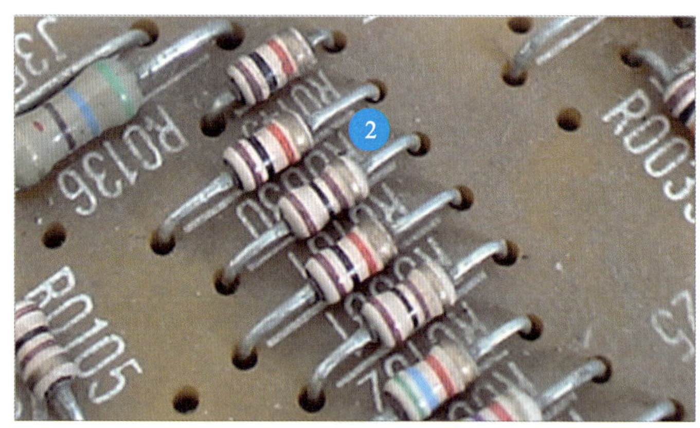

图5-14　直插式电子元器件的安装要求

1 安装直插式电子元器件时，直插式电子元器件的引脚与印制电路板的焊盘孔壁应有0.2～0.4mm的合理间隙。

2 直插式电子元器件的安装间隔要保持一致，安装高度要符合要求。同一规格电子元器件的安装间隔和安装高度要统一。

直插式电子元器件的安装顺序一般为先低后高，先轻后重，先易后难，先一般电子元器件后特殊电子元器件。

直插式电子元器件的外壳为金属材质时，其外壳与引脚不得相碰，要保证1mm左右的安全间隙，当无法避免时，应将引脚套上绝缘套管。

3 直插式电子元器件的安装方法

① 贴板安装

贴板安装如图5-15所示。

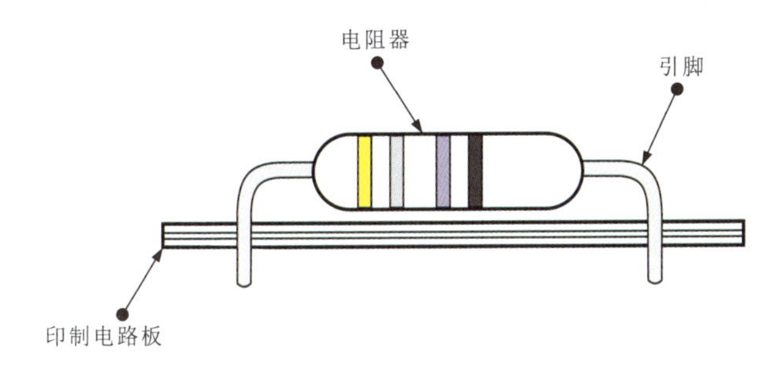

图5-15 贴板安装

贴板安装就是将直插式电子元器件贴紧印制电路板板面安装，安装间隙为1mm。贴板安装稳定性好，安装简单，但不利于散热，不适合高发热直插式电子元器件。双面焊接的印制电路板尽量不要采用贴板安装。

如图5-16所示，为避免短路，通常需要为直插式电子元器件添加防护措施。

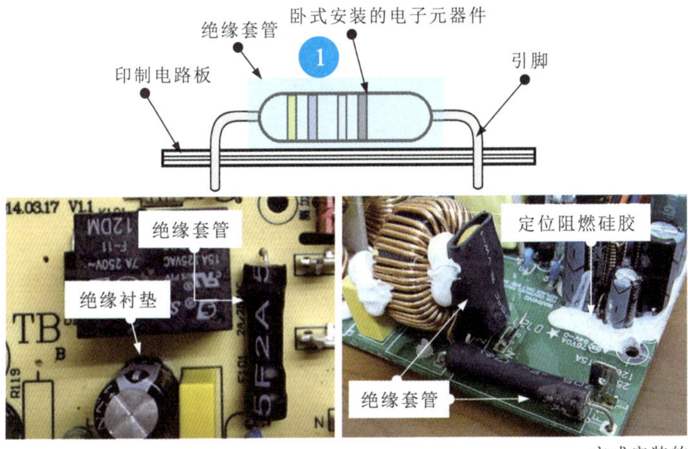

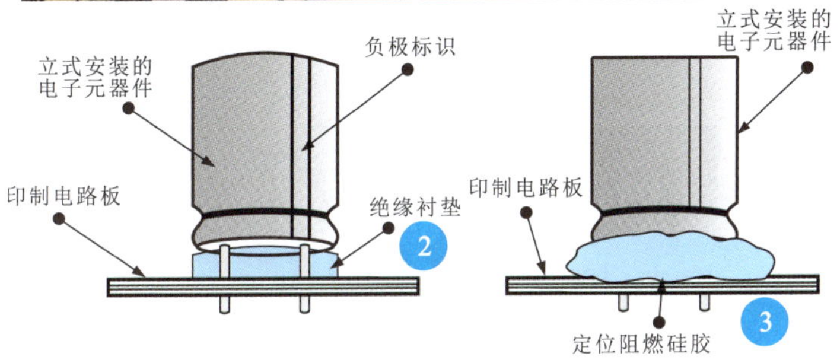

图5-16 贴板安装的防护措施

① 为了避免短路，应在卧式安装的直插式电子元器件的壳体上套上绝缘套管。

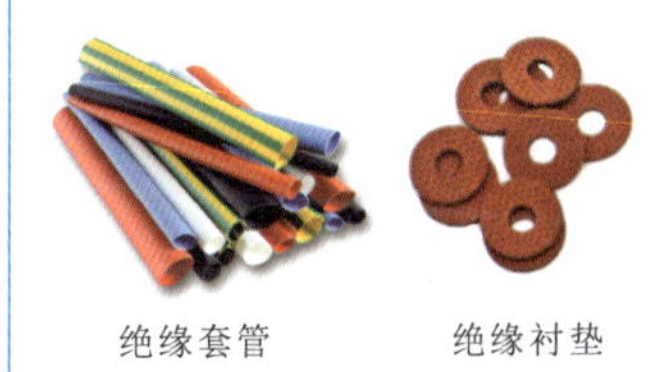

② 为了避免短路，应在立式安装的直插式电子元器件的下方加垫绝缘衬垫。

③ 定位阻燃硅胶不仅可以起到绝缘阻燃的功效，而且还能够确保电子元器件位置的固定。

② 悬空安装

如图5-17所示，发热直插式电子元器件、怕热直插式电子元器件等一般都采用悬空安装。

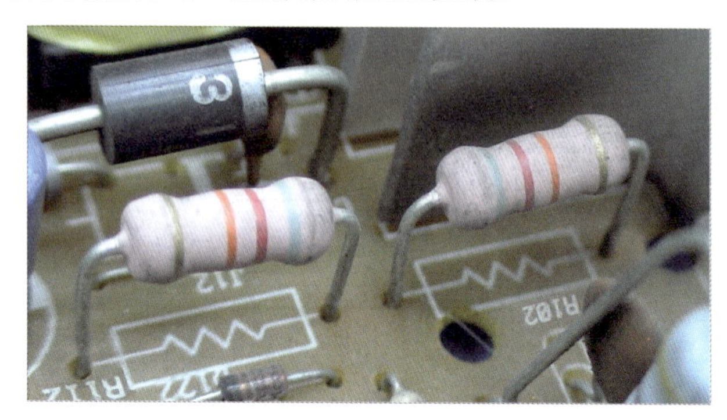

图5-17 悬空安装

在焊接怕热的直插式电子元器件时，大量的热量被传递，此时可以将引脚套上套管，阻隔热量，如图5-18所示。

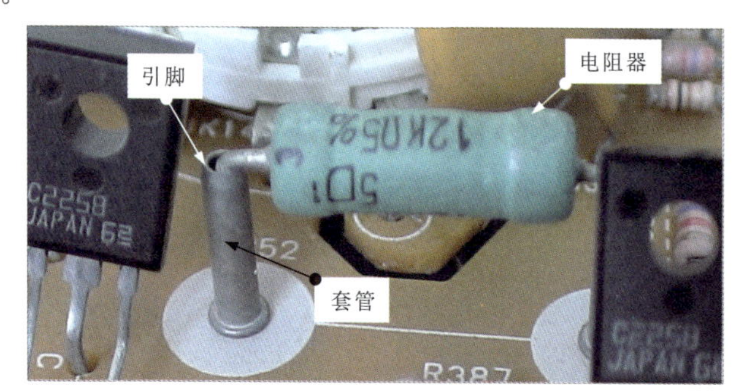

图5-18 将引脚套上套管

③ 垂直安装

如图5-19所示，垂直安装就是将直插式电子元器件的壳体竖直起来进行安装。

图5-19 垂直安装

悬空安装就是在安装时，直插式电子元器件的壳体与印制电路板保持一定的距离，距离为3～8mm。

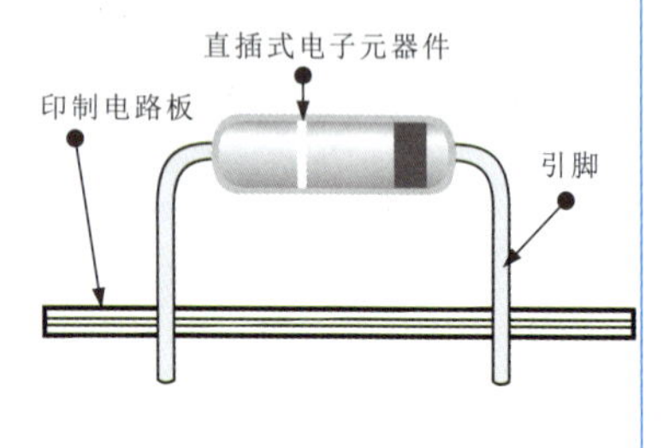

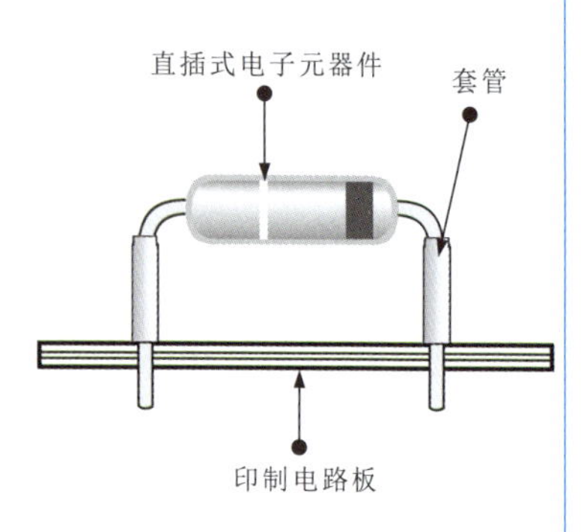

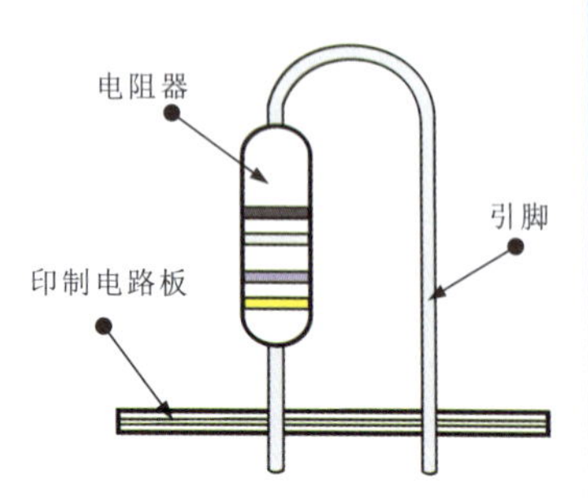

高密度安装区域适合采用垂直插装，但重量大且引脚细的直插式电子元器件不宜采用垂直安装。

④ 嵌入式安装

如图5-20所示，嵌入式安装俗称埋头安装，是将直插式电子元器件的部分壳体埋入印制电路板的嵌入孔内。

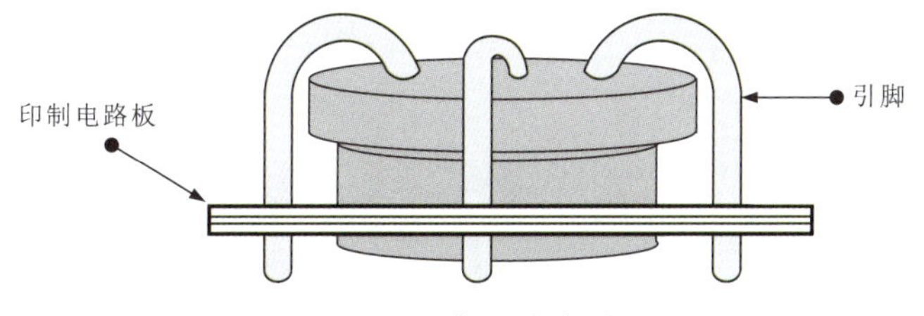

图5-20 嵌入式安装

划重点

嵌入式安装适用于安装需要进行防振保护的直插式电子元器件，可降低安装高度。

⑤ 支架固定式安装

如图5-21所示，支架固定式安装是用支架将直插式电子元器件固定在印制电路板上。

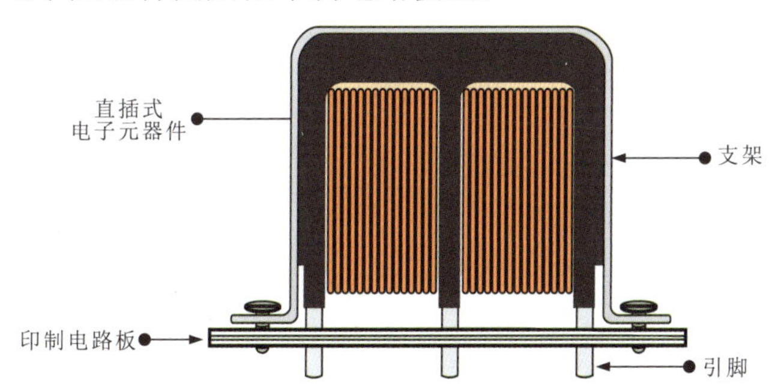

图5-21 支架固定式安装

支架固定式安装方式适用于安装小型继电器、变压器、扼流圈等较重的直插式电子元器件，用来增加在印制电路板上的牢固度。

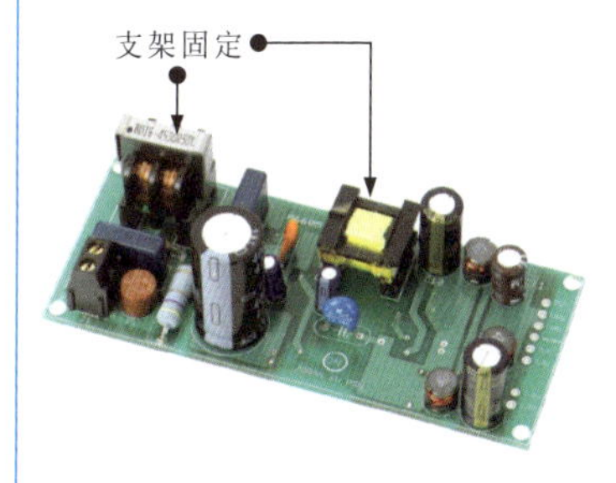

⑥ 弯折安装

如图5-22所示，弯折安装是先将直插式电子元器件的引脚垂直插入印制电路板的插孔中后，再将直插式电子元器件的壳体朝水平方向弯折。

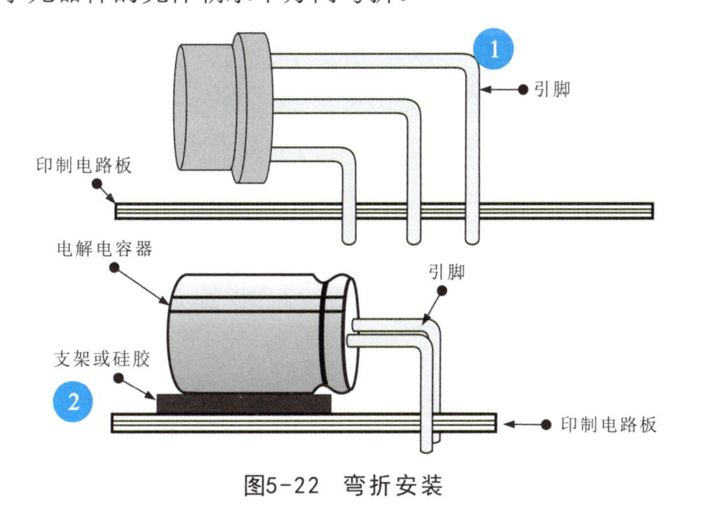

图5-22 弯折安装

1 要注意各引脚的弯折程度要保持一致，弯折角度不宜过大，以防引脚折断。

2 为了防止部分较重的直插式电子元器件歪斜、引脚因受力过大而折断，弯折后，应采取绑扎、粘贴等措施，增强直插式电子元器件的稳固性。

5.2.2 直插式电子元器件的焊接方法

1 直插式电阻器的焊接方法

图5-23为直插式电阻器的焊接方法。电阻器多采用直插式焊接形式。

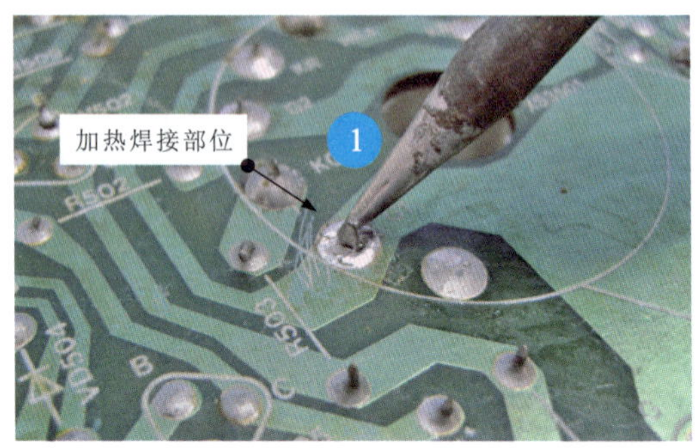

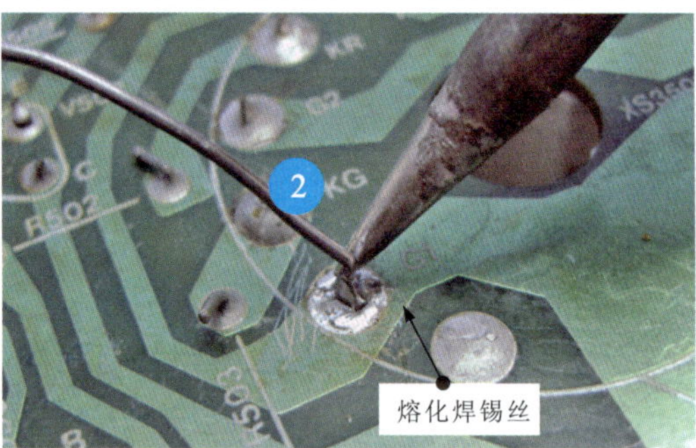

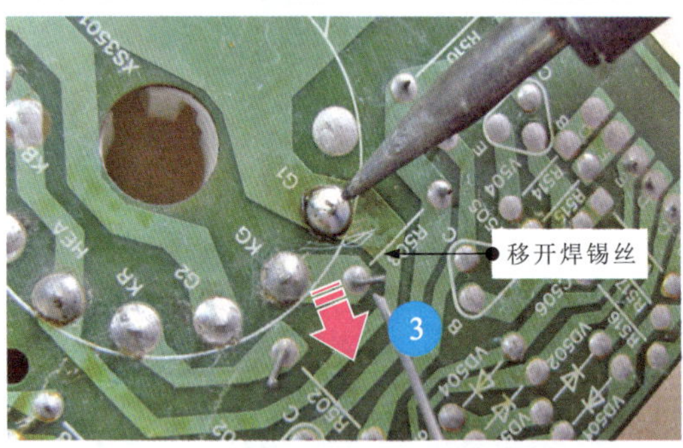

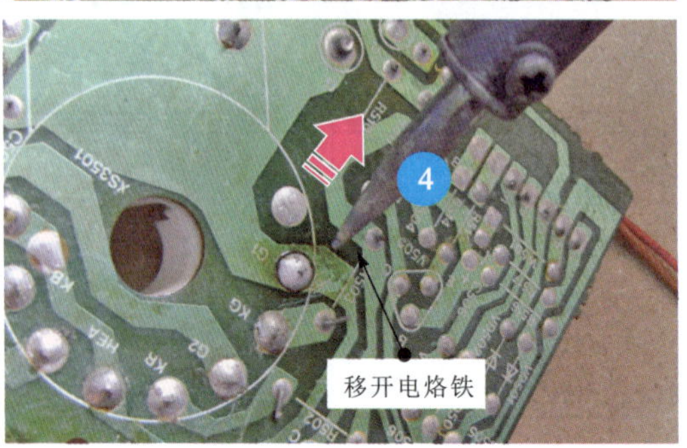

图5-23　直插式电阻器的焊接方法

划重点

1 使用电烙铁对待焊接部位进行加热。

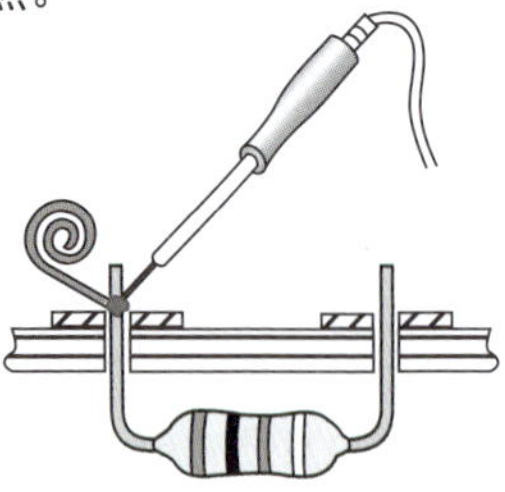

2 当焊接部位达到一定温度后，将焊锡丝放在焊接部位，用电烙铁蘸取少量助焊剂后，再熔化适量的焊锡。

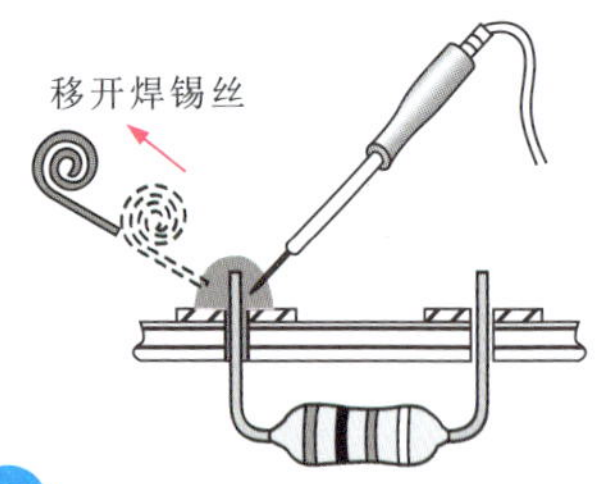

3 使用电烙铁将焊锡丝熔化并浸熔引脚后移开焊锡丝。

4 当焊接部位的焊锡接近饱满，助焊剂尚未完全挥发时，迅速移开电烙铁。移开电烙铁的正确方法是先慢后快，沿45°方向移开，并在将要离开焊接部位时快速往回一带后再迅速移开。

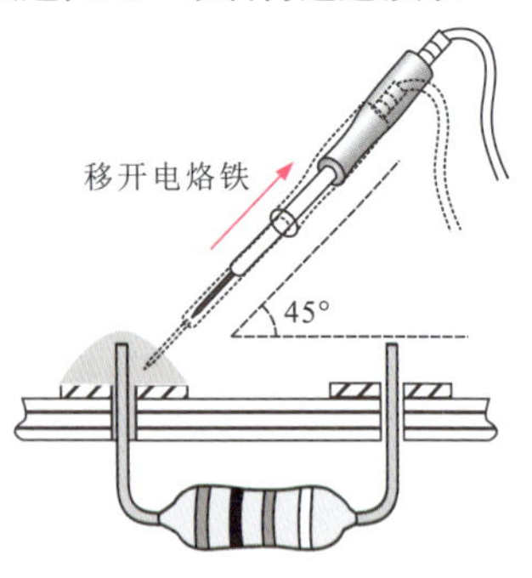

2 直插式电容器的焊接方法

图5-24为直插式电容器的焊接方法。

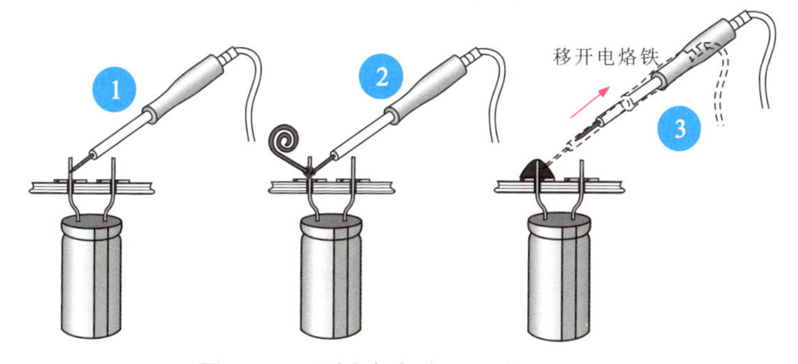

图5-24 直插式电容器的焊接方法

划重点

1 使用电烙铁对电容器引脚的焊接部位加热。

2 达到焊接温度后，将焊锡丝放在焊接部位。

3 焊接部位的焊锡热熔饱满，移开焊锡丝和电烙铁。

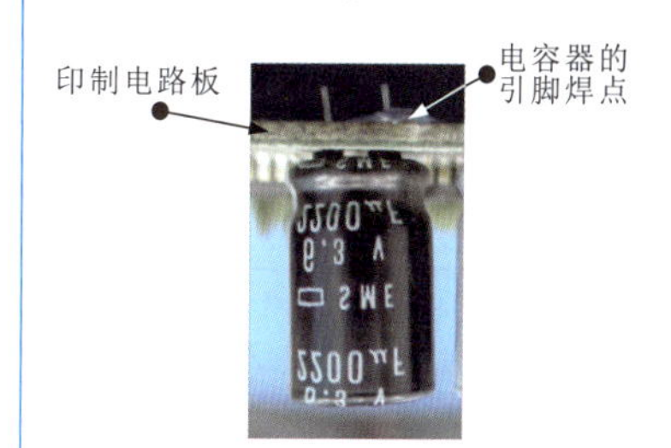

3 直插式三极管的焊接方法

图5-25为直插式三极管的焊接方法。

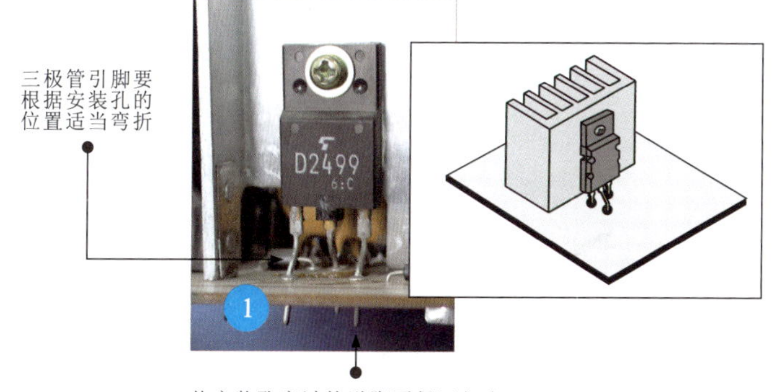

1 按电路板背部标识对应插入三极管引脚。通常，三极管的引脚需要根据电路板安装孔的位置适当弯折，要注意不可弯折过度，且保证引脚之间有一定的间隔。同时，从安装孔穿过的引脚要确保竖直。

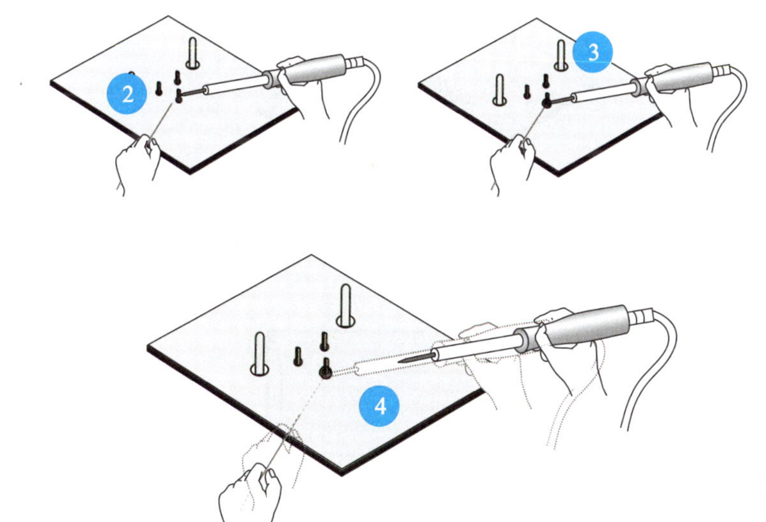

图5-25 直插式三极管的焊接方法

2 按电路板背部标识对应插入三极管的引脚后，使用电烙铁对焊接部位进行加热。待达到焊接温度，将焊锡丝移到焊接处。

3 待焊锡丝受热融化后浸熔在引脚周围；移动调整焊锡丝和电烙铁的位置，使熔化的焊锡在焊接引脚周围形成饱满的焊点。

4 待引脚焊接处形成饱满的焊点，焊锡最光亮且流动性最强的时刻，按操作规范迅速移开焊锡丝和电烙铁。

4 直插式集成电路的焊接方法

图5-26为直插式集成电路的焊接方法。

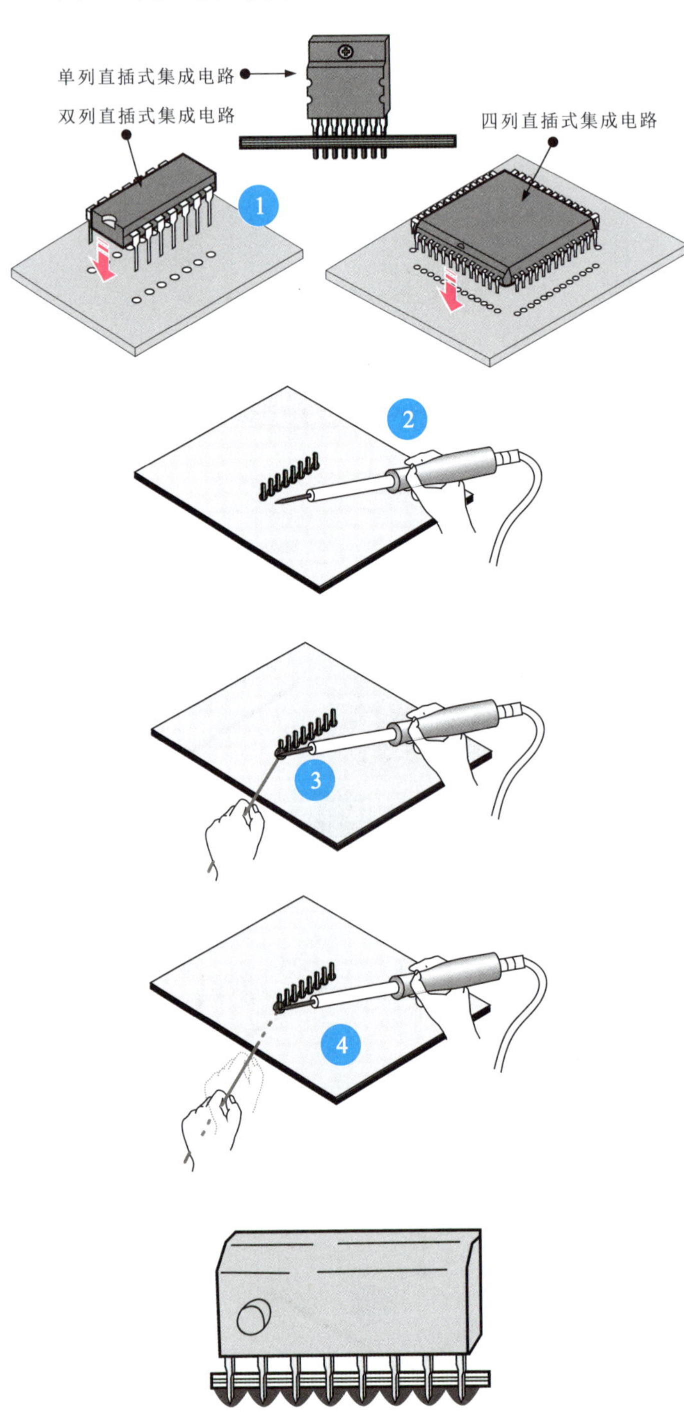

图5-26 直插式集成电路的焊接方法

划重点

① 在安装直插式集成电路时，可按照印制电路板上的对应插孔完全插入。插入后，检查引脚有无弯曲或折损情况。

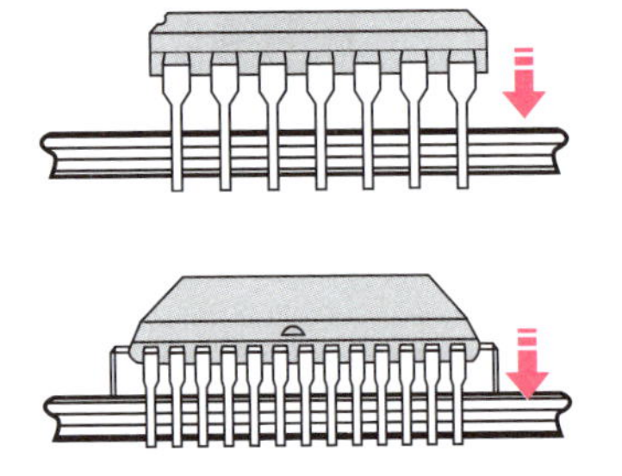

② 对集成电路引脚的焊接部位进行加热。由于集成电路内部集成度高，为避免温度过高而损坏，焊接温度不可高于指定的承受温度。

③ 将焊锡丝移至集成电路引脚的焊接部位，快速焊接。

④ 当焊接部位的焊锡饱满后，按规定移开焊锡丝和电烙铁完成一个集成电路引脚的焊接。依次类推，逐一完成各集成电路引脚的焊接。为避免集成电路受热损坏，焊接的温度要严格控制，同时，焊接的速度一定要快。

5.3 安装、焊接贴片式电子元器件

5.3.1 手工焊接贴片式电子元器件

手工焊接贴片式电子元器件可以借助电烙铁或热风焊机进行操作。

图5-27为使用电烙铁焊接贴片式电子元器件。

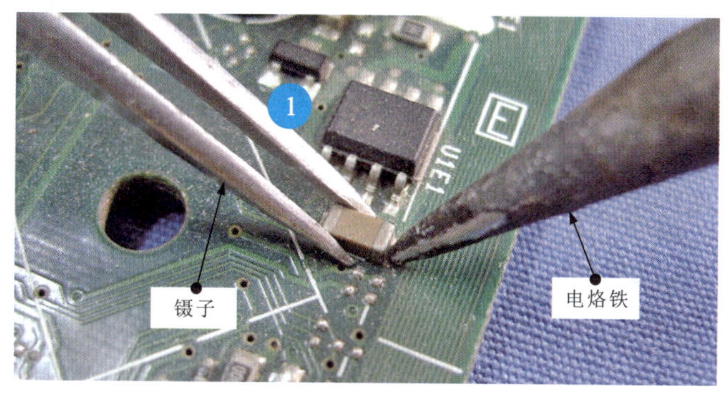

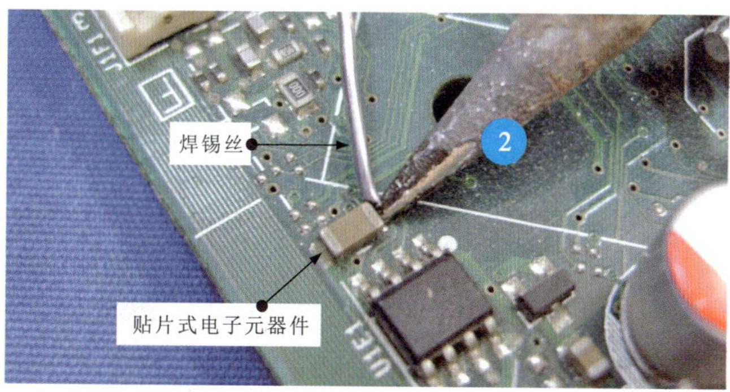

图5-27　使用电烙铁焊接贴片式电子元器件

图5-28为使用热风焊机焊接贴片式电子元器件。

图5-28　使用热风焊机焊接贴片式电子元器件

划重点

1 用镊子小心夹取贴片式电子元器件，将其妥善放在焊接位置上。

2 加热电烙铁，待其达到焊接温度后，将焊锡丝和电烙铁移至贴片式电子元器件的加热部位，熔化少量焊锡丝完成焊点焊接。

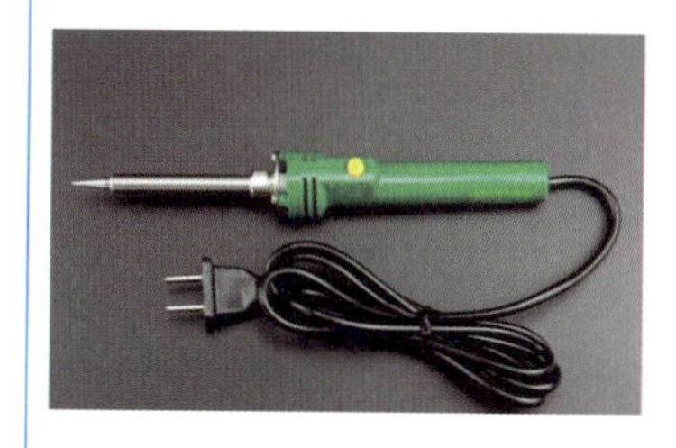

由于贴片式电子元器件的体积较小，因此需选用小型圆锥电烙铁头。焊接时，烙铁头的焊接温度不要超过300 ℃。

1 当热风焊机预热完成后，将热风焊枪垂直悬空在贴片式电子元器件的引脚上方对引脚进行加热。

2 在加热过程中，热风焊枪应往复移动，均匀加热各引脚，当引脚焊料熔化后，先移开热风焊枪，待焊料完全凝固后，再移开镊子。

5.3.2 自动化焊接贴片式电子元器件

以自动化焊接贴片式集成电路为例。在安装贴片式集成电路时，应先对印制电路板进行点胶操作。

如图5-29所示，通常采用点胶机进行点胶操作。

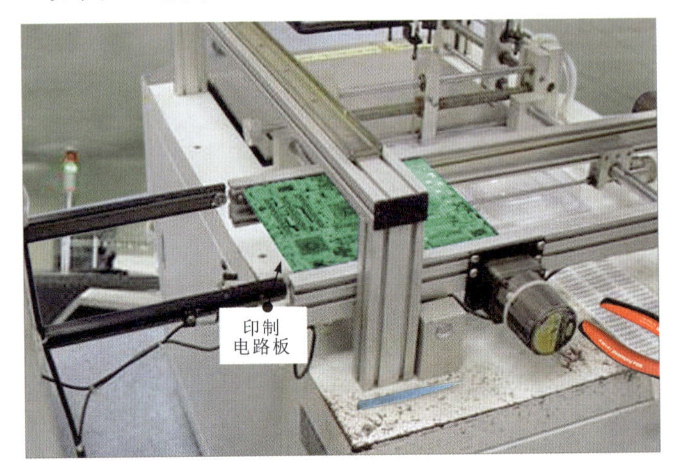

图5-29 采用点胶机进行点胶操作

划重点

点胶是将焊膏或贴片胶点到印制电路板的焊盘上，为贴片式电子元器件的安装、焊接做准备。

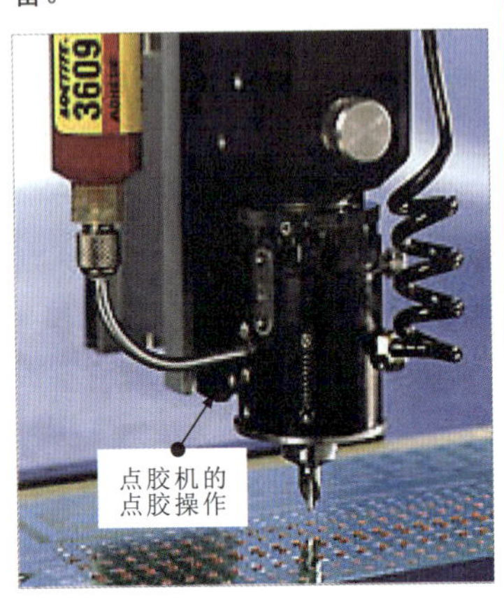

点胶操作完成后，将需要安装的贴片式集成电路放到贴片机的电子元器件放置盒中，如图5-30所示，通过贴片机贴装贴片式集成电路。

图5-30 贴片机贴装贴片式集成电路

贴装是将贴片式电子元器件准确安装到印制电路板的固定位置上，通过将焊膏溶化，使贴片式电子元器件与印制电路板牢固地焊接在一起。

5.4 电子元器件焊接质量的检查

5.4.1 直插式电子元器件焊接质量的检查

如图5-31所示，直插式电子元器件焊接完成后，应检查焊接质量。通常，焊接质量主要从焊点表面和焊点形状两方面进行检查。

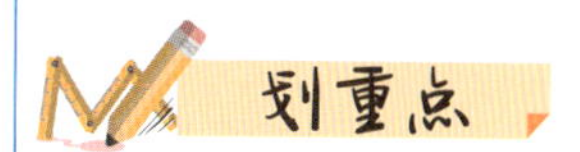

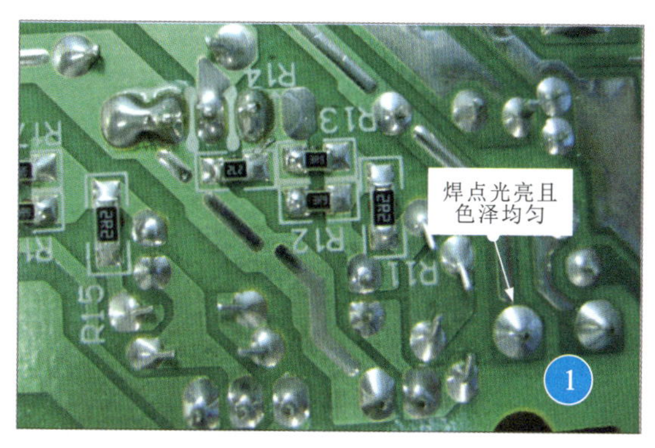

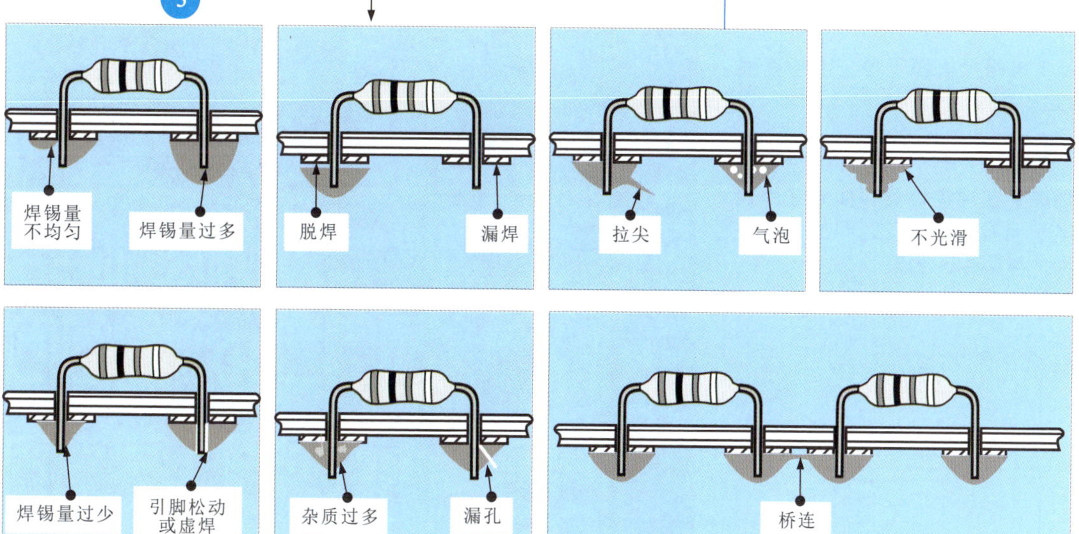

图5-31　直插式电子元器件焊接质量的检查

1 焊点表面应光亮且色泽均匀，没有裂纹、针孔及夹渣现象，不能留有松香渍，尤其助焊剂等有害残留物。如果有残留物未及时清除，会腐蚀电子元器件的引脚、焊点及印制电路板，并会因吸潮造成漏电甚至短路燃烧等，从而带来严重隐患。

2 标准焊点形状为焊锡布满焊盘。焊点以焊接导线为中心，呈裙形均匀拉开。

3 若焊点的焊锡量过少，则不仅会降低机械强度，还会由于表面氧化层逐渐加深，导致焊点早期失效；若焊点的焊锡量过多，既增加成本，又容易造成焊点桥连（短路），掩盖焊接缺陷。

5.4.2 贴片式电子元器件焊接质量的检查

如图5-32所示，贴片式电子元器件焊接完成后，应检查焊接质量。通常，贴片式电子元器件的焊接质量主要从焊点质量、洁净度、焊点位置和焊点高度等几方面进行检查。

划重点

1 检查焊点的润湿度是否良好、焊料的铺展是否均匀连续、连接角是否大于90°、焊点是否牢固可靠。

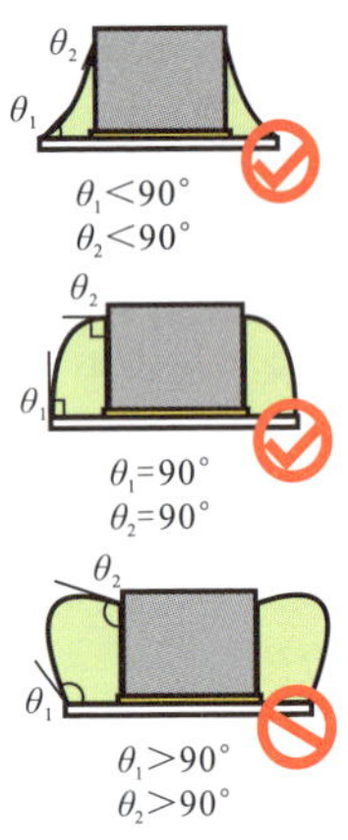

2 焊点的高度可略高于贴片式电子元器件本身，但不可过高，防止与其他电子元器件的引脚短路。

3 焊锡应延伸至引脚弯折处。

4 电路板板面干净，不能有残留的焊锡。

5 贴片式电子元器件的应规则地贴装在焊盘位置。如果贴片式电子元器件与焊盘之间的偏差较大，则需重新焊接。

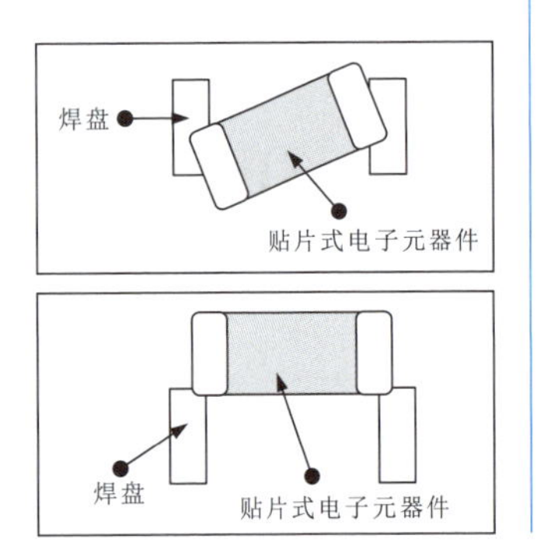

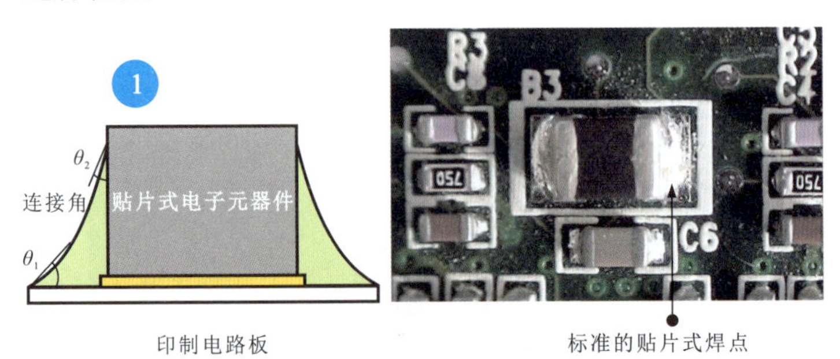

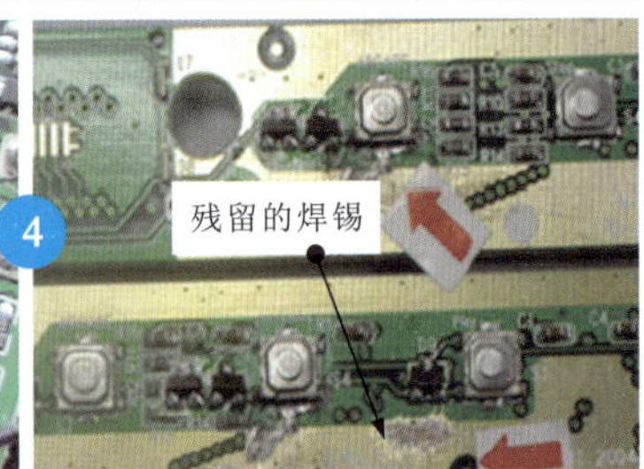

图5-32 贴片式电子元器件焊接质量的检查

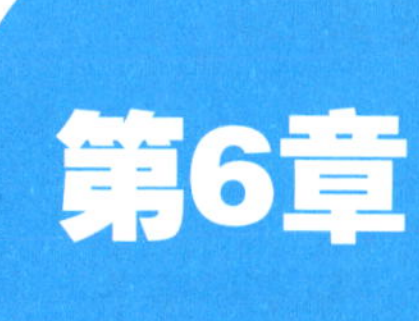

电阻器

6.1 电阻器的功能与分类

6.1.1 电阻器的功能

1 电阻器的限流功能

阻碍电流的流动是电阻器最基本的功能。

根据欧姆定律，当电阻器两端的电压固定时，阻值越大，流过电阻器的电流越小，因此电阻器常用作限流器件，如图6-1所示。

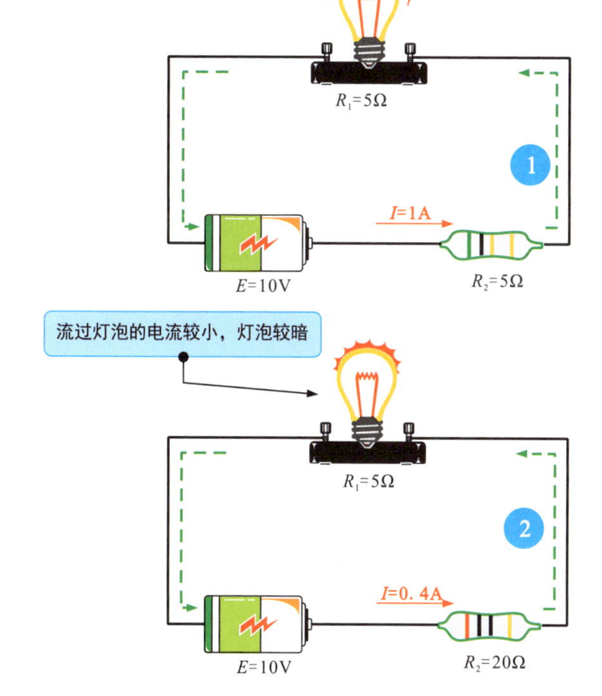

图6-1　电阻器的限流功能

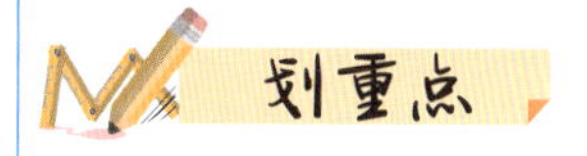

① $I=U/R=E/(R_1+R_2)$ =10V/(5+5)Ω=1A，流过灯泡的电流为1A。

② $I=U/R=E/(R_1+R_2)$ =10V/(5+20)Ω=0.4A，流过灯泡的电流为0.4A。

划重点

1 电池电压为4.5V，直流电动机的内阻为20Ω，额定电流为180mA。电池电压为4.5V，直流电动机的额定电压为3.6V，若将该电动机直接接在电池两端，则会因过流而损坏。

2 在电路中串联一个电阻器，电阻器自身产生电压（5Ω×0.18A=0.9V），使直流电动机的输入电压降低，4.5V-0.9V=3.6V，满足直流电动机的供电需求，工作正常。

2 电阻器的降压功能

电阻器的降压功能如图6-2所示。

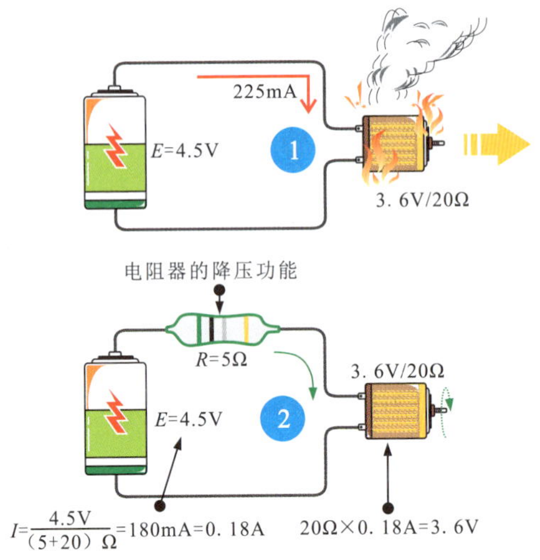

图6-2 电阻器的降压功能

3 电阻器的分流功能

如图6-3所示，将两个或两个以上的电阻器并联在电路中即可进行分流，电阻器之间为不同的分流点。

发光二极管（红色）的正向压降是固定的，为2V。

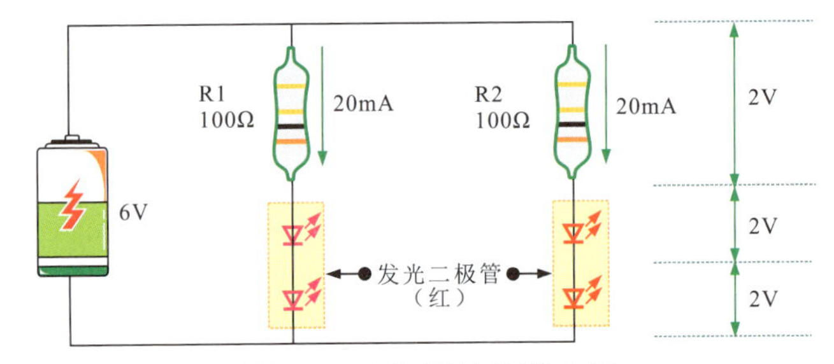

图6-3 电阻器的分流功能

4 电阻器的分压功能

电阻器的分压功能如图6-4所示。

1 将两个电阻器R1和R2串联起来即可组成分压电路。

分压电路为三极管V的基极提供偏压，构成交流放大器。

2 分压电路的供电电压为9V，三极管V的基极需要2.8V的偏压，可通过电阻器的分压功能实现。

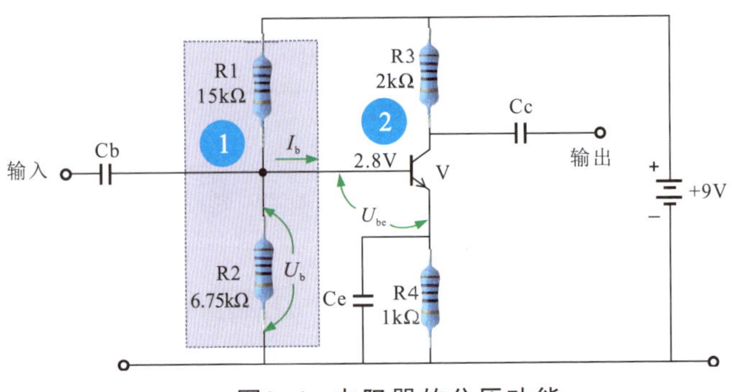

图6-4 电阻器的分压功能

6.1.2 电阻器的分类

电阻器的种类很多，根据功能和应用领域，主要可分为普通电阻器、敏感电阻器和可调电阻器三大类。

1 普通电阻器

普通电阻器是一种阻值固定的电阻器。常见的普通电阻器有碳膜电阻器、金属膜电阻器、金属氧化膜电阻器、合成碳膜电阻器、熔断电阻器、玻璃釉电阻器、水泥电阻器、排电阻器、贴片式电阻器及熔断器等。

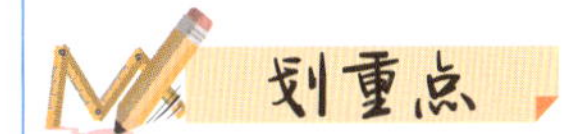

① 碳膜电阻器

碳膜电阻器是通过将真空高温条件下分解的结晶碳蒸镀在陶瓷骨架上制成的，如图6-5所示。

图6-5　碳膜电阻器

碳膜电阻器的电压稳定性好、造价低，在电子产品中应用非常广泛。

字母标识：R　　电路图形符号

碳膜电阻器多用色环法标识阻值。色环的颜色不同、环数不同，所代表的阻值也不同。

② 金属膜电阻器

金属膜电阻器是通过在真空高温条件下将金属或合金蒸镀在陶瓷骨架上制成的，如图6-6所示。

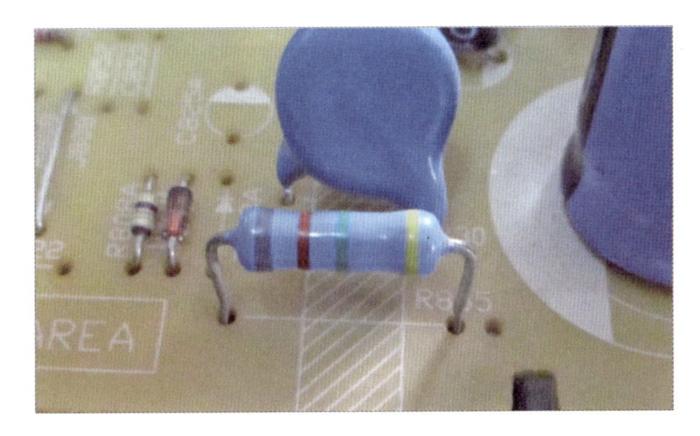

图6-6　金属膜电阻器

金属膜电阻器具有耐高温性能好、温度系数小、热稳定性好、噪声小等优点。与碳膜电阻器相比，金属膜电阻器的体积小，但价格较高。

字母标识：R　　电路图形符号

金属膜电阻器多用色环法标识阻值。

③ 金属氧化膜电阻器

金属氧化膜电阻器是通过将锡和锑的金属盐溶液经过高温喷雾沉积在陶瓷骨架上制成的，如图6-7所示。

划重点

金属氧化膜电阻器与金属膜电阻器相比，抗氧化、耐酸、抗高温等特性更好。

字母标识：R　　电路图形符号

金属氧化膜电阻器的外壳比较粗糙、无光泽，采用色环法或直标法标识阻值。

采用色环法标识阻值

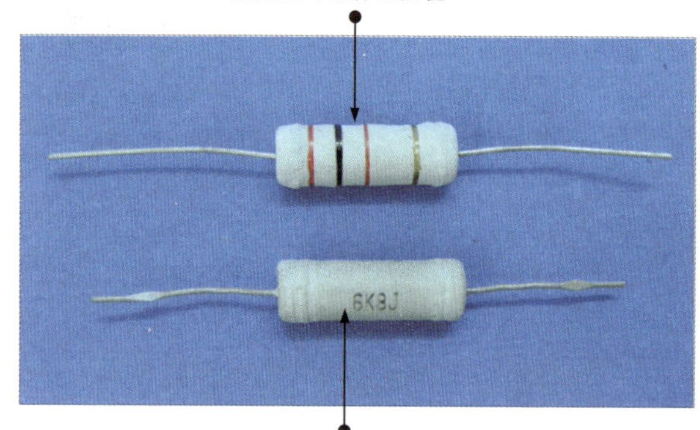

采用直标法标识阻值

图6-7　金属氧化膜电阻器

④ 合成碳膜电阻器

如图6-8所示，合成碳膜电阻器是通过将碳、填料及有机黏合剂调配成悬浮液，并将其喷涂在绝缘骨架上加热聚合制成的。

合成碳膜电阻器是一种高压、高阻的电阻器，通常用玻璃封装。

字母标识：R　　电路图形符号

合成碳膜电阻器多采用色环法标识阻值。

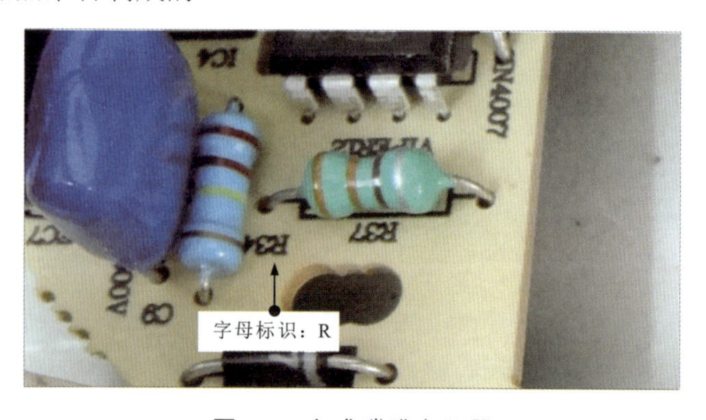

图6-8　合成碳膜电阻器

⑤ 玻璃釉电阻器

玻璃釉电阻器是通过将银、铑、钌等金属氧化物和玻璃釉黏合剂调配成浆料，并将其喷涂在绝缘骨架上，经高温聚合制成的，如图6-9所示。

划重点

玻璃釉电阻器具有耐高温、耐潮湿、稳定、噪声小、阻值范围大等特点。

玻璃釉电阻器多采用直标法标识阻值。

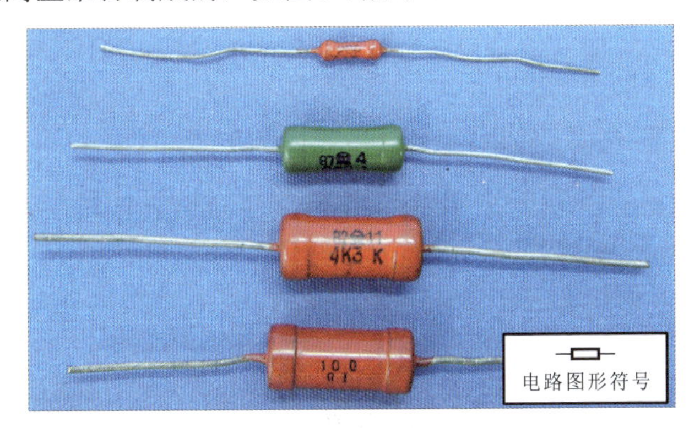

图6-9 玻璃釉电阻器

⑥ 水泥电阻器

如图6-10所示，水泥电阻器是采用陶瓷、矿质材料封装的电阻器。

水泥电阻器的特点是功率大、阻值小，具有良好的阻燃、防爆特性。

水泥电阻器多为白色块状，多采用直标法标识阻值。

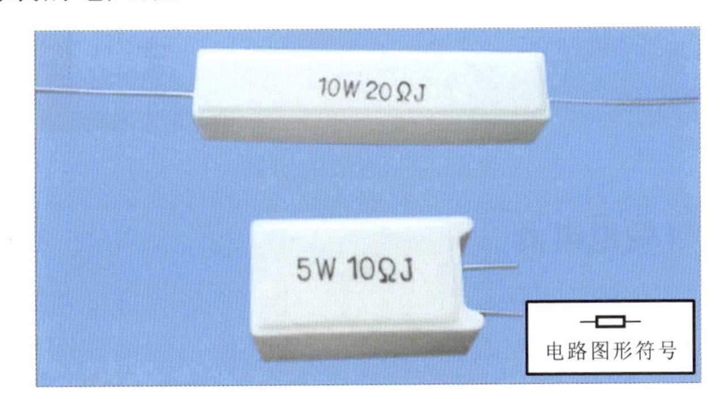

图6-10 水泥电阻器

⑦ 排电阻器

图6-11为排电阻器。排电阻器也称集成电阻器。

排电阻器简称排阻，是将多个分立电阻器按照一定的规律排列集成为一个组合型的电阻器。

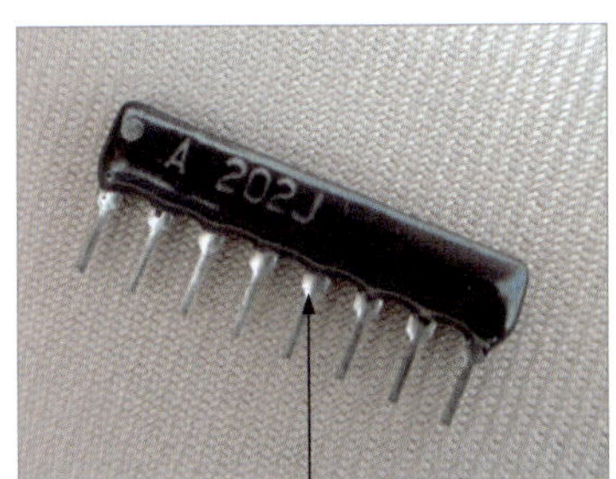

图6-11 排电阻器

2 敏感电阻器

敏感电阻器是能够根据外界环境的变化（如温度、湿度、光照强度、电压等）而改变自身阻值大小的电阻器，常用的有热敏电阻器、光敏电阻器、压敏电阻器、气敏电阻器、湿敏电阻器等。

① 热敏电阻器

热敏电阻器大多是用单晶、多晶半导体材料制成的，如图6-12所示。

划重点

热敏电阻器的阻值随温度的变化而变化，可分为正温度系数热敏电阻器和负温度系数热敏电阻器。

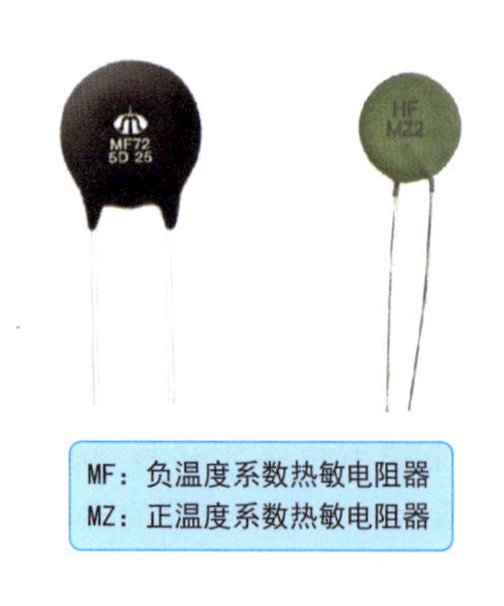

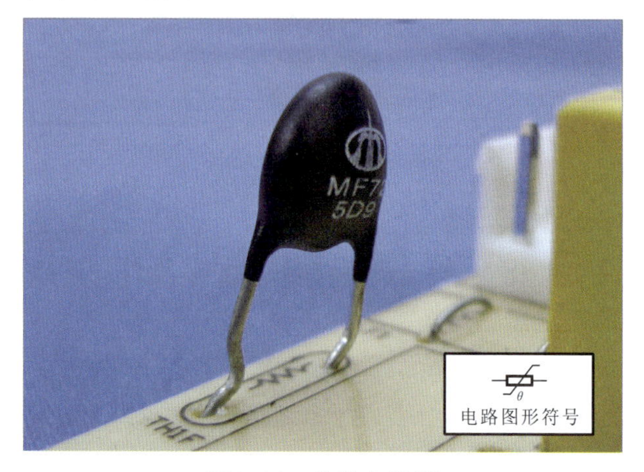

图6-12　热敏电阻器

② 气敏电阻器

气敏电阻器是利用当金属氧化物半导体表面吸收某种气体分子时，因发生氧化反应或还原反应而使阻值发生改变的原理制成的电阻器，如图6-13所示。

气敏电阻器内部的烧结体是某种金属氧化物粉料按一定比例添加铂催化剂、激活剂及其他添加剂后烧结而成的。

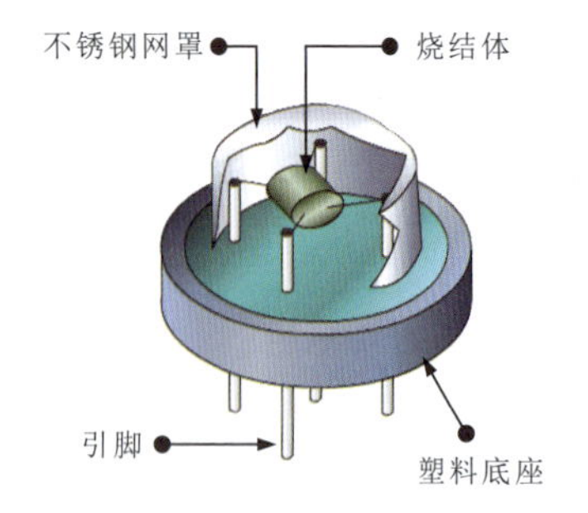

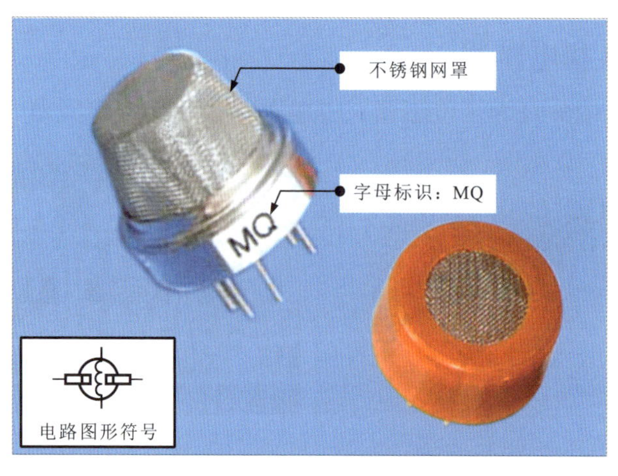

图6-13　气敏电阻器

通常，气敏电阻器可以把某种气体的成分、浓度等转换成阻值，常作为气体感测元器件制成各种气体的检测仪器、报警器，如酒精测试仪、煤气报警器、火灾报警器等。

③ 光敏电阻器

光敏电阻器是一种用具有光导特性的半导体材料制成的电阻器，如图6-14所示。

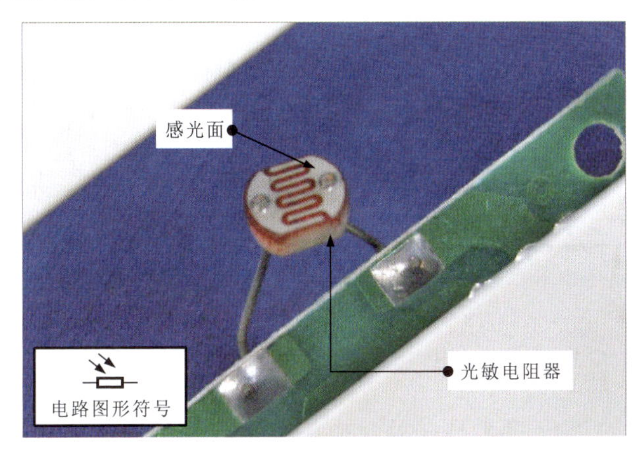

图6-14 光敏电阻器

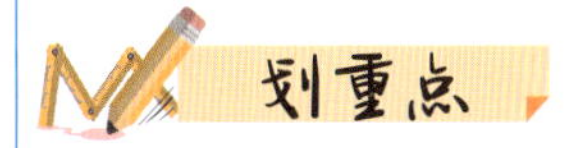

光敏电阻器的外壳上通常没有信息标识，但其感光面具有明显特征，很容易辨别。

光敏电阻器利用半导体的光导特性，阻值随入射光线的强弱发生变化，当入射光线增强时，阻值明显减小；当入射光线减弱时，阻值显著增大。

④ 湿敏电阻器

湿敏电阻器的阻值会随周围环境湿度的变化而变化，如图6-15所示。

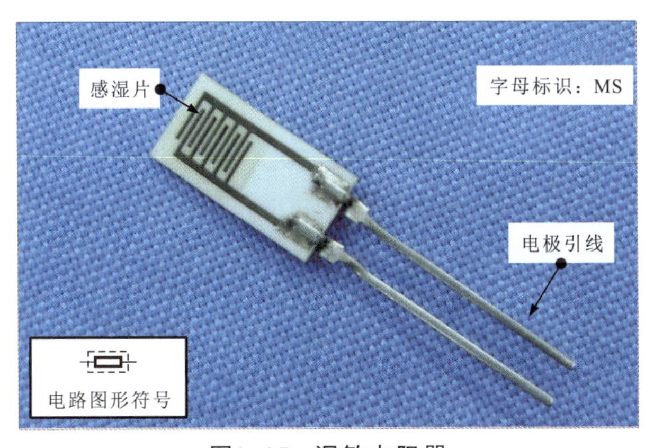

图6-15 湿敏电阻器

湿敏电阻器可分为正系数湿敏电阻器和负系数湿敏电阻器。正系数湿敏电阻器是当湿度升高时，阻值明显增大；当湿度降低时，阻值显著减小。负系数湿敏电阻器是当湿度降低时，阻值明显增大；当湿度升高时，阻值显著减小。

湿敏电阻器常用作传感器，用来检测环境湿度。

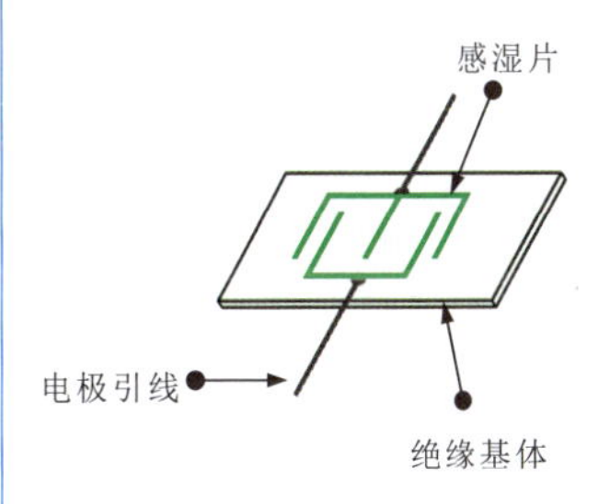

湿敏电阻器是由感湿片或湿敏膜、电极引线和具有一定强度的绝缘基体组成的。

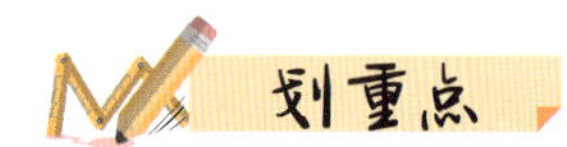

压敏电阻器的特点是当外加电压达到某一临界值时，阻值会急剧变小，常用作过压保护元器件，如电视机的行输出电路、消磁电路中均有压敏电阻器。

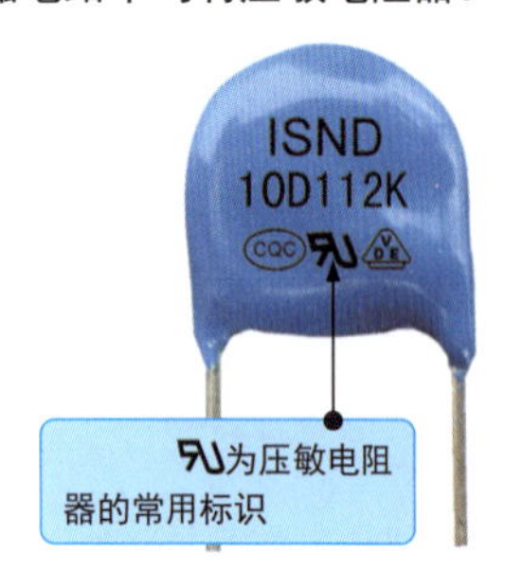

压敏电阻器多采用直标法标识参数信息。

⑤ 压敏电阻器

压敏电阻器是利用半导体材料的非线性特性原理制成的电阻器，如图6-16所示。

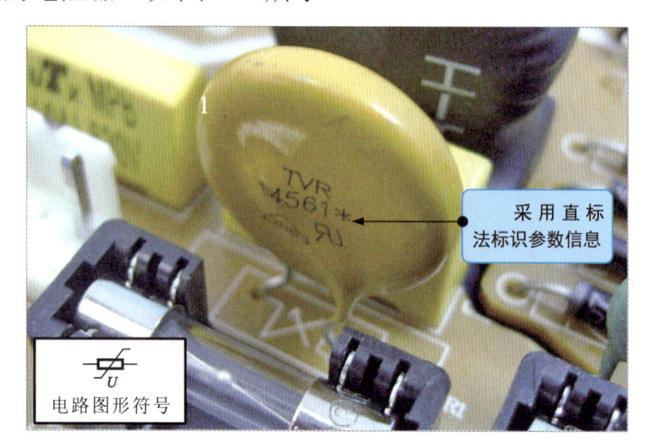

图6-16　压敏电阻器

3 可调电阻器

可调电阻器是一种阻值可任意改变的电阻器。这种电阻器的外壳上带有调节旋钮，通过手动可以调节阻值，如图6-17所示。

可调电阻器一般有3个引脚：两个定片引脚和一个动片引脚。

转动调节旋钮，即可改变可调电阻器的阻值。

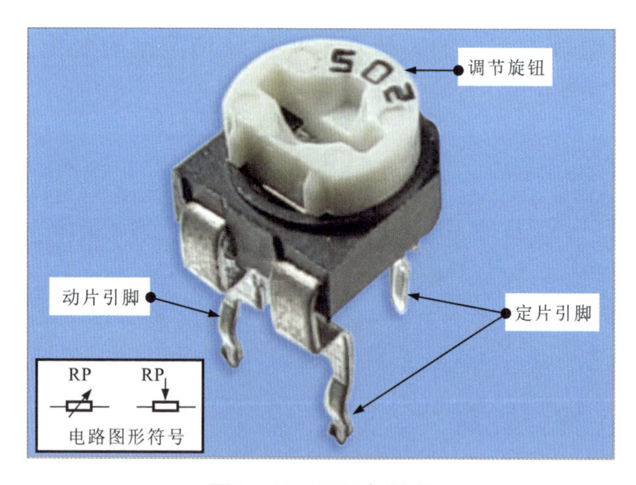

图6-17　可调电阻器

可调电阻器的阻值是可以调节的，通常包括最大阻值、最小阻值和可变阻值。最大阻值和最小阻值都是将调节旋钮旋转到极端时的阻值。

可调电阻器的最大阻值与可调电阻器的标称阻值十分相近；最小阻值一般为0Ω，个别可调电阻器的最小阻值不是0Ω；可变阻值是随意调节调节旋钮后的阻值，其大小在最小阻值与最大阻值之间。

需要经常调节的可调电阻器又称电位器，图6-18为操作电路板上的电位器。

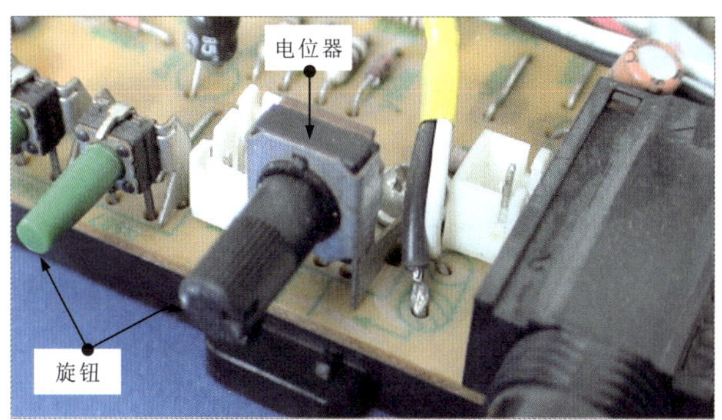

图6-18 操作电路板上的电位器

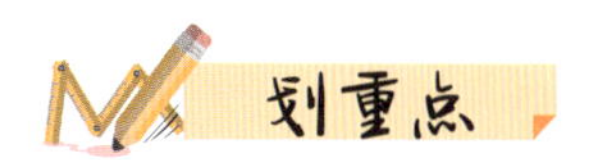

电位器适用于阻值需要经常调节且要求阻值稳定可靠的场合，如作为电视机的音量调节器件、收音机的音量调节器件、影碟机操作面板上的调节器件等。

电位器通过旋转旋钮改变阻值的大小。

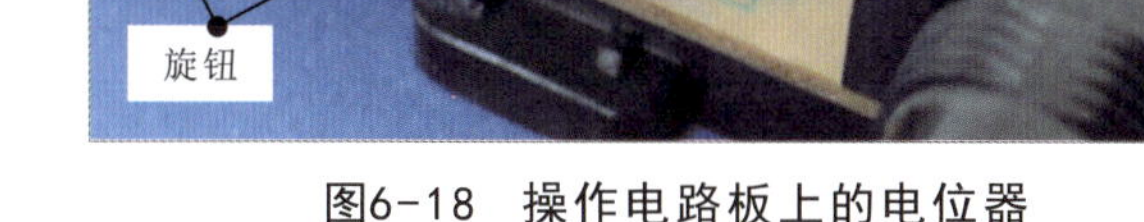

6.2 电阻器的识别、选用与代换

6.2.1 电阻器的识别

1 色环标识的参数识读

色环电阻器采用不同颜色的色环或色点标识阻值，可通过色环或色点的颜色和位置识读阻值。图6-19为色环电阻器阻值的识读方法。

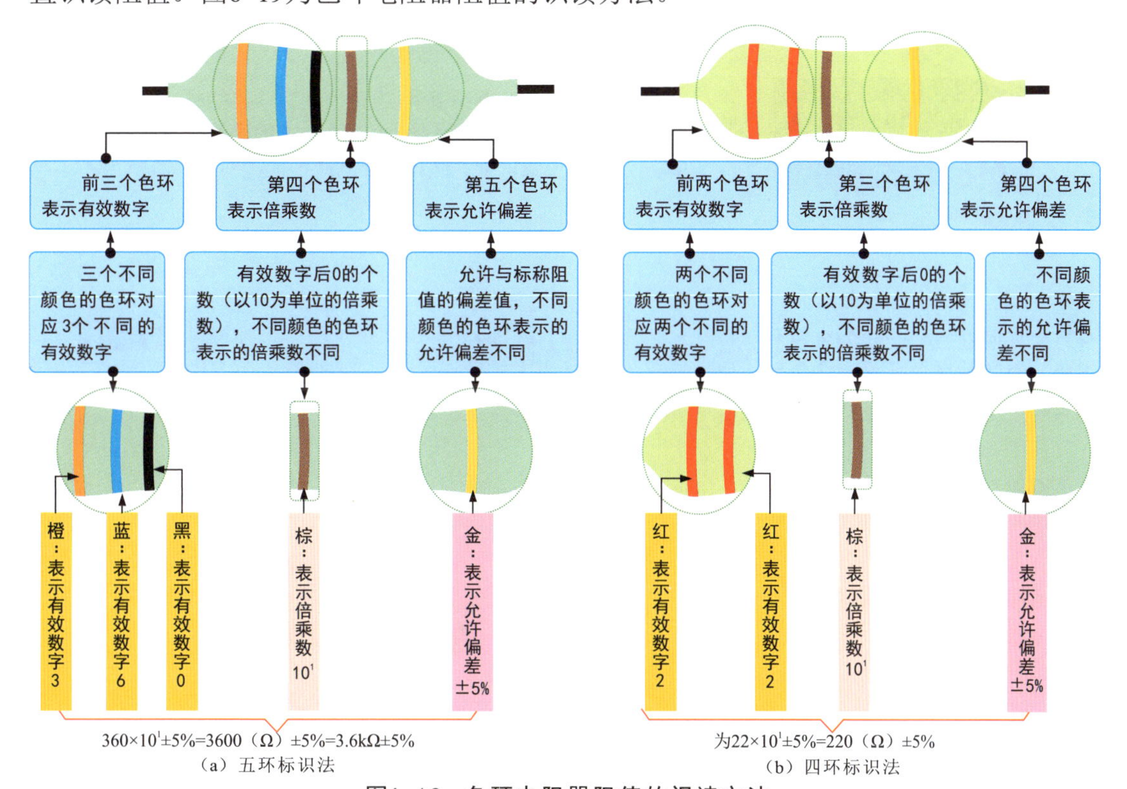

（a）五环标识法　（b）四环标识法

图6-19 色环电阻器阻值的识读方法

表6-1为不同位置的色环所表示的含义。

图6-1　不同位置的色环所表示的含义

色环	有效数字	倍乘数	允许偏差	色环	有效数字	倍乘数	允许偏差
银色	—	10^{-2}	±10%	绿色	5	10^{5}	±0.5%
金色	—	10^{-1}	±5%	蓝色	6	10^{6}	±0.25%
黑色	0	10^{0}	—	紫色	7	10^{7}	±0.1%
棕色	1	10^{1}	±1%	灰色	8	10^{8}	—
红色	2	10^{2}	±2%	白色	9	10^{9}	±20%
橙色	3	10^{3}	—	无色	—	—	—
黄色	4	10^{4}	—				

划重点

① 观察电阻器表面色环数量，该电阻器采用四环标识法标识。

② 根据色环颜色找到各色环对应的标识含义。

③ 从色环起始端依次识读出参数含义。

图6-20为色环电阻器识读实例。

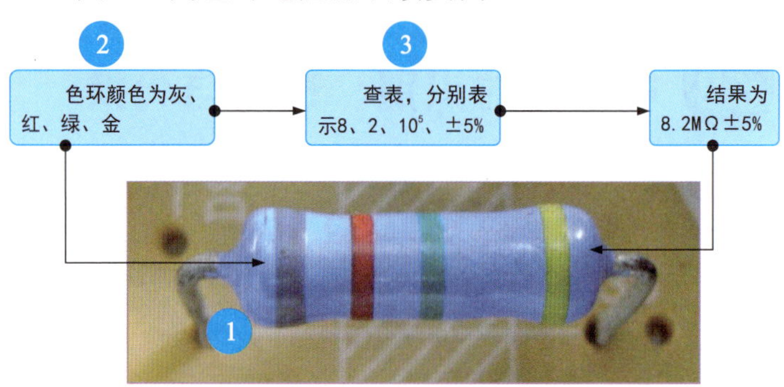

图6-20　色环电阻器识读实例

色环标识法的色环识读要首先找到识读起始端。色环电阻器一般可从三个方面入手找到识读起始端，即通过允许偏差色环识读、通过色环位置识读、通过色环间距识读，如图6-21所示。

① 允许偏差色环一般为金色和银色，有效数字色环没有金色和银色。

② 有效数字的第一环与引脚较近，允许偏差色环与引脚较远。

③ 表示有效数字的色环间距较窄，有效数字色环与倍乘数色环、倍乘数色环与允许偏差色环的间距较宽。

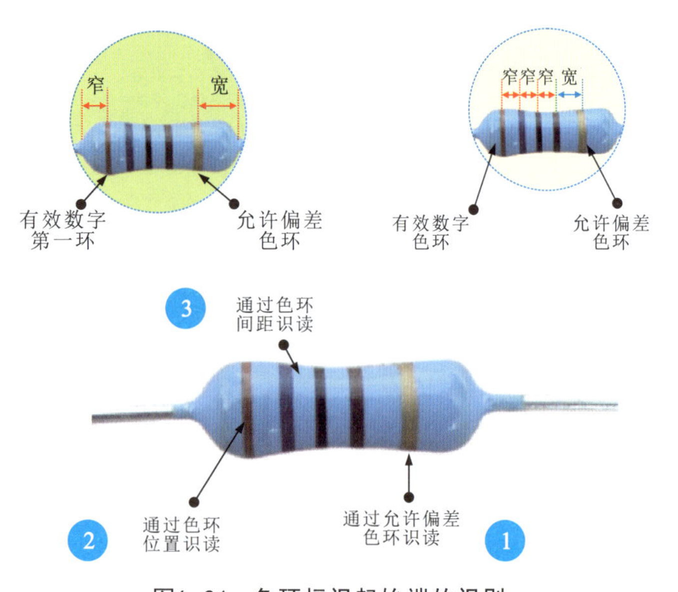

图6-21　色环标识起始端的识别

2 直接标识的参数识读

玻璃釉电阻器、水泥电阻器和贴片电阻器多采用直接标识法标识参数，即通过一些数字和符号将阻值等参数标识在电阻器上，识读方法如图6-22所示。

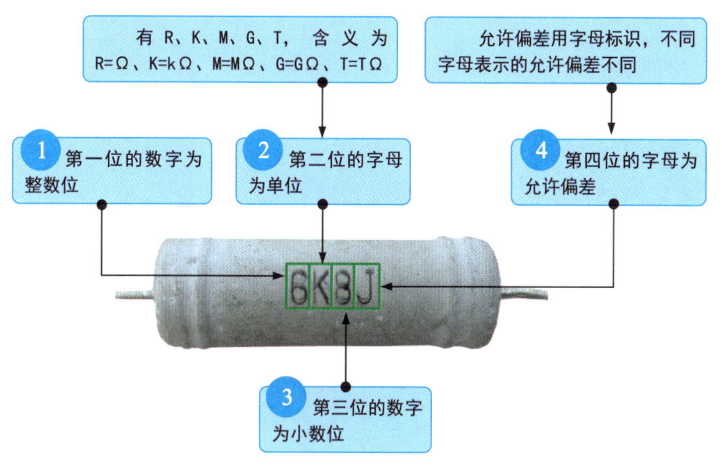

图6-22　直接标识的识读方法

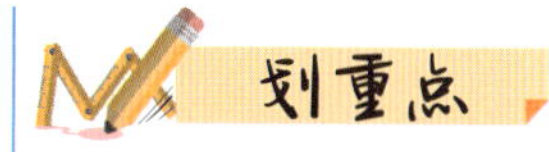

1 直接标识的电阻器，其整数位均为数字，直接识读即可。

2 第二位的字母为单位，对照含义识读阻值单位。

3 第三位是小数位，直接识读即可。

4 第四位为允许偏差的字母标识，对照含义识读。

例如标识6K8J：6表示电阻值的整数位为6；K表示电阻器的单位为kΩ；8表示电阻值的小数位为8；J表示电阻器的允许偏差为±5%，识读结果为6.8kΩ±5%。

在直接标识法中，不同字母表示的允许偏差见表6-2。

表6-2　不同字母表示的允许偏差

字母	含义	字母	含义	字母	含义	字母	含义
Y	±0.001%	P	±0.02%	D	±0. 5%	K	±10%
X	±0.002%	W	±0.05%	F	±1%	M	±20%
E	±0.005%	B	±0.1%	G	±2%	N	±30%
L	±0.01%	C	±0.25%	J	±5%		

在直接标识法中，电阻器类型的字母含义对照见表6-3。

表6-3　电阻器类型的字母含义对照

字母	含义	字母	含义	字母	含义
R	普通电阻器	MZ	正温度系数热敏电阻器	MG	光敏电阻器
MY	压敏电阻器	MF	负温度系数热敏电阻器	MS	湿敏电阻器
ML	力敏电阻器	MQ	气敏电阻器	MC	磁敏电阻器

电阻器导电材料的字母含义对照见表6-4。

表6-4　电阻器导电材料的字母含义对照

字母	含义	字母	含义	字母	含义	字母	含义
H	合成碳膜	N	无机实心	T	碳膜	Y	氧化膜
I	玻璃釉膜	G	沉积膜	X	线绕	F	复合膜
J	金属膜	S	有机实心				

电阻器类别的数字或字母含义对照见表6-5。

表6-5　电阻器类别的数字或字母含义对照

数字	含义	数字	含义	字母	含义	字母	含义
1	普通	5	高温	G	高功率	C	防潮
2	普通或阻燃	6	精密	L	测量	Y	被釉
3	超高频	7	高压	T	可调	B	不燃性
4	高阻	8	特殊（如熔断型等）	X	小型		

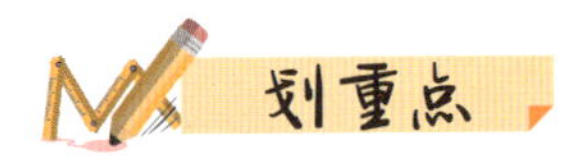

贴片电阻器的直接标识法通常采用数字直接标识、数字+字母+数字直接标识、数字+数字+字母直接标识。

1 数字直接标识的贴片电阻器阻值为$18\times10^{0}=18$（Ω）。

2 数字+字母+数字直接标识的贴片电阻器阻值为3.6Ω。

3 数字+数字+字母直接标识的贴片电阻器中的代码22表示165，A表示10^{0}，阻值为$165\times10^{0}=165$（Ω）。

图6-23为贴片电阻器直接标识的识读方法。

（a）数字直接标识

（b）数字+字母+数字直接标识

（c）数字+数字+字母直接标识

图6-23　贴片电阻器直接标识的识读方法

在贴片电阻器中，数字+数字+字母直接标识中代码所表示的有效值见表6-6。

表6-6 贴片电阻器中数字+数字+字母直接标识中代码所表示的有效值

代码	有效值	代码	有效值	代码	有效值	代码	有效值	代码	有效值	代码	有效值
01_	100	17_	147	33_	215	49_	316	65_	464	81_	681
02_	102	18_	150	34_	221	50_	324	66_	475	82_	698
03_	105	19_	154	35_	226	51_	332	67_	487	83_	715
04_	107	20_	158	36_	232	52_	340	68_	499	84_	732
05_	110	21_	162	37_	237	53_	348	69_	511	85_	750
06_	113	22_	165	38_	243	54_	357	70_	523	86_	768
07_	115	23_	169	39_	249	55_	365	71_	536	87_	787
08_	118	24_	174	40_	255	56_	374	72_	549	88_	806
09_	121	25_	178	41_	261	57_	383	73_	562	89_	825
10_	124	26_	182	42_	267	58_	392	74_	576	90_	845
11_	127	27_	187	43_	274	59_	402	75_	590	91_	866
12_	130	28_	191	44_	280	60_	412	76_	604	92_	887
13_	133	29_	196	45_	287	61_	422	77_	619	93_	909
14_	137	30_	200	46_	294	62_	432	78_	634	94_	931
15_	140	31_	205	47_	301	63_	442	79_	649	95_	953
16_	143	32_	210	48_	309	64_	453	80_	665	96_	976

在贴片电阻器中，数字+数字+字母直接标识中字母所对应的倍乘数见表6-7。

表6-7 贴片电阻器中数字+数字+字母直接标识中字母所对应的倍乘数

字母	A	B	C	D	E	F	G	H	X	Y	Z
倍乘数	10^0	10^1	10^2	10^3	10^4	10^5	10^6	10^7	10^{-1}	10^{-2}	10^{-3}

3 湿敏电阻器的参数识读

图6-24为湿敏电阻器标识的识读方法。

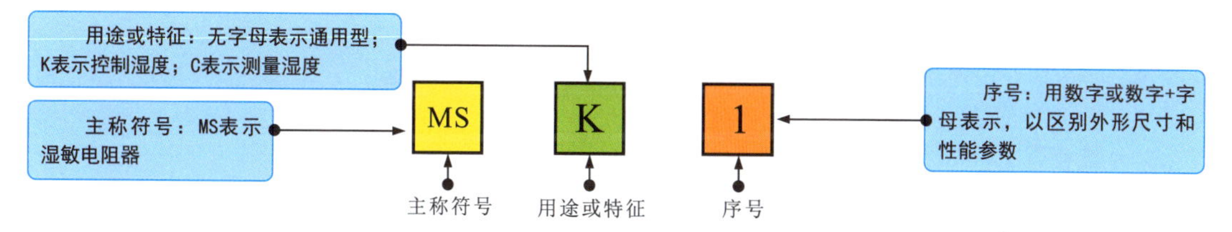

图6-24 湿敏电阻器标识的识读方法

湿敏电阻器标识的具体含义见表6-8。

表6-8 湿敏电阻器标识的具体含义

主称符号		用途或特征		序号
字母	含义	字母	含义	
MS	湿敏电阻器	无	通用型	序号：用数字或数字+字母表示，以区别外形尺寸和性能参数
		K	控制湿度	
		C	测量湿度	

热敏电阻器的参数识读

图6-25为热敏电阻器标识的识读方法。

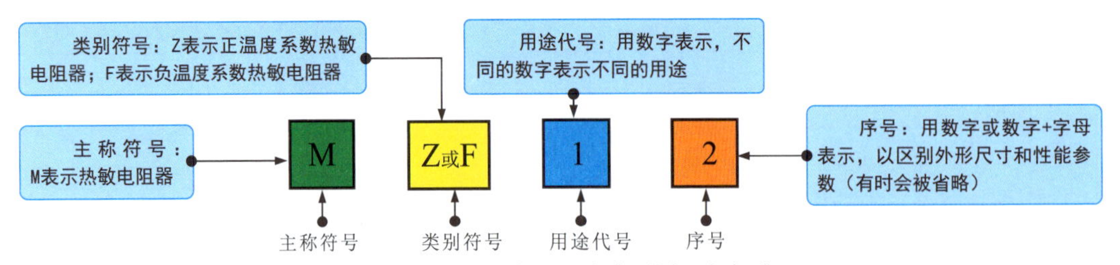

图6-25　热敏电阻器标识的识读方法

热敏电阻器标识的具体含义见表6-9。

表6-9　热敏电阻器标识的具体含义

主称符号	类别符号		用途代号							
M或MS	Z	F	正温度系数热敏电阻器							
			1	2	3	4	5	6	7	0
热敏电阻器	正温度系数热敏电阻器	负温度系数热敏电阻器	普通型	限流用	延迟用	测温用	控温用	消磁用	恒温型	特殊型
			负温度系数热敏电阻器							
			1	2	3	4	5	6	7	8
			普通型	稳压型	微波测量型	旁热式	测温用	控温用	抑制浪涌型	线性型

5 压敏电阻器的参数识读

图6-26为压敏电阻器标识的识读方法。

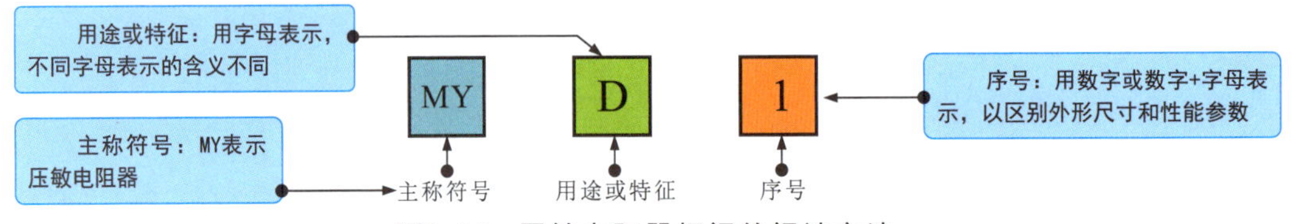

图6-26　压敏电阻器标识的识读方法

压敏电阻器标识的具体含义见表6-10。

表6-10　压敏电阻器标识的具体含义

主称符号		用途或特征				序号
字母	含义	字母	含义	字母	含义	
MY	压敏电阻器	无	普通型	M	防静电	用数字表示，有的在序号的后面还标有标称电压、通流容量或电阻体直径、标称电压、电压误差等
		D	通用型	N	高能	
		B	补偿	P	高频	
		C	消磁	S	元件保护	
		E	消噪	T	特殊	
		G	过压保护	W	稳压	
		H	灭弧	Y	环形	
		K	高可靠	Z	组合型	
		L	防雷			

6 气敏电阻器的参数识读

图6-27为气敏电阻器标识的识读方法。

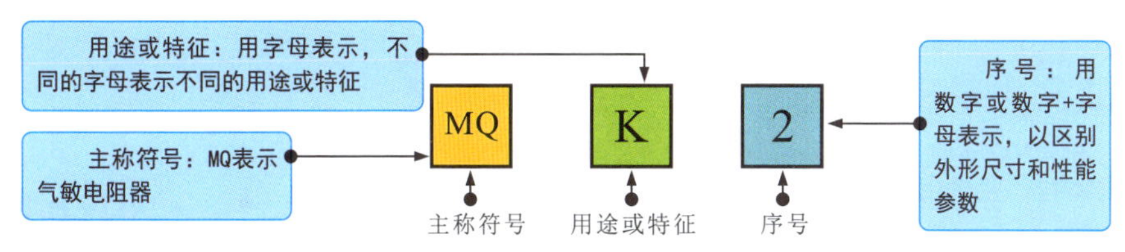

图6-27 气敏电阻器标识的识读方法

气敏电阻器标识的具体含义见表6-11。

表6-11 气敏电阻器标识的具体含义

主称符号		用途或特征		序号
字母	含义	字母	含义	
MQ	气敏电阻器	J	酒精检测	用数字或数字+字母表示，以区别外形尺寸和性能参数
		K	可燃气体检测	
		Y	烟雾检测	
		N	N型	
		P	P型	

7 可调电阻器的参数识读

图6-28为可调电阻器标识的识读方法。

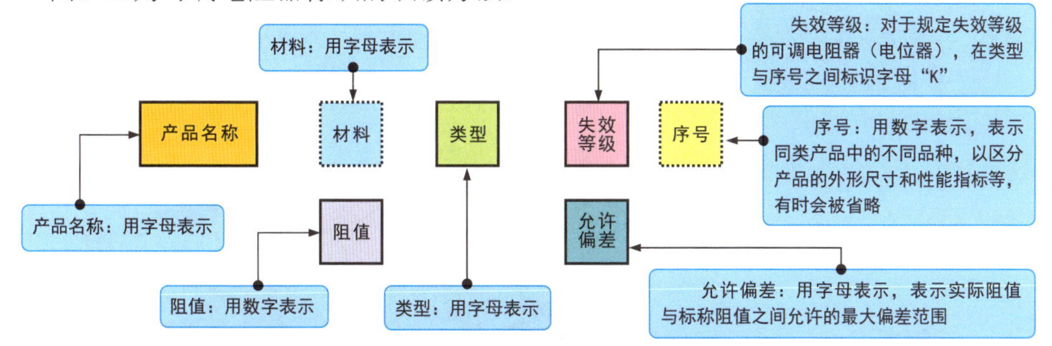

图6-28 可调电阻器标识的识读方法

可调电阻器产品名称的字母含义见表6-12。

表6-12 可调电阻器产品名称的字母含义

字母	WX	WH	WN	WD	WS	WI	WJ	WY	WF
含义	线绕型可调电阻器	合成碳膜可调电阻器	无机实心可调电阻器	导电塑料可调电阻器	有机实心可调电阻器	玻璃釉膜可调电阻器	金属膜可调电阻器	氧化膜可调电阻器	复合膜可调电阻器

可调电阻器产品类型的字母含义见表6-13。

表6-13 可调电阻器产品类型的字母含义

字母	G	H	B	W	Y	J	D	M	X	Z	P	T
含义	高压类	组合类	片式类	螺杆驱动预调类	旋转预调类	单圈旋转精密类	多圈旋转精密类	直滑式精密类	旋转式低功率	直滑式低功率	旋转式功率类	特殊类

6.2.2 普通电阻器的选用与代换

在分压电路中，R1和R2为普通电阻器，阻值分别为5.1kΩ和15kΩ。在代换时，要选用阻值相等的普通电阻器。

图6-29为普通电阻器的选用与代换。

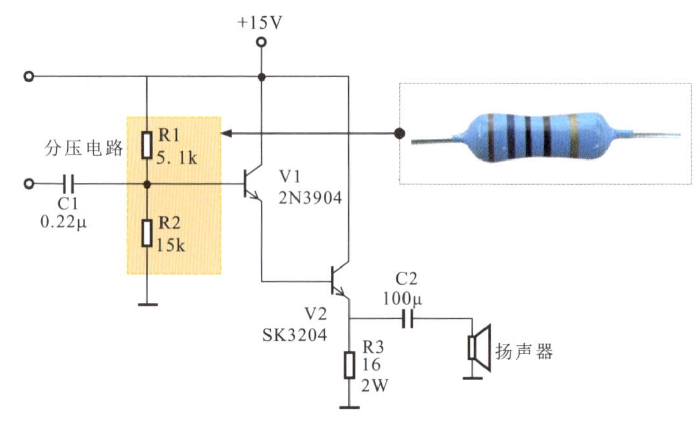

图6-29 普通电阻器的选用与代换

在代换普通电阻器时，应尽可能选用同型号的普通电阻器，若无法找到同型号的普通电阻器，则所代换的普通电阻器的标称阻值与损坏的普通电阻器标称阻值的差值越小越好。

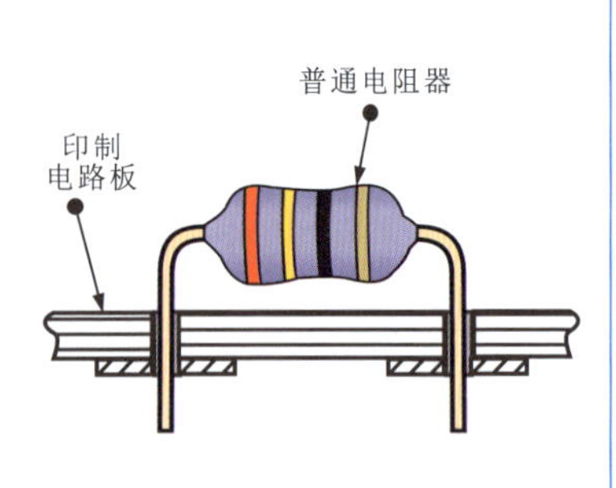

对于插接焊装的普通电阻器，其引脚通常会穿过印制电路板，并在印制电路板的另一面（背面）焊接固定，代换操作如图6-30所示。在操作中，不仅要确保人身安全，还要保证印制电路板不要因拆装普通电阻器而损坏。

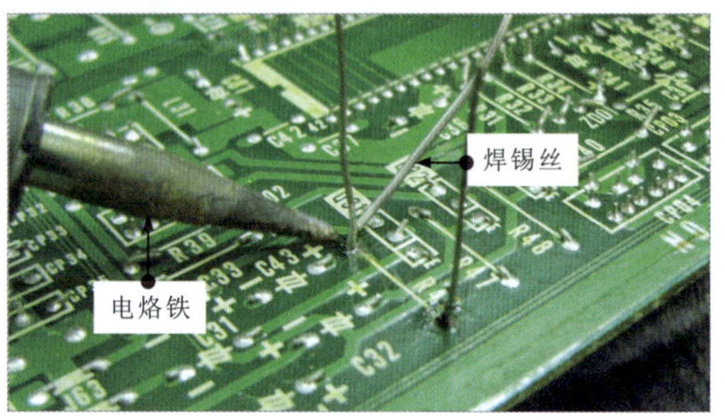

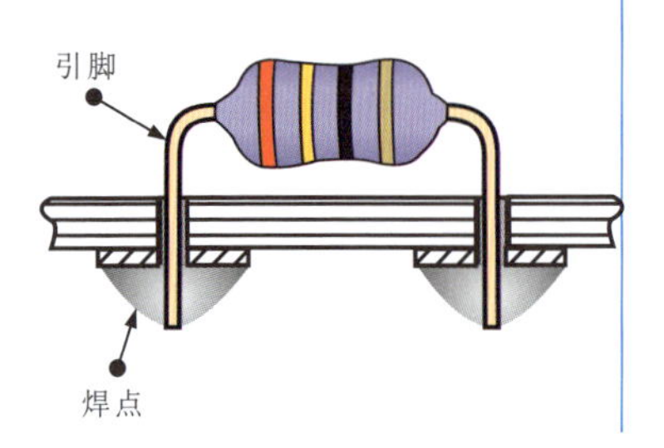

图6-30 普通电阻器的插接焊装

6.2.3 熔断电阻器的选用与代换

熔断电阻器的选用与代换原则和普通电阻器的选用与代换原则相同。图6-31为限流保护电路中熔断电阻器的选用与代换。

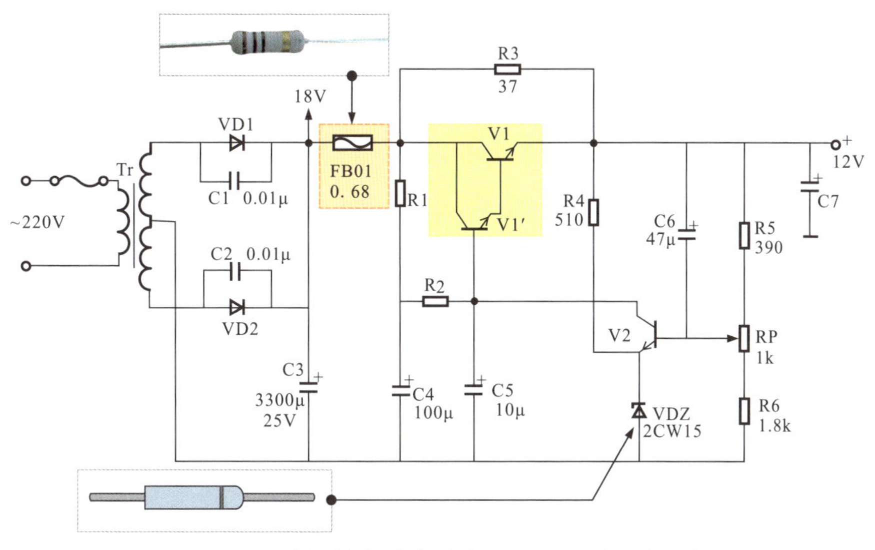

图6-31 限流保护电路中熔断电阻器的选用与代换

该电路中，FB01为线绕电阻器（熔断电阻器），阻值为0.68Ω。代换时，要选用阻值相等的线绕电阻器。线绕电阻器主要起限流作用，流过的电流较大，功率较大（5W），与电容配合具有滤波作用。如负载过大，FB01会熔断，从而起保护作用。

6.2.4 水泥电阻器的选用与代换

水泥电阻器的选用与代换原则和普通电阻器的选用与代换原则相同。图6-32为电池充电电路中水泥电阻器的选用与代换。

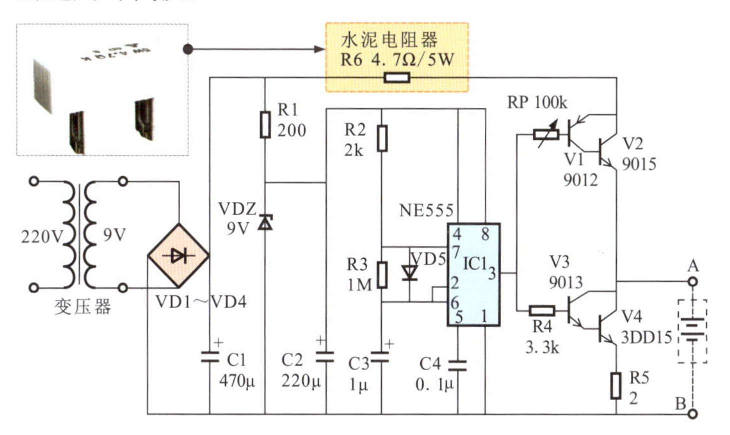

图6-32 电池充电电路中水泥电阻器的选用与代换

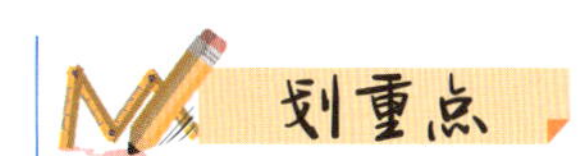

该电池充电电路中的水泥电阻器R6（4.7Ω/5W）主要起限流作用，可使充电电流受到一定的限制，从而保持正常的稳流充电。若损坏，则应用相同型号的水泥电阻器代换。

6.2.5 热敏电阻器的选用与代换

热敏电阻器常用于温度检测电路中，若热敏电阻器损坏，则应选用同型号的热敏电阻器进行代换，特别要注意热敏电阻器的类型，正确区分正温度系数热敏电阻器和负温度系数热敏电阻器，避免代换后无法实现电路功能，甚至导致电路中的其他元器件损坏。图6-33为温度检测报警电路中热敏电阻器的选用与代换。

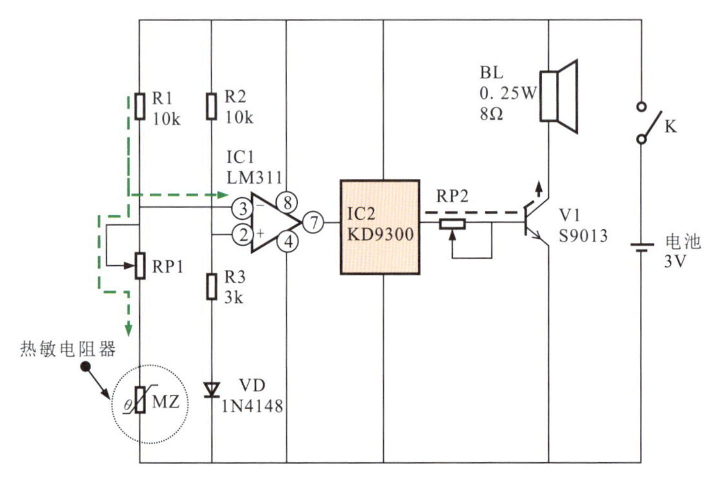

图6-33　温度检测报警电路中热敏电阻器的选用与代换

划重点

该电路采用灵敏度较高的正温度系数热敏电阻器作为核心检测元器件，当所感知的温度超出预定的范围时，便可进行报警提示。若热敏电阻器损坏，则应选用规格、型号完全一致的热敏电阻器进行代换。若无法找到规格、型号完全一致的热敏电阻器，则可选用阻值变化范围与损坏的热敏电阻器相近的热敏电阻器进行代换。

该温度检测报警电路由热敏电阻器MF、电压比较器IC1和音效电路IC2等部分构成。

当外界温度降低时，MF可感知温度变化，阻值减小，加到IC1的3脚直流电压会下降，7脚电压上升，IC2被触发而发出音频信号，经V1放大后，驱动BL发出报警提示。

图6-34为小功率电暖气电路。

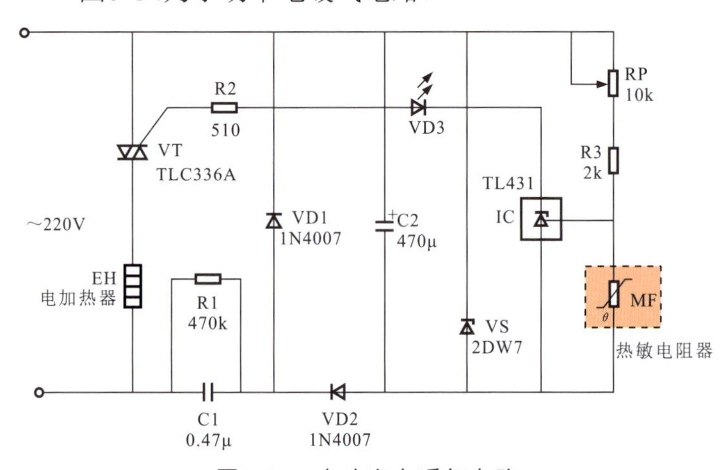

图6-34　小功率电暖气电路

该电路主要用来实现根据外界环境温度自动控制电路的启/停功能，一般选用负温度系数热敏电阻器作为感知元器件。若其损坏，则应选择规格相同、类型一致的负温度系数热敏电阻器进行代换。

6.2.6 光敏电阻器的选用与代换

图6-35为光控开关电路中光敏电阻器的选用与代换。

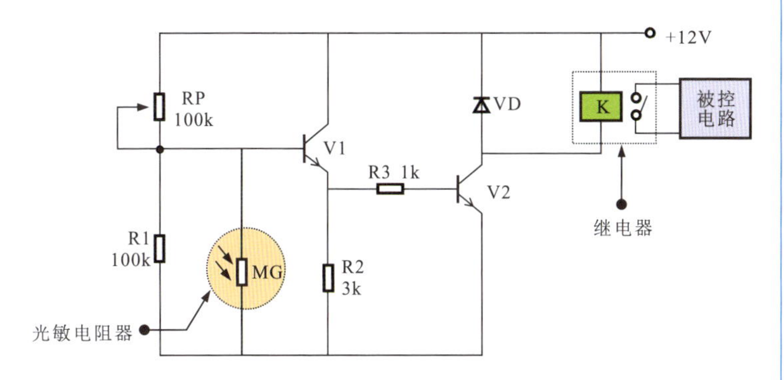

图6-35 光控开关电路中光敏电阻器的选用与代换

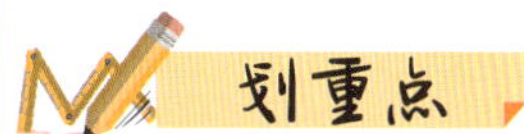

若光敏电阻器损坏，则应选用与原光敏电阻器感知光源类型一致的光敏电阻器进行代换。

在该光控开关电路中，当光照强度降低时，光敏电阻器的阻值会增大，使V1、V2相继导通，继电器得电，其常开触点闭合，从而实现对电路的控制。

6.2.7 湿敏电阻器的选用与代换

图6-36为湿度检测及指示电路中湿敏电阻器的选用与代换。

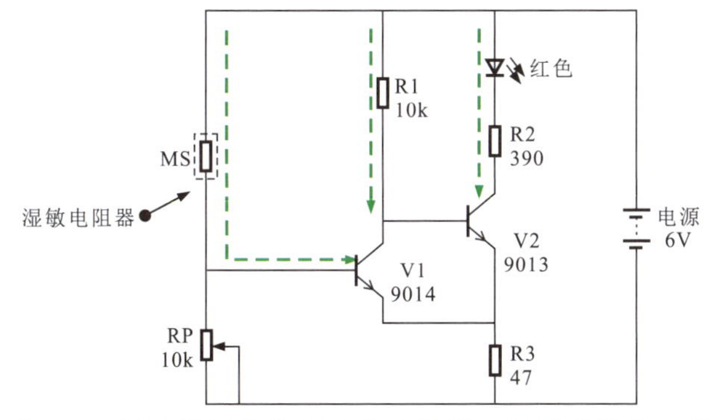

图6-36 湿度检测及指示电路中湿敏电阻器的选用与代换

在该湿度检测及指示电路中，湿敏电阻器作为检测元件。当环境湿度较小时，湿敏电阻器MS的电阻值增大，V1基极处于低电平状态，V1截止，V2因基极电压上升而导通，红色发光二极管点亮；当环境湿度增加时，MS的电阻值减小，使V1饱和导通，V2截止，红色发光二极管熄灭。

选用湿敏电阻器来感知湿度的变化，可及时、准确地反映环境湿度。若湿敏电阻器损坏，则应尽可能选用同型号的湿敏电阻器进行代换。

有保护壳的湿敏电阻器

无保护壳的湿敏电阻器

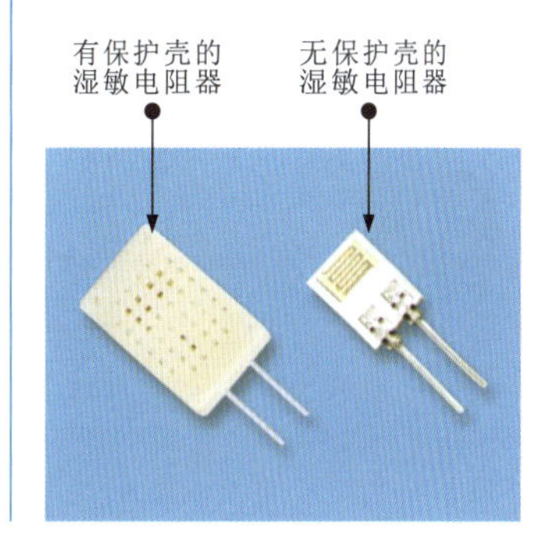

6.2.8 压敏电阻器的选用与代换

图6-37为过压保护电路中压敏电阻器的选用与代换。

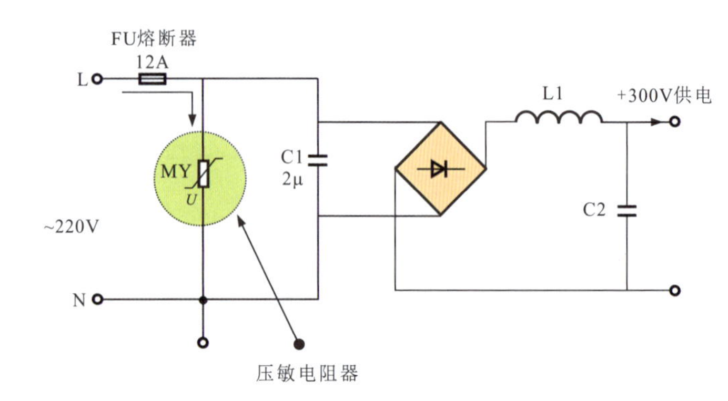

图6-37 过压保护电路中压敏电阻器的选用与代换

划重点

如果压敏电阻器损坏，需选择同规格压敏电阻器代换。所选压敏电阻器的标称电压应准确，过高起不到电压保护作用，过低容易误动作或被击穿（所选压敏电阻器的标称电压应是加在压敏电阻器两端电压的2～2.5倍）。

压敏电阻器在交流220V电压输入电路中用来检测输入电压是否过高，当输入电压过高时，压敏电阻器会短路、熔断器会熔断，可进行断电保护。

6.2.9 气敏电阻器的选用与代换

若气敏电阻器损坏，则应尽可能选用同型号的气敏电阻器进行代换。若无法找到同型号的气敏电阻器，则至少应选用检测气体类型相同的气敏电阻器，且其尺寸及额定电压、功率、电流等应符合电路要求。

图6-38为油烟机电路中气敏电阻器的选用与代换。

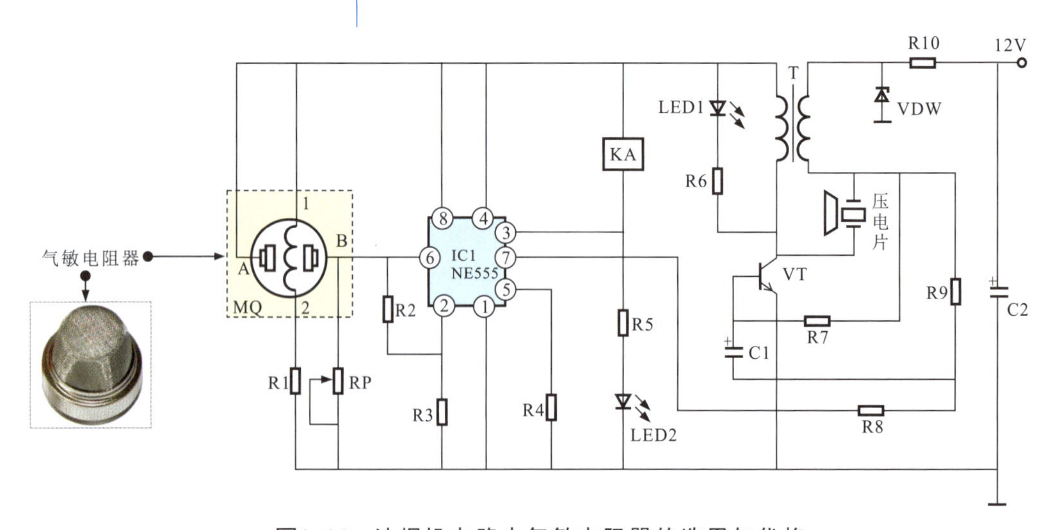

图6-38 油烟机电路中气敏电阻器的选用与代换

6.2.10 可调电阻器的选用与代换

可调电阻器的选用与代换原则和普通电阻器的选用与代换原则相同。

图6-39为电池充电电路中可调电阻器的选用与代换。

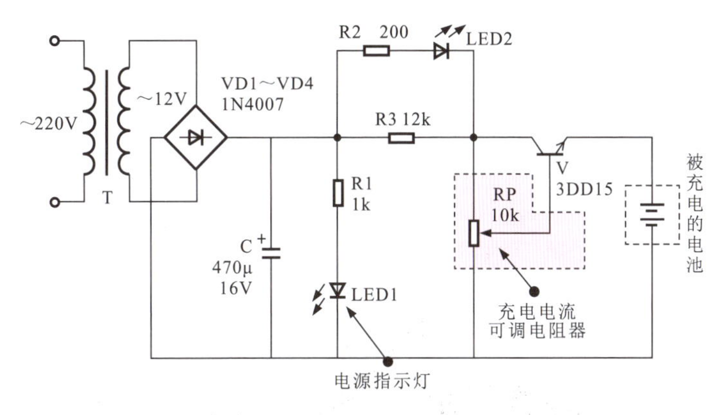

图6-39 电池充电电路中可调电阻器的选用与代换

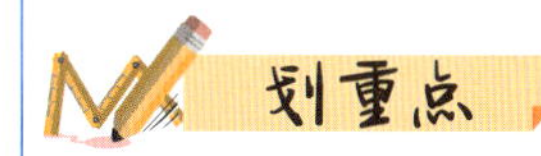

电路中，RP为可调电阻器，阻值为10kΩ。若损坏，需选用型号相同的可调电阻器进行代换。

在代换可调电阻器时，若暂时找不到型号完全相同的可调电阻器，则所选用的可调电阻器应与损坏的可调电阻器尺寸一致，阻值调节范围等于或略小于，可确保电路能够承受代换后可调电阻器的阻值变化范围。

6.3 电阻器的检测

如图6-40所示，检测电阻器时，首先要识读待测电阻器的参数信息，然后使用万用表进行检测，并将检测结果与识读的参数信息比较，即可判别电阻器是否正常。

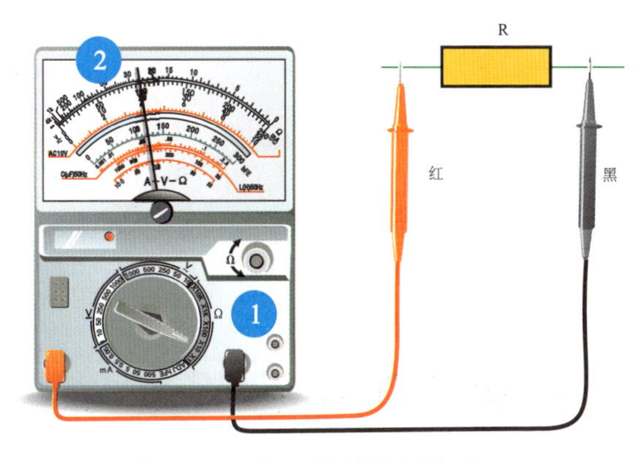

图6-40 电阻器的检测方法

1 根据额定阻值调整万用表的量程，对当前待测电阻器进行测量。

2 识读当前测量值，将实测值与标称阻值比对。如果两者相近（在允许误差范围内），则表明电阻器正常；如果所测得的阻值与标称阻值差距较大，则说明电阻器不良。

1 色环电阻器的色环颜色依次为红、黄、棕、金，识读标称阻值为240Ω，允许偏差为±5%。

2 将万用表的量程旋钮调至×10Ω，短接表笔进行零欧姆校正。

3 将万用表的红、黑表笔分别搭在待测色环电阻器的两引脚端。

4 结合量程（×10Ω），观察指针指示的位置，检测结果为24×10Ω＝240Ω，与标称阻值一致，色环电阻器正常。

检测色环电阻器时，一般先识读待测色环电阻器的标称阻值，然后使用万用表检测色环电阻器的实际阻值，将其与标称阻值比较后，即可判别色环电阻器是否正常。

6.3.1 色环电阻器的检测

图6-41为色环电阻器的检测方法。

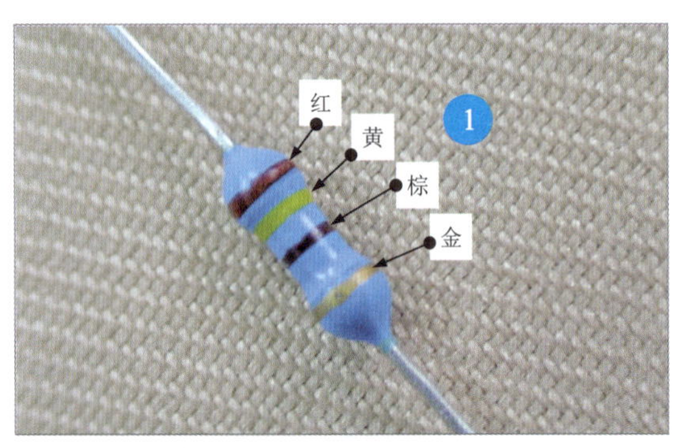

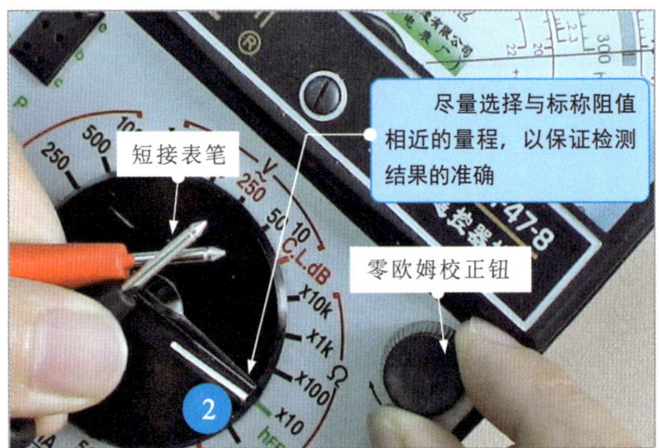

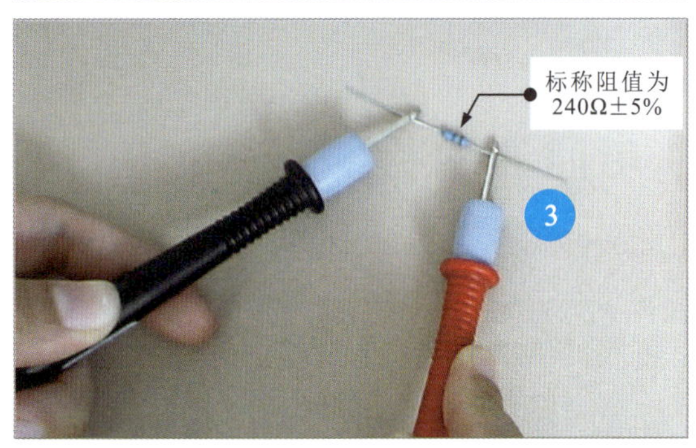

图6-41　色环电阻器的检测方法

实测结果等于或十分接近标称阻值：表明待测电阻器正常。

实测结果大于标称阻值：可以直接判断待测电阻器存在开路或阻值增大（比较少见）的故障。

实测结果十分接近0Ω：不能直接判断待测电阻器短路故障（不常见），可能是由电阻器两端并联有小阻值的电阻器或电感器造成的。

如图6-42所示，在这种情况下检测的阻值实际上是电感器L的直流电阻值，而电感器的直流电阻值通常很小。此时可将待测电阻器焊下后再进一步检测。

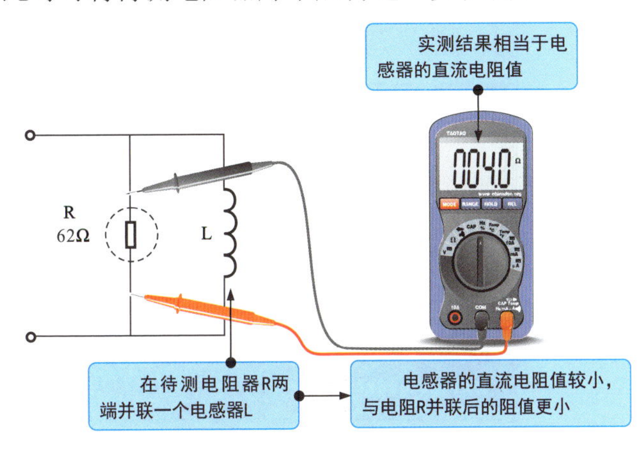

图6-42 在路检测电阻器

检测时，手不要碰到表笔的金属部分，也不要碰到电阻器的两个引脚，否则人体电阻会并联在待测电阻器上，影响检测结果的准确性。若检测电路板上的电阻器，则可先将待测电阻器焊下或将其中一个引脚脱离焊盘后进行开路检测，避免电路中的其他电子元器件对检测结果造成影响。

6.3.2 热敏电阻器的检测

检测热敏电阻器的阻值，首先要根据相关参数识读待测热敏电阻器的阻值。图6-43为待测热敏电阻器的参数识读。

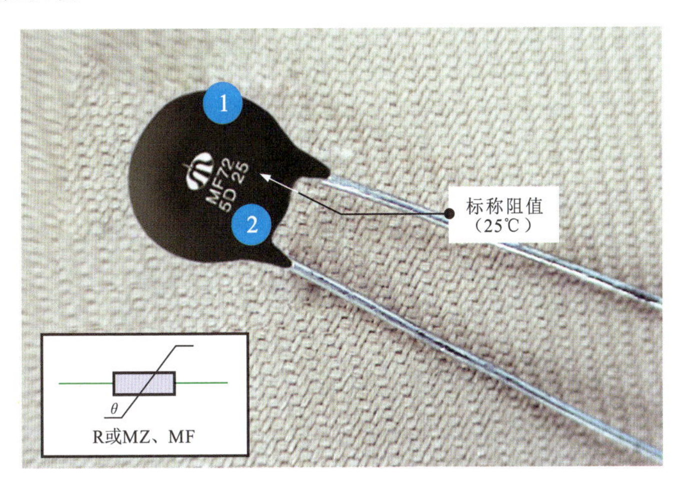

图6-43 待测热敏电阻器的参数识读

划重点

1 MF72：负温度系数热敏电阻器，用于抑制浪涌。

2 5D 25：在环境温度为25°C时的标称阻值为5Ω。

1 在室温环境下，将万用表的红、黑表笔分别搭在热敏电阻器的两引脚端。

2 根据万用表指针指示的位置和量程（×1Ω），检测结果为5Ω，与标称阻值相同。

3 保持万用表的红、黑表笔不动，量程不变，使用吹风机加热热敏电阻器。

4 万用表的指针慢慢向右摆动，阻值明显降低，约为2Ω。

图6-44为热敏电阻器的检测方法。

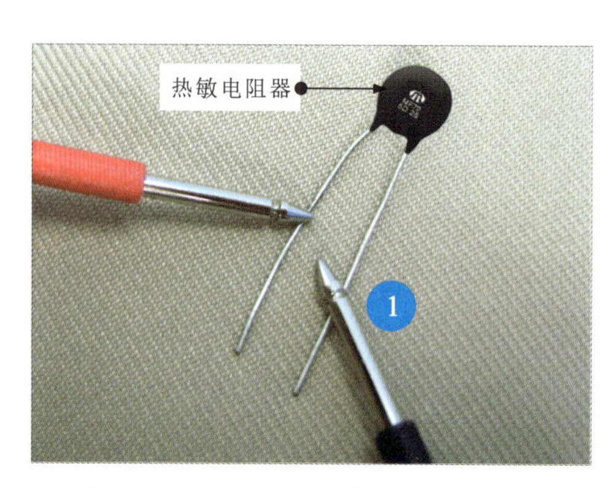

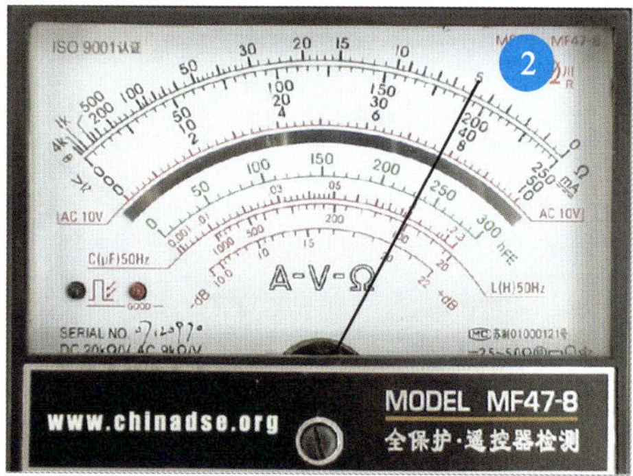

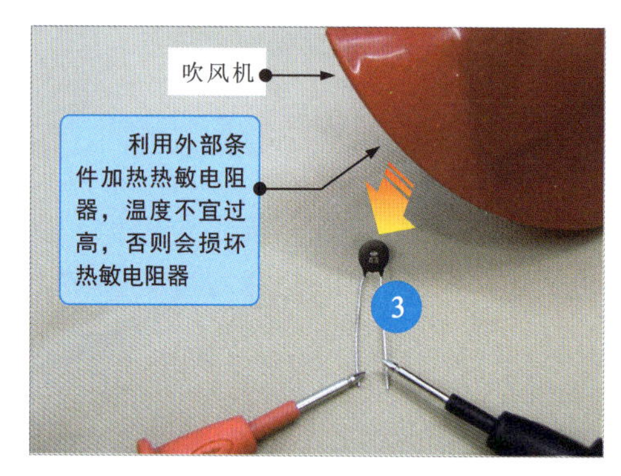

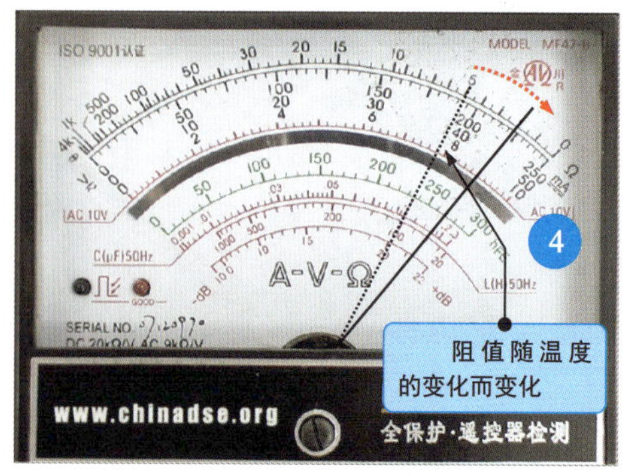

图6-44 热敏电阻器的检测方法

在常温下，实测热敏电阻器的阻值接近标称阻值或与标称阻值相同，保持万用表的红、黑表笔不动，使用吹风机或电烙铁加热热敏电阻器，万用表的指针应随温度的变化而进行相应摆动，若温度变化，阻值不变，则说明该热敏电阻器的性能不良。

若阻值随温度的升高而增大，则为正温度系数热敏电阻器；若阻值随温度的升高而减小，则为负温度系数热敏电阻器。

6.3.3 光敏电阻器的检测

如图6-45所示，光敏电阻器一般没有任何标识，实际检测时，可根据所在电路的图纸资料了解标称阻值。

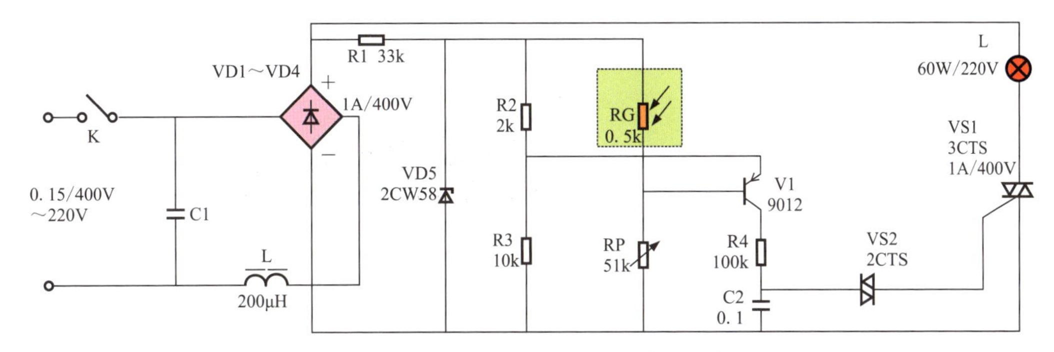

图6-45 光敏电阻器在电路中的标识

如果无法获取待测光敏电阻器的参数信息，可直接使用万用表测量光敏电阻器在不同光线下的阻值，如图6-46所示。

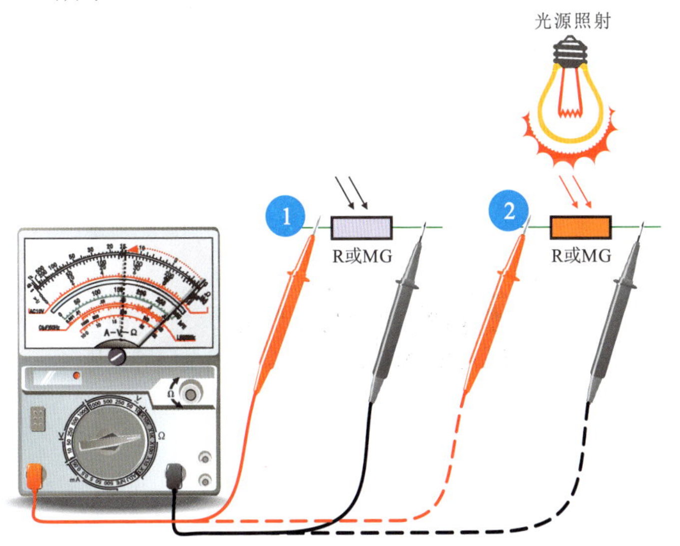

图6-46 待测光敏电阻器的检测指导

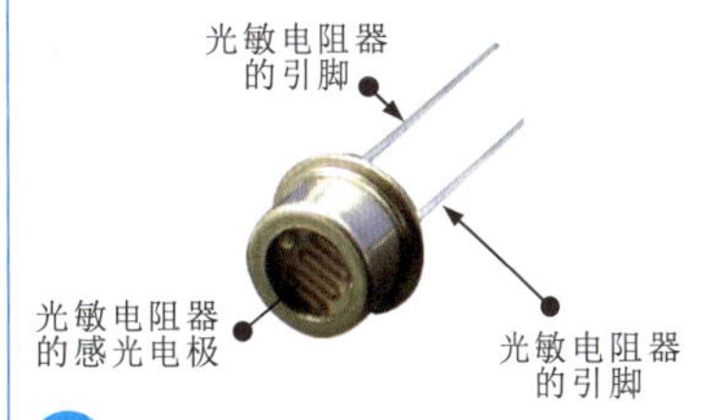

1 使用万用表的电阻测量挡，在暗淡条件下检测待测光敏电阻器的阻值。

2 使用万用表的电阻测量挡，在明亮条件下检测待测光敏电阻器的阻值。

1. 将万用表的红、黑表笔分别搭在光敏电阻器的两引脚端。

2. 结合量程（×100Ω），观察指针的指示位置，检测结果为5×100Ω＝500Ω。

3. 保持万用表的红、黑表笔不动，使用不透光的物体遮挡光敏电阻器。

4. 结合量程（×1kΩ），观察指针的指示位置，检测结果为14×1kΩ＝14kΩ。

图6-47为光敏电阻器的检测方法。

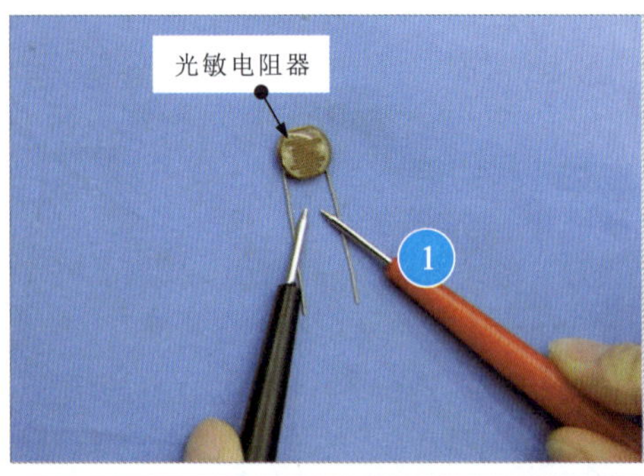

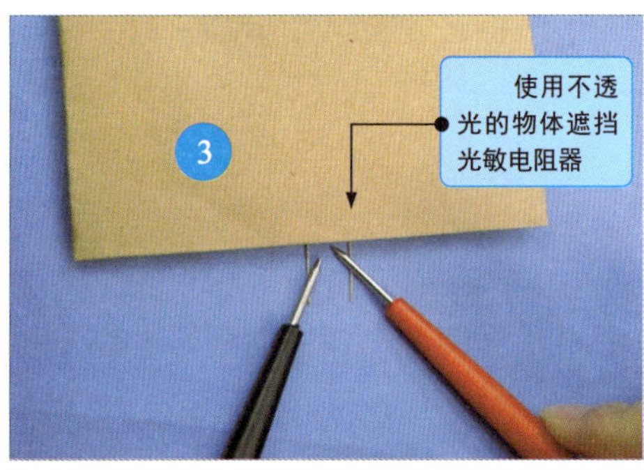

图6-47　光敏电阻器的检测方法

在正常情况下，光敏电阻器应有一个固定阻值，当光照强度变化时，阻值应随之变化，否则可判断为性能异常。

6.3.4 湿敏电阻器的检测

图6-48为湿敏电阻器的检测方法。

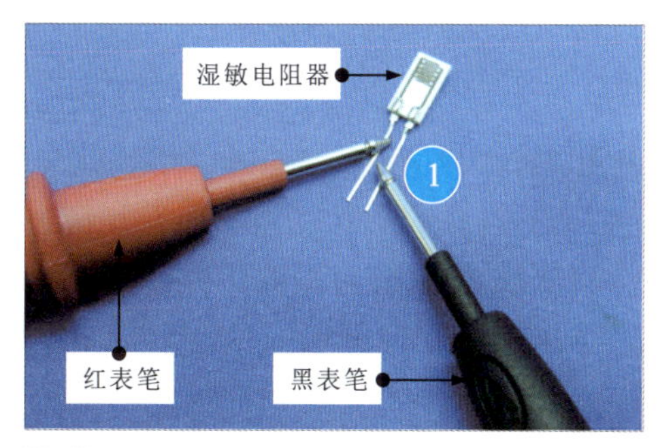

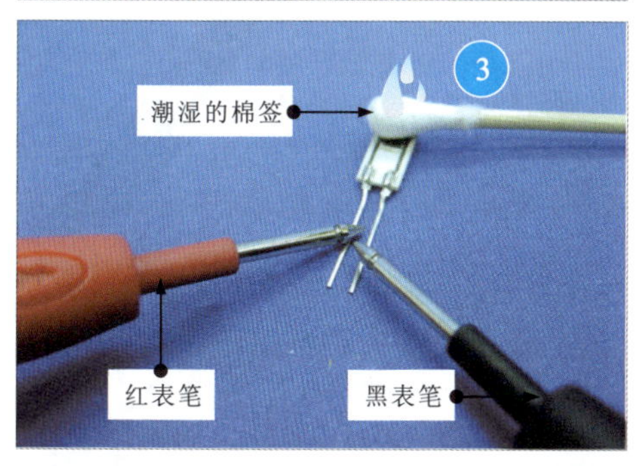

图6-48 湿敏电阻器的检测方法

若湿度发生变化，湿敏电阻器的阻值无变化或变化不明显，则多为湿敏电阻器感应湿度变化的灵敏度低或性能异常。

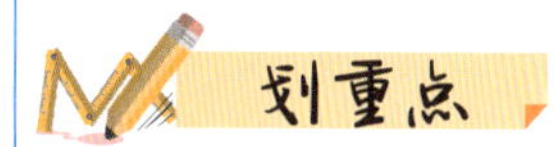

1 将万用表的红、黑表笔分别搭在湿敏电阻器的两引脚端。

2 结合量程（×10kΩ），观察指针的位置，检测结果为75.6×10kΩ＝756kΩ。

3 保持万用表的红、黑表笔不动，将潮湿的棉签放在湿敏电阻器的表面。

4 结合量程（×10kΩ），观察指针的位置，检测结果为33.4×10kΩ＝334kΩ。

若实测阻值趋近于零或无穷大，则说明湿敏电阻器已经损坏；如果湿度升高，实测阻值随之增大，则为正湿度系数湿敏电阻器；如果湿度升高，实测阻值随之减小，则为负湿度系数湿敏电阻器。

6.3.5 压敏电阻器的检测

压敏电阻器一般可借助万用表检测阻值和搭建电路检测电压来判断性能好坏。

1 开路检测压敏电阻器的阻值

通过检测压敏电阻器的阻值可判断压敏电阻器有无击穿短路故障。图6-49为压敏电阻器阻值的检测方法。

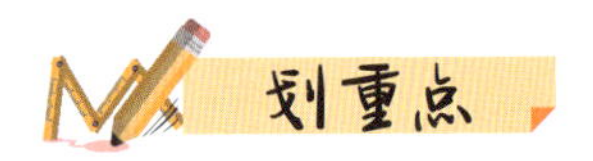

1 将万用表的红、黑表笔分别搭在压敏电阻器的两引脚端。

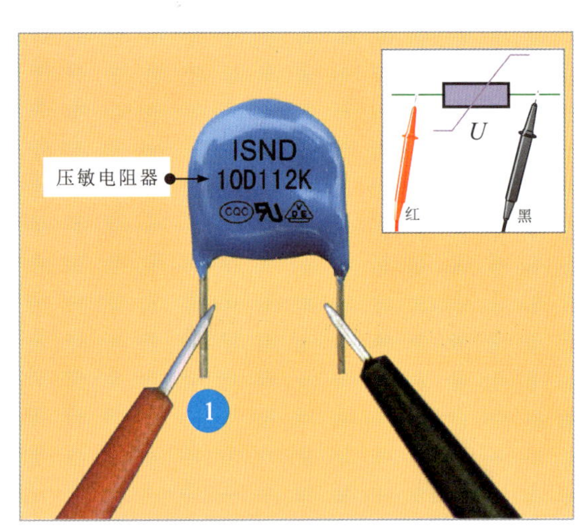

2 观察万用表的显示屏，实测阻值为138.5kΩ。

图6-49　压敏电阻器阻值的检测方法

在正常情况下，压敏电阻器的正、反向阻值均很大（接近无穷大），若出现偏小的现象，则多为压敏电阻器已被击穿损坏。

2 搭建电路检测压敏电阻器的电压

根据压敏电阻器的过压保护原理，在交流输入电路中，当输入电压过高时，压敏电阻器的阻值急剧减小，使串联在输入电路中的熔断器熔断，切断电路，起到保护作用。根据此特点搭建电路，可通过检测压敏电阻器的标称电压来判断其性能好坏。

检测前，首先识读压敏电阻器的标识信息，如图6-50所示。

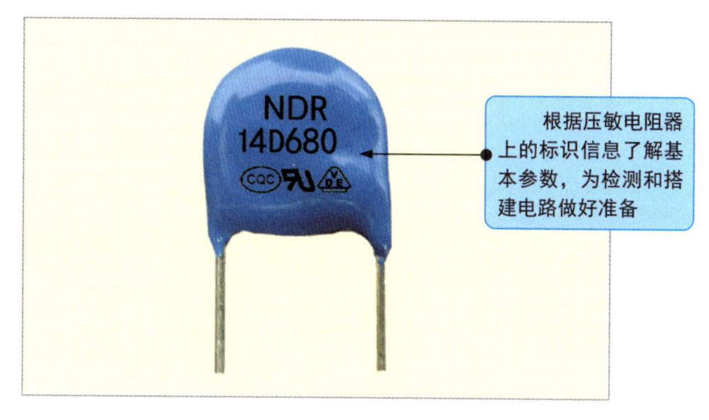

图6-50 识读压敏电阻器的标识信息

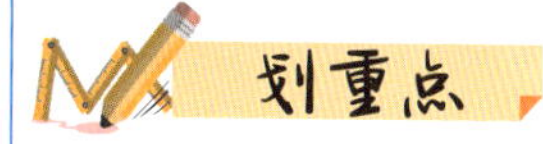

14D680中的14D表示压敏电阻器的尺寸为14mm，680表示压敏电阻器的击穿电压为68×100=68（V）。

图6-51为搭建电路检测压敏电阻器的电压。

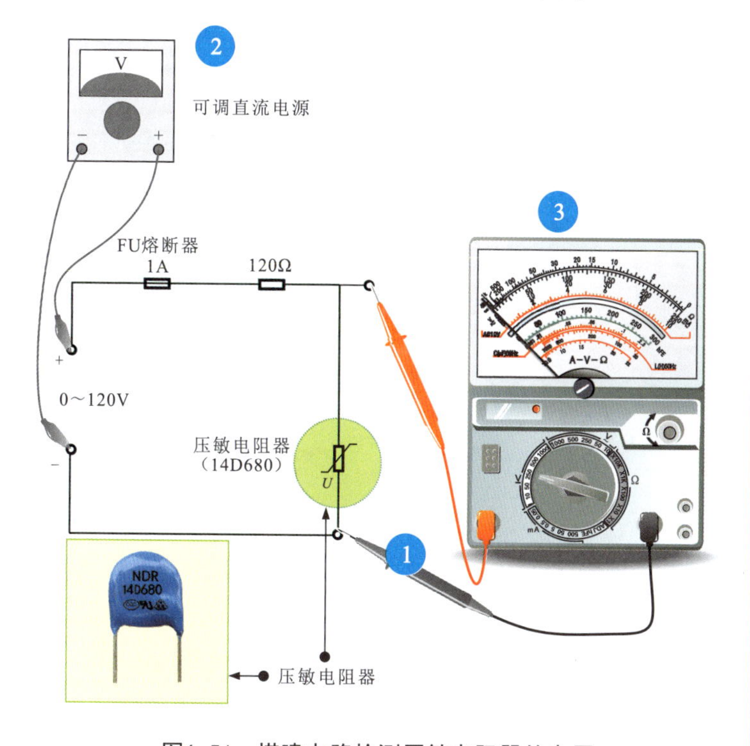

图6-51 搭建电路检测压敏电阻器的电压

1 将万用表的量程旋钮调至直流250V，红、黑表笔分别接入压敏电阻器电路中。

2 在检测过程中逐渐升高可调直流电源的电压。

3 观察电压值的变化：

当可调直流电源电压低于或等于68V时，压敏电阻器呈高阻状态，万用表检测电压值等于电路的输出电压。

当可调直流电源电压大于68V时，压敏电阻器呈低阻状态，万用表检测的电压值为0V，表明熔断器熔断，对电路进行保护。

6.3.6 气敏电阻器的检测

气敏电阻器在电路中才能正常工作，因此检测时需要搭建检测电路，如图6-52所示。

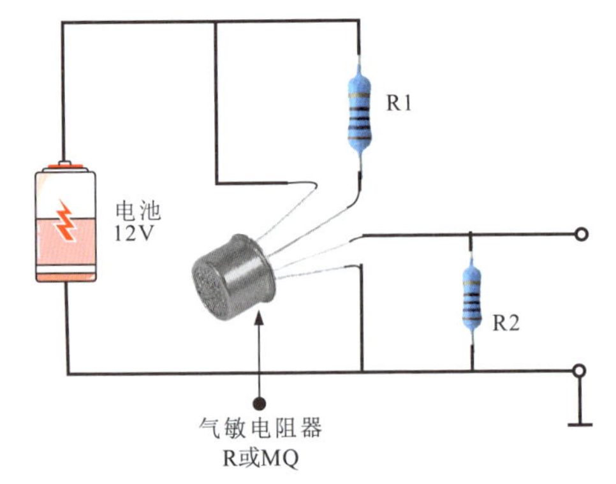

图6-52 搭建气敏电阻器检测电路

图6-53为气敏电阻器的检测方法。

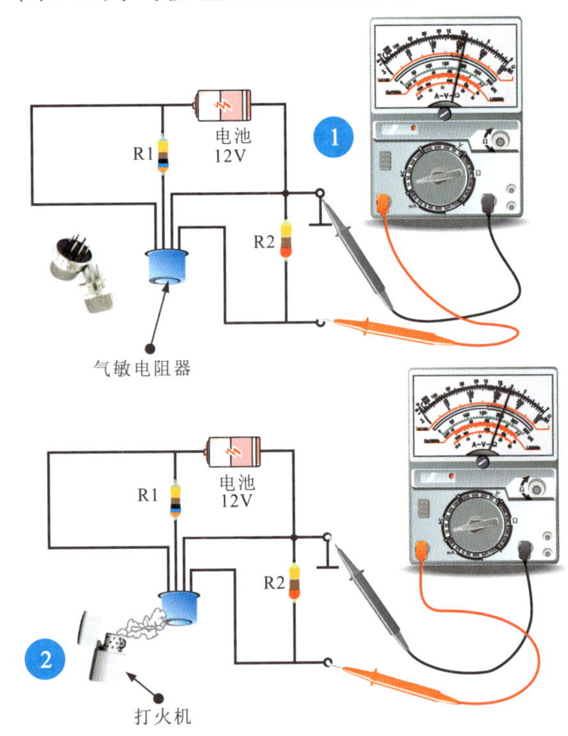

图6-53 气敏电阻器的检测方法

在直流供电条件下，根据敏感气体（这里以丁烷气体为例）的浓度变化，气敏电阻器阻值会发生变化，可在电路的输出端（R2端）检测电压的变化进行判断。

气体的浓度发生变化，气敏电阻器所在电路中的电压参数也应发生变化，否则多为气敏电阻器损坏。

划重点

不同类型气敏电阻器可检测的气体类别不同。检测时，应根据气敏电阻器的具体功能改变其周围可测气体的浓度，同时用万用表检测气敏电阻器，根据数据变化的情况判断好坏。

1 将气敏电阻器接入检测电路中，万用表的黑表笔搭在接地端，红表笔搭在输出端，观察万用表的指针位置，检测结果为直流6.5V。

2 保持万用表的红、黑表笔不动，按下打火机（内装丁烷气体）按钮，将气体出口对准气敏电阻器，观察万用表的指针位置，检测结果为直流7.6V。

6.3.7 可调电阻器的检测

在检测可调电阻器的阻值之前，应首先识别可调电阻器的引脚。

图6-54为可调电阻器引脚的识别。

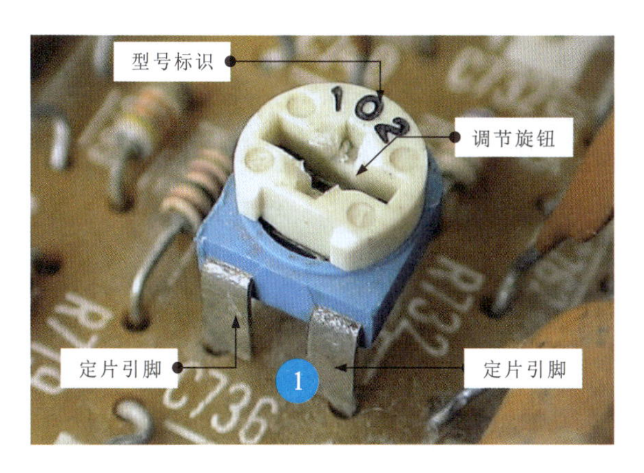

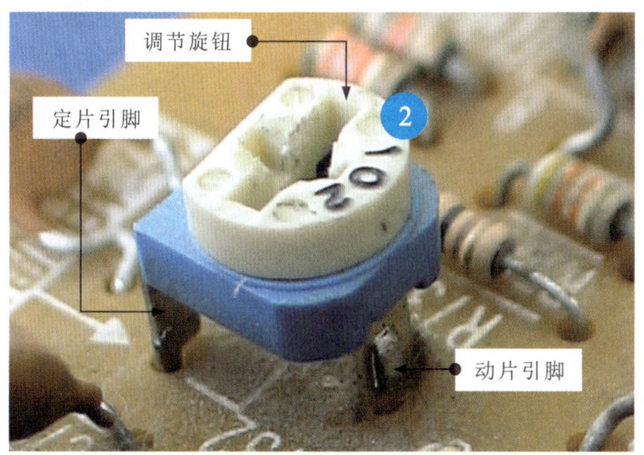

图6-54 可调电阻器引脚的识别

图6-55为可调电阻器的检测方法。

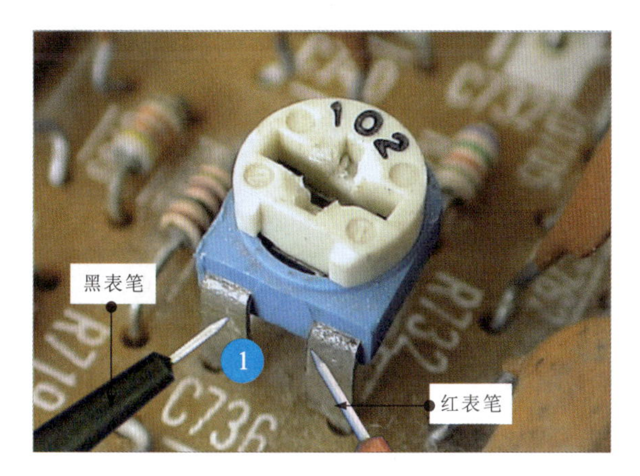

图6-55 可调电阻器的检测方法

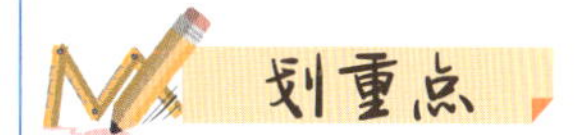

1 待测可调电阻器有三个引脚，分别为两个定片引脚和一个动片引脚。

2 使用工具转动调节旋钮，可改变阻值的大小。

1 将万用表的红、黑表笔分别搭在可调电阻器的两个定片引脚上。

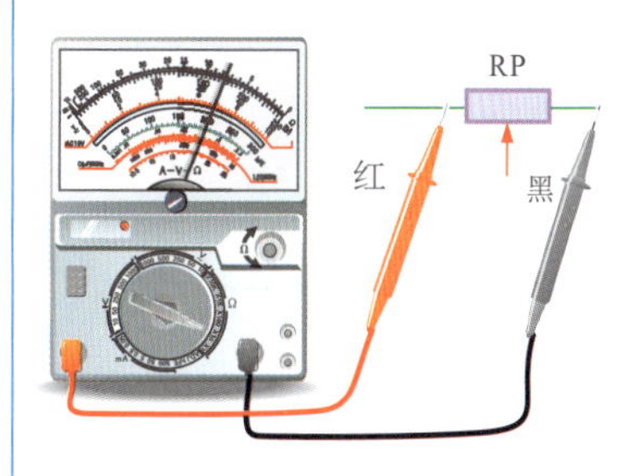

划重点

2 结合量程（×10Ω），观察指针的指示位置，检测结果为20×10Ω＝200Ω。

3 将万用表的红表笔搭在可调电阻器的某一定片引脚上，黑表笔搭在动片引脚上。

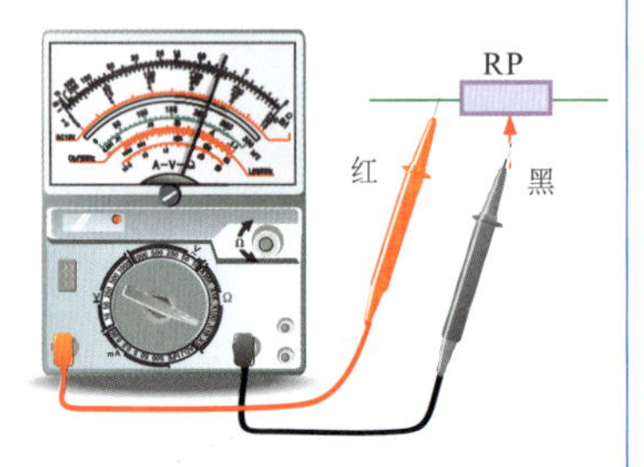

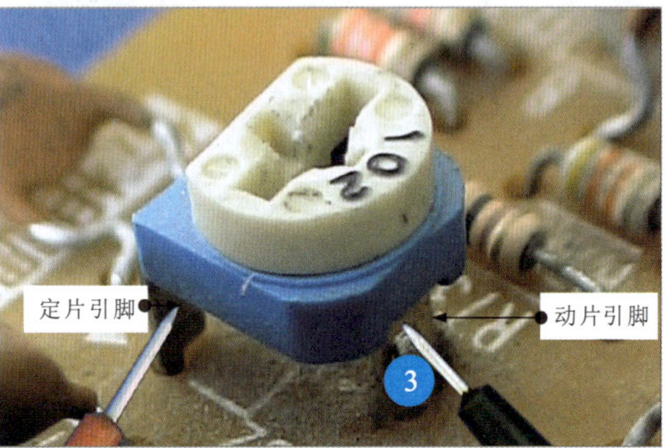

4 结合量程（×10Ω），观察指针的指示位置，检测结果为6×10Ω＝60Ω。

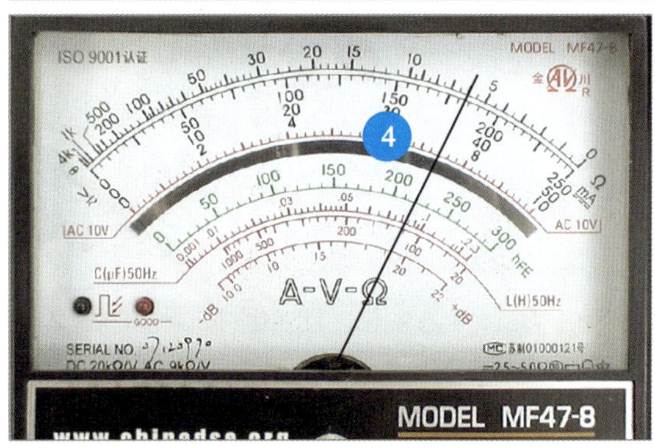

5 保持万用表的黑表笔不动，将红表笔搭在另一个定片引脚上。

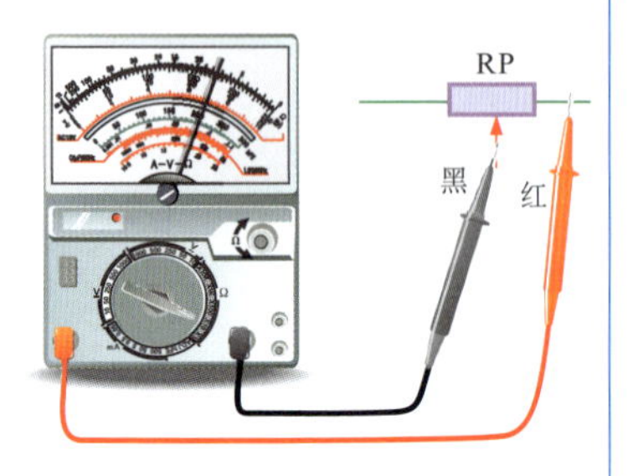

图6-55 可调电阻器的检测方法（续）

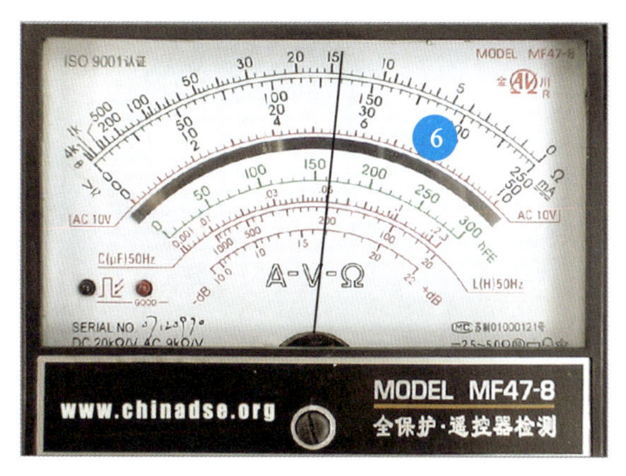

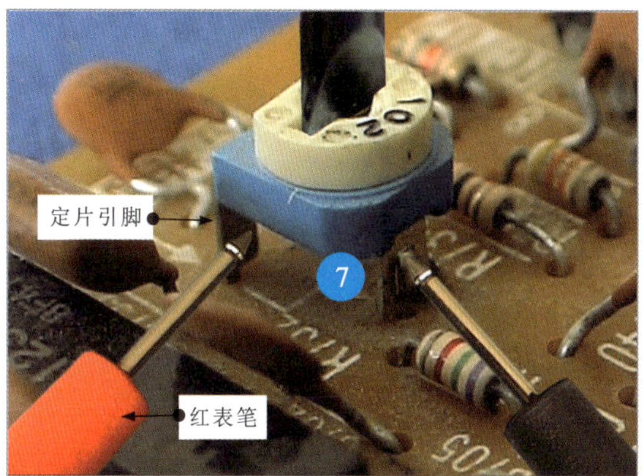

图6-55 可调电阻器的检测方法（续）

根据检测结果可对可调电阻器的性能进行判断（若为在路检测，则应注意外围元器件的影响）：

◆若两个定片引脚之间的阻值趋近于0或无穷大，则表明可调电阻器已经损坏；

◆在正常情况下，定片引脚与动片引脚之间的阻值应小于标称阻值；

◆若定片引脚与动片引脚之间的最大阻值和定片引脚与动片引脚之间的最小阻值十分接近，则表明可调电阻器失去调节功能。

划重点

6 结合量程（×10Ω），观察指针的指示位置，检测结果为14×10Ω＝140Ω。

7 将万用表的红、黑表笔分别搭在可调电阻器的定片引脚和动片引脚上，使用螺钉旋具顺时针或逆时针调节可调电阻器的调节旋钮。

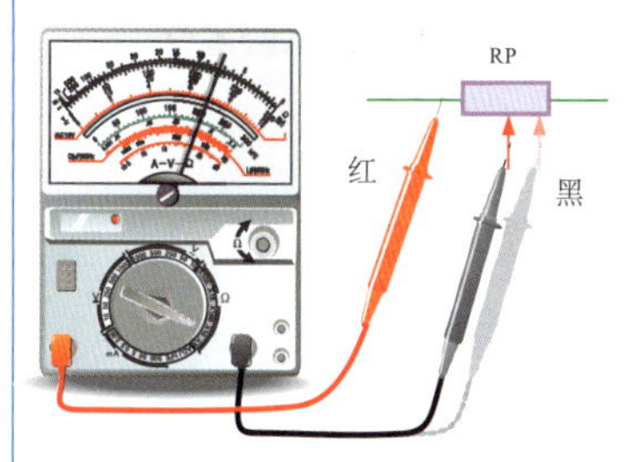

8 在正常情况下，随着螺钉旋具的转动，万用表的指针在零到标称阻值之间平滑摆动。

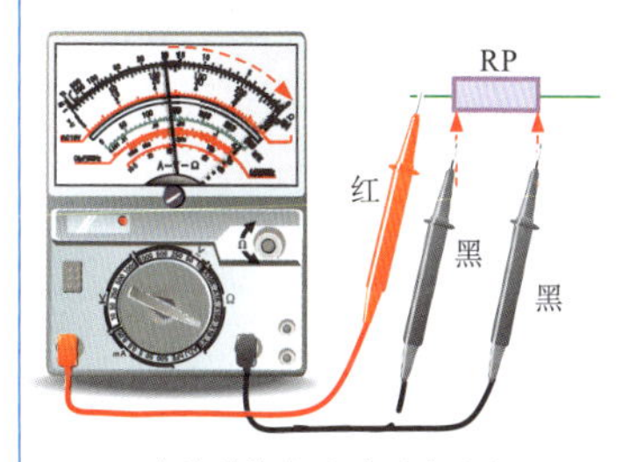

动片引脚与定片引脚之间
最大阻值和最小阻值的检测方法

第7章 电容器

7.1 电容器的功能与分类

7.1.1 电容器的功能

两块金属板相对平行放置，不互相接触，就可构成一个最简单的电容器。

电容器具有隔直流、通交流的特点。图7-1为电容器的充、放电原理。

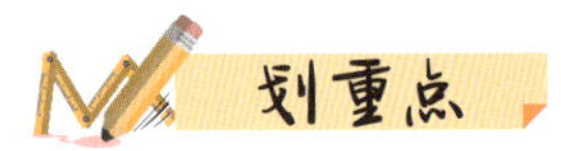

1 将电容器的两个引脚分别与电源的正、负极连接，电源就会对电容器充电，当电容器所充电压与电源电压相等时，充电停止，电路中就不再有电流流动，相当于开路。

2 将电路中的开关断开，电容器会通过电阻放电，其电流方向与充电时的电流方向相反。随着电流的流动，电容器上的电压逐渐降低，直到完全消失。

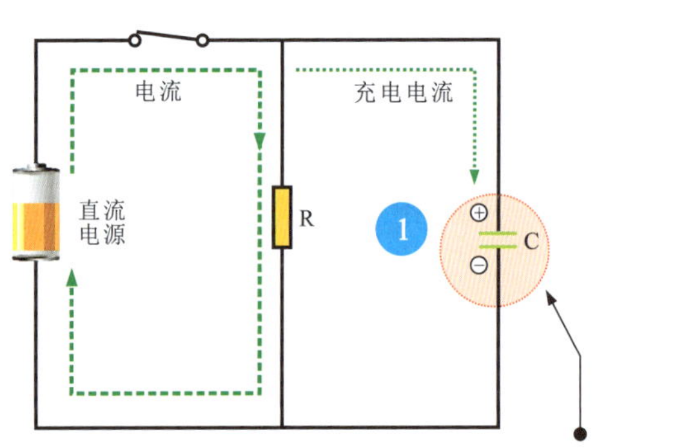

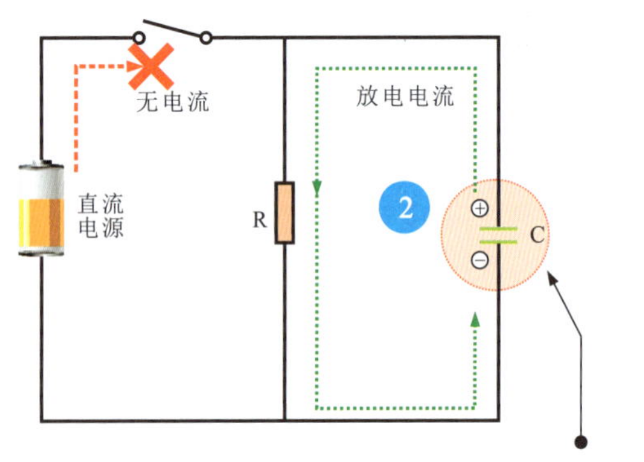

图7-1 电容器的充、放电原理

图7-2为电容器的频率特性示意图。

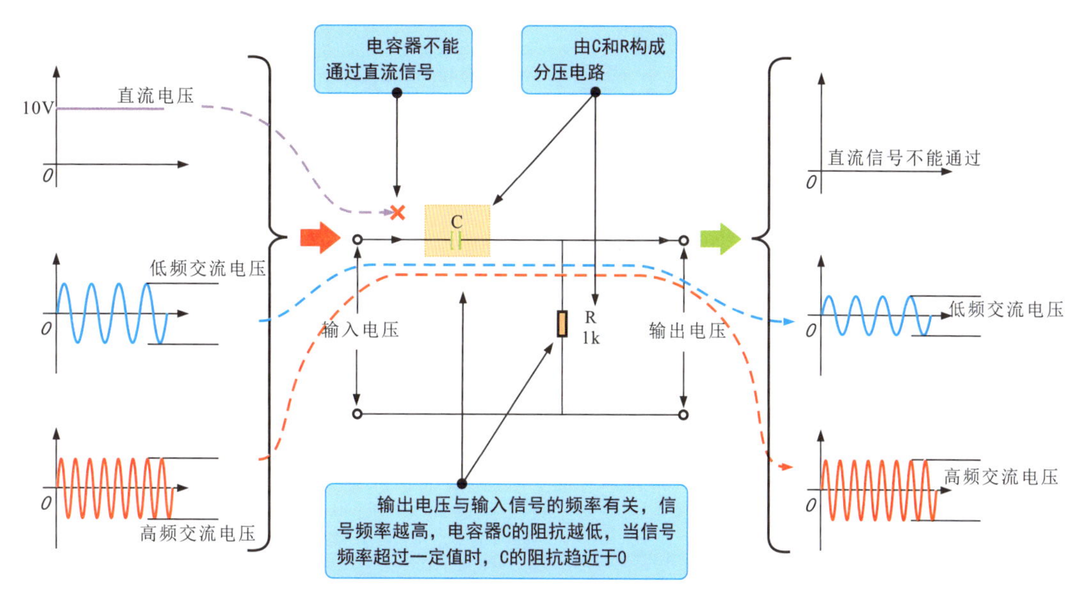

图7-2 电容器的频率特性示意图

电容器的两个重要功能特点：

（1）阻止直流电流通过，允许交流电流通过；

（2）电容器的阻抗与传输信号的频率有关，信号频率越高，电容器的阻抗越小。

1 电容器的滤波功能

滤除杂波或干扰波是电容器最基本、最突出的功能。图7-3为电容器的滤波功能示意图。

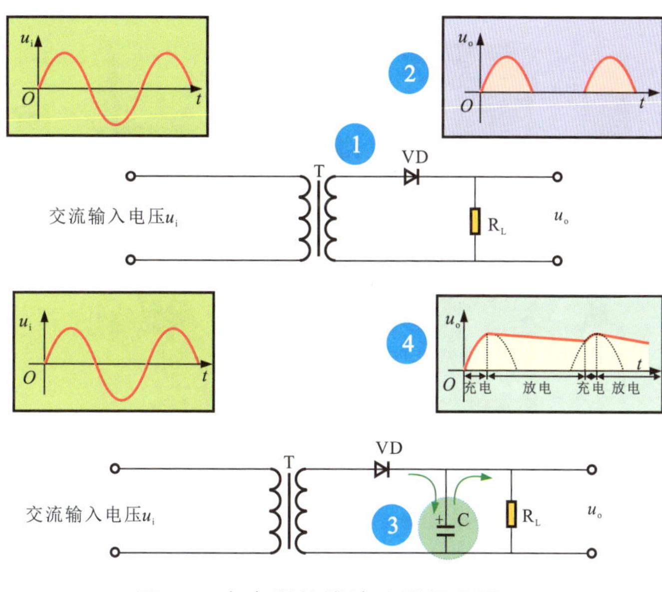

图7-3 电容器的滤波功能示意图

划重点

1 交流输入电压u_i经变压器T后，由二极管VD整流输出脉动直流电压u_o。

2 因电源电路中没有电容器，所以输出电压不稳定，波动很大。

3 加入电容器C，输出电压比较稳定、平滑。

4 在输出电路中加入电容器C，由于电容器的充、放电作用，可使不稳定、波动比较大的输出电压变得比较稳定、平滑。

2 电容器的耦合功能

电容器对交流信号的阻抗较小，可视为通路，对直流信号的阻抗很大，可视为断路。图7-4为电容器在电路中的耦合功能。

划重点

1 输入信号经输入耦合电容C1加到三极管V的基极。

2 三极管V将信号放大后，由集电极输出的信号经输出耦合电容C2加到负载电阻R_L上。

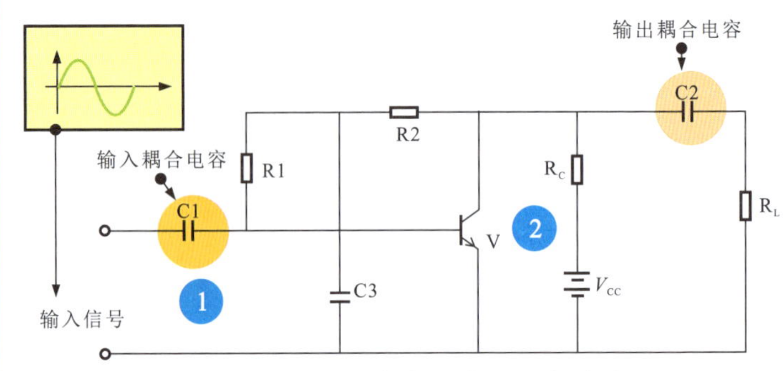

图7-4 电容器在电路中的耦合功能

由于电容器具有隔直流的作用，因此经放大的输出信号可以经输出耦合电容器C2送到负载R_L上，而直流信号不会加到负载R_L上。也就是说，从负载R_L上只能得到交流信号。

7.1.2 电容器的分类

电容器是一种可储存电能的元器件，通常简称为电容。它与电阻器一样，广泛应用于各种电子产品中。

电子产品电路板上电容器的实物外形如图7-5所示。

电容器种类很多，根据电容量能否可调可分为固定电容器和可变电容器；根据电容器引脚的极性可分为无极性电容器和有极性电容器。

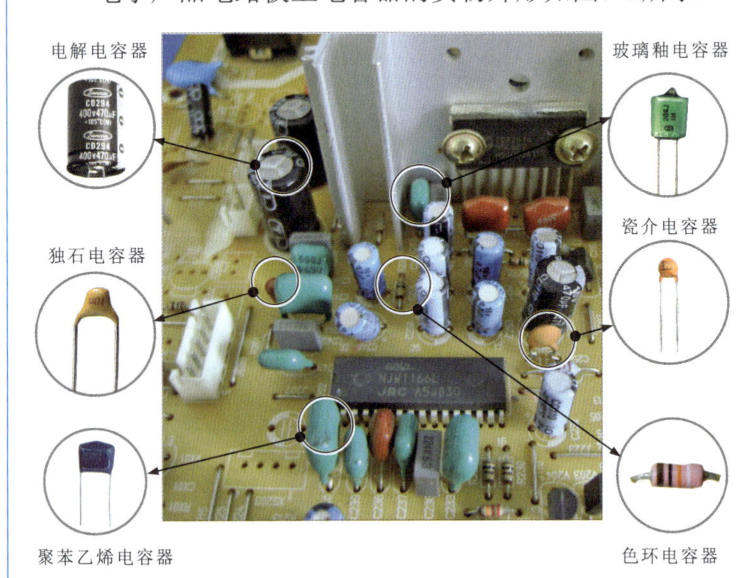

图7-5 电子产品电路板上电容器的实物外形

电容器的种类很多，根据功能和应用领域，主要可分为普通电容器、电解电容器和可变电容器三大类。

在大多情况下，普通电容器由于材料和制作工艺的特点，在生产时电容量已经被固定，因此属于电容量固定的电容器。

1 普通电容器

普通电容器也称无极性电容器，其引脚没有正、负极性之分。常见的普通电容器主要有色环电容器、纸介电容器、瓷介电容器、云母电容器、涤纶电容器、玻璃釉电容器、聚苯乙烯电容器等。

① 色环电容器

色环电容器是在电容器的外壳上用多条不同颜色的色环表示电容量，与色环电阻器类似，如图7-6所示。

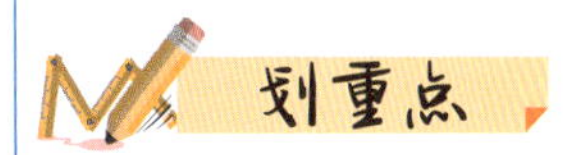

色环电容器的外形多为圆柱形，外壳上有多条不同颜色的色环。

字母标识：C　⊣⊢ 电路图形符号

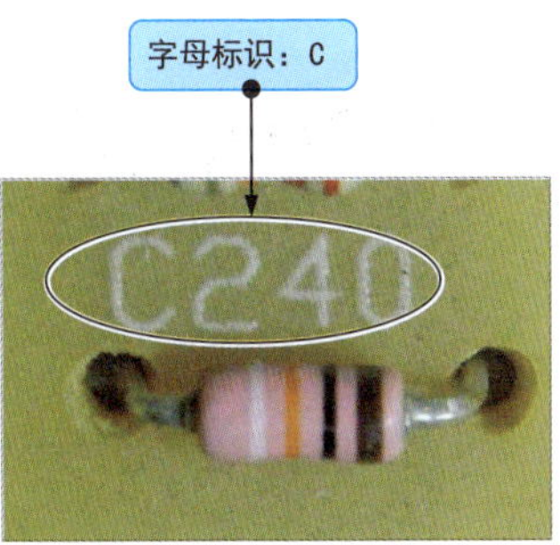

图7-6　色环电容器

② 纸介电容器

纸介电容器是一种用纸作为介质的电容器，即用两层带状的铝或锡箔中间垫上浸过石蜡的纸卷成筒状，装入绝缘纸壳或金属壳中，两引脚用绝缘材料隔离，如图7-7所示。

纸介电容器的价格低、体积大、损耗大、稳定性较差，且存在较大的固有电容，不宜在频率较高的电路中使用，常用在电动机启动电路中。

字母标识：C　⊣⊢ 电路图形符号

纸介电容器的外壳上标识有电容量、耐压值等参数信息。

图7-7　纸介电容器

金属化纸介电容器是在涂有醋酸纤维漆的纸上蒸镀一层厚度为0.1μm的金属膜作为电极，并将其卷绕成型，装上引线，放入外壳内封装，如图7-8所示。

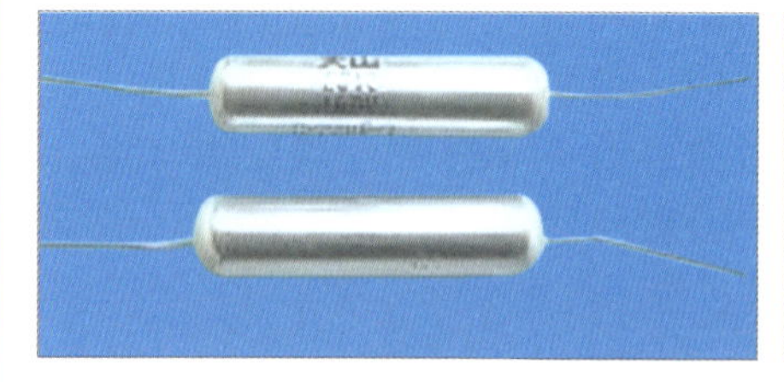

图7-8　金属化纸介电容器

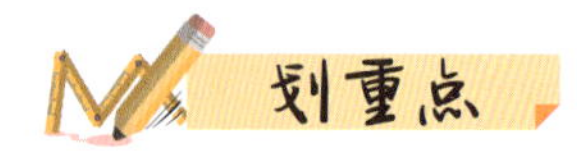

金属化纸介电容器比普通纸介电容器体积小，容量较大，受高压击穿后具有自恢复能力，广泛应用在自动化仪表、自动控制装置及各种家用电器中，不适合用在高频电路中。

③ 瓷介电容器

瓷介电容器用陶瓷材料作为介质，外层涂有保护漆，并在陶瓷片上敷银制成电极，如图7-9所示。

分立式瓷介电容器外形多为圆片，外表没有光亮度。

贴片式瓷介电容器外形多为黄色矩形。

字母标识：C

⊣⊢
电路图形符号

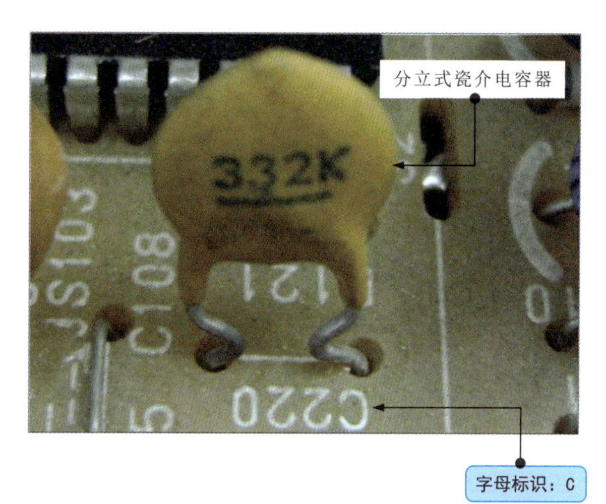

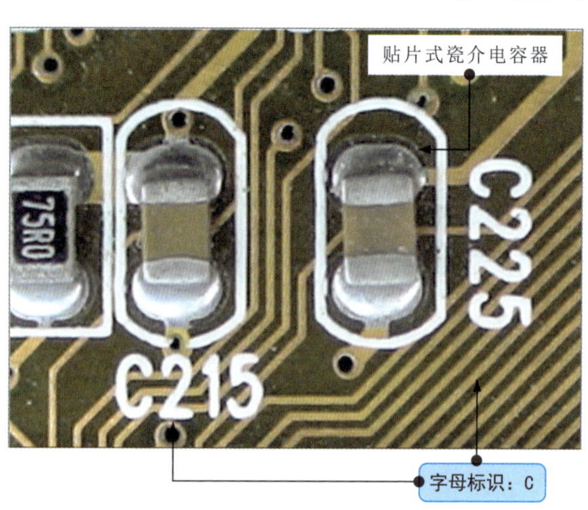

图7-9　瓷介电容器

瓷介电容器的损耗较小，稳定性好，且耐高温、高压，是应用最多的一种电容器。

④ 云母电容器

云母电容器是用云母作为介质的电容器，通常用金属箔作为电极，外形为矩形，如图7-10所示。

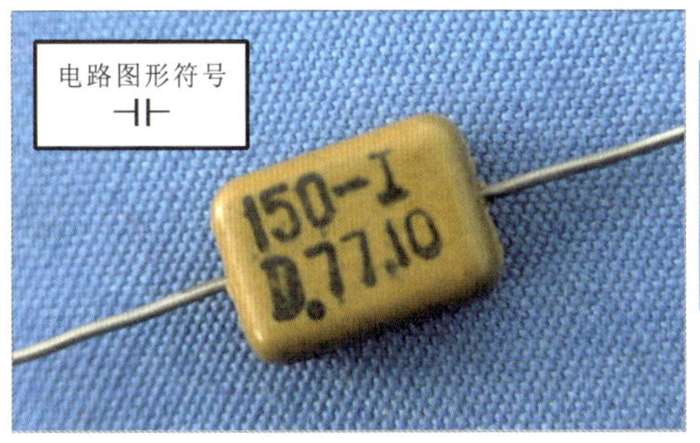

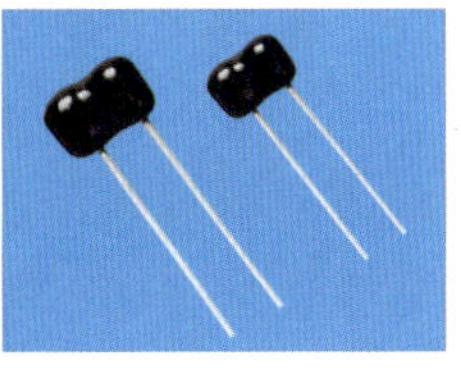

图7-10 云母电容器

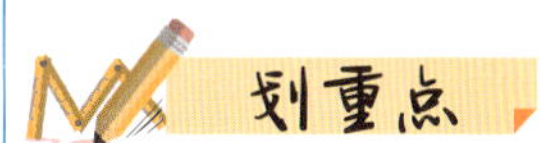

云母电容器的电容量较小，只有几皮法至几千皮法，具有可靠性高、频率特性好等特点，适合用在高频电路中。

⑤ 涤纶电容器

涤纶电容器是一种采用涤纶薄膜作为介质的电容器，又称聚酯电容器，如图7-11所示。

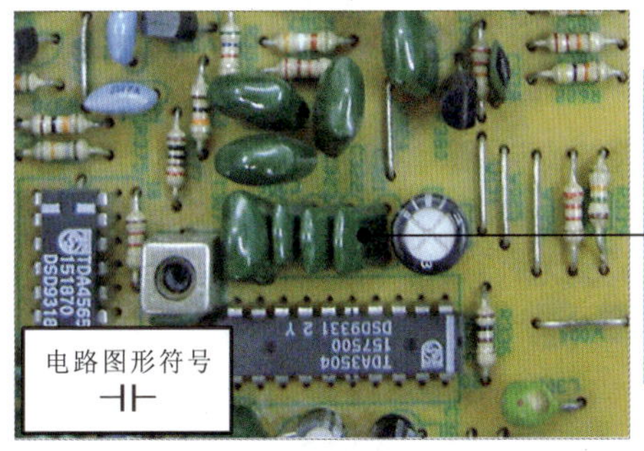

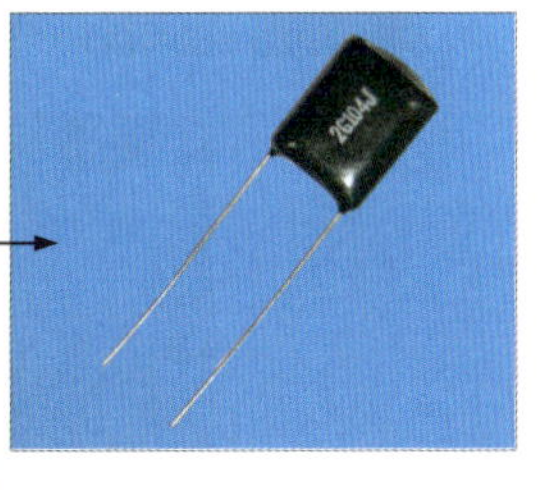

图7-11 涤纶电容器

常见涤纶电容器的外壳为绿色并有光泽。

涤纶电容器的成本较低，耐热、耐压、耐潮湿性能都很好，稳定性较差，适合用在稳定性要求不高的电路中，如彩色电视机或收音机的耦合、隔直流等电路中。

⑥ 玻璃釉电容器

玻璃釉电容器是一种使用由玻璃釉粉压制的薄片作为介质的电容器，如图7-12所示。

字母标识:C

图7-12 玻璃釉电容器

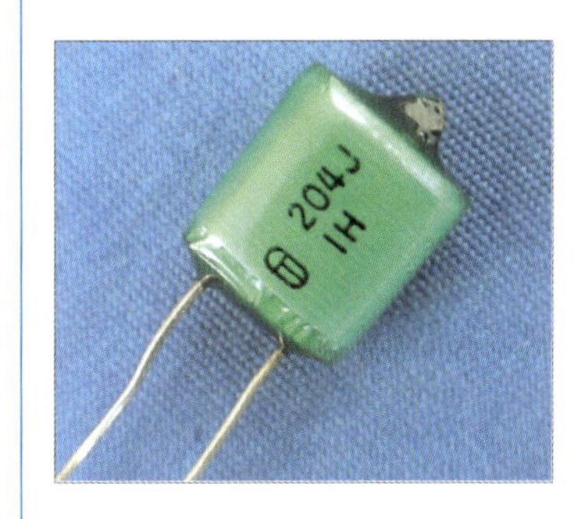

玻璃釉电容器外形多为长方体，外表有明显的玻璃亮度和光泽。

玻璃釉电容器的电容量一般为10～3300pF，耐压值有40V和100V两种，具有介电系数大、耐高温、抗潮湿性强、损耗低等特点。

⑦ 聚苯乙烯电容器

聚苯乙烯电容器是以非极性聚苯乙烯薄膜作为介质制成的电容器，其内部通常采用两层或三层薄膜与金属电极交叠绕制。图7-13为聚苯乙烯电容器的实物外形。

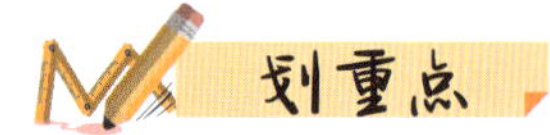

聚苯乙烯电容器的成本低、损耗小、绝缘电阻高、电容量稳定，多应用在对电容量要求精确的电路中。

聚苯乙烯电容器的外形多为长方体或正方体，外表光泽，有明显的标识，表层镀有漆膜。

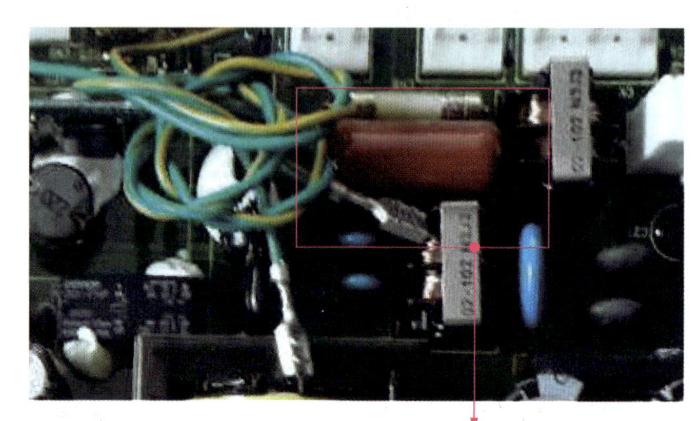

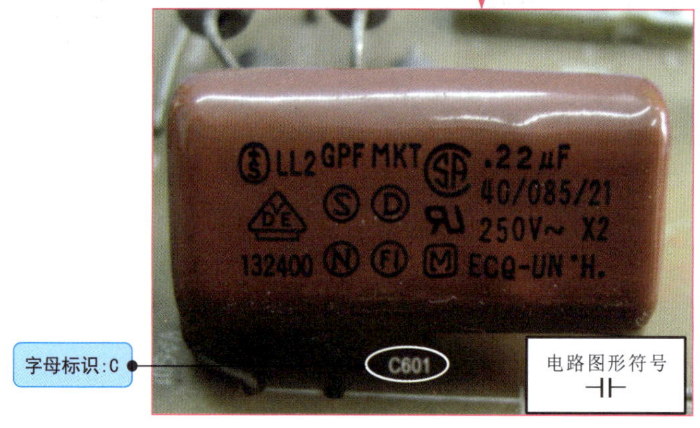

图7-13　聚苯乙烯电容器的实物外形

表7-1为普通电容器的电容量范围。

表7-1　普通电容器的电容量范围

普通电容器	电容量范围	普通电容器	电容量范围
纸介电容器	中小型纸介电容器：470pF～0.22μF； 金属壳密封纸介电容器：0.01pF～10μF	涤纶电容器	40pF～4μF
瓷介电容器	1pF～0.1μF	玻璃釉电容器	10pF～0.1μF
云母电容器	10pF～0.5μF	聚苯乙烯电容器	10pF～1μF

2 电解电容器

电解电容器是一种有极性电容器，其引脚有明确的正、负极之分，在使用时，引脚极性不可接反。

常见的电解电容器按电极材料不同，可分为铝电解电容器和钽电解电容器。

铝电解电容器的电容量较大，绝缘电阻低，漏电电流大，频率特性差，电容量和损耗会随周围环境和时间的变化而变化，特别是当温度过低或过高时，长时间不用会失效，多用在低频、低压电路中。

① 铝电解电容器

铝电解电容器是一种液体电解质电容器，根据介电材料的状态不同，可分为普通铝电解电容器（液态铝质电解电容器）和固态铝电解电容器（固态电容器），是目前应用最广泛的电容器，如图7-14所示。

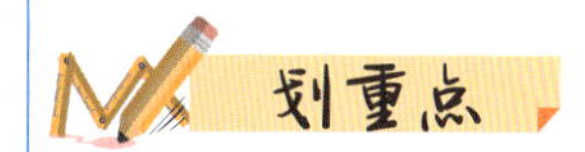

图7-14 铝电解电容器

普通铝电解电容器的引脚有极性之分，标识信息标注在表面。

字母标识：C

电路图形符号

固态铝电解电容器的参数信息标注在顶部，涂有黑色印记的一侧引脚为负极引脚。

铝电解电容器的规格多种多样，外形也因制作工艺的不同而不同，常见的有焊针形铝电解电容器、螺栓形铝电解电容器、轴向铝电解电容器，如图7-15所示。

焊针形铝电解电容器

螺栓形铝电解电容器

轴向铝电解电容器

图7-15 不同类型的铝电解电容器

② 钽电解电容器

钽电解电容器是采用金属钽作为正极材料而制成的电容器，如图7-16所示。

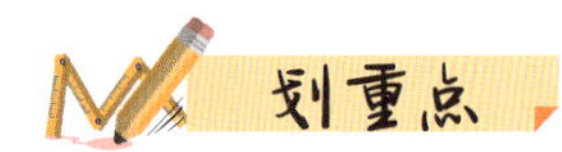

钽电解电容器主要有固体钽电解电容器和液体钽电解电容器。

固体钽电解电容器根据安装的形式不同，可分为分立式固体钽电解电容器和贴片式固体钽电解电容器。

字母标识：C　　电路图形符号

钽电解电容器的温度特性、频率特性和可靠性都比铝电解电容器好，尤其漏电电流极小、电荷储存能力好、寿命长、误差小，但价格较高，通常用在高精密的电子电路中。

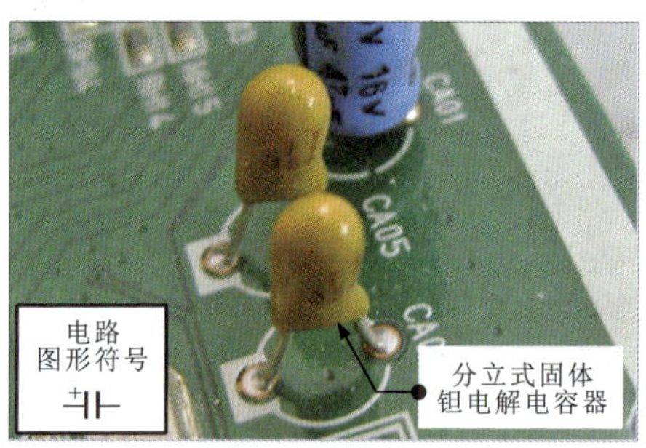

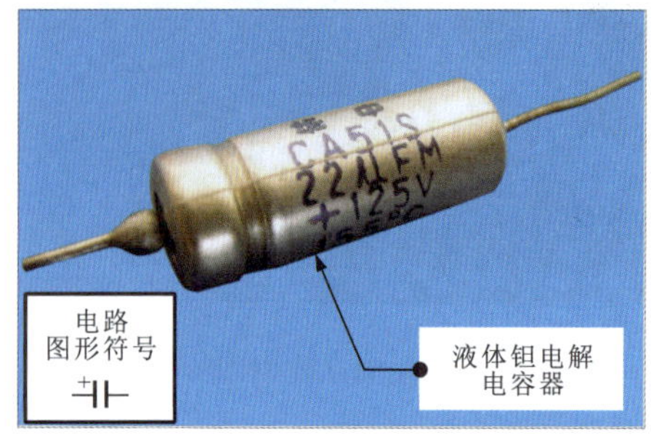

图7-16 钽电解电容器

关于电容器的漏电电流：当给电容器加直流电压时，由于电容器的介质不是绝对的绝缘体，因此电容器就会有漏电电流产生。若漏电电流过大，则电容器就会因发热而被烧坏。通常，电解电容器的漏电电流较大，因此常用漏电电流表示电解电容器的绝缘性能。

关于电容器的漏电电阻：由于电容器两极之间的介质不是绝对的绝缘体，因此电阻不是无限大的，而是一个有限的数值，一般很精确，如534kΩ、652kΩ。电容器两极之间的电阻被称为绝缘电阻，也称漏电电阻。其大小是额定工作电压下的直流电压与通过电容器漏电电流的比值。漏电电阻越小，漏电越严重。电容器漏电会引起能量损耗，不仅影响使用寿命，还会影响电路性能。因此，电容器的漏电电阻越大越好。

3 可变电容器

可变电容器是电容量可在一定范围内调节的电容器。可变电容器按结构的不同可分为微调可变电容器、单联可变电容器、双联可变电容器和四联可变电容器等。

① 微调可变电容器

微调可变电容器又叫半可调电容器，电容量的可调范围小，如图7-17所示。

微调可变电容器主要有瓷介微调可变电容器、拉线微调可变电容器、云母微调可变电容器、薄膜微调可变电容器等。

字母标识：C　　电路图形符号

微调可变电容器的电容量一般为5～45pF，可调范围小，主要用在收音机的调谐电路中。

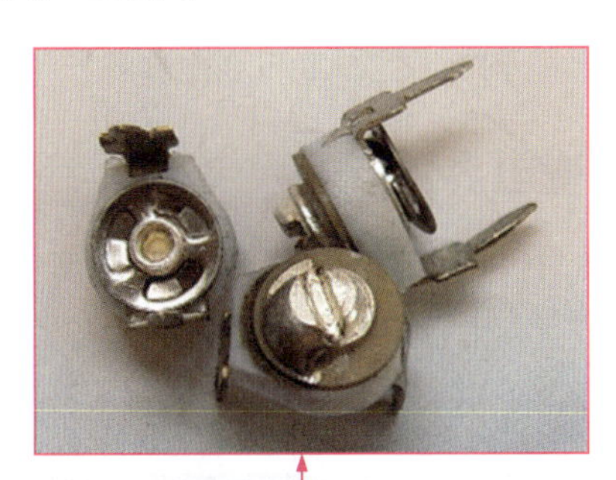

图7-17　微调可变电容器

可变电容器一般由相互绝缘的两组极片组成。其中，固定不动的一组极片被称为定片；可动的一组极片被称为动片。可变电容器通过改变极片间的相对有效面积或距离可使电容量相应变化，主要用在无线电接收电路中选择信号（调谐）。

② 单联可变电容器

单联可变电容器是由相互绝缘的两组金属铝片组成的，如图7-18所示。这种电容器的内部只有一个可调电容器。

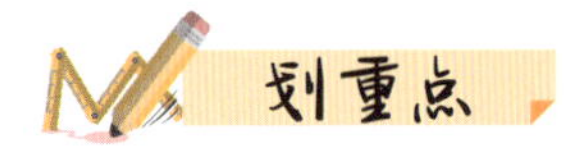

调节单联可变电容器的转轴可带动其内部动片转动，由此可以改变定片与动片的相对位置，使电容量相应地变化。

单联可变电容器的引脚一般有2～3个，即两个内部引脚和一个接地引脚。

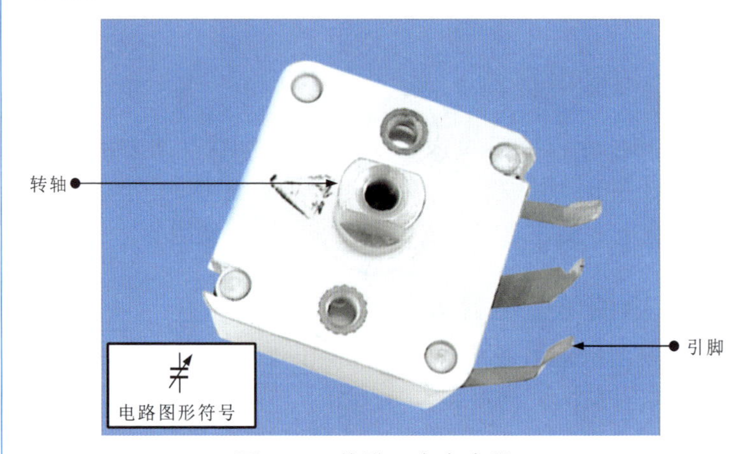

图7-18 单联可变电容器

③ 双联可变电容器

双联可变电容器可以简单理解为由两个单联可变电容器组合而成，如图7-19所示。

双联可变电容器的内部结构与单联可变电容器相似，由一根转轴带动两个单联可变电容器的动片同步转动。调节转轴时，两个单联可变电容器的电容量同步变化。

两个单联可变电容器各自附带一个用来微调的补偿电容，因此，一般可从其背部看到两个调节孔。

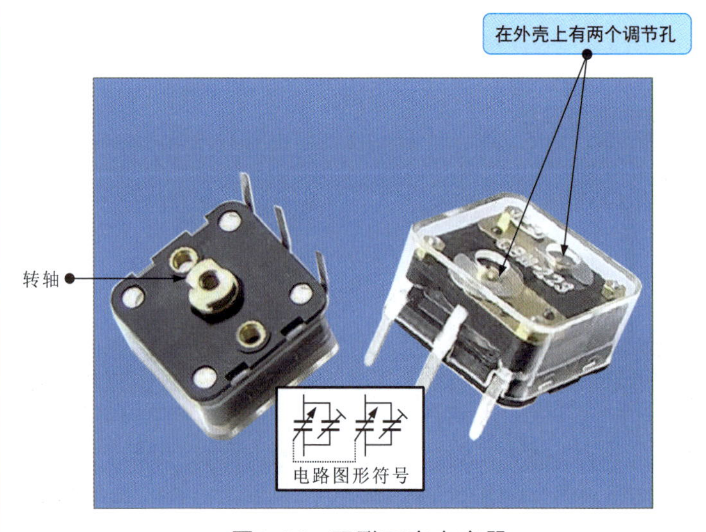

图7-19 双联可变电容器

通常，单联可变电容器、双联可变电容器和四联可变电容器可以通过引脚和背部补偿电容的数量来识别。以双联可变电容器为例，图7-20为双联可变电容器的内部结构示意图。

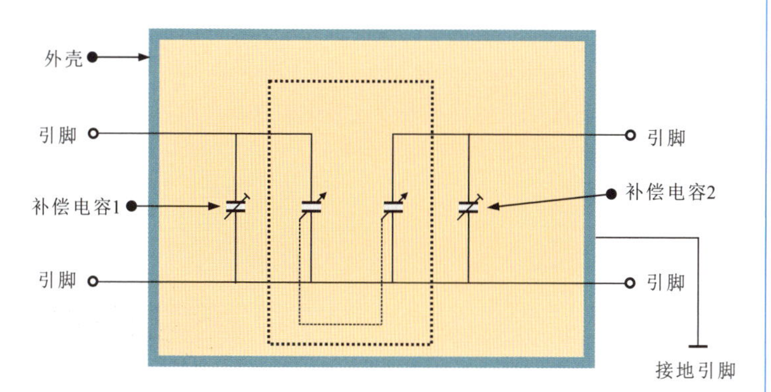

图7-20 双联可变电容器的内部结构示意图

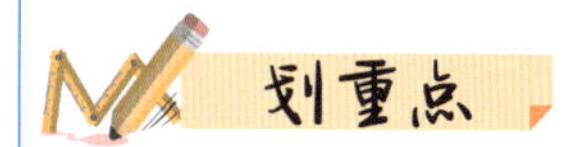

双联可变电容器的引脚数一般为5个，即4个内部引脚加一个接地引脚。

双联可变电容器内部有两个补偿电容，从背部可以看到两个补偿电容的调节孔。

④ 四联可变电容器

四联可变电容器包含4个可同步调节的单联可变电容器，如图7-21所示。

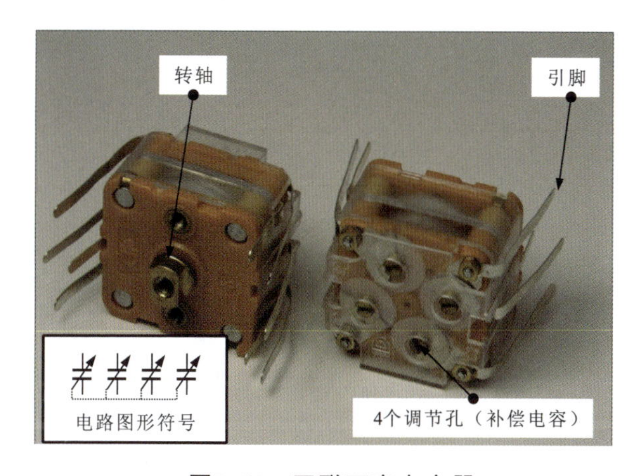

图7-21 四联可变电容器

四联可变电容器的引脚数一般为7～9个。

四个单联可变电容器各自附带一个用来微调的补偿电容，一般可从背部看到。

如果是双联可变电容器，则从背部可以看到两个补偿电容；如果是四联可变电容器，则从背部可以看到4个补偿电容。

另外，值得注意的是，由于生产工艺的不同，可变电容器的引脚数量并不完全统一。通常，单联可变电容器的引脚数量一般为2～3个（两个内部引脚加一个接地引脚）；双联可变电容器的引脚数量不超过7个；四联可变电容器的引脚数量为7～9个。

可变电容器按介质的不同还可以分为薄膜介质可变电容器和空气介质可变电容器。

如图7-22所示，薄膜介质可变电容器采用云母片或塑料（聚苯乙烯等）薄膜作为介质，其外壳为透明塑料，具有体积小、重量轻、电容量较小、易磨损的特点。空气介质可变电容器的动片与定片之间用空气作为介质，多应用在收音机、高频信号发生器、通信设备及相关电子设备中。常见的空气介质可变电容器主要有空气单联可变电容器（空气单联）和空气双联可变电容器（空气双联）。

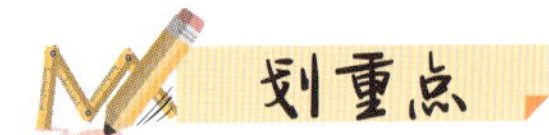

薄膜介质可变电容器是在动片与定片（动片、定片均为不规则的半圆形金属片）之间用云母片或塑料（聚苯乙烯等）薄膜作为介质。

空气介质可变电容器的电极由两组金属片组成。其中，固定不变的一组为定片，可转动的一组为动片，动片与定片之间用空气作为介质。

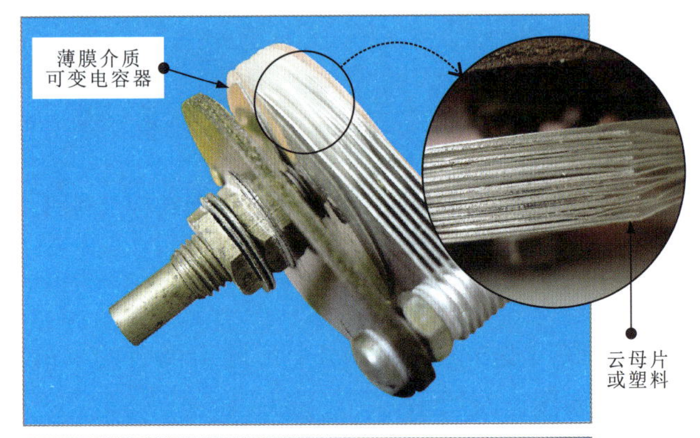

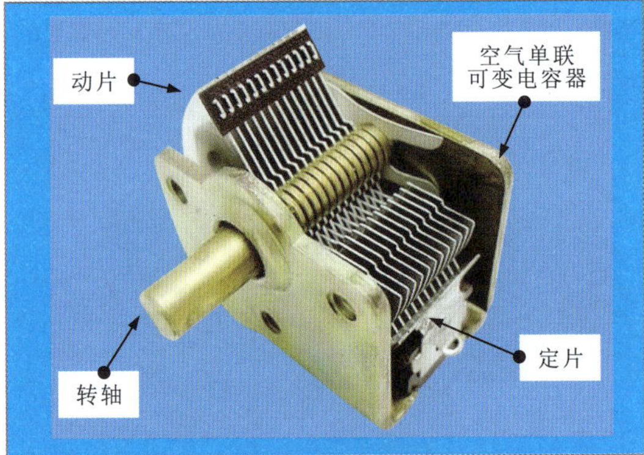

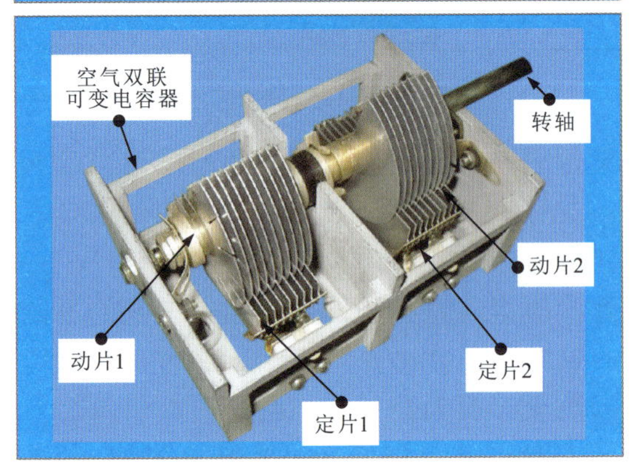

图7-22　薄膜介质和空气介质可变电容器

7.2 电容器的识别、选用与代换

7.2.1 电容器的识别

1 直标法

直标法是将不同的数字和字母标注在电容器的外壳上，用来表示电容量及相关参数。图7-23为电容器参数的直标法。

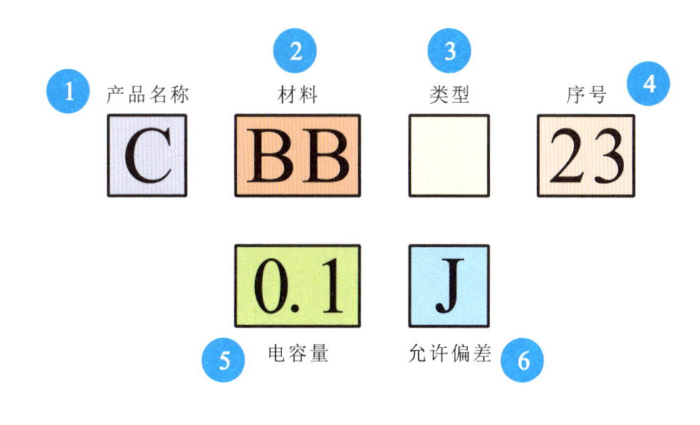

图7-23 电容器参数的直标法

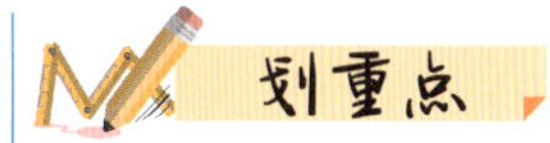

1 产品名称：用字母C表示。

2 材料：用字母表示。

3 类型：用字母或数字表示。

4 序号：用数字表示。

5 电容量：用数字表示。

6 允许偏差：用字母表示。

电容器参数直标法中表示材料和允许偏差的字母含义见表7-2。

表7-2 电容器参数直标法中表示材料和允许偏差的字母含义

材料				允许偏差			
字母	含义	字母	含义	字母	含义	字母	含义
A	钽	N	铌	Y	±0.001%	J	±5%
B	非极性有机薄膜	O	玻璃膜	X	±0.002%	K	±10%
BB	聚丙烯	Q	漆膜	E	±0.005%	M	±20%
C	高频陶瓷	T	低频陶瓷	L	±0.01%	N	±30%
D	铝	V	云母纸	P	±0.02%	H	+100% -0%
E	其他	Y	云母	W	±0.05%	R	+100% -10%
G	合金	Z	纸介	B	±0.1%	T	+50% -10%
H	纸膜复合			C	±0.25%	Q	+30% -10%
I	玻璃釉			D	±0.5%	S	+50% -20%
J	金属化纸介			F	±1%	Z	+80% -20%
L	极性有机薄膜			G	±2%		

电容器在电路中用字母C表示。电容量的单位为法拉，简称法，用字母F表示，在应用中使用更多的是微法（用μF表示）、纳法（用nF表示）、皮法（用pF表示）。它们之间的换算关系为1F=10^6μF=10^9nF=10^{12}pF。电容器的主要参数有标称电容量、允许偏差、额定工作电压、绝缘电阻、温度系数及频率特性。

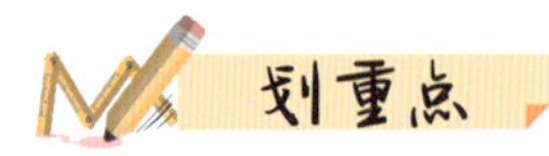

① 字母C表示电容器。

② 字母BB表示聚丙烯材料。

③ 数字23表示产品序号。

④ 数字0.1表示电容器的电容量为0.1μF。

⑤ 字母J表示电容器的电容量允许偏差为±5%。

该电容器是序号为23的聚丙烯电容器，电容量为0.1μF±5%。

⑥ 标称电容量为2200μF。

⑦ 额定工作电压为25V。

⑧ 允许偏差为±20%。

⑨ 最高工作温度为+85℃。

图7-24为采用直标法的电容器参数识读案例。

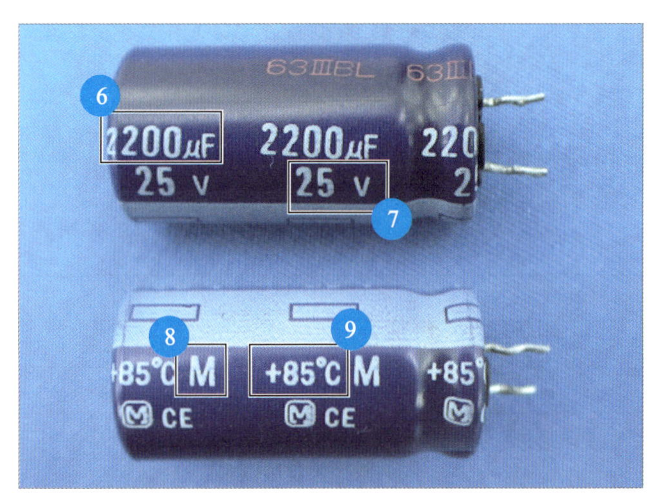

图7-24　采用直标法的电容器参数识读案例

标称电容量是电容器储存电荷的能力，在相同电压下，储存电荷越多，电容量越大。

电容器的实际电容量与标称电容量存在一定的偏差。其最大允许偏差范围被称为允许偏差。电容器的允许偏差可以分为3个等级：Ⅰ级，即允许偏差为±5%的电容器；Ⅱ级，即允许偏差为±5%～±10%的电容器；Ⅲ级，即允许偏差为±20%的电容器。

额定工作电压是在规定的温度范围内，电容器能够连续可靠工作的最高电压，有时又分为额定直流工作电压和额定交流工作电压（有效值）。额定工作电压是一个参考数值，在实际应用中，如果工作电压大于额定工作电压，则电容器呈被击穿状态。

绝缘电阻是加在电容器两端的电压与通过电容器的漏电电流的比值。电容器的绝缘电阻与电容器的介质材料和面积、引线的材料和长短、制造工艺、温度和湿度等因素有关。对于同一种介质的电容器，电容量越大，绝缘电阻越小。电解电容器常通过介电系数来表示绝缘能力。

多说两句！

2 数字标注法

数字标注法是使用数字或数字与字母相结合的方式标注电容器的主要参数。图7-25为电容器参数的数字标注法。

有效数字 有效数字 倍乘数 允许偏差

1 0 4 

图7-25 电容器参数的数字标注法

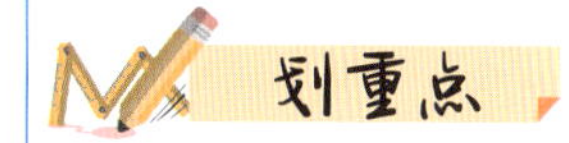

需要注意的是，若第3位为9，则表示倍乘数为10^{-1}pF，而不是10^{9}，例如339表示33×10^{-1}pF=3.3pF。

电容器参数的数字标注法与电阻器参数的直接标注法相似。其中，前两位数字为有效数字，第3位数字为倍乘数，第4位的字母为允许偏差，默认单位为pF。允许偏差不同字母所表示的含义见表7-2。

图7-26为采用数字标注法的电容器参数识读案例。

图7-26 采用数字标注法的电容器参数识读案例

① 第1位有效数字为1，第2位有效数字为0。

② 倍乘数为10^{4}。

③ 字母Z表示允许偏差为+80%、-20%。

图7-26中，104Z表示电容器的电容量为10×10^{4}pF=100000pF=0.1μF，允许偏差为+80%、-20%。

3 色环标注法

色环电容器因外壳上的色环标注而得名。这些色环通过不同颜色表示电容器的不同参数信息。在一般情况下，不同颜色的色环所表示的含义不同，相同颜色的色环标注在不同位置上的含义也不同。图7-27为电容器参数的色环标注法。

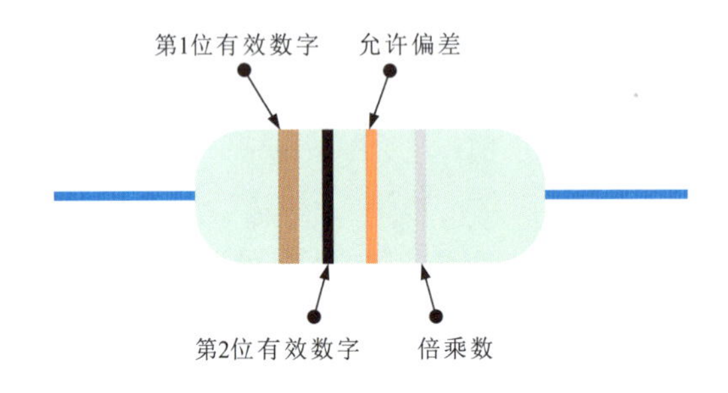

图7-27 电容器参数的色环标注法

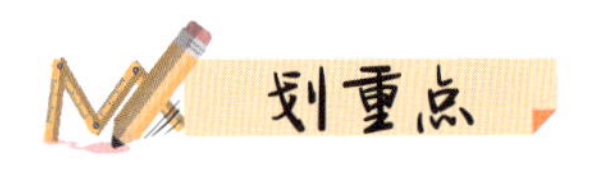

① 第1个和第2个色环颜色为棕、黑，表示电容器电容量的第1位有效数字为1，第2位有效数字为0。

② 第3个色环颜色为橙，表示倍乘数为10^3，第4个色环颜色为银，表示允许偏差为±10%。

图7-28中，电容器的电容量为10×10^3pF=10000pF=0.01μF，允许偏差为±10%。

图7-28为采用色环标注法的电容器参数识读案例。

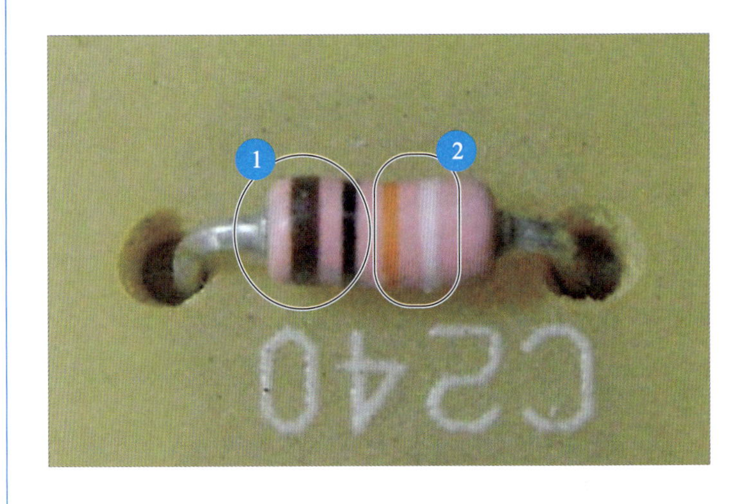

图7-28 采用色环标注法的电容器参数识读案例

4 电容器引脚极性的区分

电解电容器由于有明确的正、负极引脚之分，因此在电解电容器上除标注相关参数外，还对引脚的极性进行标注。识别电解电容器的引脚极性一般可以从三个方面入手。

第一方面是根据外壳上的颜色和符号标注区分，如图7-29所示。

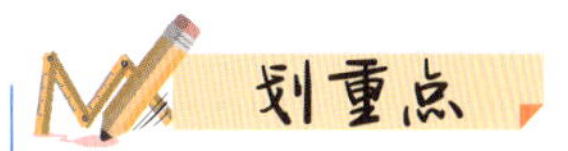

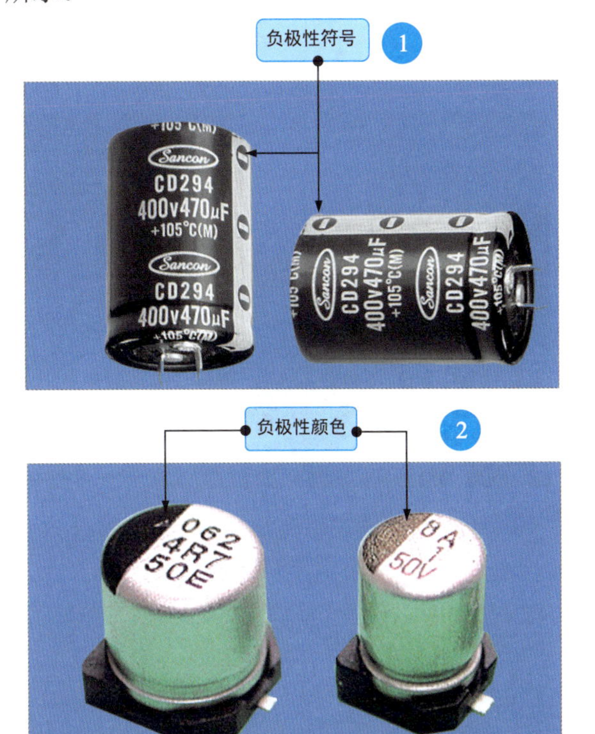

图7-29 根据外壳上的颜色和符号标注区分电解电容器引脚极性

1 在电解电容器的侧面，直接标记负极性符号的一侧引脚为负极性引脚。

2 在电解电容器的顶部，黑色色块一侧对应的引脚为负极性引脚。

第二个方面是根据引脚的长短区分引脚的极性，如图7-30所示。

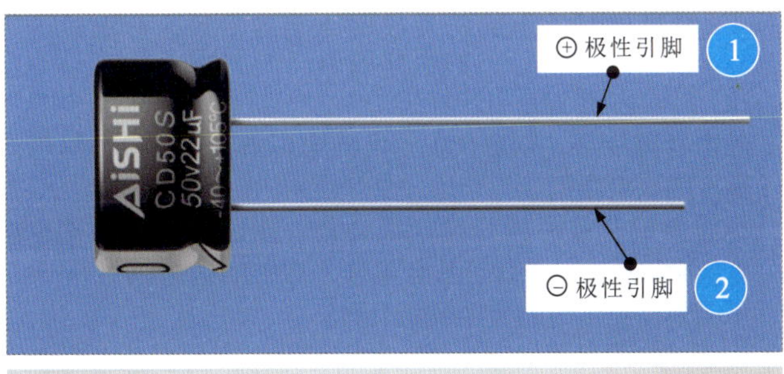

图7-30 根据引脚的长短区分电解电容器引脚的极性

1 相对较长的引脚为电解电容器的正极性引脚。

2 相对较短的引脚为电解电容器的负极性引脚。

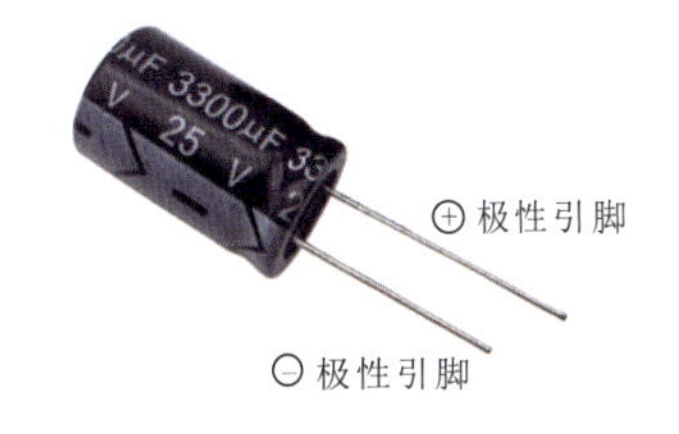

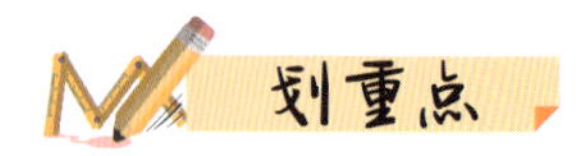

第三个方面是根据电路板上的符号或电路图形符号区分引脚的极性，如图7-31所示。

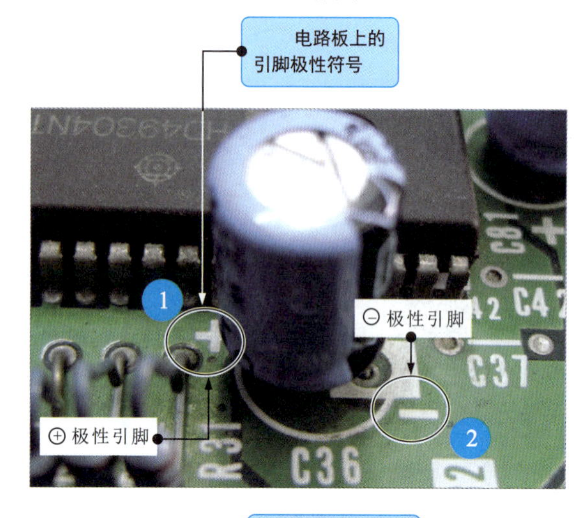

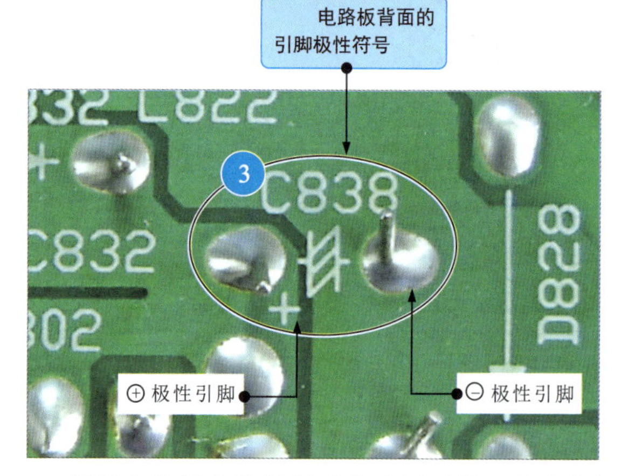

图7-31　根据电路板上的符号或电路图形符号区分电解电容器的引脚极性

1 电路板上标记有正极性符号的一侧引脚为正极性引脚。

2 电路板上标记有负极性符号的一侧引脚为负极性引脚。

3 有些电路板只标记正极性符号，则该引脚为正极性引脚。另一个未标记的引脚为负极性引脚。

多说两句！

若电容器损坏，则应代换损坏的电容器。代换电容器时，要遵循基本的代换原则。

电容器的代换原则是在代换之前，要选用符合要求的电容器；在代换过程中，要保证安全可靠，防止二次故障。

不同类型电容器的代换原则不同。

7.2.2 普通电容器的选用与代换

在代换普通电容器时，应尽可能选用同型号的普通电容器进行代换，若无法找到同型号的普通电容器，则所选用普通电容器的标称电容量与损坏普通电容器的电容量相差越小越好，额定工作电压应为实际工作电压的1.2～1.3倍。

图7-32为自动调光台灯电路中普通电容器的选用与代换。

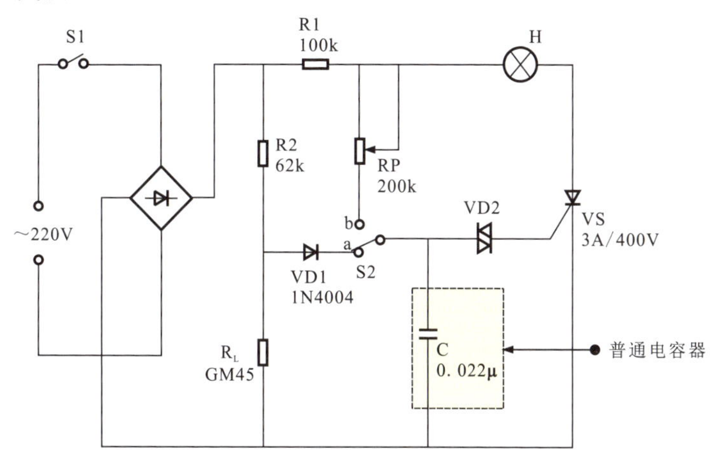

图7-32 自动调光台灯电路中普通电容器的选用与代换

要选用电容量相同的普通电容器进行代换。

普通电容器的代换原则除以上几点外，还应注意在电路中实际要承受的电压不能超过耐压值，优先选用绝缘电阻大、介质损耗小、漏电电流小的普通电容器，在低频耦合和去耦合电路中，按计算值选用稍大一些电容量的普通电容器；若为高温环境，则应选用具有耐高温特性的电容器；若为潮湿环境，则应选用抗湿性好的密封普通电容器；若为低温环境，则应选用耐寒的普通电容器；选用的普通电容器，其体积、形状及引脚尺寸均应符合电路设计要求。

7.2.3 电解电容器的选用与代换

电解电容器的选用与代换原则与普通电容器相同。图7-33为助听器电路中铝电解电容器的选用与代换。

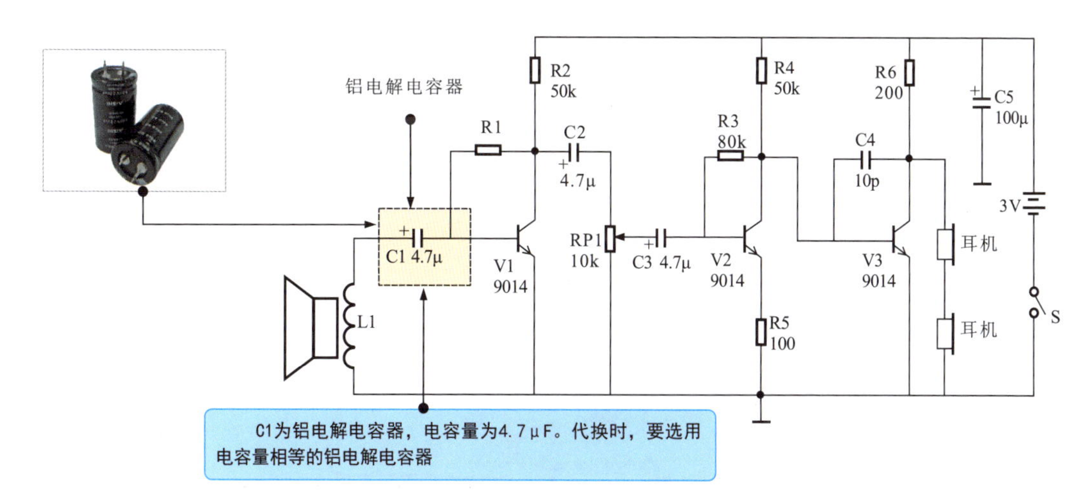

图7-33 助听器电路中铝电解电容器的选用与代换

7.2.4 可变电容器的选用与代换

可变电容器的选用与代换原则与普通电容器相同。图7-34为AM收音机高频信号放大电路中可变电容器的选用与代换。

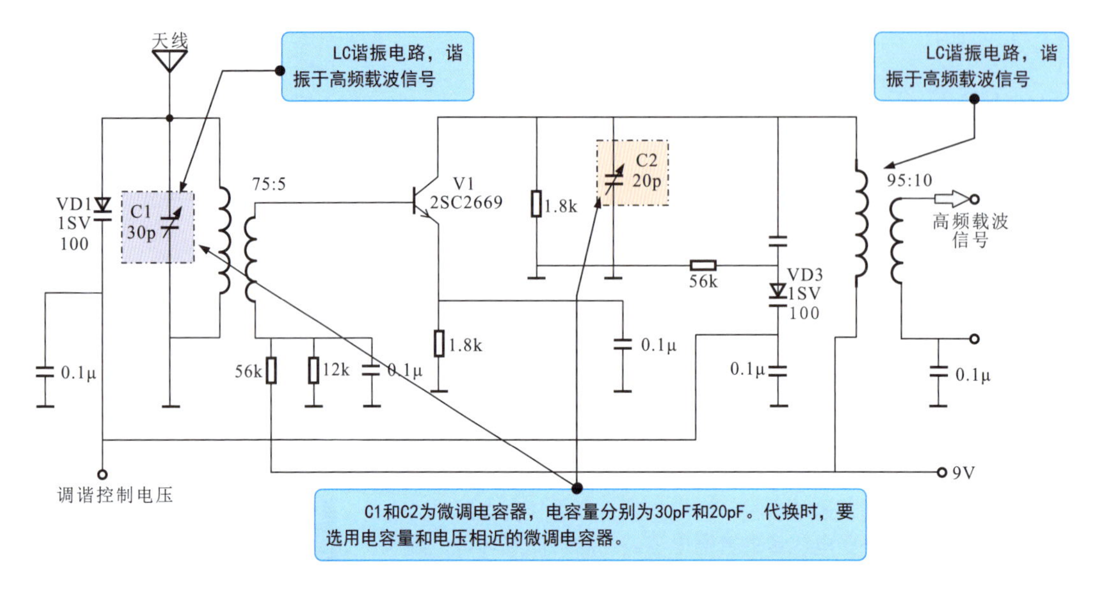

图7-34 AM收音机高频信号放大电路中可变电容器的选用与代换

7.3 电容器的检测

在检测电容器时，可先根据电容器的标识信息识读出待测电容器的标称电容量，然后使用万用表对待测电容器的实际电容量进行测量，最后将实际测量值与标称值进行比较，从而判别电容器的好坏，如图7-35所示。

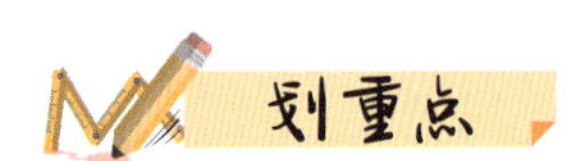

1 将万用表的挡位设置在电容量测量挡。

2 红、黑表笔分别搭在待测电容器的两引脚上。

3 观察万用表显示屏并识读当前的测量值，在正常情况下，应有一固定的电容量，并且接近标称电容量。若实测电容量与标称电容量相差较大，则说明所测电容器损坏。

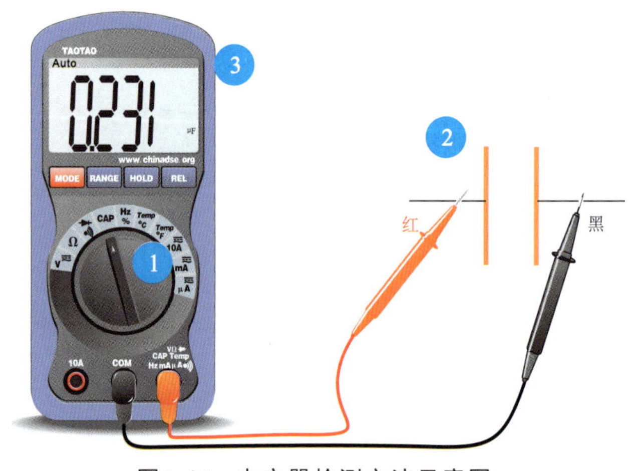

图7-35 电容器检测方法示意图

7.3.1 普通电容器的检测

如图7-36所示，在检测普通电容器之前，首先要识读普通电容器的标识信息。

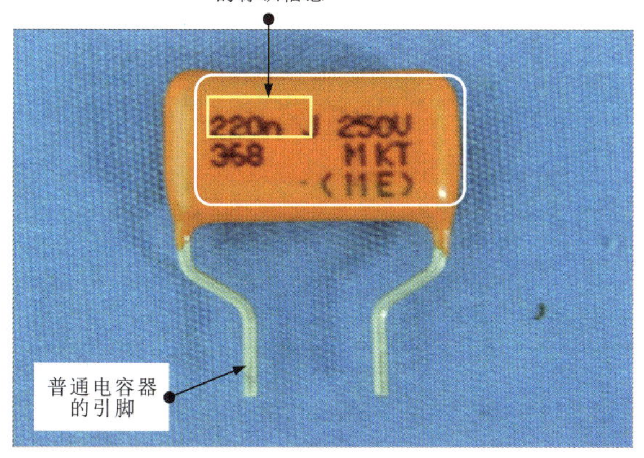

图7-36 识读普通电容器的标识信息

图7-37为普通电容器的检测方法。

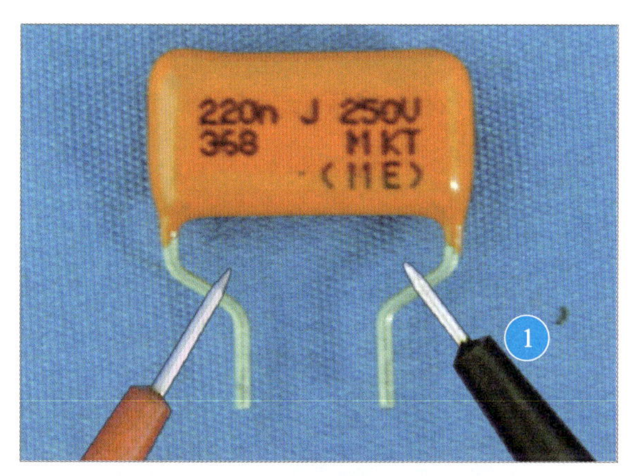

图7-37 普通电容器的检测方法

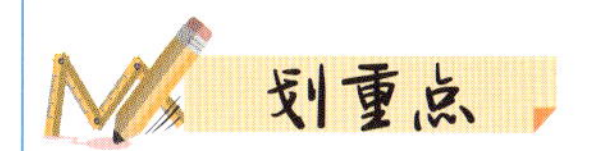

待测普通电容器采用直标法，标称电容量为220nF。

1 将万用表的量程旋钮调至电容量测量挡，红、黑表笔分别搭在普通电容器的两引脚端。

2 通过万用表的显示屏读取实测电容量为0.231μF，根据单位换算公式1μF=1×10^3nF，知0.231μF×10^3=231nF，与标称电容量相近，表明该普通电容器的性能正常。

在正常情况下，用万用表检测电容器时应有一固定的电容量，并且接近标称电容量。若实测电容量与标称电容量相差较大，则说明所测电容器损坏。

在检测普通电容器的电容量时，也可使用数字万用表的附加测试器来完成检测。

图7-38为使用附加测试器检测普通电容器的电容量。

划重点

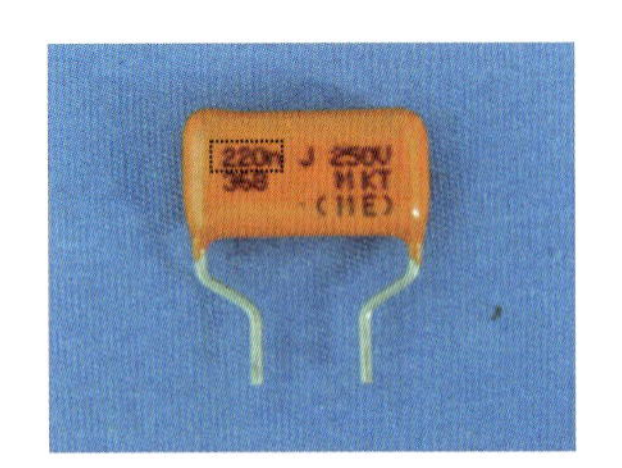

识读标称电容量：220nF

1 根据识读的标称电容量，将数字万用表的量程旋钮调至2μF。

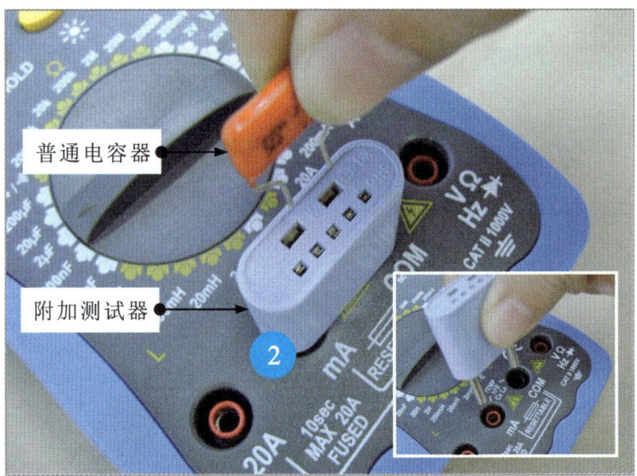

2 将数字万用表的附加测试器插入表笔插孔，将普通电容器插入附加测试器的相应插孔。

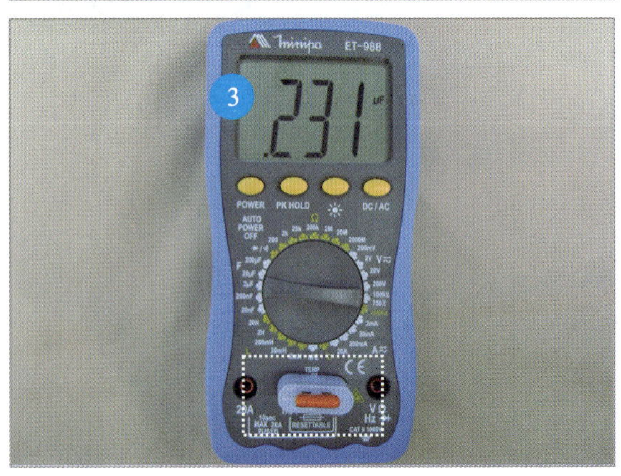

3 观察万用表的显示屏，读出实测电容量为0.231μF=231nF，与标称电容量基本相符，表明性能良好。

图7-38　使用附加测试器检测普通电容器的电容量

用万用表检测电容器的电容量时，不可超量程检测，否则检测结果不准确，无法判断好坏。

在判断普通电容器的性能时，根据不同的电容量可采取不同的检测方式。

◇ 电容量小于10pF时

这类电容器的电容量太小，用万用表检测只能大致判断是否存在漏电、内部短路或击穿现象，此时，可用万用表的$R\times10\text{k}\Omega$量程检测阻值，在正常情况下应为无穷大。若阻值为零，则说明所测电容器漏电或内部被击穿。

◇ 电容量为10pF～0.01μF时

这类电容器可在连接三极管放大元器件的基础上，将电容器的充、放电过程进行放大，在正常情况下，若万用表的指针有明显的摆动，则说明性能正常。

◇ 电容量在0.01μF以上时

这类电容器可直接用万用表的$R\times10\text{k}\Omega$量程检测有无充、放电过程及有无短路或漏电现象判断性能。

如果需要精确测量电容器的电容量（万用表只能粗略测量），则需要使用专用的电容测量仪进行测量，如图7-39所示。

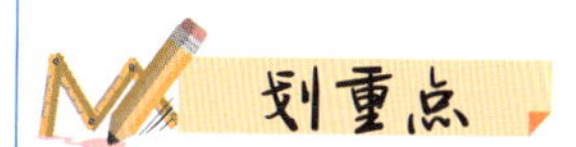

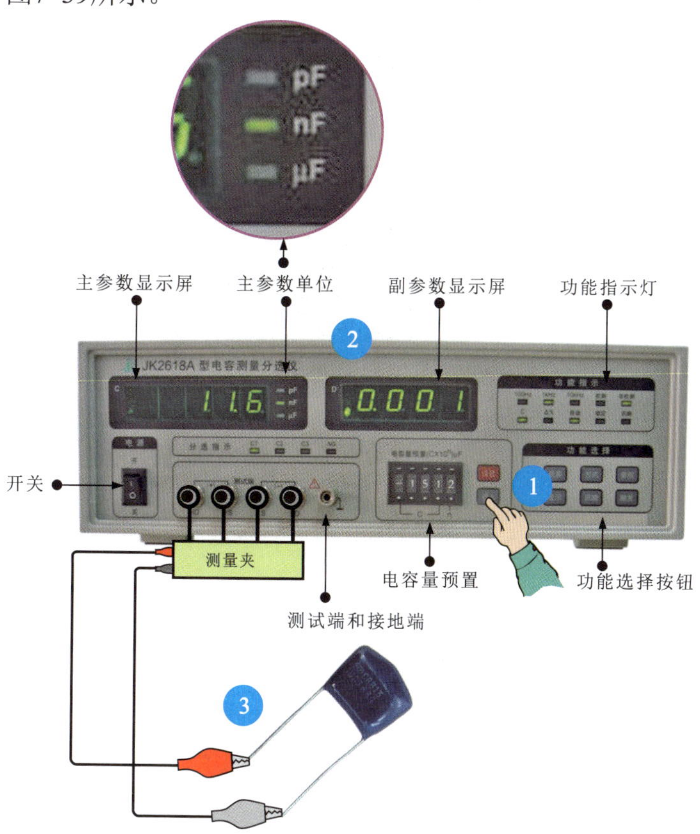

图7-39 使用专用的电容测量仪测量电容器的电容量

1. 将电容测量仪的电容量预置选项调至适当位置，按下“进入”按钮。
2. 主参数显示屏显示11.6，主参数单位nF点亮，副参数显示屏显示0.001，则实测电容量为11.6nF，损耗因数为0.001。
3. 使用电容器测量仪的测量夹夹住电容器的两个引脚，调节功能选择按钮，按“方式”按钮进入“非校测”模式，“显示”模式为“直读”模式，“量程”选择为“自动”模式。

7.3.2 电解电容器的检测

电解电容器的检测方法有两种：一种为检测电容量；另一种为检测直流电阻。

1 电解电容器电容量的检测

电解电容器在检测之前要进行放电操作，如图7-40所示。电解电容器的放电操作主要针对的是大容量电解电容器。一般可选用阻值较小的电阻，将电阻的引脚与电解电容器的引脚相连即可放电。

划重点

① 由于大容量电解电容器在工作中可能会存储很多电荷，如短路，则会因产生很大的电流而引发电击事故。

② 选用阻值较小的电阻，将电阻的引脚与大容量电解电容器的引脚相连，即可实现对待测电解电容器的放电操作。

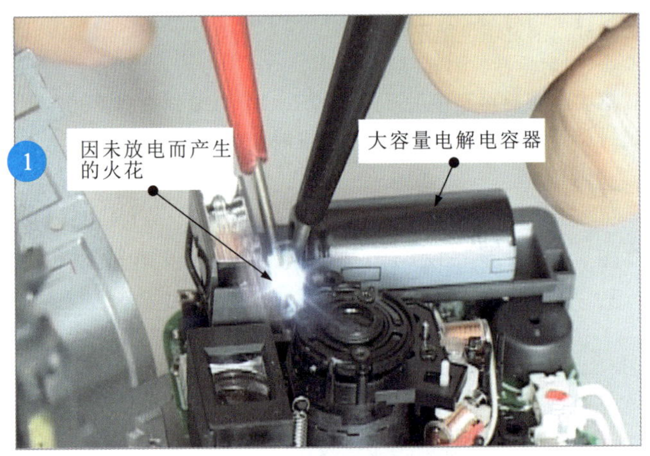

图7-40 电解电容器在检测电容量前的放电操作

在通常情况下，电解电容器的工作电压在200V以上，即使电容量比较小也需要放电，如60μF/200V的电解电容器。若工作电压较低，但电容量高于300μF，则也属于大容量电解电容器。在实际应用中，常见的大容量电容器1000μF/50V、60μF/400V、300μF/50V、60μF/200V等均为大容量电解电容器。

在检测前，首先区分电解电容器的引脚极性，然后用电阻对电解电容器进行放电，以避免因电解电容器中存有残留电荷而影响检测结果，如图7-41所示。

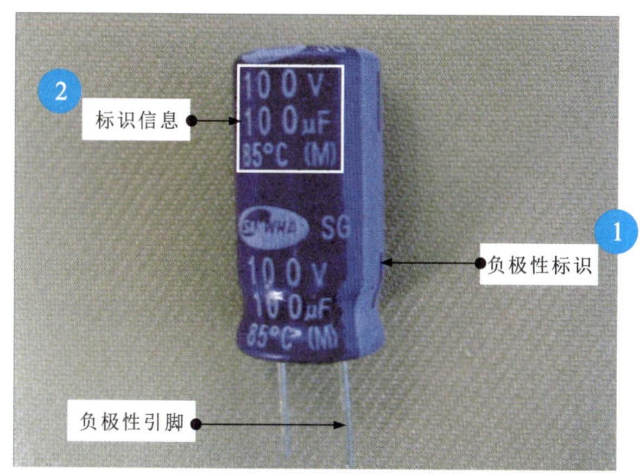

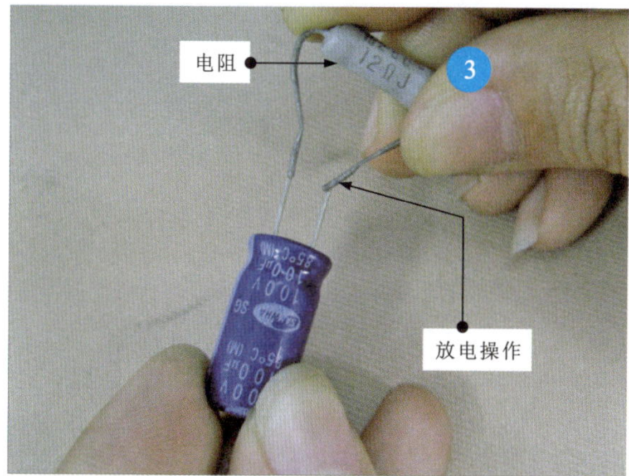

图7-41 电解电容器引脚极性的区分和放电操作

放电完成后，使用数字万用表检测电解电容器的电容量，如图7-42所示。

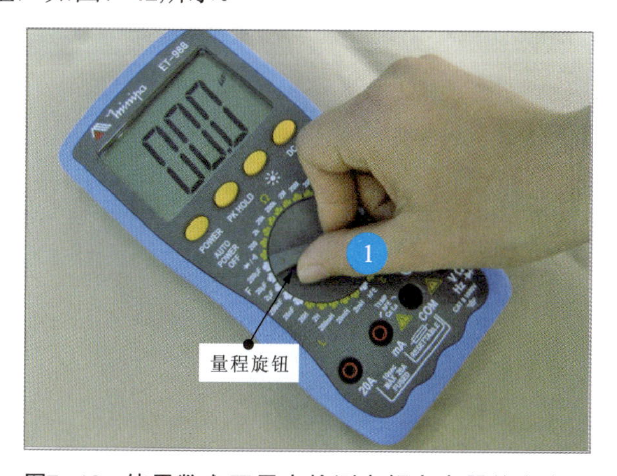

图7-42 使用数字万用表检测电解电容器的电容量

划重点

1 有负极性标识的一侧引脚为负极性引脚。

2 通过电解电容器表面的标识信息可知待测电解电容器的标称电容量为100μF。

3 将电阻的引脚与电解电容器的引脚连接，完成放电操作。

1 根据标称值，将数字万用表的量程旋钮调至200μF。

划重点

2 将附加测试器插入表笔插孔。

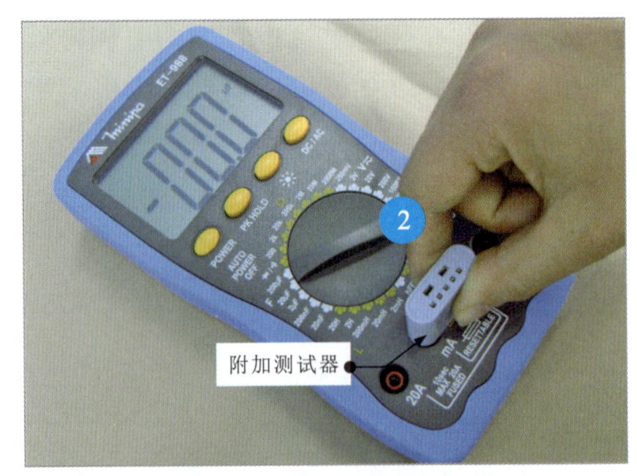

3 将附加测试器的正极引脚插入万用表的“COM”插孔，负极引脚插入“mA”插孔。

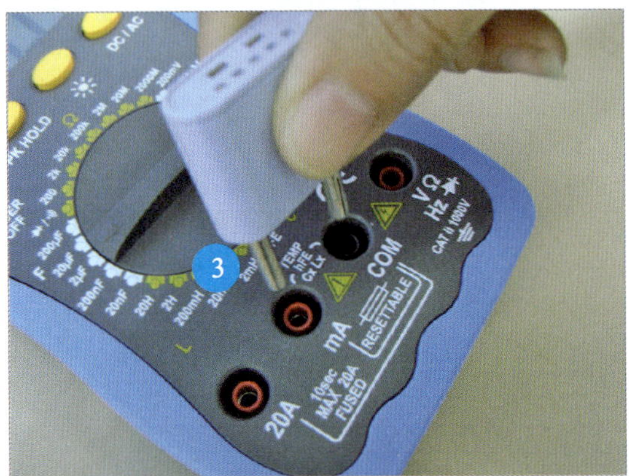

4 将电解电容器按照引脚极性对应插入附加测试器的相应插孔。

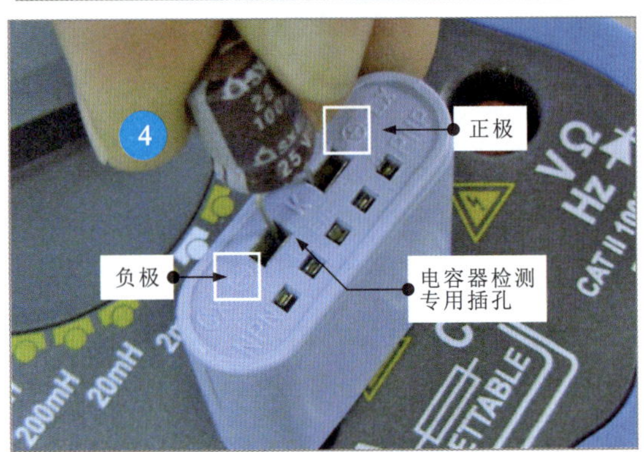

5 显示屏显示100.9μF，与标称电容量相近，表明电解电容器正常。

在使用数字万用表的附加测试器检测电解电容器时，一定要注意电解电容器两引脚的极性，即正极性引脚要插入正极性插孔，负极性引脚要对应插入负极性插孔，不可插反。

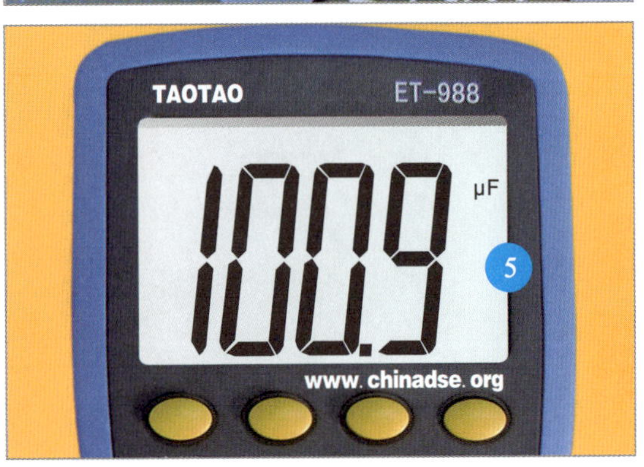

图7-42 使用数字万用表检测电解电容器的电容量（续）

2 电解电容器直流电阻的检测

在检测电解电容器时，除了使用数字万用表检测电容量是否正常外，还可以使用指针万用表显示电解电容器的充、放电过程，通过充、放电过程判断电解电容器是否正常。

图7-43为用指针万用表显示电解电容器的充、放电过程及直流电阻的检测方法。

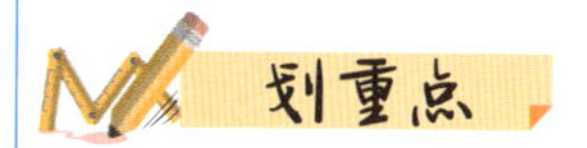

1 将万用表的量程旋钮调至×10k欧姆挡。

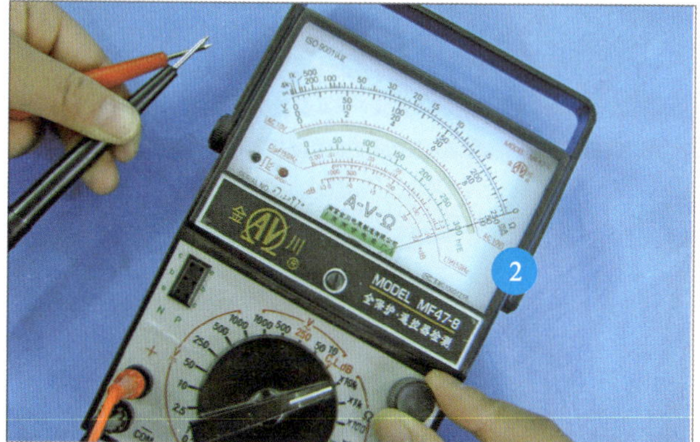

2 短接红、黑表笔，调节零欧姆校正钮，使万用表的指针指向0位。

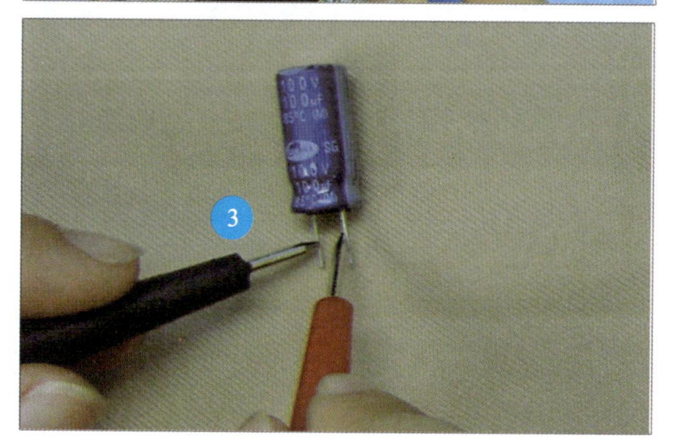

3 将万用表的黑表笔搭在电解电容器的正极引脚端，红表笔搭在电解电容器的负极引脚端，检测正向直流电阻（漏电电阻）。

图7-43 用指针万用表显示电解电容器的充、放电过程及直流电阻的检测方法

划重点

4 在刚接通的瞬间，万用表的指针向右（电阻减小的方向）摆动一个较大的角度，当指针摆动到最大角度后，又逐渐向左（电阻增大的方向）回摆，最终停留在一个固定位置。

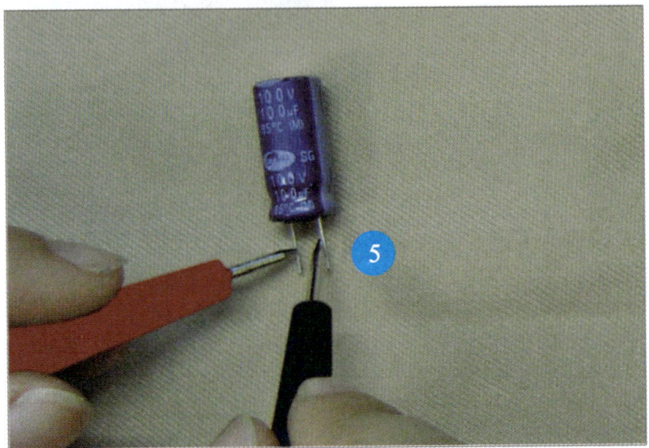

5 调换表笔，检测电解电容器的反向直流电阻（漏电电阻）。

6 在正常情况下，反向漏电电阻小于正向漏电电阻。

图7-43　用指针万用表显示电解电容器的充、放电过程及直流电阻的检测方法（续）

当检测电解电容器的正向直流电阻时，指针万用表的指针摆动速度较快。若指针没有摆动，则表明电解电容器已经失去电容量。

对于较大容量的电解电容器，可使用指针万用表显示充、放电过程；对于较小容量的电解电容器，无须使用该方法显示电解电容器的充、放电过程。

通常，在检测电解电容器的直流电阻时会遇到几种不同的检测结果，通过不同的检测结果可以大致判断电解电容器的损坏原因，如图7-44所示。

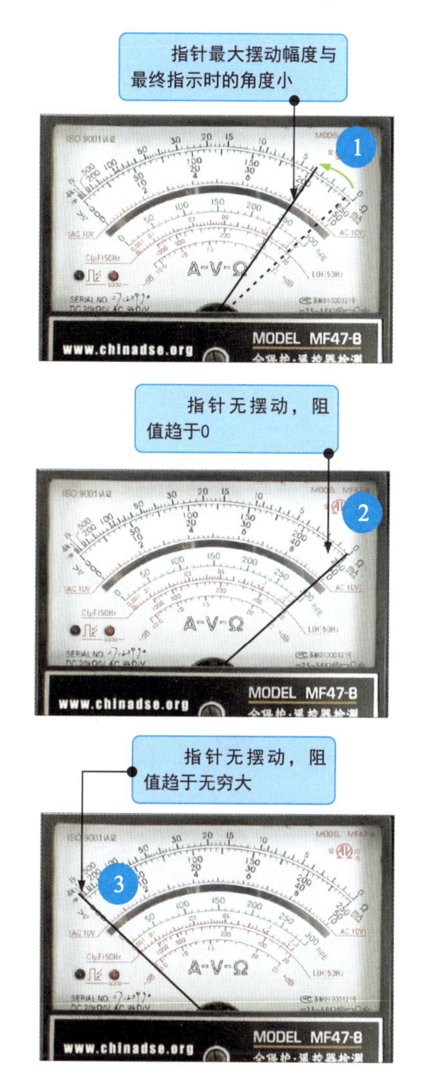

图7-44 电解电容器直流电阻检测结果的判断

划重点

1 当指针万用表的表笔接触电解电容器的引脚时，指针摆动一个角度后随即向回稍微摆动一点，即未摆回到较大的阻值，说明电解电容器漏电严重。

2 当指针万用表的表笔接触电解电容器的引脚时，指针向右摆动，无回摆现象，且指示一个很小的阻值，说明电解电容器已被击穿短路。

3 当指针万用表的表笔接触电解电容器的引脚时，指针并未摆动，阻值很大或趋于无穷大，说明电解电容器中的电解质已干涸，失去电容量。

图7-45为贴片式钽电解电容器的检测方法。

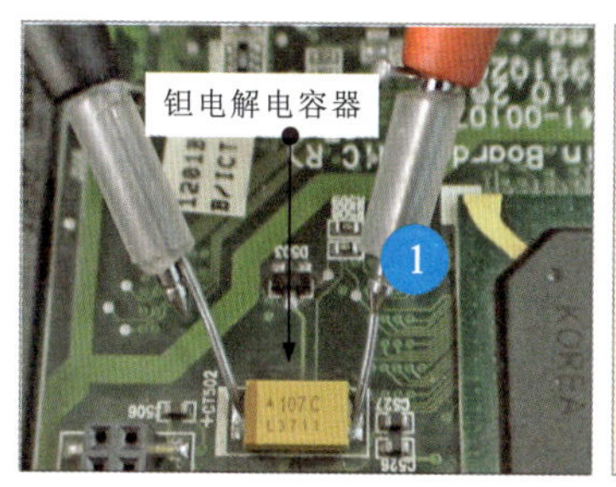

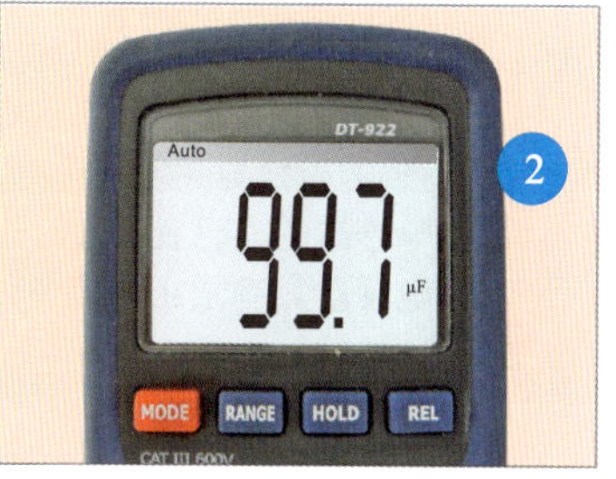

图7-45 贴片式钽电解电容器的检测方法

1 将万用表的红、黑表笔分别搭在贴片式钽电解电容器的两引脚端。

2 显示屏显示实测电容量为99.7μF，与标称电容量比较，可判断是否正常。

电感器

8.1 电感器的功能与分类

8.1.1 电感器的功能

图8-1为电感器的基本工作特性示意图。

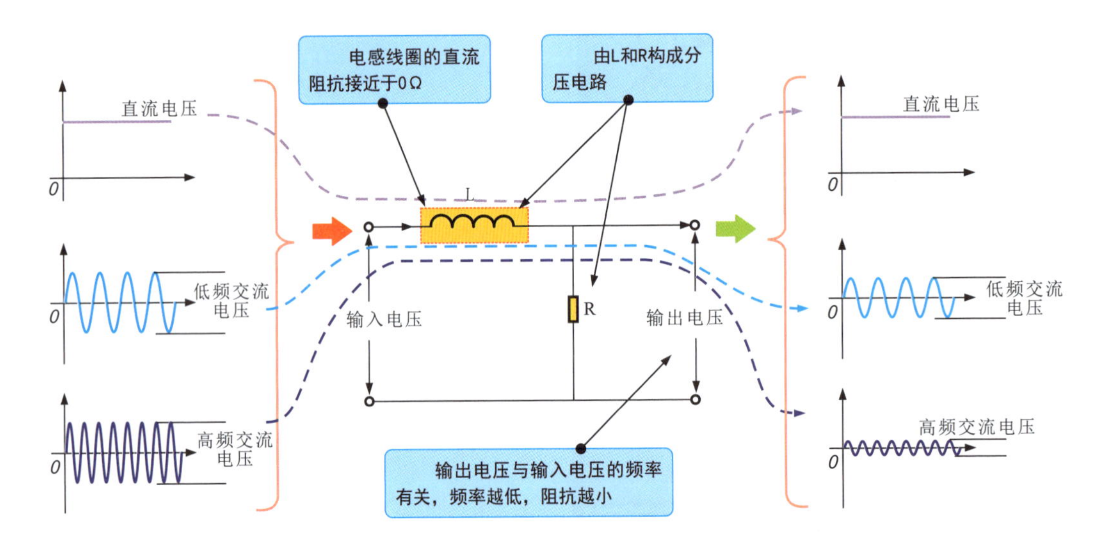

图8-1　电感器的基本工作特性示意图

由图8-1可知，电感器的功能特点如下：

① 电感器对直流信号呈现很小的电阻（近似于短路），对交流信号呈现的阻抗与频率成正比，频率越高，阻抗越大。

② 电感器的电感量越大，对交流信号的阻抗越大。

③ 电感器具有阻止电流变化的特性，流过电感器的电流不会发生突变。

1 电感器的滤波功能

由于电感器对交流信号的阻抗很大，对直流信号的阻抗很小，如果将电感量较大的电感器串接在整流电路中，就可起滤除交流信号的作用。

图8-2为电感器的滤波功能示意图。

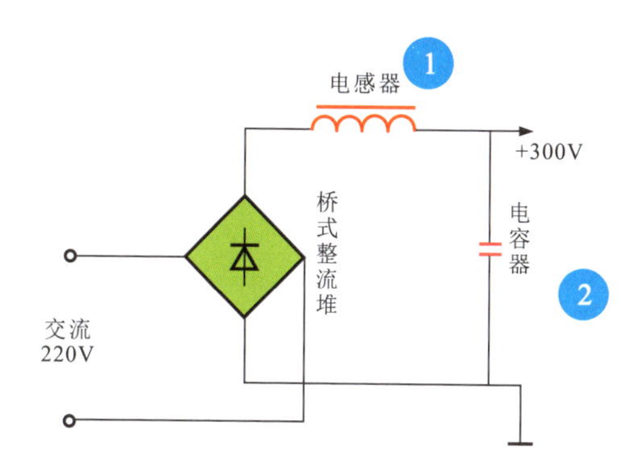

图8-2 电感器的滤波功能示意图

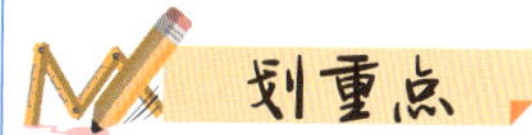

1 电感器与电容器构成LC滤波电路，由电感器阻隔交流信号。

2 由电容器阻隔直流信号，可对电路起平滑滤波的作用。

由电感器L和电容器C构成LC滤波电路，交流220V电压输入，经桥式整流堆整流后，输出脉动直流电压，再经电感器L和电容器C滤波，变成稳定的直流电压为后级供电。

2 电感器的谐振功能

电感器与电容器并联可构成LC谐振电路，主要用来阻止一定频率的信号干扰。

图8-3为电感器的谐振功能示意图。

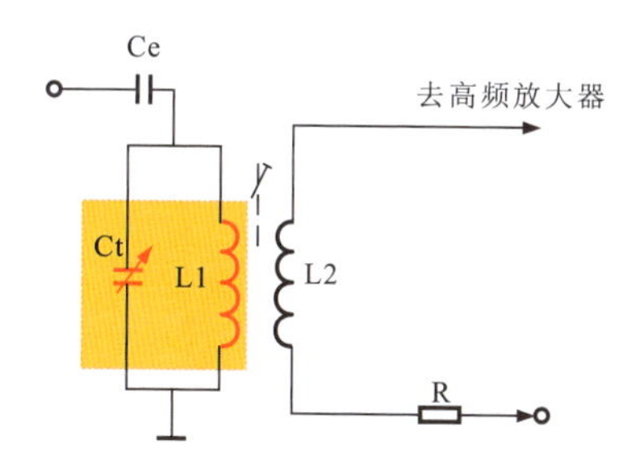

图8-3 电感器的谐振功能示意图

由Ct、L1构成谐振电路进行调谐选台。

电感器对交流信号的阻抗随频率的升高而增大，电容器对交流信号的阻抗随频率的升高而减小，因此由电感器和电容器并联构成的LC并联谐振电路有一个固有谐振频率，即共谐频率。

在该频率下，LC并联谐振电路呈现的阻抗最大。利用这种特性可以制成阻波电路，也可以制成选频电路。图8-4为LC并联谐振电路应用示意图。

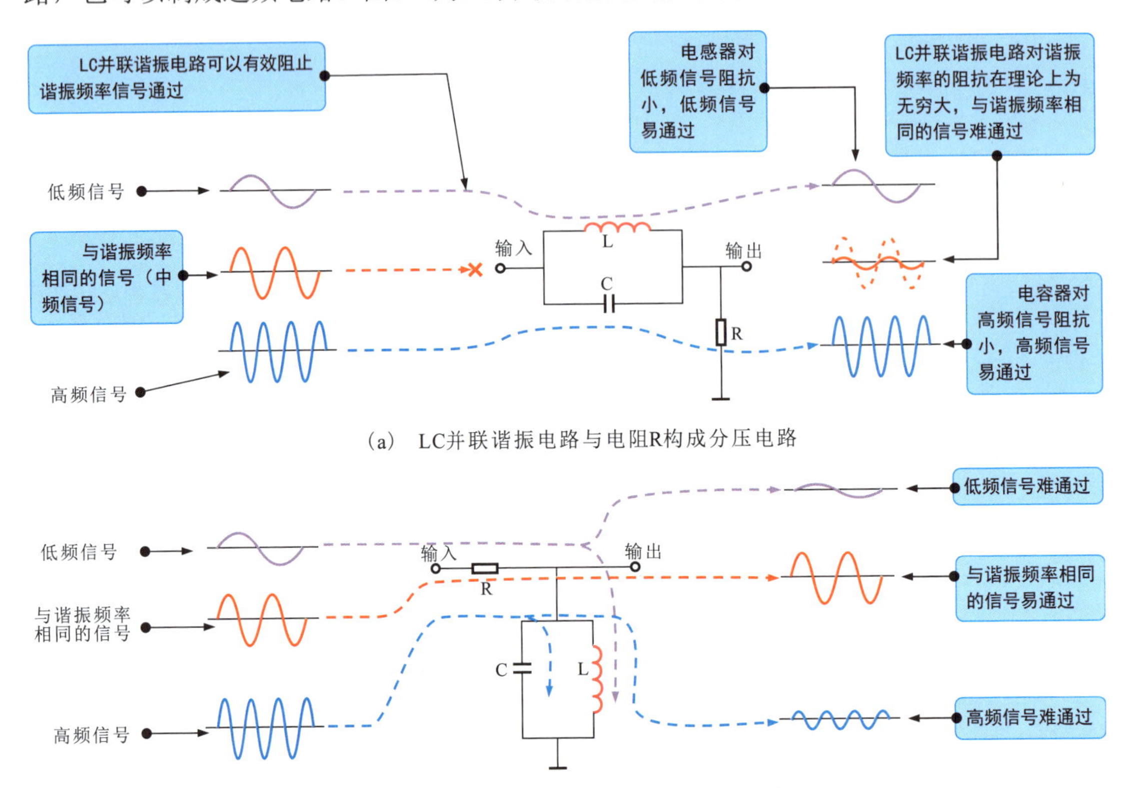

（a） LC并联谐振电路与电阻R构成分压电路

（b） 由LC并联谐振电路构成的选频电路

图8-4 LC并联谐振电路应用示意图

将电感器与电容器串联可构成串联谐振电路，如图8-5所示。

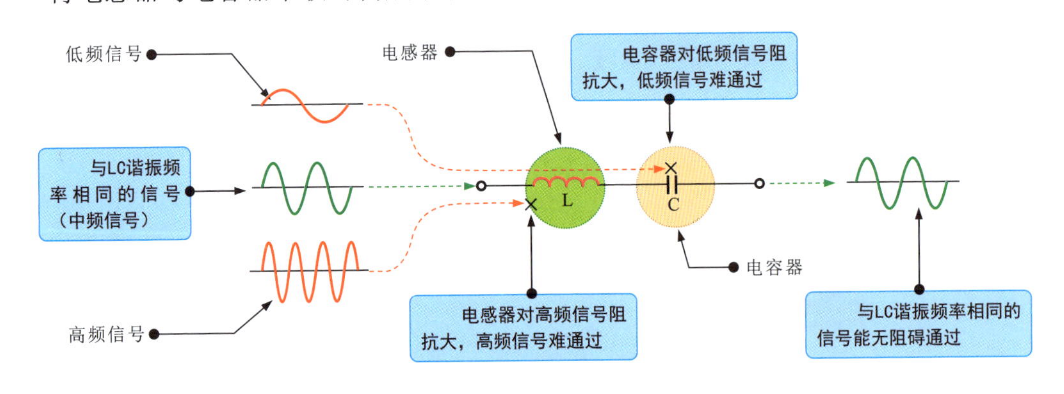

图8-5 LC串联谐振电路

由图8-5可知，当输入信号经过LC串联谐振电路时，频率较高的信号因阻抗大而难通过电感器，而频率较低的信号因阻抗大也难通过电容器，谐振频率信号因阻抗最小而容易通过。LC串联谐振电路起选频作用。

由LC串联电路构成的陷波电路如图8-6所示。LC串联电路对低频和高频信号的阻抗都比较大，因此较高和较低频率的信号都可正常通过，对与谐振频率相同的信号阻抗很小，被短路到地，使输出信号很小，起陷波作用。

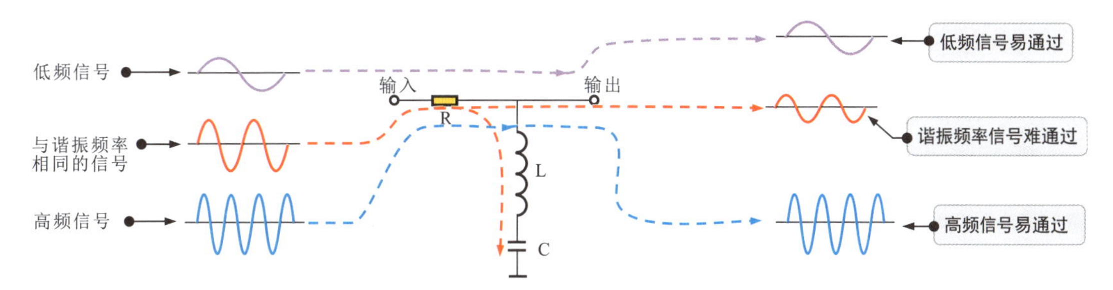

图8-6 由LC串联电路构成的陷波电路

8.1.2 电感器的分类

如图8-7所示，电感器的种类很多，最常见的为色环电感器、色码电感器、电感线圈、磁环电感器及微调电感器等。

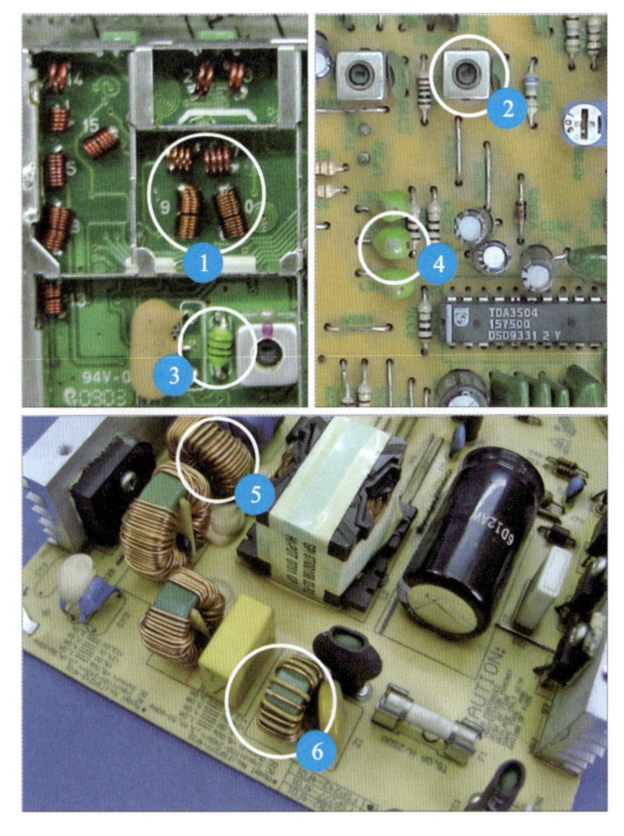

图8-7 电子产品电路板上电感器的实物外形

1 色环电感器

色环电感器是在外壳上用不同颜色的色环来标识参数信息的一种电感器，如图8-8所示。

图8-8　色环电感器

色环电感器的外形与色环电阻器、色环电容器相似，可通过电路板上的电路图形符号或字母标识区分。

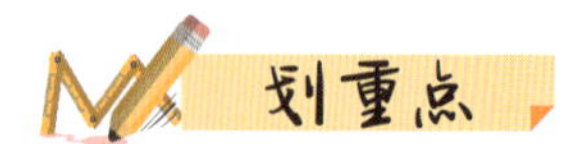

色环电感器属小型电感器，工作频率一般为10kHz～200MHz，电感量一般为0.1～33000μH。

2 色码电感器

色码电感器是通过色码标识参数信息的一种电感器。色码电感器与色环电感器相同，都属于小型电感器，如图8-9所示。

色码电感器的体积小巧，性能稳定，广泛应用在电视机、收录机等电子设备中。

在色码电感器的表面标识不同颜色的色码。

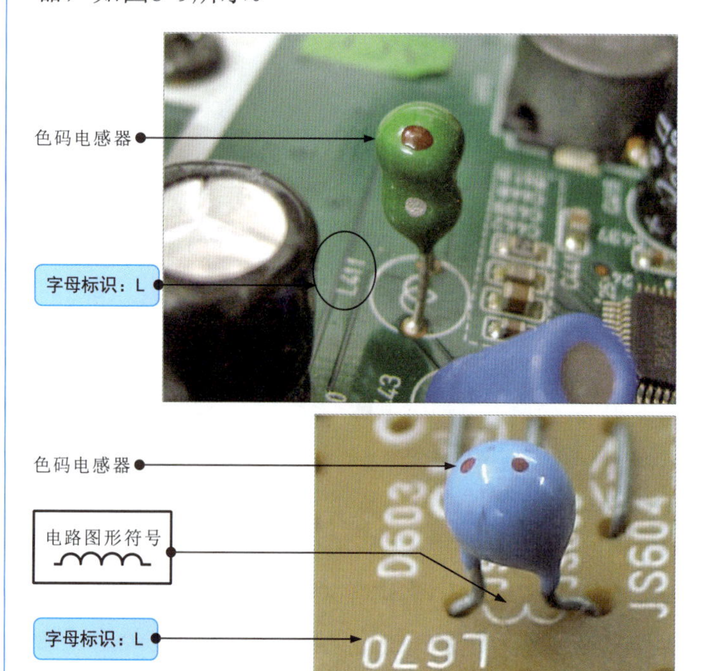

图8-9　色码电感器

色环电感器与色码电感器的外形、标识及安装形式不同。通常，色码电感器采用直立式安装。

3 电感线圈

电感线圈因其能够直接看到线圈的绕制匝数和紧密程度而得名。目前，常见的电感线圈主要有空心电感线圈、磁棒电感线圈、磁环电感线圈等。

① 空心电感线圈

图8-10为空心电感线圈的实物外形。

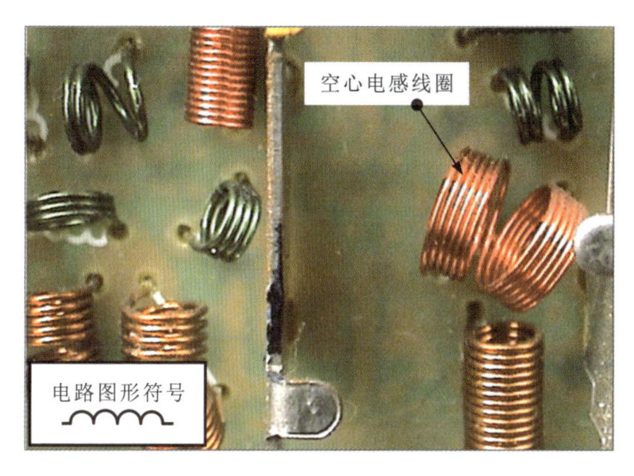

图8-10 空心电感线圈的实物外形

划重点

根据电路的需要，空心电感线圈绕制的匝数不同。

空心电感线圈没有磁芯，线圈绕制的匝数较少，电感量小，常用在高频电路中，如电视机的高频调谐器。

② 磁棒电感线圈

磁棒电感线圈是一种在磁棒上绕制线圈的电感器，可使电感量大大增加，且可通过磁棒的左右移动来调节电感量的大小。图8-11为磁棒电感线圈的实物外形。

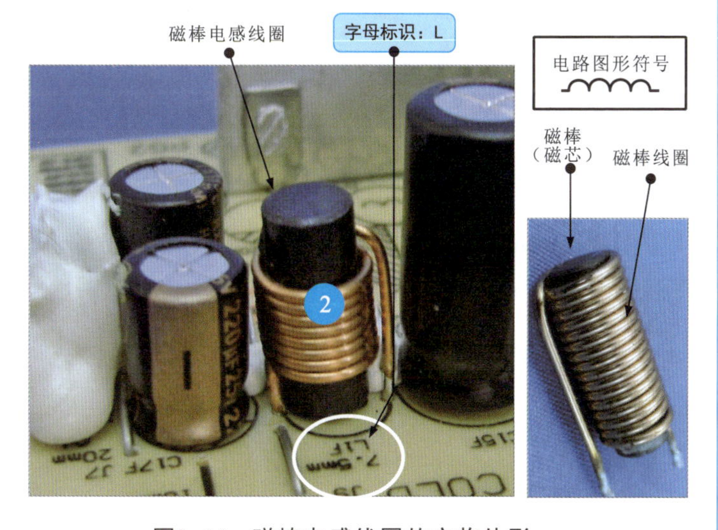

图8-11 磁棒电感线圈的实物外形

磁棒电感线圈主要是由磁棒线圈和磁棒构成的。

当磁棒线圈与磁棒的相互位置调节好后，应采用石蜡或黏结剂固定，防止相互滑动而改变电感量。

③ 磁环电感线圈

磁环电感线圈也称磁环电感器，是将线圈绕制在铁氧体磁环上构成的，如图8-12所示。

划重点

在铁氧体磁环上改变线圈的匝数即可改变电感量。

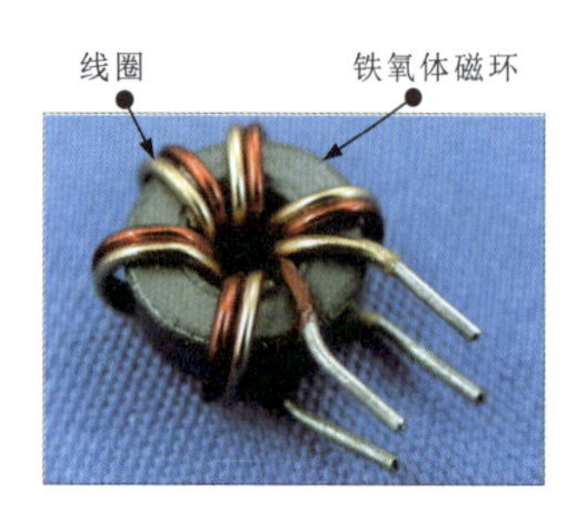

铁氧体磁环的大小、形状及线圈绕制方式等都对电感量有决定性影响。

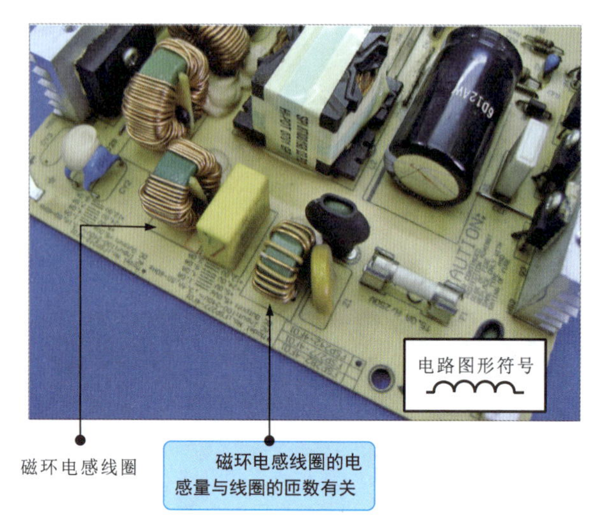

图8-12　磁环电感线圈

扼流圈是一种应用在电源电路中的电感器，主要起扼流、滤波等作用。

图8-13为电磁炉电源电路中的扼流圈。

扼流圈仅有一组线圈，通常串接在整流电路中，阻抗较高。为防止电感量变化，线圈会采用石蜡或黏结剂固定。

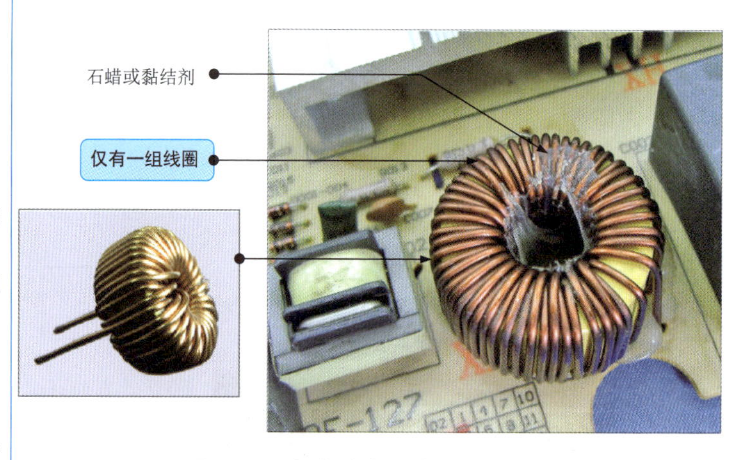

图8-13　电磁炉电源电路中的扼流圈

扼流圈实际上是一种磁环电感器，只是线圈匝数较多，且仅有一组线圈，通常串接在整流电路中，阻抗较高。

4 贴片电感器

贴片电感器是采用表面贴装方式安装在电路板上的一种电感器。其电感量不能调节，属于固定电感量的电感器。

常见的贴片电感器有大功率贴片电感器和小功率贴片电感器两种。

贴片电感器一般应用在体积小、集成度高的数码类电子产品中，由于工作频率、工作电流、屏蔽要求不同，因此线圈绕制的匝数、骨架材料、外形尺寸的区别很大，如图8-14所示。

图8-14　贴片电感器

划重点

小功率贴片电感器的外形体积与贴片式电阻器类似，表面颜色多为灰黑色。

大功率贴片电感器将电感量直接标注在电感器的表面。

5 微调电感器

微调电感器就是可以对电感量进行细微调节的电感器。该类电感器一般设有屏蔽外壳，在磁芯上设有条形槽口以便进行调节，如图8-15所示。

图8-15　微调电感器

通过条形槽口可以调节磁芯，进而改变磁芯在线圈中的位置，实现电感量的调节。

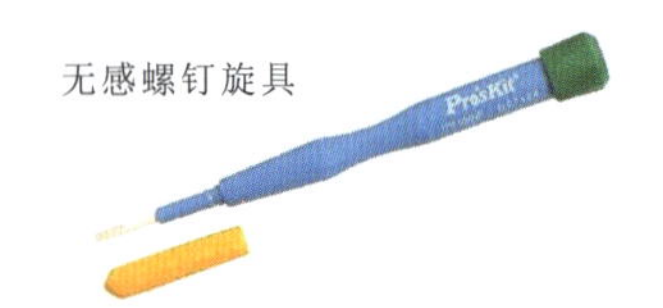

调节时，要使用无感螺钉旋具，即由非铁磁性金属材料制成的螺钉旋具，如由塑料或竹片等材料制成的螺钉旋具。

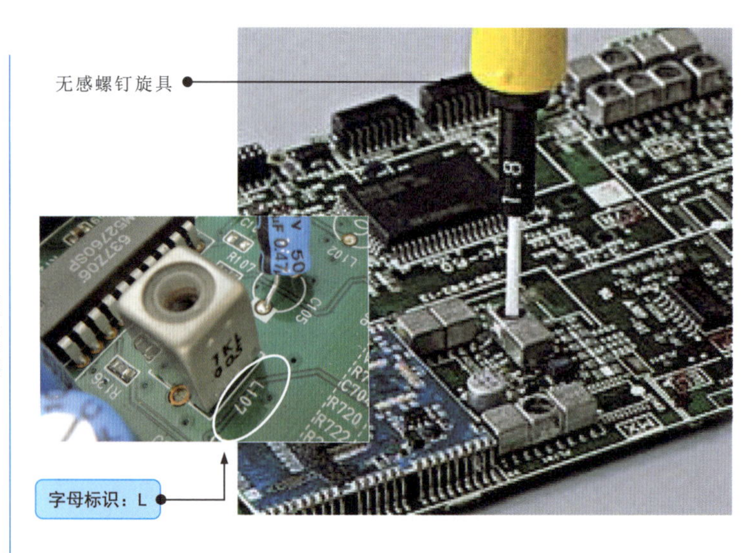

图8-15 微调电感器（续）

8.2 电感器的识别、选用与代换

8.2.1 电感器的识别

电感器主要有电感量、允许偏差、额定工作电压、绝缘电阻、温度系数及频率特性等参数，分别通过不同的标注形式标注在电感器上。

电感器多采用色标法和直标法标注相关参数。

1 色标法

色标法是将电感器的参数用不同颜色的色环或色点标注在表面上。图8-16为色环标注的电感器。

色环标注法标注的电感器中，第1条色环和第2条色环均表示有效数字，第3条色环表示倍乘数，第4条色环表示允许偏差。

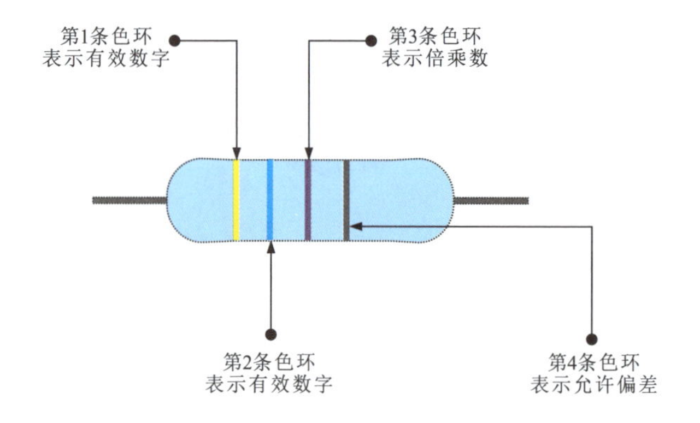

图8-16 色环标注的电感器

图8-17为色码标注的电感器。

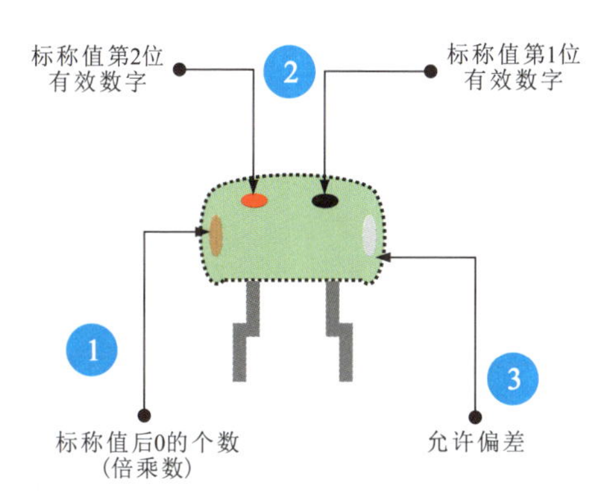

图8-17 色码标注的电感器

一般来说，由于色码电感器从外形上没有明显的正、反面区分，因此区分左、右侧面可根据在电路板中的文字标识进行区分，文字标识为正方向时，对应色码电感器的左侧为左侧面。另外，由于在色码的几种颜色中，无色通常不代表有效数字和倍乘数，因此色码电感器左、右侧面中出现无色的一侧为右侧面。

划重点

1 色码标注电感器的左侧面色码表示电感量的倍乘数。

2 色码标注电感器的顶部右侧色码表示电感量的第1位有效数字，顶部左侧的色码表示电感量的第2位有效数字。

3 色码标注电感器的右侧面色码表示电感量的允许误差。

图8-18为色环电感器参数的识读实例。

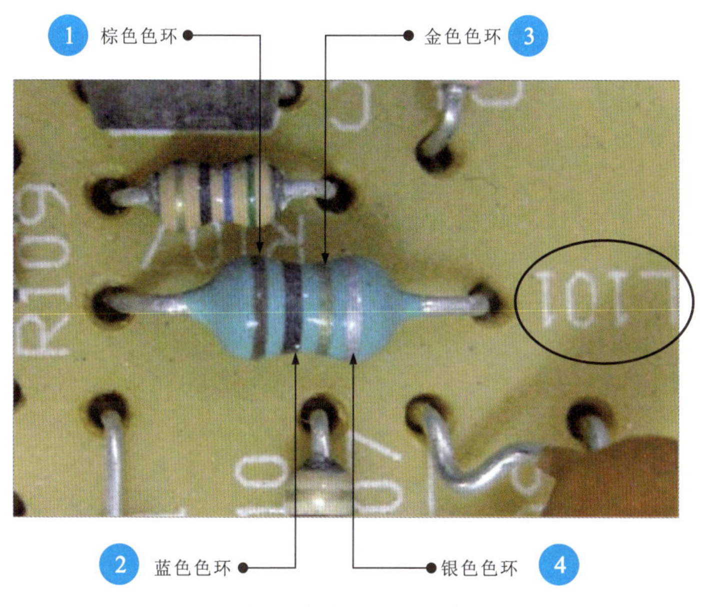

图8-18 色环电感器参数的识读案例

图8-18中，色环电感器上标识的色环颜色依次为“棕蓝金银”，电感量为16×10^{-1}μH±10%=1.6μH±10%（值得注意的是，识读电感器的电感量时，在未明确标注电感量的单位时，均默认为μH）。

1 第1条色环为棕色，表示电感器标称值第1位有效数字为1。

2 第2条色环为蓝色，表示电感器标称值第2位有效数字为6。

3 第3条色环为金色，表示倍乘数为10^{-1}。

4 第4条色环为银色，表示允许偏差为±10%。

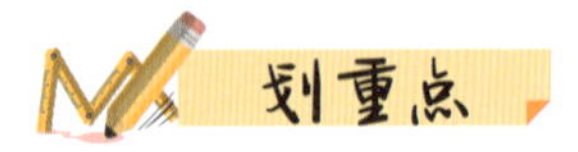

1 第1位有效数字的颜色为黑色。

2 第2位有效数字的颜色为红色。

3 倍乘数的颜色为银色。

4 允许偏差的颜色为棕色。

5 色码电感器在电路板上的文字标识为L411。其中，L为起始侧，一般判断色码电感器红、银色码的一侧为左侧面。

图8-19为色码电感器参数的识读实例。

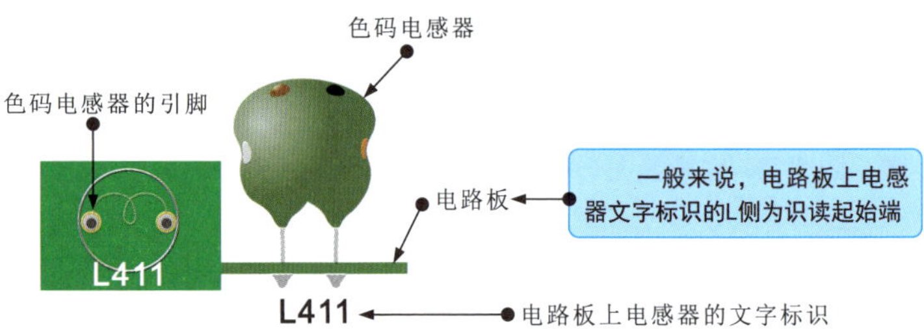

图8-19　色码电感器参数的识读案例

在图8-19中，色码电感器顶部色点颜色从右向左依次为黑、红，分别表示第1位、第2位有效数字0、2，左侧面色点颜色为银，表示倍乘数为10^{-2}，右侧面色点颜色为棕，表示允许偏差为±1%。因此，电感量为2×10^{-2}μH±1%=0.02μH±1%。在识读电感量时，在未标注电感量的单位时，均默认为μH。

不同颜色色环或色点的含义见表8-1。

表8-1　不同颜色色环或色点的含义

颜色	有效数字	倍乘数	允许偏差	颜色	有效数字	倍乘数	允许偏差
银色	—	10^{-2}	±10%	绿色	5	10^{5}	±0.5%
金色	—	10^{-1}	±5%	蓝色	6	10^{6}	±0.25%
黑色	0	10^{0}	—	紫色	7	10^{7}	±0.1%
棕色	1	10^{1}	±1%	灰色	8	10^{8}	—
红色	2	10^{2}	±2%	白色	9	10^{9}	±20%
橙色	3	10^{3}	—	无色	—	—	—
黄色	4	10^{4}	—				

2 直标法

直标法是通过一些代码符号将电感量等参数信息标注在电感器上。通常，电感器参数信息标注采用的是直标法的简略方式，也就是说，只标注重要的参数信息，并不是将所有的参数信息都标注出来。

直标法通常有三种形式：普通直标法、数字标注法和数字中间加字母标注法。

① 普通直标法

图8-20为普通直标法。

图8-20 普通直标法

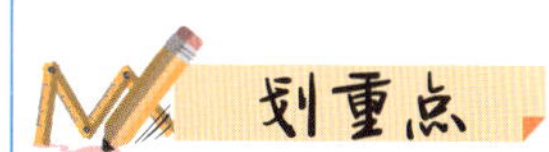

① 表示产品名称。

② 表示电感量。

③ 表示允许偏差。

在图8-20中，产品名称常用字母表示，如电感器用L表示；电感量常用数字表示，表示电感器表面上标注的电感量；允许偏差常用字母表示，表示电感器实际电感量与标称电感量之间允许的最大偏差。

表8-2为电感器普通直标法中不同字母的含义。

表8-2 电感器普通直标法中不同字母的含义

产品名称		允许偏差			
字母	含义	字母	含义	字母	含义
L	电感器、线圈	J	±5%	M	±20%
ZL	阻流圈	K	±10%	L	±15%

② 数字标注法

图8-21为数字标注法。

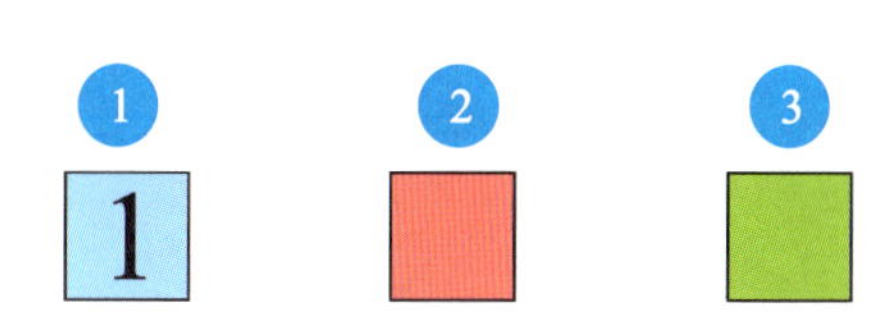

图8-21 数字标注法

① 表示电感量的第1位有效数字。

② 表示电感量的第2位有效数字。

③ 表示电感量数值的倍乘数。

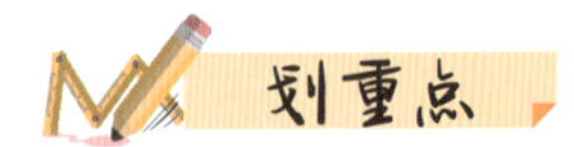

① 表示电感量的第1位有效数字。

② 表示电感量数值中的小数点。

③ 表示电感量的第2位有效数字。

③ 数字中间加字母标注法

图8-22为数字中间加字母标注法。

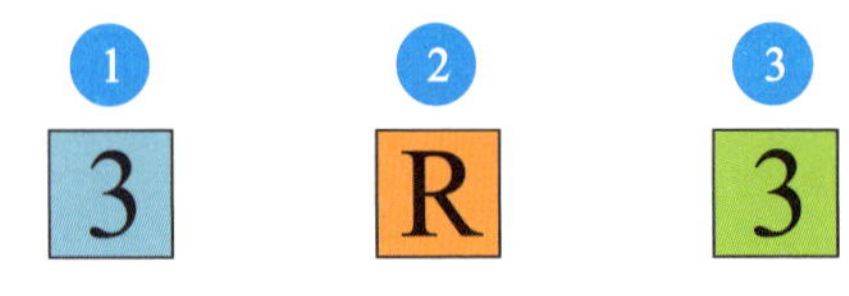

图8-22　数字中间加字母标注法

我国早期生产的电感器一般直接将相关参数标注在外壳上，表示最大工作电流的字母共有A、B、C、D、E五个，分别对应50mA、150mA、300mA、700mA、1600mA，共有Ⅰ、Ⅱ、Ⅲ三种型号，分别表示允许偏差为±5%、±10%、±20%，如图8-23所示。

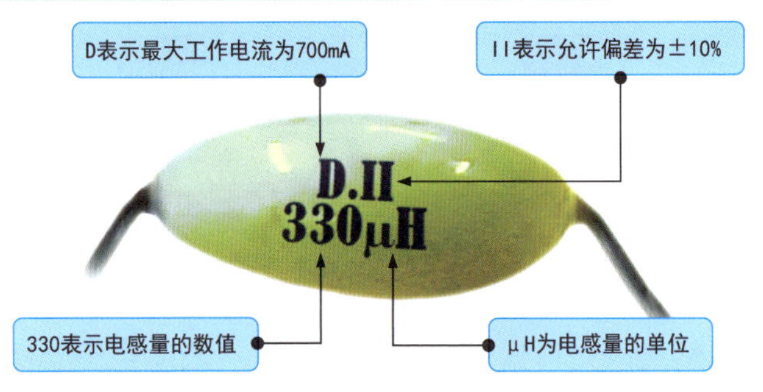

图8-23　早期电感器参数的标注方法

识别电感器比较简单，主要从外形特征入手，特别是从外观能够看到线圈的电感器，如空心电感线圈、磁棒电感器、磁环电感器、扼流圈等。另外，色码电感器外形特征也比较明显，很容易识别。

如图8-24所示，识别电感器时，比较容易混淆的是色环电感器和小型贴片电感器，它们的外形分别与色环电阻器、贴片电阻器相似，区分时主要依据电路板中的标识。一般在电路板中，电感器附近会标有“L+数字”组合的名称标识，而电阻器为“R+数字”组合，因此也很容易区分。

① 5L713G中，L表示电感器；713G表示电感量。G相当于小数点。该电感器的电感量为713μH。

图8-24　直标法电感器的识读案例

划重点

2 1R0中，R表示小数点，数字为有效值。该电感器的电感量为1.0μH。

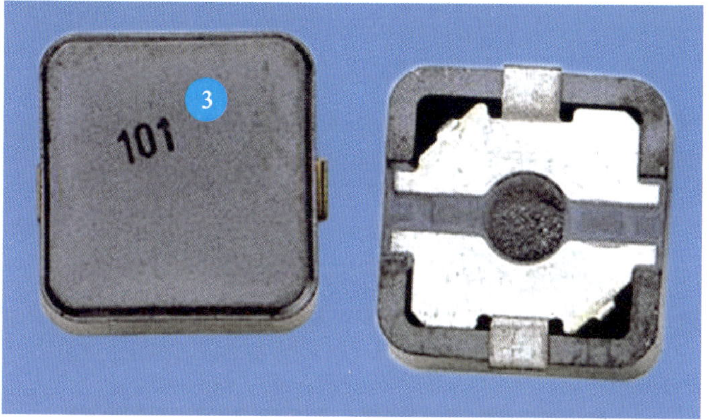

3 101的前两位表示有效值，即为“10”，第三位的1表示倍乘数10^1，电感量为$10\times10^1=100$μH。

图8-24 直标法电感器的识读案例（续）

8.2.2 普通电感器的选用与代换

图8-25为彩色电视机预中放电路中普通电感器的选用与代换。

在代换普通电感器时，应尽可能选用同型号的普通电感器进行代换，若无法找到同型号的普通电感器，则要选用标称电感量和额定电流相近的普通电感器，且外形和尺寸也应符合要求。

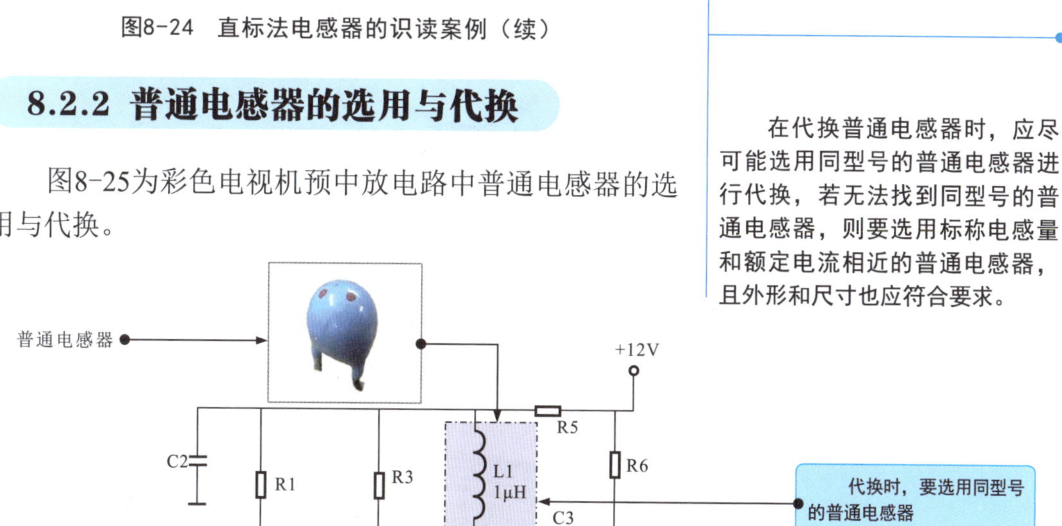

图8-25 彩色电视机预中放电路中普通电感器的选用与代换

8.2.3 可变电感器的选用与代换

在代换可变电感器时，应尽可能选用同型号的可变电感器代换，若无法找到同型号的可变电感器，则要选用尺寸相近的可变电感器，并且外形也应符合要求。

图8-26为可调振荡电路中可变电感器的选用与代换。

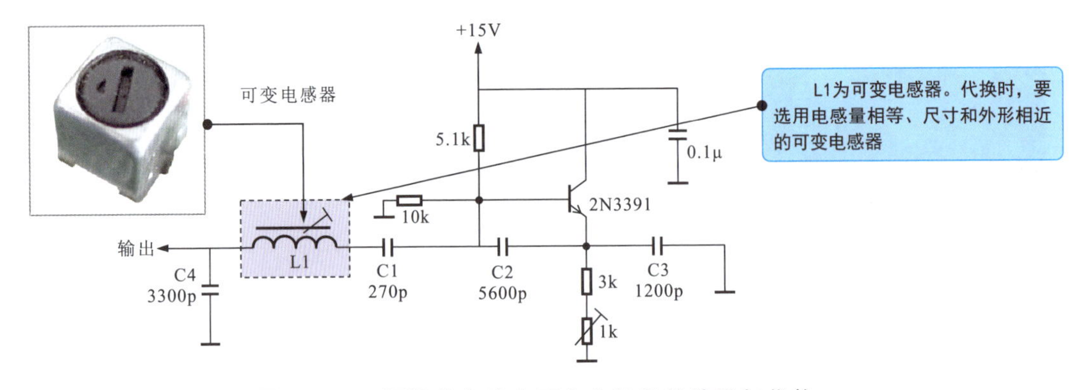

图8-26　可调振荡电路中可变电阻器的选用与代换

由于电感器的外形各异，安装方式不同，因此在代换时要根据电路特点及电感器自身的特性来选择正确、稳妥的焊接方法。图8-27为表面贴装电感器的拆卸和焊接方法。

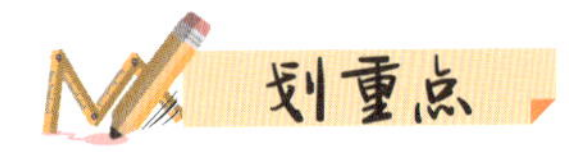

1 用镊子夹持贴片电感器。

2 将热风焊枪垂直对准焊点。

3 用镊子按住贴片电感器，防止焊接时移动。

采用表面贴装的电感器体积普遍较小，常用在电子元器件密集的数码产品中。在拆卸和焊接时，最好使用热风焊枪，在加热的同时用镊子夹持、固定电感器。

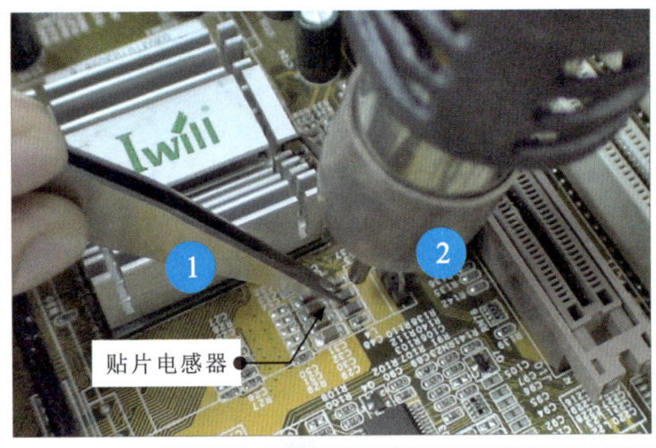

图8-27　表面贴装电感器的拆卸和焊接方法

电感器的检测

8.3.1 色环电感器的检测

检测色环电感器时，首先根据标注的参数信息识读标称电感量，如图8-28所示。

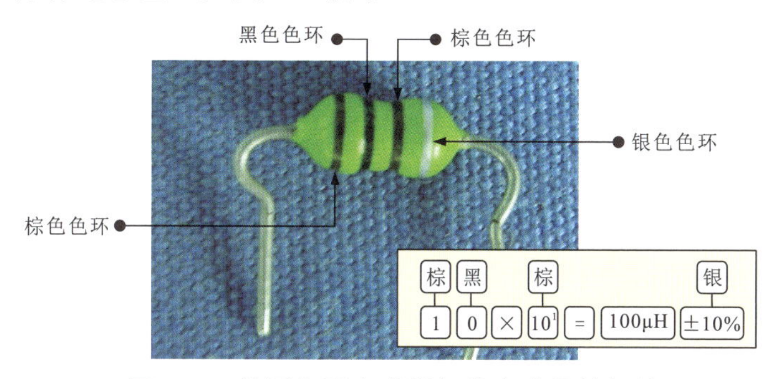

图8-28 待测色环电感器标称电感量的识读

划重点

色环电感器的色环依次为棕黑棕银。

色环电感器的标称电感量为100μH，允许偏差为±10%。

然后根据标称电感量调节万用表的量程，并进行色环电感器的检测。通常，检测电感器的电感量需要配合使用附加测试器来完成，如图8-29所示。

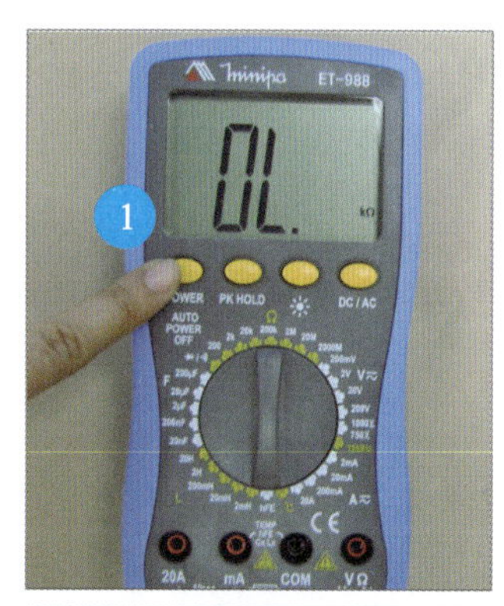

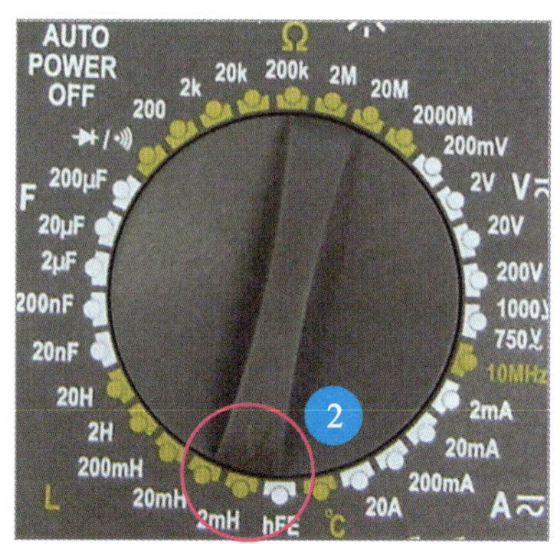

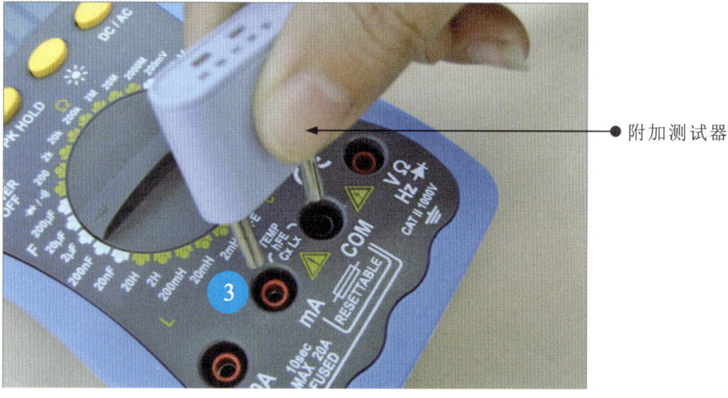

图8-29 色环电感器电感量的检测

1 按下数字万用表的电源开关。

2 根据标称电感量调节量程。

3 将附加测试器插入相应的插孔。

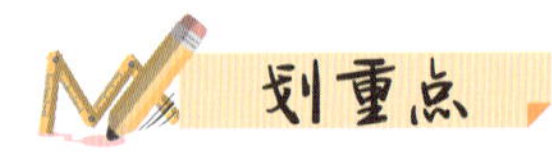

4 将色环电感器插入附加测试器的Lx电感测量插孔。

5 数字万用表显示屏显示的测量结果为0.114mH。

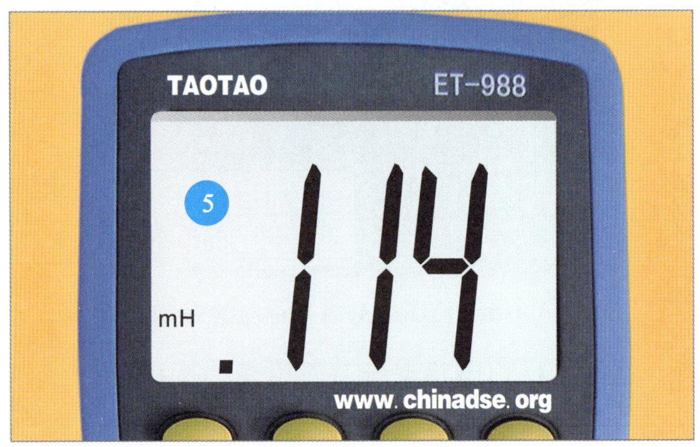

图8-29　色环电感器电感量的检测（续）

电感器电感量的检测结果为0.114mH，根据单位换算公式1mH=10^3μH，即0.114mH×10^3=114μH，与标称电感量相近，若相差较大，则说明该电感器性能不良。

值得注意的是，在设置万用表的量程时，要尽量选择与标称值相近的量程，以保证测量结果的准确性。如果设置的量程与标称值相差过大，则测量结果不准确。

8.3.2 色码电感器的检测

在使用万用表检测色码电感器前，应先根据标注的参数信息识读标称电感量，如图8-30所示。

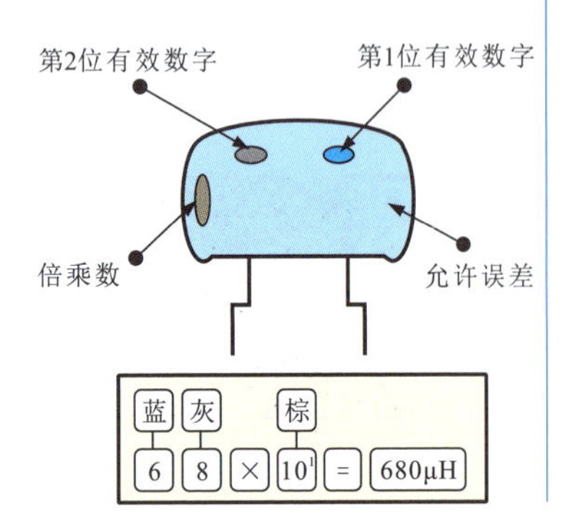

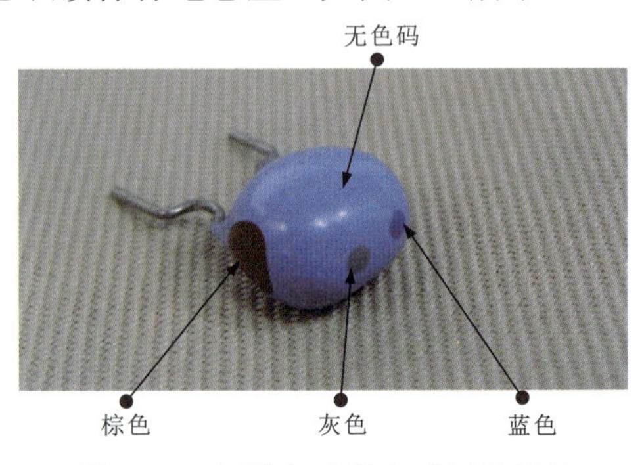

图8-30　色码电感器电感量的识读

色码电感器电感量的检测方法如图8-31所示。

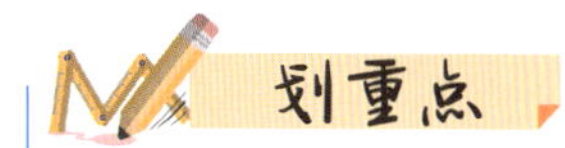

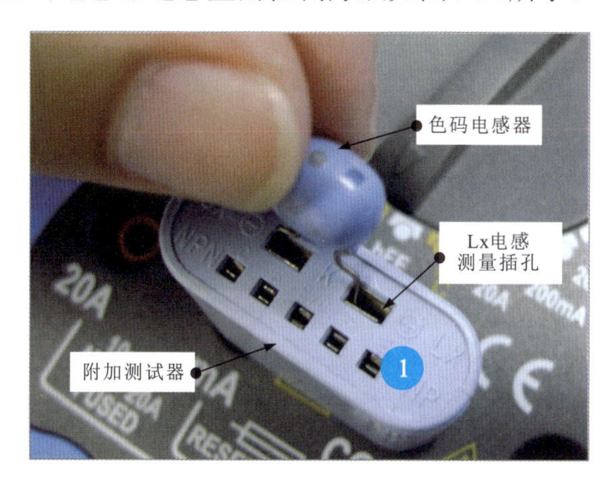

1 将色码电感器插入附加测试器的Lx电感测量插孔。

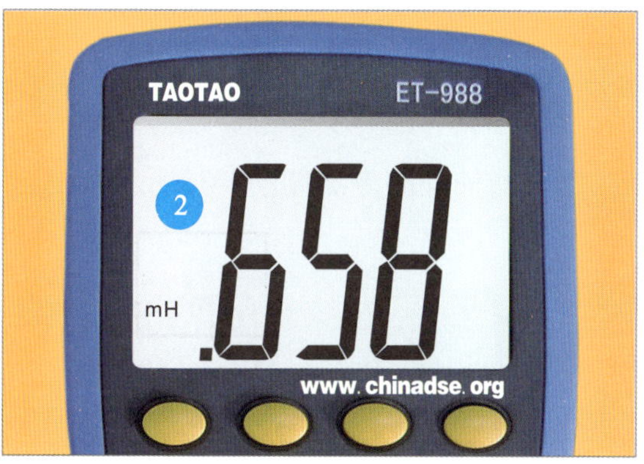

2 数字万用表显示屏显示的测量结果为0.658mH。

图8-31 色码电感器电感量的检测方法

由图8-31可知，检测结果为0.658mH，根据单位换算公式，0.658mH×10^3=658μH，与标称电感量相近，表明色码电感器正常，若相差过大，则色码电感器性能不良。

8.3.3 贴片电感器的检测

贴片电感器的检测方法如图8-32所示。

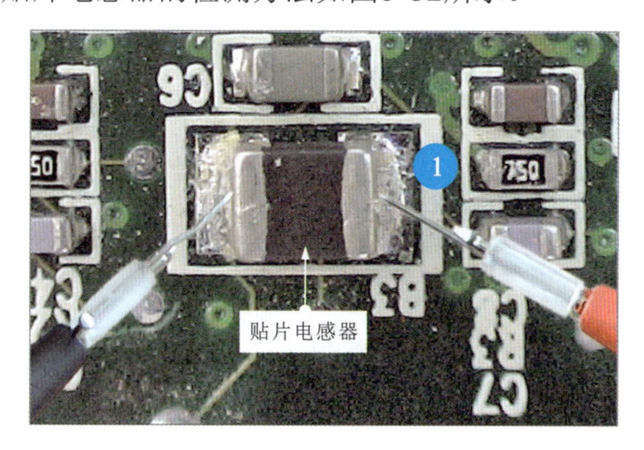

1 将万用表的量程旋钮调至$R\times1\Omega$，并进行欧姆调零操作，红、黑表笔分别搭在贴片电感器的两引脚端。

图8-32 贴片电感器的检测方法

划重点

2 在正常情况下，贴片电感器的直流阻值较小，接近于0，若趋于无穷大，则多为性能不良。

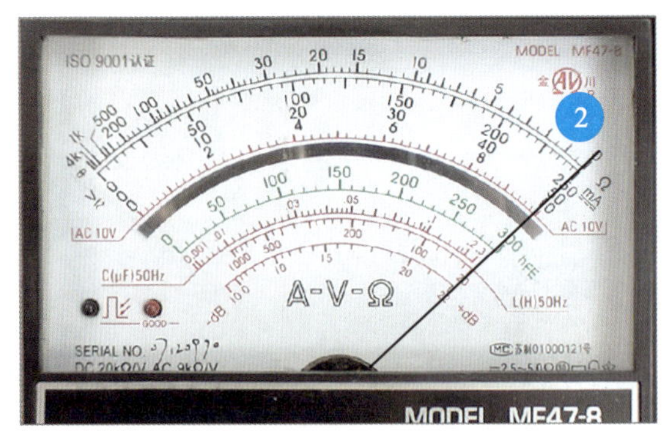

图8-32　贴片电感器的检测方法（续）

贴片电感器的体积较小，与其他元器件的间距也较小，为确保检测的准确性，可在万用表红、黑表笔的笔端绑扎大头针后再测量。

8.3.4 微调电感器的检测

微调电感器的检测方法如图8-33所示。

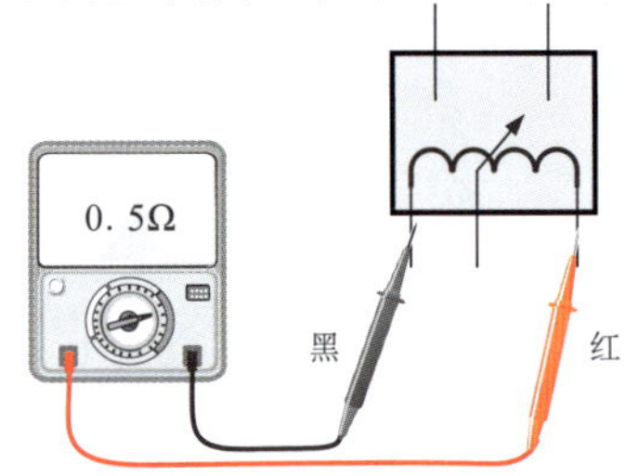

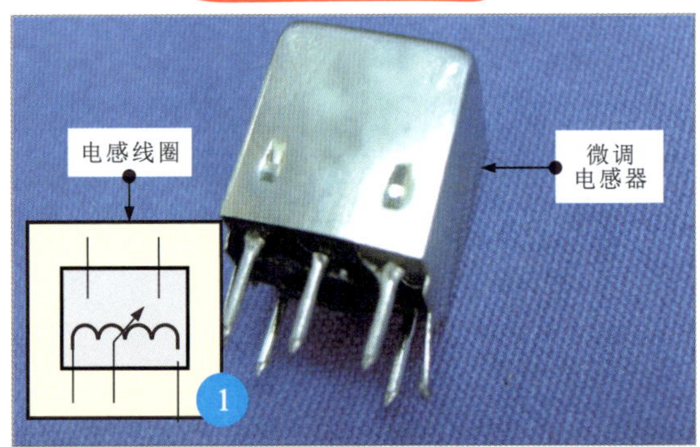

1 了解微调电感器的引脚功能，找出内部电感线圈的相应引脚。

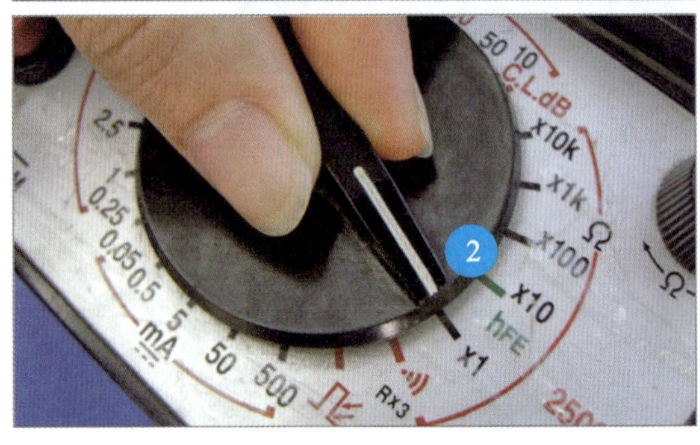

2 将万用表的量程旋钮调至 $R\times1\Omega$，并进行欧姆调零操作。

图8-33　微调电感器的检测方法

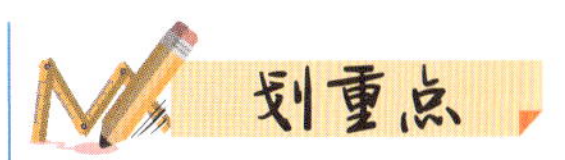

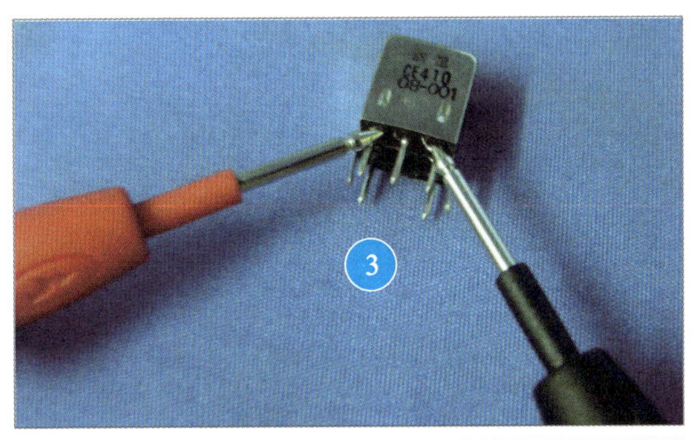

③ 将万用表的红、黑表笔分别搭在内部电感线圈的两引脚端。

④ 识读万用表指针读数，检测结果约为0.5Ω。

图8-33 微调电感器的检测方法（续）

在正常情况下，微调电感器内部电感线圈的阻值应较小，接近于0。这种检测方法可用来检测微调电感器的内部是否有短路或断路的情况。

8.3.5 电感线圈的检测

电感线圈可使用电感测试仪、频率特性测试仪等进行检测。图8-34为使用电感测试仪检测电感线圈的操作方法。

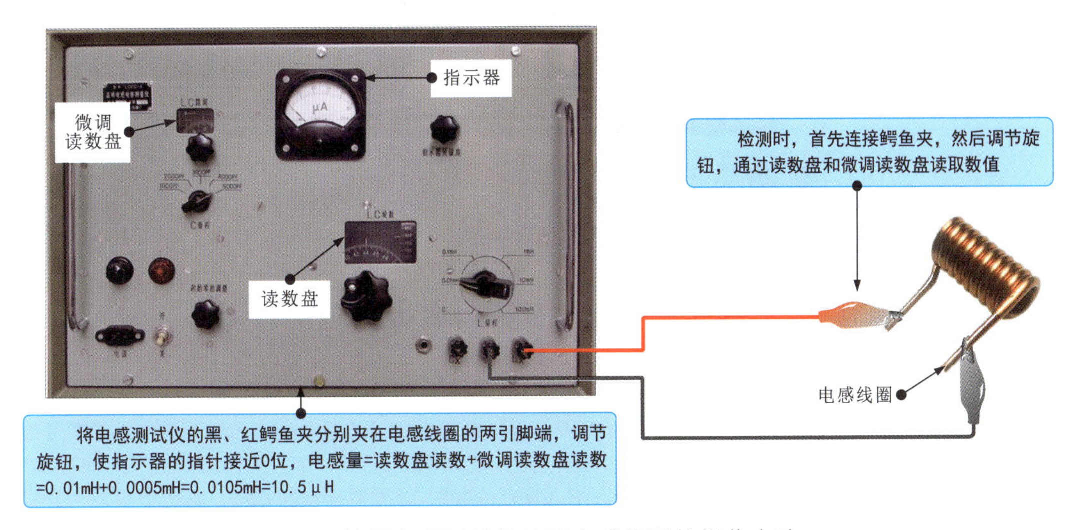

图8-34 使用电感测试仪检测电感线圈的操作方法

图8-35为使用频率特性测试仪检测电感线圈的操作方法。

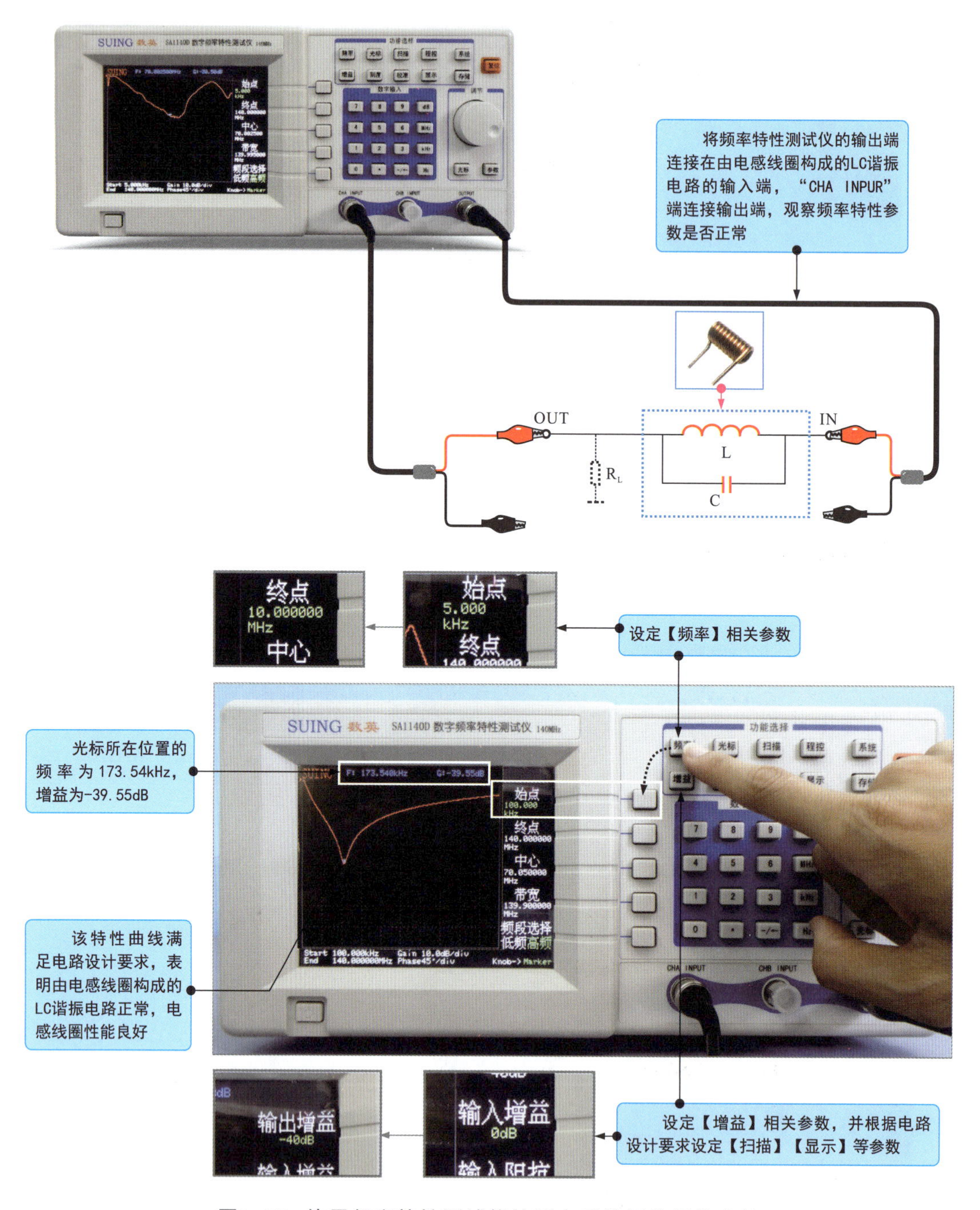

图8-35 使用频率特性测试仪检测电感线圈的操作方法

由图8-35可知，将频率特性测试仪的基本参数设置为：始点频率为5.000kHz，终点频率为10.000000MHz，自动计算中心频率及带宽并显示（中心频率为402.5kHz，带宽为795kHz），输出增益为-40dB，输入增益为0dB，幅频显示单次扫描，其他参数均为开机默认参数。

二极管

9.1 二极管的功能与分类

9.1.1 二极管的功能

二极管的内部是由一个PN结构成的，如图9-1所示。

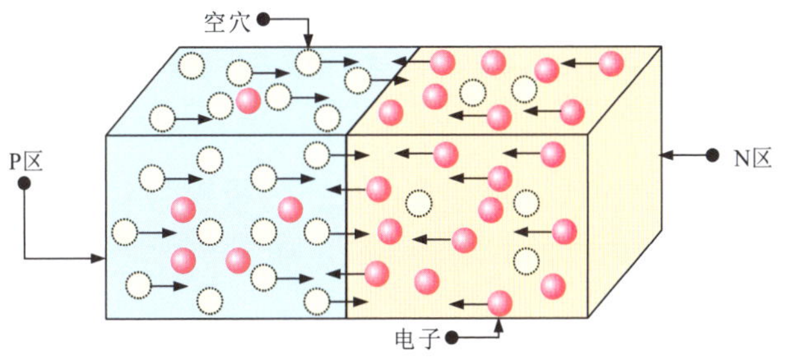

图9-1 二极管的内部结构

PN结是采用特殊工艺把P型半导体和N型半导体结合在一起后，在两者交界面上形成的特殊带电薄层。P型半导体和N型半导体分别被称为P区和N区。PN结的形成是由于P区存在大量的空穴，N区存在大量的电子，因浓度差别而产生扩散运动。P区的空穴向N区扩散，N区的电子向P区扩散，空穴与电子的运动方向相反。

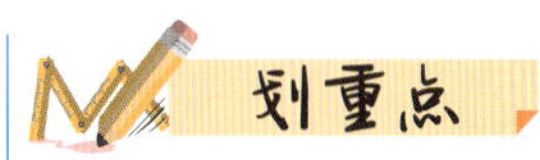

电流方向与电子的运动方向相反，与正电荷的运动方向相同。在一定条件下，可以将P区中的空穴看作带正电荷，在PN结内，空穴和电子的运动方向相反。

根据二极管的内部结构，在一般情况下，只允许电流从正极流向负极，而不允许电流从负极流向正极，这就是二极管的单向导电性，如图9-2所示。

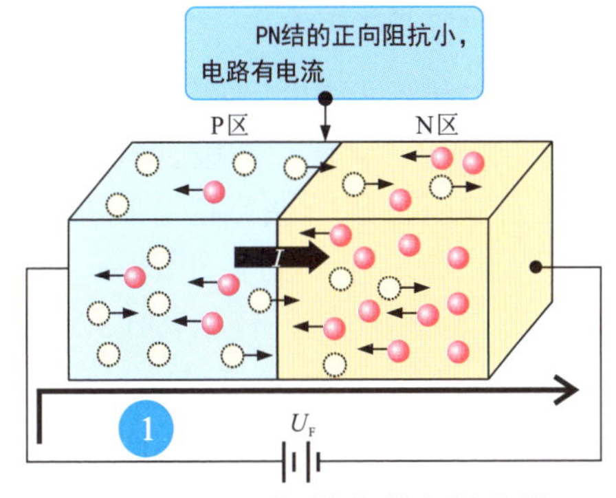

图9-2 二极管的单向导电性

1 在PN结两边外加正向电压，即P区接外电源正极，N区接外电源负极，这种接法又称正向偏置，简称正偏。

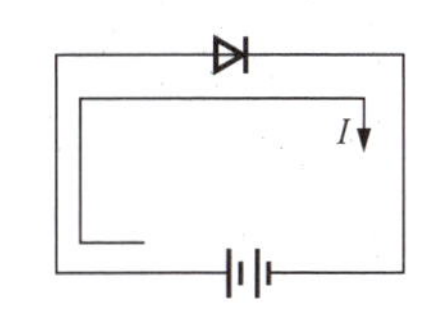

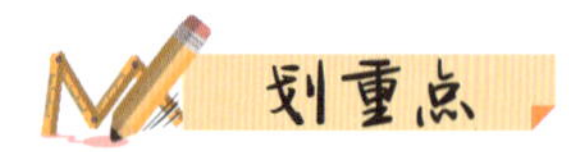

2 在PN结两边外加反向电压，即P区接外电源负极，N区接外电源正极，这种接法又称反向偏置，简称反偏。

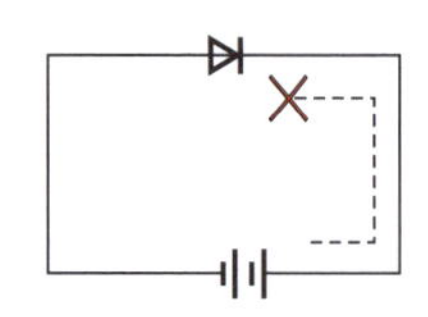

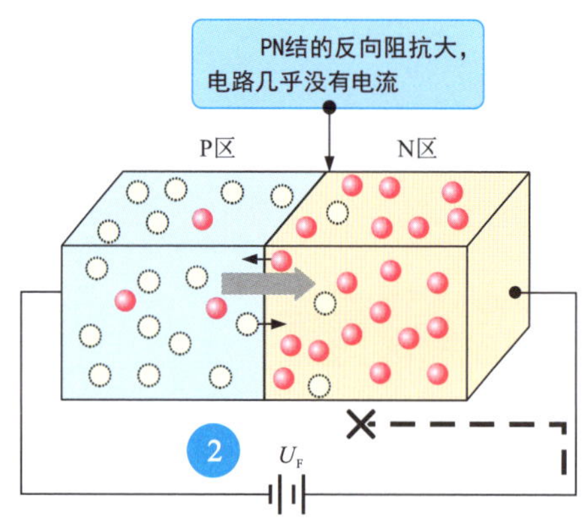

图9-2 二极管的单向导电性（续）

当PN结外加正向电压时，其内部的电流方向与电源提供的电流方向相同，电流很容易通过PN结形成电流回路。此时，PN结呈低阻状态（正偏状态的阻抗较小），电路为导通状态。

当PN结外加反向电压时，其内部的电流方向与电源提供的电流方向相反，电流不易通过PN结形成回路。此时，PN结呈高阻状态，电路为截止状态。

二极管的伏安特性是指加在二极管两端的电压和流过二极管电流之间的关系曲线，如图9-3所示。

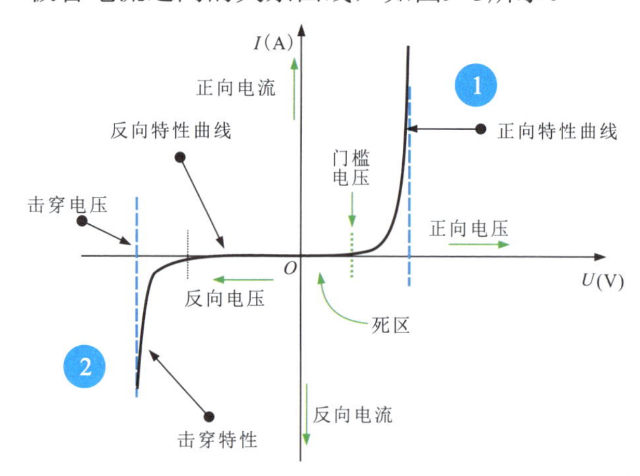

图9-3 二极管的伏安特性曲线

1 当电压很低时，没有电流；当电压超过一定的值时，电流迅速增加。

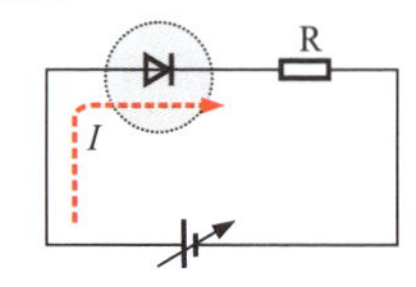

2 当二极管加反向电压时，几乎没有电流；当达到击穿电压时，反向电流迅速增加。

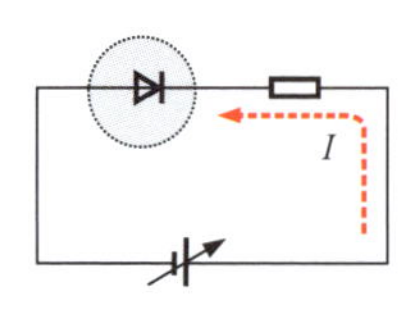

正向特性：在电子电路中，当二极管的正极接在高电位端，负极接在低电位端时，二极管就会导通。

必须说明，当加在二极管两端的正向电压很小时不能导通，流过二极管的正向电流十分微弱，只有当正向电压达到某一数值（门槛电压，锗管为0.2～0.3V，硅管为0.6～0.7V）时，二极管才能真正导通。导通后，二极管两端的电压基本上保持不变（锗管约为0.3V，硅管约为0.7V），此时电压被称为二极管的正向电压降。

反向特性：在电子电路中，当二极管的正极接在低电位端，负极接在高电位端时，二极管几乎没有电流流过，处于截止状态，只有微弱的反向电流流过二极管。该电流被称为漏电电流。漏电电流有两个显著特点：一是受温度影响很大；二是在反向电压不超过一定范围时，大小基本不变，即与反向电压大小无关，因此漏电电流又称为反向饱和电流。

击穿特性：当二极管两端的反向电压增大到某一数值时，反向电流急剧增大，二极管将失去单方向导电特性，这种状态被称为二极管的击穿。

二极管除了上述特性外，不同类型的二极管还具有自身突出的功能特点，如整流二极管的整流功能、稳压二极管的稳压功能、检波二极管的检波功能等。

1 整流二极管的整流功能

整流二极管根据自身特性可构成整流电路，将原本交变的交流电压信号整流成同相脉动的直流电压信号，变换后的波形小于变换前的波形，如图9-4所示。

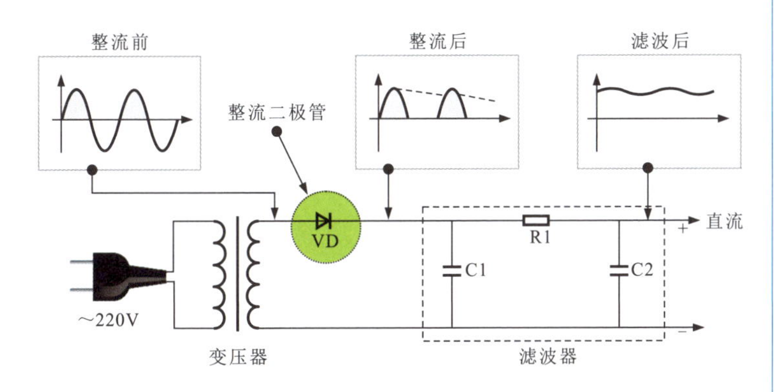

图9-4 整流二极管的整流功能

在交流电压处于正半周时，整流二极管VD导通；在交流电压负半周时，整流二极管截止。交流电压经整流二极管VD整流后，变为脉动直流电压（缺少半个周期），再经后级电路滤波后，即可变为稳定的直流电压。

整流二极管的整流作用利用的是二极管单向导通、反向截止的特性。打个比方，将整流二极管想象为一个只能单方向打开的闸门，将交流电流看作不同流向的水流，如图9-5所示。

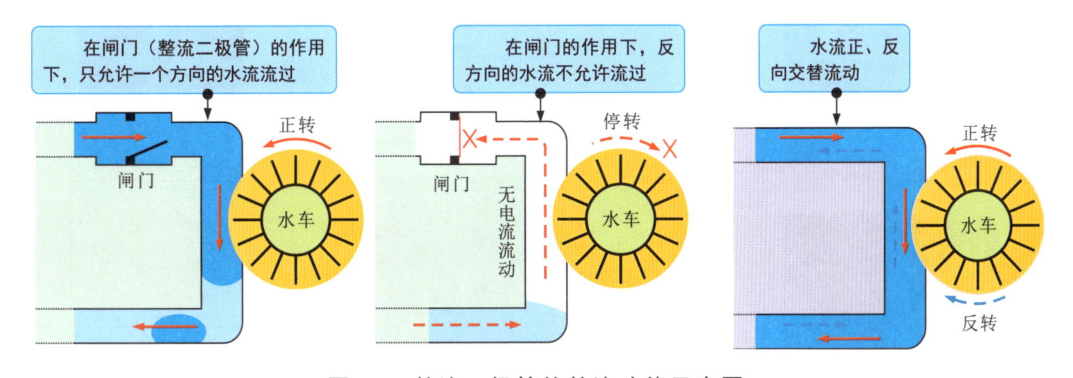

图9-5 整流二极管的整流功能示意图

交流电流是交替变化的电流，如用水流推动水车，交变的水流会使水车正向、反向交替运转。若在水流通道中设置一闸门，则当水流为正向时，闸门被打开，水流推动水车运转；当水流为反向时，闸门自动关闭，水不能反向流动，水车也不会反转。

由一个整流二极管可构成半波整流电路，由两个整流二极管可构成全波整流电路（由两个半波整流电路组合而成），如图9-6所示。

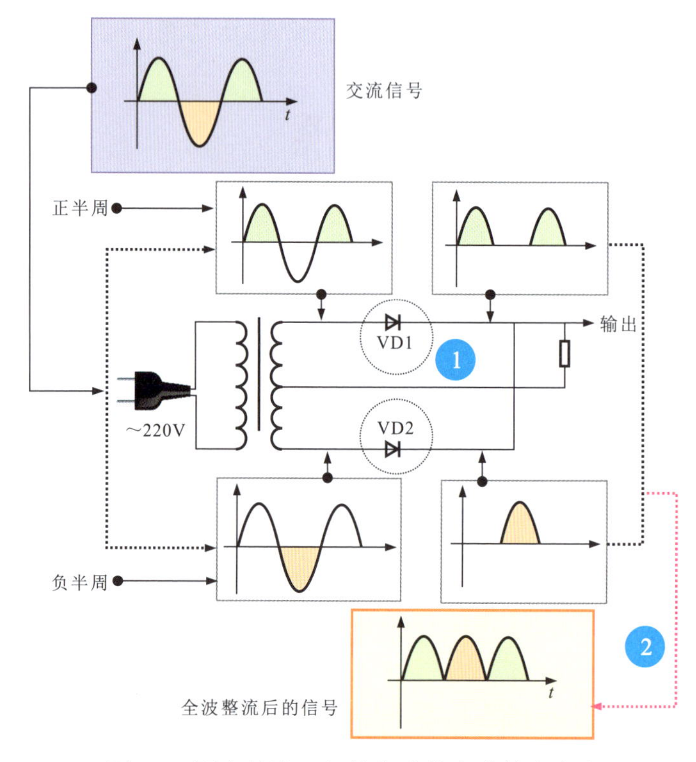

图9-6　两个整流二极管构成的全波整流电路

划重点

1 电路中采用两个整流二极管作为整流器件。

2 交流信号正、负半周的信号全部进行整流后输出，并分别将正、负半周的波形输出后叠加在一起。

将四个整流二极管封装在一起构成的独立元件被称为桥式整流堆，如图9-7所示。

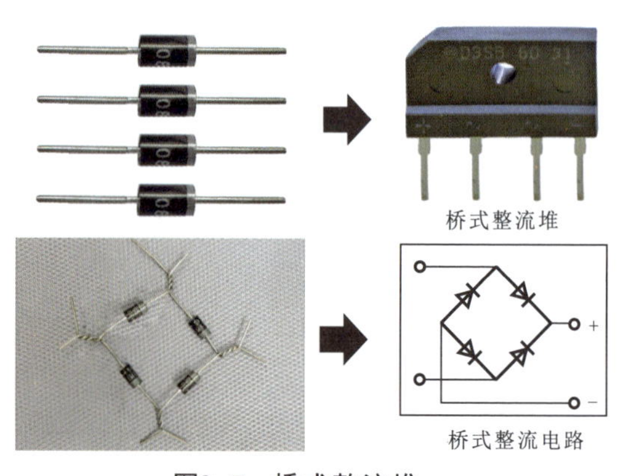

图9-7　桥式整流堆

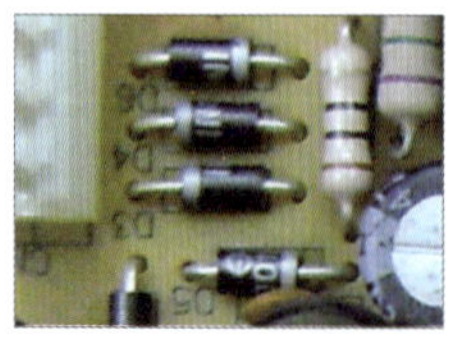

电路中由四个整流二极管构成的桥式整流电路

电路中的桥式整流堆

2 稳压二极管的稳压功能

稳压二极管的稳压功能是能够将电路中某一点的电压稳定为一个固定值。图9-8为由稳压二极管构成的稳压电路。

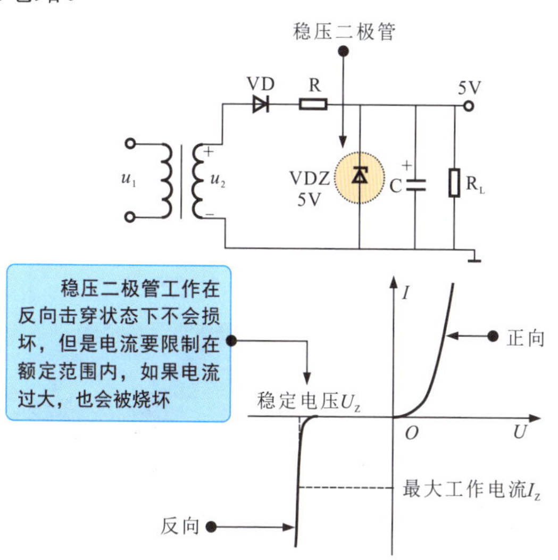

图9-8　由稳压二极管构成的稳压电路

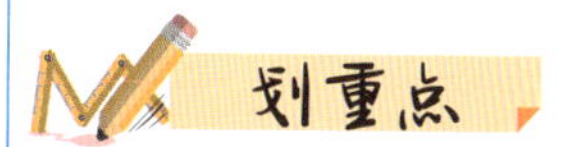

稳压二极管VDZ的负极接外加电压的高端，正极接外加电压的低端。

当稳压二极管VDZ的反向电压接近击穿电压（5V）时，电流急剧增大，稳压二极管VDZ呈击穿状态。在该状态下，稳压二极管两端的电压保持不变（5V），从而实现稳定直流电压的功能。

3 光敏二极管的光线感知功能

图9-9为光敏二极管在电子玩具电路中的应用。这是电子玩具“晨鸟”的电路图，是一种光控振荡电路，将其放在窗口，天亮时就会发出阵阵悦耳的鸟鸣声。

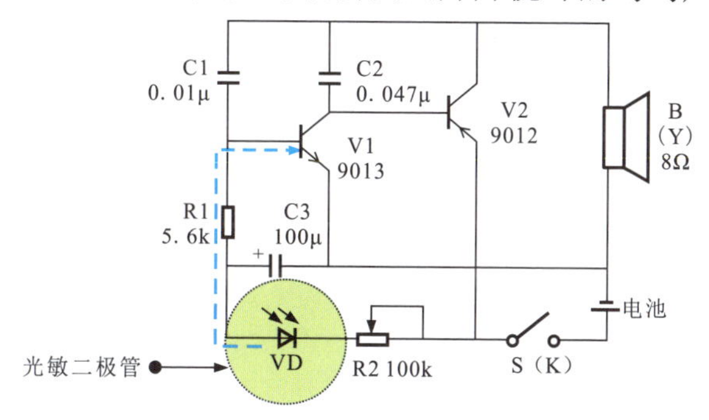

图9-9　光敏二极管在电子玩具电路中的应用

电路中，V1和V2可构成互补自激振荡电路，利用RC的充、放电模拟鸟鸣声。由于在V1的偏置电路中接入一个光敏二极管VD，因此鸟鸣声受外界光线控制：无光线时，VD的反向阻抗很大，V1基极电压因较低而截止，电路不工作；有光线时，VD的反向阻抗很小，V1基极电压升高，电路启振，发出鸟鸣声。

在V1的偏置电路中接入一个光敏二极管，可实现光线对电路的控制。

外界光线越强，光敏二极管反向阻值越低，电池电压才会经过VD加到三极管V1的基极，驱动电路工作。

4 发光二极管的指示功能

发光二极管可通过所发出的光亮指示电路的状态。图9-10为发光二极管在电池充电器电路中的应用。

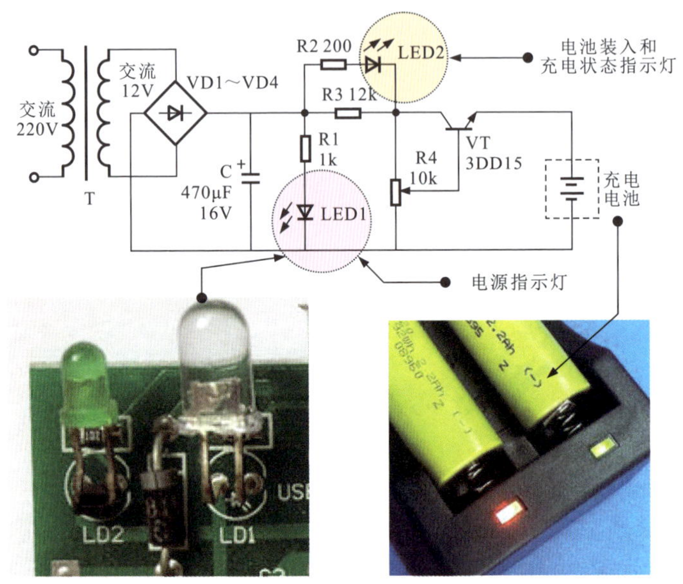

图9-10 发光二极管在电池充电器电路中的应用

划重点

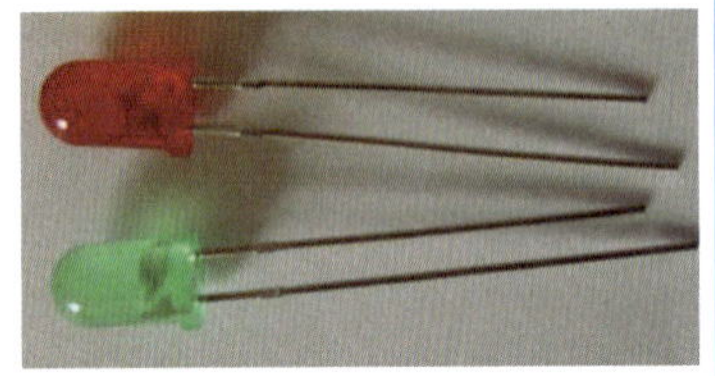

发光二极管

为了能够准确指示电池充电是否完成及在充电过程中的状态，通常在电路中设置发光二极管，通过观察发光二极管的状态了解电池的充电状态。

5 检波二极管的检波功能

检波二极管具有较高的检波效率和良好的频率特性，常用在收音机的检波电路中，如图9-11所示。

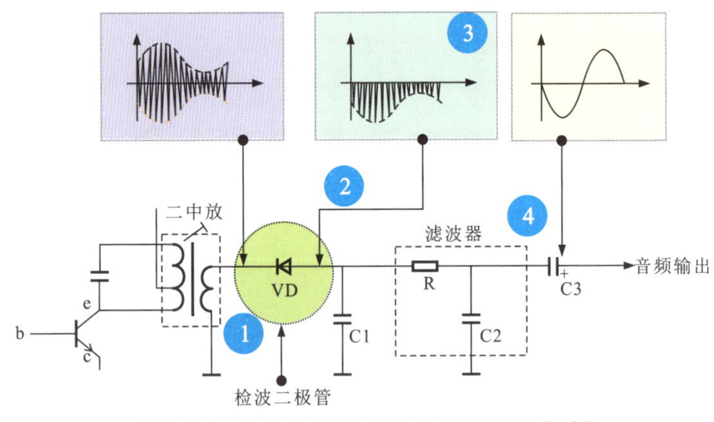

图9-11 收音机检波电路中的检波二极管

利用检波二极管的单向导电性，正半周的调幅波被截止，只有负半周调幅波通过检波二极管后，再经RC滤波器滤除高频成分，输出的就是调制在载波上的音频信号，这个过程被称为检波。

① 二中放输出的调幅波加到检波二极管VD的负极。

② 由于检波二极管的单向导电性，因此负半周调幅波通过检波二极管，正半周被截止。

③ 通过检波二极管VD后，输出的调幅波只有负半周。

④ 负半周的调幅波再由RC滤波器滤除其中的高频成分，输出其中的低频成分。

6 变容二极管的电容器功能

图9-12为变容二极管在FM调制发射电路中的应用。

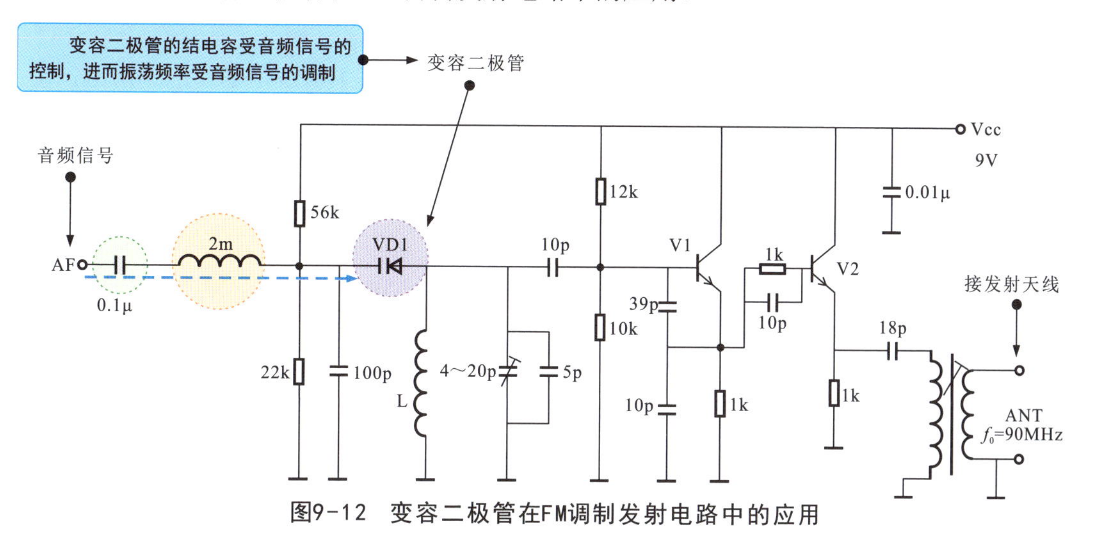

图9-12 变容二极管在FM调制发射电路中的应用

图9-12是一种FM调制发射电路。音频信号（AF）经耦合电容（0.1μF）和电感（2mH）加到变容二极管的负极。在无信号输入时，变容二极管的结电容为初始值，振荡频率为90MHz，当音频信号加到变容二极管时，其结电容会受音频信号的控制，于是振荡频率受音频信号的调制。

7 双向触发二极管的触发功能

图9-13为双向触发二极管在自动控制电路中的应用。

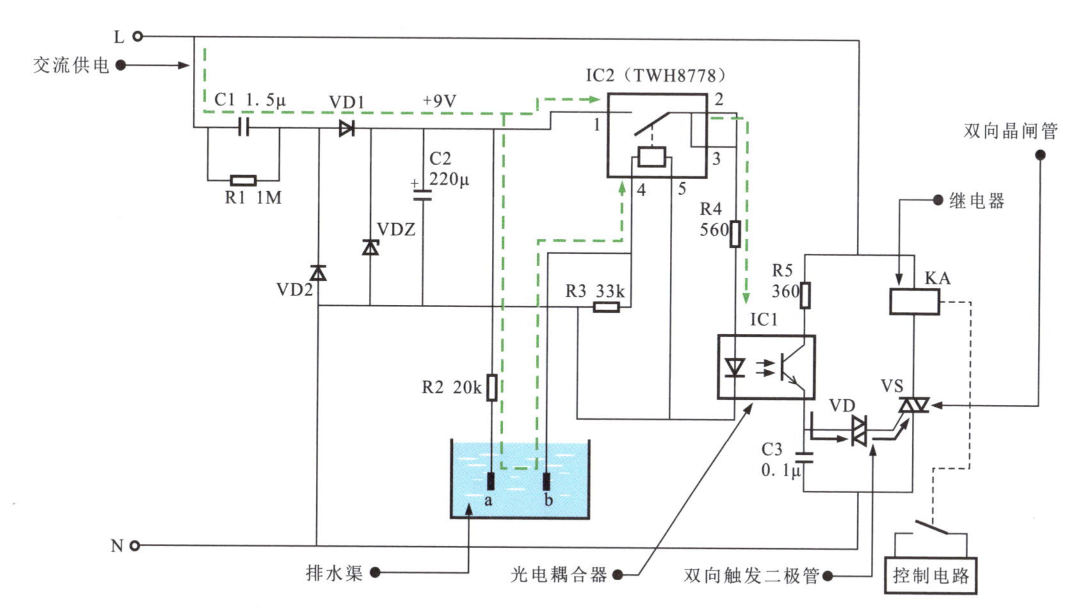

图9-13 双向触发二极管在自动控制电路中的应用

图9-13是农田排灌自动控制电路中的检测控制电路。交流220V电压经降压、整流、稳压、滤波后输出+9V直流电压。

当排水渠中有水时，+9V直流电压的一路直接加到IC2的1脚，另一路经电阻器R2和水位检测电极a、b加到IC2的5脚。IC2内部的电子开关导通，由2脚输出+9V电压。

+9V电压经电阻器R4加到光电耦合器IC1的发光二极管上，发光二极管导通发光后，照射到光敏三极管上，光敏三极管导通。

光敏三极管导通后，由发射极发出触发信号触发双向触发二极管VD导通，进而触发双向晶闸管VS导通，继电器KA线圈得电，常开触点闭合，控制电路动作。

9.1.2 二极管的分类

二极管的种类较多，按功能可以分为整流二极管、稳压二极管、发光二极管、光敏二极管、检波二极管、变容二极管、双向触发二极管等，如图9-14所示。

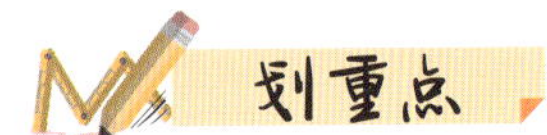

1. 整流二极管
2. 稳压二极管
3. 光敏二极管
4. 检波二极管
5. 双向触发二极管
6. 开关二极管
7. 变容二极管
8. 螺栓型大功率整流二极管
9. 快恢复二极管
10. 贴片二极管

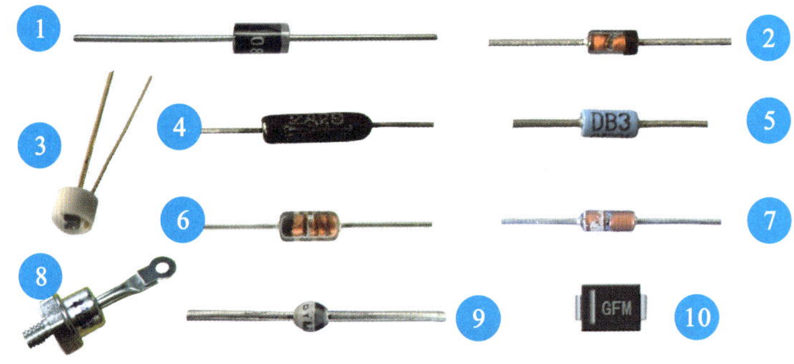

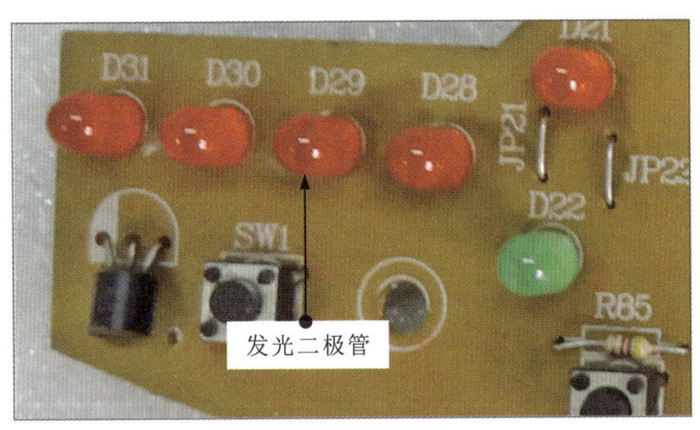

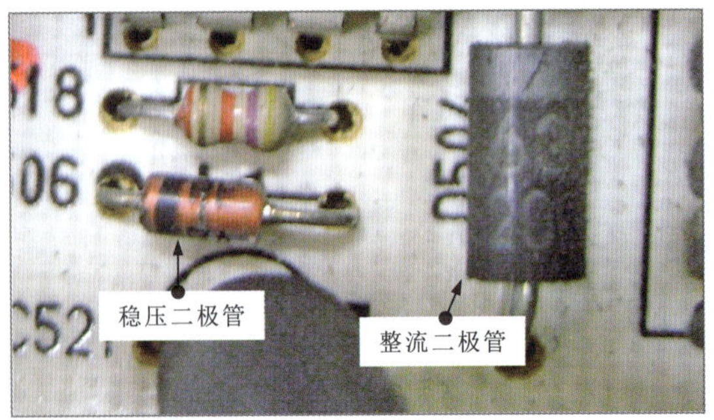

图9-14 二极管的种类

1 整流二极管

整流二极管是一种可将交流电转变为直流电的半导体元器件，常用于整流电路中。整流二极管多为面接触型二极管，结面积大、结电容大，但工作频率低，多采用硅半导体材料制成。图9-15为整流二极管的实物外形及应用。

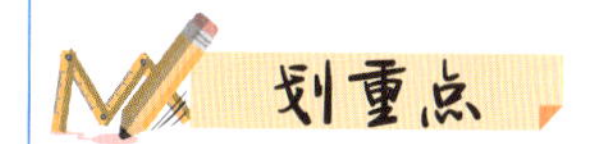

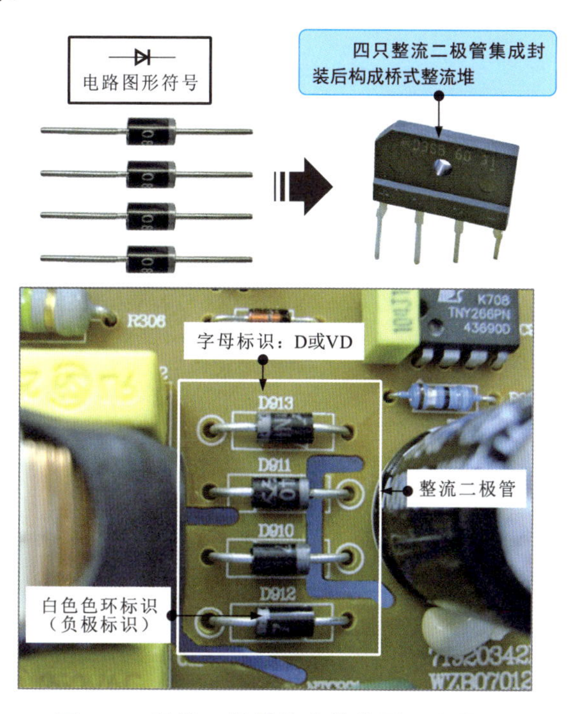

图9-15　整流二极管的实物外形及应用

整流二极管的外壳封装常采用金属壳封装、塑料封装和玻璃封装三种形式。

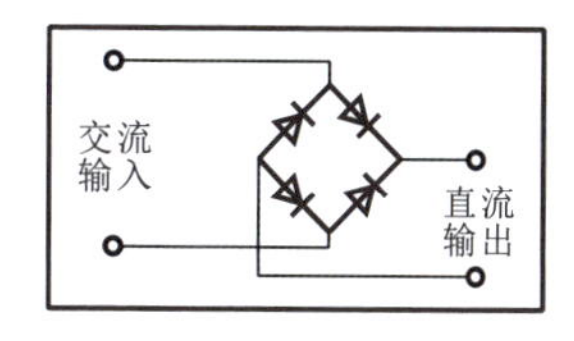

四只整流二极管集成封装后构成桥式整流堆。

二极管根据制作材料分为锗二极管和硅二极管，如图9-16所示。

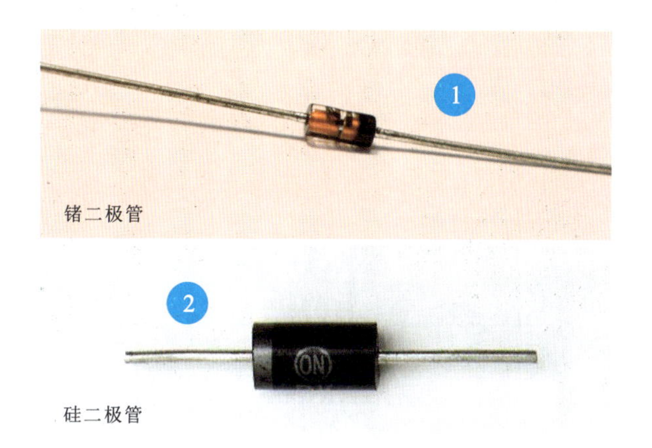

图9-16　锗二极管和硅二极管

1 在一般情况下，锗二极管的正向电压降比硅二极管小，通常为0.2～0.3V。

2 在一般情况下，硅二极管的正向电压降为0.6～0.7V，耐高温性能比锗二极管要好。

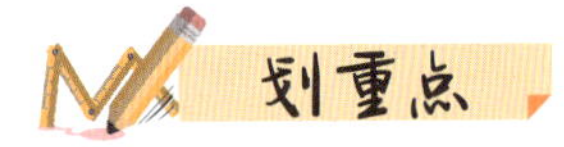

1 面接触型二极管结面积大、结电容大，但工作频率低，多采用硅半导体材料制成，常用于整流电路中。

2 点接触型二极管是由一根很细的金属丝与一块N型半导体晶片的表面接触，使触点和半导体牢固地熔接构成PN结。这样制成的PN结面积很小，只能通过较小的电流和承受较低的反向电压，但高频特性好。因此，点接触型二极管主要用于高频和小功率电路，或用作数字电路中的开关元器件。

二极管按照结构的不同可以分为面接触型二极管和点接触型二极管，如图9-17所示。

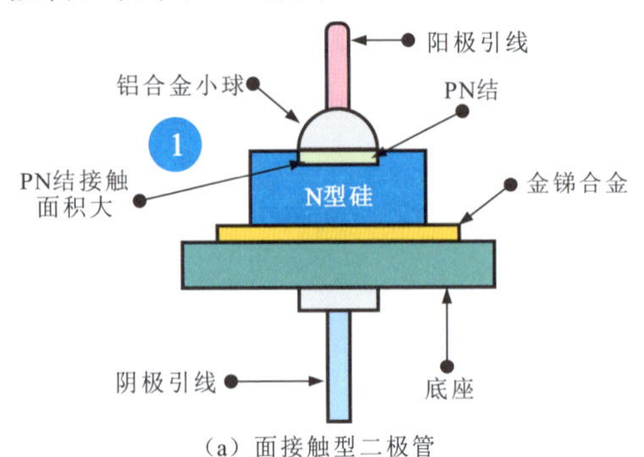

（a）面接触型二极管

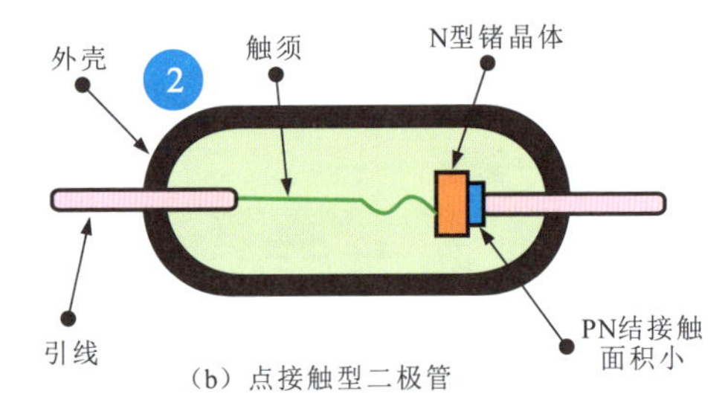

（b）点接触型二极管

图9-17　二极管的结构

2 稳压二极管

稳压二极管是由硅材料制成的面接触型二极管。当PN结反向击穿时，稳压二极管的两端电压固定在某一数值上，不随电流变化，可达到稳压的目的。稳压二极管的实物外形如图9-18所示。

稳压二极管黑色色环标识的一端为负极性引脚端。

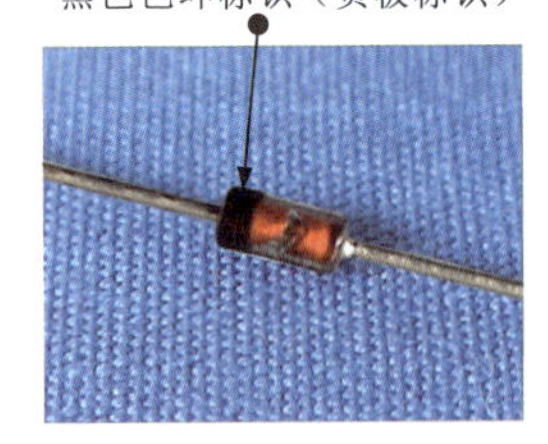

稳压二极管在电路中应用时应串联限流电阻，即必须限制反向通过的电流，防止超过额定电流值，否则将立即被烧毁。

图9-18　稳压二极管的实物外形

在半导体元器件中，PN结具有正向导通、反向截止的特性。若反向施加的电压过高，且足以使PN结反向导通时，则该电压被称为击穿电压。

当加在稳压二极管上的反向电压临近击穿电压时，稳压二极管的反向电流急剧增大，发生击穿（并非损坏）。这时电流可在较大的范围内改变，而稳压二极管两端的电压基本保持不变，起到稳定电压的作用。

3 发光二极管

图9-19为发光二极管的实物外形及内部结构图。发光二极管具有工作电压低、工作电流很小、抗冲击和抗震性能好、可靠性高、寿命长的特点。

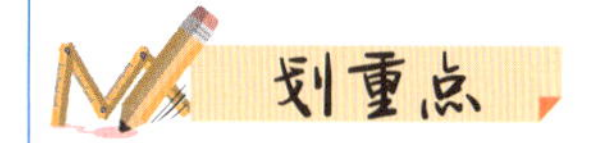

发光二极管是一种利用PN结在正向偏置时两侧的多数载流子直接复合释放出光能的发光元器件，在正常工作时处于正向偏置状态，在正向电流达到一定值时就会发光。

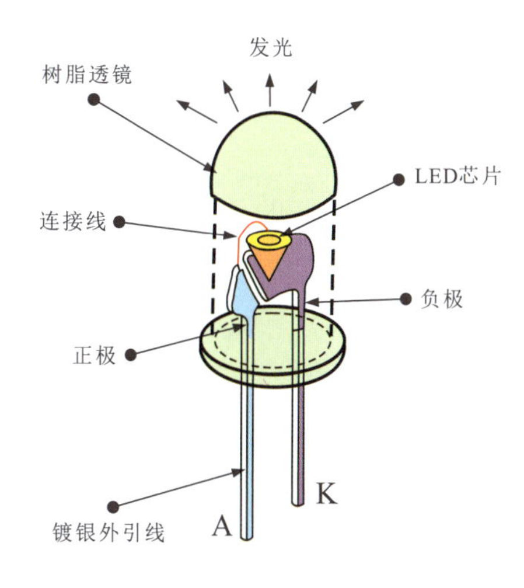

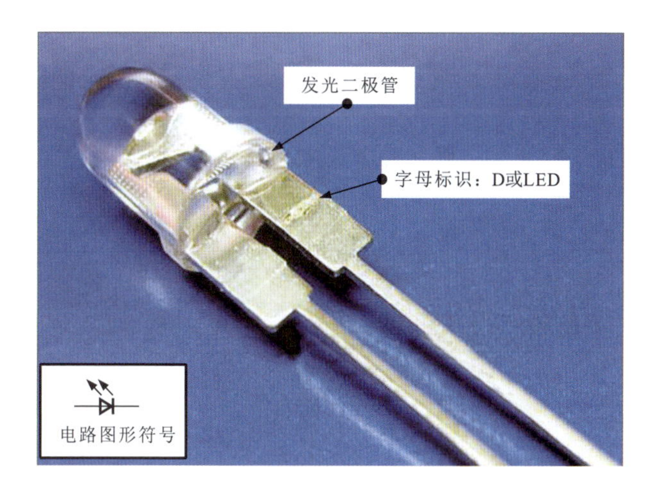

图9-19 发光二极管的实物外形及内部结构图

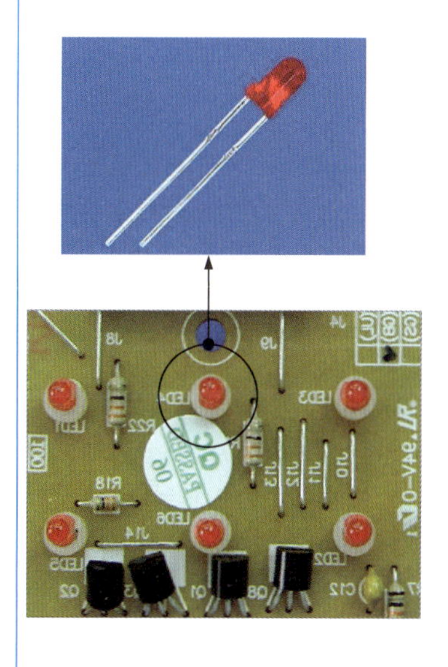

发光二极管是在工作时能够发出亮光的二极管，常作为显示元器件或光电控制电路中的光源。

4 光敏二极管

光敏二极管又称光电二极管。光敏二极管的实物外形如图9-20所示。

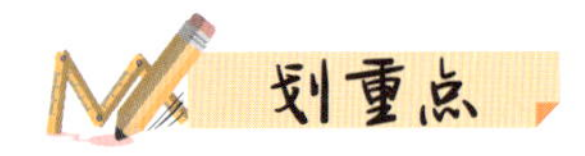

字母标识：D或VD　电路图形符号

当光敏二极管的感光部分受到光照时，反向阻抗会随之变化（随着光照的增强，反向阻抗由大到小）。

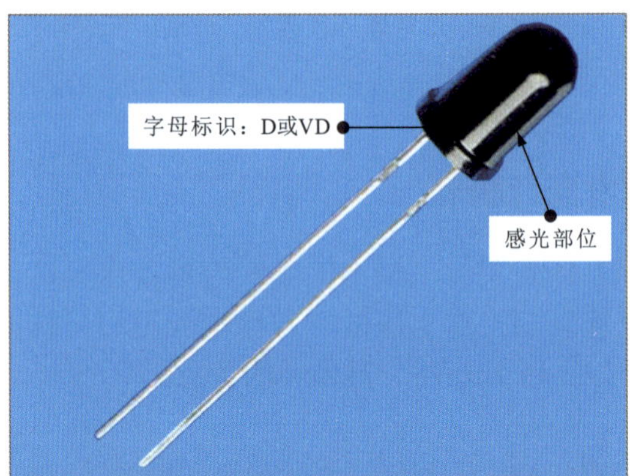

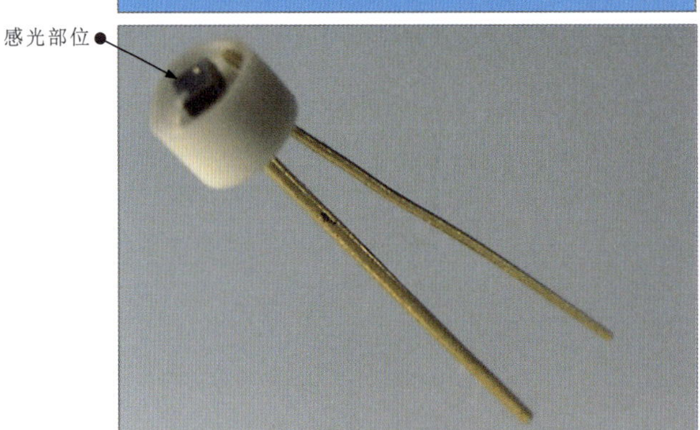

图9-20　光敏二极管的实物外形

5 检波二极管

检波二极管利用二极管的单向导电性，与滤波电容配合，可将叠加在高频载波上的低频包络信号检出来。

图9-21为检波二极管的实物外形。

检波二极管具有较高的检波效率和良好的频率特性，常用在收音机的检波电路中。检波效率是检波二极管的特殊参数，是在检波二极管输出电路的负载上产生的直流输出电压与输入端的正弦交流电压的峰值之比的百分数。

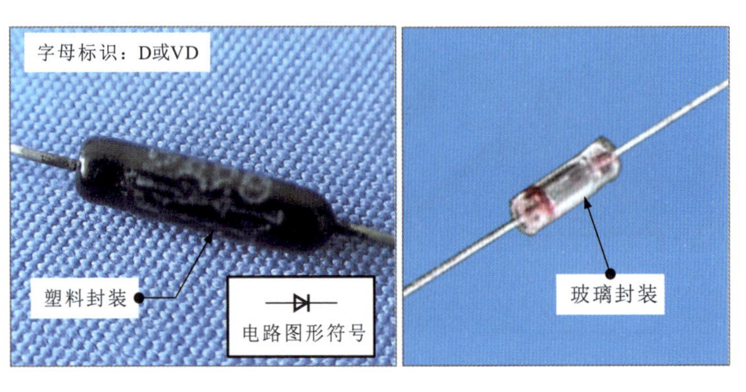

图9-21　检波二极管的实物外形

6 变容二极管

变容二极管是利用PN结的电容随外加偏压而变化这一特性制成的非线性半导体元器件。图9-22为变容二极管的实物外形。

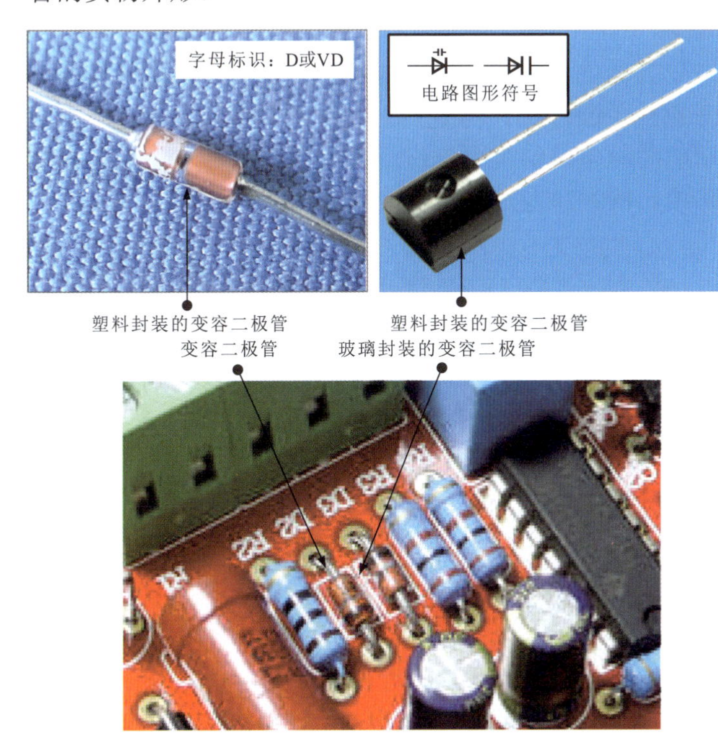

图9-22 变容二极管的实物外形

7 快恢复二极管

快恢复二极管（FRD）也是一种高速开关二极管。图9-23为快恢复二极管的实物外形。

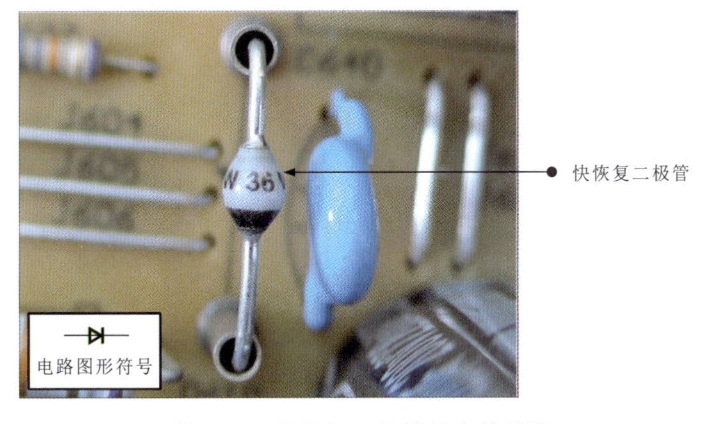

图9-23 快恢复二极管的实物外形

划重点

变容二极管是利用PN结空间能保持电荷且具有电容器的特性制成的特殊二极管，两极之间的电容量为3～50pF，实际上是一个由电压控制的微调电容器。

变容二极管利用其电容随外加偏压而变化的特性，在电路中起电容器的作用，广泛用在参量放大器、电子调谐器及倍频器等高频和微波电路中。

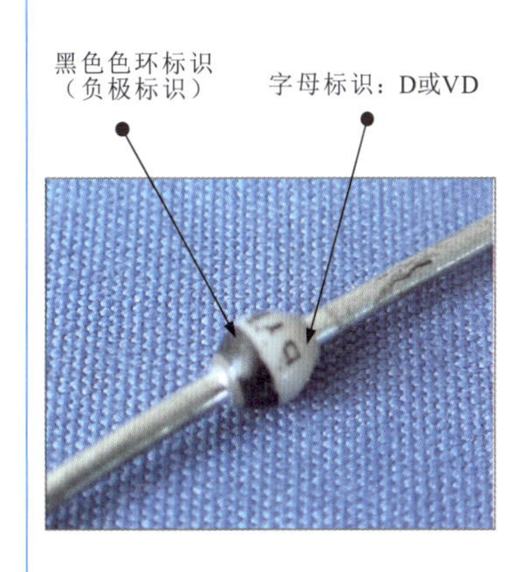

快恢复二极管（FRD）的开关特性好，反向恢复时间很短，正向压降低，反向击穿电压较高（耐压值较高），主要应用在开关电源、PWM脉宽调制电路及变频电路等电子电路中。

8 开关二极管

开关二极管利用二极管的单向导电性可对电路进行开通或关断控制，导通/截止速度非常快，能满足高频和超高频电路的需要，广泛应用在开关和自动控制等电路中。图9-24为开关二极管的实物外形。

划重点

开关二极管一般采用玻璃或陶瓷外壳封装以减小管壳电容。通常，开关二极管从截止（高阻抗）到导通（低阻抗）的时间被称为开通时间；从导通到截止的时间被称为反向恢复时间；两个时间的总和被称为开关时间。开关二极管的开关时间很短，是一种非常理想的电子开关，具有开关速度快、体积小、寿命长、可靠性高等特点。

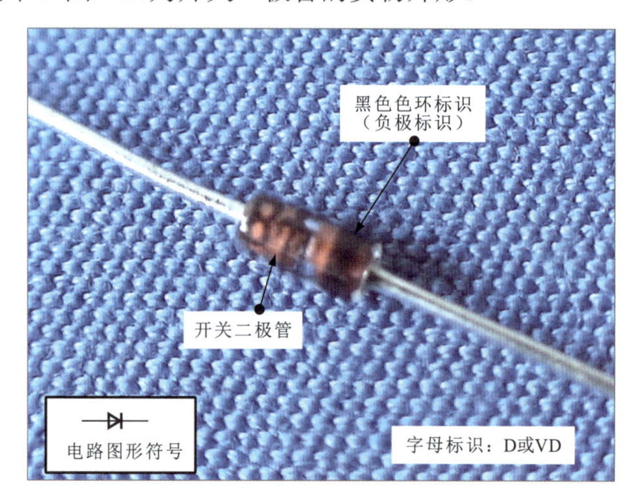

图9-24 开关二极管的实物外形

9.2 二极管的识别、选用与代换

9.2.1 二极管的识别

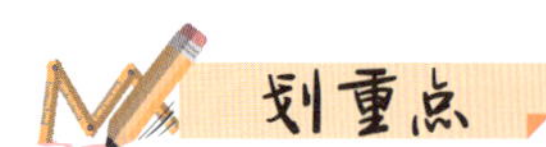

1 国产二极管

图9-25为国产二极管的命名方式。

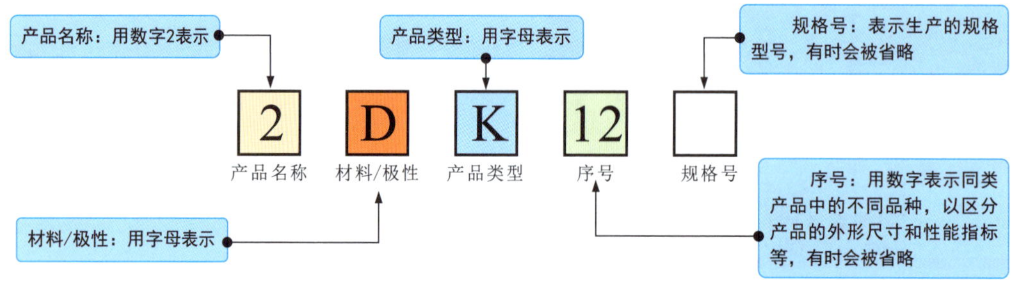

图9-25 国产二极管的命名方式

二极管的参数标识，即命名方式根据国家、地区及生产厂商的不同而不同。目前，常见的二极管主要有四种命名方式，即国产二极管命名方式、美产二极管命名方式、日产二极管命名方式和国际电子联合会二极管命名方式。

国产二极管“材料/极性”字母的含义见表9-1。

表9-1 国产二极管“材料/极性”字母的含义

字母	含义	字母	含义	字母	含义
A	N型锗材料	C	N型硅材料	E	化合物材料
B	P型锗材料	D	P型硅材料		

国产二极管“产品类型”字母的含义见表9-2。

表9-2 国产二极管“产品类型”字母的含义

字母	含义	字母	含义	字母	含义	字母	含义
P	普通管	Z	整流管	U	光电管	H	恒流管
V	微波管	L	整流堆	K	开关管	B	变容管
W	稳压管	S	隧道管	JD	激光管	BF	发光二极管
C	参量管	N	阻尼管	CM	磁敏管		

图9-26为国产二极管的识读案例。

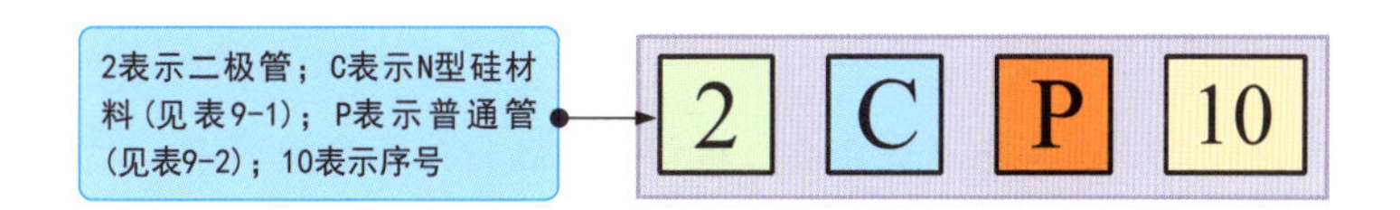

图9-26 国产二极管的识读案例

2 美产二极管

图9-27为美产二极管的命名方式及参数识读。

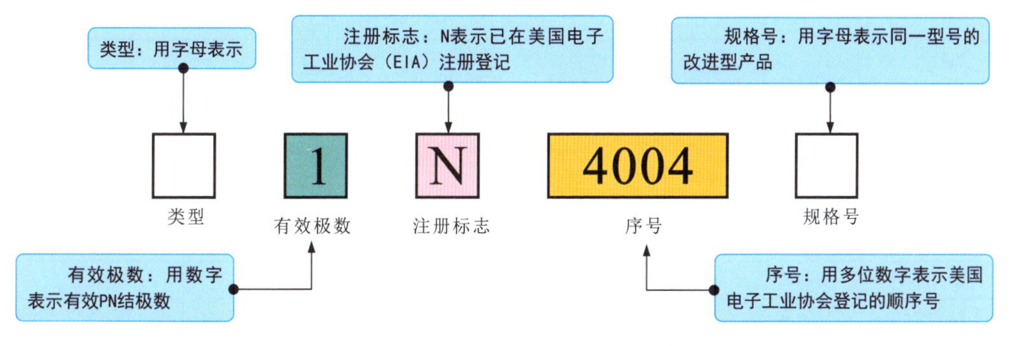

图9-27 美产二极管的命名方式及参数识读

3 日产二极管

图9-28为日产二极管的命名方式及参数识读。

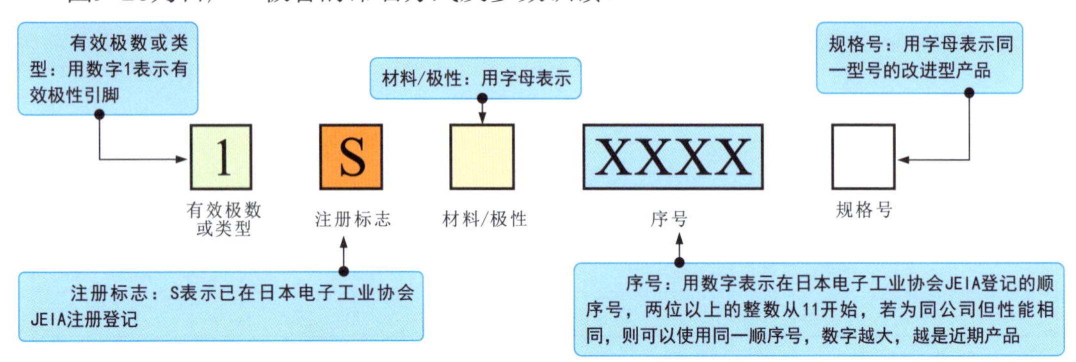

图9-28　日产二极管的命名方式及参数识读

4 国际电子联合会二极管

图9-29为国际电子联合会二极管的命名方式及参数识读。

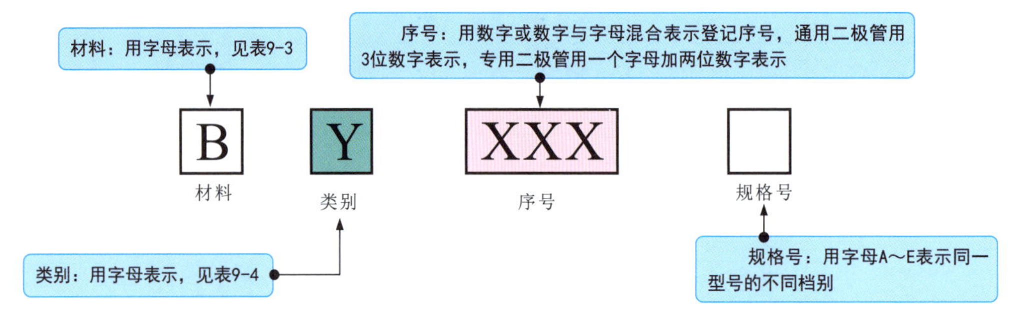

图9-29　国际电子联合会二极管的命名方式及参数识读

国际电子联合会二极管“材料”字母的含义见表9-3。

表9-3　国际电子联合会二极管“材料”字母的含义

字母	含义	字母	含义	字母	含义
A	锗材料	C	砷化镓	R	复合材料
B	硅材料	D	锑化铟		

国际电子联合会二极管“类别”字母的含义见表9-4。

表9-4　国际电子联合会二极管“类别”字母的含义

字母	含义	字母	含义	字母	含义
A	检波管	H	磁敏管	X	倍压管
B	变容管	P	光敏管	Y	整流管
E	隧道管	Q	发光管	Z	稳压管
G	复合管				

9.2.2 整流二极管的选用与代换

选用与代换整流二极管时，应根据电路的工作频率和工作电压，选择反向峰值电压、最大整流电流、最大反向工作电流、截止频率、反向恢复时间等符合电路设计要求的整流二极管进行代换。

整流二极管的选用与代换如图9-30所示。

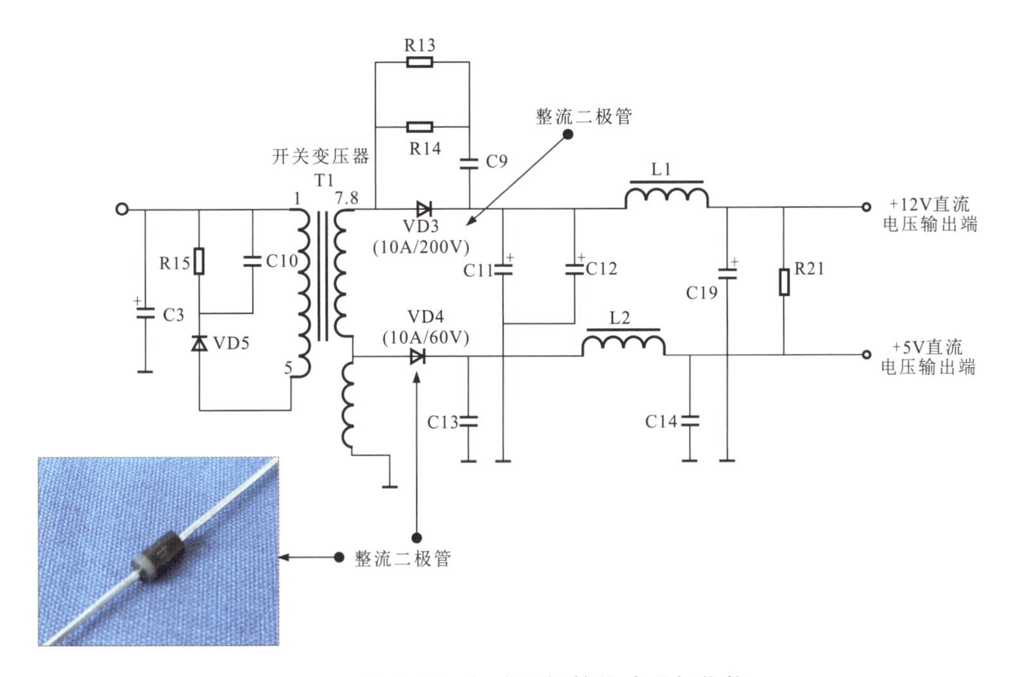

图9-30 整流二极管的选用与代换

图9-30中，VD3和VD4为整流二极管，额定电流为10A。其中，VD3的额定电压为200V，VD4的额定电压为60V。若损坏，则在选用与代换时，应选择额定电流、额定电压大于或等于上述参数的整流二极管进行代换。

9.2.3 稳压二极管的选用与代换

选用与代换稳压二极管时，要注意所选稳压二极管的稳定电压值应与应用电路的基准电压值相同，最大稳定电流应高于应用电路最大负载电流的50%左右，动态电阻尽量较小，动态电阻越小，稳压性能越好，功率应符合电路的设计要求。

图9-31为稳压二极管的选用与代换。

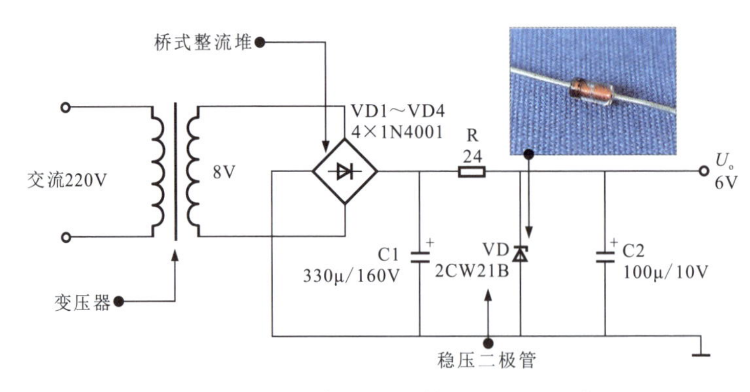

图9-31　稳压二极管的选用与代换

在图9-31中，VD为稳压二极管，型号为2CW21B。交流220V电压经变压器降压后输出8V交流低压，经桥式整流堆输出约11V的直流电压，再经C1滤波，R、VD稳压，C2滤波后，输出6V直流稳定电压。若稳压二极管损坏，则应尽量选择同类型、同型号的稳压二极管进行代换。

常用1N系列稳压二极管型号及可代换型号见表9-5。

表9-5　常用1N系列稳压二极管型号及可代换型号

型号	额定电压（V）	最大工作电流（mA）	可代换型号
1N708	5.6	40	BWA54、2CW28（5.6 V）
1N709	6.2	40	2CW55/B（硅稳压二极管）、BWA55/E
1N710	6.8	36	2CW55A、2CW105（硅稳压二极管：6.8 V）
1N711	7.5	30	2CW56A（硅稳压二极管）、2CW28（硅稳压二极管）、2CW106（稳压范围为7.0～8.8V：选7.5 V）
1N712	8.2	30	2CW57/B、2CW106（稳压范围为7.0～8.8V：选8.2 V）
1N713	9.1	27	2CW58A/B、2CW74
1N714	10	25	2CW18、2CW59/A/B
1N715	11	20	2CW76、2DW 12F、BS31-12
1N716	12	20	2CW61/A、2CW77/A
1N717	13	18	2CW62/A、2DW21G
1N718	15	16	2CW112（稳压范围为13.5～17 V：选15 V）、2CW78A
1N719	16	15	2CW63/A/B、2DW12H
1N720	18	13	2CW20B、2CW64/B、2CW68（稳压范围为18～21 V：选18 V）
1N721	20	12	2CW65（稳压范围为20～24 V：选20 V）、2DW12I、BWA65
1N722	22	11	2CW20C、2DW12J
1N723	24	10	WCW116、2DW13A
1N724	27	9	2CW20D、2CW68、BWA68/D
1N725	30	13	2CW119（稳压范围为29～33 V：选30V）
1N726	33	12	2CW120（稳压范围为32～36 V：选33V）
1N727	36	11	2CW120（稳压范围为32～36 V：选36V）

（续）

型号	额定电压（V）	最大工作电流（mA）	可代换型号
1N728	39	10	2CW121（稳压范围为35～40 V：选39V）
1N748	3.8～4.0	125	HZ4B2
1N752	5.2～5.7	80	HZ6A
1N753	5.8～6.1	80	2CW132（稳压范围为5.5～6.5 V）
1N754	6.3～6.8	70	H27A
1N755	7.1～7.3	65	HZ7.5EB
1N757	8.9～9.3	52	HZ9C
1N962	9.5～11	45	2CW137（稳压范围为10.0～11.8 V）
1N963	11～11.5	40	2CW138（稳压范围为11.5～12.5 V）、HZ12A-2
1N964	12～12.5	40	HZ12C-2、MA1130TA
1N969	21～22.5	20	RD245B
1N4240A	10	100	2CW108（稳压范围为9.2～10.5 V：选10 V）、2CW109（稳压范围为10.0～11.8 V）、2DW5
1N4724A	12	76	2DW6A、2CW110（稳压范围为11.5～12.5 V：选12 V）
1N4728	3.3	270	2CW101（稳压范围为2.5～3.6V：选3.3 V）
1N4729	3.6	252	2CW101（稳压范围为2.5～3.6 V：选3.6 V）
1N4729A	3.6	252	2CW101（稳压范围为2.5～3.6 V：选3.6 V）
1N4730A	3.9	234	2CW102（稳压范围为3.2～4.7 V：选3.9 V）
1N4731	4.3	217	2CW102（稳压范围为3.2～4.7 V：选4.3 V）
1N4731A	4.3	217	2CW102（稳压范围为3.2～4.7 V：选4.3 V）
1N4732/A	4.7	193	2CW102（稳压范围为3.2～4.7 V：选4.7 V）
1N4733/A	5.1	179	2CW103（稳压范围为4.0～5.8 V：选5.1 V）
1N4734/A	5.6	162	2CW103（稳压范围为4.0～5.8 V：选5.6 V）
1N4735/A	6.2	146	1W6V2、2CW104（稳压范围为5.5～6.5 V：选6.2 V）
1N4736/A	6.8	138	1W6V8、2CW104（稳压范围为5.5～6.5 V：选6.5 V）
1N4737/A	7.5	121	1W7V5、2CW105（稳压范围为6.2～7.5 V：选7.5 V）
1N4738/A	8.2	110	1W8V2、2CW106（稳压范围为7.0～8.8 V：选8.2 V）
1N4739/A	9.1	100	1W9V1、2CW107（稳压范围为8.5～9.5 V：选9.1 V）
1N4740/A	10	91	2CW286-10 V、B563-10
1N4741/A	11	83	2CW109（稳压范围为10.0～11.8 V：选11 V）、2DW6
1N4742/A	12	76	2CW110（稳压范围为11.5～12.5 V：选12 V）、2DW6A
1N4743/A	13	69	2CW111（稳压范围为12.2～14 V：选13 V）、2DW6B、BWC114D
1N4744/A	15	57	2CW112（稳压范围为13.5～17 V：选15 V）、2DW6D
1N4745/A	16	51	2CW112（稳压范围为13.5～17 V：选16 V）、2DW6E
1N4746/A	18	50	2CW113（稳压范围为16～19 V：选18 V）、1W18V
1N4747/A	20	45	2CW114（稳压范围为18～21 V：选20 V）、BWC115E
1N4748/A	22	41	2CW115（稳压范围为20～24 V：选22 V）、1W22V

（续）

型号	额定电压（V）	最大工作电流（mA）	可代换型号
1N4749/A	24	38	2CW116（稳压范围为23～26 V：选24 V）、1W24V
1N4750/A	27	34	2CW117（稳压范围为25～28 V：选27 V）、1W27V
1N4751/A	30	30	2CW118（稳压范围为27～30 V：选30 V）、1W30V、2DW19F
1N4752/A	33	27	2CW119（稳压范围为29～33 V：选33V）、1W33V
1N4753	36	13	2CW120（稳压范围为32～36 V：选36 V）、1/2W36V
1N4754	39	12	2CW121（稳压范围为35～40 V：选39 V）、1/2W39V
1N4755A	43	12	2CW122（43 V）、1/2W43V
1N4756	47	10	2CW122（47 V）、1/2W47V
1N4757	51	9	2CW123（51 V）、1/2W51V
1N4758	56	8	2CW124（56 V）、1/2W56V
1N4759	62	8	2CW124（62 V）、1/2W62 V
1N4760	68	7	2CW125（68 V）、1/2W68V
1N4761	75	6.7	2CW126（75 V）、1/2W75V
1N4762	82	6	2CW126（82 V）、1/2W82V
1N4763	91	5.6	2CW127（91 V）、1/2W91V
1N4764	100	5	2CW128（100 V）、1/2W100V
1N5226/A	3.3	138	2CW51（稳压范围为2.5～3.6V：选3.3 V）、2CW5226
1N5227/A/B	3.6	126	2CW51（稳压范围为2.5～3.6V：选3.6 V）、2CW5227
1N5228/A/B	3.9	115	2CW52（稳压范围为3.2～4.5V：选3.9 V）、2CW5228
1N5229/A/B	4.3	106	2CW52（稳压范围为3.2～4.5V：选4.3 V）、2CW5229
1N5230/A/B	4.7	97	2CW53（稳压范围为4.0～5.8V：选4.7 V）、2CW5230
1N5231/A/B	5.1	89	2CW53（稳压范围为4.0～5.8V：选5.1 V）、2CW5231
1N5232/A/B	5.6	81	2CW103（稳压范围为4.0～5.8 V：选5.6 V）、2CW5232
1N5233/A/B	6	76	2CW104（稳压范围为5.5～6.5 V：选6 V）、2CW5233
1N5234/A/B	6.2	73	2CW104（稳压范围为5.5～6.5 V：选6.2 V）、2CW5234
1N5235/A/B	6.8	67	2CW105（稳压范围为6.2～7.5 V：选6.8 V）、2CW5235

9.2.4 检波二极管的选用与代换

选用与代换检波二极管时，应根据电路的具体要求选择工作频率高、反向电流小、正向电流足够大的检波二极管。

图9-32为收音机检波电路中检波二极管的选用与代换。

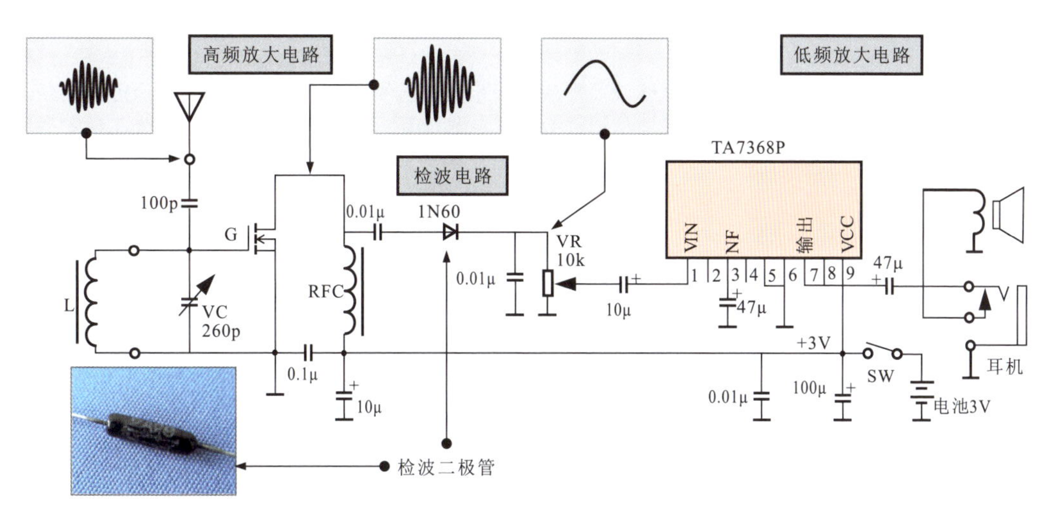

图9-32 收音机检波电路中检波二极管的选用与代换

图9-32中，高频放大电路输出的调幅波加到检波二极管1N60的正极，正半周调幅波通过，负半周调幅波被截止，再经滤波器滤除高频成分、低频放大电路放大后，输出调制在载波上的音频信号。若1N60损坏，应尽量选择同类型、同型号的检波二极管进行代换。

9.2.5 发光二极管的选用与代换

选用与代换发光二极管时，所选用发光二极管的额定电流应大于电路中的最大允许电流，并应根据要求选择发光颜色，同时根据安装位置选择形状和尺寸。

一般普通绿色、黄色、红色、橙色发光二极管的工作电压为2V左右；白色发光二极管的工作电压通常大于2.4V；蓝色发光二极管的工作电压通常大于3.3V。

图9-33为发光二极管的选用与代换。

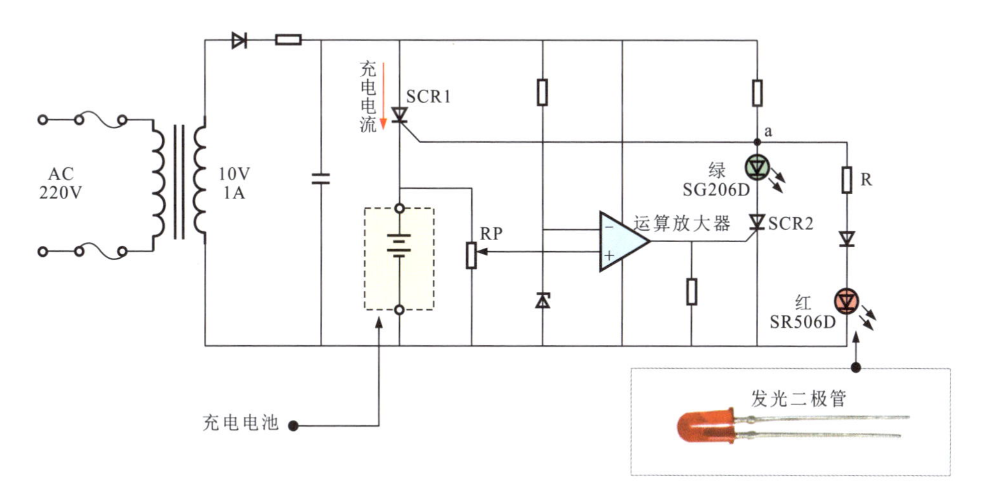

图9-33 发光二极管的选用与代换

图9-33中，交流220V电压经变压器后输出10V交流电压，经整流滤波后形成直流电压，分别加到晶闸管SCR1和显示控制电路，触发晶闸管给充电电池充电，a点电压上升，红色发光二极管有电流，发光表示开始充电。当充电到达额定值时，充电电池两端的电压上升，使电位器RP的滑片电压上升，运算放大器的正（+）端电压上升，输出高电平使晶闸管SCR2导通，绿色发光二极管发光，a点电压下降，停止充电，红色发光二极管熄灭。通常，发光二极管是可以通用的，在选用与代换时，应注意外形、尺寸及发光颜色要与设计要求相匹配。

9.2.6 变容二极管的选用与代换

选用与代换变容二极管时，应注意所选变容二极管的工作频率、最高反向工作电压、最大正向电流、零偏压结电容、电容变化范围等应符合应用电路的要求，尽量选用结电容变化大、高Q值、反向漏电流小的变容二极管进行代换。

图9-34为电子调谐式U频段电视机接收电路中变容二极管的选用与代换。

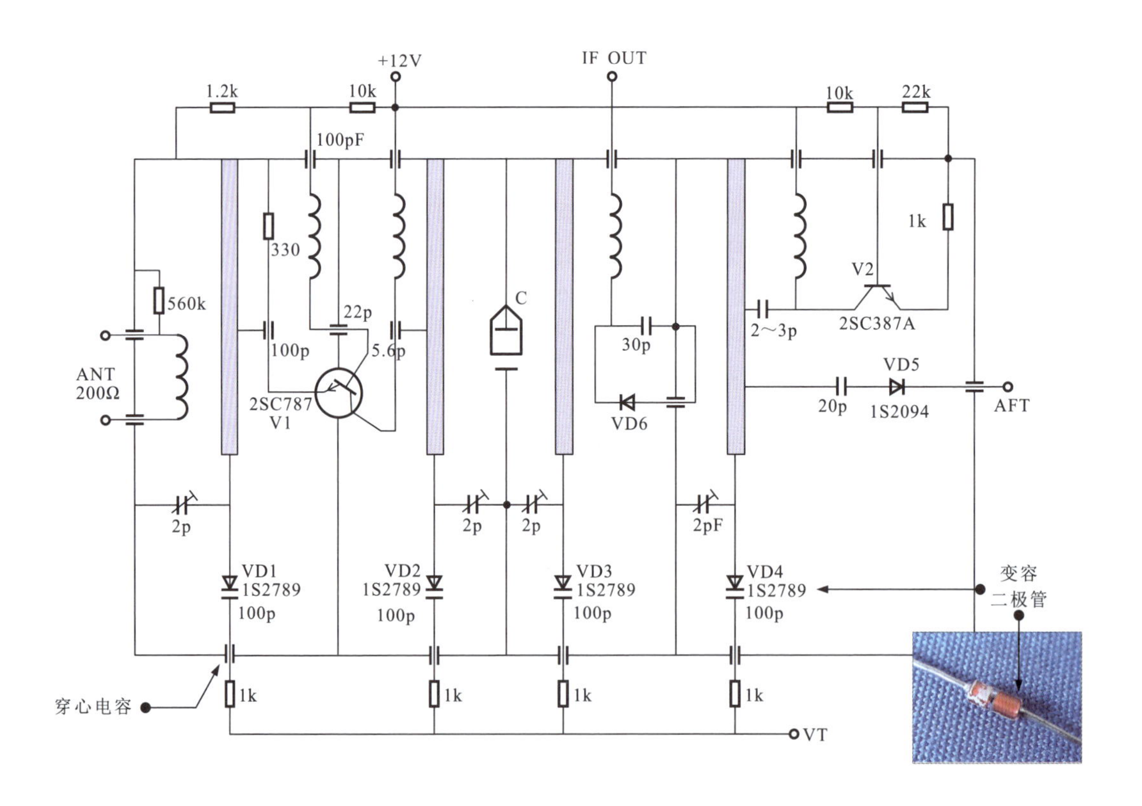

图9-34 电子调谐式U频段电视机接收电路中变容二极管的选用与代换

图9-34中，由天线接收的信号经扁平电缆加到输入线圈，经腔体谐振电路耦合到三极管V1的发射极，放大后由集电极输出，经双调谐电路耦合到VD6，与本振信号混频后，由IF端输出中频信号。VD1～VD4为谐振电路中的变容二极管，VT端为调谐电压输入端。VD5为本振电路中的变容二极管，AFT电压加到VD5对本振频率进行微调。在代换变容二极管时，应尽量选择同型号的变容二极管，并注意极性，以确保电路的性能。

9.2.7 开关二极管的选用与代换

图9-35为电视机调谐器及中频电路中开关二极管的选用与代换。

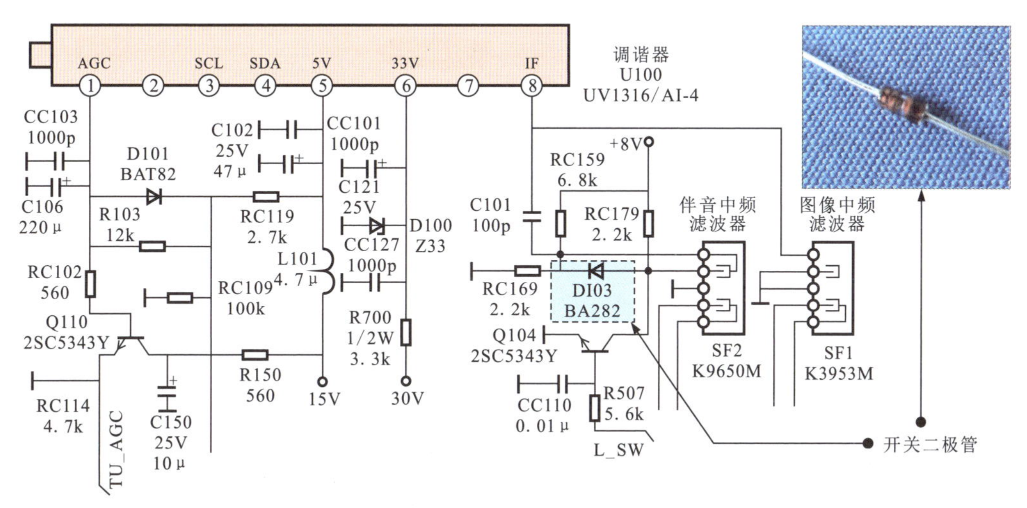

图9-35 电视机调谐器及中频电路中开关二极管的选用与代换

选用与代换开关二极管时，应注意所选开关二极管的正向电流、最高反向电压、反向恢复时间等应满足应用电路的要求。

例如，在收录机、电视机及其他电子设备的开关电路中（包括检波电路），常选用2CK、2AK系列小功率开关二极管；在彩色电视机高速开关电路中，可选用1N4148、1N4151、1N4152等开关二极管；在录像机、彩色电视机的电子调谐器等开关电路中，可选用MA165、MA166、MA167等高速开关二极管。

在图9-35中，D103为BA282型号的开关二极管。经查表，BA282为P型锗材料高频大功率管（F＞3MHz，P_c＞1W）。在声表面波滤波器前级，通常会选用一个开关二极管作为开关控制元器件，代换时应注意极性，以保证电路的性能。

代换时，应尽量选用同型号、同类型的开关二极管。若没有同型号的开关二极管，则应选用各项参数均匹配的开关二极管。若选用不当，则不仅会损坏新代换的开关二极管，还可能对应用电路或设备造成损伤。

9.3 二极管的检测

9.3.1 二极管引脚极性的判别

二极管的引脚有正、负极之分，检测前，准确区分引脚极性是检测二极管的关键环节。

如图9-36所示，一般来说，二极管的引脚极性可以根据标识信息识别。

划重点

1 壳体上印有二极管电路图形符号，竖线一侧为二极管的负极，另一端为二极管的正极。

2 在外壳上有色环标记的二极管，色环一端为负极，另一端为二极管的正极。

3 发光二极管引脚有长短区别，较长的一端为正极。

4 大功率二极管，有螺纹的一端为负极，另一端为正极。

5 整流二极管在黑色的外壳上通常有白色环标注的一端即为负极，另一端为正极。

大部分二极管会在外壳上标注极性，有些通过电路图形符号表示，有些通过色环或引脚长短特征标注。

识别安装在电路板上的二极管引脚极性时，可根据二极管附近或背面焊点周围的标注信息识别引脚的极性。

此外，也可根据二极管所在的电路，找到对应的电路图纸，根据图纸中的电路图形符号识别引脚极性。

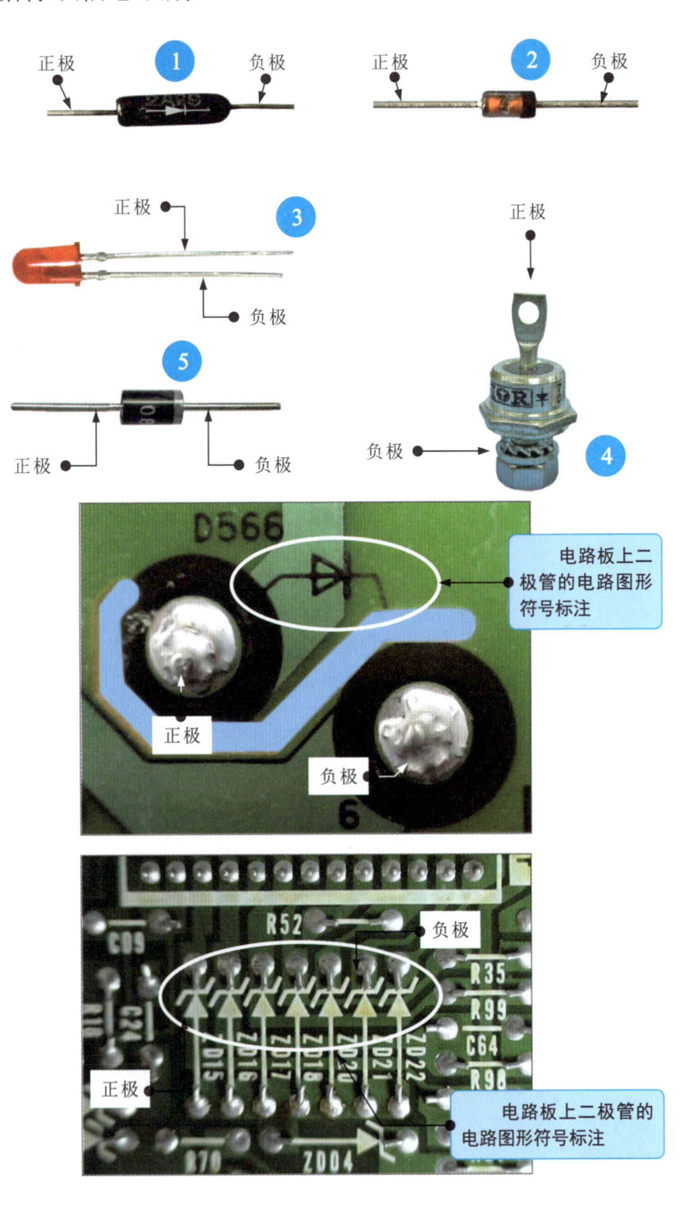

图9-36 二极管引脚极性的识别方法

对于一些没有明显标识信息的二极管，可以使用万用表欧姆挡进行简单的检测判别，如图9-37所示。

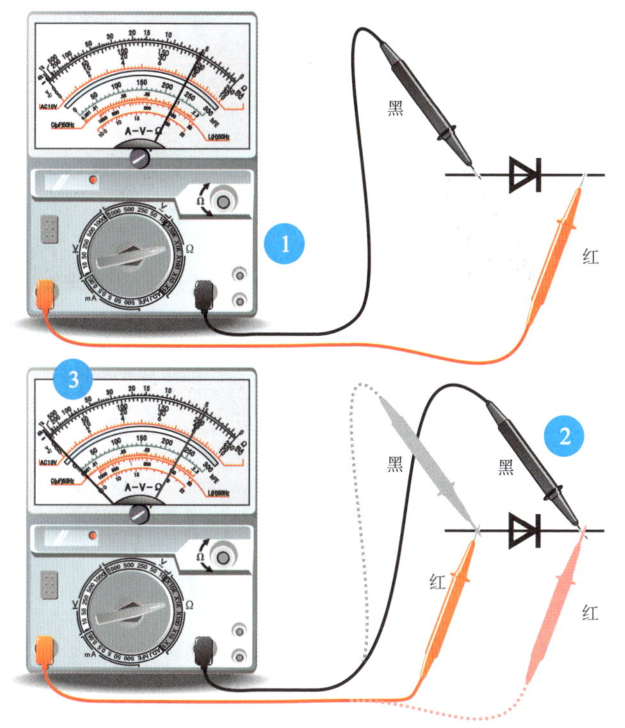

图9-37 借助万用表欧姆挡判别二极管的引脚极性

划重点

1 将万用表的量程调至×1k欧姆挡。

2 黑表笔搭在二极管的一侧引脚上，红表笔搭在另一侧引脚上，记录测量结果。

3 调换表笔再次测量。在测得阻值较小的操作中，黑表笔所接引脚为二极管的正极，红表笔所接引脚为二极管的负极。

如果使用数字万用表进行检测判别，则正好相反，在测得阻值较小的操作中，红表笔所接为二极管的正极，黑表笔所接为二极管的负极。

9.3.2 二极管制作材料的判别

二极管的制作材料有锗半导体材料和硅半导体材料之分，在对二极管进行选配、代换时，准确区分二极管的制作材料是十分关键的步骤。

图9-38为二极管制作材料的判别方法。

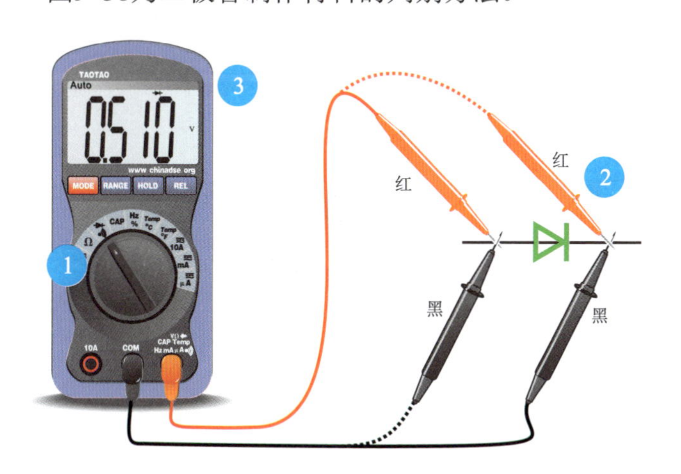

图9-38 二极管制作材料的判别方法

1 调整量程旋钮，将数字万用表的挡位设置在"二极管"挡。

2 红、黑表笔任意搭在二极管的两引脚上。

3 观察测量结果。若实测二极管的正向导通电压为0.2～0.3V，则说明该二极管为锗二极管；若实测数据在0.6～0.7V范围内，则说明所测二极管为硅二极管。

划重点

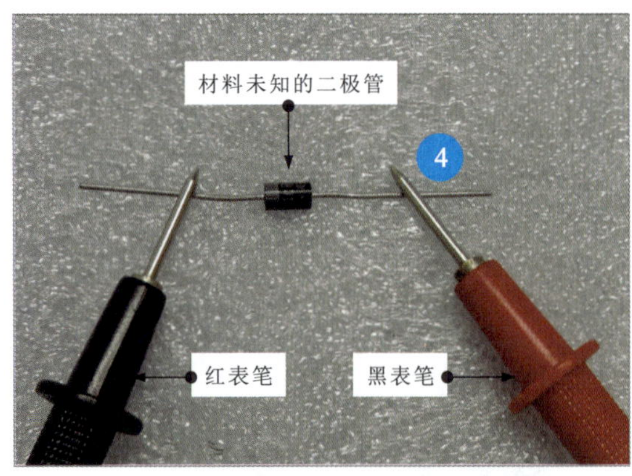

4 将万用表的黑表笔搭在二极管的负极上，红表笔搭在正极上。

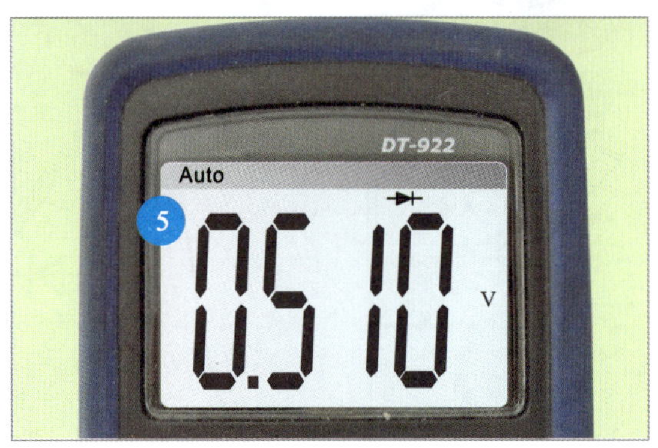

5 由显示屏显示的测量结果可知，二极管的正向导通电压为0.51V。

根据当前实测结果，可判别当前待测二极管为硅二极管。

图9-38　二极管制作材料的判别方法(续)

9.3.3 整流二极管的检测

整流二极管主要利用二极管的单向导电特性实现整流功能。判断整流二极管的好坏可利用这一特性进行检测，即使用万用表检测整流二极管的正、反向阻值，如图9-39所示。

1 确认待测整流二极管的引脚极性。

2 将万用表的量程旋钮调至×1k欧姆挡，并进行欧姆调零操作。

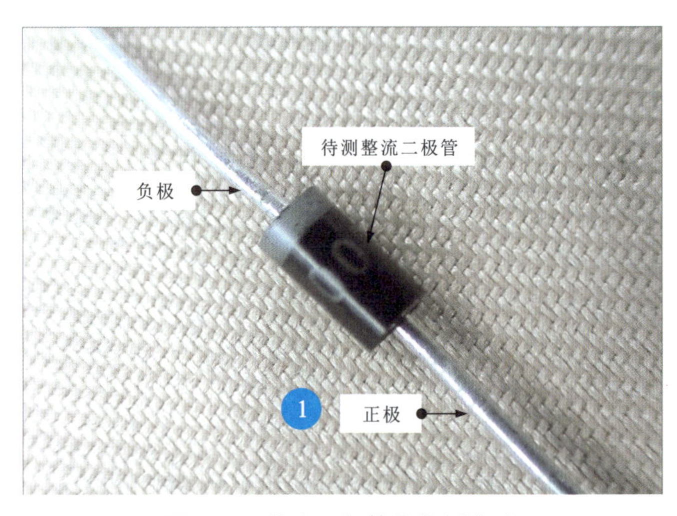

图9-39　整流二极管的检测方法

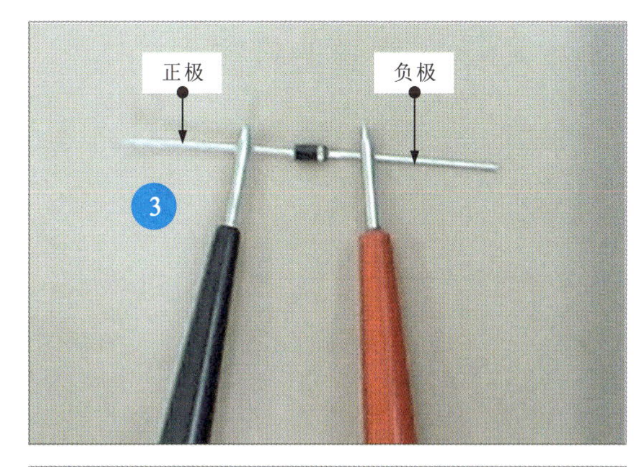

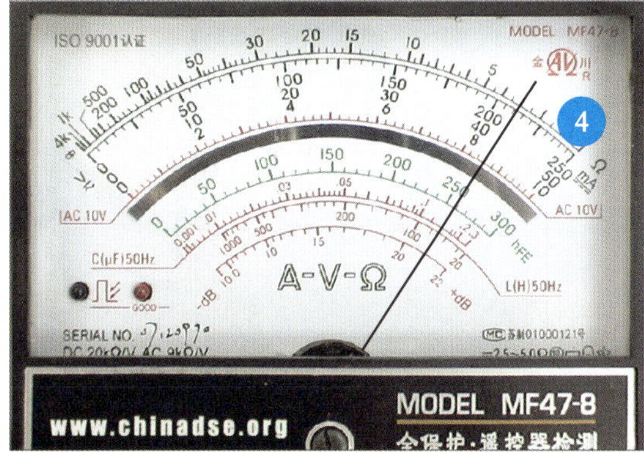

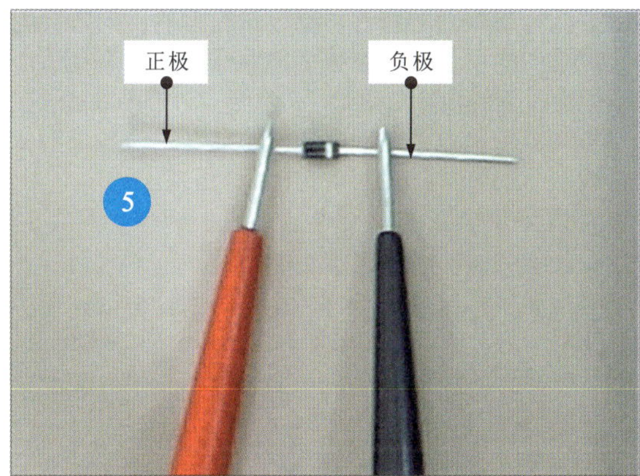

图9-39 整流二极管的检测方法（续）

划重点

3 将指针万用表的黑表笔搭在整流二极管的正极，红表笔搭在整流二极管的负极，检测整流二极管的正向阻值。

4 观察万用表指针指示的位置，读出实测数值为3×1kΩ=3kΩ。

5 调换表笔，将万用表的红表笔搭在整流二极管的正极，黑表笔搭在整流二极管的负极，检测其反向阻值。

6 观察万用表指针指示的位置，读出实测数值为无穷大。

在正常情况下，整流二极管的正向阻值为几千欧姆，反向阻值趋于无穷大。

整流二极管的正、反向阻值相差越大越好，若测得正、反向阻值相近，则说明整流二极管已经失效。

若在使用指针万用表检测整流二极管时，表针一直不断摆动，不能停止在某一阻值上，则多为整流二极管的热稳定性不好。

注意：如果检测时使用数字万用表，则当红表笔搭在正极、黑表笔搭在负极时，所测的结果为正向阻值，应有一定阻值；调换表笔，所测的结果为反向阻值，应为无穷大。

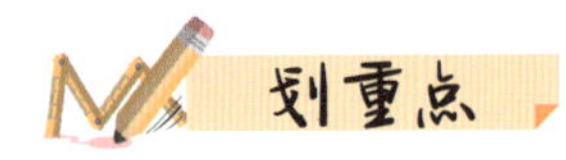

9.3.4 稳压二极管的检测

检测稳压二极管主要就是检测稳压性能和稳压值。图9-40为稳压二极管稳压值的检测方法。

1 检测稳压二极管的稳压值必须在外加偏压（提供反向电流）的条件下，即搭建检测电路，将稳压二极管（RD3.6E）与可调直流电源（3～10V）、限流电阻（220Ω）搭成测试电路。

2 将万用表的量程旋钮调至直流电压挡，黑表笔搭在稳压二极管的正极，红表笔搭在稳压二极管的负极，观察万用表显示的电压值。

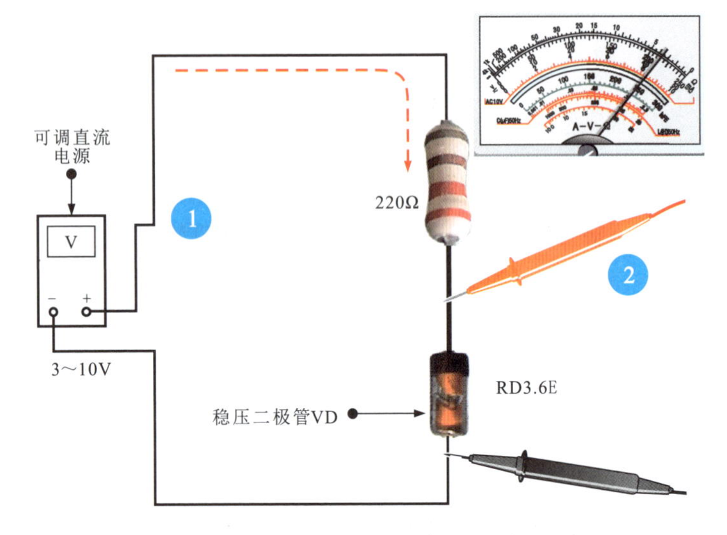

图9-40　稳压二极管稳压值的检测方法

根据稳压二极管的特性，稳压二极管的反向击穿电流被限制在一定范围内时不会损坏。根据电路需要，厂商制造出了不同电流和不同稳压值的稳压二极管，如图9-40中的RD3.6E。

当可调直流电源的输出电压较小时（<稳压值3.6V），稳压二极管截止，测得的数值应等于电源电压值。

当可调直流电源的输出电压超过3.6V时，测得的数值应为3.6V。

继续增加可调直流电源的输出电压，直到10V，稳压二极管两端的电压值仍为3.6V，则此值即为稳压二极管的稳压值。

RD3.6E稳压二极管的稳压值为3.47～3.83V。也就是说，测得的数值在该范围内即为合格产品。

9.3.5 发光二极管的检测

发光二极管的型号不同，则规格也不同。例如，红色普通发光二极管的规格为2V/20mA，高亮度白色发光二极管的规格为3.5V/20mA，高亮度绿色发光二极管的规格为3.6V/30mA。

检测发光二极管应根据参数特点搭建检测电路，如图9-41所示。

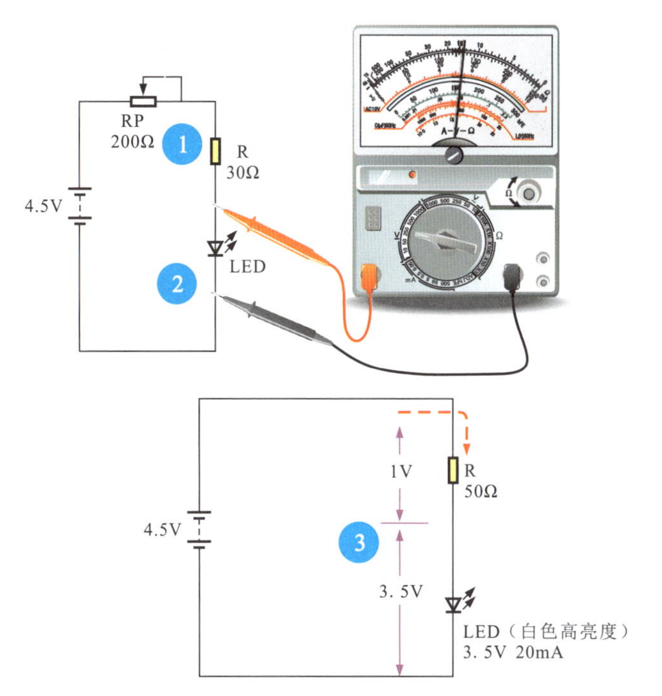

图9-41 根据参数特点搭建的发光二极管检测电路

划重点

1 将发光二极管（LED）串接到电路中，电位器RP用来调节限流电阻的阻值。

2 在调节过程中，观测LED的发光状态和管压降。

3 当达到LED的额定工作状态时，理论上应满足电路中的电压分配关系。

检测发光二极管的性能还可以借助万用表的电阻挡进行粗略测量，如图9-42所示。

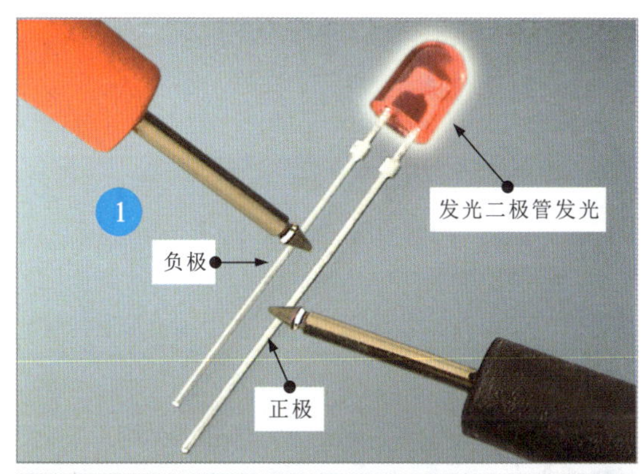

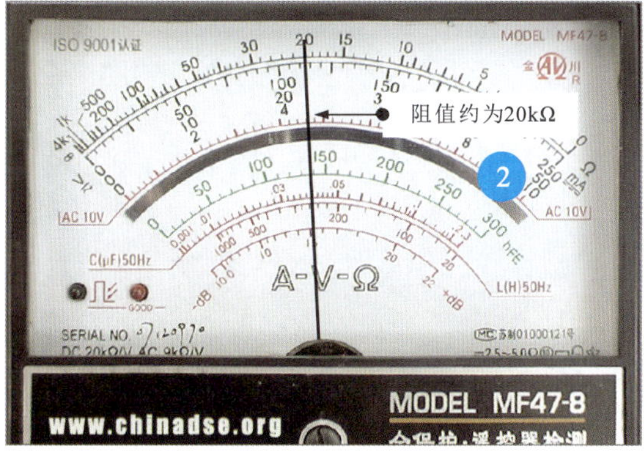

图9-42 借助万用表的电阻挡粗略测量发光二极管的性能

1 将万用表的量程旋钮调至×1kΩ，并进行零欧姆调整，黑表笔搭在正极引脚上，红表笔搭在负极引脚上。

2 由于万用表的内压作用，发光二极管发光，且测得正向阻值约为20kΩ。

划重点

3 将万用表的红、黑表笔对调，检测发光二极管的反向阻值。

4 此时，二极管不发光，测得反向阻值为无穷大。

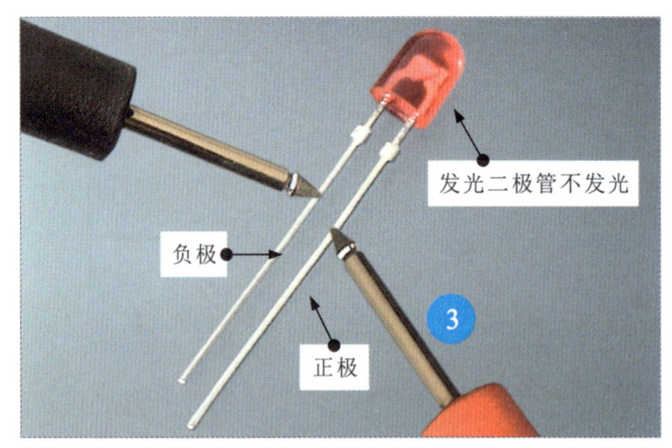

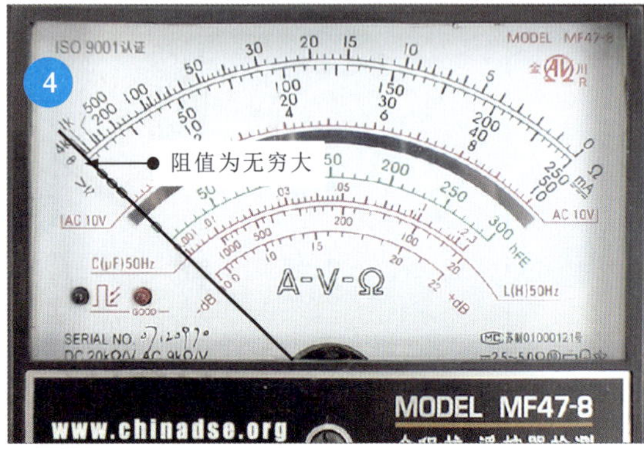

图9-42　借助万用表的电阻挡粗略测量发光二极管的性能（续）

在检测发光二极管的正向阻值时，选择不同的欧姆挡量程，发光二极管的发光亮度不同。通常，所选量程的输出电流越大，发光二极管越亮，如图9-43所示。

1 将万用表的量程设置在×10kΩ，此时万用表输出电压相对较大，因此发光二极管相对较亮。

2 将万用表的量程设置在×100Ω，此时万用表输出电压相对较小，因此发光二极管相对较暗。

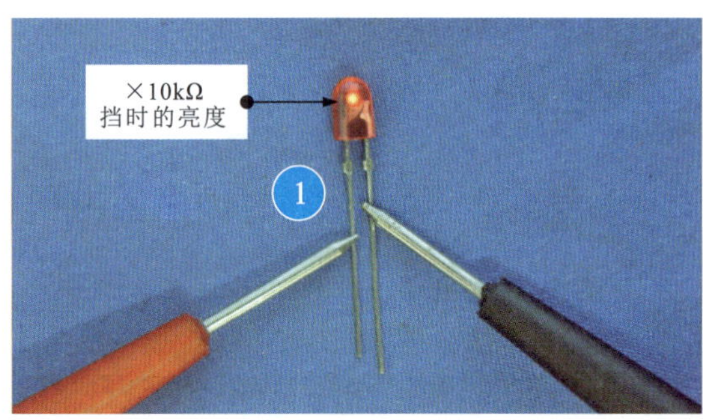

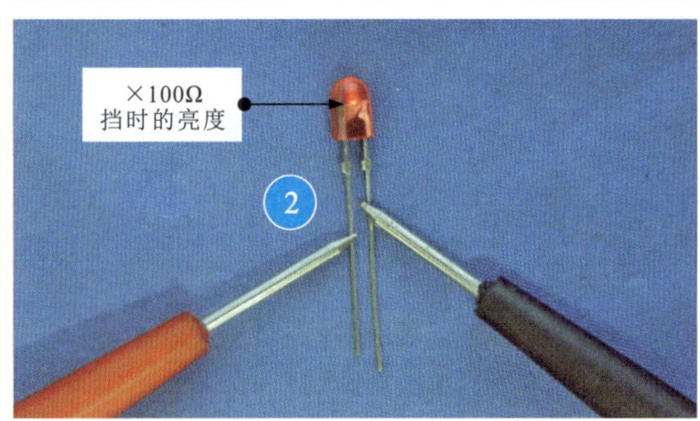

图9-43　使用万用表的不同挡位测量发光二极管时的发光亮度

9.3.6 光敏二极管的检测

光敏二极管通常作为光电传感器检测环境光信息。检测时，一般需要搭建测试电路测量环境光与电流的关系，如图9-44所示。

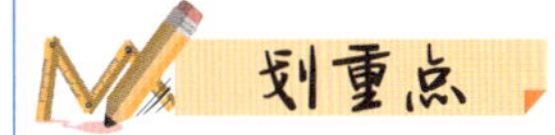

将光敏二极管反向偏置，光电流与环境光成比例。

可在负载电阻上进行测量，即测量R上的电压值U，通过$I=U/R$进行计算。改变环境光，光电流就会变化，U也会变化。

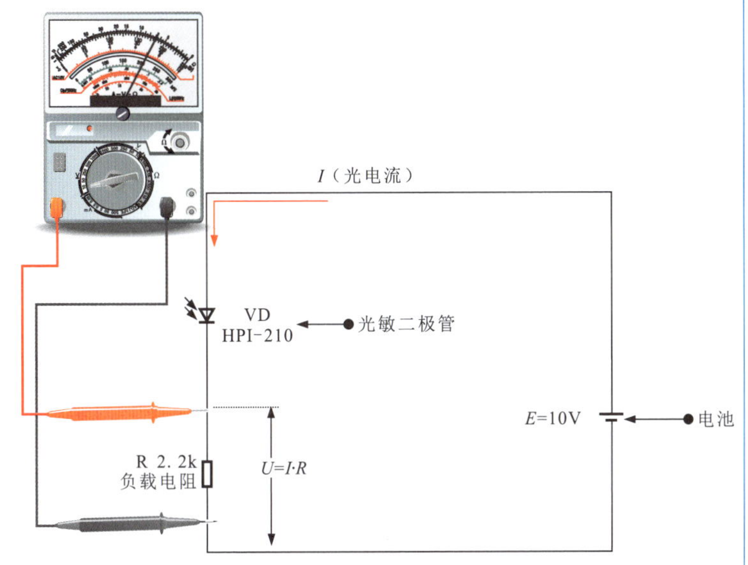

图9-44 测量环境光与电流的关系时搭建的测试电路

由于光敏二极管的光电流很小，作用于负载的能力较差，因而可与三极管组合，将光电流放大后再驱动负载。图9-45是由光敏二极管与三极管组成的测试电路。

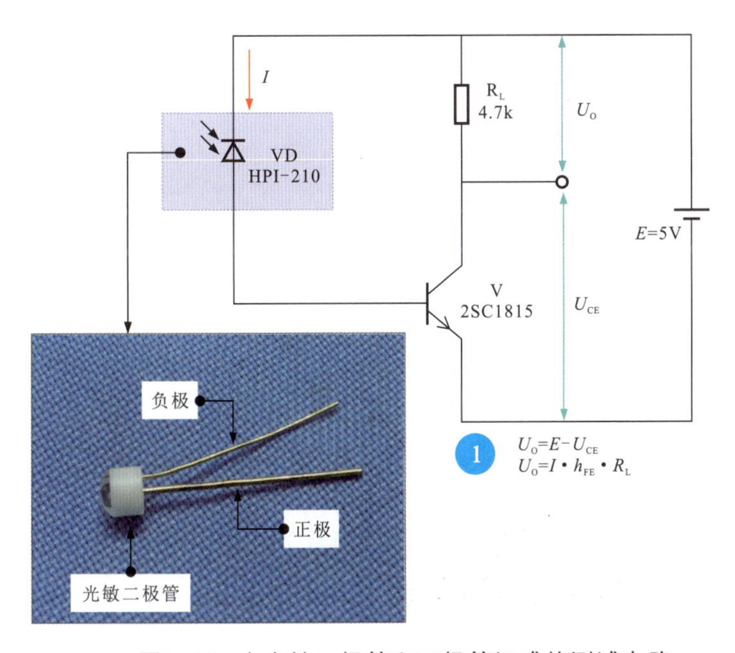

图9-45 由光敏二极管和三极管组成的测试电路

1 在采用三极管集电极输出的测试电路中，光敏二极管接在三极管的基极电路中，其光电流为三极管的基极电流；集电极电流等于放大h_{FE}倍的基极电流，通过检测集电极电阻的压降可计算出集电极电流；将光敏二极管与三极管的组合电路作为一个光敏传感器的单元电路来使用；三极管有足够的信号强度驱动负载。

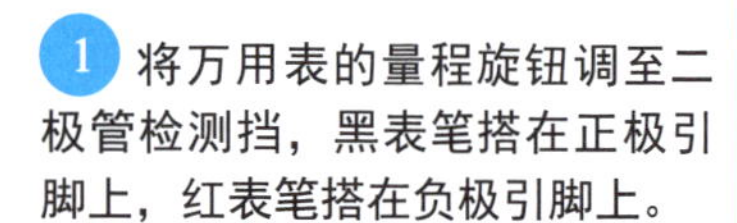

② 为采用三极管发射极输出的测试电路。

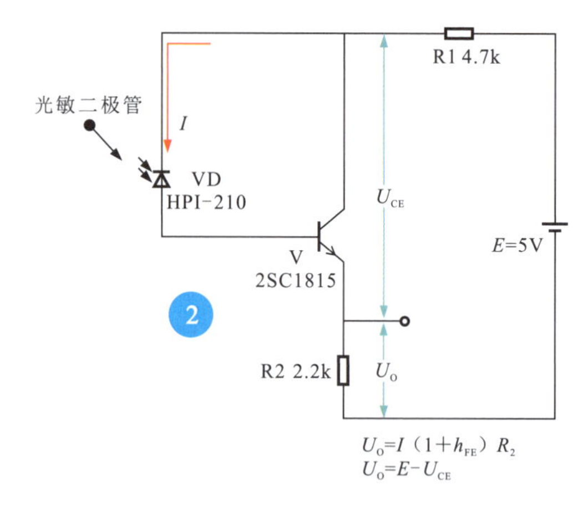

图9-45 由光敏二极管和三极管组成的测试电路（续）

9.3.7 检波二极管的检测

检波二极管的检测方法比较简单，一般可直接用万用表检测检波二极管的正、反向阻值，如图9-46所示。

① 将万用表的量程旋钮调至二极管检测挡，黑表笔搭在正极引脚上，红表笔搭在负极引脚上。

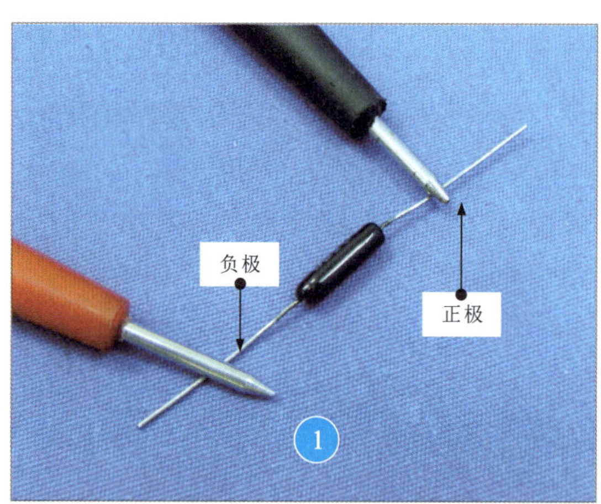

② 在正常情况下，应可测得一定的阻值，并且万用表发出蜂鸣声；调换红、黑表笔的位置，测得的阻值应为无穷大，万用表无声音发出。

图9-46 检波二极管的检测方法

9.3.8 双向触发二极管的检测

检测双向触发二极管主要是检测转折电压，可搭建如图9-47所示的检测电路。

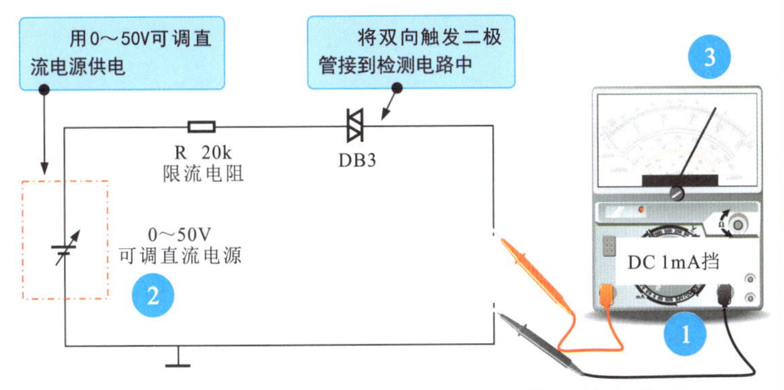

图9-47 搭建电路检测双向触发二极管的转折电压

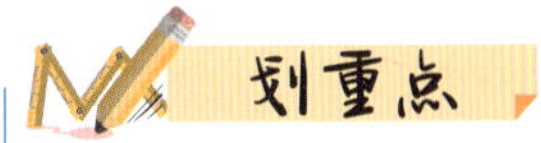

1 将万用表的量程旋钮调至直流1mA挡，并串接在电路中，检测串联电路的电流。

2 先将可调直流电源调到5V以下，然后慢慢升高。

3 当电压较低时，双向触发二极管呈高阻状态而截止，万用表指针指示0mA。

当电压为30V时，双向触发二极管被击穿，万用表的指针突然摆动，此时即为击穿电压（转折电压）。

双向触发二极管属于三层结构的两端交流元器件，等效于基极开路、发射极与集电极对称的NPN型三极管，正、反向的伏安特性完全对称，当两端电压小于正向转折电压$U_{(BO)}$时，呈高阻态；当两端电压大于转折电压时，被击穿（导通），进入负阻区；同样，当两端电压超过反向转折电压时，也进入负阻区。

不同型号双向触发二极管的转折电压是不同的，如DB3的转折电压约为30V，DB4、DB5的转折电压要高一些。

如图9-48所示，将双向触发二极管接入电路中，通过检测电路的电压值即可判断双向触发二极管有无开路的情况。

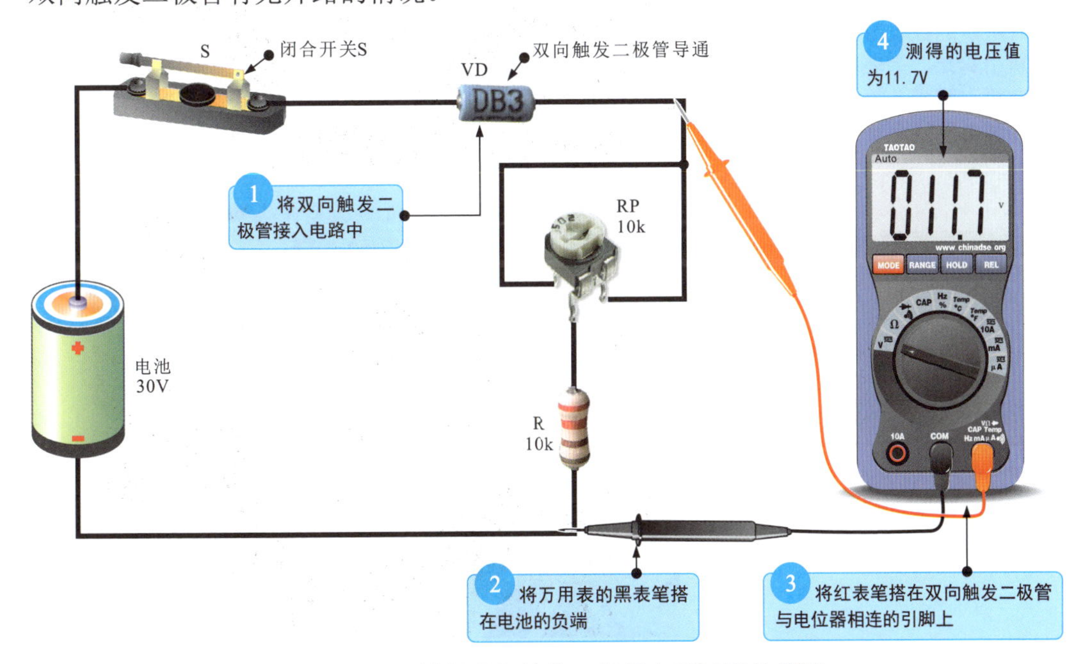

图9-48 判断双向触发二极管有无开路的情况

在正常情况下，当外加电压大于双向触发二极管的转折电压时，双向触发二极管导通（击穿），形成回路，用数字万用表可测得11.7V的直流电压；若无法测得电压，则说明双向触发二极管无法导通，存在断路故障。

在这一判断过程中需要注意，若外加电压小于双向触发二极管的转折电压，即使双向触发二极管正常，也无法导通，此时测得电压仍为0V。

检测双向触发二极管一般不采用直接检测正、反向阻值的方法，因为在没有足够（大于转折电压）的供电电压时，双向触发二极管本身呈高阻状态，用万用表检测阻值的结果也只能是无穷大，在这种情况下，无法判断双向触发二极管是正常还是开路，因此这种检测没有实质性的意义。

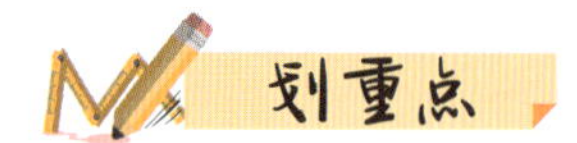

使用数字万用表的二极管挡在路检测二极管基本不受外围元器件的影响，在正常情况下，正向导通电压为一个固定值，反向截止电压为无穷大，否则说明二极管损坏，如图9-49所示。

1 将万用表的红表笔搭在二极管的正极引脚端，黑表笔搭在二极管的负极引脚端，检测二极管的正向导通电压，测得正向导通电压为0.525V。

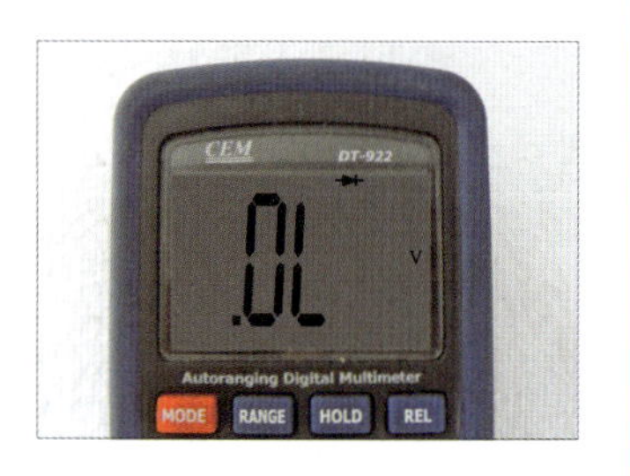

2 调换表笔位置，测量反向截止电压，反向截止电压为无穷大。

图9-49 借助数字万用表检测二极管导通电压

三极管

10.1 三极管的功能与分类

10.1.1 三极管的功能

1 三极管的电流放大功能

三极管是一种电流放大器件，可制成交流或直流信号放大器，由基极输入一个很小的电流可控制集电极输出很大的电流，如图10-1所示。

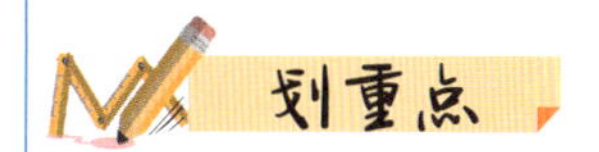

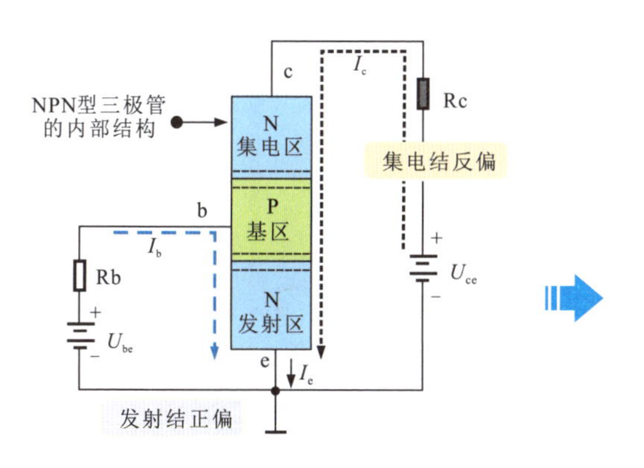

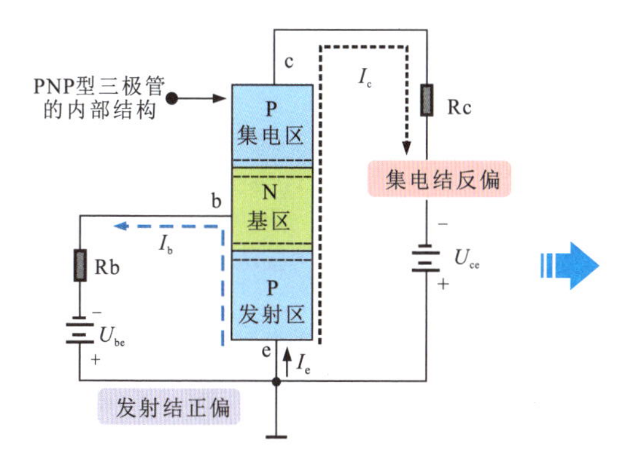

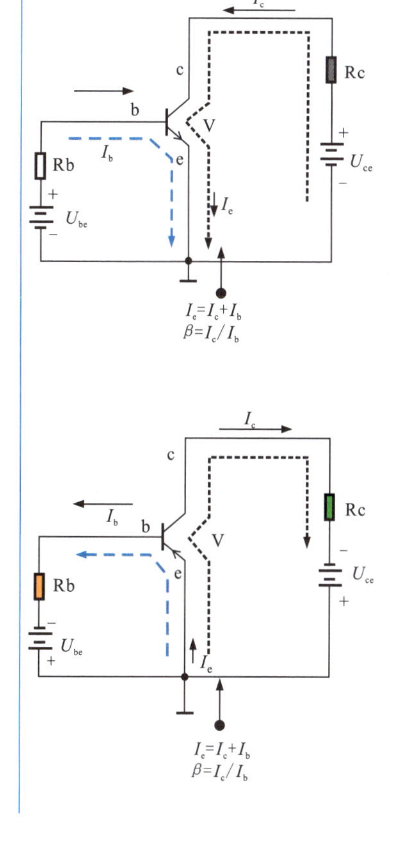

图10-1 三极管的电流放大功能

三极管的基极（b）电流最小，远小于另外两个电极的电流；发射极（e）电流最大（等于集电极电流和基极电流之和）；集电极（c）电流与基极（b）电流之比为三极管的放大倍数。

图10-2为三极管的放大原理示意图。

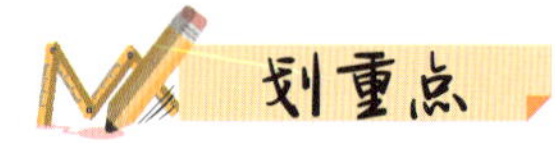

1 三极管的放大作用可以理解为一个水闸。水闸上方储存有水，存在水压，相当于集电极上的电压。

2 水闸侧面有水流流过，冲击水闸时，水闸便会开启。

3 水闸侧面很小的水流（相当于电流I_b）与水闸上方的大水流（相当于电流I_c）汇集到一起流下（相当于电流I_e）。

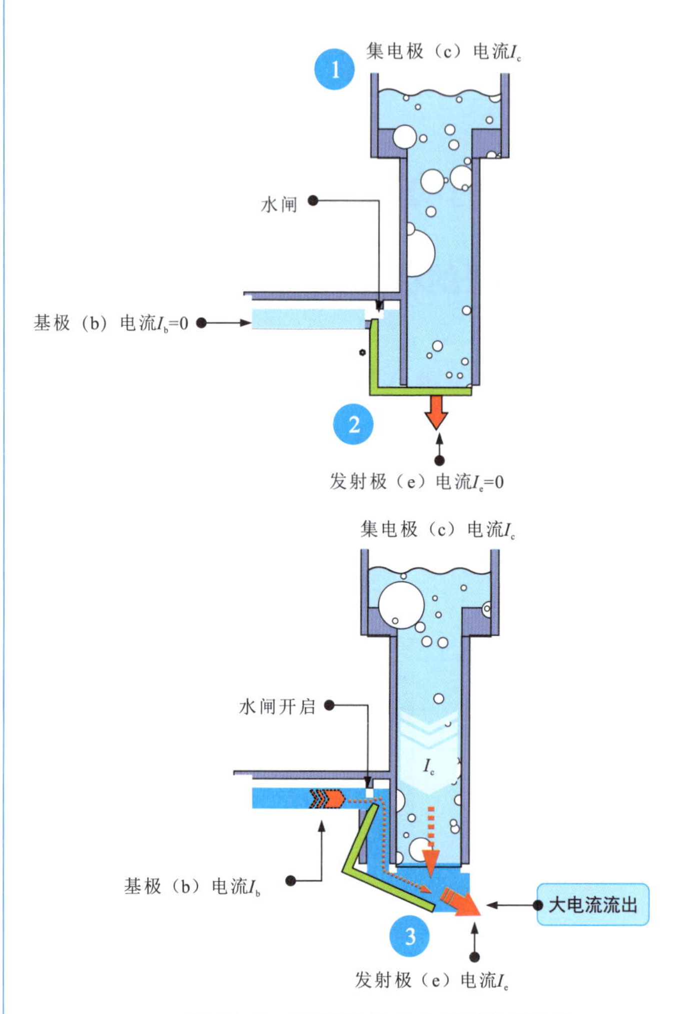

图10-2　三极管的放大原理示意图

基极与发射极之间的PN结为发射结，基极与集电极之间的PN结为集电结。当PN结两边外加正向电压时，P区接正极，N区接负极，这种接法称正向偏置，简称正偏。当PN结两边外加反向电压时，P区接负极，N区接正极，这种接法称反向偏置，简称反偏。

三极管具有放大功能的基本条件是保证基极和发射极之间加正向电压（发射结正偏），基极与集电极之间加反向电压（集电结反偏）。基极相对于发射极为正极性电压，基极相对于集电极为负极性电压。

三极管的特性曲线如图10-3所示。

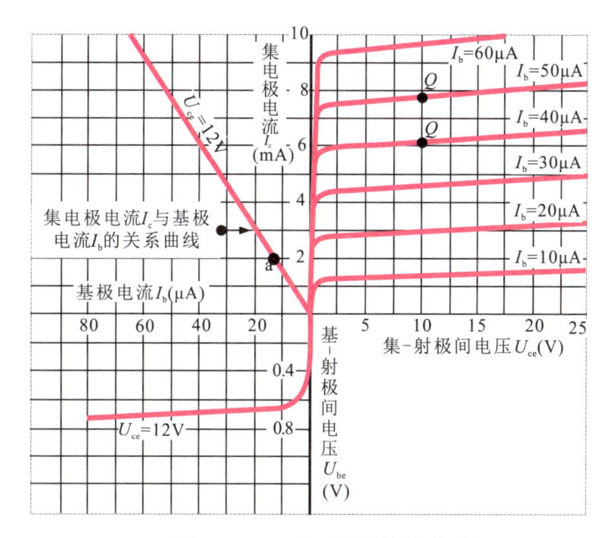

图10-3 三极管的特性曲线

图10-4为三极管的输出特性曲线。

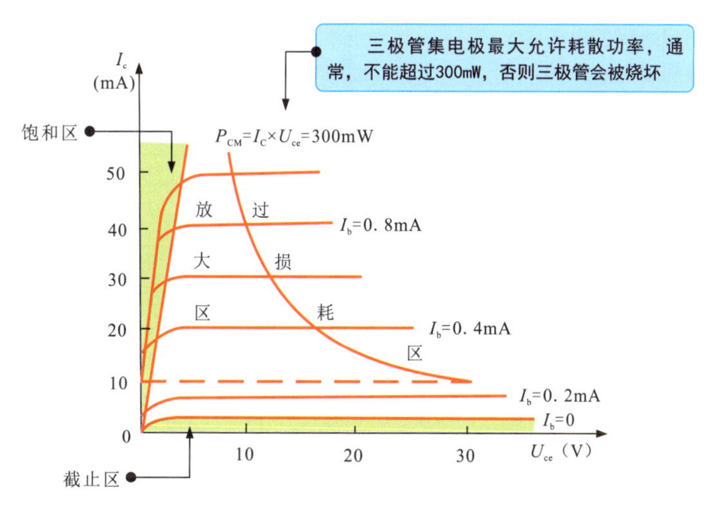

图10-4 三极管的输出特性曲线

三极管的输出特性曲线分为3个工作区：截止区、放大区和饱和区。

◇ 截止区：I_b=0曲线以下的区域被称为截止区。当I_b=0时，$I_C=I_{CEO}$，该电流被称为穿透电流，数值极小，通常忽略不计，故认为此时I_C=0，三极管无电流输出，说明三极管已截止。对于NPN型硅管，当U_{be}<0.5V，即在死区电压以下时，三极管就已经开始截止。为了可靠截止，常使U_{be}<0。这样，发射结和集电结都处于反偏状态。此时的U_{ce}近似等于集电极（c）电源电压U_c，意味着集电极（c）与发射极（e）之间开路。

◇ 放大区：在放大区内，三极管的发射结正偏，集电结反偏，$I_c=\beta I_b$，集电极（c）电流I_c与基极（b）电流I_b成正比。放大区又称线性区。

饱和区：特性曲线上升和弯曲部分的区域被称为饱和区，集电极与发射极之间的电压趋近于零。I_b对I_c的控制作用已达最大值，三极管的放大作用消失，这种工作状态被称为临界饱和；若$U_{ce}<U_{be}$，则发射结和集电极都处在正偏状态，这时的三极管处于过饱和状态。在过饱和状态下，因为U_{be}本身小于1V，而U_{ce}比U_{be}更小，于是可以认为U_{ce}近似于零，集电极（c）与发射极（e）短路。

根据三极管的特性曲线，若测得NPN型三极管上各电极的对地电压分别为U_e=2.1V，U_b=2.8V，U_c=4.4V，则根据数据推算，$U_b>U_e$，U_{be}处于正偏，$U_b<U_c$，U_{bc}处于反偏，NPN型三极管发射结正偏，集电结反偏，符合三极管的放大条件，处于放大状态。

若三极管三个电极的静态电流分别为0.06mA、3.66mA和3.6mA，则根据三极管三个引脚静态电流之间的关系$I_e>I_c>I_b$可知：

I_c为3.6mA，I_b为0.06mA。

因此，该三极管的放大系数$\beta=I_c/I_b$ =3.6/0.06=60。

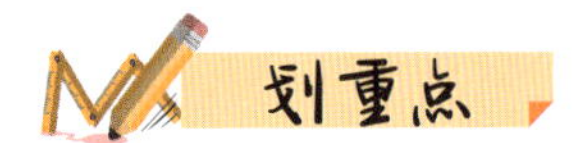

当集电极与发射极之间的电压为12V时，两者之间成线性放大关系，如基极电流为20μA，集电极电流为3mA，则当基极电流为40μA时，集电极电流增加到6mA，放大倍数为(6mA-3mA)/(40μA-20μA)=150。

在放大区，三极管集电极电流与基极电流的关系如图10-5所示。

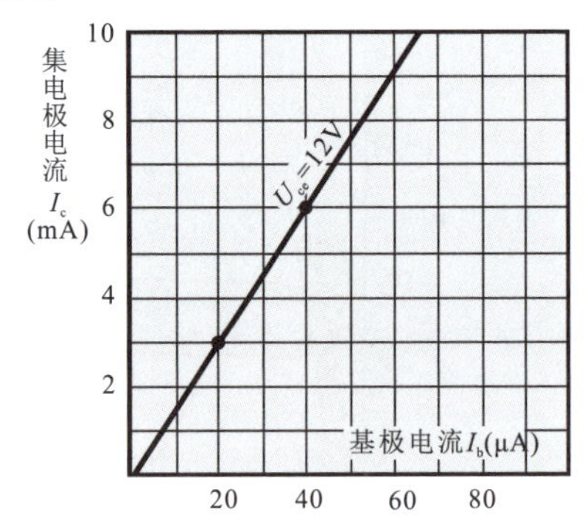

图10-5　放大区内三极管集电极电流与基极电流的关系

图10-6为三极管的三种工作状态。

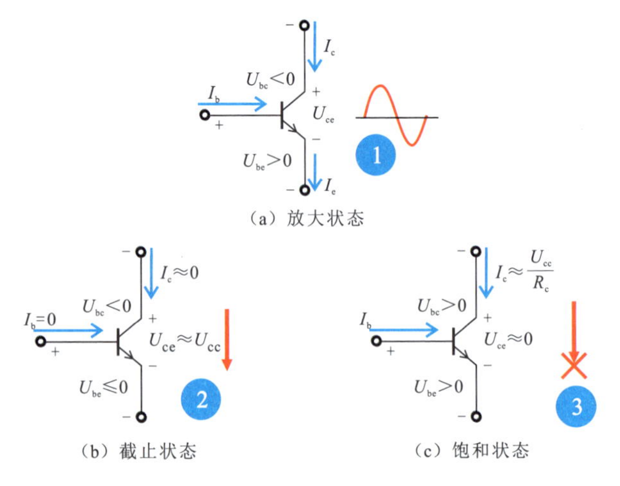

图10-6　三极管的三种工作状态

1 根据三极管特性曲线可知，三极管处于放大状态，I_b一定，$I_c=\beta I_b$。

2 三极管处于截止状态，I_c几乎为0，$U_{ce}\approx U_{cc}$。三极管发射极e与集电极c之间的电阻很大，三极管类似于一个断开的开关。

3 三极管处于饱和状态，U_{ce}约等于0，三极管发射极e与集电极c之间的电阻很小，三极管类似于一个闭合的开关。

2 三极管的开关功能

三极管的集电极电流在一定范围内随基极电流成线性变化，当基极电流高过此范围时，三极管的集电极电流达到饱和值（导通）；当基极电流低于此范围时，三极管进入截止状态（断路）。三极管的这种导通或截止特性在电路中还可起到开关作用，如图10-7所示。

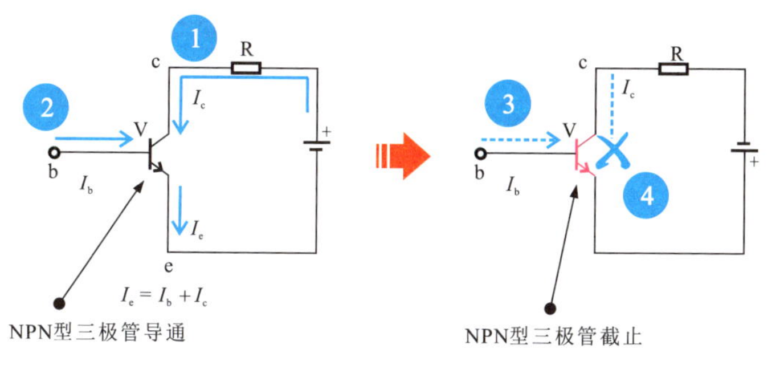

图10-7 三极管的开关功能

图10-8为三极管功能实验电路。该电路是为了理解三极管的功能而搭建的。

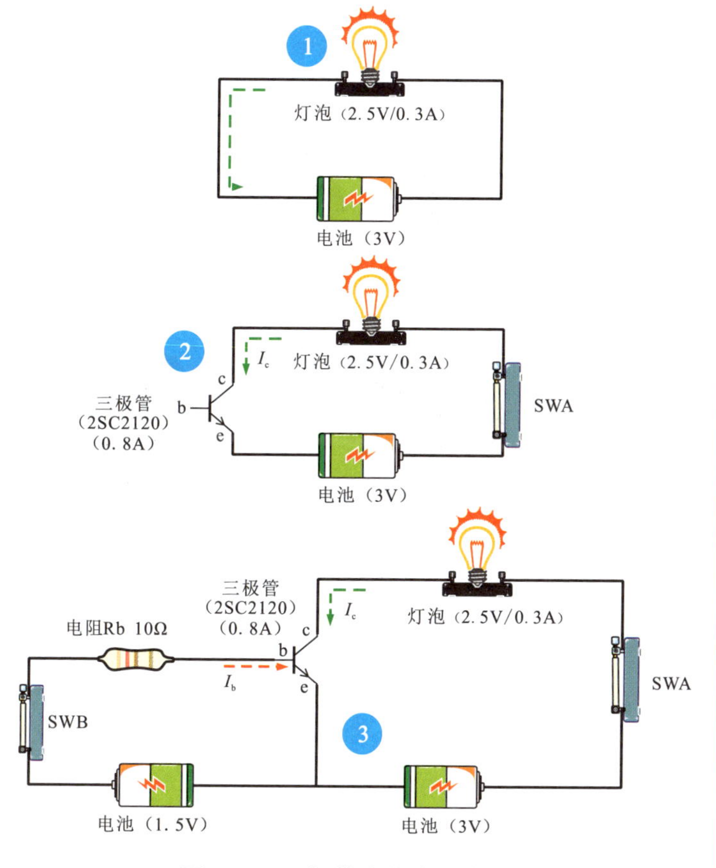

图10-8 三极管功能实验电路

划重点

1 NPN型三极管导通条件一：集电极与发射极之间加正向电压。

2 NPN型三极管导通条件二：基极与发射极之间加正向电压（使基极与发射极之间的PN结成正向偏置状态，如偏压＞0.7V所形成的基极电流足以使集电极电流饱和）。

3 NPN型三极管基极为低电平（基极电压接近或低于发射极电压），基极电流过小 。

4 NPN型三极管基极电压变为低电压或集电极电压接近或低于发射极电压，三极管即截止 。

1 用电池为灯泡供电，电流流过灯泡，灯泡发光。

2 在灯泡供电电路中串入三极管，当三极管无控制电压时，接通开关SWA，由于三极管处于截止状态，无电流，灯泡不亮。

3 在三极管的基极设置一个电池、一个开关SWB和一个电阻Rb，当接通开关SWB时，电池经电阻Rb将电压加到三极管的基极，基极有电流I_b，三极管就会产生集电极电流I_c，并流过灯泡，灯泡发光。如果断开SWB，三极管基极失电，三极管截止，灯泡熄灭。这样就可以通过基极控制灯泡的亮、灭。

划重点

4 在灯泡的供电电路中串入可变电阻器。该电阻器会消耗一定的电能，并有限流作用，电阻越大，电路中的电流越小，灯泡会变暗。

5 在三极管的基极电路中串入可变电阻器，调节可变电阻器可改变基极电流I_b，基极电流I_b变化会使三极管的集电极电流I_c发生变化，使灯泡亮度发生变化。

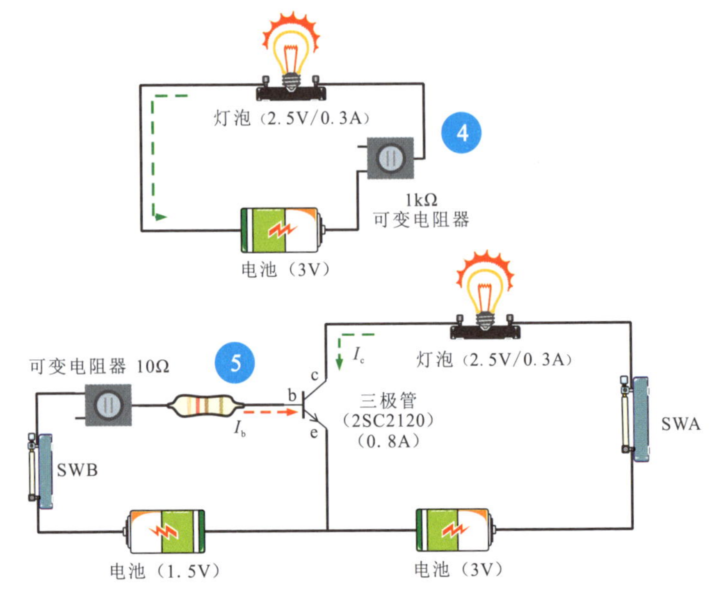

图10-8　三极管功能实验电路（续）

10.1.2 三极管的分类

三极管是具有放大功能的半导体元器件，在电子电路中有着广泛的应用。图10-9为常见三极管的实物外形。

图10-9　常见三极管的实物外形

三极管种类多样，按结构类型分，可分为NPN型三极管和PNP型三极管；按照功率分，可分为小功率三极管、中功率三极管和大功率三极管；按照工作频率分，可分为低频三极管和高频三极管；按照封装形式分，可分为塑料封装三极管和金属封装三极管；按照制作材料分，可分为锗三极管和硅三极管。

1 NPN型三极管和PNP型三极管

三极管实际上是在一块半导体基片上制作两个距离很近的PN结。这两个PN结把整块半导体分成三部分。

中间部分为基极（b），两侧部分分别为集电极（c）和发射极（e），排列方式有NPN和PNP两种，如图10-10所示。

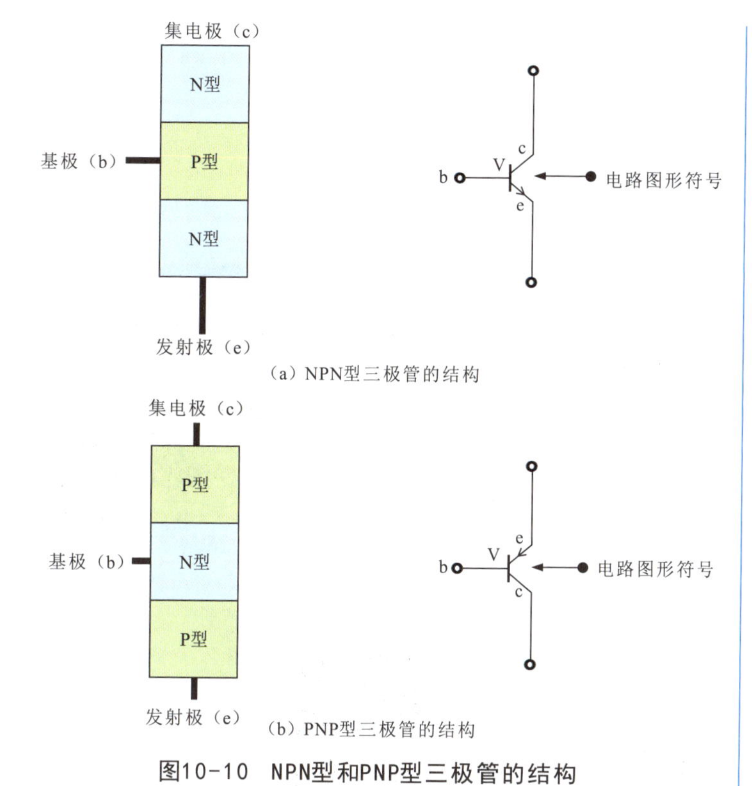

图10-10 NPN型和PNP型三极管的结构

划重点

NPN型三极管和PNP型三极管在结构上不同。

NPN型三极管是由两块N型半导体中间夹一块P型半导体构成的。工作时，b→e的电流控制c→e的电流，正常放大时，e极电压最低，c极电压最高。

PNP型三极管是由两块P型半导体中间夹一块N型半导体构成的。工作时，e→b的电流控制e→c的电流，正常放大时，c极电压最低，e极电压最高。

2 低频三极管和高频三极管

根据工作频率不同，三极管可分为低频三极管和高频三极管，如图10-11所示。

图10-11 低频三极管和高频三极管

1 通常，低频三极管的特征频率小于3MHz，多用于低频放大电路。

2 通常，高频三极管的特征频率大于3MHz，多用于高频放大电路、混频电路或高频振荡电路等。

划重点

1 小功率三极管的工作功率一般小于0.3W。

2 中功率三极管的工作功率一般在0.3～1W之间。

3 大功率三极管的工作功率一般在1W以上，通常需要安装在散热片上。

3 小功率、中功率和大功率三极管

根据功率不同，三极管可分为小功率三极管、中功率三极管和大功率三极管。

图10-12为三种不同功率三极管的实物外形。

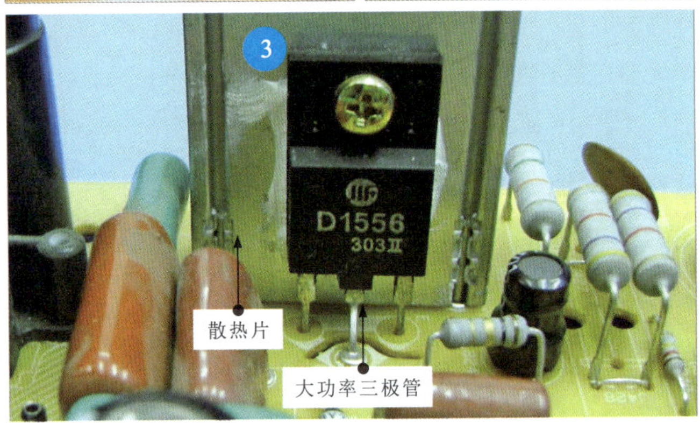

图10-12　三种不同功率三极管的实物外形

4 塑料封装三极管和金属封装三极管

根据封装形式的不同，三极管的外形结构和尺寸有很多种。根据封装材料的不同，三极管有塑料封装型和金属封装型。图10-13为塑料封装型的三极管。

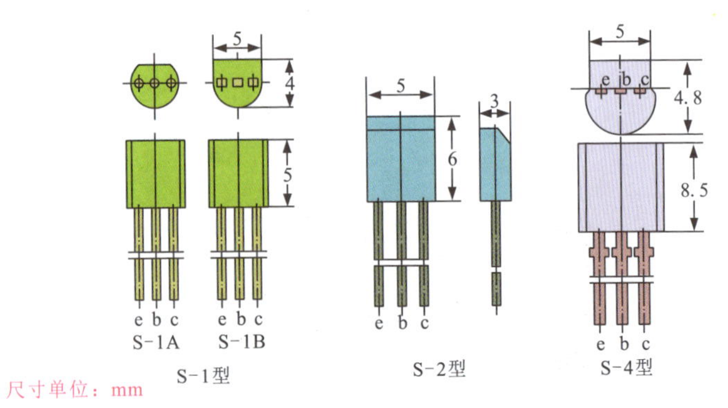

图10-13　塑料封装型的三极管

塑料封装型的三极管主要有S-1型、S-2型、S-4型、S-5型、S-6A型、S-6B型、S-7型、S-8型、F3-04型、F3-04B型等封装形式。

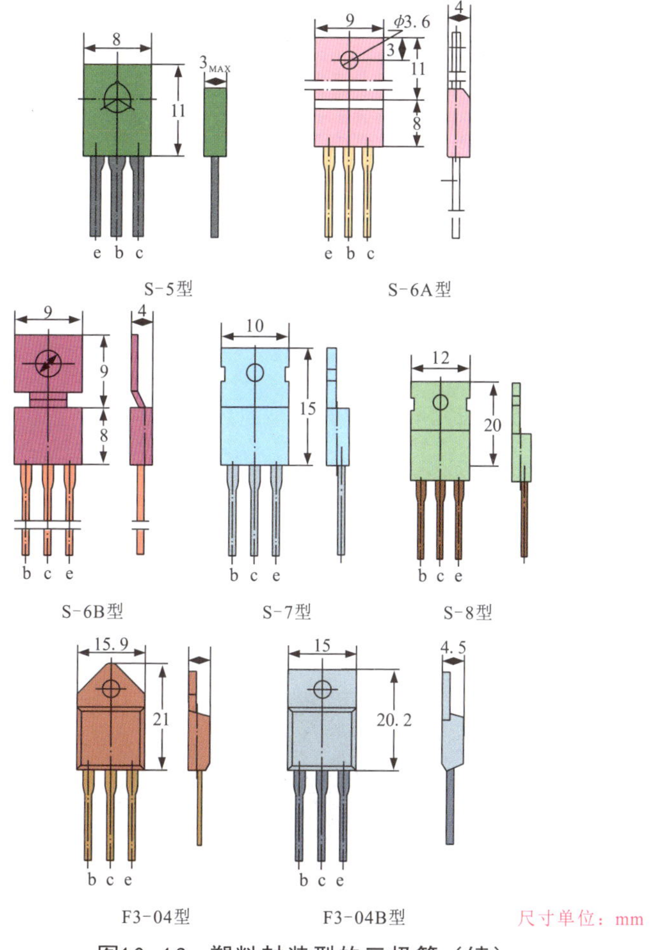

图10-13 塑料封装型的三极管（续）

图10-14为金属封装型的三极管。金属封装型的三极管主要有B型、C型、D型、E型、F型和G型等封装形式。

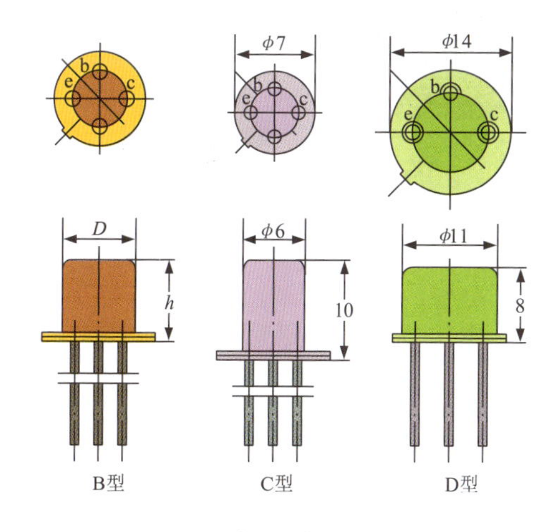

图10-14 金属封装型的三极管

划重点

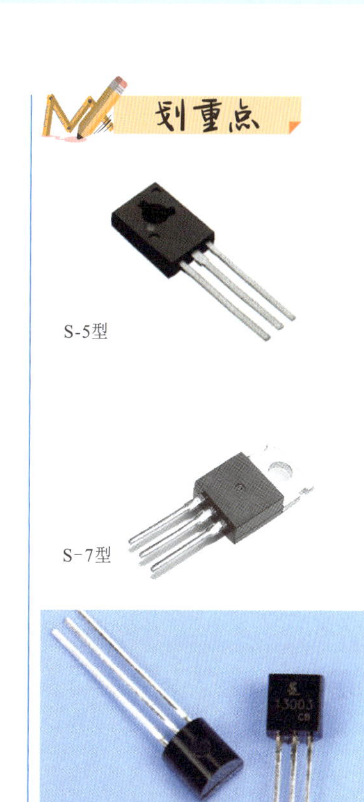

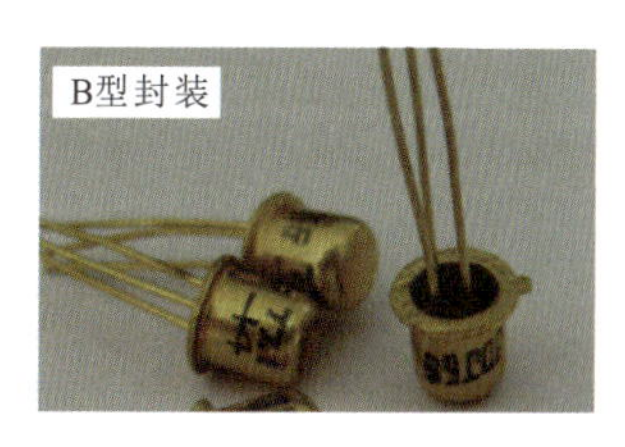

划重点

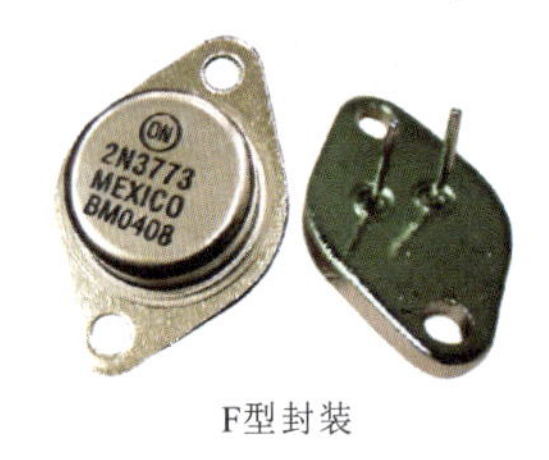

F型封装

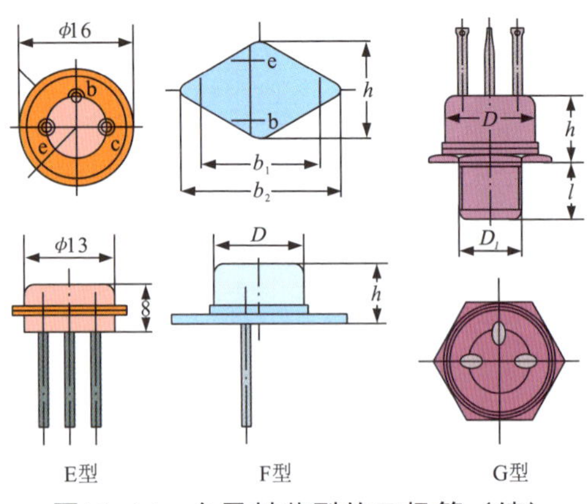

图10-14　金属封装型的三极管（续）

5　锗三极管和硅三极管

三极管是由两个PN结构成的，根据PN结材料的不同可分为锗三极管和硅三极管，如图10-15所示。从外形上看，这两种三极管并没有明显的区别。

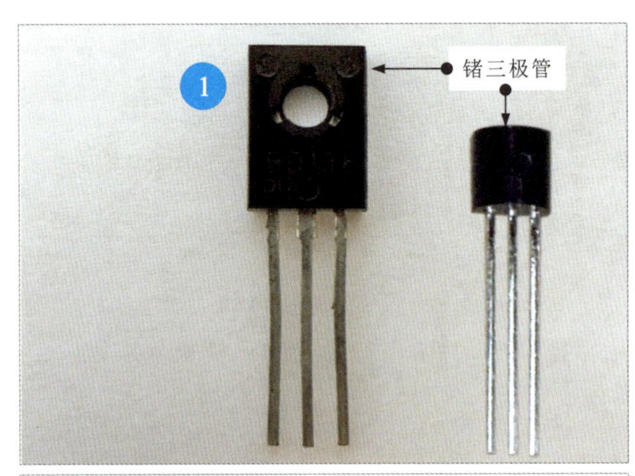

图10-15　锗三极管和硅三极管

1 锗材料PN结的正向导通电压为0.2～0.3V，锗三极管发射极与基极之间的起始工作电压低于硅三极管的起始工作电压。

2 硅材料PN结的正向导通电压为0.6～0.7V。

不论锗三极管还是硅三极管，其工作原理完全相同，都有PNP型和NPN型两种结构类型，都有高频和低频、大功率和小功率之分，但由于制造材料不同，因此电气性能有一定的差异。

6 其他类型的三极管

三极管除上述几种类型外，根据安装形式的不同还有分立式三极管和贴片式三极管，此外还有一些特殊三极管，如达林顿管是一种复合三极管、光敏三极管是受光控制的三极管等，如图10-16所示。

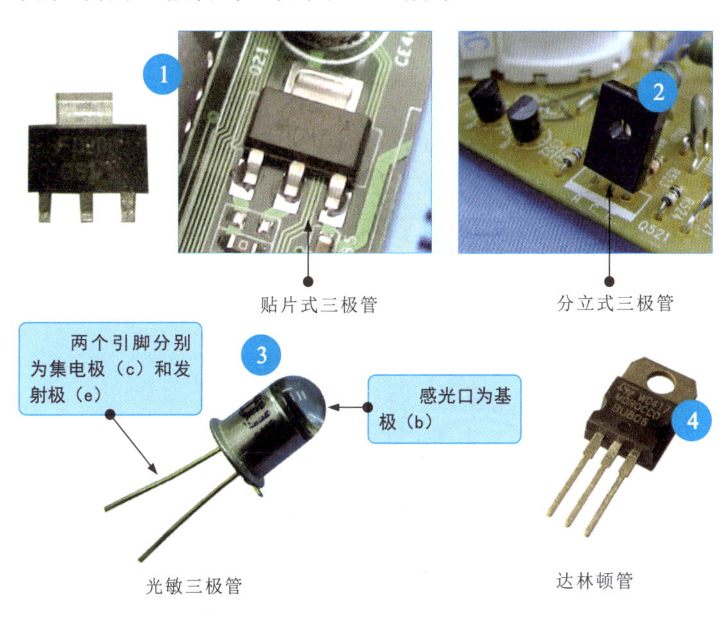

图10-16 其他类型的三极管

划重点

1 贴片式三极管在电路板上采用表面贴装形式。

2 分立式三极管在电路板上采用插装焊接形式。

3 光敏三极管的顶端感光口为基极，两个引脚分别为集电极引脚和发射极引脚。

4 达林顿管是一种复合管，其内部由两个或两个以上的三极管构成。

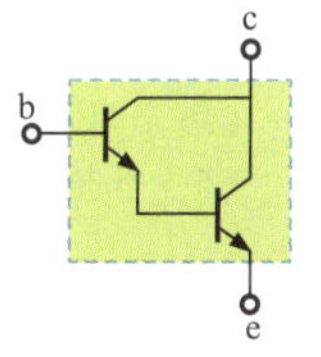

达林顿管内部电路结构

10.2 三极管的识别、选用与代换

10.2.1 三极管的识别

1 国产三极管

图10-17为国产三极管的型号命名方式。

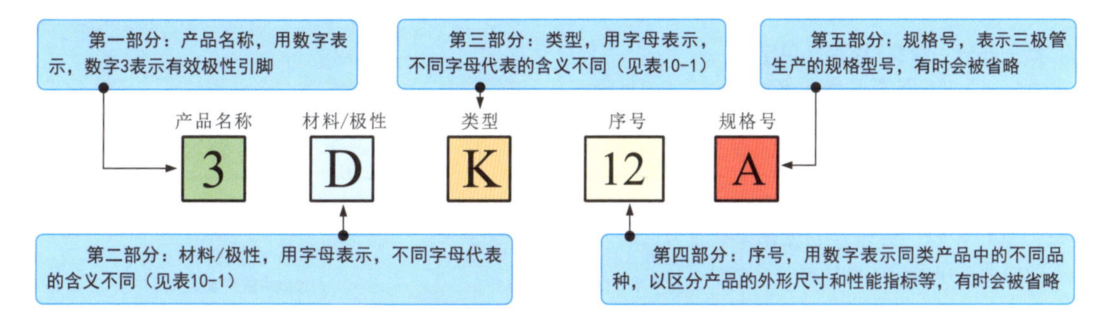

图10-17 国产三极管的型号命名方式

国产三极管型号命名方式中不同字母的含义见表10-1。

表10-1　国产三极管型号命名方式中不同字母的含义

第二部分			
字母	含义	字母	含义
A	锗材料，PNP型	D	硅材料、NPN型
B	锗材料，NPN型	E	化合物材料
C	硅材料，PNP型		
第三部分			
字母	含义	字母	含义
G	高频小功率管	V	微波管
X	低频小功率管	B	雪崩管
A	高频大功率管	J	阶跃恢复管
D	低频大功率管	U	光敏管（光电管）
T	闸流管	J	结型场效应晶体管
K	开关管		

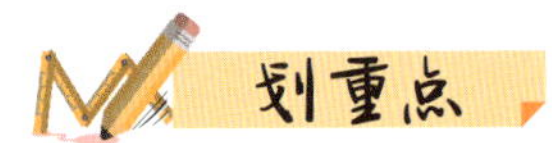

参数标识为3AD50C。其中，3表示三极管；A表示锗材料、PNP型；D表示低频大功率管；50表示序号；C表示规格。因此，该三极管为低频大功率PNP型锗三极管。

图10-18为国产三极管的参数识读案例。

图10-18　国产三极管的参数识读案例

2 日产三极管

图10-19为日产三极管的型号命名方式。

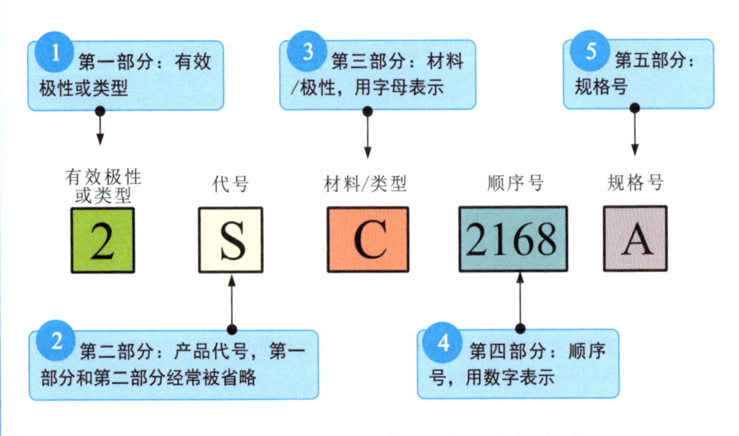

图10-19　日产三极管的型号命名方式

1 第一部分：有效极性或类型，用数字表示，1为二极管；2为三极管。

2 第二部分：代号，用字母S表示，已在日本电子工业协会注册登记。

3 第三部分：材料/极性，用字母表示：A为PNP型高频管；B为PNP型低频管；C为NPN型高频管；D为NPN型低频管。

4 第四部分：顺序号，用数字表示，从11开始，表示在日本电子工业协会注册登记的顺序号。

5 第五部分：表示三极管生产的规格型号，有时会被省略。

3 美产三极管

图10-20为美产三极管的型号命名方式。

图10-20 美产三极管的型号命名方式

划重点

1 第一部分：有效极性或类型，用数字2表示三极管。

2 第二部分：代号，用字母N表示美国三极管。

3 第三部分：顺序号。

4 三极管引脚极性的识别

三极管有三个引脚，分别是基极b、集电极c和发射极e。三极管的引脚排列位置根据品种、型号及功能的不同而不同，识别三极管的引脚极性在测试、安装、调试等各个应用场合都十分重要。

① 根据电路板标注识别引脚极性

图10-21为根据电路板上的标注信息或电路图形符号识别三极管引脚极性的方法。

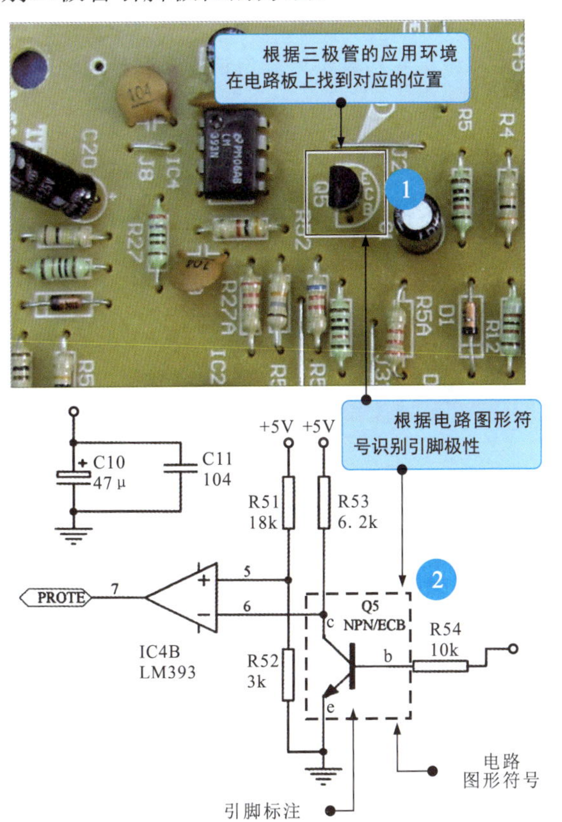

图10-21 根据电路板上的标注信息或电路图形符号识别三极管引脚极性的方法

1 在电路板上，三极管的旁边会标记三极管的引脚极性。

2 再根据对应的电路图，联系相关元器件，通过电路图形符号标识识别三极管的引脚极性。

划重点

在互联网中下载BD136的相关资料。

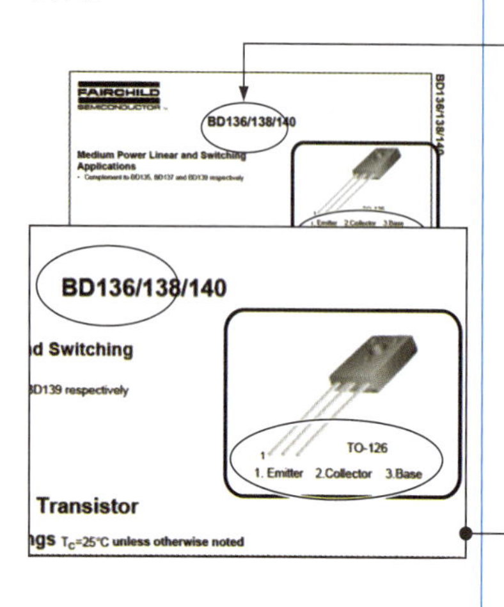

② 根据型号标识识别引脚极性

图10-22为根据三极管型号标识识别引脚极性的方法。

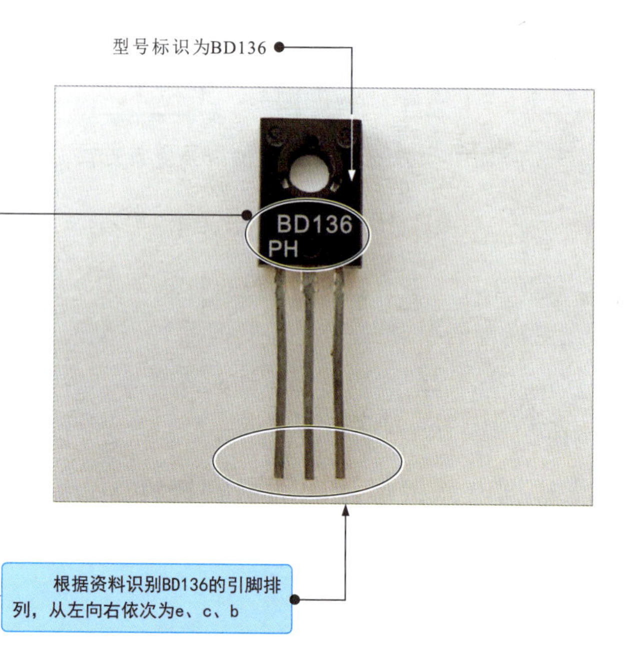

图10-22 根据三极管型号标识识别引脚极性的方法

③ 根据封装规律识别引脚极性

图10-23为根据一般规律识别金属封装型三极管引脚极性的方法。

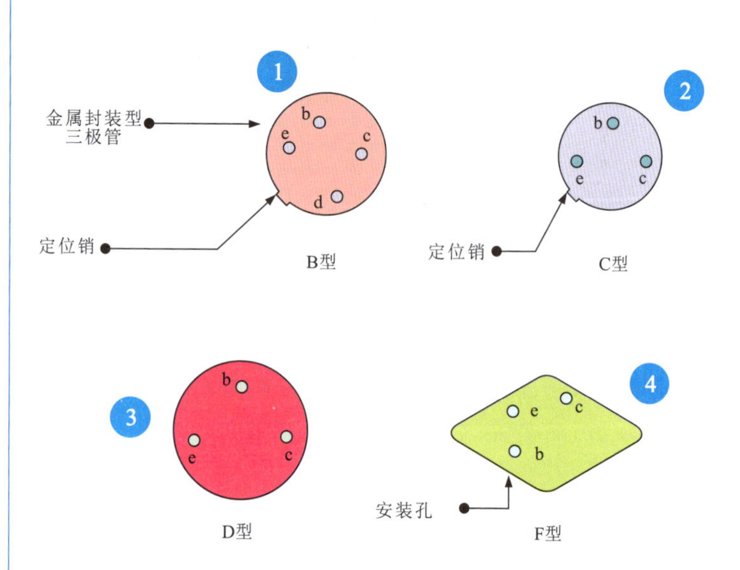

图10-23 根据一般规律识别金属封装型三极管引脚极性的方法

① B型三极管的外壳上有一个凸起的定位销，将引脚朝上，从定位销开始顺时针依次为e、b、c、d。其中，d为外壳引脚。

② C型三极管引脚朝上，三角形底边的两个引脚分别为e、c，顶角引脚为b。

③ D型三极管的识别与C型一致，即三角形底边的两个引脚分别为e、c，顶角引脚为b。

④ F型三极管只有两个引脚，将引脚朝上，按图中方式放置，上面的引脚为e，下面的引脚为b，管壳为集电极。

图10-24为根据一般规律识别塑料封装型三极管引脚极性的方法。

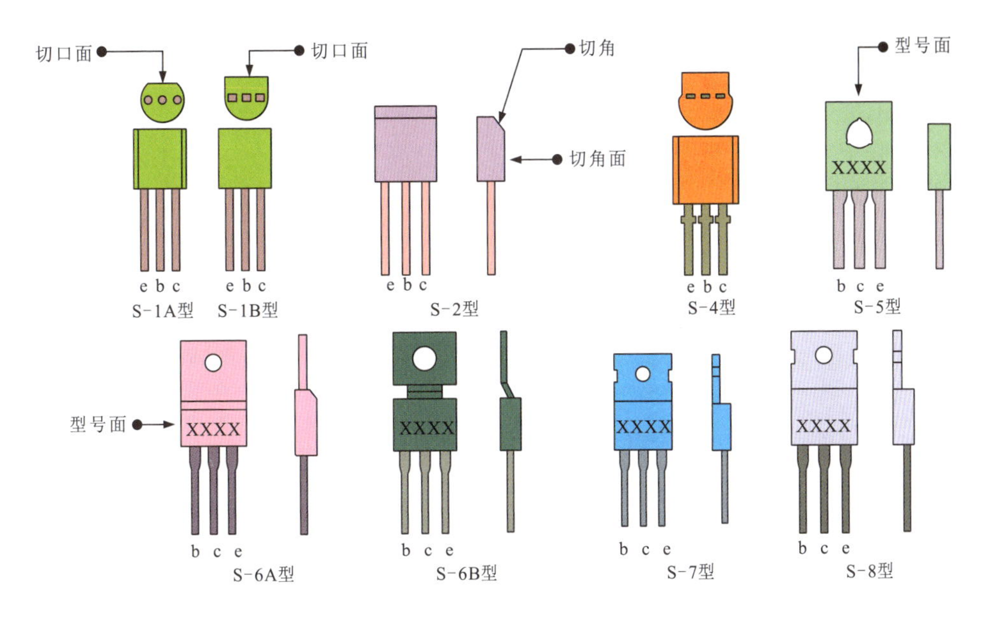

图10-24 根据一般规律识别塑料封装型三极管引脚极性的方法

S-1（S-1A、S-1B）型都有半圆形底面，识别时，将引脚朝下，切口面朝向自己，此时三极管的引脚从左向右依次为e、b、c。

S-2型的顶面有切角，识别时，将引脚朝下，切角朝向自己，此时三极管的引脚从左向右依次为e、b、c。

S-4型引脚识别较特殊，识别时，将引脚朝上，圆面朝向自己，此时三极管的引脚从左向右依次为e、b、c。

S-5型三极管的中间有一个三角形孔，识别时，将引脚朝下，印有型号的一面朝向自己，此时从左向右依次为b、c、e。

S-6A型、S-6B型、S-7型、S-8型一般都有散热面，识别时，将引脚朝下，印有型号的一面朝向自己，此时从左向右依次为b、c、e。

多说两句！

10.2.2 三极管的选用与代换

三极管是电子设备中应用最广泛的元器件之一。损坏时，应尽量选用型号、类型完全相同的三极管代换，或者选择各种参数能够与应用电路相匹配的三极管代换。

在选用三极管时，在能满足整机要求放大参数的前提下，不要选用直流放大系数h_{EF}过大的三极管，以防产生自激；需要区分NPN型还是PNP型；根据使用场合和电路性能选用合适类型的三极管。

例如，应用于前置放大电路，多选用放大倍数较大的三极管，集电极最大的允许电流I_{cm}应大于2～3倍的工作电流，集电极与发射极反向击穿电压应至少大于等于电源电压，集电极最大允许耗散功率（P_{cm}）应至少大于等于电路的输出功率（P_O），特征频率f_T应满足$f_T \geq 3f$（工作频率）：中波收音机振荡器的最高频率为2MHz左右，则三极管的特征频率应不低于6MHz；调频收音机的最高振荡频率为120MHz左右，则三极管的特征频率不应低于360MHz；电视机中VHF频段的最高振荡频率为250MHz左右，则三极管的特征频率不应低于750MHz。

图10-25为调频（FM）收音机高频放大电路中三极管的选用与代换。

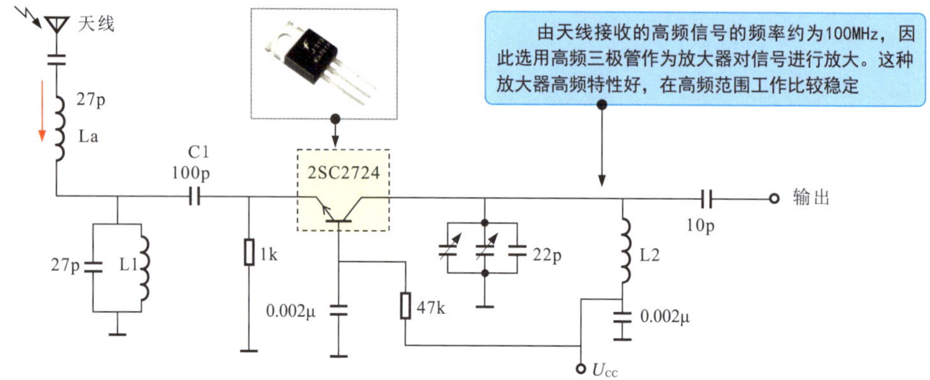

图10-25 调频（FM）收音机高频放大电路中三极管的选用与代换

图10-25中选用的三极管2SC2724是日本产的有三个或两个PN结的NPN型三极管。由天线接收天空中的信号后，分别经LC组成的串联谐振电路和LC并联谐振电路调谐后输出所需的高频信号，经耦合电容C1后送入三极管的发射极，由三极管2SC2724放大，在集电极输出电路中设有LC谐振电路，与高频输入信号谐振起选频作用。代换时，应注意三极管的类型和型号，所选用的三极管必须为同类型。

另外，若所选用的三极管为光敏三极管，除应注意电参数，如最高工作电压、最大集电极电流和最大允许功耗不超过最大值外，还应注意光谱响应范围必须与入射光的光谱类型相匹配，以获得最佳特性。

图10-26为音频放大电路中三极管的选用与代换。

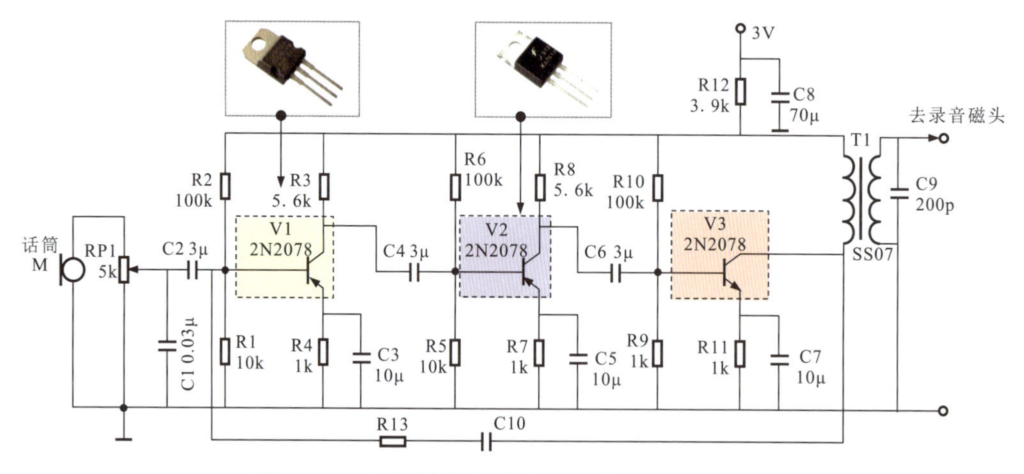

图10-26 音频放大电路中三极管的选用与代换

图10-26中，选用的三极管2N2078为美国产的有两个PN结的三极管。其中，V1和V2为PNP型三极管，V3为NPN型三极管。该放大电路是小型录音机的音频信号放大电路，话筒信号经电位器RP1后加到V1上，经三级放大后加到变压器T1的一次侧绕组上，经变压器后送往录音磁头。同时，V3的集电极输出经R13、C10反馈到V1的基极，可改善放大电路的频率特性。代换时，应注意选用同类型、同性能参数的三极管。

不同种类三极管的内部参数不同，代换时，应尽量选用同型号的三极管，若代换时无法找到同型号的三极管，则可用其他型号的三极管代换。

常用三极管的代换型号见表10-2。

表10-2　常用三极管的代换型号

型号	类型	I_{cm}(A)	U_{beo}(V)	代换型号
3DG9011	NPN	0.3	50	2N4124、CS9011、JE9011
9011	NPN	0.1	50	LM9011、SS9011
9012	PNP	0.5	25	LM9012
9013	NPN	0.5	40	LM9013
3DG9013	NPN	0.5	40	CS9013、JE9013
9013LT1	NPN	0.5	40	C3265
9014	NPN	0.1	50	LM9014、SS9014
9015	PNP	0.1	50	LM9015、SS9015
TEC9015	PNP	0.15	50	BC557、2N3906
9016	NPN	0.25	30	SS9016
3DG9016	NPN	0.025	30	JE9016
8050	NPN	1.5	40	SS8050
8050LT1	NPN	1.5	40	KA3265
ED8050	NPN	0.8	50	BC337
8550	PNP	15	40	LM8550、SS8550
SDT85501	PNP	10	60	3DK104C
SDT85502	PNP	10	80	3DK104D
8550LT1	PNP	1.5	40	KA3265
2SA1015	PNP	0.15	50	BC117、BC204、BC212、BC213、BC251、BC257、BC307、BC512、BC557、CG1015、CG673
2SC1815	NPN	0.15	60	BC174、BC182、BC184、BC190、BC384、BC414、BC546、DG458、DG1815
2SC945	NPN	0.1	50	BC107、BC171、BC174、BC182、BC183、BC190、BC207、BC237、BC382、BC546、BC547、BC582、DG945、2N2220、2N2221、2N2222、3DG120B、3DG4312
2SA733	NPN	0.1	50	BC177、BC204、BC212、BC213、BC251、BC257、BC307、BC513、BC557、3CG120C、3CG4312

（续）

型号	类型	I_{cm}(A)	U_{beo}(V)	代换型号
2SC3356	NPN	0.1	20	2SC3513、2SC3606、2SC3829
2SC3838K	NPN	0.1	20	BF517、BF799、2SC3015、2SC3016、2SC3161
BC807	PNP	0.5	45	BC338、BC537、BC635、3DK14B
BC817	NPN	0.5	45	BCX19、BCW65、BCX66
BC846	NPN	0.1	65	BCV71、BCV72
BC847	NPN	0.1	45	BCW71、BCW72、BCW81
BC848	NPN	0.1	30	BCW31、BCW32、BCW33、BCW71、BCW72、BCW81
BC848-W	NPN	0.1	30	BCW31、BCW32、BCW33、BCW71、BCW72、BCW81、2SC4101、2SC4102、2SC4117
BC856	PNP	0.1	50	BCW89
BC856-W	PNP	0.1	50	BCW89、2SA1507、2SA1527
BC857	PNP	0.1	50	BCW69、BCW70、BCW89
BC857-W	PNP	0.1	50	BCW69、BCW70、BCE89、2SA1507、2SA1527
BC858	PNP	0.1	30	BCW29、BCW30、BCW69、BCW70、BCW89
BC858-W	PNP	0.1	30	BCW29、BCW30、BCW69、BCW70、BCW89、2SA1507、2SA1527
MMBT3904	NPN	0.1	60	BCW72、3DG120C
MMBT3906	PNP	0.2	60	BCW70、3DG120C
MMBT2222	NPN	0.6	60	BCX19、3DG120C
MMBT2222A	NPN	0.6	60	3DK10C
MMBT5401	PNP	0.5	150	3CA3F
MMBTA92	PNP	0.1	300	3CG180H
MMUN2111	NPN	0.1	50	UN2111
MMUN2112	NPN	0.1	50	UN2112
MMUN2113	NPN	0.1	50	UN2113
MMUN2211	NPN	0.1	50	UN2211
MMUN2212	NPN	0.1	50	UN2212
MMUN2213	NPN	0.1	50	UN2213
UN2111	NPN	0.1	50	FN1A4M、DTA114EK、RN2402、2SA1344
UN2112	NPN	0.1	50	FN1F4M、DTA124EK、RN2403、2SA1342
UN2113	NPN	0.1	50	FN1L4M、DTA144EK、RN2404、2SA1341
UN2211	NPN	0.1	50	DTC114EK、FA1A4M、RN1402、2SC3398
UN2212	NPN	0.1	50	DTC124EK、FA1F4M、RN1403、2SC3396
UN2213	NPN	0.1	50	DTC144EK、FA1L4M、RN1404、2SC3395

10.3 三极管的检测

10.3.1 NPN型三极管引脚极性的判别

在检测NPN型三极管时，若无法确定待测NPN型三极管各引脚的极性，则可借助万用表检测NPN型三极管各引脚阻值的方法判别各引脚的极性。

待测三极管只知道是NPN型三极管，引脚极性不明，在判别引脚极性时，需要先假设一个引脚为基极（b），如图10-27所示。

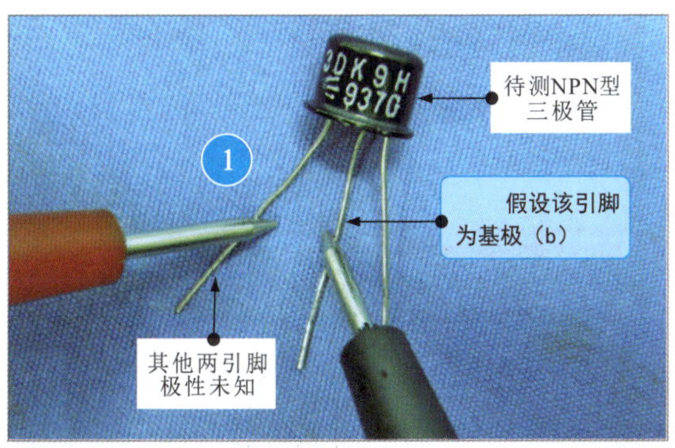

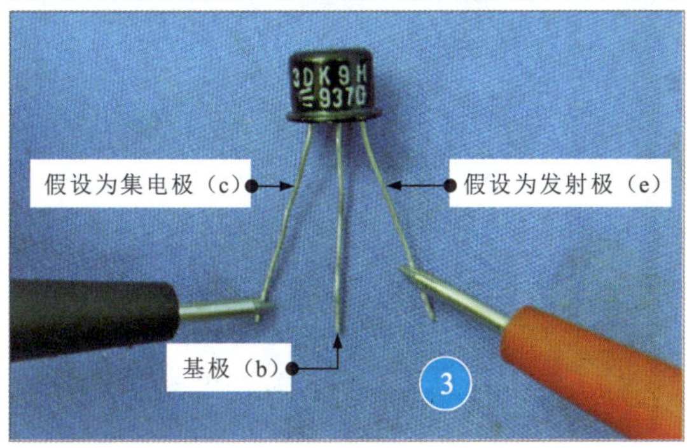

图10-27 NPN型三极管引脚极性的判别

划重点

1 将万用表的量程旋钮调至$R\times1k\Omega$，并进行欧姆调零，黑表笔搭在NPN型三极管假设的基极（b）引脚上，红表笔搭在三极管另外任意一个引脚上。

2 观察万用表指针指示的位置，识读当前测量值为$7\times1k\Omega=7k\Omega$。将红表笔搭在另一个引脚上，测得的阻值为8kΩ左右，说明假设的引脚确实为基极（b）。

3 将黑表笔搭在三极管基极左侧的引脚上，红表笔搭在三极管基极右侧的引脚上。

4 观察万用表指针指示的位置，识读当前的测量值为无穷大。

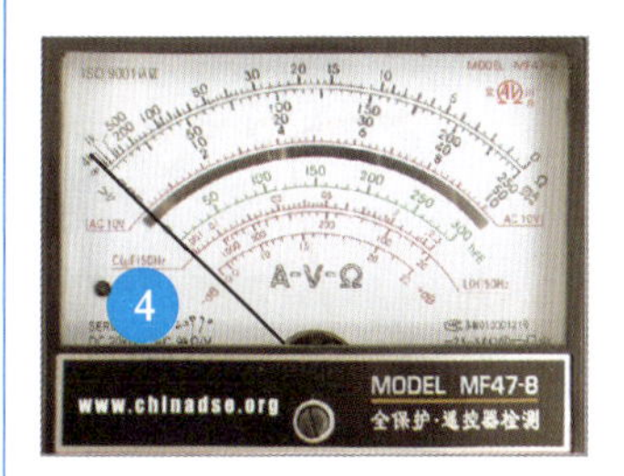

划重点

5 保持两表笔位置不动，用手指接触基极和假设的集电极。

6 观察万用表指针指示的位置，测量值由无穷大开始减小，阻值变化量计为R_1。

7 对换红、黑两表笔的位置，用手指接触基极和假设的发射极。

8 观察万用表指针指示的位置，测量值也由无穷大开始减小，阻值变化量计为R_2。

当三极管基极无偏压（手指无触碰）时，c、b极间正、反向阻值很大。

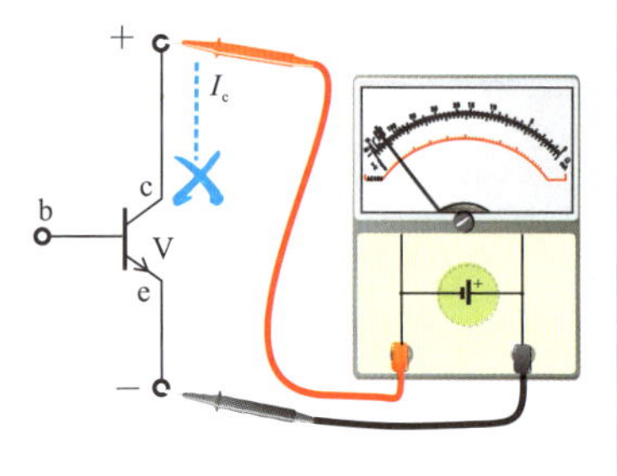

当用手指触碰两个引脚时，相当于给基极加了一个偏压，c、b极间阻值变小，有电流流过。

手指（电阻）

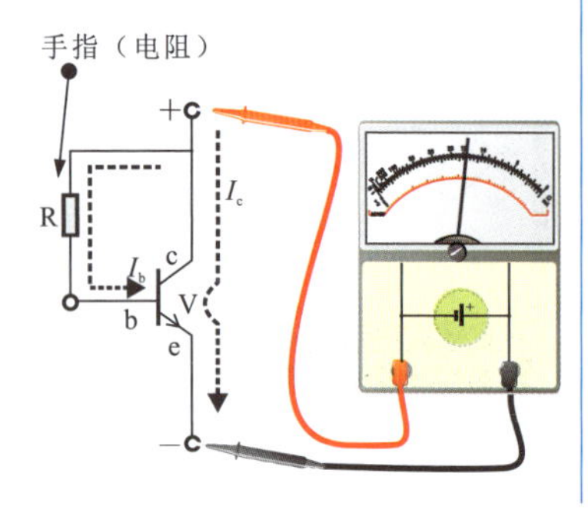

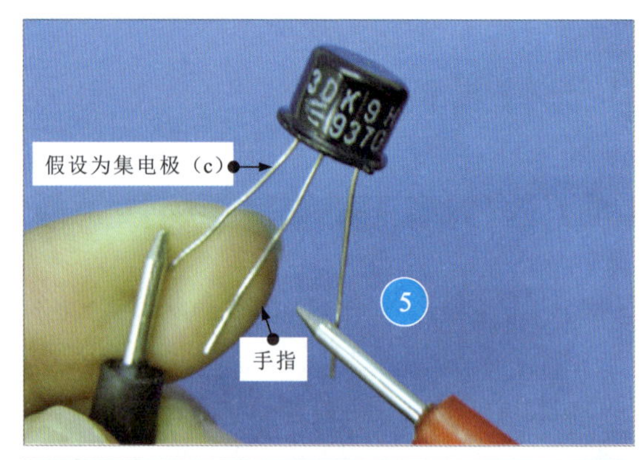

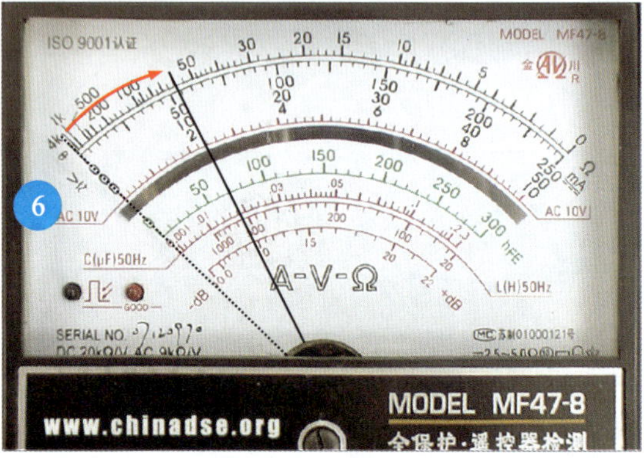

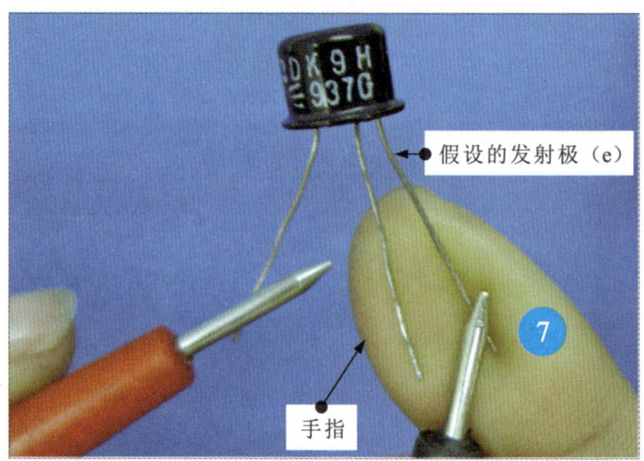

图10-27 NPN型三极管引脚极性的判别（续）

10.3.2 PNP型三极管引脚极性的判别

在检测PNP型三极管时，若无法确定待测PNP型三极管各引脚的极性，则可通过万用表对PNP型三极管各引脚阻值的测量判别各引脚的极性。

若待测三极管只知道是PNP型三极管，引脚极性不明，则在判别引脚极性时，需要先假设一个引脚为基极（b），如图10-28所示。

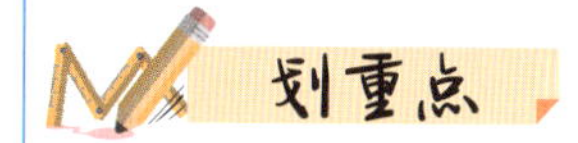

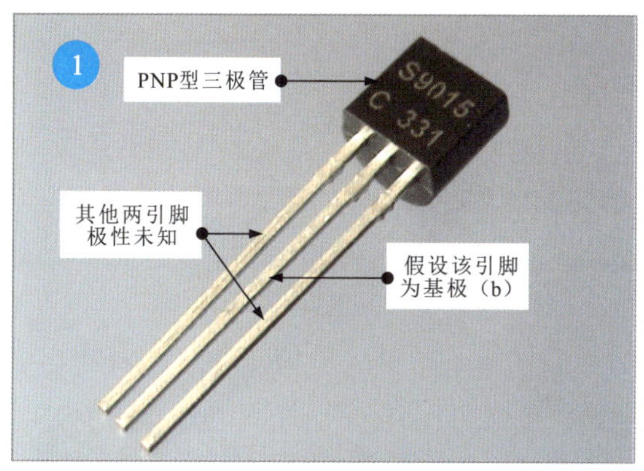

① 假设中间的引脚为基极（b），将万用表的量程旋钮调至$R\times1\text{k}\Omega$，并进行欧姆调零。

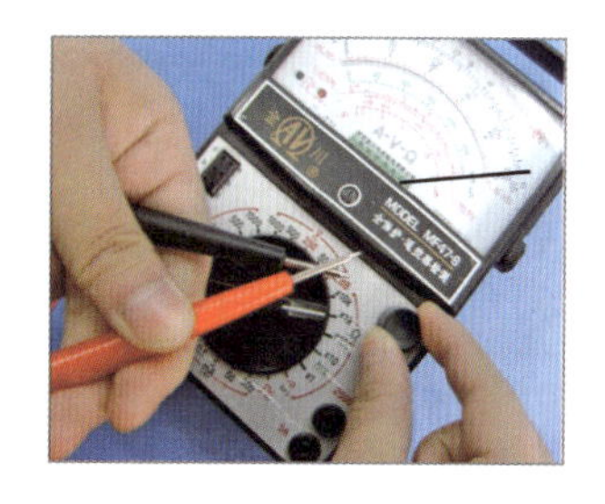

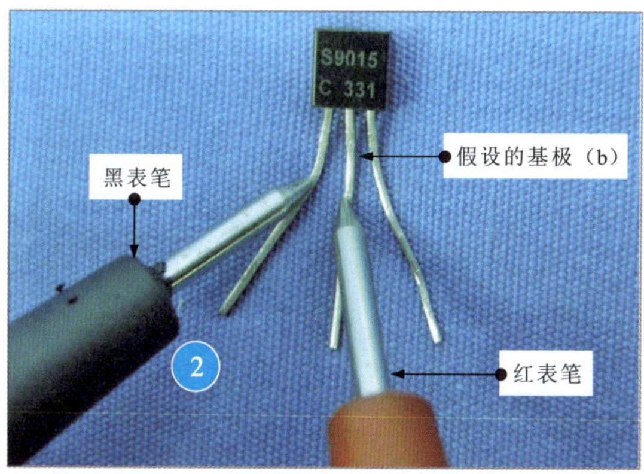

② 将万用表的红表笔搭在假设的基极（b）引脚上，黑表笔搭在左侧引脚上。

③ 识读万用表指针指示的数值，实测数值为$9.5\times1\text{k}\Omega=9.5\text{k}\Omega$。

图10-28 PNP型三极管引脚极性的判别

4 将万用表的红表笔搭在假设的基极（b）引脚上，黑表笔搭在右侧引脚上。

识读万用表指针指示的数值，实测数值为9×1kΩ＝9kΩ。

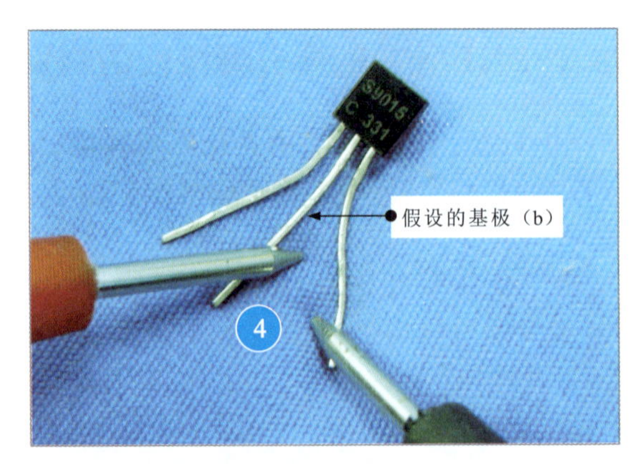

5 将万用表的黑表笔搭在假设基极的左侧引脚上，红表笔搭在假设基极的右侧引脚上。

识读万用表指针指示的数值，当前的测量值为无穷大。

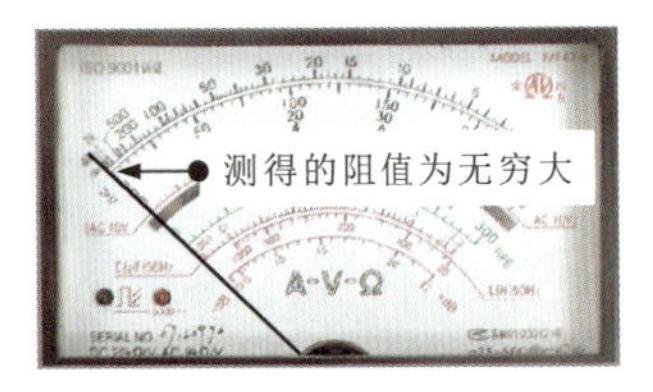

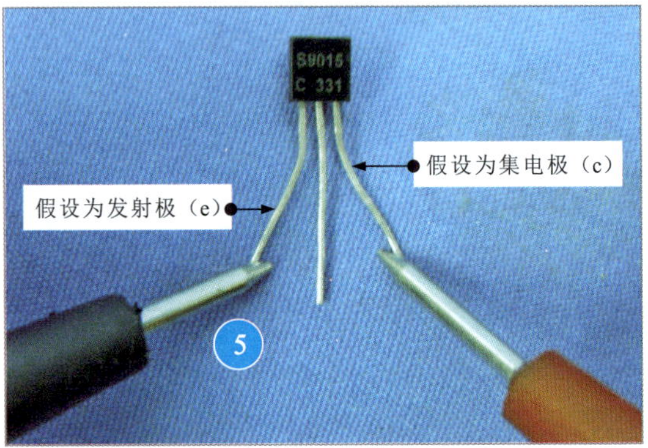

6 保持万用表的表笔位置不变，用手指接触假设的基极和集电极。

测量值由无穷大开始减小，变化量计为R_1。

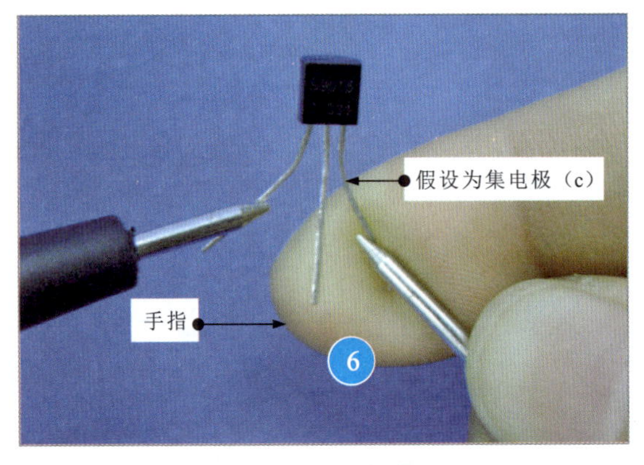

7 调换红、黑表笔的位置，同样用手指接触假设的基极和发射极。

测量值也由无穷大开始减小，变化量计为R_2。

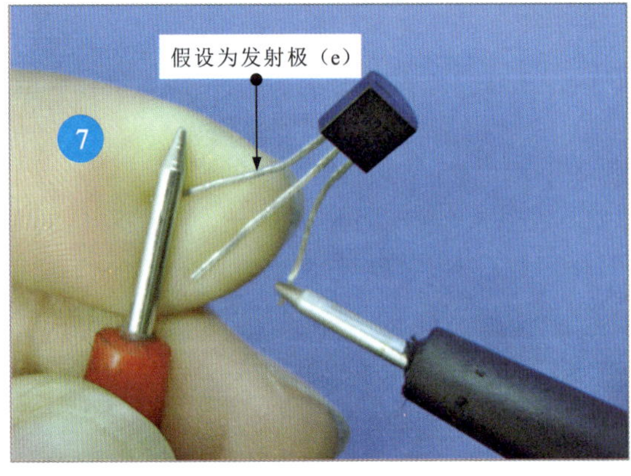

图10-28 PNP型三极管引脚极性的判别（续）

图10-28中，根据测量结果可知，两次测量值都有一个较小的数值，对照前述关于PNP型三极管引脚间阻值的检测结果可知，假设的引脚确实为基极（b）。

根据测量结果$R_1 > R_2$可知，在测得R_1时，万用表黑表笔所搭引脚为发射极，红表笔所搭引脚为集电极；在测得R_2时，万用表黑表笔所搭引脚为集电极，红表笔所搭引脚为发射极。

如图10-29所示，对三极管的集电极和发射极的判别还可以用舌头舔触基极的方法进行区分。

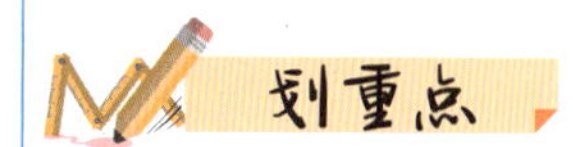

将万用表的红、黑表笔分别搭在除基极以外的两个引脚上，用舌头舔触一下基极引脚，观察万用表指针的摆动情况。

对调红、黑表笔后，再次用舌头舔触一下基极引脚，观察万用表指针的摆动情况。

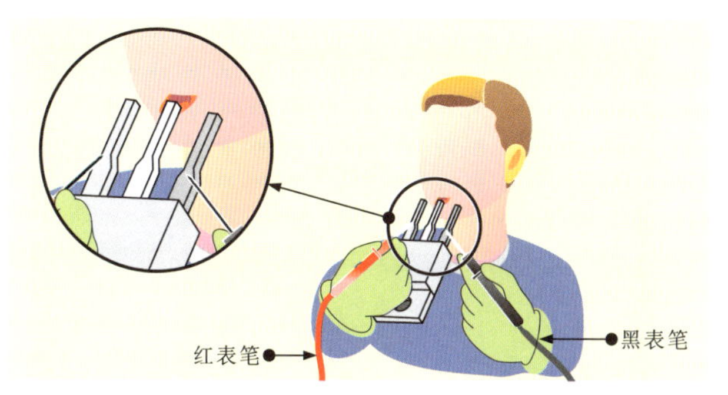

图10-29 用舌头舔触基极的方法区分三极管的集电极和发射极

对于NPN型三极管，比较两次测量中万用表指针的摆动幅度，以摆动幅度大的一次为准，黑表笔所接引脚为集电极（c），另一个引脚为发射极（e）。

对于PNP型三极管，比较两次测量中万用表指针的摆动幅度，以摆动幅度大的一次为准，红表笔所接引脚为集电极（c），另一个引脚为发射极（e）。

10.3.3 NPN型三极管好坏的检测

NPN型三极管的好坏可以通过用万用表的欧姆挡分别检测引脚间的阻值进行判断，如图10-30所示。

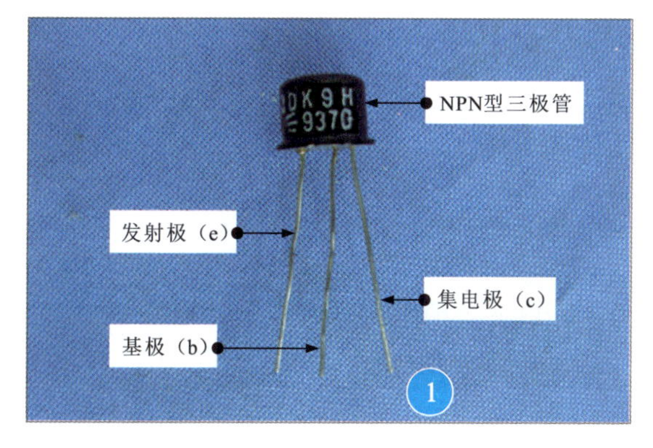

图10-30 NPN型三极管好坏的检测

1 在检测前先明确NPN型三极管的引脚极性。

将万用表的量程旋钮调至$R \times 1k\Omega$，并进行欧姆调零。

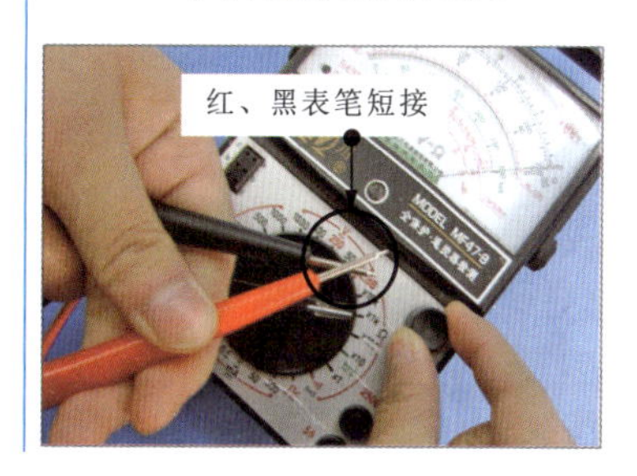

2 将万用表的黑表笔搭在基极（b）引脚上，红表笔搭在集电极（c）引脚上，检测b、c极之间的正向阻值。

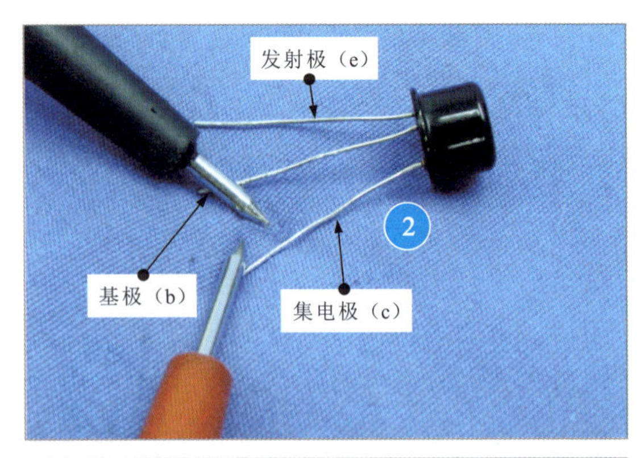

3 测得b、c极之间的正向阻值为4.5kΩ。

调换表笔位置，测得b、c极之间的反向阻值应为无穷大。

4 将万用表的黑表笔搭在基极（b）引脚上，红表笔搭在发射极（e）引脚上，检测b、e极之间的正向阻值。

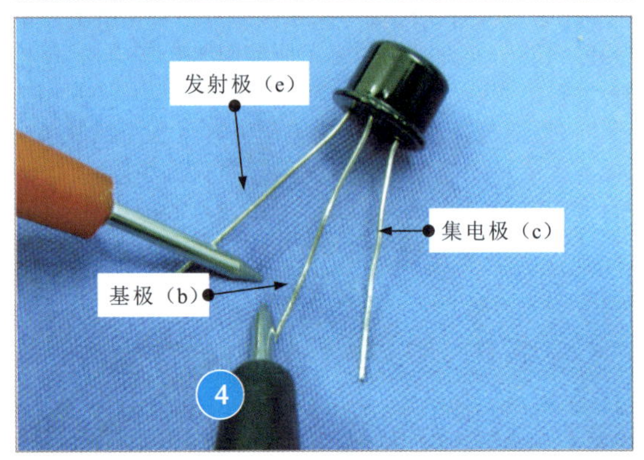

5 测得b、e极之间的正向阻值为8kΩ。调换表笔测其反向阻值应为无穷大。

图10-30 NPN型三极管好坏的检测（续）

图10-31为NPN型三极管性能好坏的检测机理。

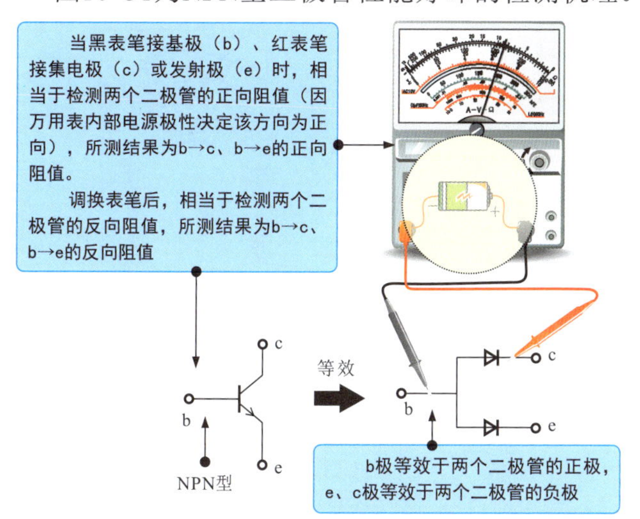

图10-31 NPN型三极管性能好坏的检测机理

划重点

用指针万用表检测NPN型三极管。当黑表笔接基极（b）、红表笔分别接集电极（c）和发射极（e）时，检测基极与集电极之间的正向阻值、基极与发射极之间的正向阻值；调换表笔检测反向阻值。

基极与集电极、基极与发射极之间的正向阻值均为3～10kΩ，阻值较接近，其他引脚之间的阻值均为无穷大。

10.3.4 PNP型三极管好坏的检测

判断PNP型三极管好坏的方法与NPN型三极管的方法相同，也是通过万用表的欧姆挡分别检测引脚间阻值的方法进行判断，如图10-32所示。

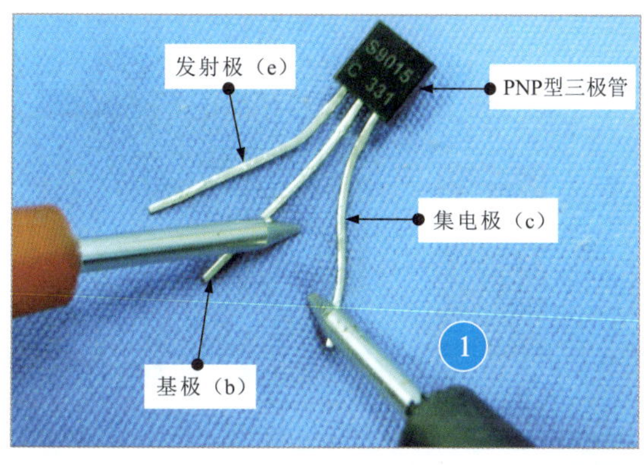

图10-32 PNP型三极管好坏的检测

1 将万用表的量程旋钮调至R×1kΩ，并进行欧姆调零，红表笔搭在基极引脚上，黑表笔分别搭在集电极和发射极引脚上，检测正向阻值。

2 测得基极与集电极之间的正向阻值为9kΩ。调换表笔后，测得基极与集电极之间的反向阻值为无穷大。基极与发射集之间阻值的测量方法相同。

图10-33为PNP型三极管性能好坏的检测机理。

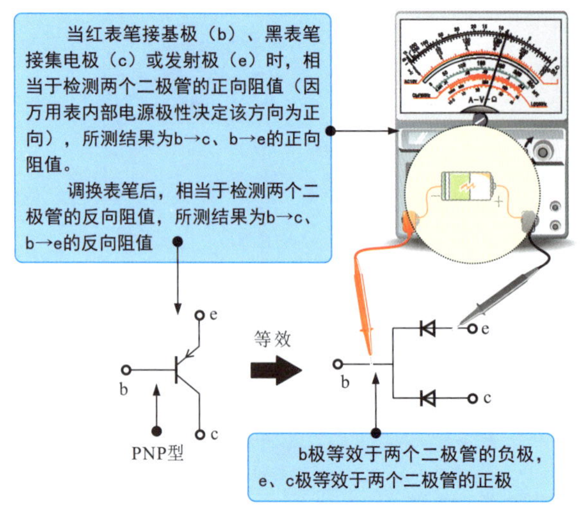

图10-33　PNP型三极管好坏的检测机理

划重点

用指针万用表检测PNP型三极管，当红表笔接基极（b）、黑表笔分别接集电极（c）和发射极（e）时，检测基极与集电极之间的正向阻值、基极与发射极之间的正向阻值；调换表笔检测反向阻值。

基极与集电极、基极与发射极之间的正向阻值均为3～8kΩ，阻值较接近，其他引脚之间的阻值均为无穷大。

10.3.5 三极管放大倍数的检测

放大倍数是三极管的重要参数，可借助万用表检测放大倍数判断三极管的放大性能是否正常。

图10-34为三极管放大倍数的检测方法。

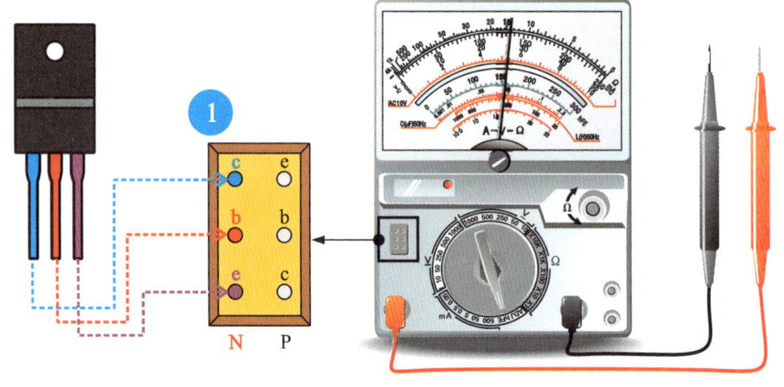

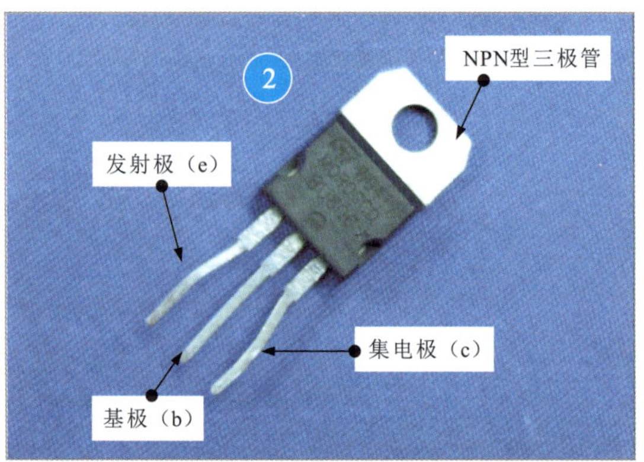

图10-34　三极管放大倍数的检测方法

1 将万用表的量程旋钮调至hFE挡，三极管的三个引脚对应插入放大倍数检测插孔，识读当前的测量结果，即为三极管的放大倍数。

2 识别待测三极管的类型及引脚极性。

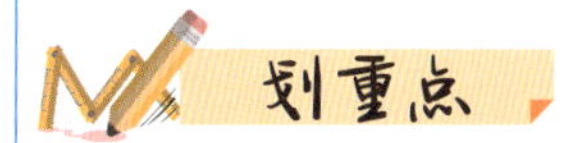

3 将万用表的量程旋钮调至hFE。

4 按照待测三极管的类型和引脚极性，对应插入指针万用表相应的三极管放大倍数检测插孔。

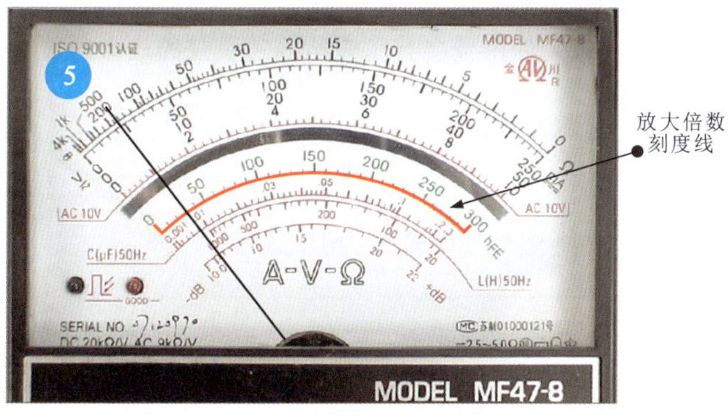

5 观察万用表表盘上的指针读数可知，当前所测三极管的放大倍数为30。

图10-34 三极管放大倍数的检测方法（续）

除可借助指针万用表检测三极管的放大倍数外，还可借助数字万用表的附加测试器进行检测。

图10-35为使用数字万用表检测三极管的放大倍数。

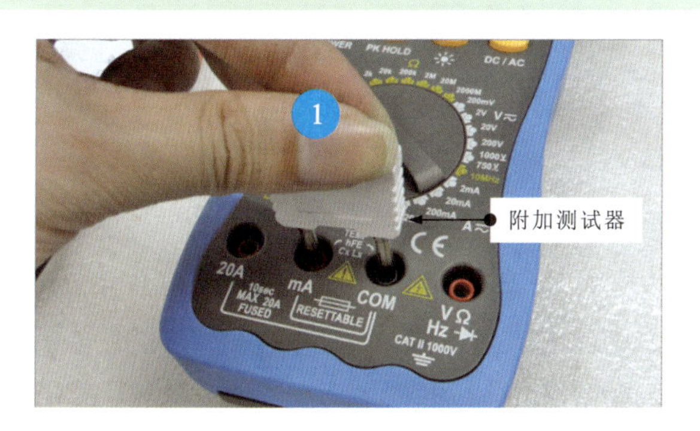

1 将附加测试器插入数字万用表的相应插孔。

图10-35 使用数字万用表检测三极管的放大倍数

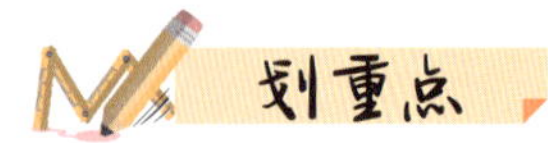

② 将待测三极管插入附加测试器的对应插孔。

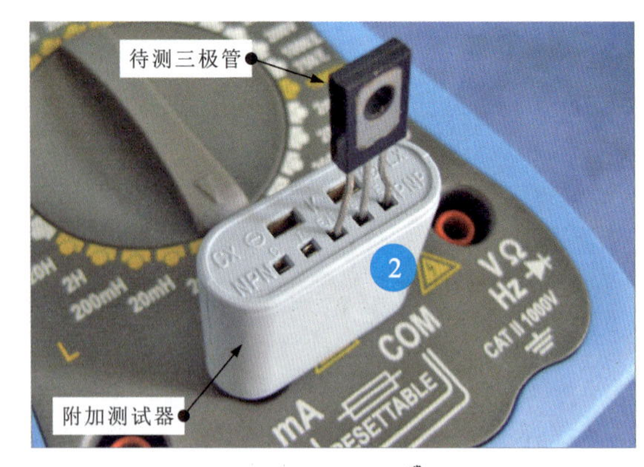

③ 当检测NPN型三极管时，将三极管按附加测试器NPN一侧标识的引脚插孔对应插入。

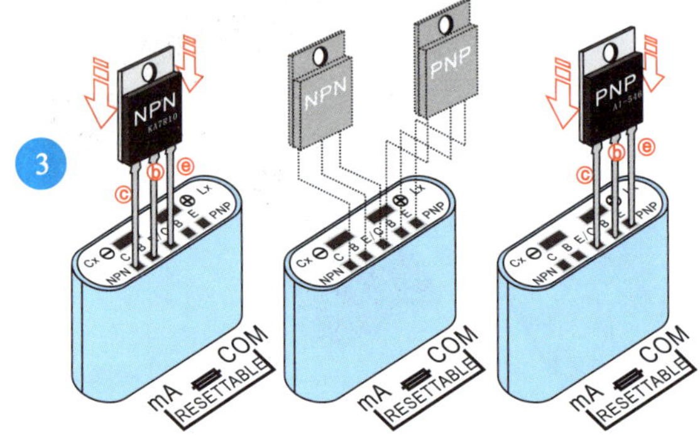

图10-35 使用数字万用表检测三极管的放大倍数（续）

三极管的放大倍数（h_{FE}）是在放大状态下集电极电流与基极电流之比，即$h_{FE}=I_c/I_b$。NPN型三极管放大倍数的检测电路如图10-36所示。

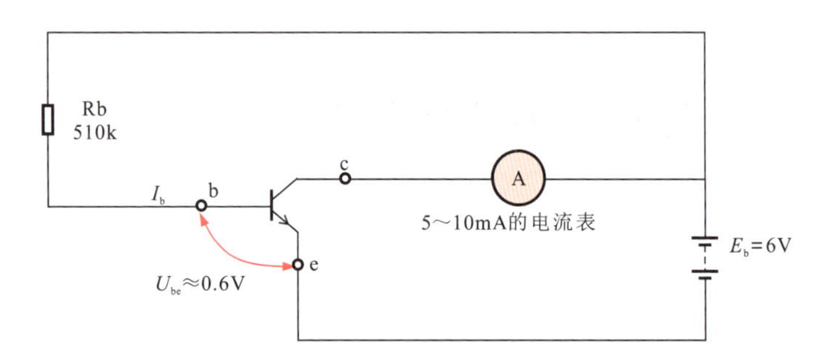

图10-36 NPN型三极管放大倍数的检测电路

$$I_b=\frac{E_b-U_{be}}{R_b}=\frac{6-0.6}{510\times10^3}\approx0.01\text{（mA）}$$

一般来说，小信号放大用三极管的基极-发射极电压U_{be}=0.6V，电源电压为6V，基极电阻Rb的电压降为6V-0.6V=5.4V。

由此可求出基极电流I_b=5.4V/510kΩ≈0.01mA。用电流表或万用表的电流挡测量三极管的集电极电流，若测得的集电极电流为2mA，则h_{FE}=2/0.01=200。三极管放大倍数检测电路的连接方法如图10-37所示。

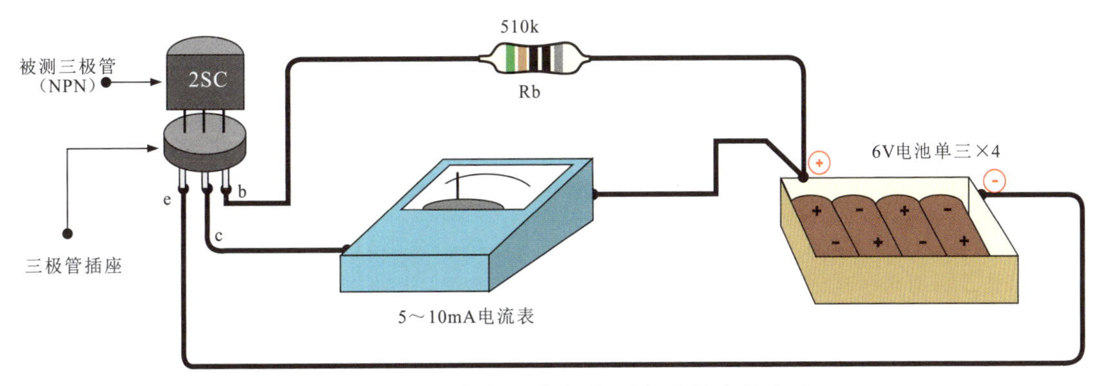

图10-37 三极管放大倍数检测电路的连接方法

PNP型三极管放大倍数的检测电路如图10-38所示，与图10-36相比，电池极性相反。

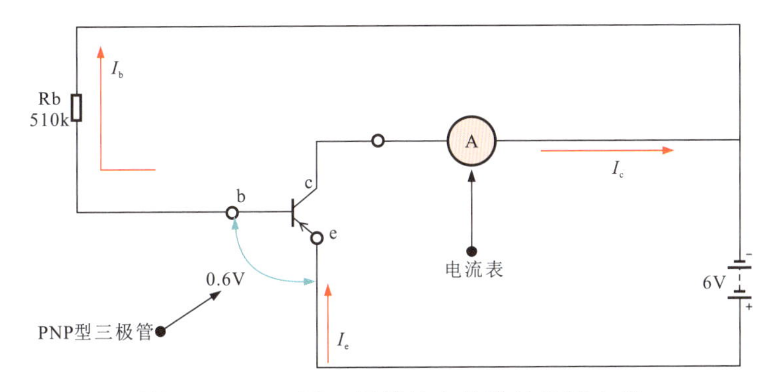

图10-38 PNP型三极管放大倍数的检测电路

10.3.6 三极管特性曲线的检测

使用万用表检测三极管引脚间的阻值只能大致判断三极管的好坏，若要了解一些具体特性参数，则需要使用专用的半导体特性图示仪测试特性曲线。

图10-39为半导体特性图示仪的实物外形。

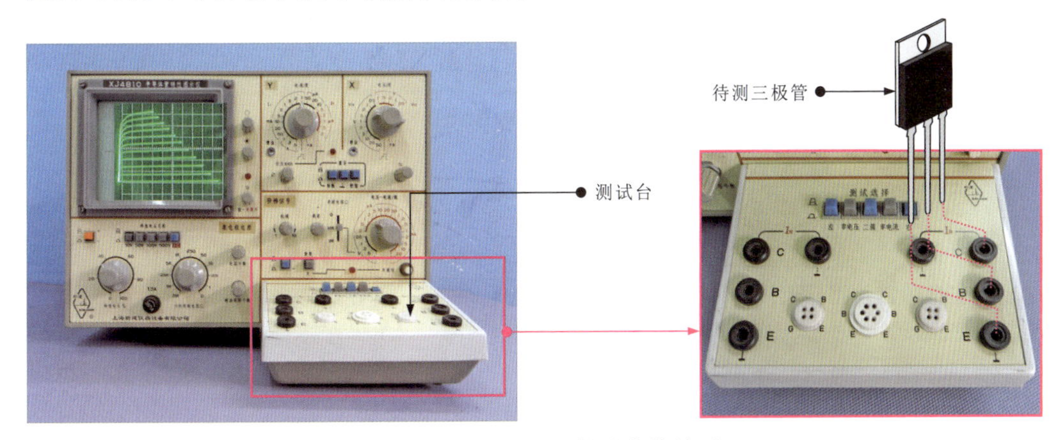

图10-39 半导体特性图示仪的实物外形

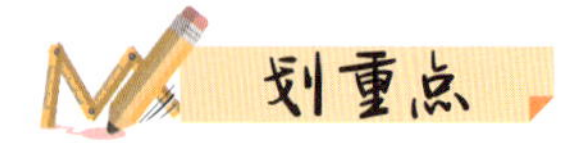

NPN型三极管与PNP型三极管特性曲线的检测方法相同，只是特性曲线的方向正好相反。

在使用半导体特性图示仪检测前，需要根据待测三极管的型号查找技术手册，并按相应的参数确定旋钮和按键的设定范围，以便能够检测出正确的特性曲线，如图10-40所示。

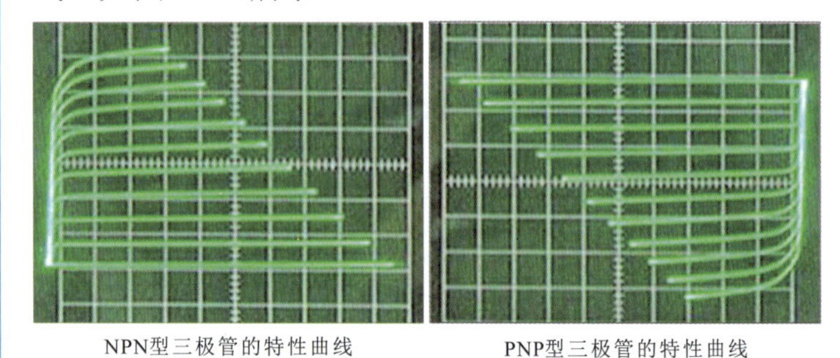

图10-40　三极管的特性曲线

图10-41为三极管特性曲线的检测实例。

1 调节半导体特性图示仪的光点清晰度，使显示效果最佳。

2 将半导体特性图示仪的峰值电压范围设定在0～10V挡。

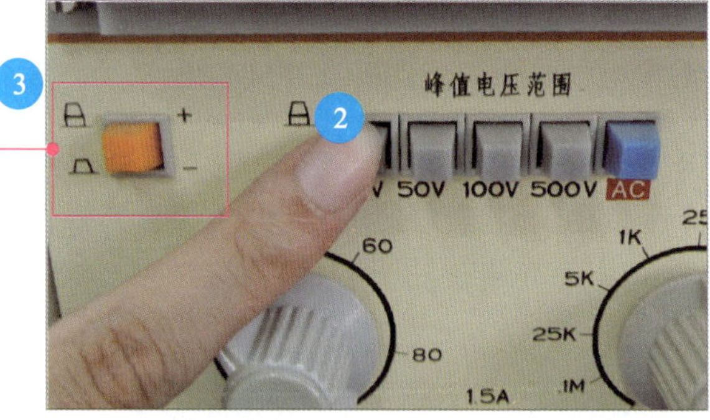

3 将半导体特性图示仪的集电极电源极性设定为正极。

4 将半导体特性图示仪的功耗电阻设定为250Ω。

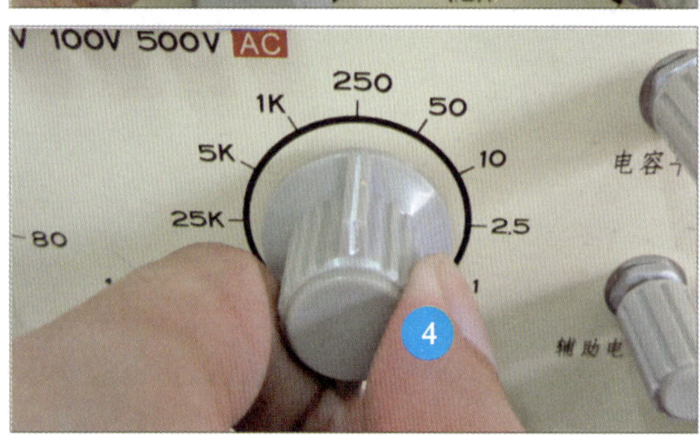

图10-41　三极管特性曲线的检测实例

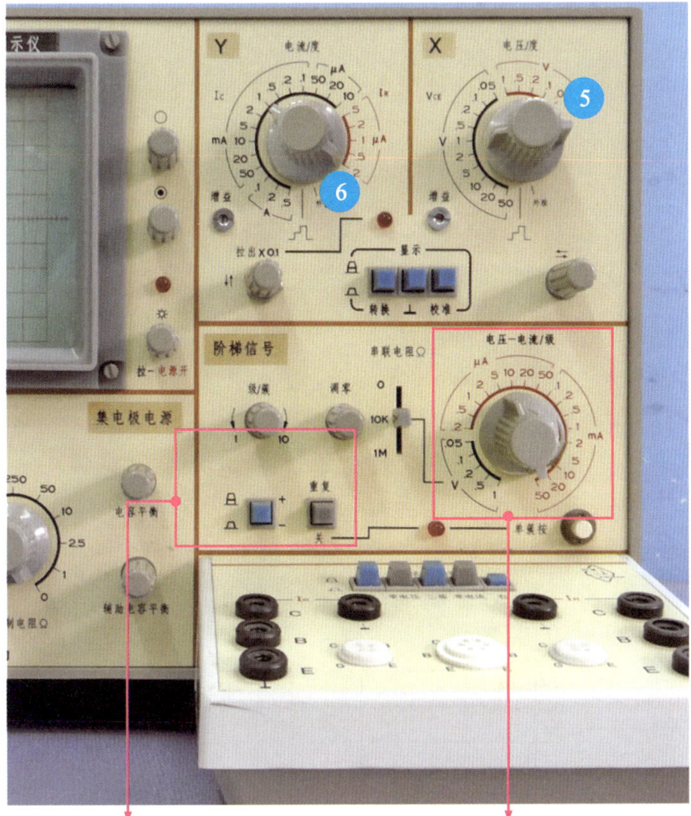

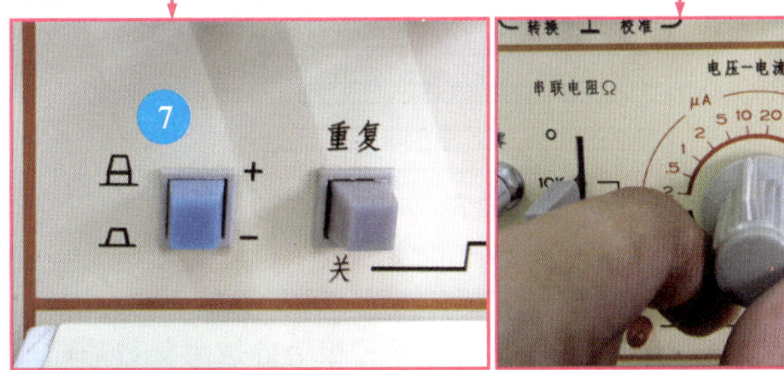

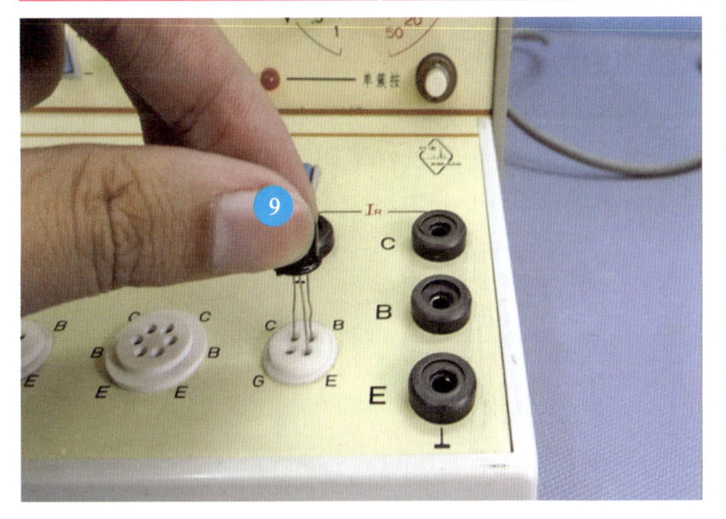

图10-41 三极管特性曲线的检测实例（续）

划重点

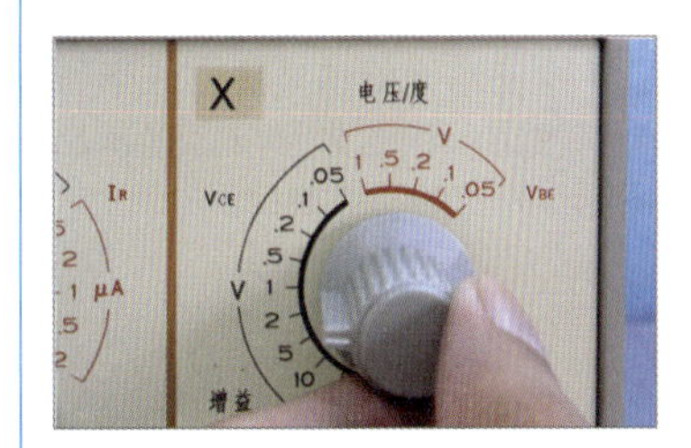

5 将半导体特性图示仪的X轴选择开关设定在1V/度。

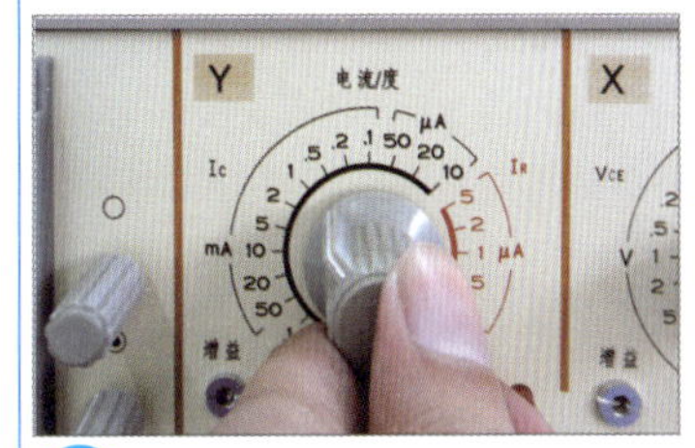

6 将半导体特性图示仪的Y轴选择开关设定在1mA/度。

7 将半导体特性图示仪的极性按键设置为正极。

8 将半导体特性图示仪的阶梯信号设定在10μA/级。

9 将三极管插入半导体特性图示仪对应的插孔中。

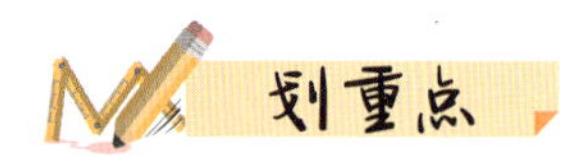

10 缓慢增大峰值电压，在半导体特性图示仪的显示屏上显示出清晰、完整的特性曲线。

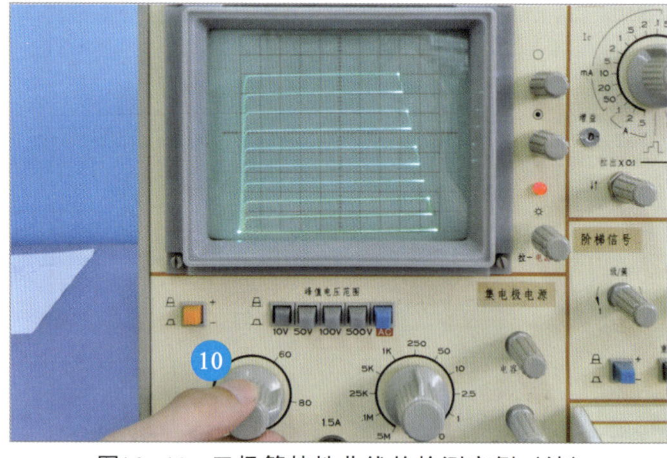

图10-41 三极管特性曲线的检测实例（续）

将检测出的特性曲线与三极管技术手册中的特性曲线对比，即可确定三极管的性能是否良好。

此外，根据特性曲线也能计算出三极管的放大倍数，如图10-42所示。

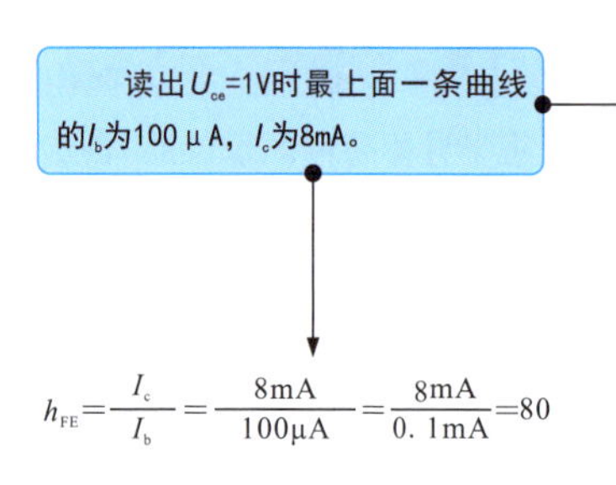

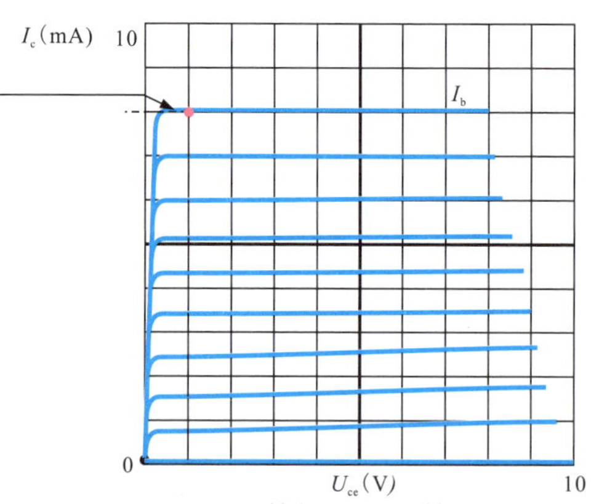

图10-42 根据特性曲线计算三极管的放大倍数

10.3.7 光敏三极管的检测

光敏三极管受光照时引脚间阻值会发生变化，因此可根据在不同光照条件下阻值发生变化的特性判断性能好坏，如图10-43所示。

1 通常，在无光照条件下，光敏三极管集电极与发射极之间的阻值接近无穷大。

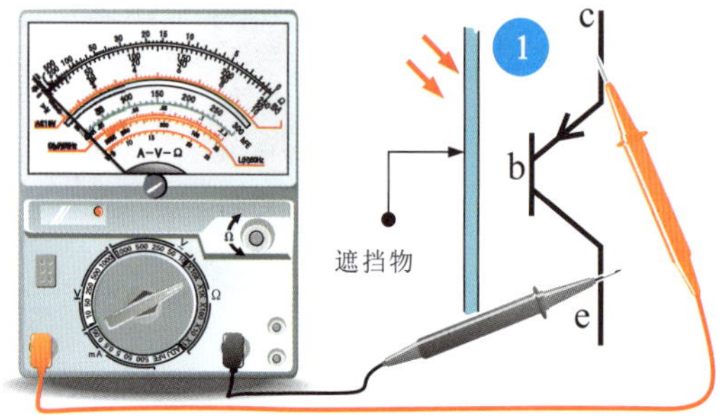

图10-43 光敏三极管的检测方法

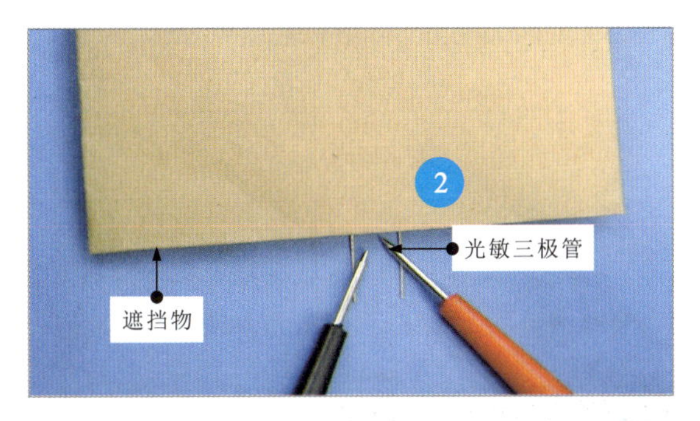

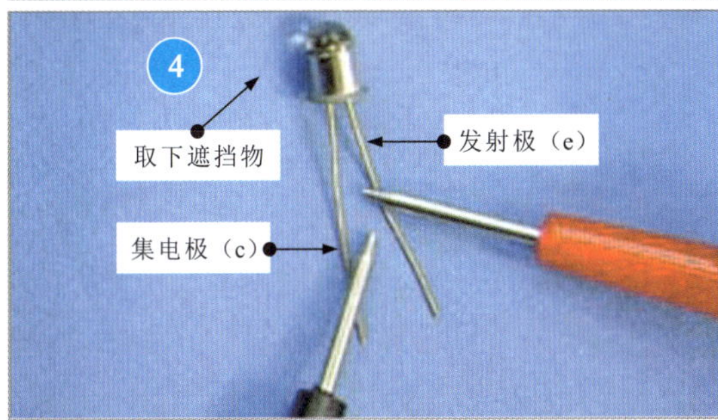

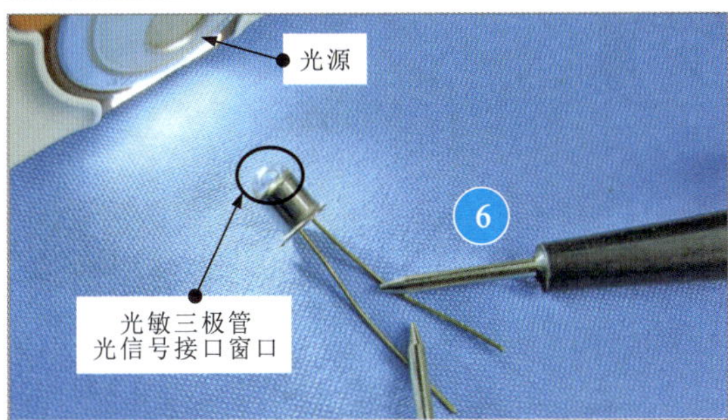

图10-43　光敏三极管的检测方法（续）

2 光敏三极管用遮挡物遮挡，将万用表的红、黑表笔分别搭在发射极（e）和集电极（c）上。

3 在无光照条件下测得的阻值为无穷大。

4 通常，在一般光照条件下，光敏三极管集电极与发射极之间的阻值较大

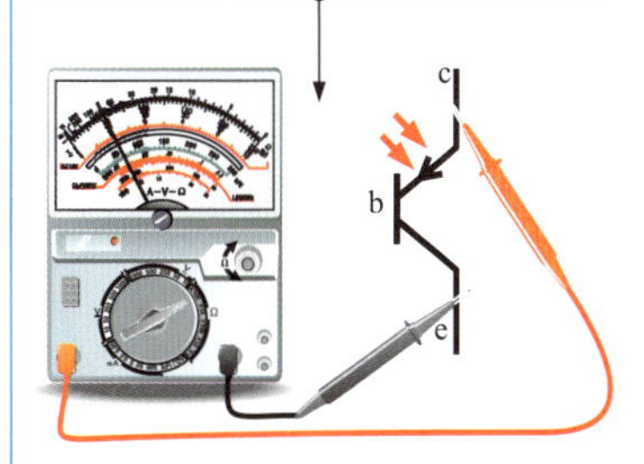

将遮挡物取下，保持万用表的红、黑表笔不动，即将光敏三极管置于一般光照条件下。

5 在一般光照条件下测得的阻值为650kΩ。

6 通常，在有光源照射条件下，光敏三极管集电极与发射极之间的正向阻值偏小

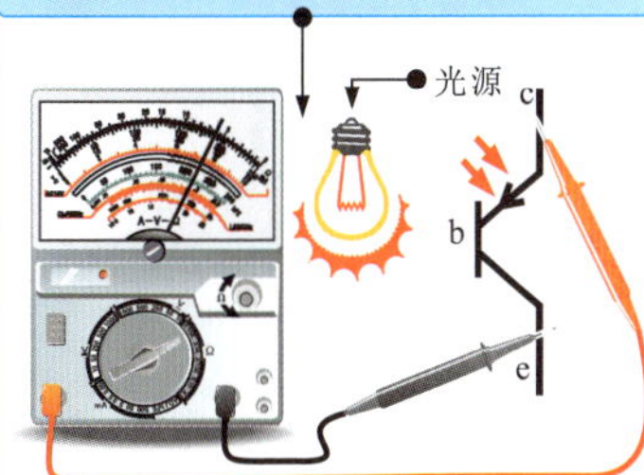

保持万用表的红、黑表笔不动，使用光源照射光敏三极管的光信号接收窗口。

7 在较强光照条件下，测得e、c极之间的阻值为60kΩ。

图10-43 光敏三极管的检测方法（续）

10.3.8 交流小信号放大器输出波形的检测

NPN型三极管（如2SC1815）与外围元器件可以构成交流小信号放大器，如图10-44所示。

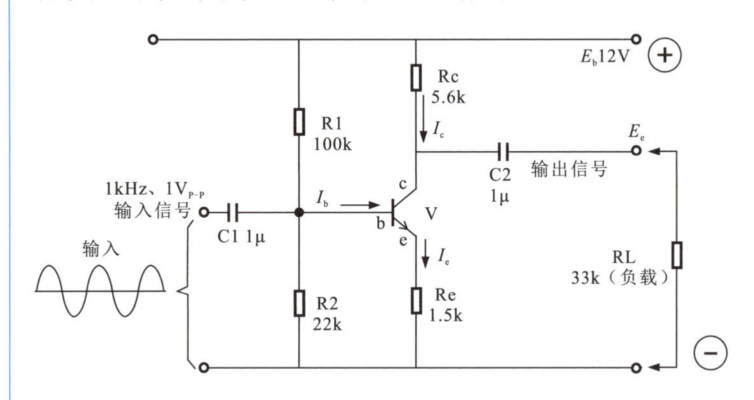

图10-44 NPN型三极管与外围元器件构成的交流小信号放大器

三极管的集电极经C2输出放大后的交流信号。

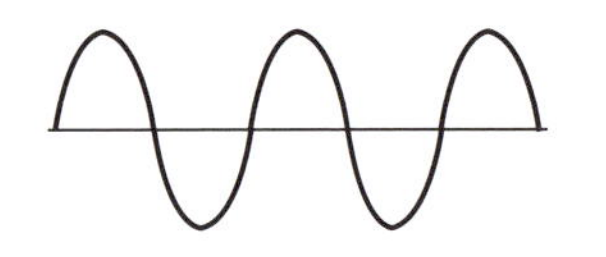

三极管交流小信号放大器输出波形的检测电路如图10-45所示。

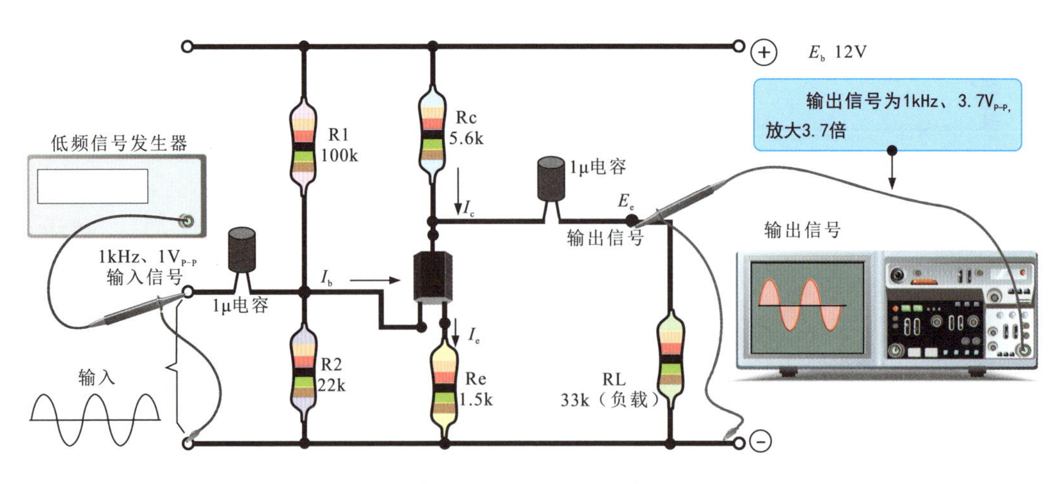

图10-45 三极管交流小信号放大器输出波形的检测电路

放大器的检测方法可分为静态检测法和动态检测法。

静态检测法是在电路中加电源、不加交流输入信号的情况下，检测三极管各极直流电压。

动态检测法是将低频信号（音频信号）发生器输出的1kHz、$1V_{p-p}$信号加到放大器的输入端，用示波器检测输出端的信号幅度和波形（不失真信号波形）。

10.3.9 交流小信号放大器三极管性能的检测

图10-46为典型交流小信号放大器中三极管性能的检测电路。

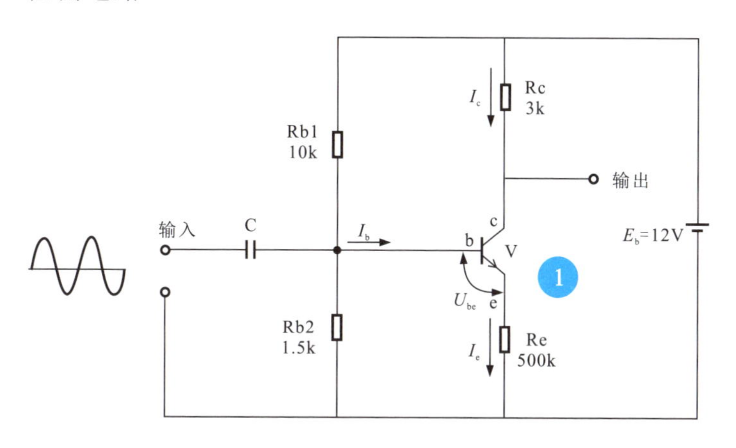

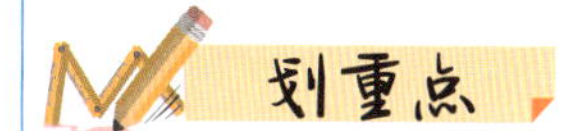

1 电路中具有放大功能的是NPN型三极管V（2SC1815）。

2 搭建交流小信号放大器中三极管性能的检测电路。

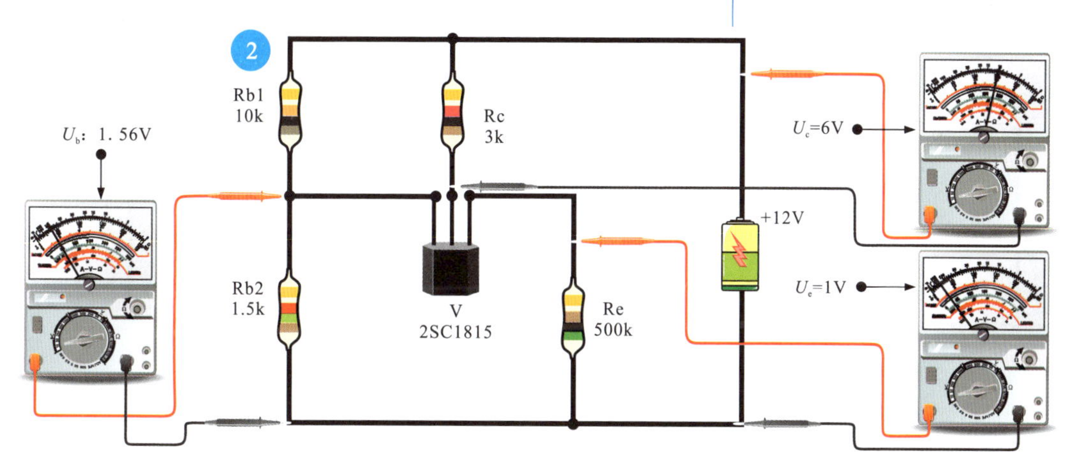

图10-46 典型交流小信号放大器中三极管性能的检测电路

三极管放大器的电源供电电压应为12V。

①测得三极管的基极电压为1. 56V。

②测得三极管的集电极电压为6V。

如果所测电压偏低，则可能为三极管不良或三极管放大倍数太低，应更换三极管。

10.3.10 三极管直流电压放大器的检测

图10-47为三极管直流电压放大器的电路结构。

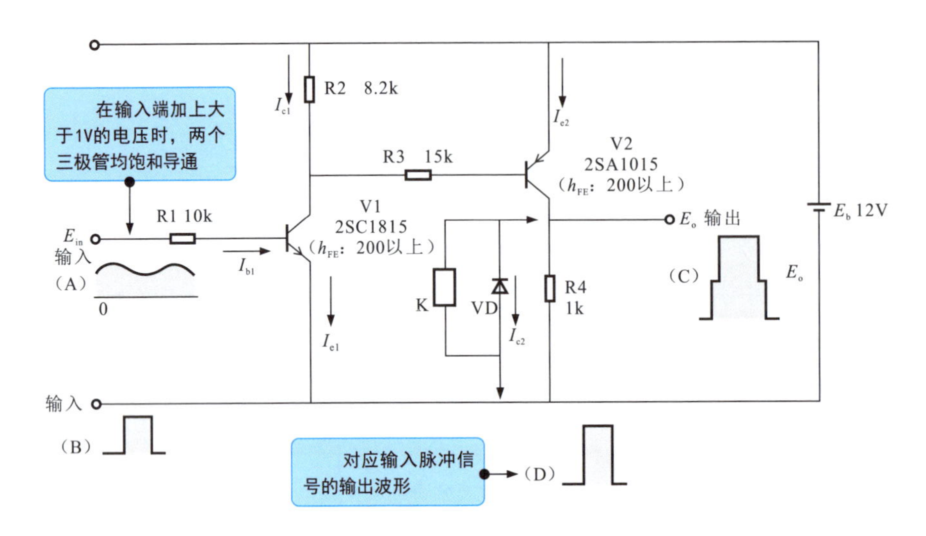

图10-47 三极管直流电压放大器的电路结构

三极管直流电压放大器的检测电路如图10-48所示。

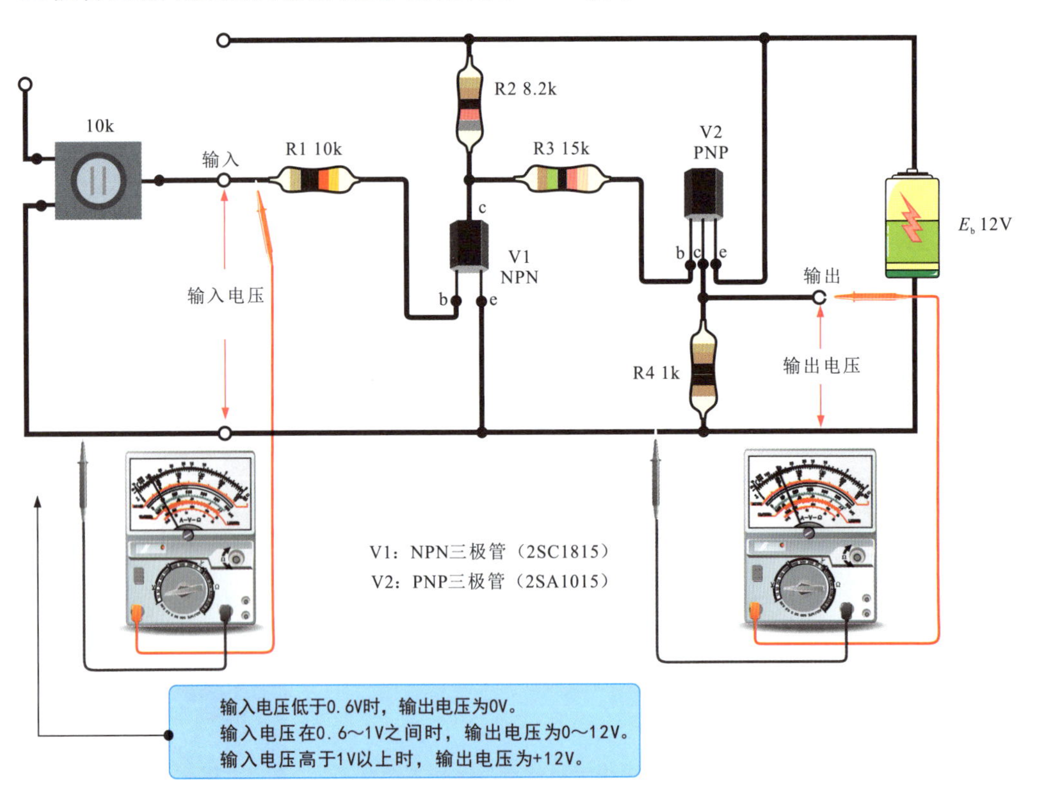

图10-48 三极管直流电压放大器的检测电路

10.3.11 三极管驱动电路的检测

图10-49为NPN型三极管驱动电路的检测方法。

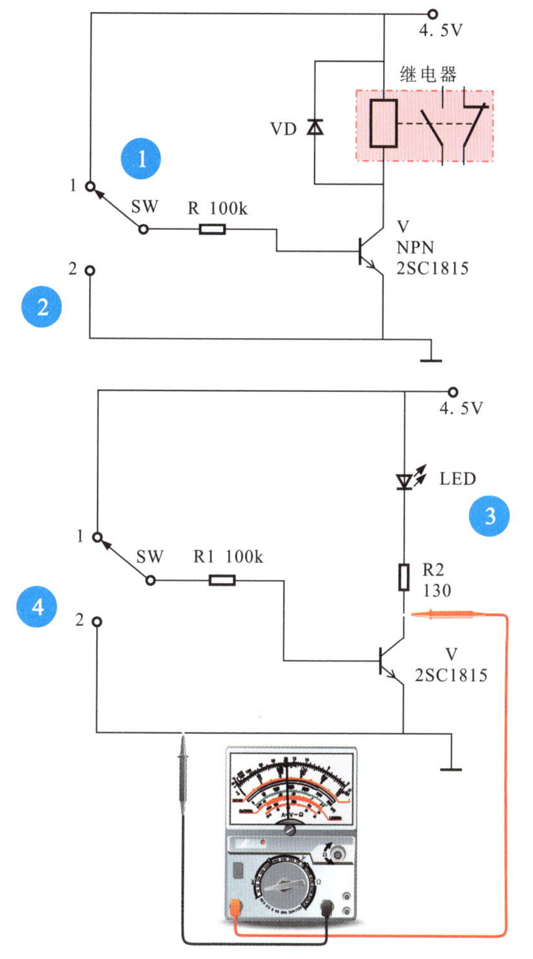

图10-49 NPN型三极管驱动电路的检测方法

图10-50为PNP型三极管驱动电路的检测方法。

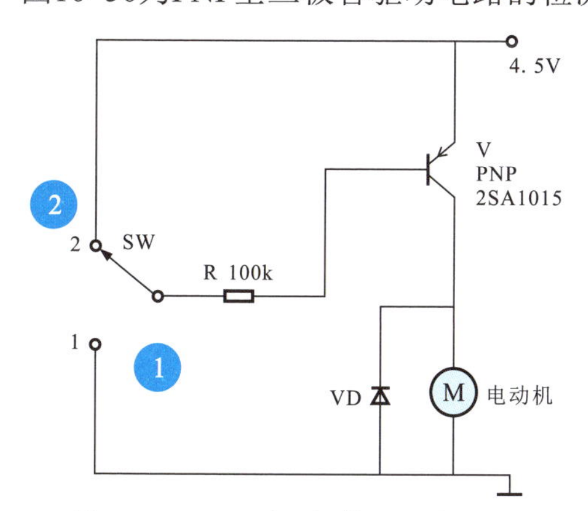

图10-50 PNP型三极管驱动电路的检测方法

划重点

1 当开关SW置1时，三极管V因基极正偏而导通，继电器得电动作。

2 当SW置2时，三极管V因基极反偏而截止，继电器不动作。

3 检测电路时，可用LED和限流电阻取代继电器，便于观测驱动功能。

4 将SW置1：V导通，c极电压接近0V，LED发光；

将SW置2：V截止，c极电压接近4.5V，LED不发光。

1 当开关SW置1时，三极管V因基极正偏而导通，电动机得电动作。

2 当SW置2时，三极管V因基极反偏而截止，电动机不动作。

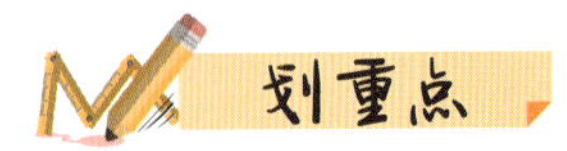

3 检测电路时，可用LED和限流电阻取代电动机，便于观测驱动功能。

4 将SW置1：V导通，c极电压接近4.5V，LED发光；

将SW置2：V截止，c极电压接近0V，LED不发光。

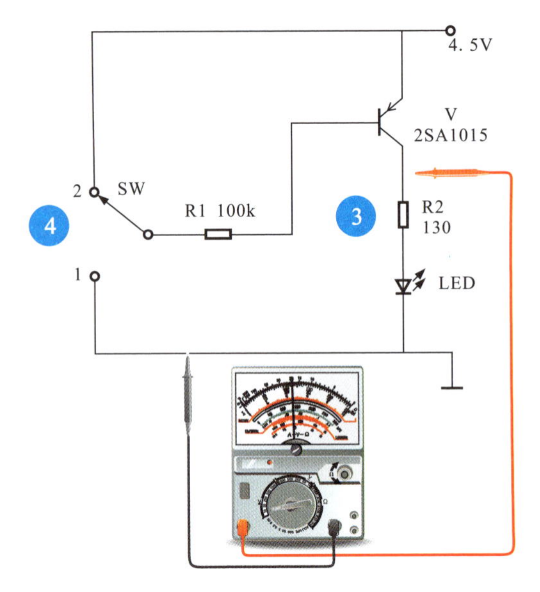

图10-50 NPN型三极管驱动电路的检测方法（续）

10.3.12 三极管光控照明电路的检测

图10-51为三极管光控照明电路，当环境光变暗时，电路自动启动，点亮发光二极管，控制元器件采用光敏电阻（cds），型号为MKY-54C48L，发光二极管采用白色LED（NSPW500CS）。

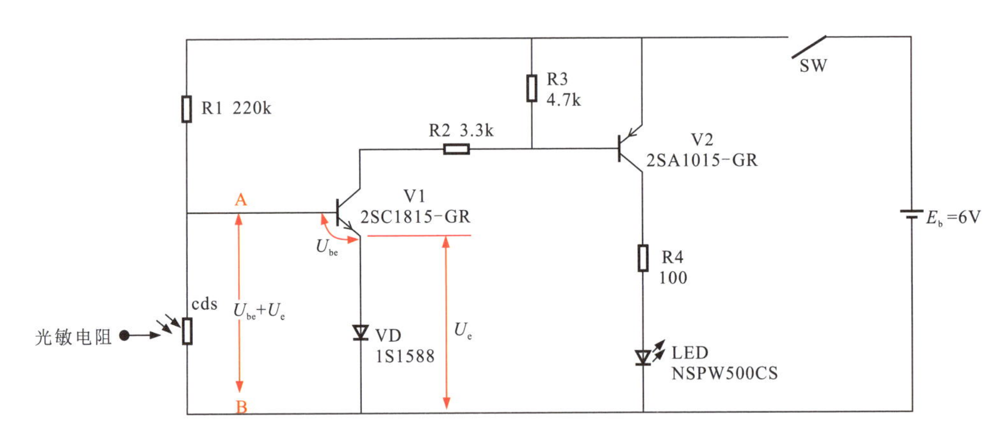

图10-51 三极管光控照明电路

图10-51中，光敏电阻接在V1的基极电路中，与R1（220kΩ）构成分压电路，为V1提供基极电压。

当光线较暗时，V1基极电压（A点）大于$U_{be}+U_e$，V1导通，V2也导通，V2集电极输出+6V电压，发光二极管LED得电发光，R4（100Ω）为限流电阻；当环境光变亮时，光敏电阻的阻值变小，V1的基极电压降低，V1截止，V2也截止，LED熄灭。

三极管光控照明电路的检测电路如图10-52所示。

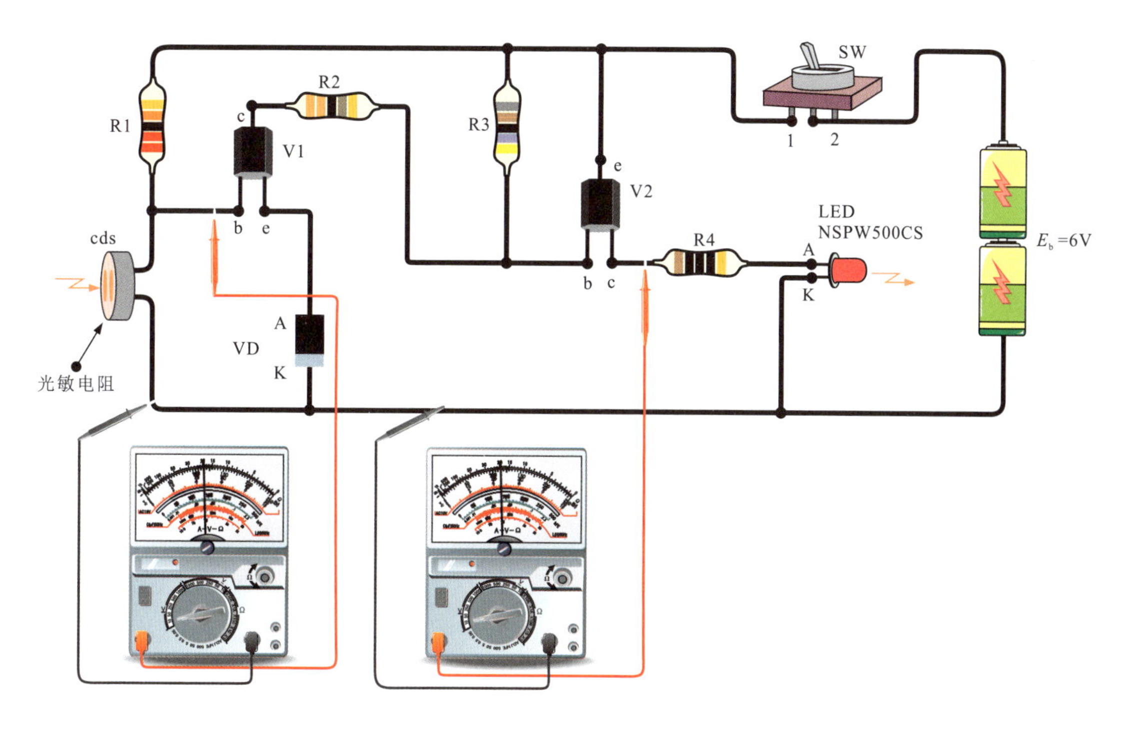

图10-52　三极管光控照明电路的检测电路

对图10-52的检测电路可设置两种状态：

①用手电筒或照明灯照射光敏电阻，同时用万用表检测V1的基极电压和V2的集电极电压，并观察LED的状态。当V1基极电压U_b小于U_{be}+U_e时，V1、V2截止，V2集电极电压为0V，LED不发光。

②遮住光敏电阻，检测V1的基极电压和V2的集电极电压，并观察LED的状态。此时，U_b≥U_{be}+U_e，V1、V2饱和导通，V2的集电极电压为6V，LED发光。

第11章 场效应晶体管

11.1 场效应晶体管的功能与分类

11.1.1 场效应晶体管的功能

场效应晶体管是一种电压控制元器件，栅极不需要控制电流，只需要有一个控制电压就可以控制漏极和源极之间的电流，在电路中常用作放大元器件。

1 结型场效应晶体管的放大功能

结型场效应晶体管是利用沟道两边耗尽层的宽窄改变沟道导电特性来控制漏极电流实现放大功能的，如图11-1所示。

划重点

1 当场效应晶体管的G、S极间不加反向电压（U_{GS}=0）时，PN结的宽度窄，导电沟道宽，沟道电阻小，I_D最大。

2 当场效应晶体管的G、S极间加负电压时，PN结的宽度增加，导电沟道宽度减小，沟道电阻增大，I_D变小。

3 当场效应晶体管G、S极间的负向电压进一步增加时，PN结的宽度进一步加宽，两边PN结合拢（夹断），没有导电沟道，即沟道电阻很大，I_D为0。

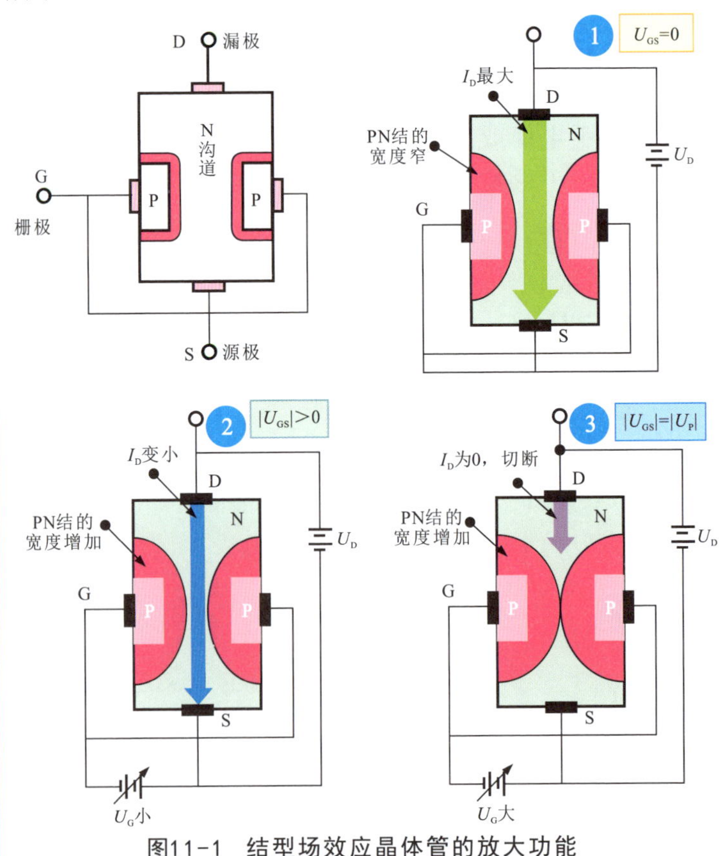

图11-1 结型场效应晶体管的放大功能

结型场效应晶体管一般用于音频放大器的差分输入电路及调制、放大、阻抗变换、稳流、限流、自动保护等电路中。

图11-2为采用结型场效应晶体管构成的电压放大电路。在该电路中，结型场效应晶体管可实现对输出信号的放大。

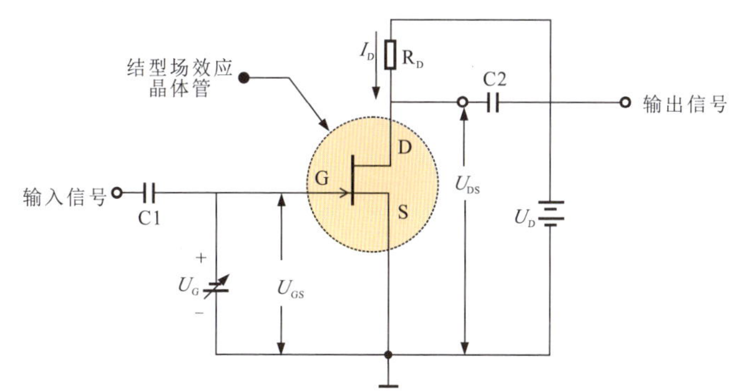

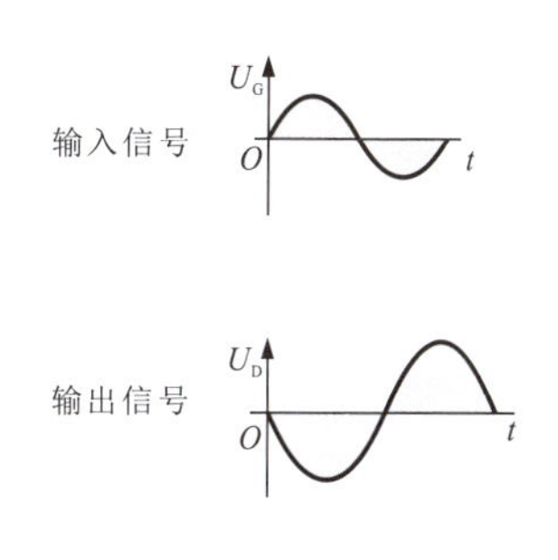

图11-2 采用结型场效应晶体管构成的电压放大电路

划重点

2 绝缘栅型场效应晶体管的放大功能

绝缘栅型场效应晶体管是利用PN结之间感应电荷的多少改变沟道导电特性来控制漏极电流实现放大功能的，如图11-3所示。

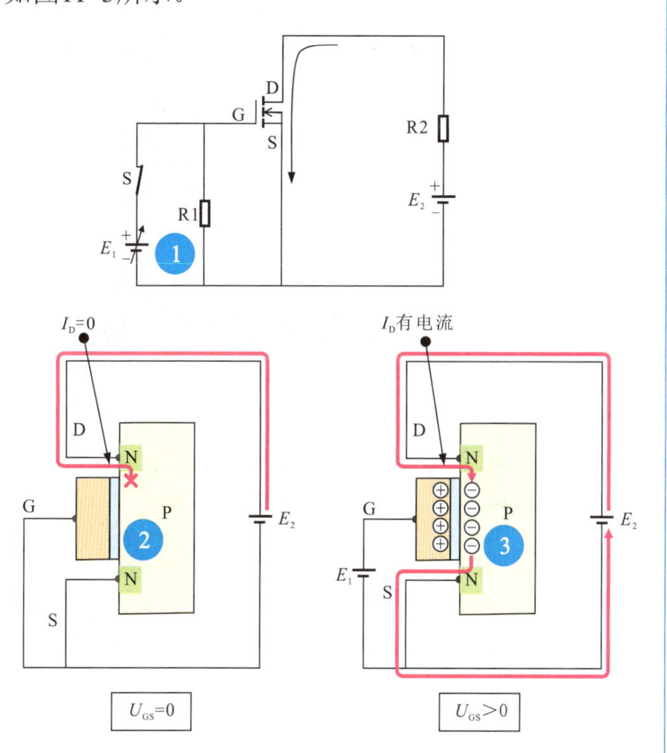

图11-3 绝缘栅型场效应晶体管的放大功能

1 电源E_2经电阻R2为漏极供电，电源E_1经开关S为栅极提供偏压。

2 当开关S断开时，G极无电压，D、S极所接的两个N区之间没有导电沟道，无法导通，I_D=0。

3 当开关S闭合时，G极获得正电压，与G极连接的铝电极有正电荷，产生电场穿过SiO_2层，将P型衬底的很多电子吸引至SiO_2层，形成N型导电沟道（导电沟道的宽窄与电子的多少成正比），使S、D极之间产生正向电压，场效应晶体管导通。

绝缘栅型场效应晶体管常用在音频功率放大、开关电源、逆变器、电源转换器、镇流器、充电器、电动机驱动、继电器驱动等电路中。图11-4为绝缘栅型场效应晶体管在收音机高频放大电路中的应用，可实现高频放大作用。

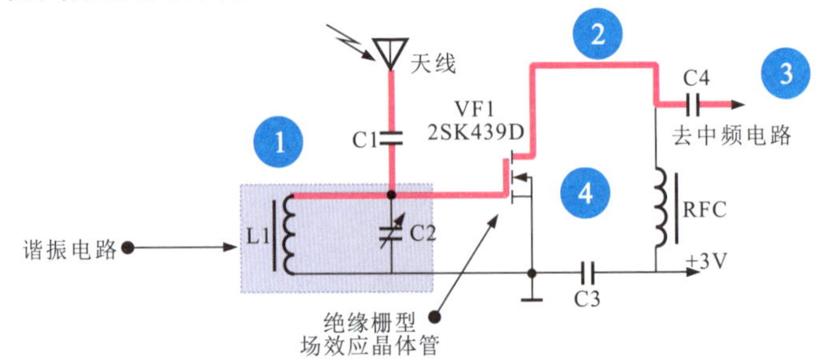

图11-4 绝缘栅型场效应晶体管在收音机高频放大电路中的应用

划重点

1 天线接收的无线电波信号由C1耦合到由L1、C2组成的谐振电路。

2 选频后的信号由场效应晶体管VF1高频放大后，由漏极（D）输出。

3 放大后的信号由C4耦合到中频电路。

4 在收音机高频电路中，绝缘栅型场效应晶体管可实现高频放大作用。

11.1.2 场效应晶体管的分类

如图11-5所示，场效应晶体管（Field-Effect Transistor，FET）是一种典型的电压控制型半导体元器件，具有输入阻抗高、噪声小、热稳定性好、便于集成等特点，容易被静电击穿。

场效应晶体管的实物外形

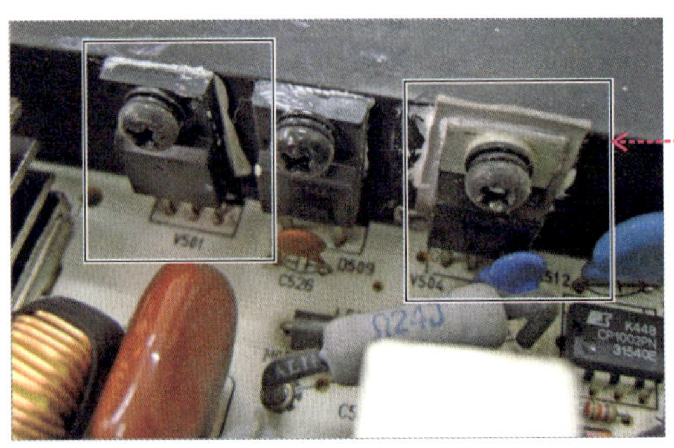

图11-5 电路板上的场效应晶体管

场效应晶体管有三个引脚，分别为漏极（D）、源极（S）、栅极（G）。根据结构的不同，场效应晶体管可分为两大类：结型场效应晶体管（JFET）和绝缘栅型场效应晶体管（MOSFET）。

1 结型场效应晶体管

结型场效应晶体管（JFET）是在一块N型或P型半导体材料的两边制作P区或N区形成PN结所构成的，根据导电沟道的不同可分为N沟道和P沟道。结型场效应晶体管的外形特点、内部结构如图11-6所示。

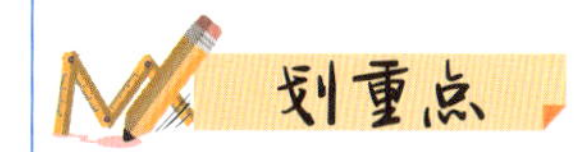

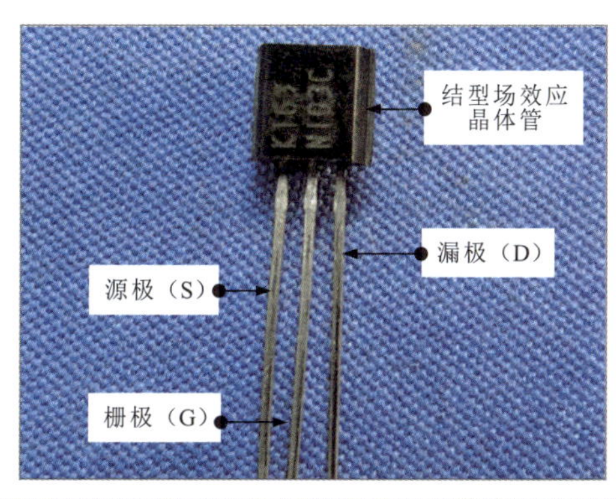

结型场效应晶体管（塑料封装）

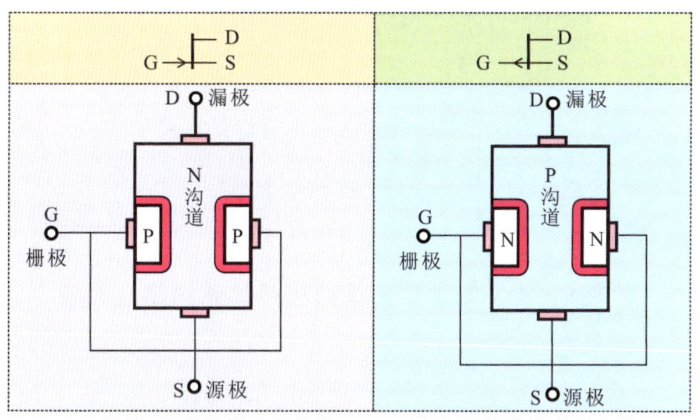

结型N沟道场效应晶体管　　结型P沟道场效应晶体管

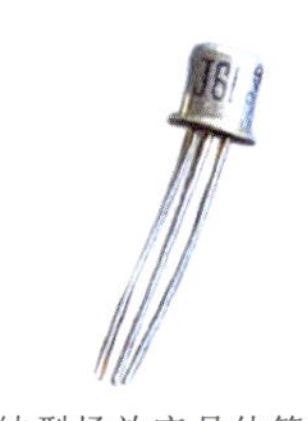
结型场效应晶体管（金属封装）

图11-6　结型场效应晶体管的外形特点、内部结构

图11-7为结型场效应晶体管（JFET）的应用电路。

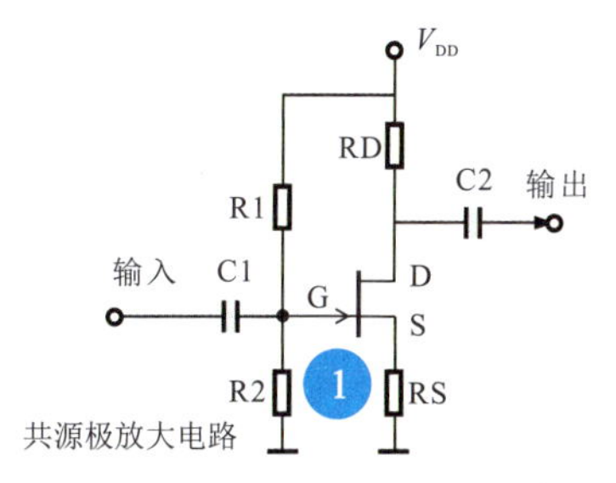

图11-7　结型场效应晶体管（JFET）的应用电路

① 共源极放大电路类似于三极管的共射极放大电路。

划重点

2 共栅极放大电路的输入信号从源极与栅极之间输入，输出信号从漏极与栅极之间输出，高频特性较好。

3 共漏极放大电路又称源极输出器或源极跟随器，源极接电源，对交流信号而言，电源与地相当于短路。

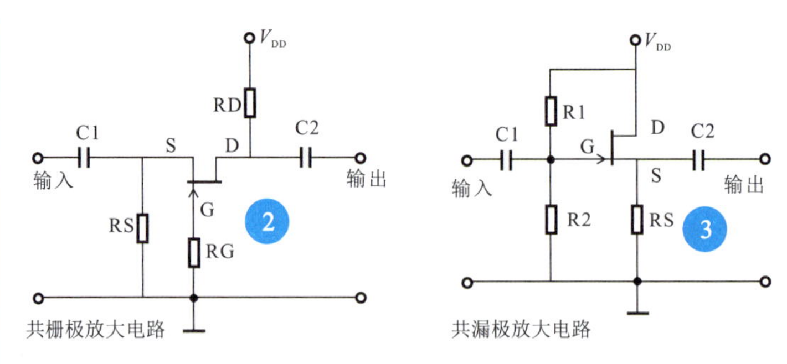

图11-7　结型场效应晶体管（JFET）的应用电路（续）

图11-8为N沟道结型场效应晶体管的特性曲线。当场效应晶体管的栅极电压U_{GS}为不同的电压值时，漏极电流I_D将随之改变；当I_D=0时，U_{GS}为场效应晶体管的夹断电压U_P；当U_{GS}=0时，I_D为场效应晶体管的饱和漏极电流I_{DSS}。在U_{GS}一定时，反映I_D与U_{GS}之间的关系曲线为场效应晶体管的输出特性曲线，分为3个区：饱和区、击穿区和非饱和区。

1 把导电沟道刚被夹断时的U_{GS}称为夹断电压，用U_P表示。

2 场效应晶体管起放大作用时应工作在饱和区，对应三极管的放大区。

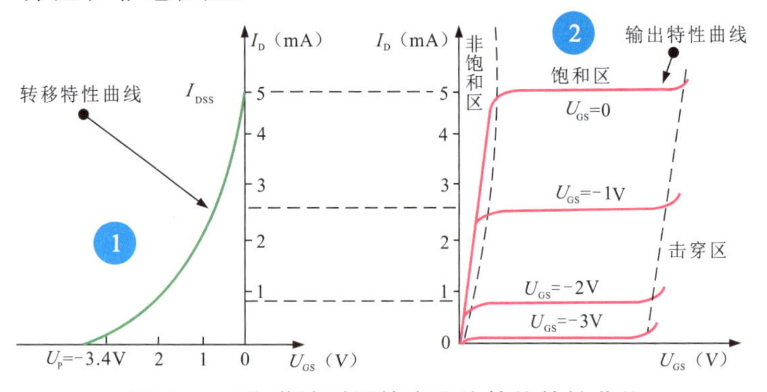

图11-8　N沟道结型场效应晶体管的特性曲线

2 绝缘栅型场效应晶体管

图11-9为不同规格型号的绝缘栅型场效应晶体管。

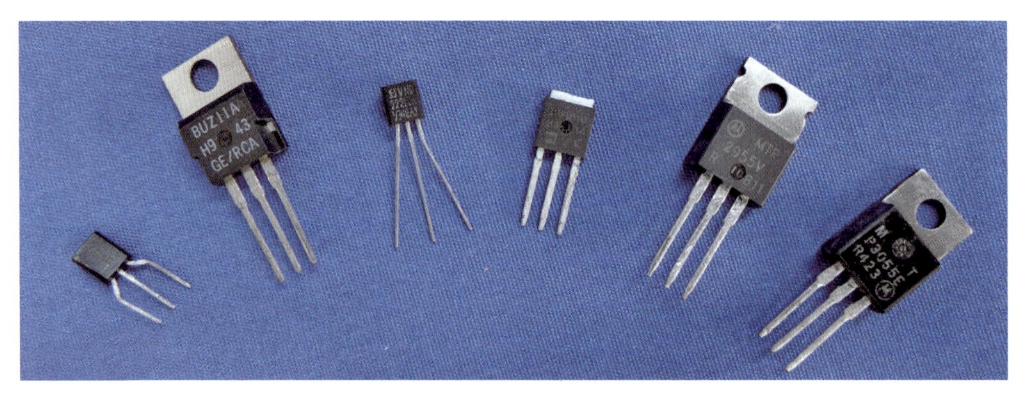

图11-9　不同规格型号的绝缘栅型场效应晶体管

绝缘栅型场效应晶体管（MOSFET）简称MOS场效应晶体管，由金属、氧化物、半导体材料制成，因栅极与其他电极完全绝缘而得名。绝缘栅型场效应晶体管除可分为N沟道和P沟道外，还可根据工作方式的不同分为增强型和耗尽型，如图11-10所示。

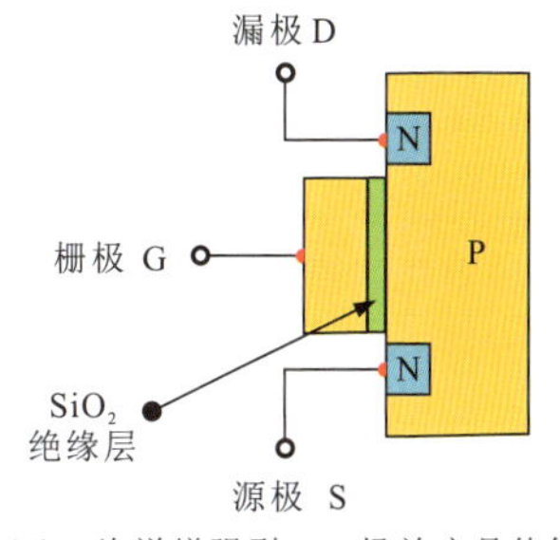

（a）N沟道增强型MOS场效应晶体管

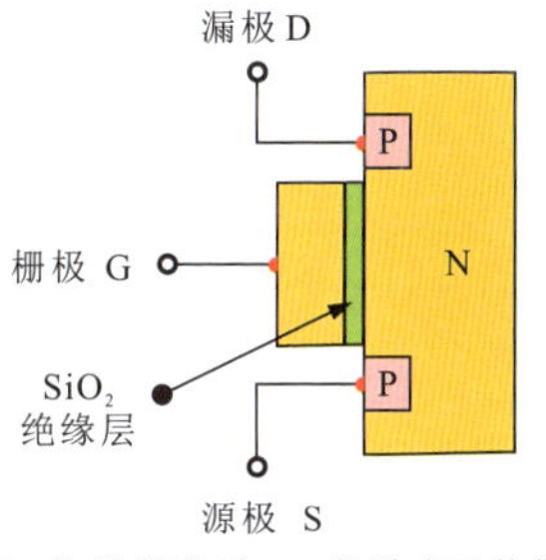

（b）P沟道增强型MOS场效应晶体管

增强型MOS场效应晶体管以P型（N型）硅片作为衬底，在衬底上制作两个含有杂质的N型（P型）材料，并覆盖很薄的二氧化硅（SiO_2）绝缘层，在两个N型（P型）材料上引出两个铝电极，分别称为漏极（D）和源极（S），在两极中间的二氧化硅绝缘层上制作一层铝质导电层，即为栅极（G）。

图11-10　绝缘栅型场效应晶体管的内部结构

划重点

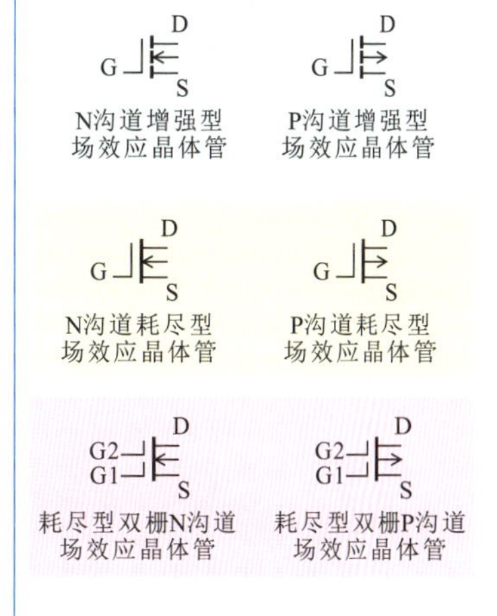

图11-11为N沟道增强型MOS场效应晶体管的特性曲线。

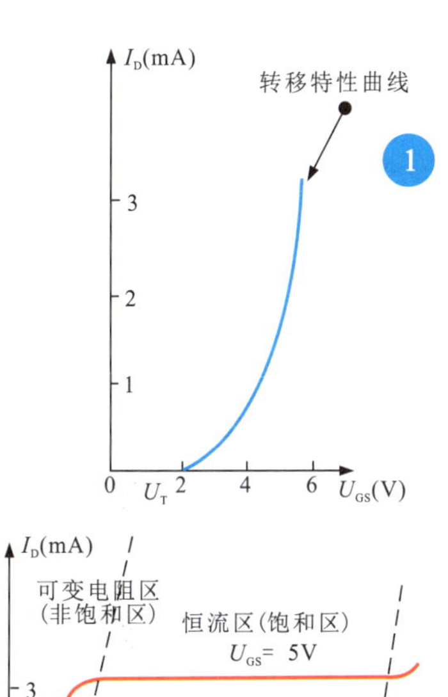

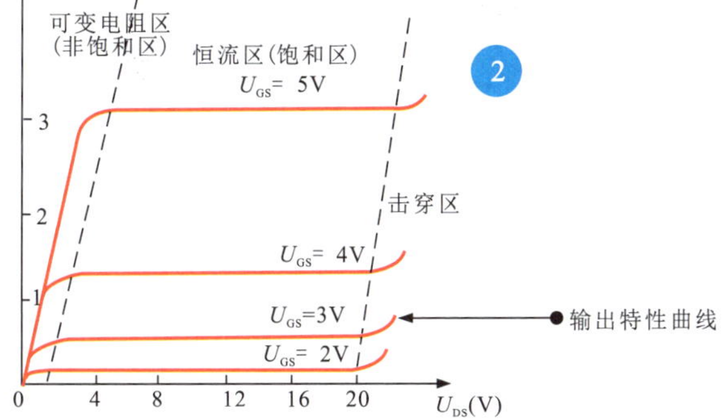

图11-11　N沟道增强型MOS场效应晶体管的特性曲线

1 当$U_{GS}<U_T$时，I_D几乎为零，类似三极管输入特性的死区；当$U_{GS}>U_T$时才有I_D，且受U_{GS}的控制。

2 在U_{GS}一定时，曲线反映电流I_D与电压U_{DS}之间的关系。

11.2 场效应晶体管的识别、选用与代换

11.2.1 场效应晶体管的识别

场效应晶体管的参数标识，即命名方式因国家、地区及生产厂家的不同而不同。

1 国产场效应晶体管

国产场效应晶体管的命名方式如图11-12所示。

划重点

① 极性：用数字表示，通常3表示三电极。

② 材料：用字母表示。其中，C表示N型；D表示P型。

③ 类型：用字母表示。其中，J表示结型场效应晶体管；O表示绝缘栅型场效应晶体管。

④ 规格号：表示同种类型的不同规格。

⑤ 类型：用字母表示，CS表示场效应晶体管。

⑥ 序号：用数字表示。

⑦ 规格号：表示同种类型的不同规格。

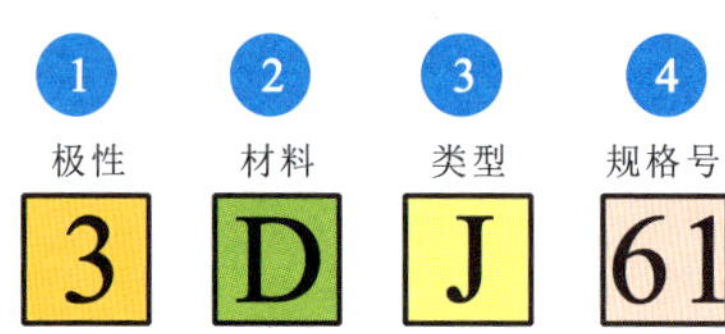

（a）数字+字母+数字的命名方式

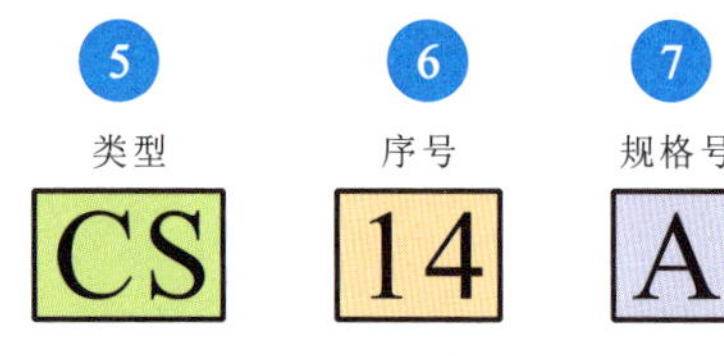

（b）CS+数字+字母的命名方式

图11-12　国产场效应晶体管的命名方式

图11-13为国产场效应晶体管的外形及参数标识识读实例。

场效应晶体管的参数标识为3DJ61，是P沟道结型场效应晶体管，规格号为61。

图11-13　国产场效应晶体管的外形及参数标识识读实例

2 日产场效应晶体管

日产场效应晶体管的命名方式如图11-14所示。

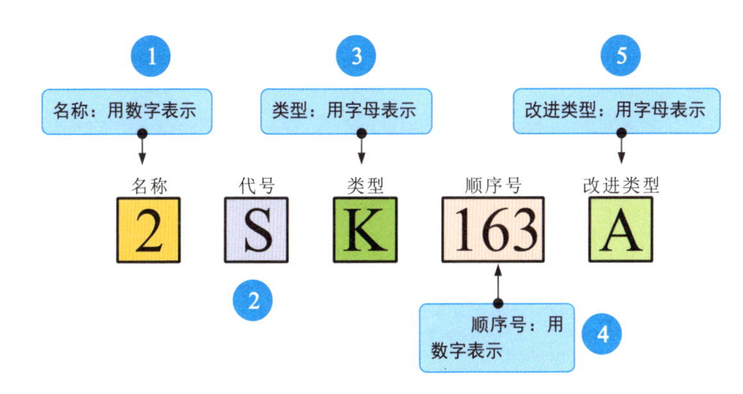

图11-14 日产场效应晶体管的命名方式

图11-15为日产场效应晶体管的外形及参数标识识读实例。

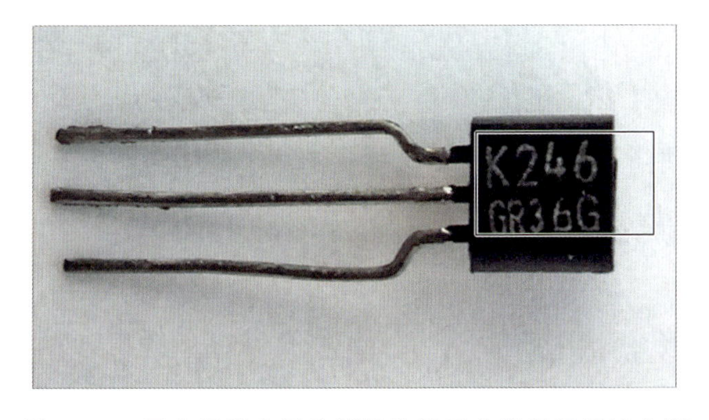

图11-15 日产场效应晶体管的外形及参数标识识读实例

划重点

1 名称：用数字表示，2表示三极管或具有两个PN结的其他三极管。

2 代号：字母S表示已在日本电子工业协会注册登记。

3 类型：用字母表示。J表示P沟道场效应晶体管；K表示N沟道场效应晶体管。

4 顺序号：用数字表示。从11开始，表示在日本电子工业协会注册登记的顺序号。

5 改进类型：用字母A～F表示对原来型号的改进产品。

场效应晶体管的参数标识为K246，是顺序号为246的N沟道场效应晶体管。

3 场效应晶体管引脚极性的识别

图11-16为根据一般排列规律识别引脚极性的方法。

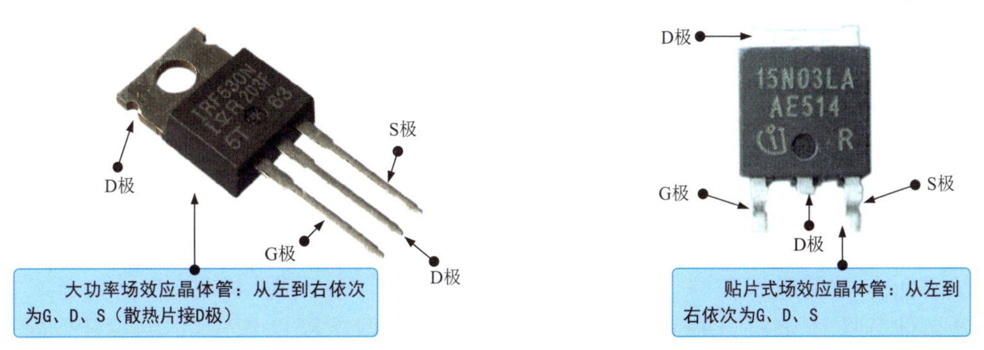

图11-16 根据一般排列规律识别引脚极性的方法

在一般情况下，将场效应晶体管印有参数标识的一面朝上放置，引脚从左到右依次为G、D、S（散热片接D极）；对于采用贴片封装的场效应晶体管，将印有参数标识的一面朝上放置，散热片（上面的宽引脚）为D极，下面的三个引脚从左到右依次为G、D、S。

图11-17为根据参数标识查阅引脚极性的方法。

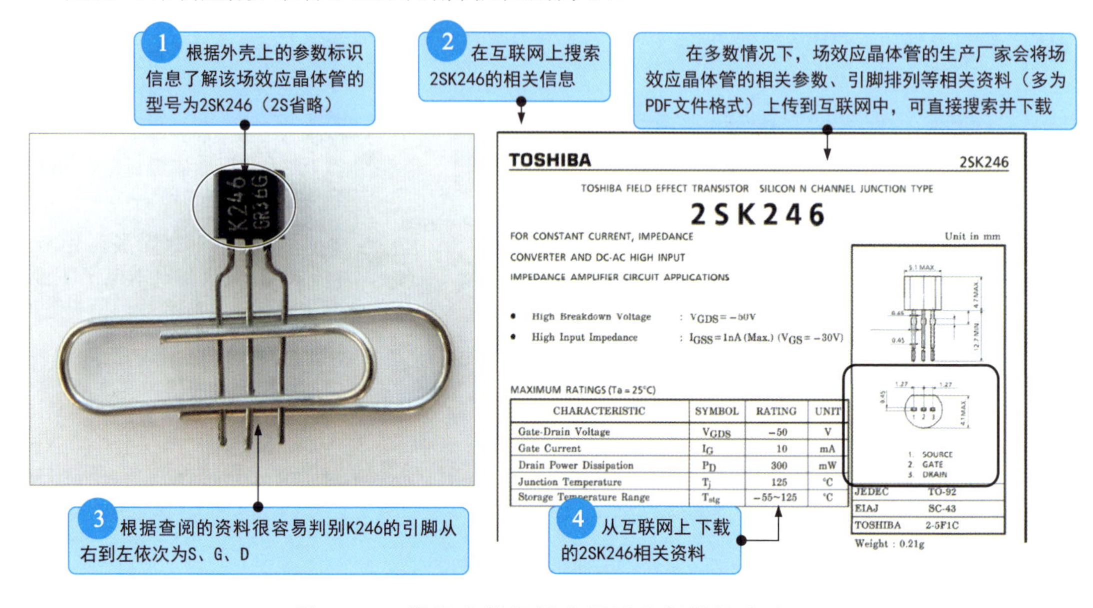

图11-17 根据参数标识查阅引脚极性的方法

图11-18为根据电路板上的标识信息或电路图形符号识别引脚极性的方法。

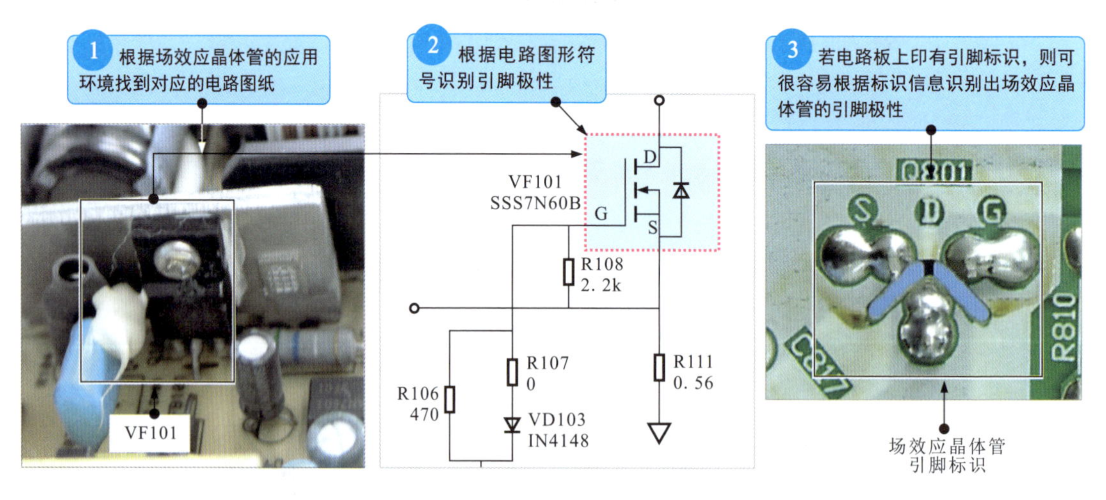

图11-18 根据电路板上的标识信息或电路图形符号识别引脚极性的方法

识别安装在电路板上的场效应晶体管引脚极性时，可观察场效应晶体管的周围或背面焊接面上有无标识信息，根据标识信息可以很容易识别引脚极性，也可以根据场效应晶体管所在电路，找到对应的电路图纸，根据电路图纸中的电路图形符号识别引脚极性。

11.2.2 场效应晶体管的选用

场效应晶体管的种类和型号较多，不同种类场效应晶体管的参数也不一样，若电路中的场效应晶体管损坏，最好选用同型号的场效应晶体管代换。

不同种类场效应晶体管的适用电路和选用注意事项见表11-1。

表11-1 不同种类场效应晶体管的适用电路和选用注意事项

<table>
<tr><th>类 型</th><th>适用电路</th><th>选用注意事项</th></tr>
<tr><td>结型场效应晶体管</td><td>音频放大器的差分输入电路及调制、放大、阻抗变换、稳压、限流、自动保护等电路</td><td rowspan="3">◇ 选用场效应晶体管时应重点考虑主要参数应符合电路需求。
◇ 当选用大功率场效应晶体管时，应注意最大耗散功率应达到放大器输出功率的0.5～1倍，漏-源极击穿电压应为放大器工作电压的2倍以上。
◇ 场效应晶体管的高度、尺寸应符合电路需求。
◇ 结型场效应晶体管的源极和漏极可以互换。
◇ 音频功率放大器推挽输出用MOS大功率场效应晶体管的各项参数要匹配</td></tr>
<tr><td>MOS场效应晶体管</td><td>音频功率放大、开关电源、逆变器、电源转换器、镇流器、充电器、电动机驱动、继电器驱动等电路</td></tr>
<tr><td>双栅型场效应晶体管</td><td>彩色电视机的高频调谐器电路、半导体收音机的变频器等高频电路</td></tr>
</table>

常见场效应晶体管的型号及相关参数见表11-2。

表11-2 常见场效应晶体管的型号及相关参数

型号	沟 道	$U_{(BR)DSS}$（V）	I_{DS}（A）	功率（W）	类 型
IRFU020	N	50	15	42	MOS场效应晶体管
IRFPG42	N	1000	4	150	MOS场效应晶体管
IRFPF40	N	900	4.7	150	MOS场效应晶体管
IRFP9240	P	200	12	150	MOS场效应晶体管
IRFP9140	P	100	19	150	MOS场效应晶体管
IRFP460	N	500	20	250	MOS场效应晶体管
IRFP450	N	500	14	180	MOS场效应晶体管
IRFP440	N	500	8	150	MOS场效应晶体管
IRFP353	N	350	14	180	MOS场效应晶体管
IRFP350	N	400	16	180	MOS场效应晶体管
IRFP340	N	400	10	150	MOS场效应晶体管
IRFP250	N	200	33	180	MOS场效应晶体管
IRFP240	N	200	19	150	MOS场效应晶体管
IRFP150	N	100	40	180	MOS场效应晶体管
IRFP140	N	100	30	150	MOS场效应晶体管
IRFP054	N	60	65	180	MOS场效应晶体管
IRFI744	N	400	4	32	MOS场效应晶体管

（续）

型号	沟　道	$U_{(BR)DSS}$（V）	I_{DS}（A）	功率（W）	类　型
IRFI730	N	400	4	32	MOS场效应晶体管
IRFD9120	N	100	1	1	MOS场效应晶体管
IRFD123	N	80	1.1	1	MOS场效应晶体管
IRFD120	N	100	1.3	1	MOS场效应晶体管
IRFD113	N	60	0.8	1	MOS场效应晶体管
IRFBE30	N	800	2.8	75	MOS场效应晶体管
IRFBC40	N	600	6.2	125	MOS场效应晶体管
IRFBC30	N	600	3.6	74	MOS场效应晶体管
IRFBC20	N	600	2.5	50	MOS场效应晶体管
IRFS9630	P	200	6.5	75	MOS场效应晶体管
IRF9630	P	200	6.5	75	MOS场效应晶体管
IRF9610	P	200	1	20	MOS场效应晶体管
IRF9541	P	60	19	125	MOS场效应晶体管
IRF9531	P	60	12	75	MOS场效应晶体管
IRF9530	P	100	12	75	MOS场效应晶体管
IRF840	N	500	8	125	MOS场效应晶体管
IRF830	N	500	4.5	75	MOS场效应晶体管
IRF740	N	400	10	125	MOS场效应晶体管
IRF730	N	400	5.5	75	MOS场效应晶体管
IRF720	N	400	3.3	50	MOS场效应晶体管
IRF640	N	200	18	125	MOS场效应晶体管
IRF630	N	200	9	75	MOS场效应晶体管
IRF610	N	200	3.3	43	MOS场效应晶体管
IRF541	N	80	28	150	MOS场效应晶体管
IRF540	N	100	28	150	MOS场效应晶体管
IRF530	N	100	14	79	MOS场效应晶体管
IRF440	N	500	8	125	MOS场效应晶体管
IRF230	N	200	9	79	MOS场效应晶体管
IRF130	N	100	14	79	MOS场效应晶体管
BUZ20	N	100	12	75	MOS场效应晶体管
BUZ11A	N	50	25	75	MOS场效应晶体管
BS170	N	60	0.3	0.63	MOS场效应晶体管

11.2.3 场效应晶体管的代换

1 场效应晶体管的代换原则

场效应晶体管的代换原则就是在代换前，要保证所选用场效应晶体管的规格应符合产品要求；在代换过程中，要尽量采用最稳妥的代换方式，确保拆装过程安全可靠，不可造成二次故障，力求代换后的场效应晶体管能够良好、长久、稳定地工作。

①场效应晶体管的种类比较多，在电路中的工作条件各不相同，在代换时要注意类别和型号的差异，不可任意代换。

②场效应晶体管在保存和检测时应注意防静电，以免被击穿。

③代换时，应注意场效应晶体管的型号及引脚排列顺序。

2 场效应晶体管的代换注意事项

由于场效应晶体管的形态各异，安装方式也不相同，因此在代换时一定要注意方法，要根据电路特点及场效应晶体管的自身特性来选择正确、稳妥的代换方法。通常，场效应晶体管采用焊接的形式固定在电路板上，从焊接的形式上看，主要可以分为表面贴装和插接焊装两种形式，如图11-19所示。

【表面贴装场效应晶体管代换注意事项】	【插接焊装场效应晶体管代换注意事项】
表面贴装场效应晶体管的体积普遍较小，常用于元器件密集的数码电路中。在拆卸和焊接时，最好使用热风焊枪加热引脚，使用镊子实现对场效应晶体管的抓取、固定或挪动等操作	插接焊装场效应晶体管的引脚通常会穿过电路板，并在电路板的另一面（背面）进行焊接固定，代换时，通常使用普通电烙铁即可

图11-19 场效应晶体管的代换注意事项

由于场效应晶体管比较容易被击穿，因此在操作前，操作者应对自身进行放电，最好在带有防静电手环的环境下操作，如图11-20所示。

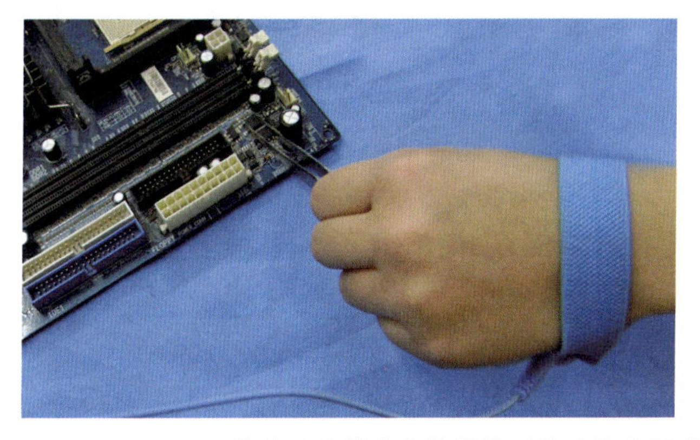

图11-20 场效应晶体管在代换操作时的防静电要求

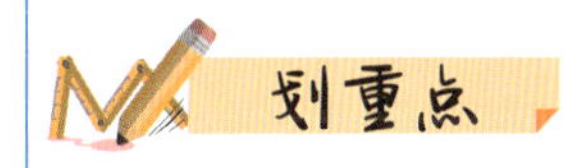

在拆卸场效应晶体管之前，应首先对操作环境进行检查。

确保操作环境干燥、整洁，确保操作平台稳固、平整，确保待检修电路板或设备处于断电、冷却状态。

3 插接焊装场效应晶体管的代换

如图11-21所示，对插接焊装的场效应晶体管进行代换时，应采用电烙铁、吸锡器和焊锡丝等进行拆焊和焊接操作。

划重点

1 用电烙铁加热场效应晶体管各引脚焊点并用吸锡器吸走熔化的焊锡。

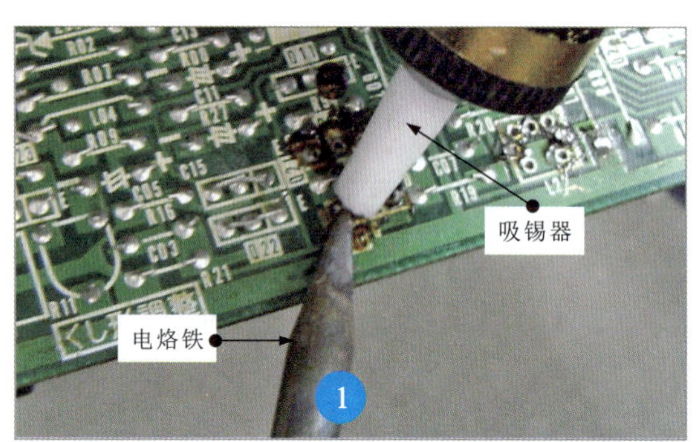

2 同时用镊子夹住场效应晶体管。

拆卸时，应确认场效应晶体管引脚处的焊锡被彻底清除，并小心地将场效应晶体管从电路板上取下。取下时，一定要谨慎，若在引脚焊点处还有焊锡粘连的现象，应再用电烙铁清除，直至场效应晶体管被稳妥取下，切不可硬拔。

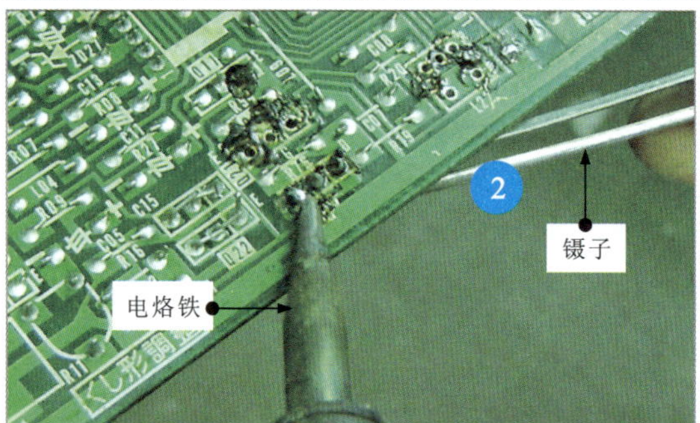

3 用镊子取下场效应晶体管。

4 拆下的场效应晶体管和代换的场效应晶体管。

拆下场效应晶体管后，用酒精棉签清洁焊孔，若电路板上有氧化层或未去除的焊锡，则可用砂纸等打磨，去除氧化层或焊锡，为更换安装新的场效应晶体管做好准备。

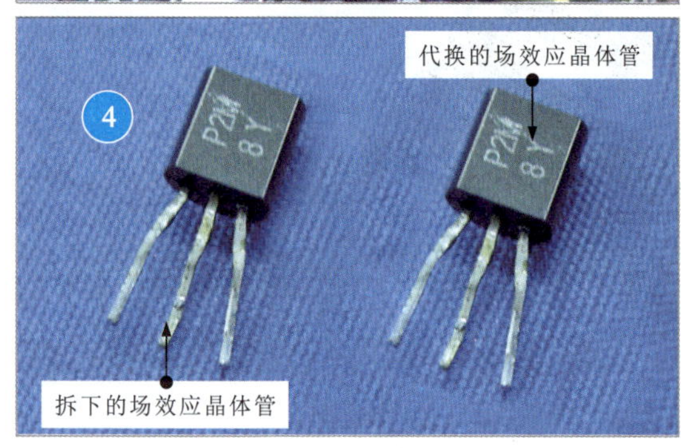

图11-21 插接焊装场效应晶体管的代换方法

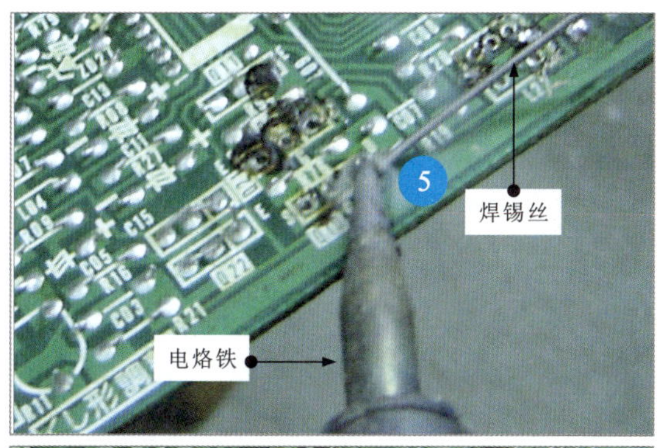

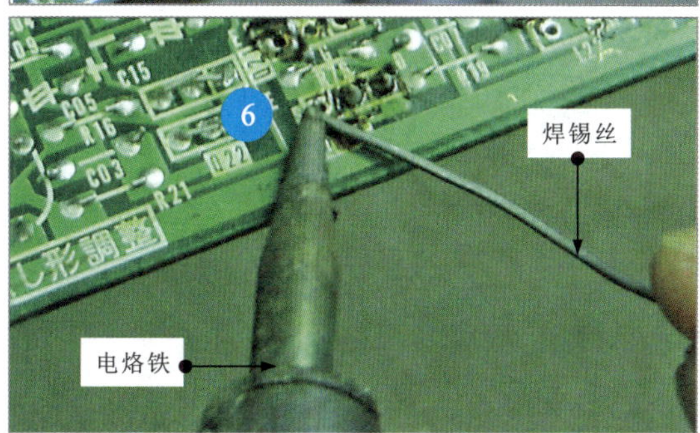

图11-21 插接焊装场效应晶体管的代换方法（续）

划重点

5 使用电烙铁将焊锡丝熔化在场效应晶体管的引脚上。

焊接时，要保证焊点整齐、漂亮，不能有连焊、虚焊等现象，以免造成元器件损坏。在电烙铁被加热后，可以在电烙铁上沾一些松香后再焊接，使焊点不容易氧化。

6 待焊锡熔化后，先抽离焊锡丝，再抽离电烙铁。

4 表面贴装场效应晶体管的代换

图11-22为表面贴装场效应晶体管的代换方法。

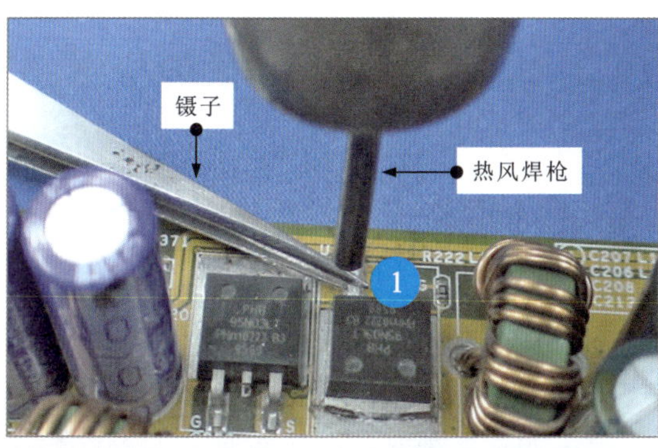

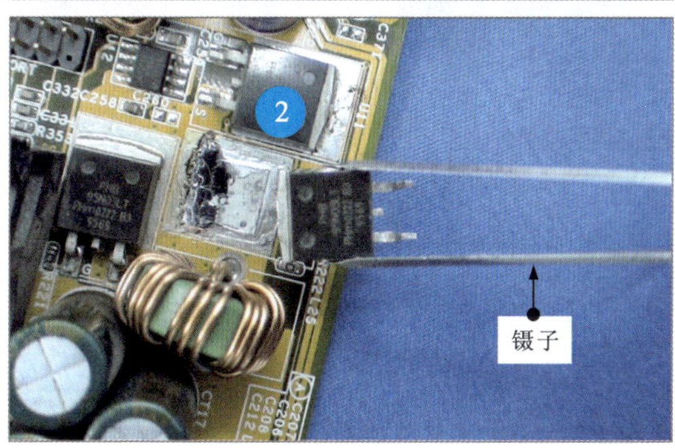

图11-22 表面贴装场效应晶体管的代换方法

对于表面贴装的场效应晶体管，需使用热风焊枪、镊子等进行拆卸和焊装。将热风焊枪的温度调节旋钮调至4～5挡，风速调节旋钮调至2～3挡，打开电源开关预热后，即可进行拆卸和焊装操作。

1 用热风焊枪加热贴片场效应晶体管的引脚，使焊锡全部熔化。

2 待焊锡熔化后，用镊子取下场效应晶体管。

划重点

3 用镊子将新的场效应晶体管固定在电路板的焊点上。

4 用镊子按住场效应晶体管，用热风焊枪加热场效应晶体管的引脚焊点，待焊锡熔化后，移开热风焊枪即可。

图11-22　表面贴装场效应晶体管的代换方法（续）

11.3 场效应晶体管的检测

11.3.1 结型场效应晶体管的检测

场效应晶体管的放大能力是最基本的性能之一，一般可使用指针万用表粗略测量场效应晶体管是否具有放大能力。图11-23为结型场效应晶体管放大能力的检测方法。

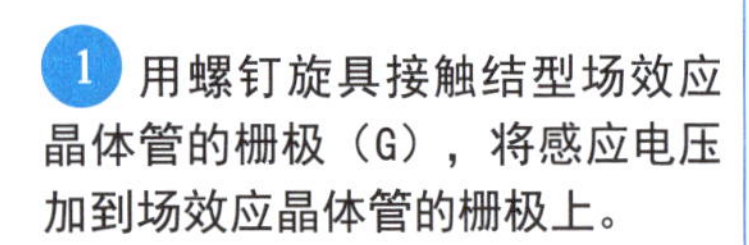

1 用螺钉旋具接触结型场效应晶体管的栅极（G），将感应电压加到场效应晶体管的栅极上。

2 若万用表的指针向左或向右偏摆，则说明场效应晶体管具有放大能力。

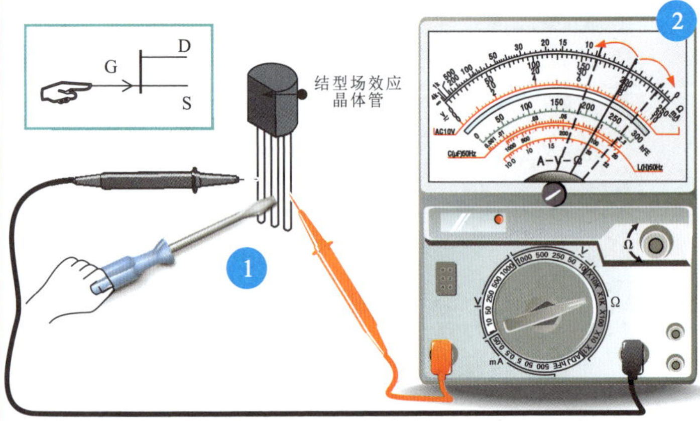

图11-23　结型场效应晶体管放大能力的检测方法

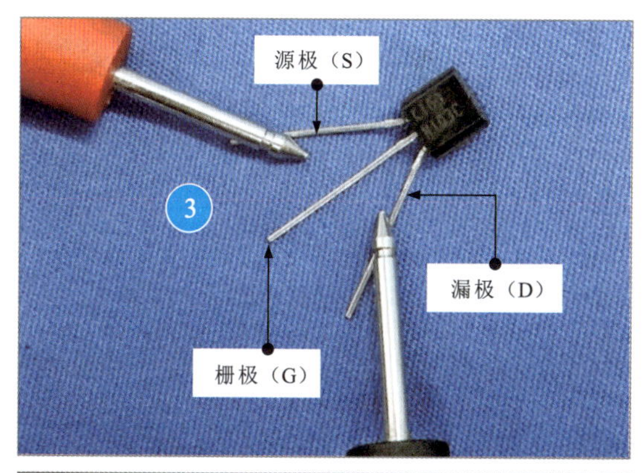

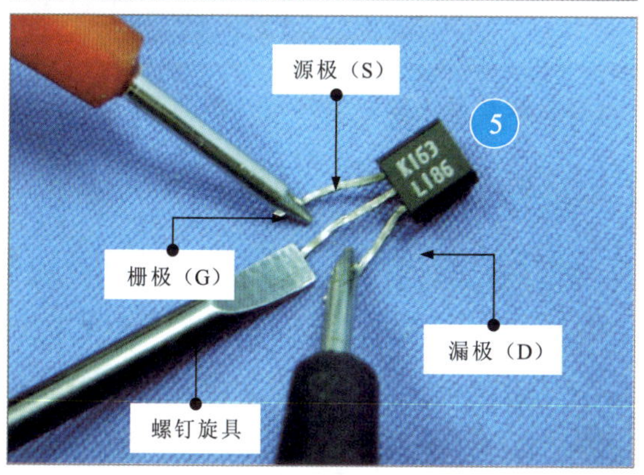

图11-23 结型场效应晶体管放大能力的检测方法（续）

划重点

3 将万用表的量程旋钮调至 R×1kΩ，黑表笔搭在结型场效应晶体管的漏极（D）引脚上，红表笔搭在源极（S）引脚上。

4 观察万用表的指针位置可知，当前的测量值为5kΩ。

5 用螺钉旋具接触结型场效应晶体管的栅极（G）。

在正常情况下，万用表指针摆动的幅度越大，表明结型场效应晶体管的放大能力越好；反之，表明放大能力越差。若用螺钉旋具接触栅极（G）时指针不摆动，则表明结型场效应晶体管已失去放大能力。

6 可看到指针产生一个较大的摆动（向左或向右）。

当测量一次后再次测量时，表针可能不动，这是正常的。因为在第一次测量时，G、S之间的结电容积累了电荷。为能够使万用表的表针再次摆动，可在测量后短接一下G、S。

11.3.2 绝缘栅型场效应晶体管的检测

图11-24为绝缘栅型场效应晶体管放大能力的检测方法。为了避免人体感应电压过高或人体静电将绝缘栅型场效应晶体管击穿，检测时，尽量不要用手触碰绝缘栅型场效应晶体管的引脚，可借助螺钉旋具碰触栅极引脚完成检测。

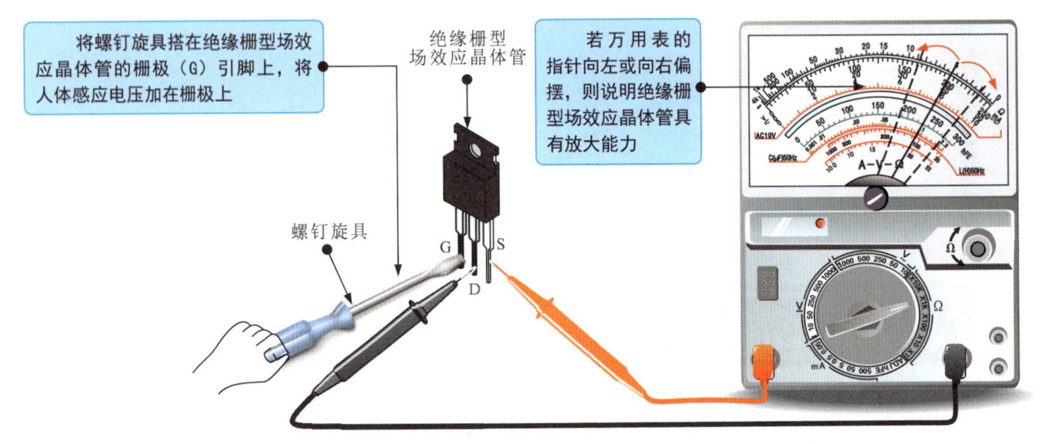

图11-24 绝缘栅型场效应晶体管放大能力的检测方法

11.3.3 场效应晶体管驱动放大特性的检测

图11-25为场效应晶体管驱动放大特性的测试电路。图中，发光二极管是被驱动元器件；场效应晶体管VF为控制元器件。场效应晶体管D、S之间的电流受栅极G电压的控制，如图11-25（b）所示。

当场效应晶体管的栅极电压低于3V时，场效应晶体管处于截止状态，发光二极管无电流，不亮；当场效应晶体管的栅极电压超过3V、小于3.5V时，漏极电流开始线性增加，处于放大状态；当场效应晶体管的栅极电压大于3.5V时，场效应晶体管进入饱和导通状态。

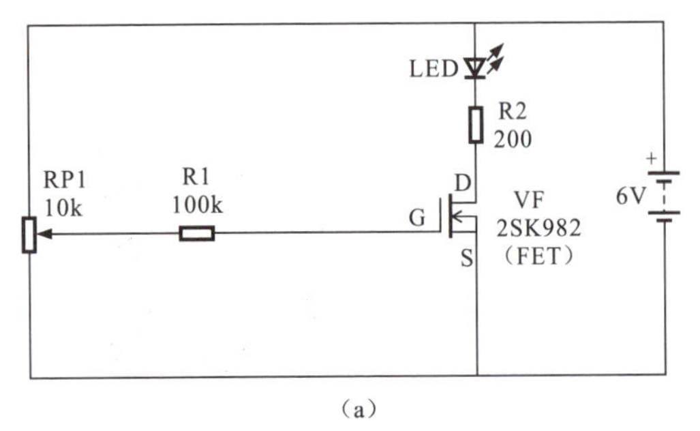

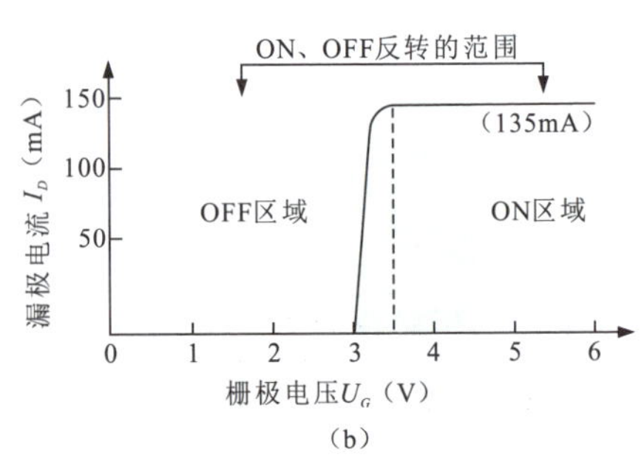

图11-25 场效应晶体管驱动放大特性的测试电路

可以使用指针万用表对场效应晶体管的驱动放大性能进行检测，搭建检测电路如图11-26所示。

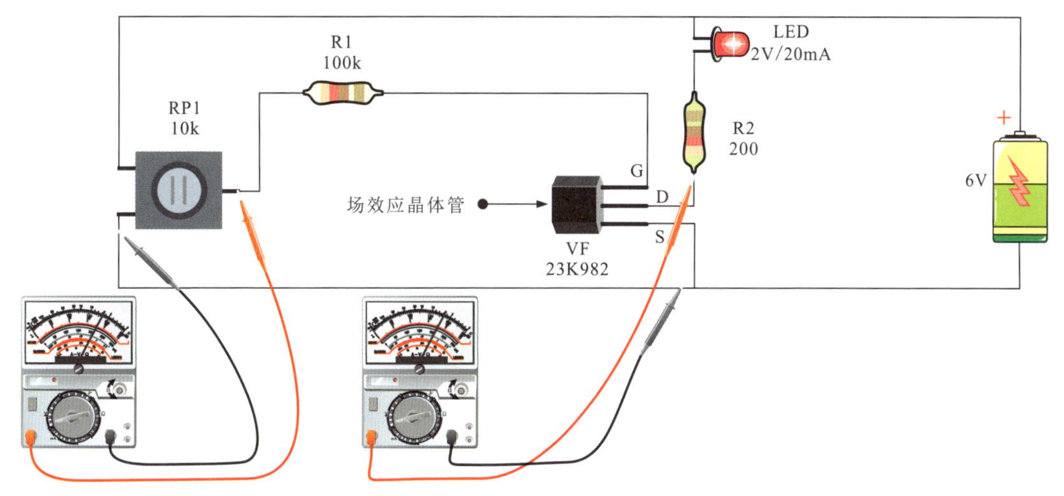

图11-26 场效应晶体管检测电路

图11-26中，RP1的动片经R1为场效应晶体管的栅极提供电压，微调RP1的阻值，场效应晶体管的漏极输出0.2~6V的电压，用指针万用表检测场效应晶体管漏极（D）的对地电压，即可了解导通情况，同时观察LED的发光状态。当场效应晶体管截止时，LED不亮；当场效应晶体管处于放大状态时，LED微亮；当场效应晶体管饱和导通时，LED全亮，LED的压降为2V，R2的压降为4V，电流为20mA。

11.3.4 场效应晶体管工作状态的检测

图11-27为采用小功率MOS场效应晶体管的直流电动机驱动电路。3个小功率MOS场效应晶体管分别驱动3个直流电动机。3个开关控制3个MOS场效应晶体管的栅极电压。

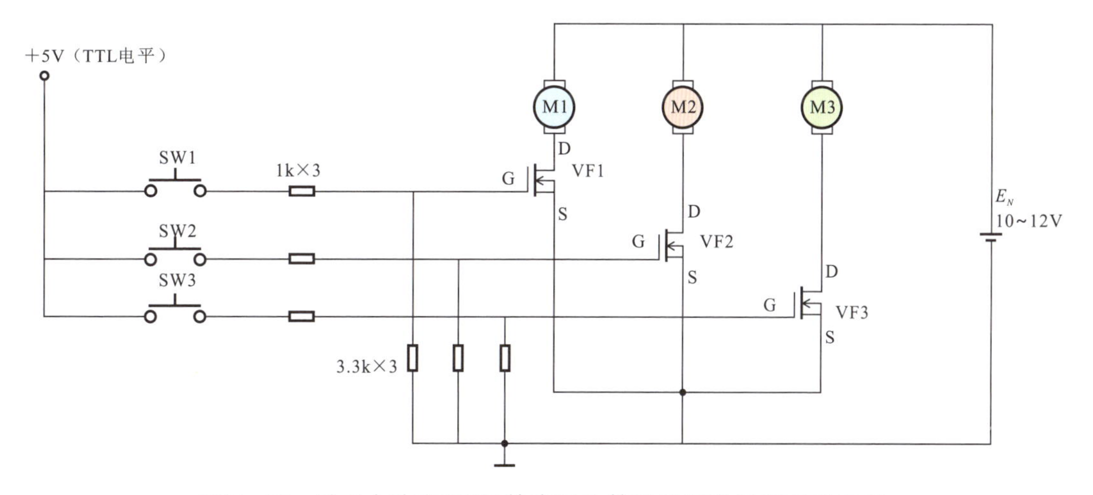

图11-27 采用小功率MOS场效应晶体管的直流电动机驱动电路

图11-27中，当某一开关接通时，+5V电源电压经电阻分压电路为小功率MOS场效应晶体管的栅极提供驱动电压，当为3.5V时，小功率MOS场效应晶体管饱和导通，电动机得电旋转，若断开开关，当栅极电压下降为0V时，小功率MOS场效应晶体管截止，电动机断电停转。

小功率MOS场效应晶体管的工作状态与等效电路如图11-28所示。

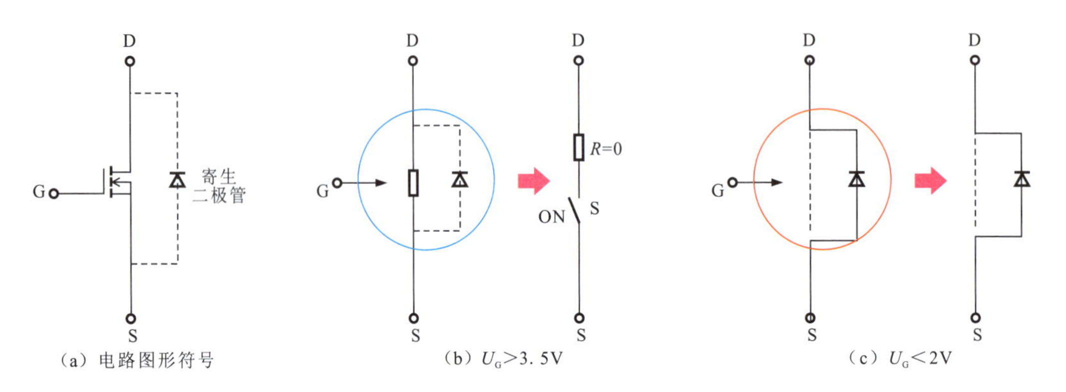

图11-28　小功率MOS场效应晶体管的工作状态与等效电路

小功率MOS场效应晶体管的检测电路如图11-29所示。

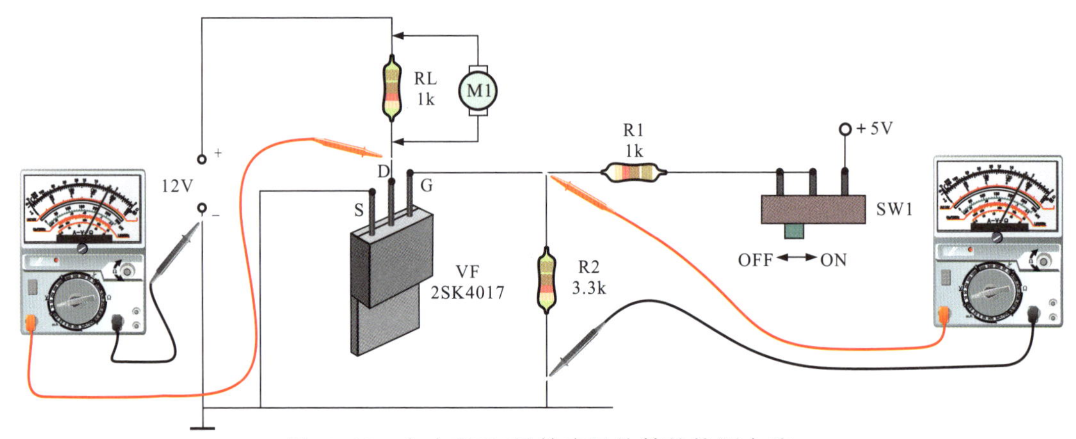

图11-29　小功率MOS场效应晶体管的检测电路

为了方便检测，在电路中用负载电路取代直流电动机，使用指针万用表分别检测小功率MOS场效应晶体管的栅极电压和漏极电压，即可判别小功率MOS场效应晶体管的工作状态是否正常。

具体检测方法如下：

当开关SW1置于ON位置时，小功率MOS场效应晶体管VF的栅极（G）电压上升为3.5V，VF导通，漏极（S）电压降为0V。

当开关SW1置于OFF位置时，小功率MOS场效应晶体管VF的栅极（G）电压为0V，VF截止，漏极电压升为12V。

第12章 晶闸管

12.1 晶闸管的功能与分类

12.1.1 晶闸管的功能

晶闸管是一种非常重要的功率元器件，主要特点是通过小电流实现高电压、高电流的控制，在实际应用中主要作为可控电子开关和可控整流元器件使用。

1 晶闸管作为可控电子开关

在很多电子或电器产品电路中，晶闸管在大多情况下起到可控电子开关的作用，即在电路中由其自身的导通和截止来控制电路接通、断开。

图12-1为晶闸管作为可控电子开关的应用。

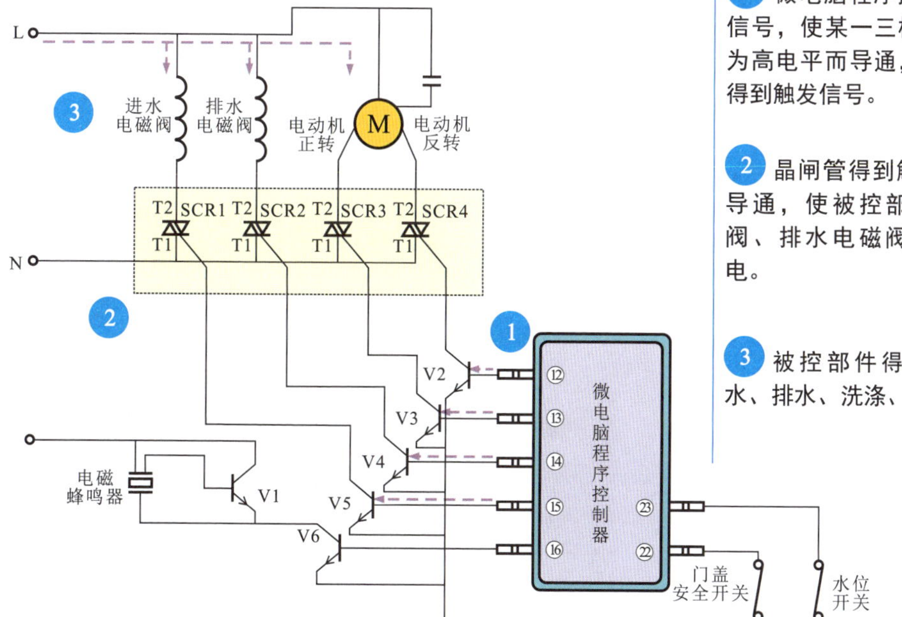

图12-1　晶闸管作为可控电子开关的应用

划重点

① 微电脑程序控制器输出控制信号，使某一三极管的基极因变为高电平而导通，相应的晶闸管得到触发信号。

② 晶闸管得到触发信号后便会导通，使被控部件（进水电磁阀、排水电磁阀和电动机）得电。

③ 被控部件得电后，便可进水、排水、洗涤、脱水等。

2 晶闸管作为可控整流元器件

图12-2为由晶闸管构成的调压电路。晶闸管可与整流器件构成调压电路，使整流电路输出电压具有可调性。

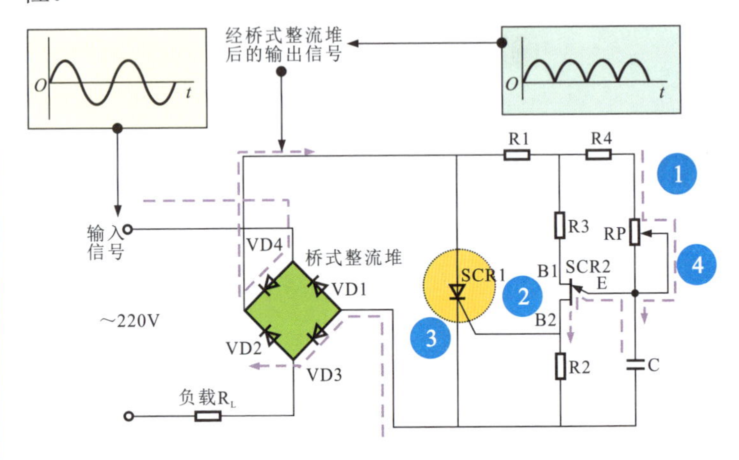

图12-2　由晶闸管构成的调压电路

12.1.2 晶闸管的分类

晶闸管常作为电动机驱动/调速、电量通/断、调压、控温等的控制元器件，广泛应用于电子产品、工业控制及自动化生产等领域，如图12-3所示。

图12-3　电路板上的晶闸管

划重点

1 220V交流电压经过桥式整流堆后，通过R1、R4及RP为电容器C充电。

2 当充电电压达到单结晶闸管SCR2的峰点电压时，SCR2导通，电容器C通过SCR2的发射极E、基极B2和R2后迅速放电，给晶闸管SCR1一个触发信号，SCR1导通。

3 晶闸管SCR1导通后，正向压降很低（观察整流后的波形），当整流后电压的第一个正半周达到最低点时，晶闸管SCR1自动关断，待下一个正半周到来。

4 改变可变电阻器RP的阻值或电容器C的电容量可控制晶闸管SCR1的导通时间。

晶闸管是晶体闸流管的简称，是一种可控整流元器件，也称可控硅。晶闸管在一定的电压条件下，只要有一触发脉冲就可导通，触发脉冲消失，晶闸管仍然能维持导通状态。

图12-4为常见晶闸管的实物外形。

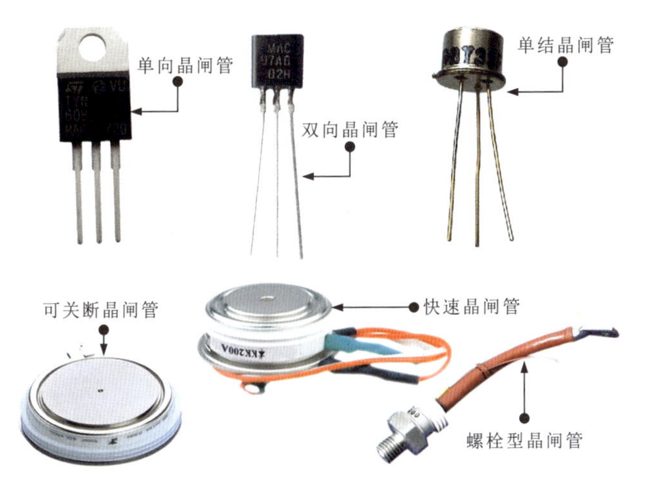

图12-4 常见晶闸管的实物外形

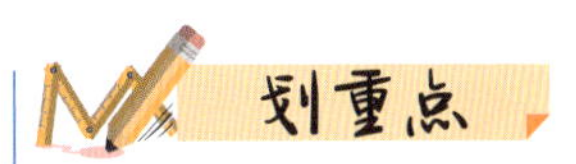

晶闸管的类型较多，分类方式多种多样：按关断、导通及控制方式可分为普通单向晶闸管、双向晶闸管、逆导晶闸管、可关断晶闸管、BTG晶闸管、温控晶闸管及光控晶闸管等多种；按电流容量可分为大功率晶闸管、中功率晶闸管和小功率晶闸管；按关断速度可分为普通晶闸管和快速晶闸管。

1 单向晶闸管

图12-5为单向晶闸管的实物外形。

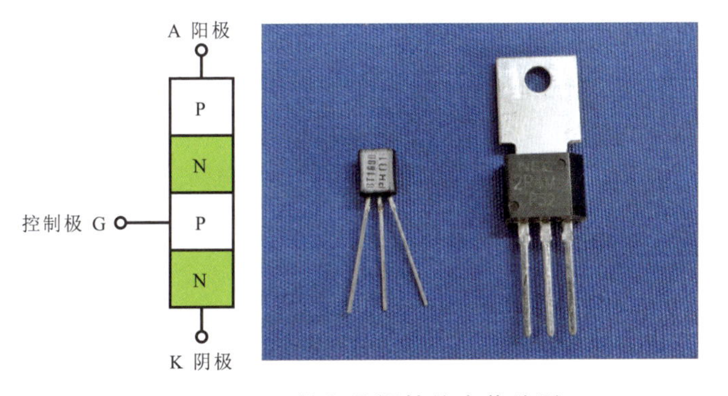

图12-5 单向晶闸管的实物外形

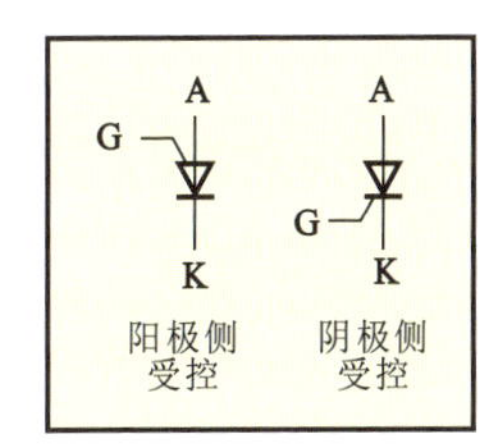

电路图形符号

图12-6为单向晶闸管的基本特性。

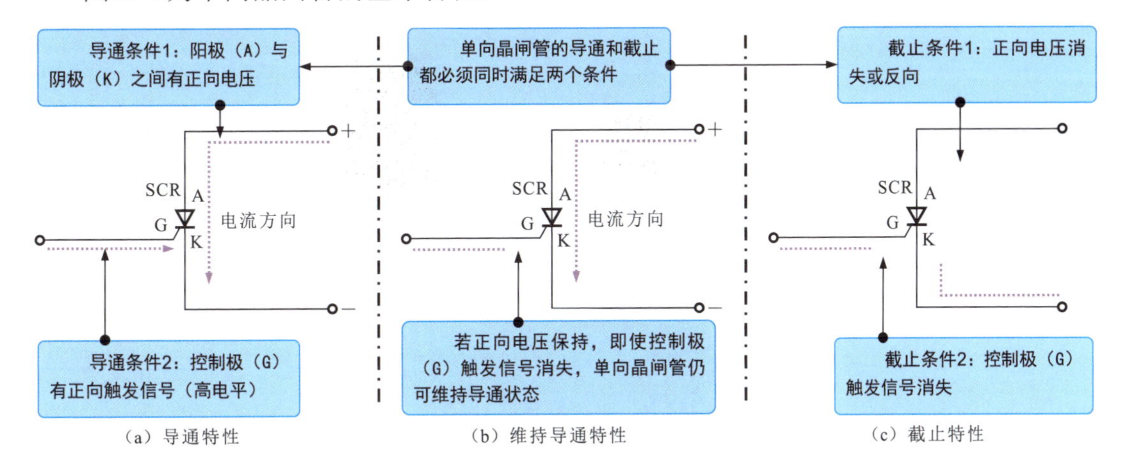

图12-6 单向晶闸管的基本特性

划重点

1 给单向晶闸管的阳极（A）加正向电压，三极管V1和V2都承受正向电压，V2发射极正偏，V1集电极反偏。

2 如果这时在控制极（G）加上较小的正向控制电压U_g（触发信号），则有控制电流I_g送入V1的基极。经过放大，V1的集电极便有$I_{C1}=\beta_1 I_g$的电流，将此电流送入V2的基极，经V2放大，V2的集电极便有$I_{C1}=\beta_1\beta_2 I_g$的电流。该电流又送入V1的基极。

如此反复，两个三极管便很快导通。导通后，V1的基极始终有比I_g大得多的电流，即使触发信号消失，仍能保持导通状态。

可以将单向晶闸管等效看成一个PNP型三极管和一个NPN型三极管的交错结构，如图12-7所示。

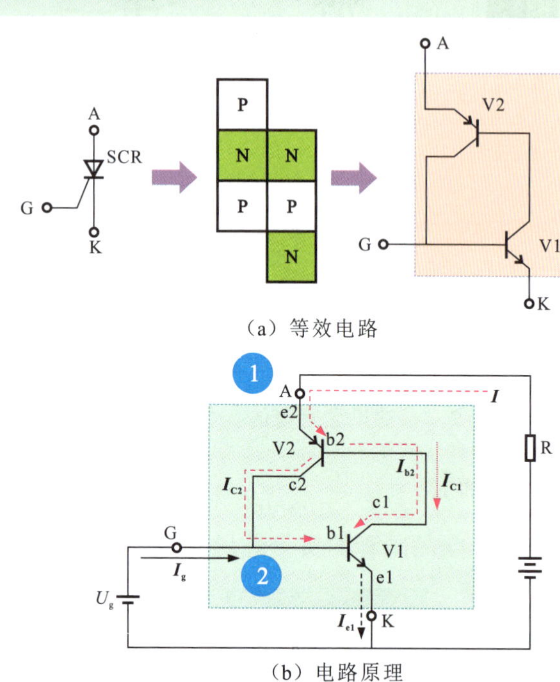

(b) 电路原理

图12-7　单向晶闸管的内部结构

2 双向晶闸管

图12-8为双向晶闸管的实物外形。双向晶闸管又称双向可控硅，在结构上相当于两个单向晶闸管反极性并联，常用在交流电路中调节电压、电流或作为交流无触点开关。

双向晶闸管是由N-P-N-P-N共5层4个PN结组成的，有第一电极（T1）、第二电极（T2）、控制极（G）3个电极，在结构上相当于两个单向晶闸管反极性并联。

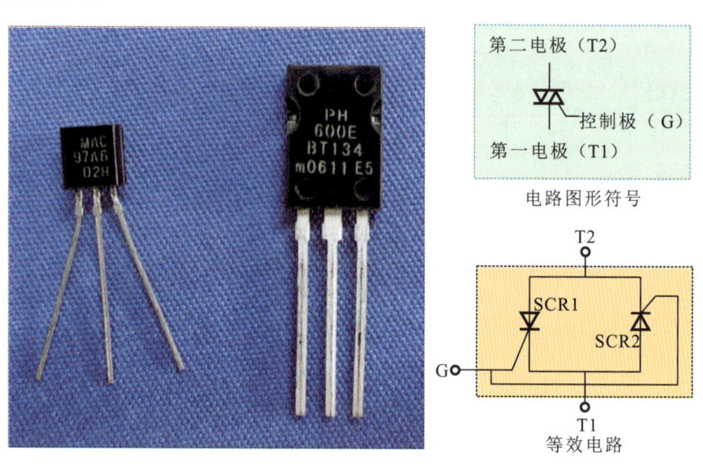

图12-8　双向晶闸管的实物外形

图12-9为双向晶闸管的基本特性。

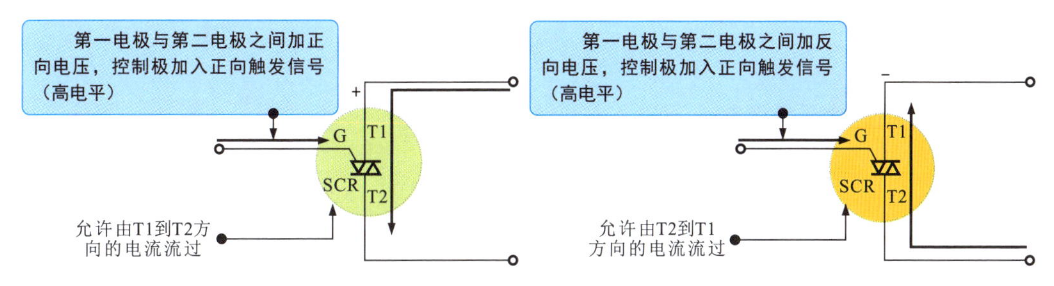

（a）双向晶闸管的导通特性

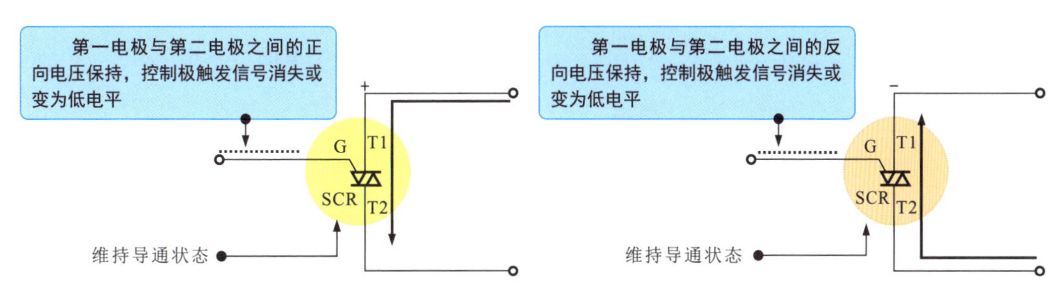

（b）双向晶闸管可维持导通特性

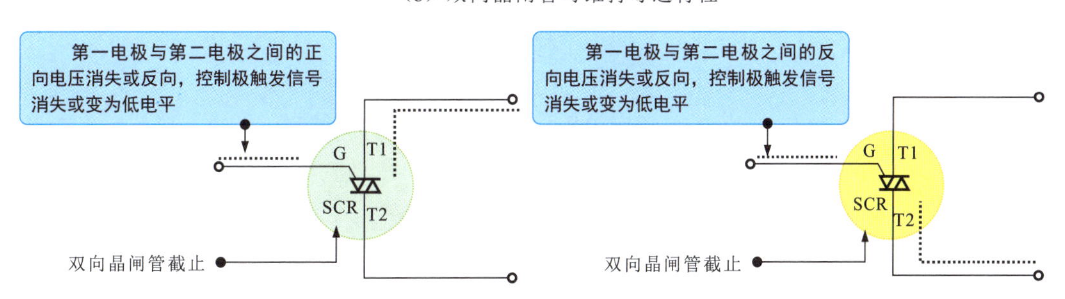

（c）双向晶闸管的截止条件

图12-9 双向晶闸管的基本特性

3 单结晶闸管

单结晶闸管（UJT）也称双基极二极管。图12-10为单结晶闸管的实物外形。

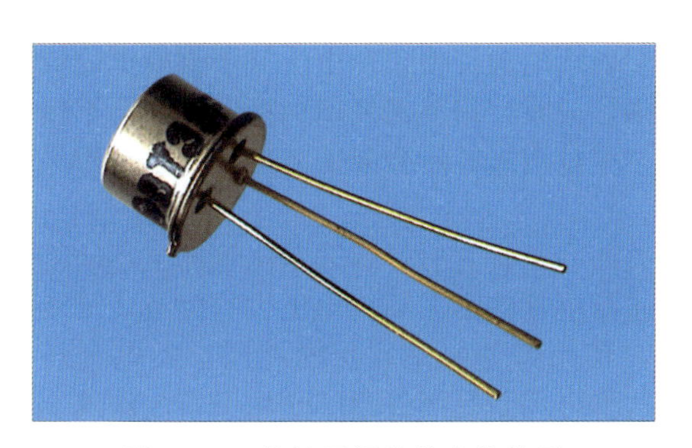

图12-10 单结晶闸管的实物外形

划重点

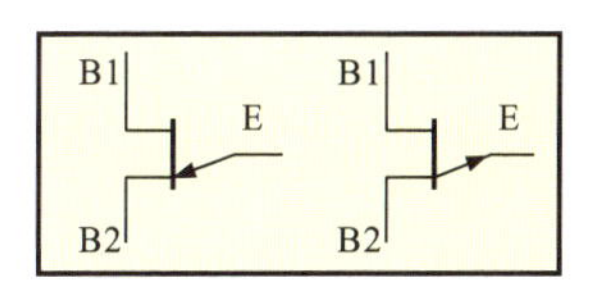

单结晶闸管（UJT）是由一个PN结和两个内电阻构成的，广泛应用在振荡、定时、双稳及晶闸管触发等电路中。

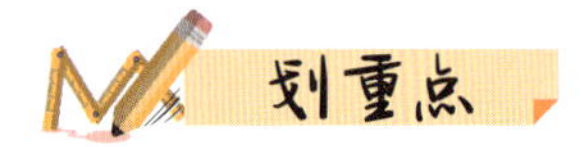

当发射极电压U_E大于峰点电压U_P时，单结晶闸管导通，电流流向为箭头所指方向。

图12-11为单结晶闸管的基本特性。

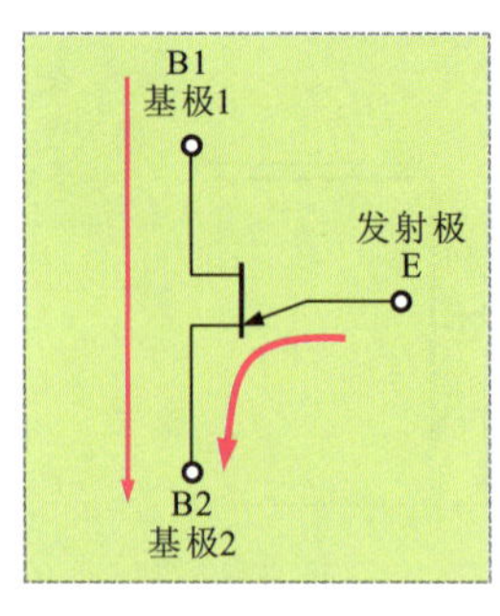

（a）N型单结晶闸管

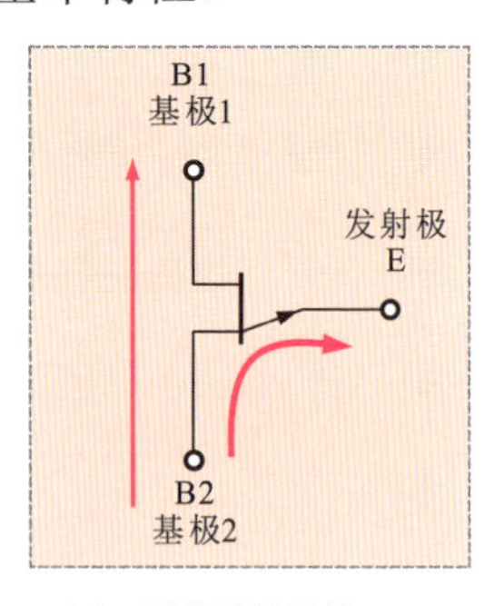

（b）P型单结晶闸管

图12-11　单结晶闸管的基本特性

4 可关断晶闸管

图12-12为可关断晶闸管的实物外形。可关断晶闸管GTO（Gate Turn-Off Thyristor）俗称门控晶闸管，是由P-N-P-N共4层3个PN结组成的。

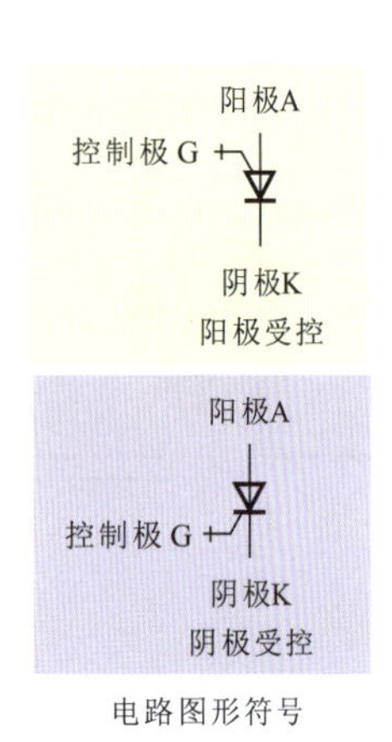

电路图形符号

图12-12　可关断晶闸管的实物外形

可关断晶闸管的主要特点是当门极加负向触发信号时能自行关断。

可关断晶闸管与普通晶闸管的区别：普通晶闸管受门极正信号触发后，撤掉信号也能维持通态，欲使其关断，必须切断电源，使正向电流低于维持电流或施以反向电压强行关断。这就需要增加换向电路，不仅使设备的体积、重量增大，还会降低效率，产生波形失真和噪声。

可关断晶闸管克服了普通晶闸管的上述缺陷，既保留了普通晶闸管的耐压高、电流大等优点，又具有自关断能力，使用方便，是理想的高压、大电流开关元器件。大功率可关断晶闸管已广泛用于斩波调速、变频调速、逆变电源等领域。

5 快速晶闸管

快速晶闸管是由P-N-P-N共4层3个PN结组成的，主要应用在较高频率的整流电路、斩波电路、逆变电路和变频电路中。图12-13为快速晶闸管的外形特点。

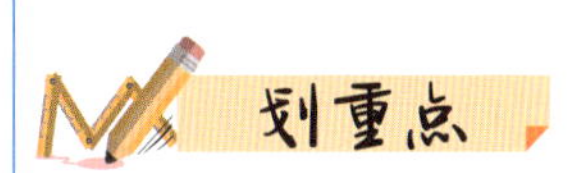

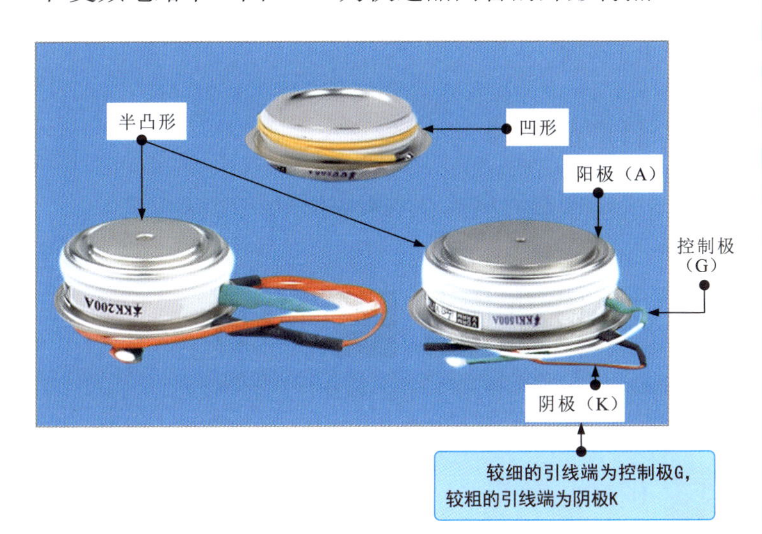

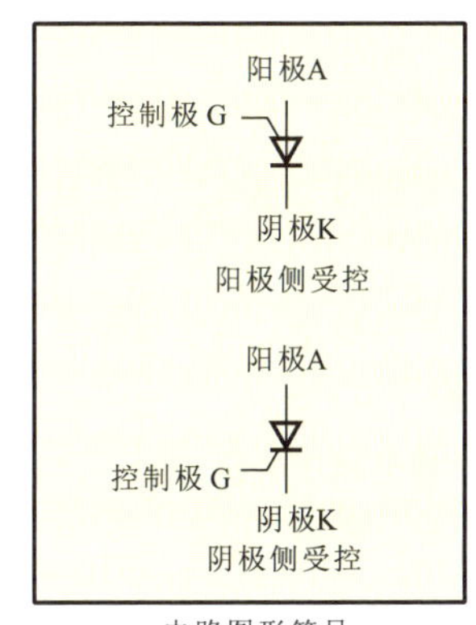

电路图形符号

图12-13　快速晶闸管的外形特点

快速晶闸管是可以在频率为400Hz以上工作的晶闸管，开通时间为4～8μs，关断时间为10～60μs。

6 螺栓型晶闸管

螺栓型晶闸管与普通单向晶闸管相同，只是封装形式不同，安装在散热片上，工作电流较大时多采用这种结构形式。

图12-14为螺栓型晶闸管的外形特点。

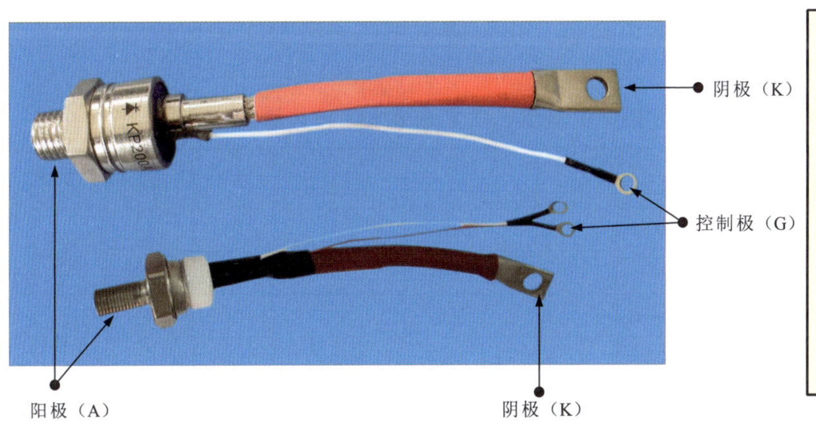

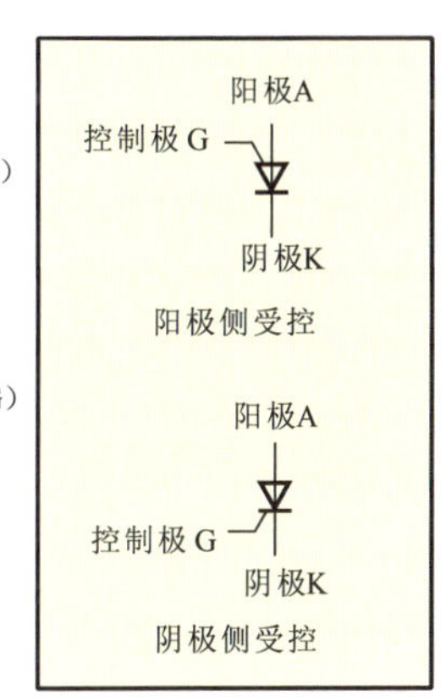

电路图形符号

图12-14　螺栓型晶闸管的外形特点

12.2 晶闸管的识别、选用与代换

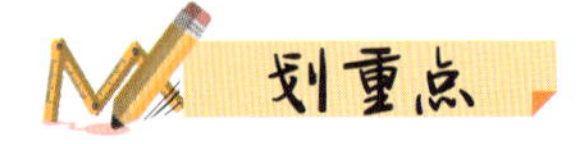

1 额定通态电流值：用数字表示。

2 产品类型：用字母表示，见表12-1。

3 重复峰值电压级数：用数字表示，见表12-1。

12.2.1 晶闸管的识别

晶闸管的参数标识，即命名方式因国家和生产厂家的不同而不同。

1 日产晶闸管

日产晶闸管的命名方式如图12-15所示。

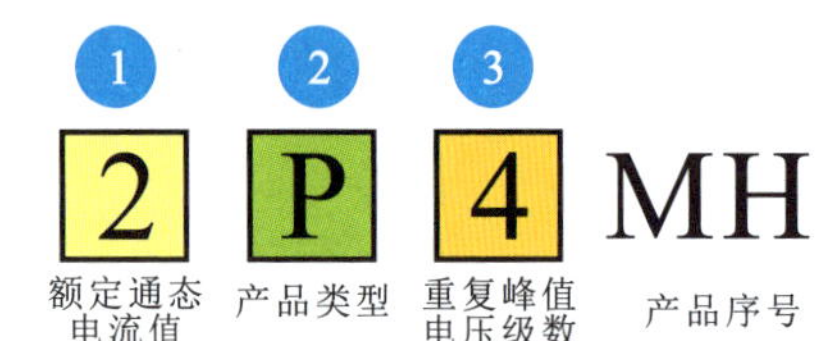

图12-15　日产晶闸管的命名方式

2 国产晶闸管

国产晶闸管的命名方式如图12-16所示。

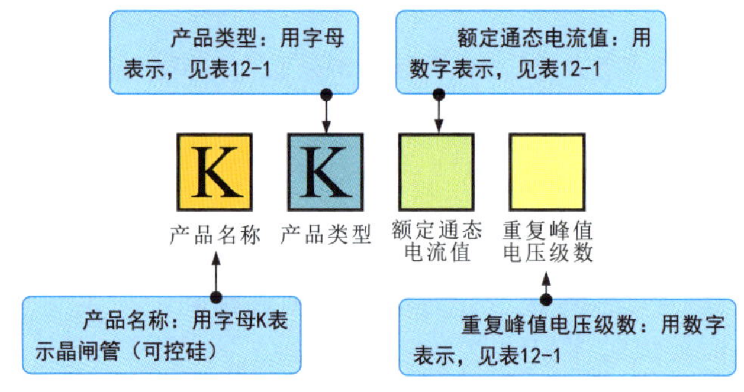

图12-16　国产晶闸管的命名方式

晶闸管的产品类型、额定通态电流值、重复峰值电压级数的字母或数字的含义见表12-1。

表12-1　晶闸管的产品类型、额定通态电流值、重复峰值电压级数的字母或数字的含义

额定通态电流值	含义	额定通态电流值	含义	重复峰值电压级数	含义	重复峰值电压级数	含义	产品类型	含义
1	1A	50	50A	1	100V	7	700V	P	普通反向阻断型
2	2A	100	100A	2	200V	8	800V		
5	5A	200	200A	3	300V	9	900V	K	快速反向阻断型
10	10A	300	300A	4	400V	10	1000V		
20	20A	400	400A	5	500V	12	1200V	S	双向型
30	30A	500	500A	6	600V	14	1400V		

晶闸管参数标识的识读实例如图12-17所示。

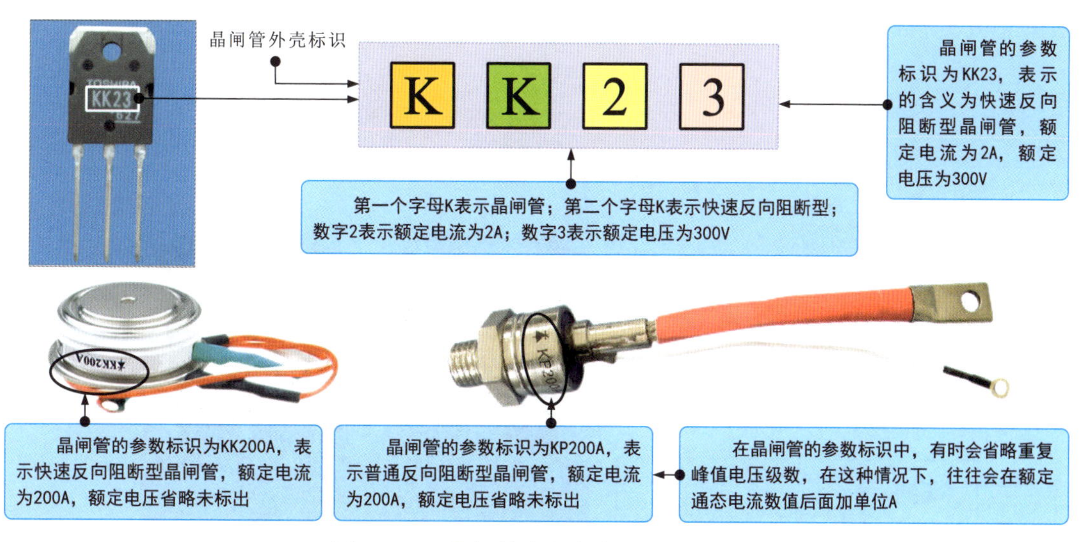

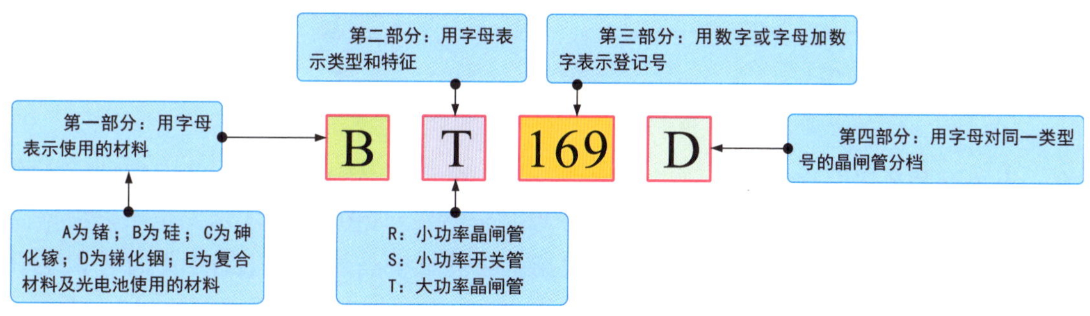

图12-17 晶闸管参数标识的识读实例

3 国际电子联合会晶闸管

图12-18为国际电子联合会晶闸管的命名方式。

第一部分：用字母表示使用的材料

第二部分：用字母表示类型和特征

第三部分：用数字或字母加数字表示登记号

第四部分：用字母对同一类型号的晶闸管分档

B T 169 D

A为锗；B为硅；C为砷化镓；D为锑化铟；E为复合材料及光电池使用的材料

R：小功率晶闸管
S：小功率开关管
T：大功率晶闸管

图12-18 国际电子联合会晶闸管的命名方式

4 晶闸管引脚极性的识别

快速晶闸管和螺栓型晶闸管的引脚具有很明显的外形特征，可以根据引脚外形特性识别引脚极性，如图12-19所示。

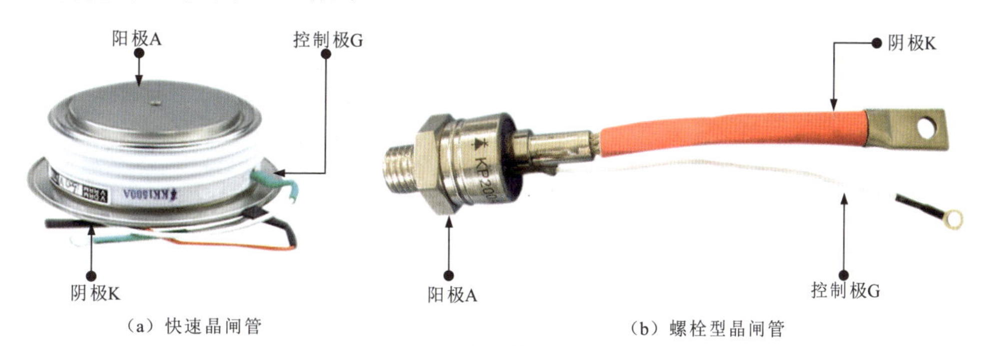

（a）快速晶闸管　（b）螺栓型晶闸管

图12-19 晶闸管引脚极性的识别

普通单向晶闸管、双向晶闸管的引脚外形无明显特征，主要根据参数标识，通过查阅相关资料识别引脚极性，如图12-20所示。

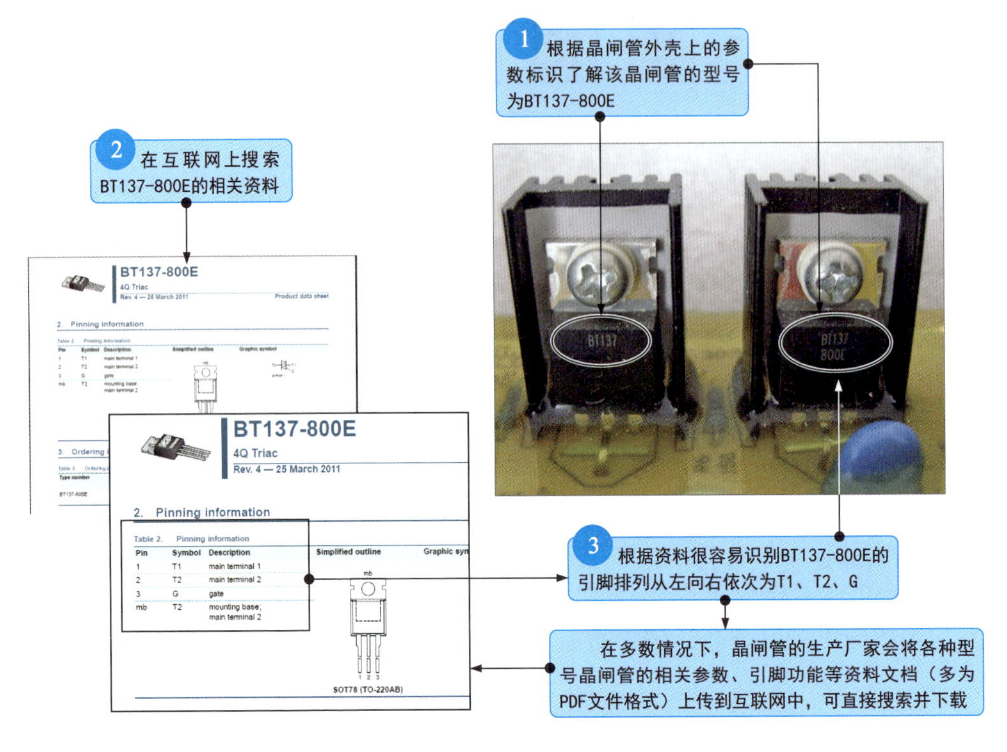

图12-20　根据参数标识查阅资料识别引脚极性

识别安装在电路板上晶闸管的引脚极性时，可观察晶闸管周围或背面焊接面上有无标识信息，根据标识信息可以很容易识别引脚极性，如图12-21所示；也可以根据晶闸管所在电路，找到对应的电路图纸，根据电路图纸中晶闸管的电路图形符号识别引脚极性。

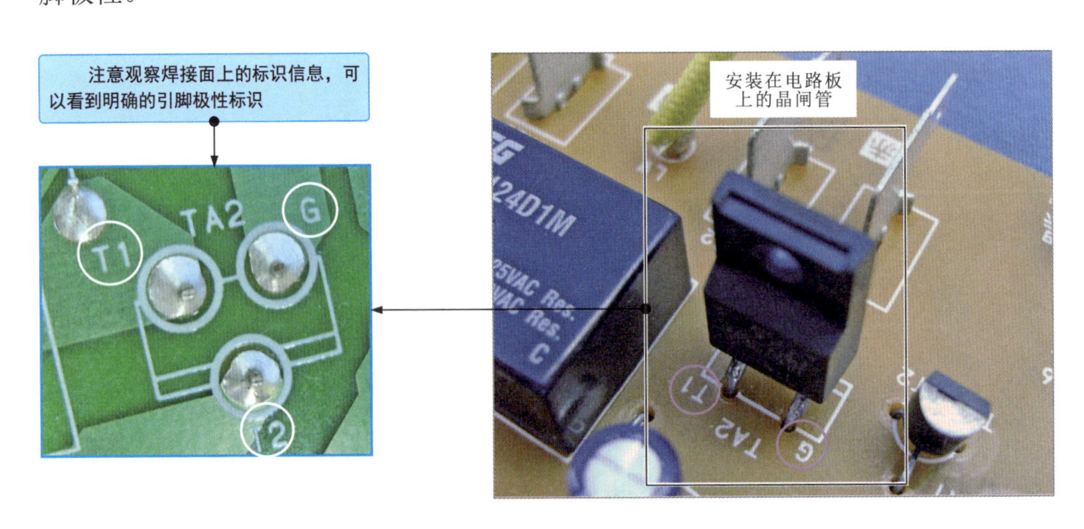

图12-21　根据电路板上的标识信息识别晶闸管的引脚极性

12.2.2 晶闸管的选用与代换

1 晶闸管的选用

晶闸管的类型较多，不同类型晶闸管的参数不同，若晶闸管损坏，则最好选用同型号的晶闸管代换。不同类型晶闸管的适用电路和选用注意事项见表12-2。

表12-2　不同类型晶闸管的适用电路和选用注意事项

<table>
<tr><th>类型</th><th>适用电路</th><th>选用注意事项</th></tr>
<tr><td>单向晶闸管</td><td>交/直流电压控制、可控硅整流、交流调压、逆变电源、开关电源保护等电路</td><td rowspan="5">①选用晶闸管时应重点考虑额定峰值电压、额定电流、正向压降、门极触发电流及触发电压、控制极触发电压与触发电流、开关速度等参数。
②一般选用晶闸管的额定峰值电压和额定电流均应高于工作电路中的最大工作电压和最大工作电流的1.5～2倍。
③所选用晶闸管的触发电压与触发电流一定要小于实际应用中的数值。
④所选用晶闸管的尺寸、引脚长度应符合应用电路的要求。
⑤选用双向晶闸管时，还应考虑浪涌电流参数应符合电路要求。
⑥一般在直流电路中可以选用普通晶闸管或双向晶闸管；在用直流电源接通和断开来控制功率的直流电路中，开关速度快、频率高，需选用高频晶闸管。
⑦值得注意的是，在选用高频晶闸管时，要特别注意高温下和室温下的耐压值，大多数高频晶闸管在额定高温下的关断时间为室温下关断时间的2倍多。</td></tr>
<tr><td>双向晶闸管</td><td>交流开关、交流调压、交流电动机线性调速、灯具线性调光及固态继电器、固态接触器等电路</td></tr>
<tr><td>逆导晶闸管</td><td>电磁灶、电子镇流器、超声波、超导磁能存储系统及开关电源等电路</td></tr>
<tr><td>光控晶闸管</td><td>光电耦合器、光探测器、光报警器、光计数器、光电逻辑电路及自动生产线的运行键控等电路</td></tr>
<tr><td>门极关断晶闸管</td><td>交流电动机变频调速、逆变电源及各种电子开关等电路</td></tr>
</table>

2 晶闸管的代换

晶闸管一般直接焊接在电路板上，代换时，可借助电烙铁、吸锡器、焊锡丝等进行拆卸和焊接操作。

图12-22为晶闸管的代换方法。

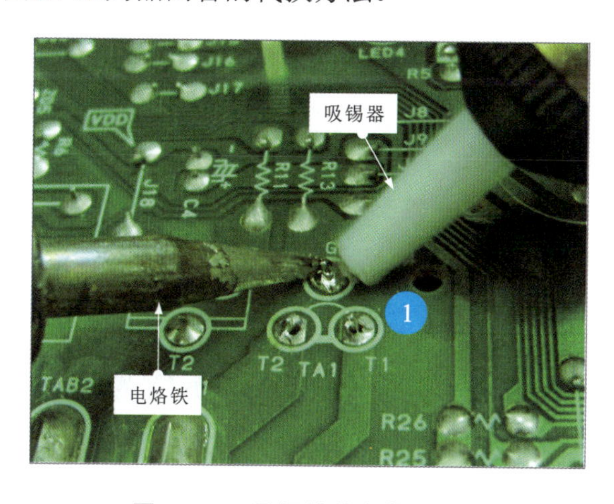

图12-22　晶闸管的代换方法

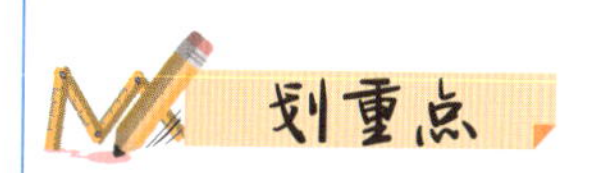

1 使用电烙铁加热晶闸管的引脚焊点，并用吸锡器吸走熔化的焊锡。

划重点

2 用镊子检查晶闸管的引脚焊点是否与电路板完全脱离。

在代换晶闸管之前，要保证所代换晶闸管的规格符合要求；在代换过程中，要注意安全可靠，防止造成二次故障，力求代换后的晶闸管能够良好、长久、稳定地工作。

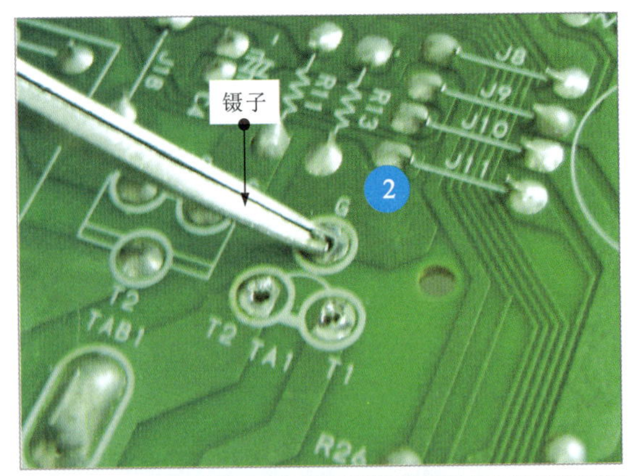

3 用镊子将晶闸管从电路板上取下。

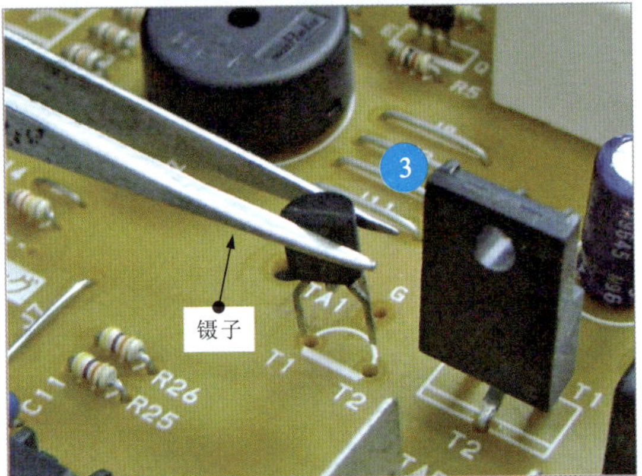

4 识别损坏晶闸管的型号及相关参数标识，选择同型号的晶闸管代换。

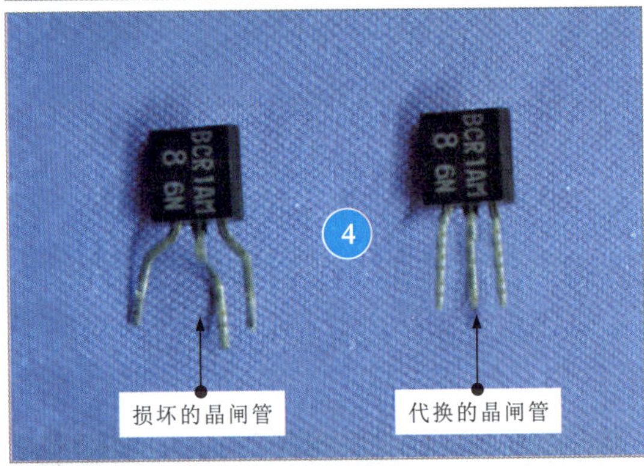

代换晶闸管时要注意晶闸管的反向耐压、允许电流和触发信号的极性。

反向耐压高的晶闸管可以代换反向耐压低的晶闸管。

允许电流大的晶闸管可以代换允许电流小的晶闸管。

触发信号的极性应与触发电路对应。

5 根据损坏晶闸管的引脚弯度加工代换晶闸管的引脚，并插在电路板上。

图12-22 晶闸管的代换方法（续）

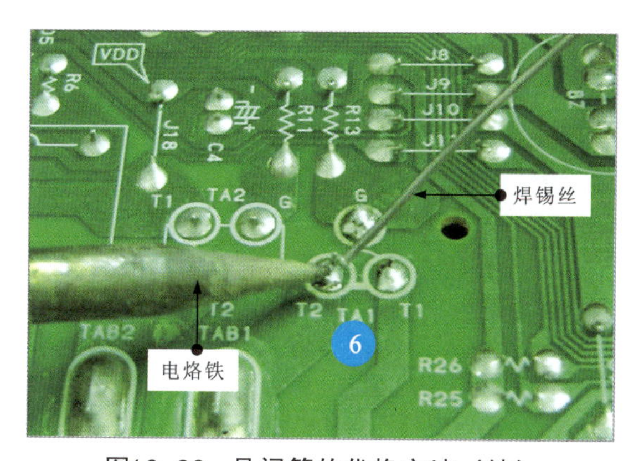

图12-22 晶闸管的代换方法（续）

划重点

6 使用电烙铁将焊锡丝熔化在代换晶闸管的引脚上，待熔化后，先抽离焊锡丝，再抽离电烙铁，完成焊接。

12.3 晶闸管的检测

12.3.1 单向晶闸管引脚极性的判别

使用万用表检测单向晶闸管的性能时，首先需要判别单向晶闸管的引脚极性，这是检测单向晶闸管的关键环节。

判别单向晶闸管的引脚极性除了可以根据标识信息和数据资料进行判别外，还可以使用万用表的欧姆挡通过检测进行判别，如图12-23所示。

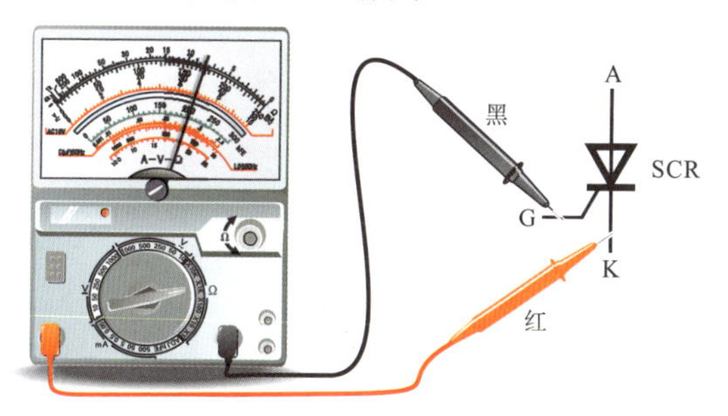

图12-23 单向晶闸管引脚极性的判别指导

将万用表的量程旋钮调至$R\times1\text{k}\Omega$，两表笔任意搭在单向晶闸管的两引脚端。单向晶闸管只有控制极和阴极之间存在正向阻值，其他各极之间的阻值都为无穷大。当检测出某两个引脚之间有阻值时，可确定这两个引脚为控制极（G）和阴极（K），剩下的一个引脚为阳极（A）。

图12-24为单向晶闸管引脚极性的判别方法。

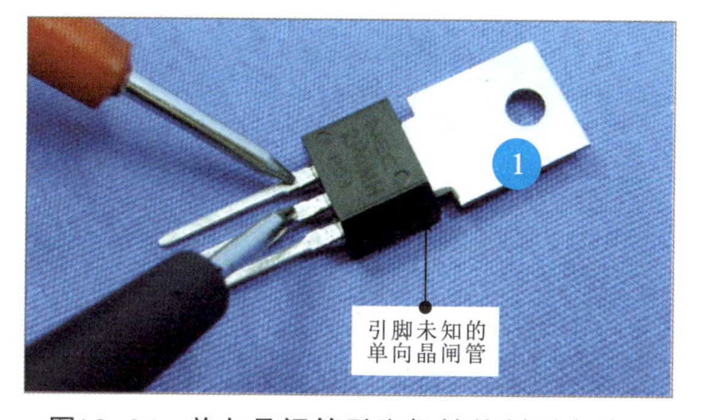

图12-24 单向晶闸管引脚极性的判别方法

1 将万用表的量程旋钮调至$R\times1\text{k}\Omega$，并进行欧姆调零，黑表笔搭在单向晶闸管的中间引脚上，红表笔搭在单向晶闸管的左侧引脚上，测得阻值为无穷大。

划重点

2 将万用表的黑表笔搭在单向晶闸管的右侧引脚上，红表笔不动。

3 测得阻值为8kΩ，可确定黑表笔所接引脚为控制极G，红表笔所接引脚为阴极K，剩下的一个引脚为阳极A。

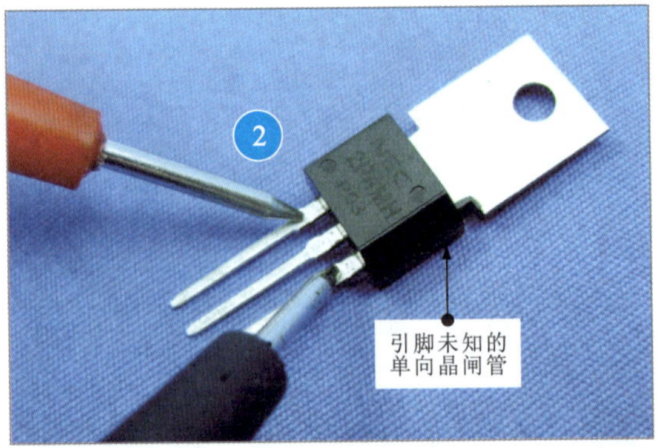

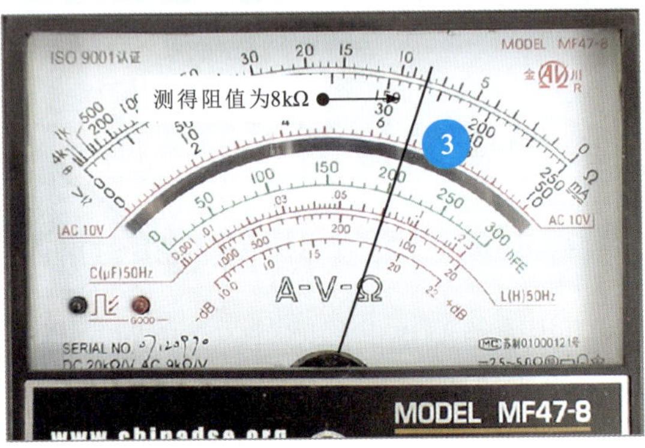

图12-24 单向晶闸管引脚极性的判别方法（续）

12.3.2 单向晶闸管触发能力的检测

图12-25为单向晶闸管触发能力的检测指导。

1 将万用表挡位设置在×1欧姆挡（输出电流大），黑表笔搭在单向晶闸管的阳极（A）上，红表笔搭在阴极（K）上。观察万用表读数，测得阻值为无穷大。

2 保持红表笔位置不动，将黑表笔同时搭在阳极（A）和控制极（G）上，为控制极加上正向触发信号，万用表指针向右侧大范围摆动，表明晶闸管已经导通。

3 在保持黑表笔接触阳极（A）的前提下，脱开控制极（G），万用表指针仍指示低阻值状态，说明晶闸管处于维持导通状态，触发能力正常。

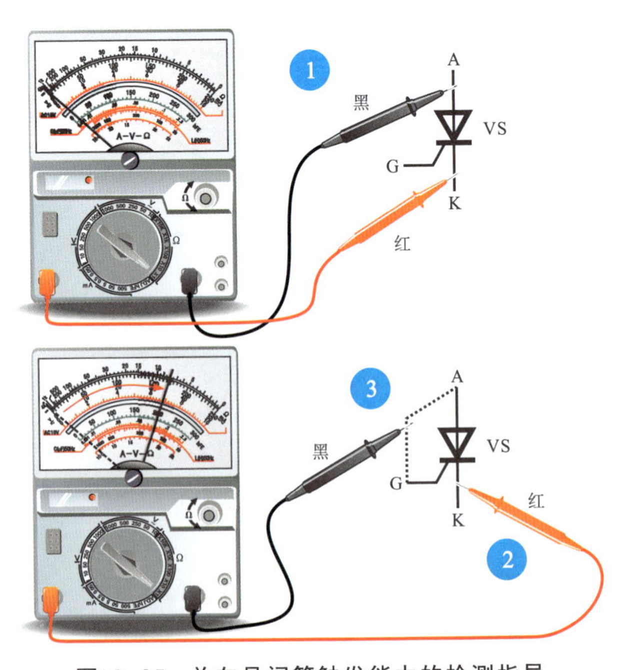

图12-25 单向晶闸管触发能力的检测指导

单向晶闸管触发能力的检测方法如图12-26所示。

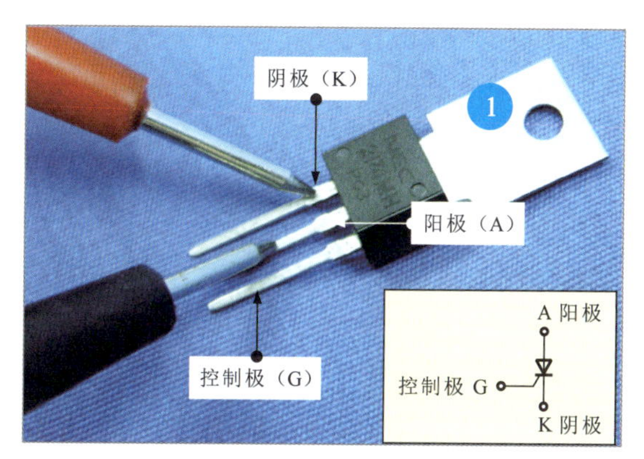

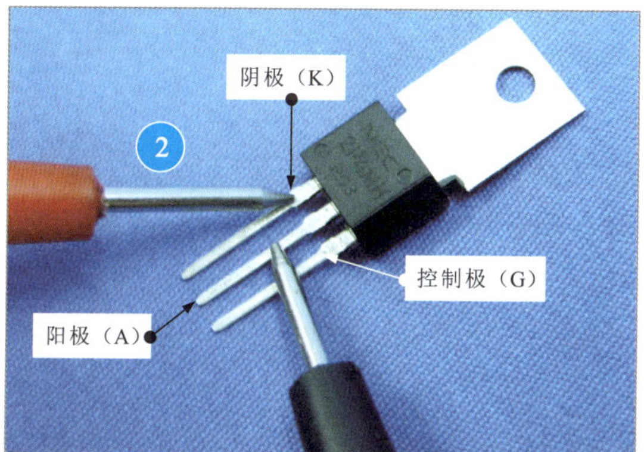

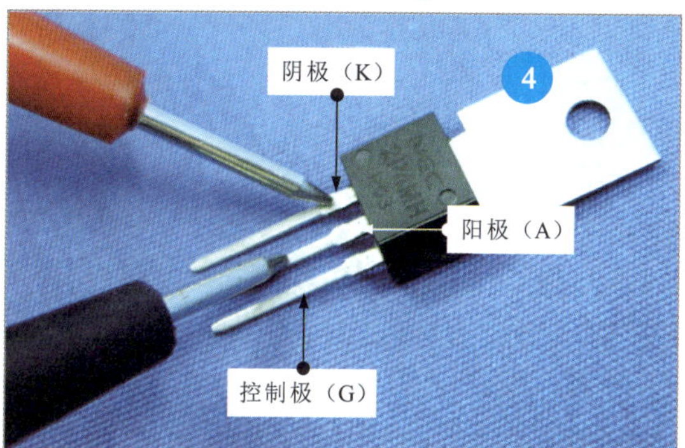

图12-26 单向晶闸管触发能力的检测方法

划重点

1 将万用表的量程旋钮调至$R\times 1k\Omega$，并进行欧姆调零，黑表笔搭在单向晶闸管的阳极（A）上，红表笔搭在阴极（K）上，测得阻值为无穷大。

2 保持红表笔位置不变，将黑表笔同时搭在阳极（A）和控制极（G）上。

3 万用表的指针向右侧大范围摆动，表明晶闸管已经导通。

4 在保持黑表笔接触阳极（A）的前提下，脱开控制极（G）。

万用表的指针仍指示低阻值状态，说明晶闸管处于维持导通状态，触发能力正常。

上述检测方法由指针万用表内电池产生的电流维持单向晶闸管的导通状态，但有些大电流单向晶闸管需要较大的电流才能维持导通状态，因此黑表笔脱离控制极（G）后，单向晶闸管不能维持导通状态是正常的。在这种情况下需要搭建电路进行检测。

图12-27为单向晶闸管的应用电路。

R1
V
SW1
1 2
R2
100
C1
100μ
R3
1k
单向晶闸管
M 电动机
A
SCR
G K
SW2
3V
V：2SC1815
SCR：SF0R3G42

图12-27　单向晶闸管的应用电路

由图12-27可知，当开关SW1置于1位置时，V的基极电压升高，R1为V提供基极电流，V导通，V的发射极电压上升，接近电源电压3V，该电压经R2给电容C1充电，使C1上的电压上升并加到SCR的触发极，SCR导通，电动机旋转。此时，若SW1回到2的位置，则V的基极电压因下降为0V而截止，触发信号消失，但SCR仍处于导通状态，电动机仍旋转。若断开SW2，则直流电动机停转，SCR截止，再接通SW2，SCR仍然处于截止状态，等待被触发。

在搭建电路检测单向晶闸管的触发能力时，为了观察和检测方便，可用接有限流电阻的发光二极管代替电动机，如图12-28所示。

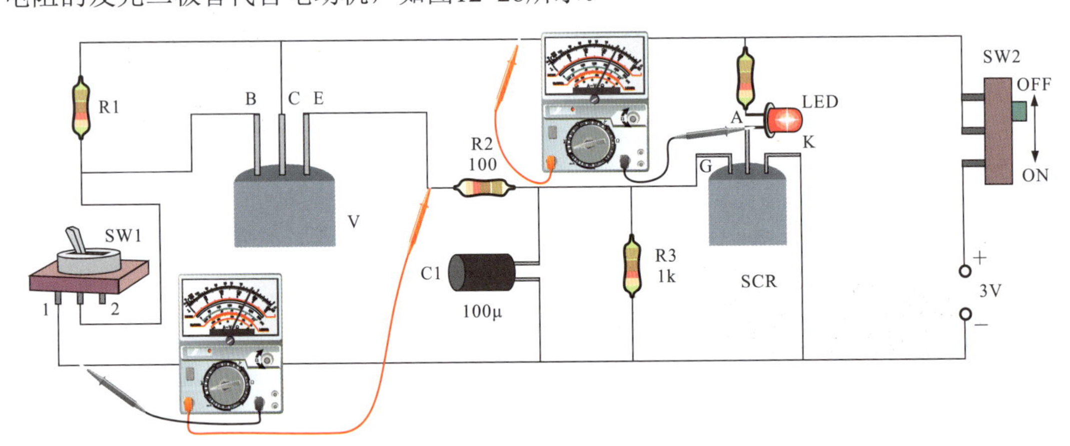

图12-28　搭建电路检测单向晶闸管的触发能力

图12-28中：①将SW2置于ON，SW1置于1端，三极管V导通，其发射极（e）电压为3V，单向晶闸管SCR导通，其阳极（A）电压为3V，LED发光；②保持上述状态，将SW1置于2端，三极管V截止，其发射极（e）电压为0V，单向晶闸管SCR仍维持导通，其阳极（A）为3V，LED发光；③保持上述状态，将SW2置于OFF，电路断开，LED熄灭；④再将SW2置于ON，电路处于等待状态，又可以重复上述工作状态。

这种情况表明，电路中的单向晶闸管工作正常。

12.3.3 双向晶闸管触发能力的检测

检测双向晶闸管的触发能力与检测单向晶闸管触发能力的方法基本相同，如图12-29所示。

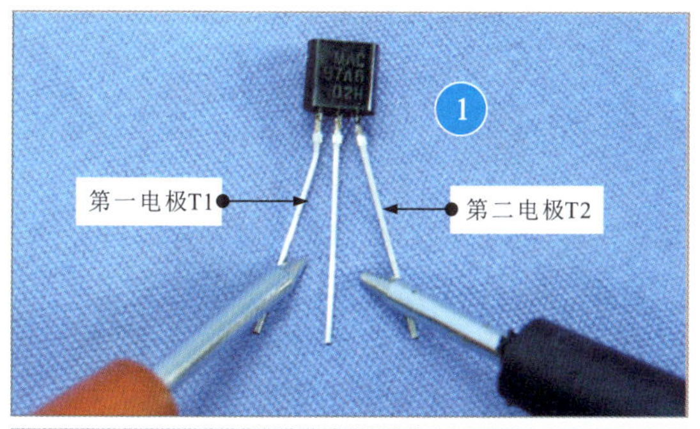

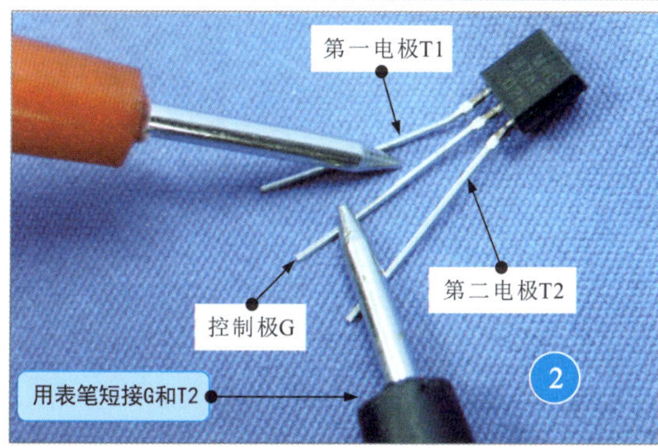

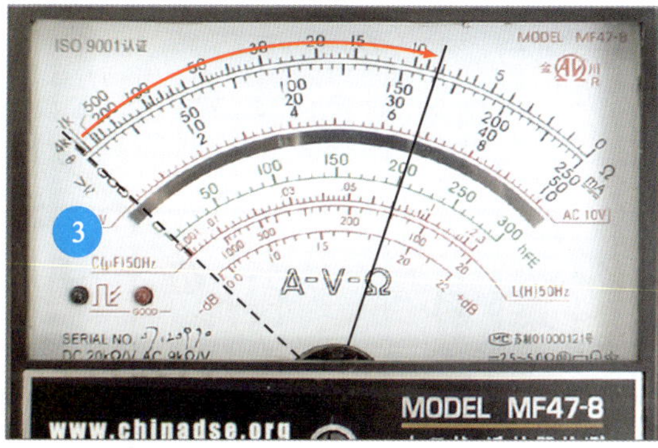

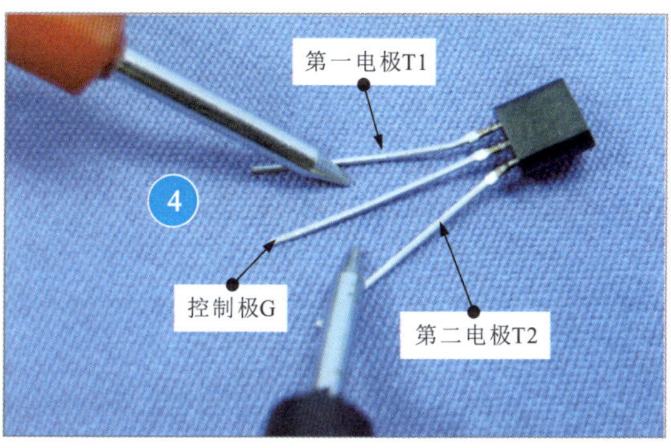

图12-29 双向晶闸管触发能力的检测

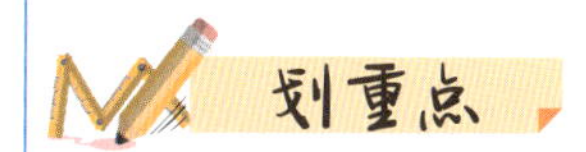

1 将万用表的量程旋钮调至$R \times 1k\Omega$，并进行欧姆调零，黑表笔搭在双向晶闸管的第二电极（T2）上，红表笔搭在第一电极（T1）上，测得阻值为无穷大。

2 保持红表笔位置不动，将黑表笔同时搭在第二电极（T2）和控制极（G）上。

3 万用表的指针向右侧大范围摆动，表明双向晶闸管已经导通。

4 在保持黑表笔接触第二电极（T2）的前提下，脱开控制极（G）。

万用表的指针仍指示低阻值状态，说明双向晶闸管处于维持导通状态，触发能力正常。

搭建电路检测双向晶闸管的触发能力，如图12-30所示。

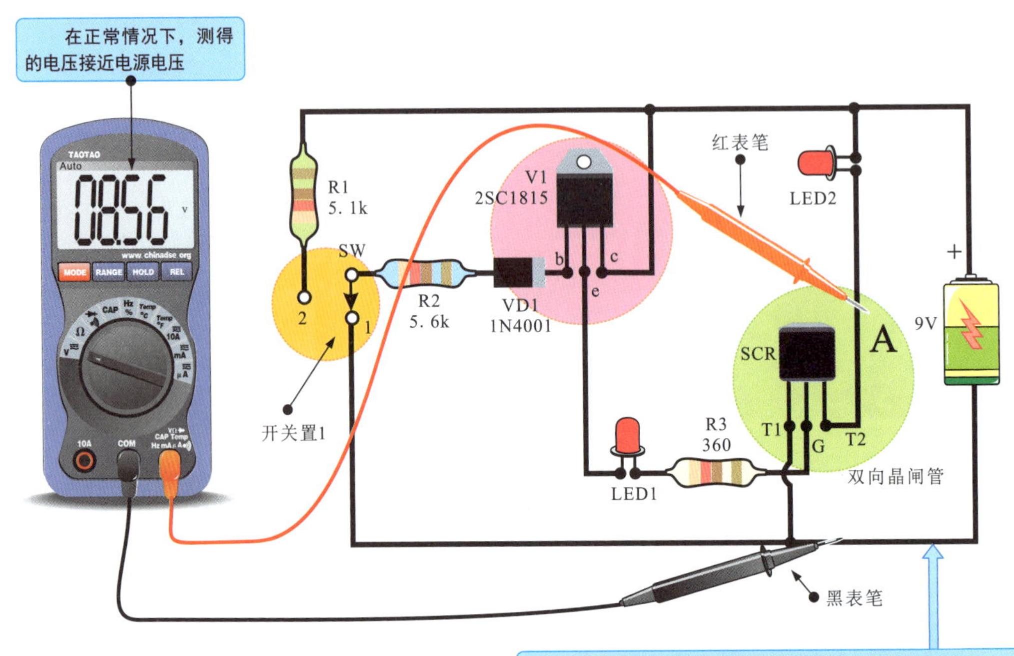

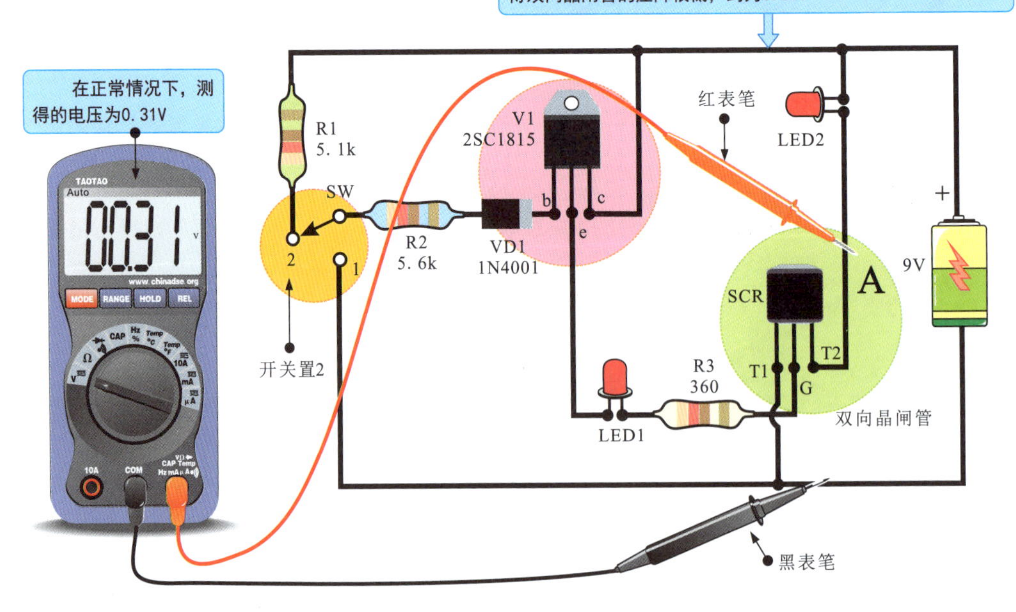

图12-30　搭建电路检测双向晶闸管的触发能力

12.3.4 双向晶闸管正、反向导通特性的检测

除了检测双向晶闸管的触发能力外，还可以使用安装有附加测试器的数字万用表对双向晶闸管的正、反向导通特性进行检测。如图12-31所示，将双向晶闸管插入数字万用表附加测试器的三极管（NPN管）检测插孔上，只插接E、C插孔，并在电路中串联限流电阻（330Ω）。

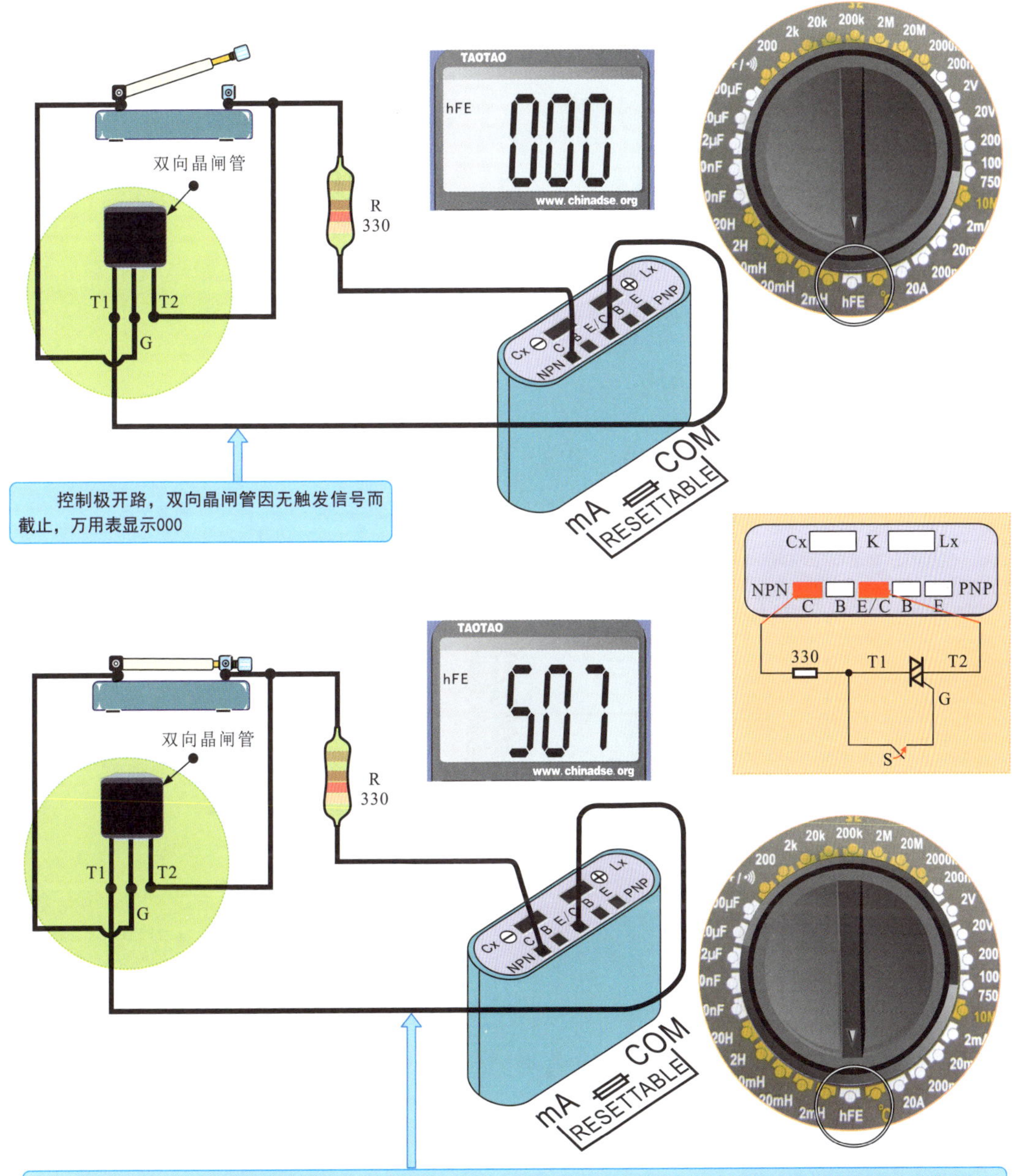

图12-31 双向晶闸管正、反向导通特性的检测

变压器

13.1 变压器的功能与分类

13.1.1 变压器的功能

变压器在电路中主要用来实现电压变换、阻抗变换、相位变换、电气隔离、信号传输等功能。

1 变压器的电压变换功能

提升或降低交流电压是变压器在电路中的主要功能，如图13-1所示。

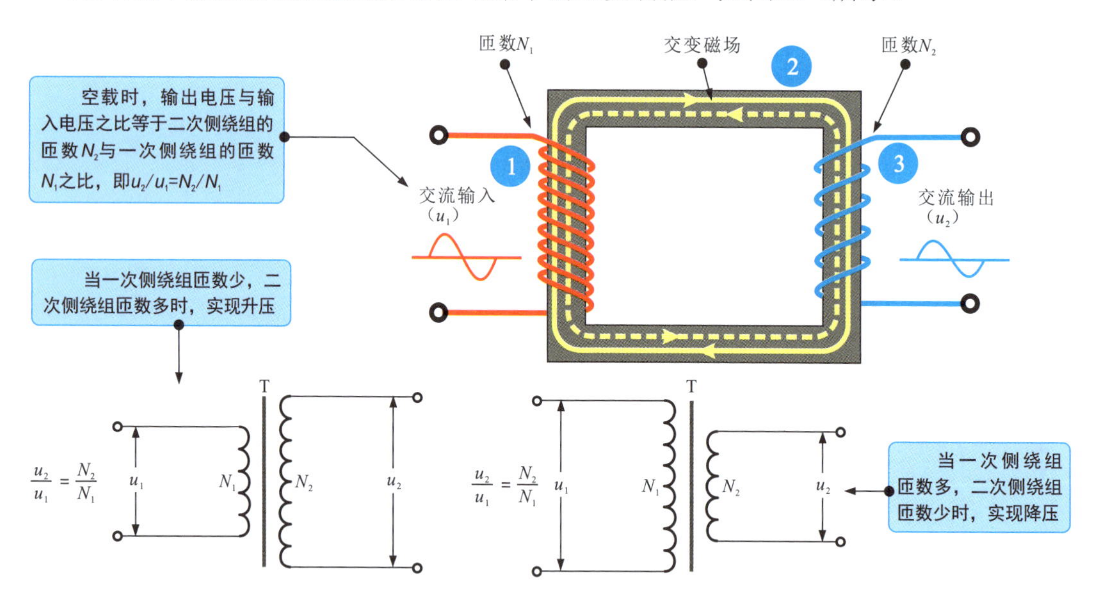

图13-1 变压器的电压变换功能

① 当交流220V电压流过一次侧绕组时，在一次侧绕组上形成感应电动势。

② 在绕制的线圈中产生交变磁场，使铁芯磁化。

③ 二次侧绕组也产生与一次侧绕组变化相同的交变磁场，根据电磁感应原理，二次侧绕组便会产生交流电压。

2 变压器的阻抗变换功能

变压器通过一次侧线圈、二次侧线圈可实现阻抗变换，即一次侧与二次侧线圈的匝数比不同，输入与输出的阻抗也不同，如图13-2所示。

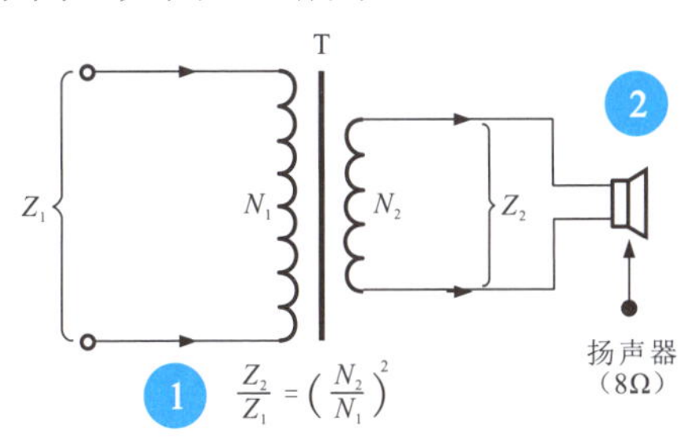

图13-2 变压器的阻抗变换功能

划重点

1 在数值上，二次侧绕组阻抗Z_2与一次侧绕组阻抗Z_1之比，等于二次侧绕组匝数N_2与一次侧绕组匝数N_1之比的平方。

2 变压器将高阻抗输入变成低阻抗输出与扬声器的阻抗匹配。

3 变压器的相位变换功能

如图13-3所示，通过改变变压器一次侧和二次侧绕组的绕线方向和连接，可以很方便地将输入信号的相位倒相。

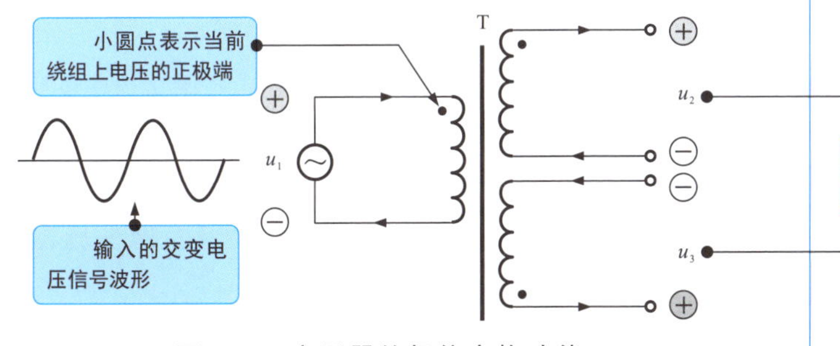

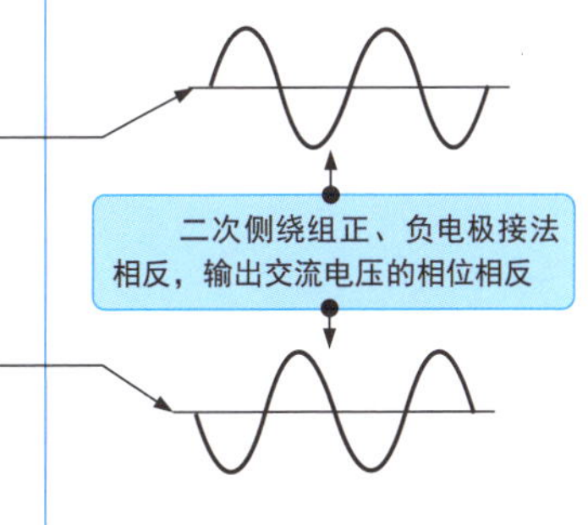

图13-3 变压器的相位变换功能

4 变压器的电气隔离功能

变压器的电气隔离功能如图13-4所示。根据变压器的变压原理，一次侧绕组的交流电压是通过电磁感应原理“感应”到二次侧绕组上的，并没有进行实际的电气连接，因而变压器具有电气隔离功能。

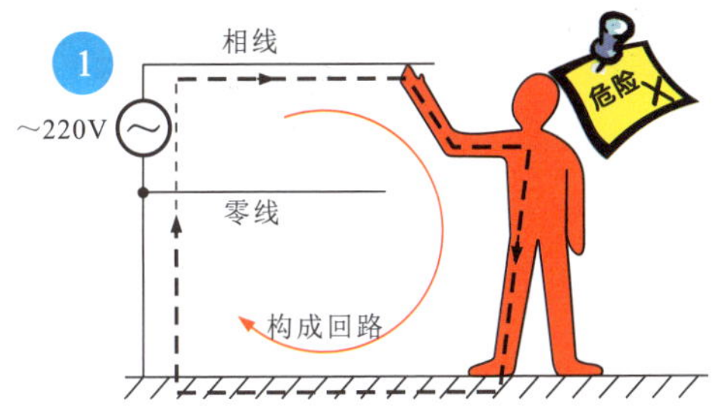

图13-4 变压器的电气隔离功能

1 在无隔离变压器的电气线路中，人体直接与市电220V接触，会通过大地与交流电源形成回路而发生触电事故。

划重点

2 接入隔离变压器的电气线路：接入隔离变压器后，因变压器线圈分离而起到隔离作用，当人体接触到交流220V电压时，不会构成回路，保证了人身安全。

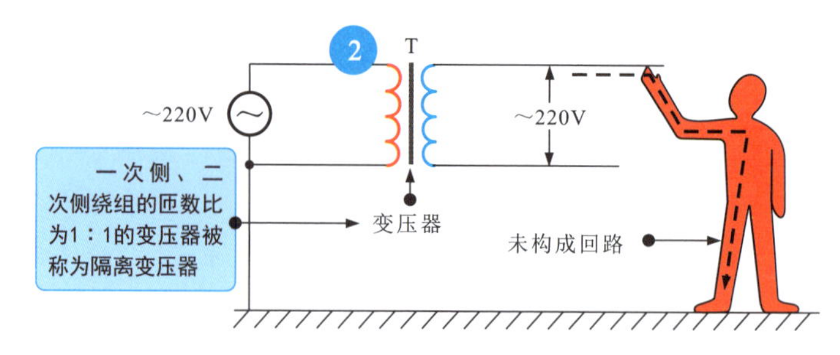

图13-4 变压器的电气隔离功能（续）

5 自耦变压器的信号自耦功能

自耦变压器的信号自耦功能如图13-5所示。

一个线圈具有多个抽头的变压器被称为自耦变压器。这种变压器具有信号自耦功能，但无隔离功能。

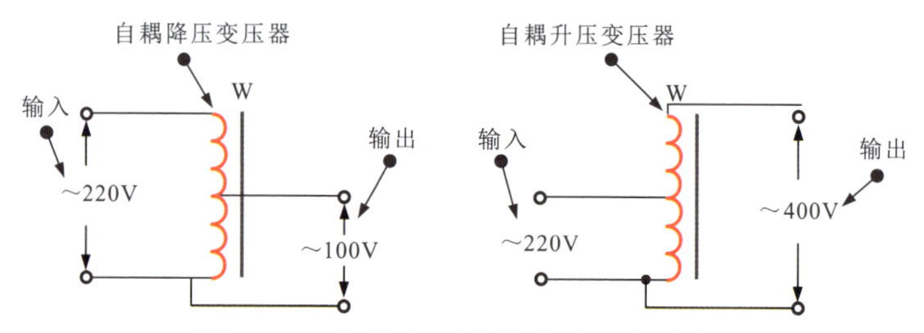

图13-5 自耦变压器的信号自耦功能

13.1.2 变压器的分类

变压器可利用电磁感应原理传递电能或传输交流信号，广泛应用在各种电子产品中。常用的变压器主要有低频变压器、中频变压器、高频变压器及特殊变压器。

1 低频变压器

常见的低频变压器主要有电源变压器和音频变压器。图13-6为电源变压器的实物外形。

电源变压器包括降压变压器和开关变压器。降压变压器包括环形降压变压器和E形降压变压器两种。

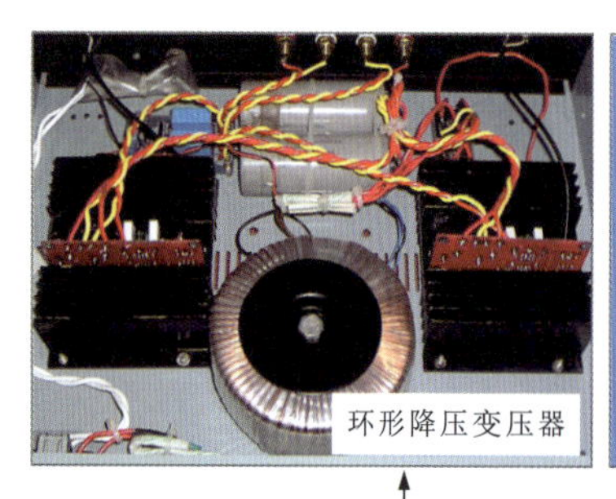

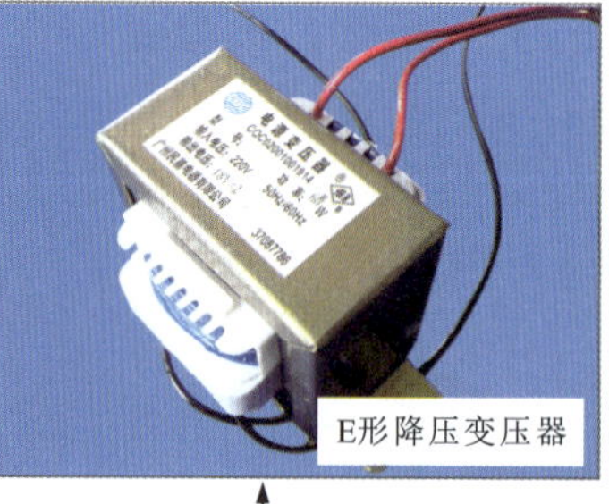

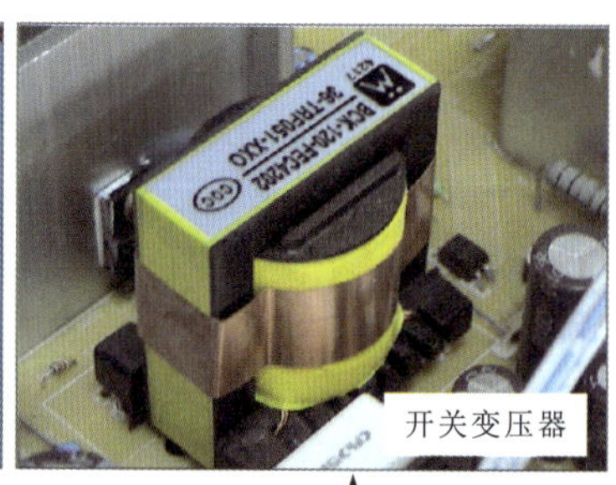

降压变压器直接工作在220V/50Hz条件下，又称为低频变压器。

开关变压器是一种脉冲信号变压器，主要应用在开关电源电路中，可将高压脉冲信号变成多组低压脉冲信号。开关变压器的工作频率为1～50kHz，相对于中、高频变压器来说较低，为低频变压器，相对于一般降压变压器来说为高频变压器。因此，频率的高、低是相对而言的。

图13-6 电源变压器的实物外形

图13-7为音频变压器的实物外形。

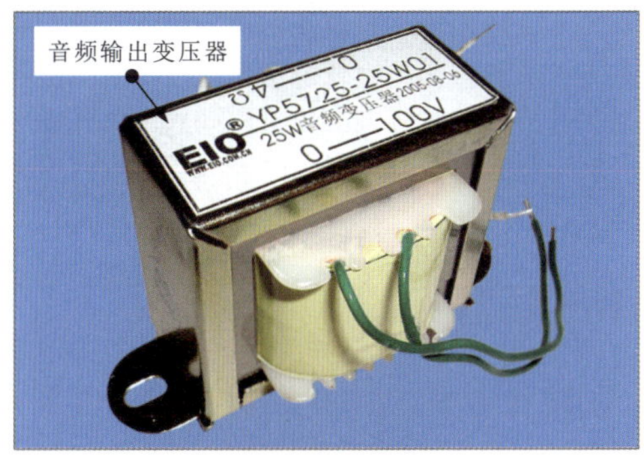

图13-7 音频变压器的实物外形

划重点

音频变压器是传输音频信号的变压器，主要用来耦合传输信号和阻抗匹配，多应用在功率放大器中，如高保真音响放大器，需要采用高品质的音频变压器。

音频变压器根据功能还可分为音频输入变压器和音频输出变压器，分别接在功率放大器的输入级和输出级。

2 中频变压器

中频变压器简称中周，适用范围一般为几千赫兹至几十兆赫兹，频率相对较高，实物外形如图13-8所示。中频变压器与振荡线圈的外形十分相似，可通过磁帽上的颜色区分。常见的中频变压器主要有白色、红色、绿色和黄色，颜色不同，具体的参数和应用不同。中频变压器的谐振频率：在调幅式收音机中为465kHz；在调频式收音机中为10.7MHz；在电视机中为38MHz。

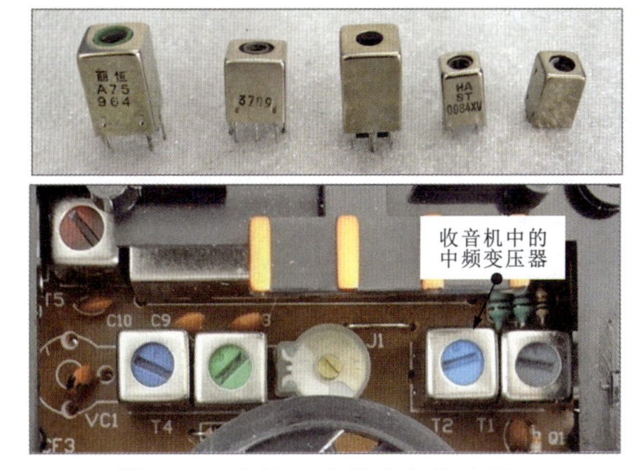

图13-8 中频变压器的实物外形

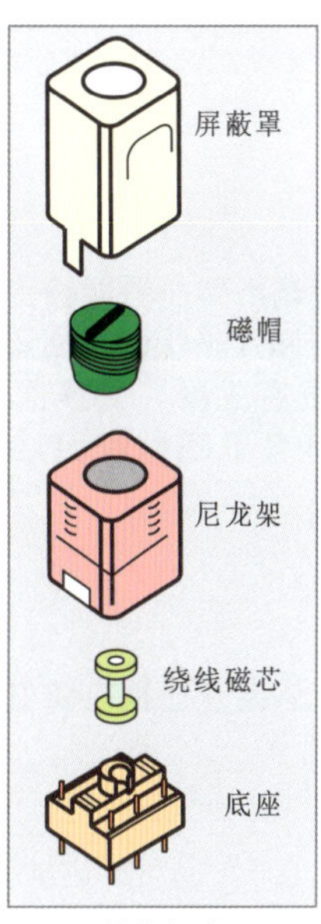

结构组成

在收音机电路中，通常白色的中频变压器为第一中频，红色的中频变压器为第二中频，绿色的中频变压器为第三中频，黑色的中频变压器为本振线圈。在实际应用中，不同厂家对中频变压器的颜色标识没有统一的标准，应具体问题具体分析，但不论哪个厂家生产的中频变压器，不同颜色的中频变压器不可互换。

3 高频变压器

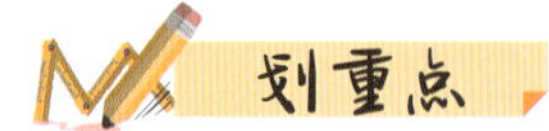

高频变压器主要应用在收音机、电视机、手机、卫星接收机电路中。短波收音机中的高频变压器工作在1.5～30MHz频率范围。FM收音机的高频变压器工作在88～108MHz频率范围。

工作在高频电路中的变压器被称为高频变压器。图13-9为高频变压器的实物外形。

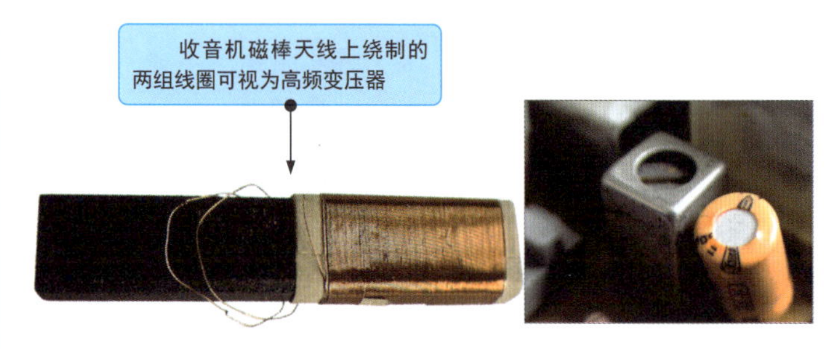

图13-9　高频变压器的实物外形

4 特殊变压器

特殊变压器是应用在特殊环境中的变压器。在电子产品中，常见的特殊变压器主要有彩色电视机中的行输出变压器、行激励变压器等，如图13-10所示。

1 行输出变压器能输出几万伏的高压和几千伏的副高压，故又称高压变压器。其线圈结构复杂。型号不同，线圈结构也不同。

2 行激励变压器可降低输出电压幅度。

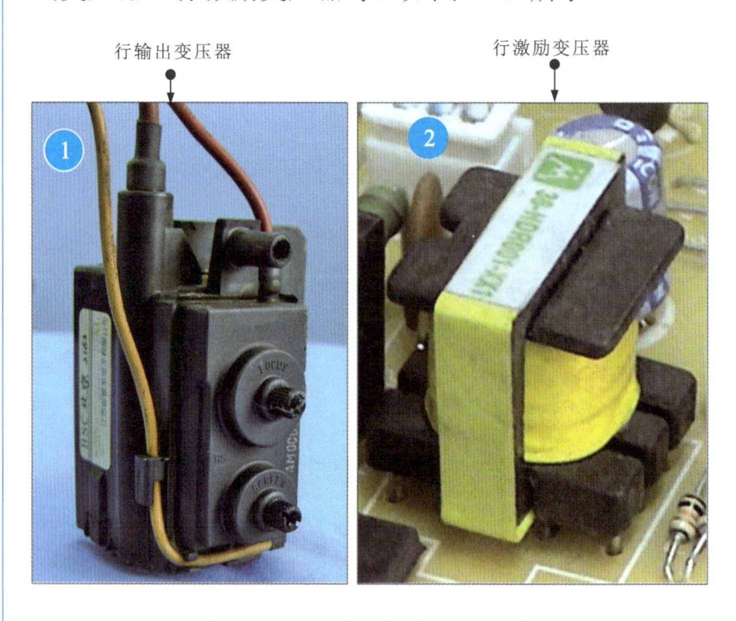

图13-10　特殊变压器的实物外形

13.2 变压器的识别、选用与代换

13.2.1 变压器的识别

变压器的参数标识由字母与数字的组合构成。

1 变压器的参数标识

我国变压器的参数标识如图13-11所示。

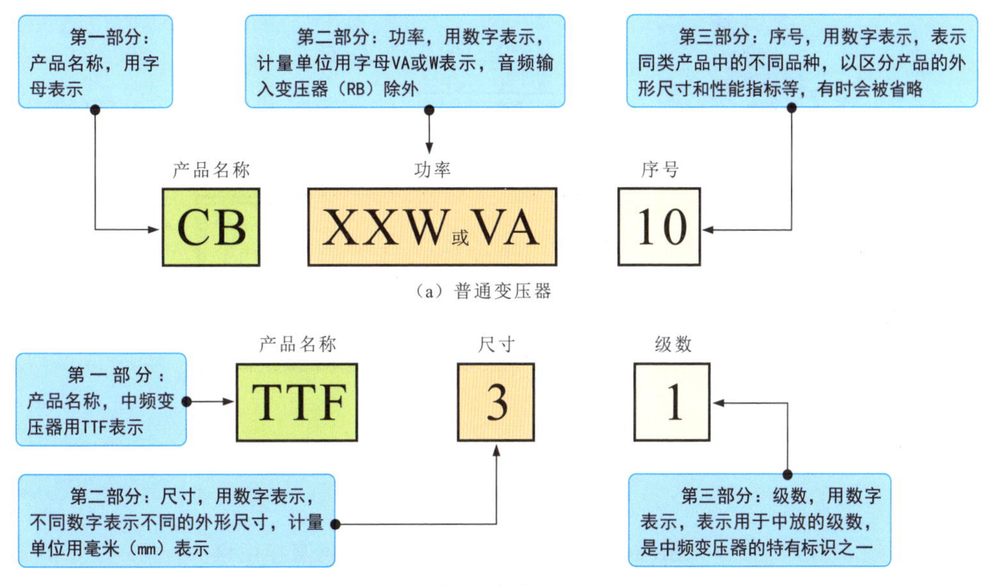

图13-11 我国变压器的参数标识

变压器参数标识中字母或数字的含义见表13-1。

表13-1 变压器参数标识中字母或数字的含义

标识	字母	含义	标识	数字	含义
产品名称	DB	电源变压器	尺寸（mm）（中频变压器专用标识）	1	7×7×12
	CB	音频输出变压器		2	10×10×14
	RB/JB	音频输入变压器		3	12×12×16
	GB	高压变压器		4	10×25×36
	HB	灯丝变压器	级数	1	第一级中放
	SB/ZB	音频变压器		2	第二级中放
	T	中频变压器		3	第三级中放
	TTF	调幅收音机用中频变压器			

2 变压器参数标识的识读

在有些变压器的铭牌上直接将额定功率、输入电压、输出电压等数值明确标出，识读比较直接、简单，如图13-12所示。

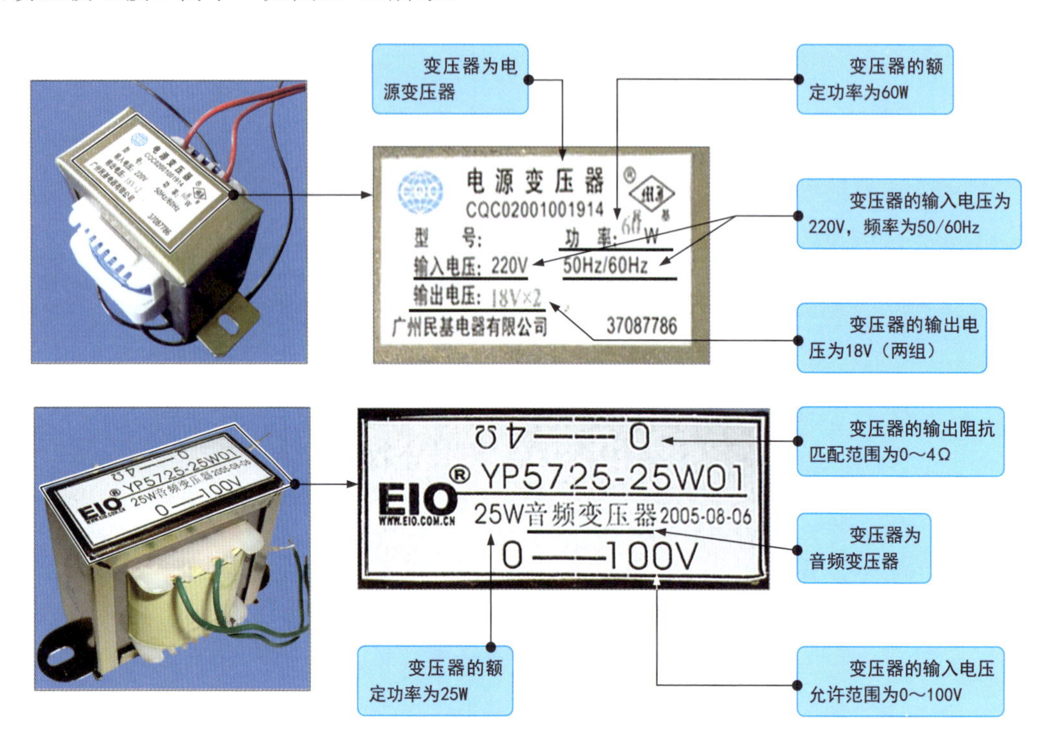

图13-12 根据变压器的铭牌标识直接识读

识别变压器一次侧、二次侧绕组的引线是变压器安装操作中的重要环节。有些变压器一次侧、二次侧绕组的引线也在铭牌中进行了标识，可以直接根据标识进行安装连接，如图13-13所示。

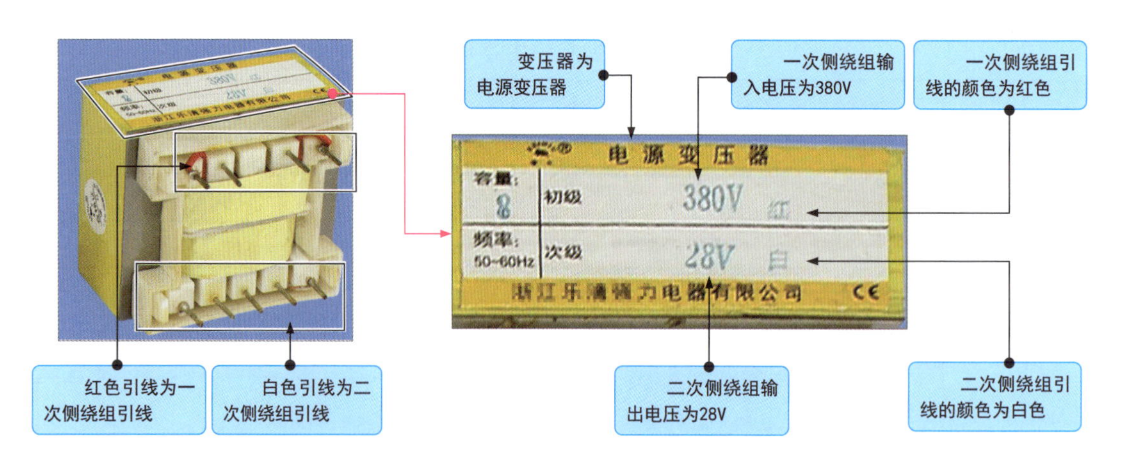

图13-13 根据变压器铭牌标识识别一次侧、二次侧绕组的引线

13.2.2 变压器的选用与代换

若电子产品中的变压器损坏或性能不良，需选用和代换变压器以满足电路功能。

1 电源变压器的选用与代换

选用与代换电源变压器时，铁芯材料、输出功率、输出电压等性能参数必须与负载电路相匹配，输出功率应略大于负载电路的最大功率，输出电压应与负载电路供电部分的输入电压相同。

2 中频变压器的选用与代换

中频变压器有固定的谐振频率，选用与代换时，只能选用同型号、同规格的中频变压器，代换后还要进行微调，将谐振频率调准。

3 行输出变压器的选用与代换

在选用与代换行输出变压器时，在一般情况下，应选用与原机型号相同的行输出变压器进行代换。

划重点

对于铁芯材料、输出功率、输出电压相同的电源变压器，通常可以直接互换使用：E形铁芯电源变压器一般用于普通电源电路；C形铁芯电源变压器一般用于高保真音频功率放大器；环形铁芯电源变压器一般也用于高保真音频功率放大器。

调幅收音机的中频变压器、调频收音机的中频变压器及电视机中的伴音中频变压器、图像中频变压器不能互换使用。

若无同型号的行输出变压器，也可以选用磁芯及各绕组输出电压相同、但引脚位置不同的行输出变压器来变通代换（对调绕组端头、改变引脚顺序等）。

在选用变压器时，应首先了解变压器的性能参数及规格型号等，然后根据性能参数及规格型号选用相应最佳性能的变压器进行代换。

变压器的性能参数包括变压比、额定电压、额定功率、工作频率、绝缘电阻、空载电流、空载损耗、电压调整率等。

◇绝缘电阻。绝缘电阻是表示变压器各绕阻之间、各绕阻与铁芯之间绝缘性能的参数。绝缘电阻的高低与所使用绝缘材料的性能、温度高低和潮湿程度有关，即绝缘电阻=施加电压/漏电电流。变压器各绕阻与绕阻之间、绕阻与铁芯之间能够在一定时间内承受比工作电压更高的电压而不被击穿，具有较大的抗电强度。变压器的绝缘电阻越大，性能越稳定。

◇空载电流。当变压器二次侧开路时，一次侧仍有一定的电流，该电流被称为空载电流。空载电流由磁化电流（产生磁通）和铁损电流（由铁芯损耗引起）组成。电源变压器的空载电流基本上等于磁化电流。

◇空载损耗。空载损耗是变压器的二次侧开路时，在一次侧测得的功率损耗。空载损耗由铁芯损耗和铜损（空载电流在一次侧绕阻铜线上产生的损耗）组成。其中铜损所占比例很小。

13.3 变压器的检测

13.3.1 变压器绕组阻值的检测

变压器是一种以一次侧、二次侧绕组为核心的部件，当使用万用表检测时，可通过检测绕组阻值来判断变压器是否损坏。

1 变压器绕组阻值的检测

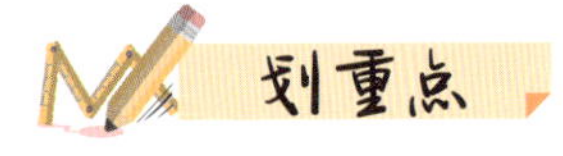

检测变压器绕组阻值主要包括对一次侧、二次侧绕组自身阻值的检测、绕组与绕组之间绝缘电阻的检测、绕组与铁芯或外壳之间绝缘电阻的检测三个方面，在检测变压器绕组阻值之前，应首先区分待测变压器的绕组引脚，如图13-14所示。

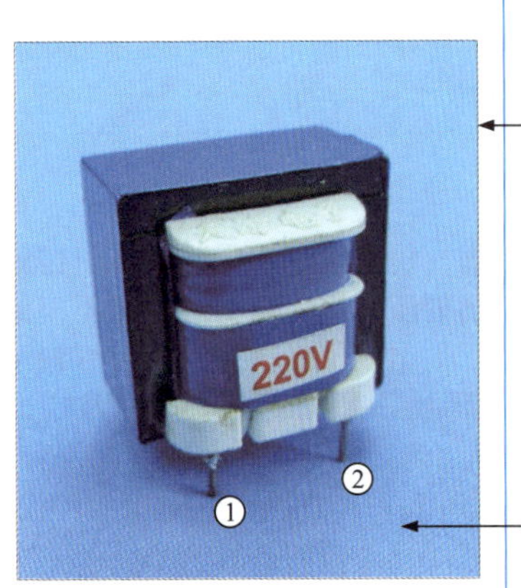

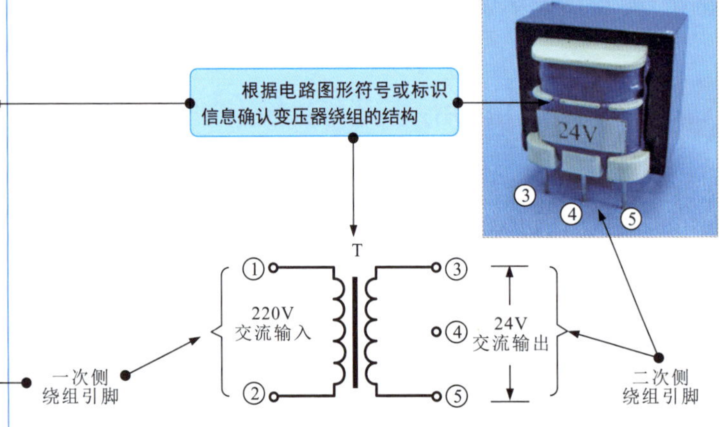

（a）区分待测变压器的绕组引脚

1 将万用表的量程旋钮调至欧姆挡，红、黑表笔分别搭在待测变压器的一次侧绕组两引脚上或二次侧绕组两引脚上，观察万用表显示屏，在正常情况下应有一固定值。若实测阻值为无穷大，则说明所测绕组存在断路现象。

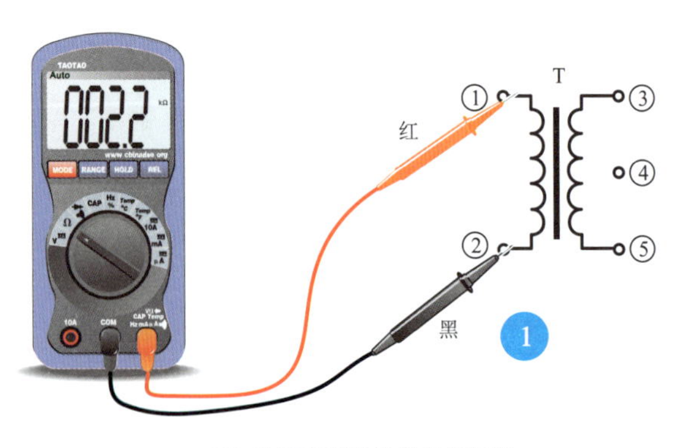

（b）检测变压器绕组自身阻值

图13-14 变压器绕组阻值的检测方法

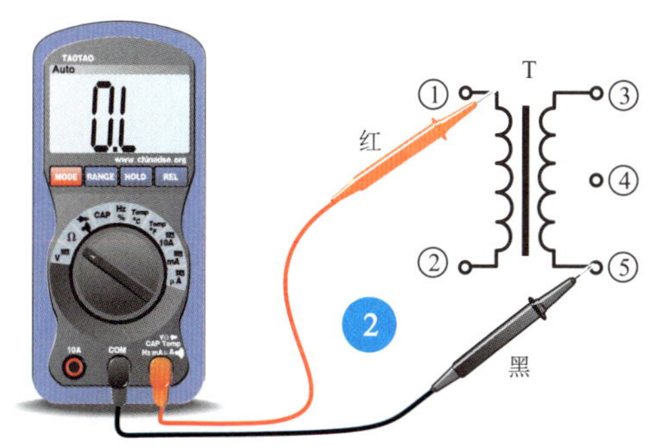

（c）检测变压器绕组与绕组之间的阻值

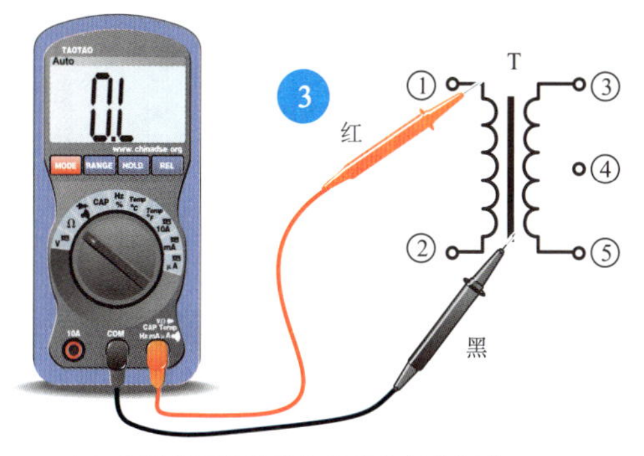

（d）检测变压器绕组与铁芯之间的阻值

图13-14 变压器绕组阻值的检测方法（续）

划重点

2 将万用表的量程旋钮调至欧姆挡，红、黑表笔分别搭在待测变压器的一次侧、二次侧绕组任意两引脚上，观察万用表显示屏，在正常情况下应为无穷大。若绕组之间有一定的阻值或阻值很小，则说明所测变压器绕组之间存在短路现象。

3 将万用表的量程旋钮调至欧姆挡，红、黑表笔分别搭在待测变压器的一次侧绕组引脚和铁芯上，观察万用表显示屏，在正常情况下应为无穷大。若绕组与铁芯之间有一定的阻值或阻值很小，则说明所测变压器绕组与铁芯之间存在短路现象。

图13-15为变压器绕组自身阻值的检测案例。

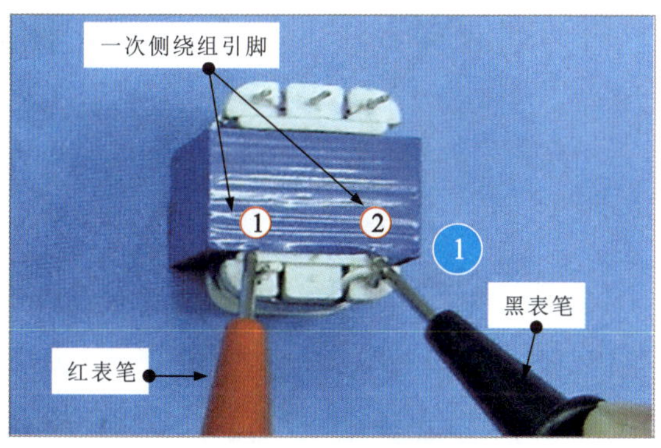

图13-15 变压器绕组自身阻值的检测案例

1 将万用表的量程旋钮调至欧姆挡，红、黑表笔分别搭在待测变压器的一次侧绕组两引脚上。

2 测得阻值为2.2kΩ。

划重点

3 将万用表的红、黑表笔分别搭在待测变压器二次侧绕组两引脚上。

4 测得阻值为30Ω。

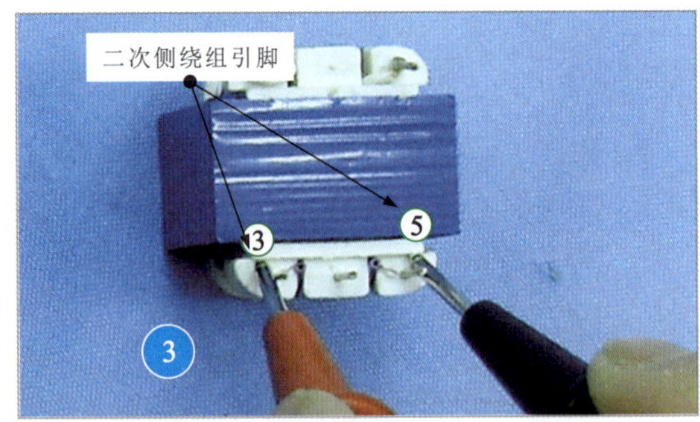

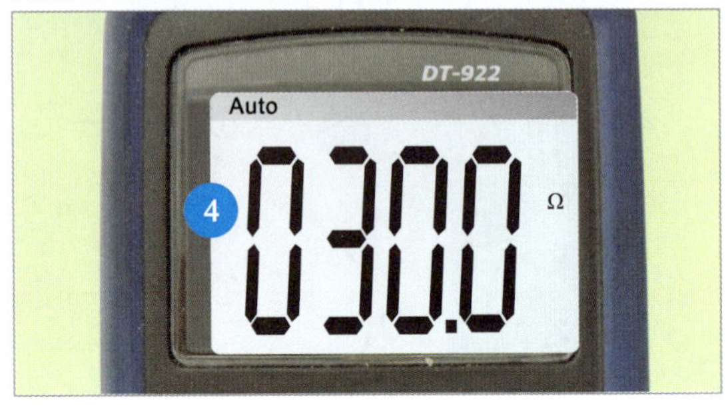

图13-15　变压器绕组自身阻值的检测案例（续）

图13-16为变压器绕组与绕组之间阻值的检测案例。

将万用表的量程旋钮调至欧姆挡，红、黑表笔分别搭在待测变压器一次侧绕组和二次侧绕组的任意两引脚上。

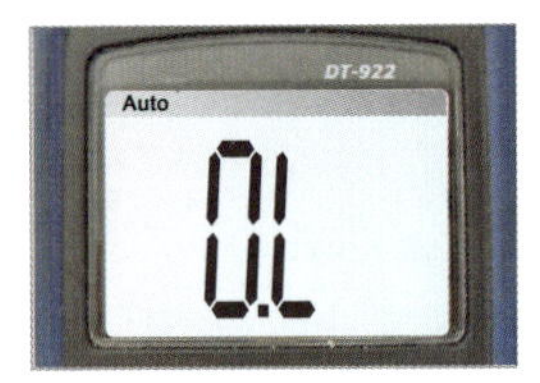

测得阻值为无穷大。若变压器有多个二次侧绕组，则应依次检测每个二次侧绕组与一次侧绕组之间的阻值。

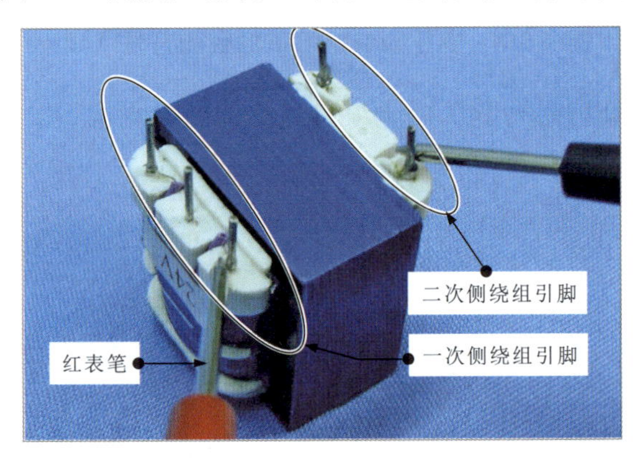

图13-16　变压器绕组与绕组之间阻值的检测案例

图13-17为变压器绕组与铁芯之间阻值的检测案例。

将万用表的量程旋钮调至欧姆挡，红、黑表笔分别搭在待测变压器铁芯和任意绕组引脚上。

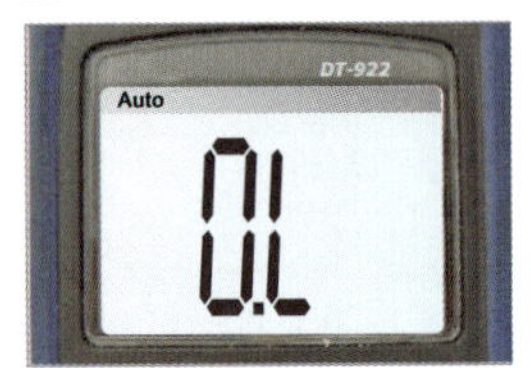

测得阻值为无穷大。

图13-17　变压器绕组与铁芯之间阻值的检测案例

13.3.2 变压器输入、输出电压的检测

变压器的主要功能就是电压变换，因此在正常情况下，若输入电压正常，则应输出变换后的电压，使用万用表检测时，可通过检测输入、输出电压来判断变压器是否损坏，检测指导如图13-18所示。

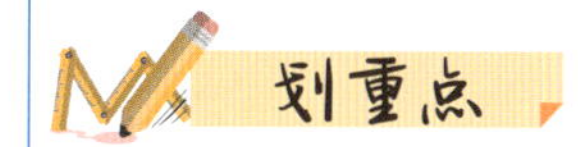

首先将变压器置于实际工作环境中或搭建测试电路模拟实际工作环境，并向变压器输入交流电压，然后用万用表分别检测输入、输出电压来判断变压器的好坏，在检测之前，需要区分待测变压器的输入、输出引脚，了解输入、输出电压值，为变压器的检测提供参照标准。

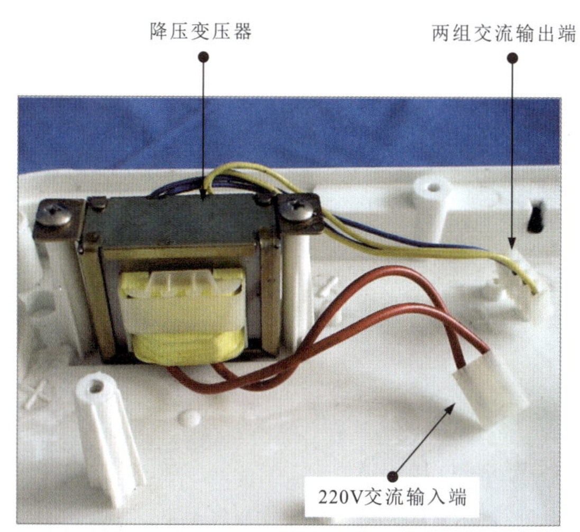

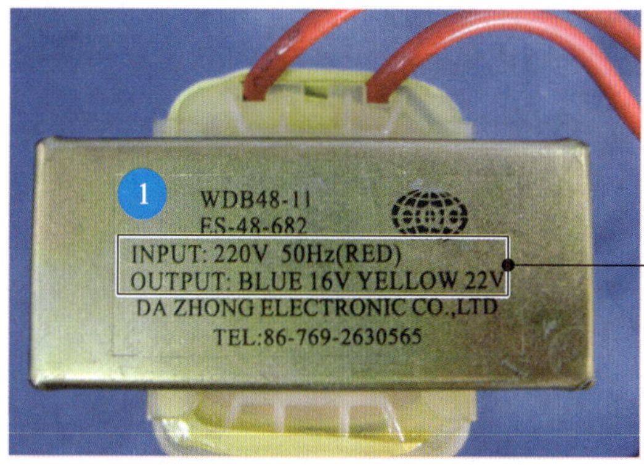

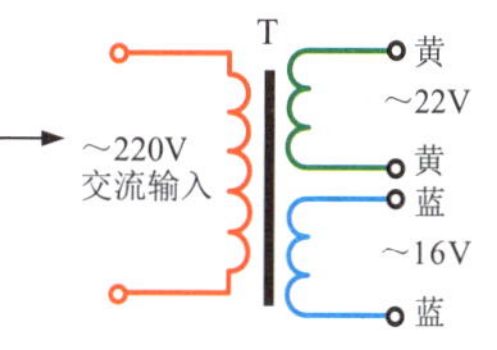

（a） 区分待测变压器的输入、输出引脚及识读铭牌标识

1 识读变压器上的铭牌标识：输入为交流220V；输出有两组（蓝色线为16V输出，黄色线为22V输出）。

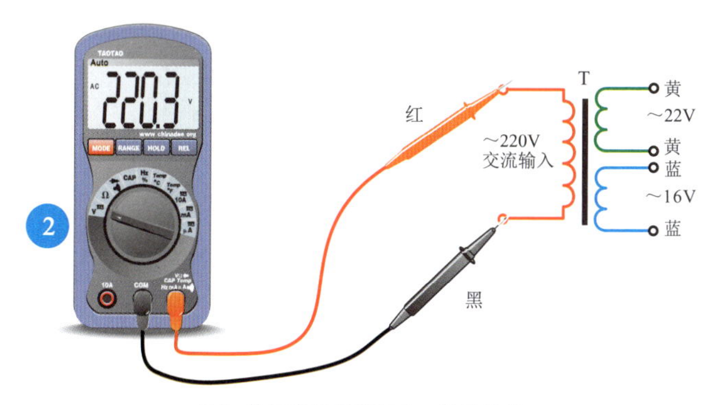

（b） 检测变压器的输入、输出电压

图13-18 变压器输入、输出电压的检测指导

2 将万用表的量程旋钮调至交流电压挡，红、黑表笔分别搭在待测变压器的交流输入端或交流输出端，观察万用表显示屏。若输入电压正常，而无电压输出，则说明变压器损坏。

划重点

1 将变压器置于实际工作环境或搭建测试电路模拟实际工作环境；将万用表的量程旋钮调至交流电压挡，红、黑表笔分别搭在待测变压器的输入端。实测输入电压为交流220.3V。

2 将万用表的红、黑表笔分别搭在待测变压器的蓝色输出端。实测输出电压为交流16.1V。

3 将万用表的红、黑表笔分别搭在待测变压器的黄色输出端。

4 实测输出电压为交流22.4V。

图13-19为变压器输入、输出电压的检测案例。

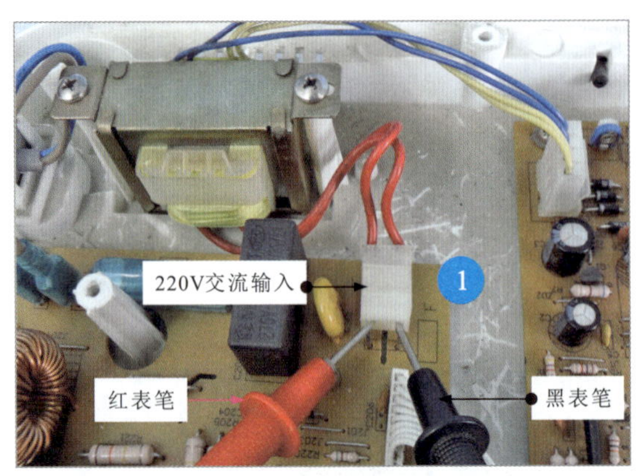

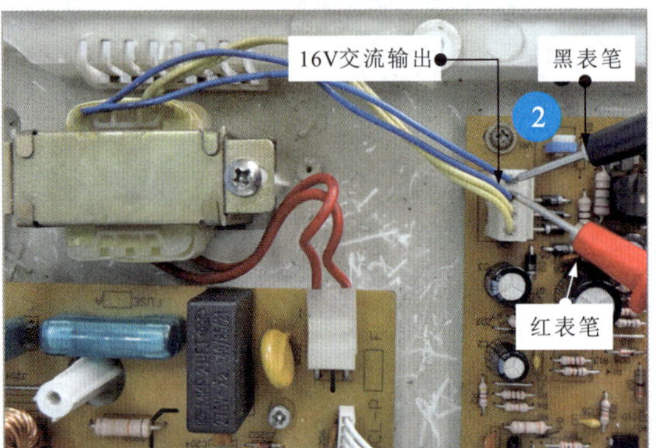

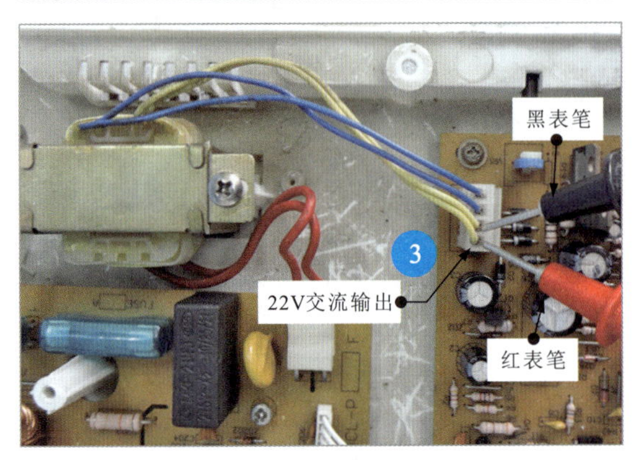

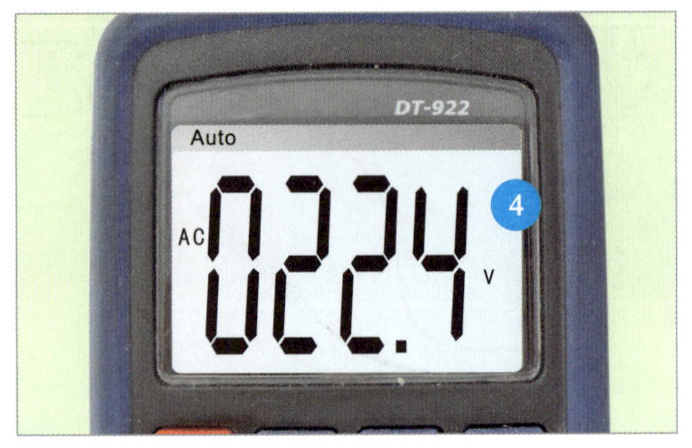

图13-19 变压器输入、输出电压的检测案例

13.3.3 变压器绕组电感量的检测

变压器一次侧、二次侧绕组都相当于多匝数的电感线圈，检测时，可以用万用电桥检测一次侧、二次侧绕组的电感量来判断变压器的好坏。

在检测之前，应首先区分待测变压器的绕组引脚，如图13-20所示。

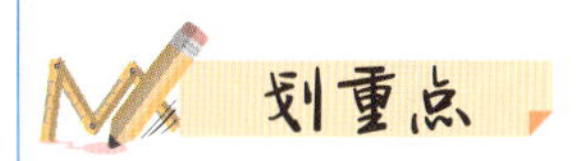

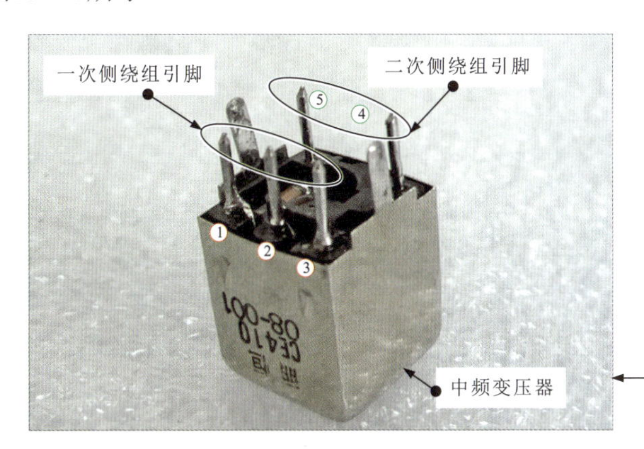

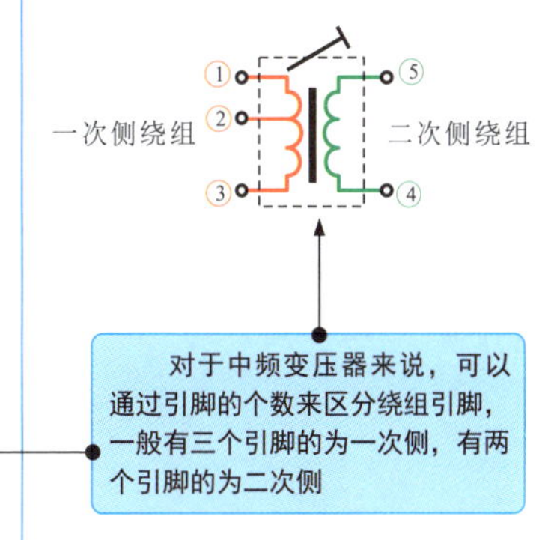

对于中频变压器来说，可以通过引脚的个数来区分绕组引脚，一般有三个引脚的为一次侧，有两个引脚的为二次侧

图13-20 区分待测变压器的绕组引脚

对于其他类型的变压器来说，如果没有标识变压器的一次侧、二次侧，则一般可以通过观察引线粗细的方法来区分。通常，对于降压变压器，线径较细引线的一侧为一次侧，线径较粗引线的一侧为二次侧；线圈匝数较多的一侧为一次侧，线圈匝数较少的一侧为二次侧。另外，通过测量绕组的阻值也可区分，即阻值较大的一侧为一次侧，阻值较小的一侧为二次侧。如果是升压变压器，则区分方法正好相反。

图13-21为使用万用电桥检测变压器绕组电感量的方法。

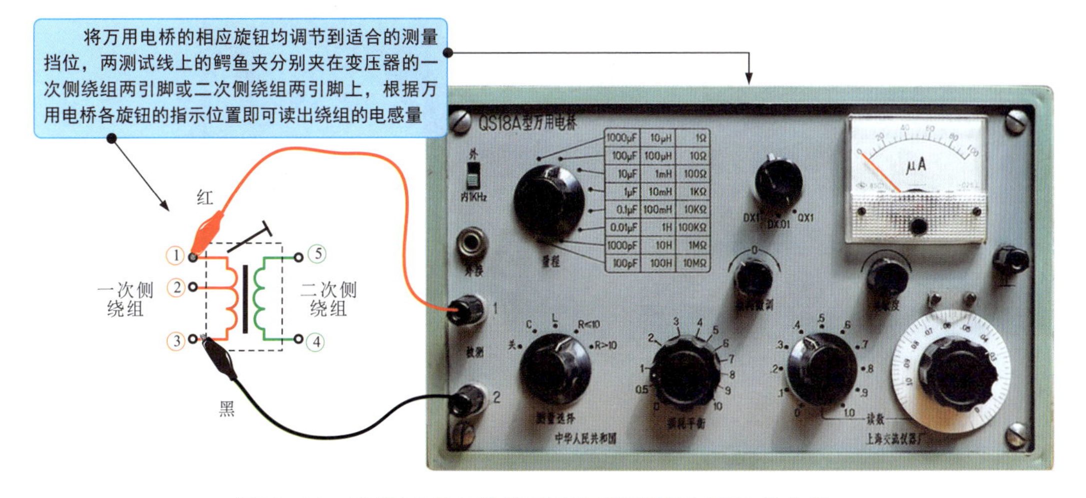

图13-21 使用万用电桥检测变压器绕组电感量的方法

图13-22为使用万用电桥检测变压器绕组电感量的案例。

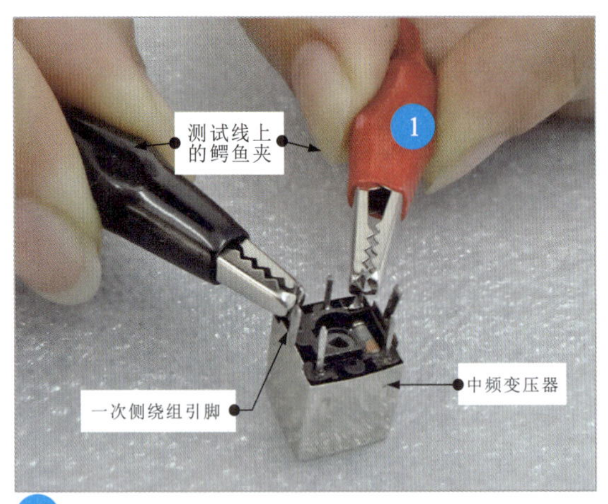

1 将万用电桥两测试线上的鳄鱼夹分别夹在中频变压器一次侧绕组的两个引脚上。

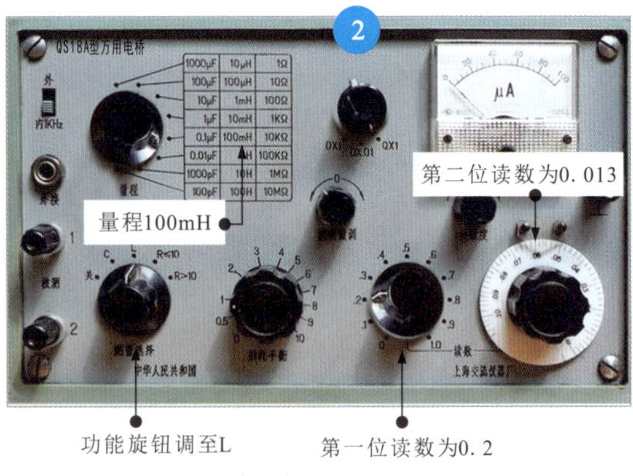

2 将功能旋钮调至L，量程选择旋钮调至100mH，分别调节各读数旋钮，使指示电表指向0位，此时读取万用电桥显示数值为(0.2+0.013)×100mH=21.3mH。

图13-22 使用万用电桥检测变压器绕组电感量的案例

多说两句！

如图13-23所示，万用电桥的旋钮虽然比较多，但每个旋钮都有各自的功能，了解万用电桥每个旋钮的功能后，读取数值就会十分简单。

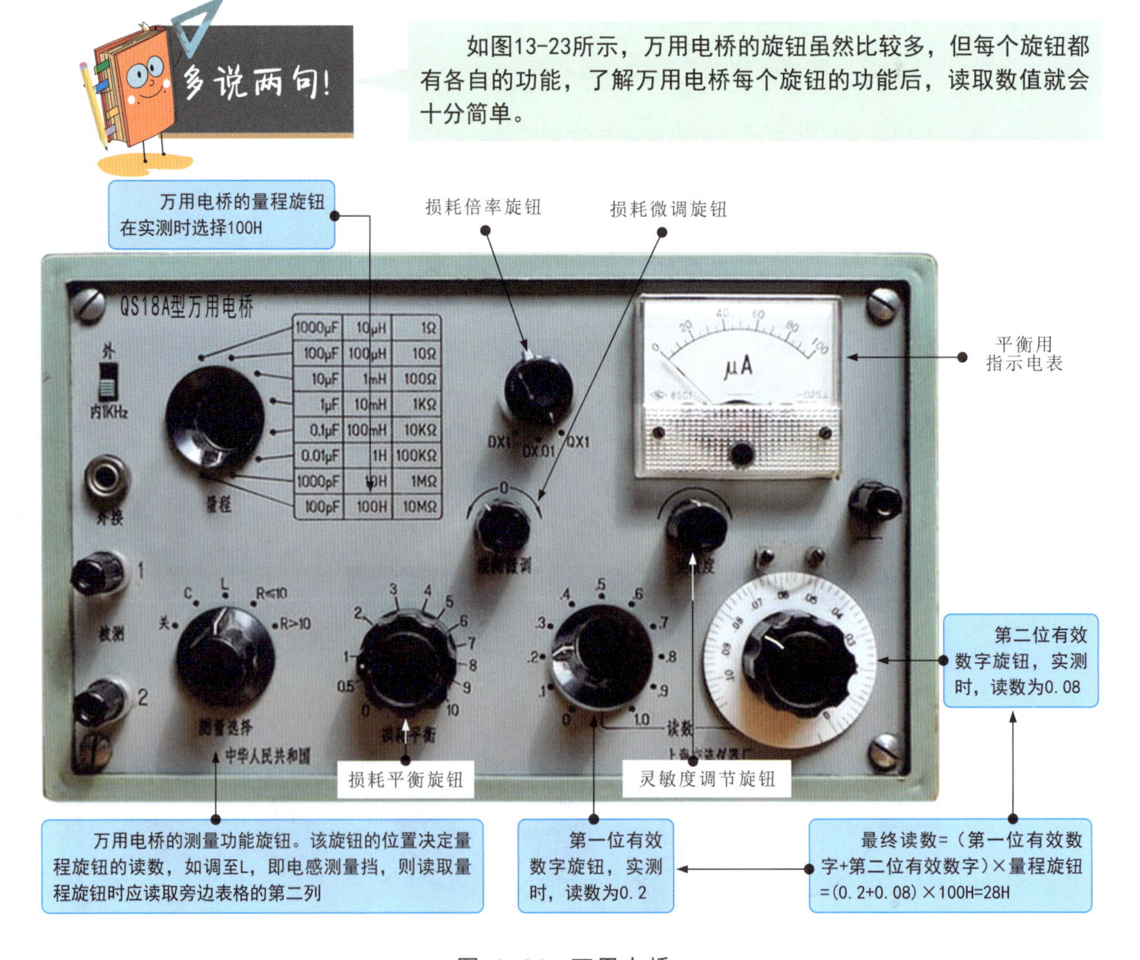

图13-23 万用电桥

集成电路

14.1 集成电路的功能与分类

14.1.1 集成电路的功能

集成电路中集成了众多的元器件，可通过不同的组合实现强大的控制功能，在电子产品中应用广泛。

图14-1为集成电路的结构外形。

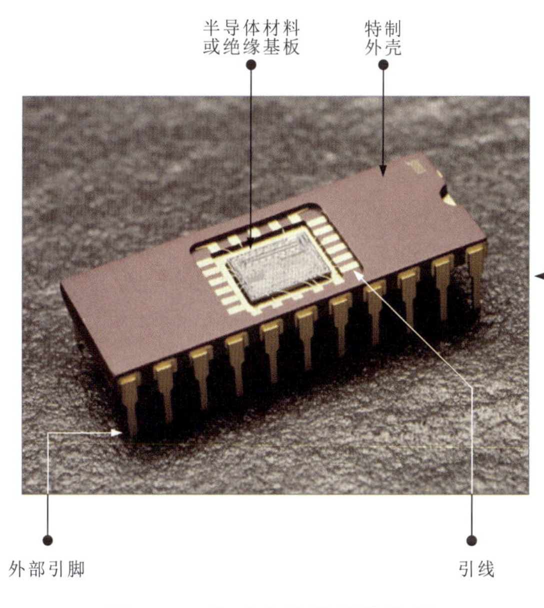

图14-1　集成电路的结构外形

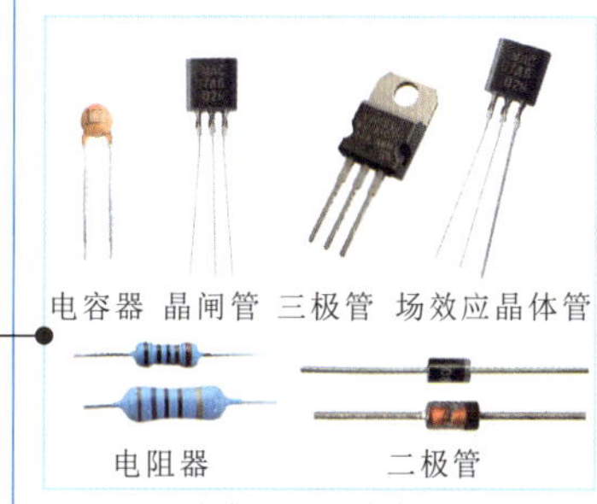

在集成电路中集成的各种元器件

集成电路是利用半导体工艺将电阻器、电容器、晶体管及连线制作在很小的半导体材料或绝缘基板上所制成的，具有体积小、重量轻、电路稳定、集成度高等特点。

集成电路的功能多种多样。在实际应用中，集成电路具有控制、放大、转换（D/A转换、A/D转换）、信号处理及振荡等功能。

在实际应用中，集成电路多以功能命名，如常见的三端稳压器、运算放大器、音频功率放大器、视频解码器、微处理器等，如图14-2所示。

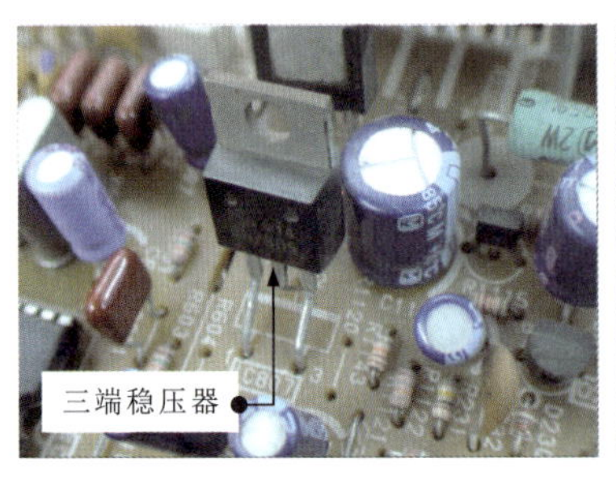

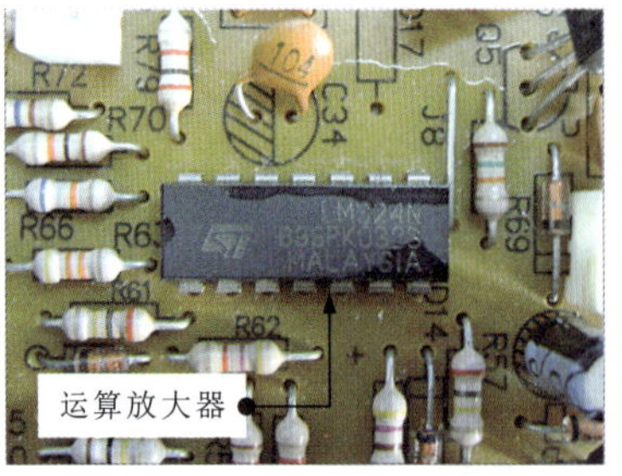

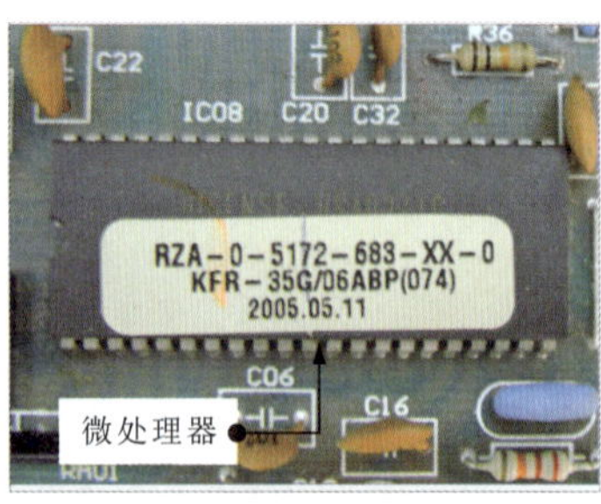

图14-2　不同功能的集成电路

图14-3为具有放大功能集成电路的应用电路。

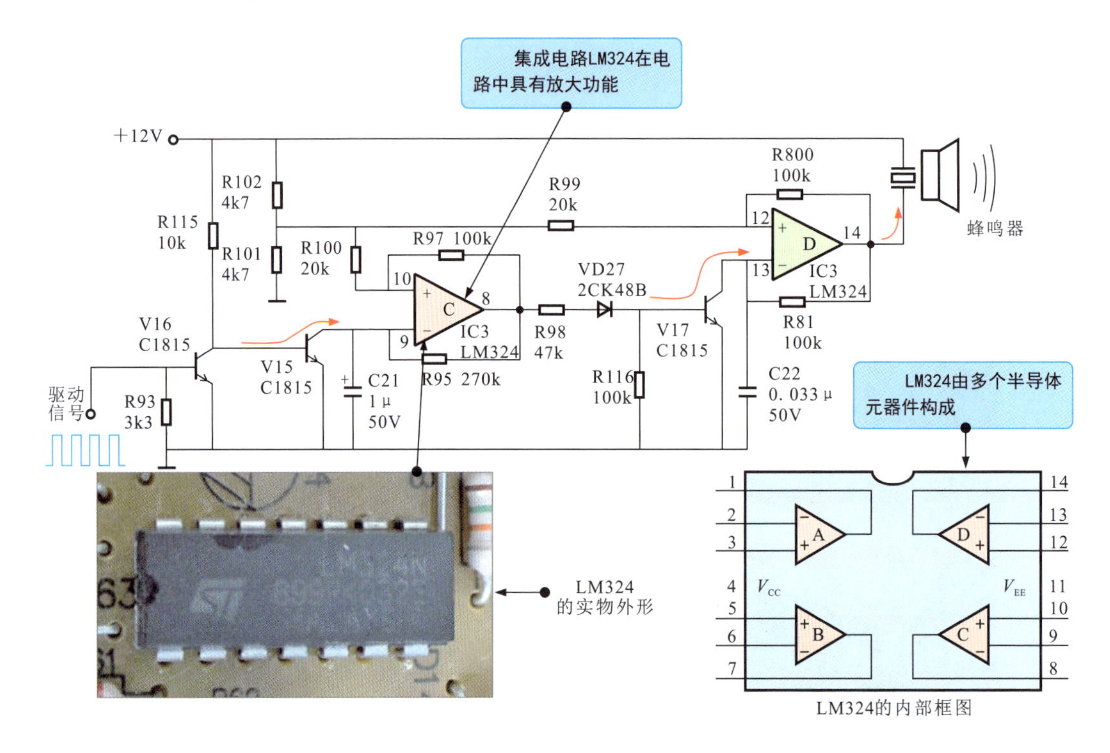

图14-3　具有放大功能集成电路的应用电路

14.1.2 集成电路的分类

集成电路的种类繁多，分类方式多种多样：根据外形和封装形式的不同主要可分为金属壳封装（CAN）集成电路、单列直插式封装（SIP）集成电路、双列直插式封装（DIP）集成电路、扁平封装（PFP、QFP）集成电路、插针网格阵列封装（PGA）集成电路、球栅阵列封装（BGA）集成电路、无引线塑料封装（PLCC）集成电路、芯片缩放式封装（CSP）集成电路、多芯片模块封装（MCM）集成电路等。

1 金属壳封装（CAN）集成电路

图14-4为金属壳封装（CAN）集成电路。

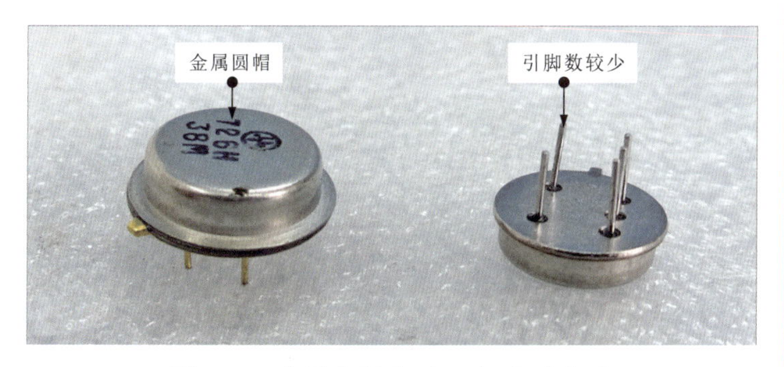

图14-4 金属壳封装（CAN）集成电路

划重点

金属壳封装（CAN）集成电路一般为金属圆帽形，功能较为单一，引脚数较少。

2 单列直插式封装（SIP）集成电路

图14-5为单列直插式封装（SIP）集成电路。

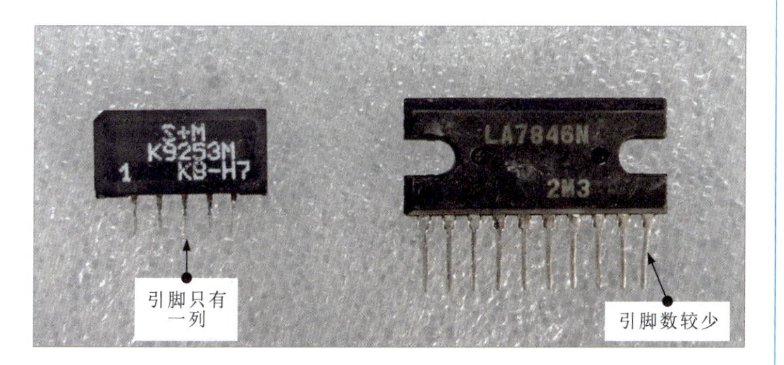

图14-5 单列直插式封装（SIP）集成电路

单列直插式封装集成电路的引脚只有一列，内部电路比较简单，引脚数较少，小型集成电路多采用这种封装形式。

3 双列直插式封装（DIP）集成电路

图14-6为双列直插式封装（DIP）集成电路。

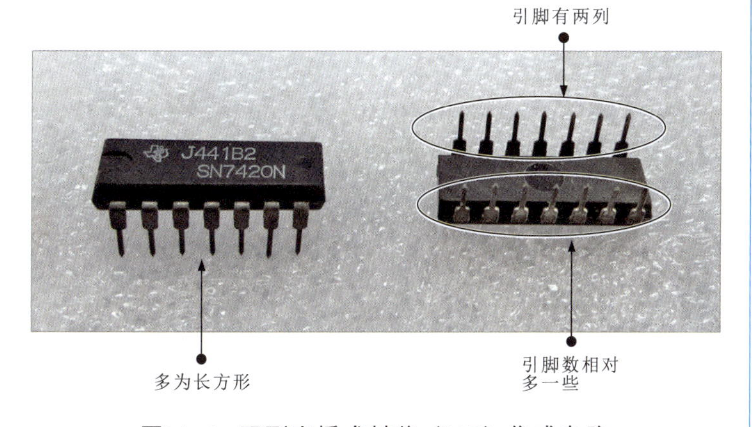

图14-6 双列直插式封装（DIP）集成电路

双列直插式封装集成电路的引脚有两列，且多为长方形结构。大多数中小规模的集成电路均采用这种封装形式，引脚数一般不超过100个。

划重点

扁平封装集成电路有长方形结构和正方形结构两种，引脚间隙很小，引脚很细。

扁平封装集成电路的引脚从封装外壳侧面引出，呈L形。

一般大规模或超大型集成电路都采用这种封装形式，引脚数一般在100个以上，主要采用表面贴装技术安装在电路板上。

4 扁平封装（PFP、QFP）集成电路

图14-7为扁平封装（PFP、QFP）集成电路。

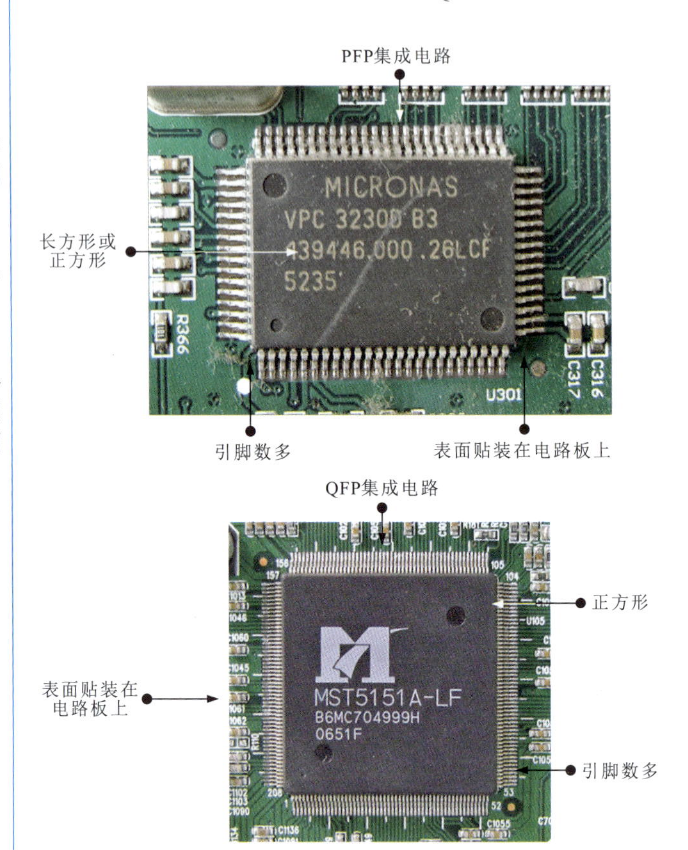

图14-7　扁平封装(PFP、QFP)集成电路

插针网格阵列封装（PGA）集成电路在芯片外有多个方阵形插针，每个方阵形插针沿芯片四周间隔一定的距离排列，根据引脚数目的多少可以围成2～5圈，多应用在高智能化数字产品中。

5 插针网格阵列封装（PGA）集成电路

图14-8为插针网格阵列封装（PGA）集成电路。

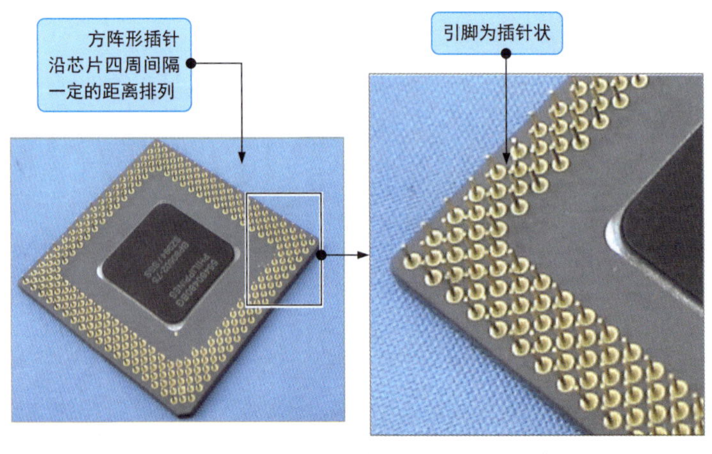

图14-8　插针网格阵列封装（PGA）集成电路

6 球栅阵列封装（BGA）集成电路

图14-9为球栅阵列封装（BGA）集成电路。

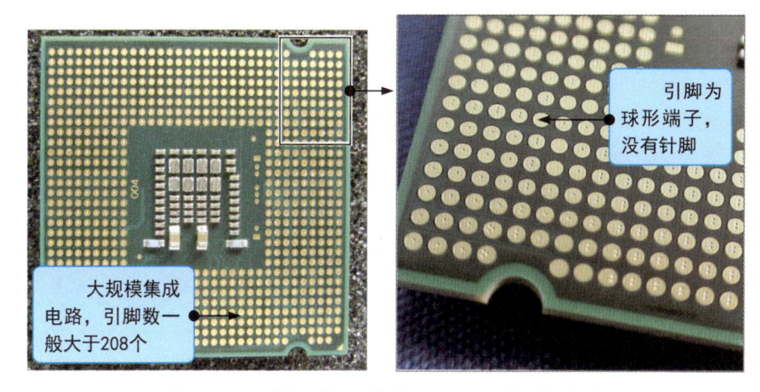

图14-9 球栅阵列封装（BGA）集成电路

划重点

球栅阵列封装集成电路的引脚为球形端子，不是针脚引脚，引脚数一般大于208个，采用表面贴装技术焊装，广泛应用在小型数码产品中，如新型手机的信号处理集成电路、主板的南/北桥芯片、CPU等。

7 无引线塑料封装（PLCC）集成电路

图14-10为无引线塑料封装（PLCC）集成电路。

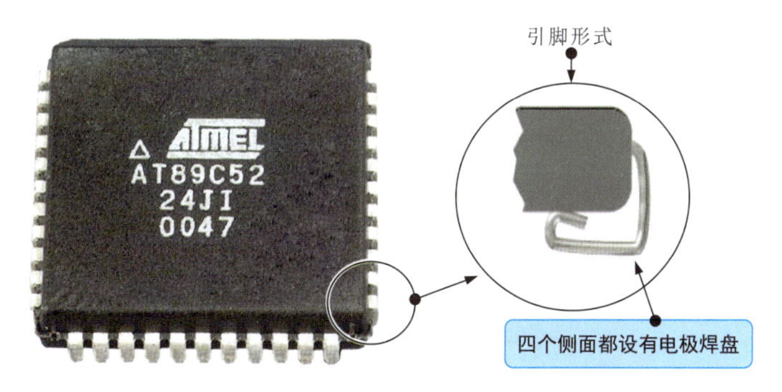

图14-10 无引线塑料封装（PLCC）集成电路

PLCC集成电路是在基板的四个侧面都设有电极焊盘，无引脚表面贴装型封装。

8 芯片缩放式封装（CSP）集成电路

图14-11为芯片缩放式封装（CSP）集成电路。

图14-11 芯片缩放式封装（CSP）集成电路

芯片缩放式封装（CSP）集成电路是一种采用超小型表面贴装型封装形式的集成电路，减小了芯片封装的外形尺寸，封装后的尺寸不大于芯片尺寸的1.2倍。其引脚都在封装体下面，有球形端子、焊凸点端子、焊盘端子、框架引线端子等多种形式。

划重点

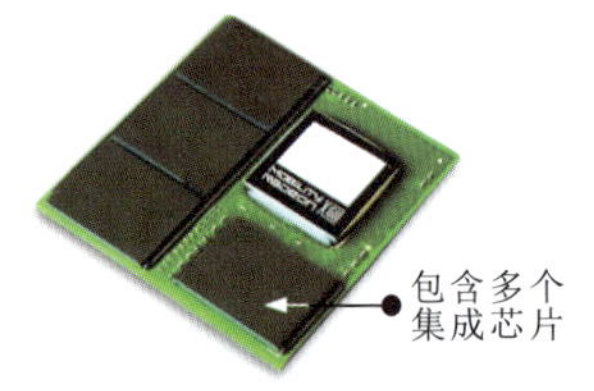

多芯片模块封装（MCM）集成电路将多个高集成度、高性能、高可靠性的芯片封装在高密度多层互连基板上。

9 多芯片模块封装（MCM）集成电路

图14-12为多芯片模块封装（MCM）集成电路。

图14-12　多芯片模块封装（MCM）集成电路

14.2 集成电路的识别、选用与代换

14.2.1 集成电路的识别

1 集成电路的型号标识

集成电路的型号标识如图14-13所示。

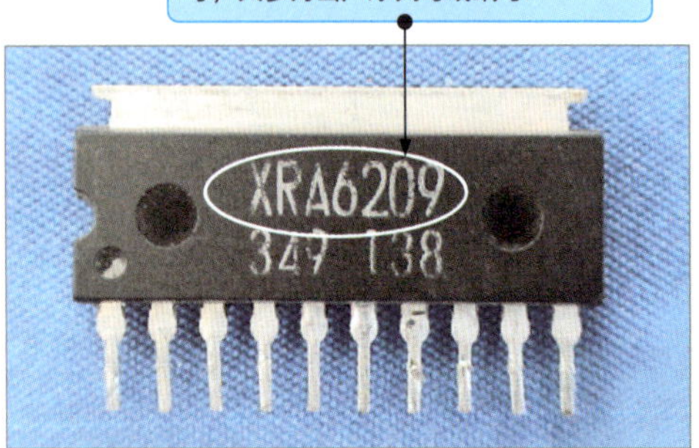

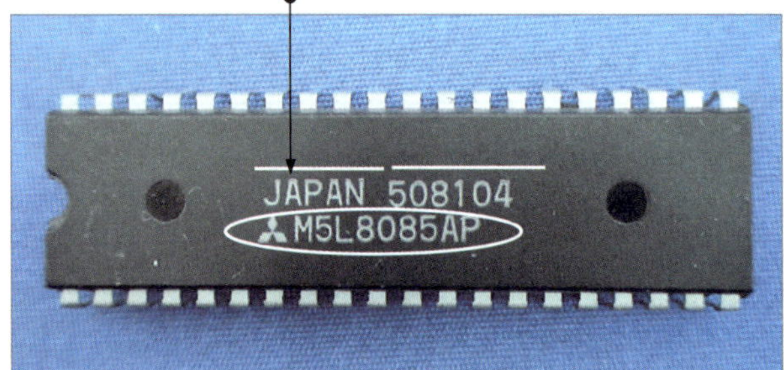

MST5151A-LF
B6MC704999H
0651F

集成电路的型号标识通常有以下特点：
- 大多由字母和数字混合组成；
- 字号一般会稍大一些或更加突出一些；
- 通常字母在前、数字在后或数字在前、字母在后

图14-13　集成电路的型号标识

国内外集成电路生产厂商对集成电路型号的命名方式不同。图14-14为国产集成电路型号的命名方式。

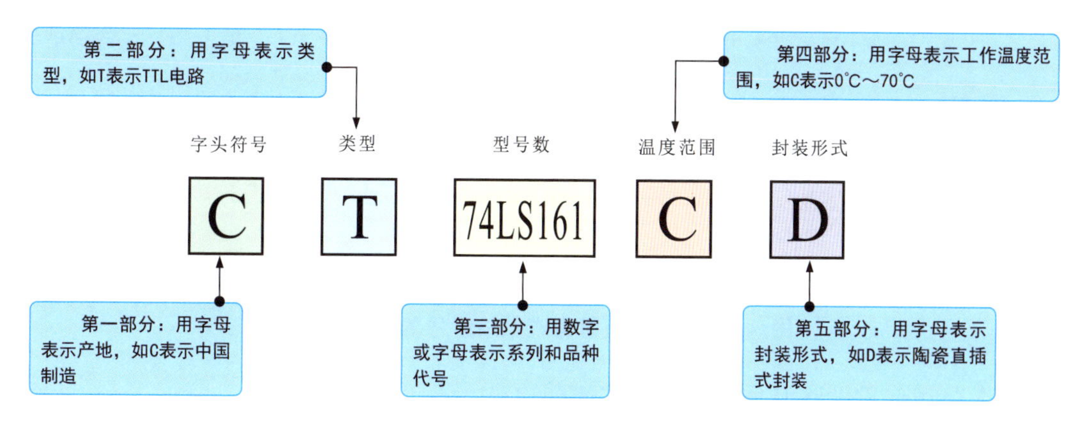

图14-14 国产集成电路型号的命名方式

国产集成电路型号命名方式中的字母含义见表14-1。

表14-1 国产集成电路型号命名方式中的字母含义

第一部分		第二部分		第三部分	第四部分		第五部分	
字头符号		类型		型号数	温度范围		封装形式	
字母	含义	字母	含义		字母	含义	字母	含义
C	中国制造	B C D E F H J M T W U	非线性电路 CMOS 音响、电视 ECL 放大器 HTL 接口器件 存储器 TTL 稳压器 微机	用数字或字母表示	C E R M	0℃～70℃ -40℃～+85℃ -55℃～+85℃ -55℃～+125℃	B D F J K T	塑料扁平 陶瓷直插 全密封扁平 黑陶瓷直插 金属菱形 金属圆形

索尼公司集成电路型号的命名方式如图14-15所示。

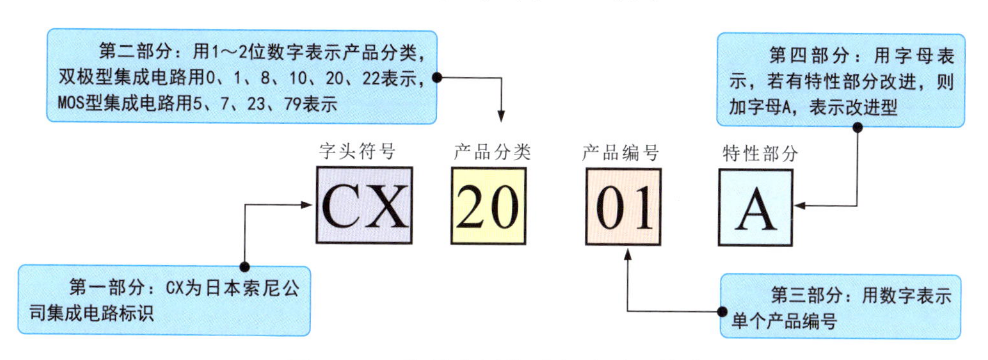

图14-15 索尼公司集成电路型号的命名方式

日立公司集成电路型号的命名方式如图14-16所示。

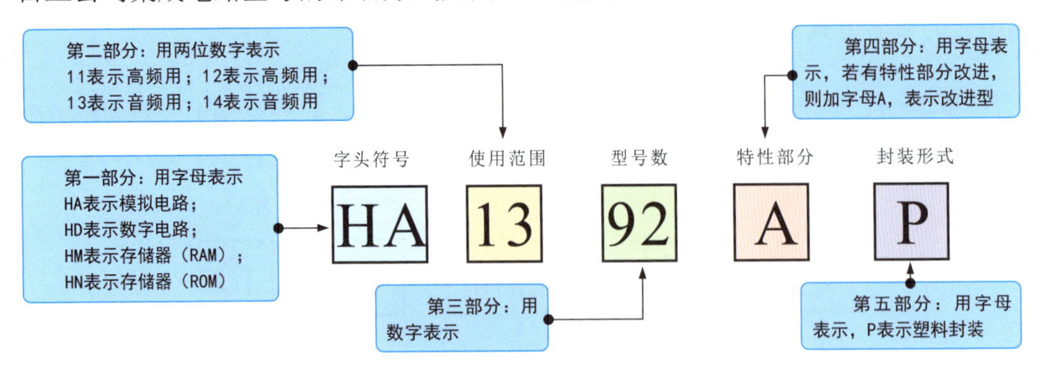

图14-16 日立公司集成电路型号的命名方式

三洋公司集成电路型号的命名方式如图14-17所示。

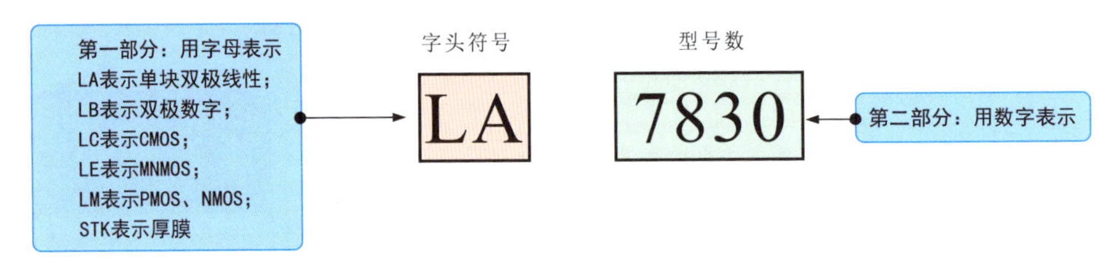

图14-17 三洋公司集成电路型号的命名方式

东芝公司集成电路型号的命名方式如图14-18所示。

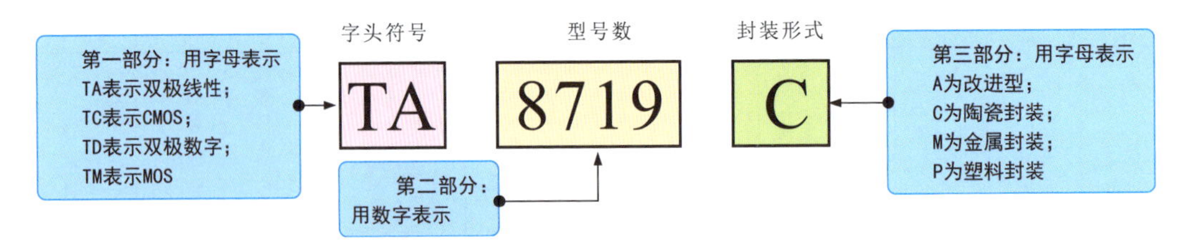

图14-18 东芝公司集成电路型号的命名方式

常见集成电路公司型号命名方式中的字头符号见表14-2。

表14-2 常见集成电路公司型号命名方式中的字头符号

公司名称	字头符号	公司名称	字头符号
先进微器件公司（美国）	AM	富士通公司（日本）	MB、MBM
模拟器件公司（美国）	AD	松下电子公司（日本）	AN
仙童半导体公司（美国）	F、μA	三菱电气公司（日本）	M
摩托罗拉半导体公司（美国）	MC、MLM、MMS	日本电气（NEC）有限公司（日本）	μPA、μPB、μPC
英特尔公司（美国）	I	新日本无线电有限公司（日本）	NJM

2 集成电路引脚起始端和排列顺序的识别

集成电路的种类和型号繁多，不可能根据型号记忆引脚的起始端和排列顺序，这就需要找出各种集成电路的引脚分布规律。

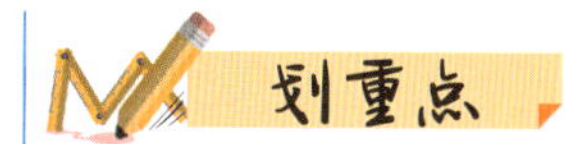

① 金属壳封装集成电路的引脚分布

图14-19为金属壳封装集成电路的引脚分布。

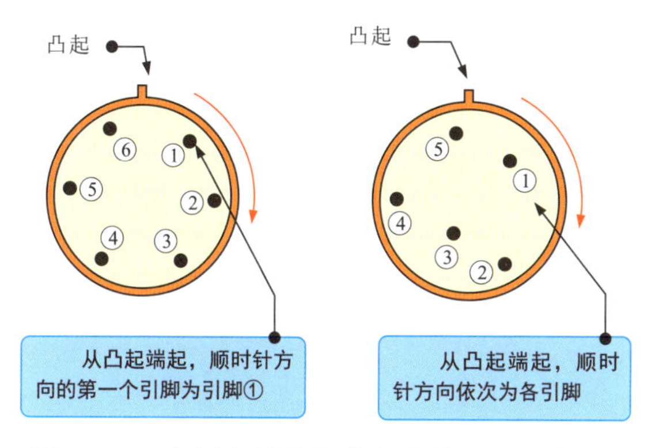

图14-19 金属壳封装集成电路的引脚分布

在金属壳封装集成电路的圆形金属帽上通常有一个凸起。

将集成电路的引脚朝上，从凸起端起，顺时针方向依次对应引脚①②③④⑤……

② 单列直插式封装集成电路的引脚分布

图14-20为单列直插式封装集成电路的引脚分布。

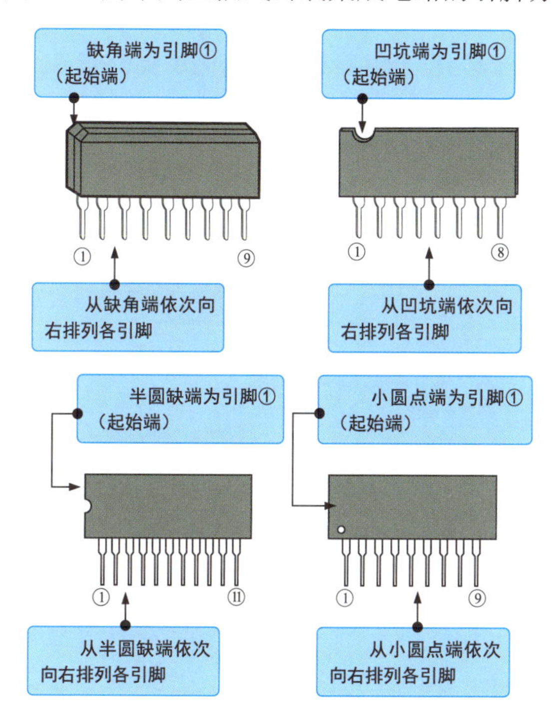

图14-20 单列直插式封装集成电路的引脚分布

在通常情况下，单列直插式封装集成电路的左侧有特殊标识来明确引脚①的位置，特殊标识可能是一个缺角、一个凹坑、一个半圆缺、一个小圆点、一个色点等。特殊标识所对应的引脚即为引脚①，其余各引脚依次排列。

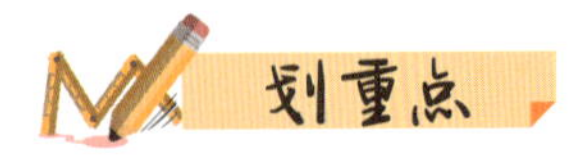

双列直插式封装集成电路的左侧有特殊标识来明确引脚①的位置。在通常情况下，特殊标识下方的引脚就是引脚①，特殊标识上方的引脚往往是最后一个引脚。特殊标识可能是一个凹坑、一个半圆缺、一个色点、条状标记等。

扁平封装集成电路的左侧一角有特殊标识来明确引脚①的位置。在通常情况下，特殊标识下方的引脚就是引脚①。特殊标识可能是一个凹坑、一个色点等。

③ 双列直插式封装集成电路的引脚分布

图14-21为双列直插式封装集成电路的引脚分布。

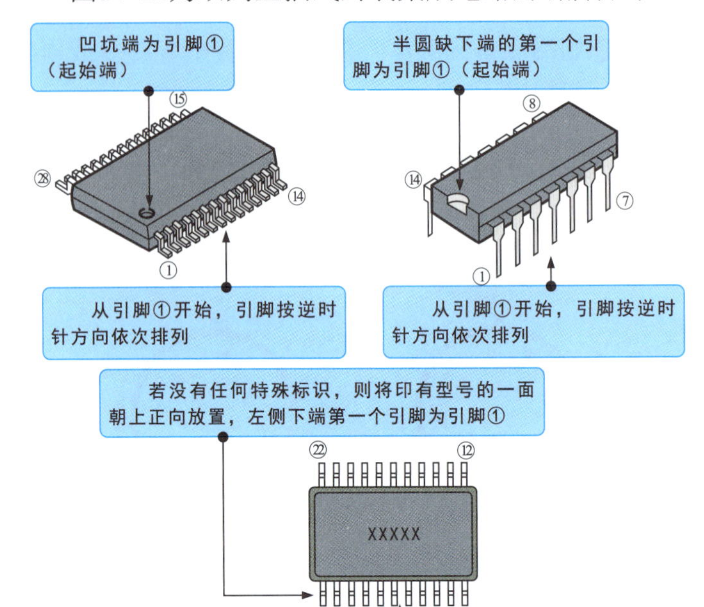

图14-21　双列直插式封装集成电路的引脚分布

④ 扁平封装集成电路的引脚分布

图14-22为扁平封装集成电路的引脚分布。

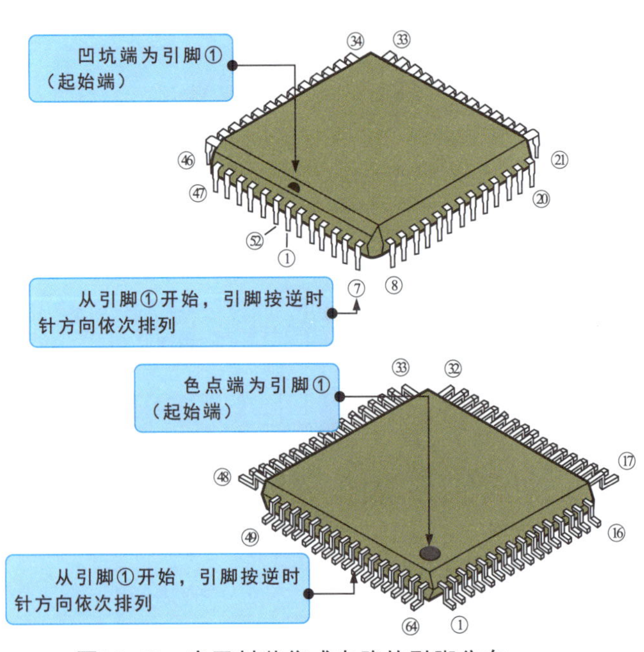

图14-22　扁平封装集成电路的引脚分布

14.2.2 集成电路的选用与代换

1 集成电路的选用

不同类型集成电路的适用电路和选用注意事项见表14-3。

表14-3 不同类型集成电路的适用电路和选用注意事项

类型		适用电路	选用注意事项
模拟集成电路	三端稳压器	各种电子产品的电源稳压电路	◇ 需严格根据电路要求选择，如电源电路是选用串联型还是开关型、输出电压是多少、输入电压是多少等都是选择时需要重点考虑的。 ◇ 需要了解各种性能，重点考虑类型、参数、引脚排列等是否符合应用电路要求。 ◇ 应查阅相关资料，了解各引脚的功能、应用环境、工作温度等可能影响到的因素是否符合要求。 ◇ 根据不同的应用环境，应选用不同的封装形式，即使参数功能完全相同，也应视实际情况而定。 ◇ 尺寸应符合应用电路需求。 ◇ 基本工作条件，如工作电压、功耗、最大输出功率等主要参数应符合电路要求
	集成运算放大器	放大、振荡、电压比较、模拟运算、有源滤波等电路	
	时基集成电路	信号发生、波形处理、定时、延时等电路	
	音频信号处理集成电路	各种音像产品中的声音处理电路	
数字集成电路	门电路	数字电路	
	触发器	数字电路	
	存储器	数码产品电路	
	微处理器	各种电子产品中的控制电路	
	编程器	程控设备	

2 集成电路的代换

图14-23为插接焊装集成电路的代换方法。

图14-23 插接焊装集成电路的代换方法

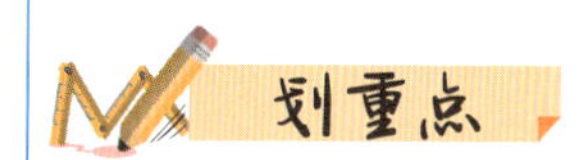

1 使用电烙铁加热集成电路的引脚焊点，并用吸锡器吸走熔化的焊锡。

2 使用镊子检查集成电路的引脚与电路板是否完全脱离。

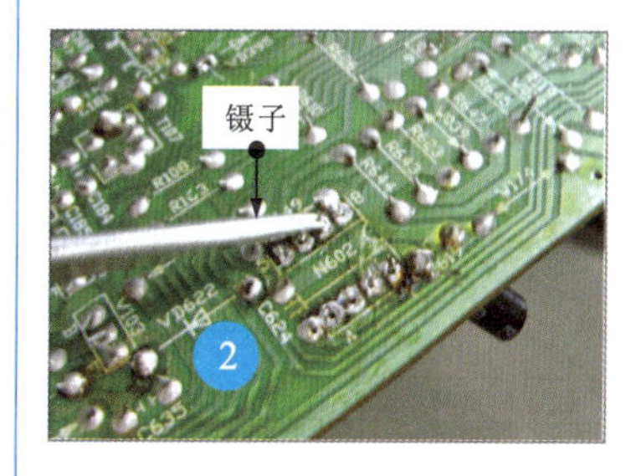

3 若完全脱离，则将集成电路从电路板上取下。

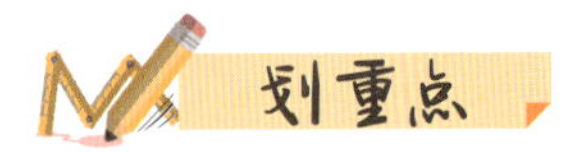

4 使用电烙铁处理引脚焊盘。

5 选择同型号的集成电路并清洁引脚。

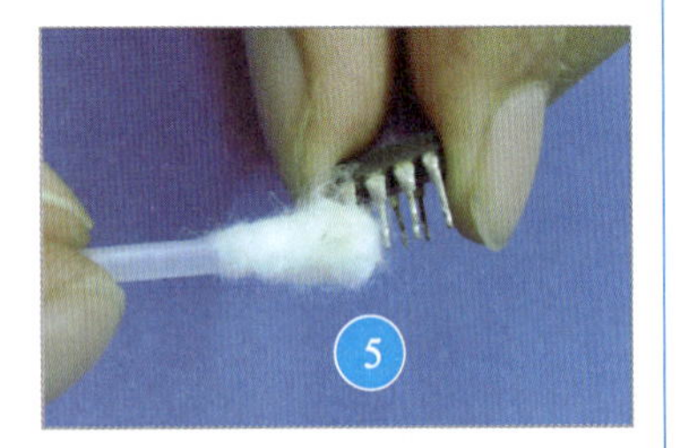

6 将清洁好的集成电路按照原方向插入电路板。

7 使用电烙铁将焊锡熔化在集成电路的引脚上后，先抽离焊锡丝，再抽离电烙铁。

8 使用镊子清理两焊点之间残留的焊锡，以免造成连焊现象。

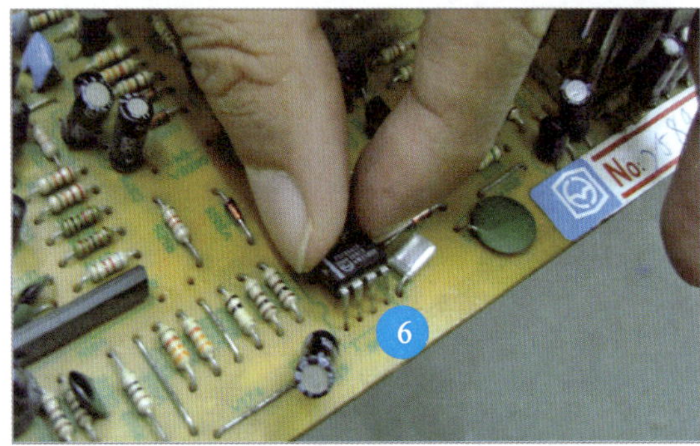

图14-23　插接焊装集成电路的代换方法（续）

图14-24为表面贴装集成电路的代换方法。

1 使用热风焊枪均匀加热引脚焊点。

对于表面贴装的集成电路，则需使用热风焊枪、镊子等进行拆焊和焊接，将热风焊枪的温度调节旋钮调至5～6挡，风速调节旋钮调至4～5挡，打开电源开关预热后，即可进行拆焊和焊接操作。

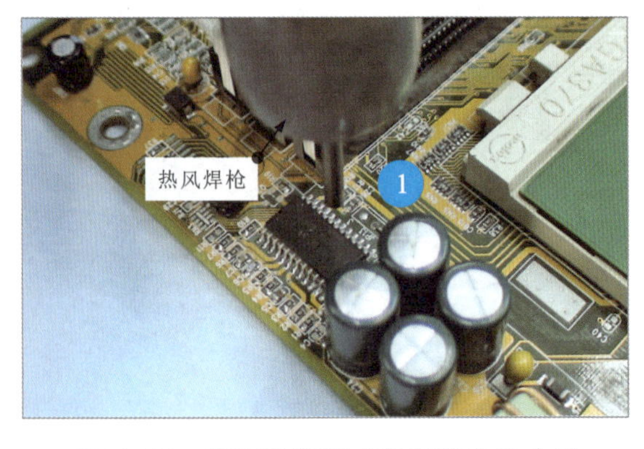

图14-24　表面贴装集成电路的代换方法

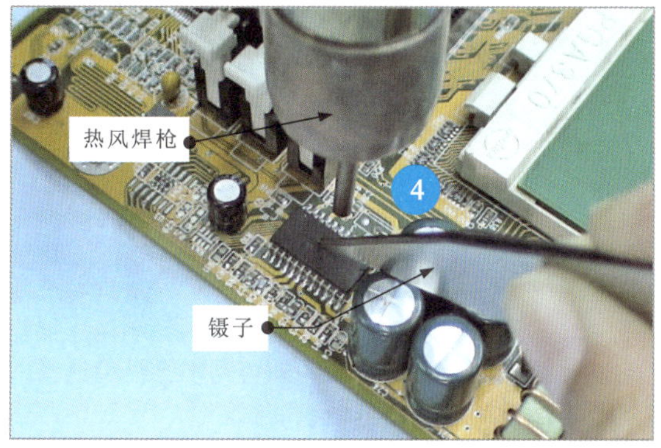

图14-24 表面贴装集成电路的代换方法（续）

划重点

2 待焊锡熔化后，用镊子快速将集成电路从电路板上取下。

3 使用电烙铁将焊盘刮平，注意不要损伤焊盘。

4 将所代换的集成电路对准电路板上的焊盘放好，用镊子按住，用热风焊枪均匀加热引脚，待焊锡熔化后，即可将集成电路焊接在电路板上。

14.3 集成电路的检测

14.3.1 三端稳压器的检测

三端稳压器是一种具有三个引脚的直流稳压集成电路。图14-25为三端稳压器的实物外形。

图14-25 三端稳压器的实物外形

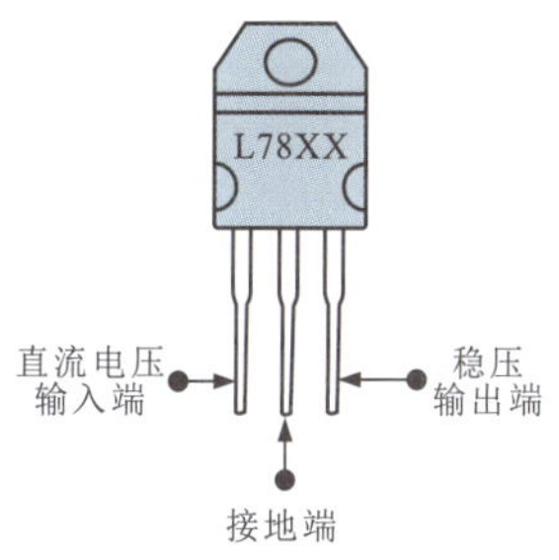

三端稳压器的三个引脚分别为直流电压输入端、稳压输出端和接地端，在三端稳压器的表面印有型号标识，可直观表示三端稳压器的性能参数（稳压值）。

三端稳压器可将输入的直流电压稳压后输出一定值的直流电压。不同型号三端稳压器的稳压值不同。

图14-26为三端稳压器的功能示意图。

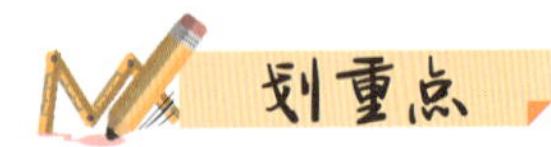

一般来说，三端稳压器输入的直流电压可能偏高或偏低，只要在三端稳压器的承受范围内，都会输出稳定的直流电压。

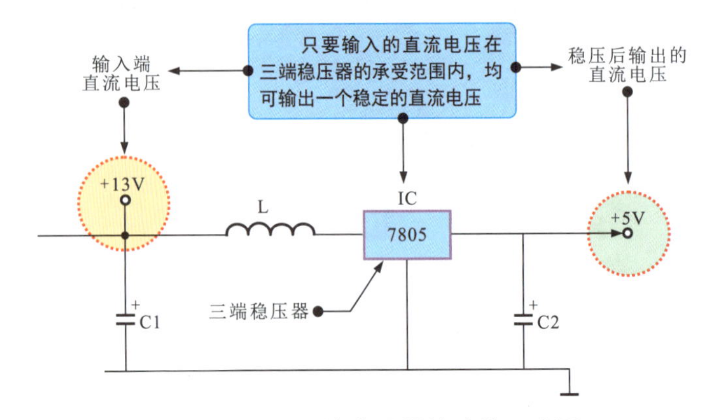

图14-26　三端稳压器的功能示意图

检测三端稳压器主要有两种方法：一种方法是将三端稳压器置于电路中，在工作状态下，用万用表检测三端稳压器输入端和输出端的电压值，与标准值比较，即可判别三端稳压器的性能；另一种方法是在三端稳压器未通电的状态下，通过检测输入端、输出端的对地阻值来判别三端稳压器的性能。

在检测之前，应首先了解待测三端稳压器各引脚的功能、电阻值及标准输入、输出电压值，为三端稳压器的检测提供参考，如图14-27所示。

三端稳压器（AN7805）是一种5V三端稳压器，工作时，只要输入电压在承受范围内（9～14V），其输出端都会输出稳定的5V直流电压。

引脚	标识	引脚功能	电阻值（kΩ）		电压（V）
			红表笔接地	黑表笔接地	
1	IN	直流电压输入	8.2	3.5	8
2	GND	接地	0	0	0
3	OUT	稳压输出+5V	1.5	1.5	5

通过集成电路手册查询待测三端稳压器AN7805各引脚的功能及直流电压参数和电阻参数。检测时，可将实测数值与表中数值比较，判断三端稳压器的好坏。

图14-27　了解待测三端稳压器各引脚的功能、电阻值及标准输入、输出电压值

1 三端稳压器输入、输出电压的检测

借助万用表检测三端稳压器的输入、输出电压时，需要将三端稳压器置于实际工作环境中，如图14-28所示。

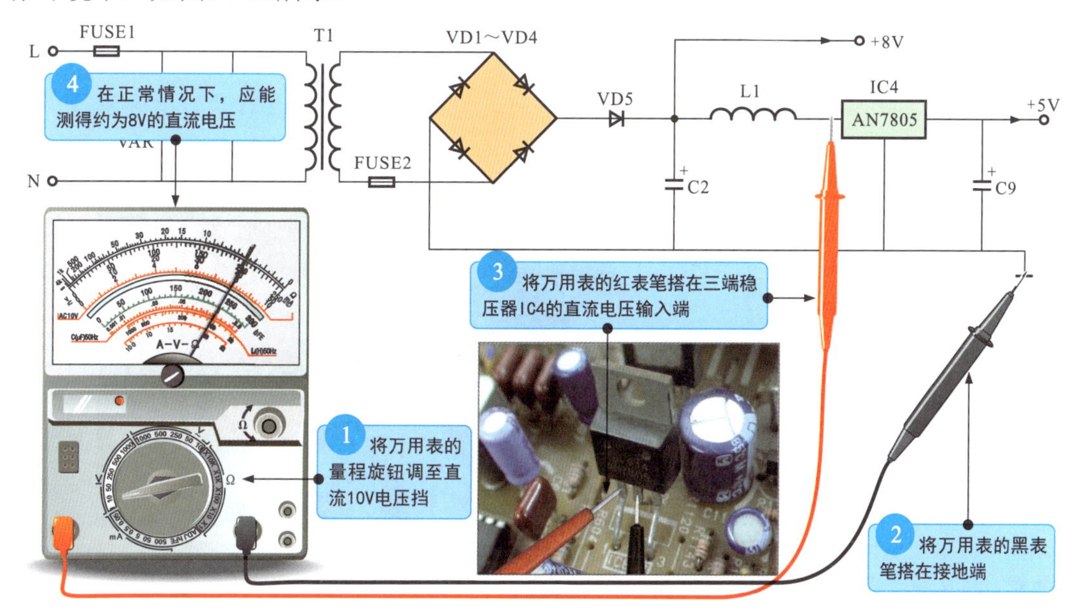

图14-28 三端稳压器输入端供电电压的检测方法

在图14-28中，在正常情况下，在三端稳压器的输入端应能够测得相应的直流电压值，根据电路标识，实测三端稳压器输入端的直流电压为8V，表明输入正常。

保持万用表的黑表笔不动，将红表笔搭在三端稳压器的输出端，如图14-29所示，即可检测三端稳压器的输出电压。

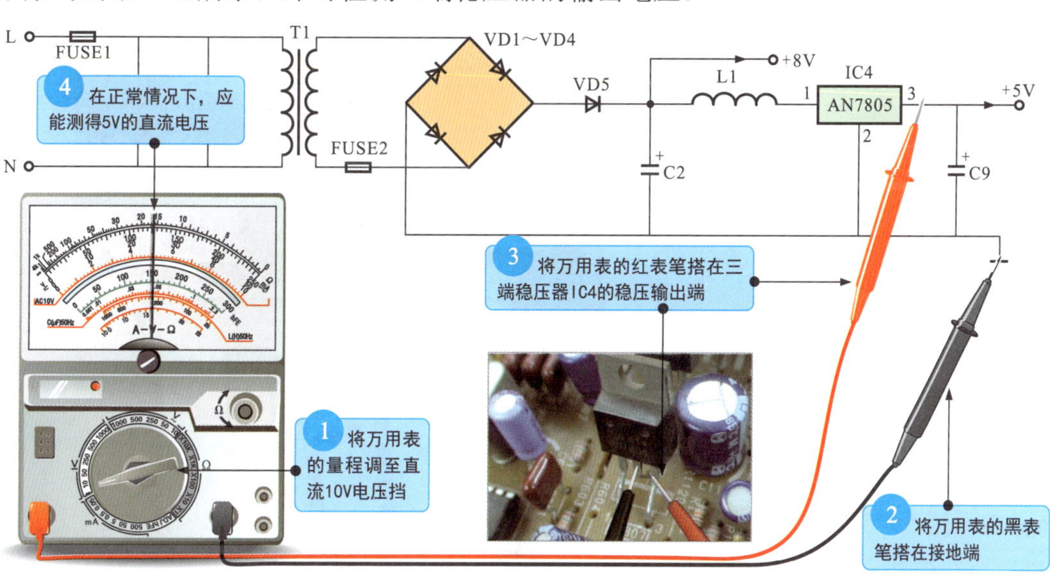

图14-29 三端稳压器输出电压的检测方法

在正常情况下，若三端稳压器的直流电压输入正常，则应有正常的稳压输出；若输入电压正常，而无电压输出，则说明三端稳压器损坏。

2 检测三端稳压器各引脚的对地阻值

判断三端稳压器的好坏还可以借助万用表检测三端稳压器各引脚的对地阻值，如图14-30所示。

划重点

① 将万用表的量程旋钮调至20k欧姆挡，黑表笔搭在三端稳压器的接地端，红表笔搭在三端稳压器的直流电压输入端。

② 测得三端稳压器直流电压输入端正向对地阻值为3.5kΩ。调换表笔，可测得三端稳压器直流输入端反向对地阻值为8.2kΩ。

③ 将万用表的黑表笔搭在三端稳压器的接地端，红表笔搭在三端稳压器的稳压输出端。

④ 测得三端稳压器稳压输出端的正向对地阻值为1.5kΩ。调换表笔，测得三端稳压器稳压输出端反向对地阻值也为1.5kΩ。

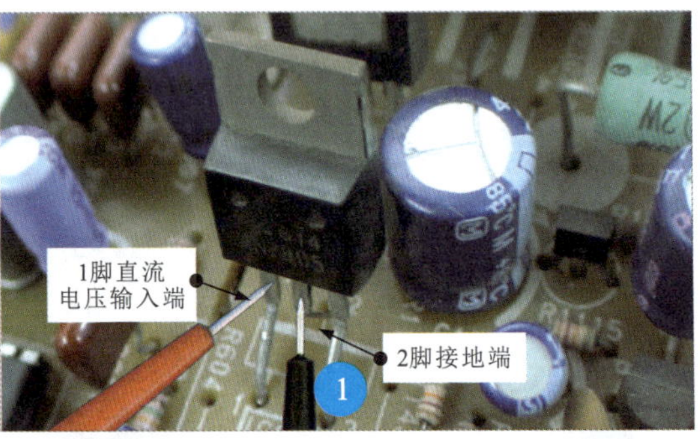

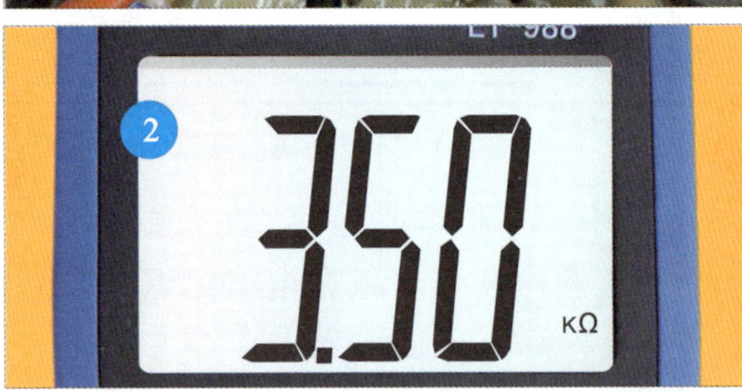

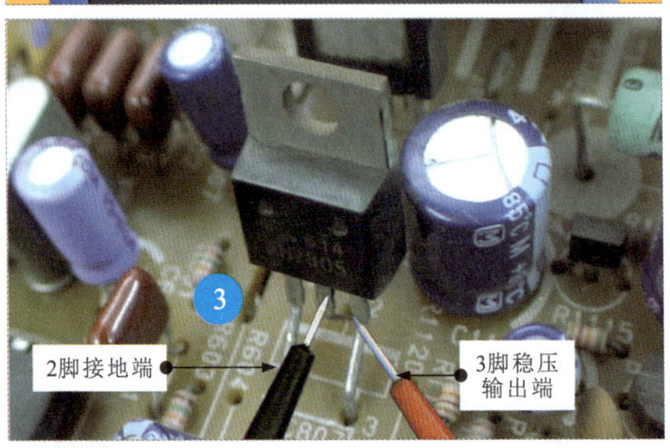

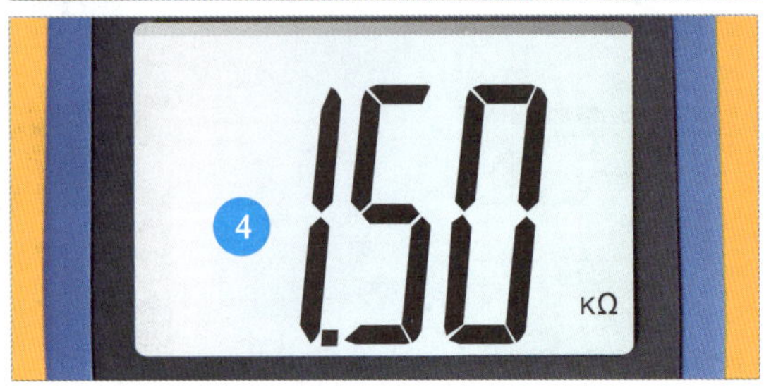

图14-30 三端稳压器各引脚对地阻值的检测方法

在正常情况下，三端稳压器各引脚的阻值应与标准阻值近似或相同；若阻值相差较大，则说明三端稳压器性能不良。

在路检测三端稳压器引脚的正、反向对地阻值时，可能会受到外围元器件的影响，导致检测结果不正确，此时可将三端稳压器从电路板上焊下后再进行检测。

14.3.2 运算放大器的检测

图14-31为运算放大器的结构特点。

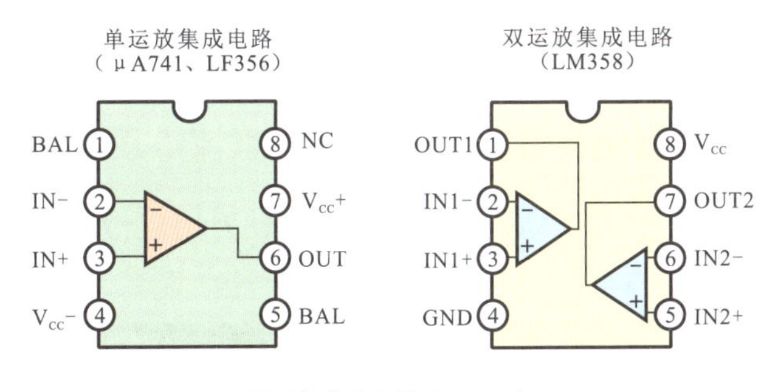

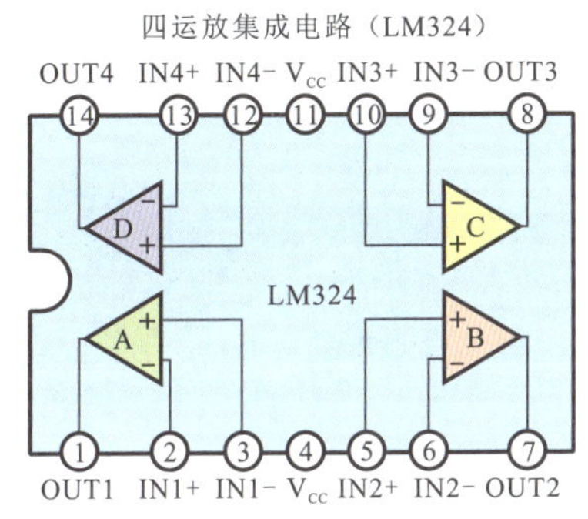

图14-31 运算放大器的结构特点

运算放大器简称运放，是一种集成化的、高增益的多级直接耦合放大器。

在检测之前，首先通过集成电路手册查询待测运算放大器各引脚的直流电压参数和电阻参数，为运算放大器的检测提供参考，如图14-32所示。

引脚	标识	功能	电阻（kΩ）		直流电压（V）
			红表笔接地	黑表笔接地	
①	OUT1	放大信号（1）输出	0.38	0.38	1.8
②	IN1−	反相信号（1）输入	6.3	7.6	2.2
③	IN1+	同相信号（1）输入	4.4	4.5	2.1
④	VCC	电源+5 V	0.31	0.22	5
⑤	IN2+	同相信号（2）输入	4.7	4.7	2.1
⑥	IN2−	反相信号（2）输入	6.3	7.6	2.1
⑦	OUT2	放大信号（2）输出	0.38	0.38	1.8
⑧	OUT3	放大信号（3）输出	6.7	23	0
⑨	IN3−	反相信号（3）输入	7.6	∞	0.5
⑩	IN3+	同相信号（3）输入	7.6	∞	0.5
⑪	GND	接地	0	0	0
⑫	IN4+	同相信号（4）输入	7.2	17.4	4.6
⑬	IN4−	反相信号（4）输入	4.4	4.6	2.1
⑭	OUT4	放大信号（4）输出	6.3	6.8	4.2

图14-32 待测运算放大器各引脚功能及标准参数值

检测运算放大器主要有两种方法：一种是将运算放大器置于电路中，在工作状态下，用万用表检测运算放大器各引脚的对地电压值，与标准值比较，即可判别运算放大器的性能；另一种方法是借助万用表检测运算放大器各引脚的对地阻值，从而判别运算放大器的好坏。

1 检测运算放大器各引脚的直流电压

判断运算放大器的好坏可以借助万用表检测运算放大器各引脚直流电压，如图14-33所示。

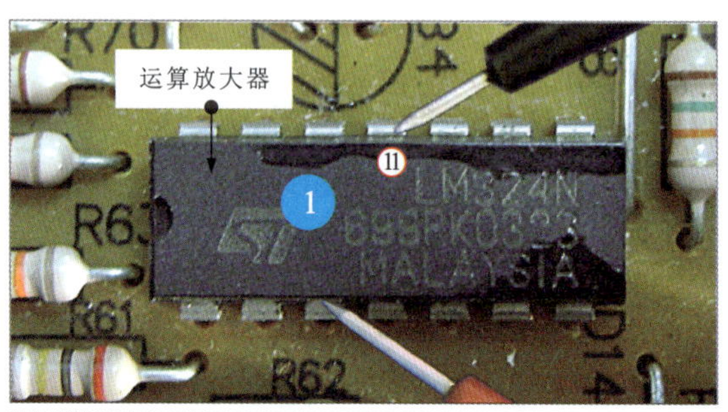

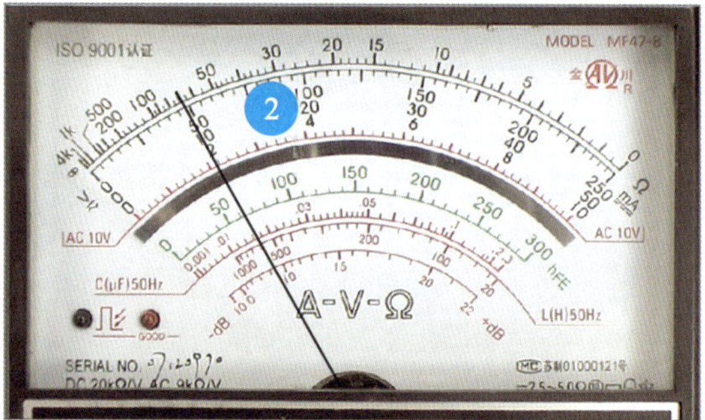

图14-33 运算放大器各引脚直流电压的检测方法

划重点

① 将万用表的量程旋钮调至直流10V电压挡，黑表笔搭在运算放大器的接地端（11脚），红表笔依次搭在运算放大器的各引脚上（以3脚为例），检测运算放大器各引脚的直流电压。

② 结合万用表量程旋钮的位置可知，实测运算放大器3脚的直流电压约为2.1V。

在实际检测中，若检测电压与标准值比较相差较多，不能轻易认为运算放大器已损坏，应首先排除是否由外围元器件异常引起的；若输入信号正常，而无输出信号，则说明运算放大器已损坏。

另外需要注意的是，若集成电路接地引脚的静态直流电压不为零，则一般有两种情况：一种是接地引脚上的铜箔线路开裂，造成接地引脚与接地线之间断开；另一种情况是接地引脚存在虚焊或假焊情况。

2 检测运算放大器各引脚的对地阻值

判断运算放大器的好坏还可以借助万用表检测各引脚的正、反向对地阻值，并将实测结果与正常值比较，如图14-34所示。

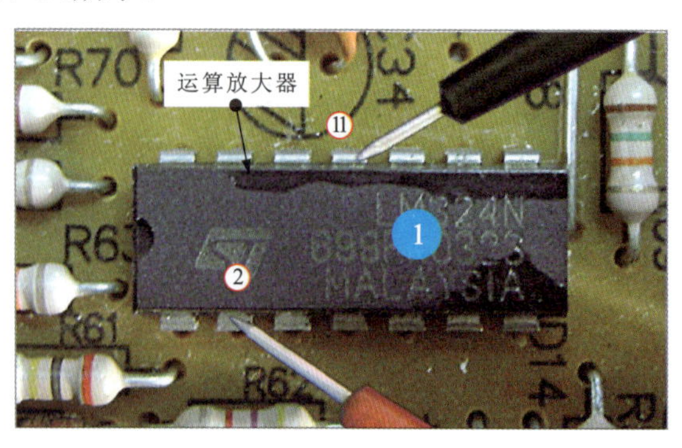

图14-34 运算放大器各引脚正、反向对地阻值的检测方法

① 将万用表的量程旋钮调至$R\times1k\Omega$，黑表笔搭在运算放大器的接地端（11脚），红表笔依次搭在运算放大器的各引脚上（以2脚为例）。

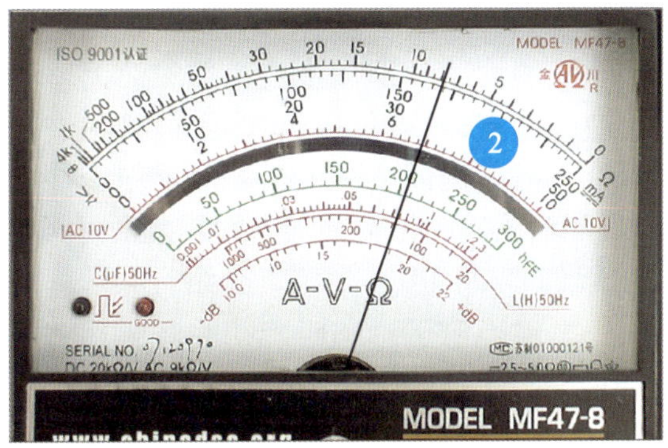

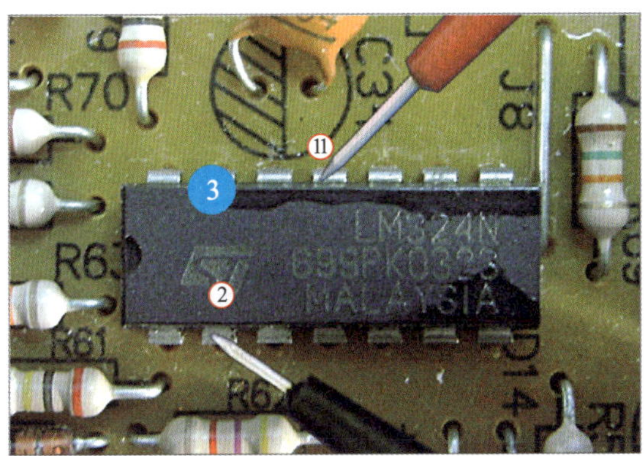

图14-34 运算放大器各引脚正、反向对地阻值的检测方法（续）

划重点

2 实测2脚的正向对地阻值约为7.6kΩ。

3 调换表笔，将万用表的红表笔搭在接地端，黑表笔依次搭在运算放大器的各引脚（以2脚为例）上。实测2脚的反向对地阻值约为6.3kΩ。

在正常情况下，运算放大器各引脚的正、反向对地阻值应与正常值相近。若实测结果与标准值偏差较大或为零或为无穷大，则多为运算放大器内部损坏。

14.3.3 音频功率放大器的检测

音频功率放大器是一种用于放大音频信号输出功率的集成电路，能够推动扬声器音圈振荡发出声音，在各种影音产品中应用十分广泛。

图14-35为常见音频功率放大器的实物外形。

图14-35 常见音频功率放大器的实物外形

音频功率放大器也可以采用检测各引脚动态电压值及各引脚正、反向对地阻值，并与标准值比较的方法判断好坏，具体的检测方法和操作步骤与运算放大器相同。另外，根据音频功率放大器对信号放大处理的特点，还可以通过信号检测法进行判断，即将音频功率放大器置于实际工作环境中或搭建测试电路模拟实际工作条件，并向音频功率放大器输入指定信号，用示波器观测输入、输出端的信号波形判断好坏。

下面以彩色电视机中音频功率放大器（TDA8944J）为例，介绍音频功率放大器的检测方法。首先根据相关电路图纸或集成电路手册了解和明确待测音频功率放大器的各引脚功能，为音频功率放大器的检测做好准备，如图14-36所示。

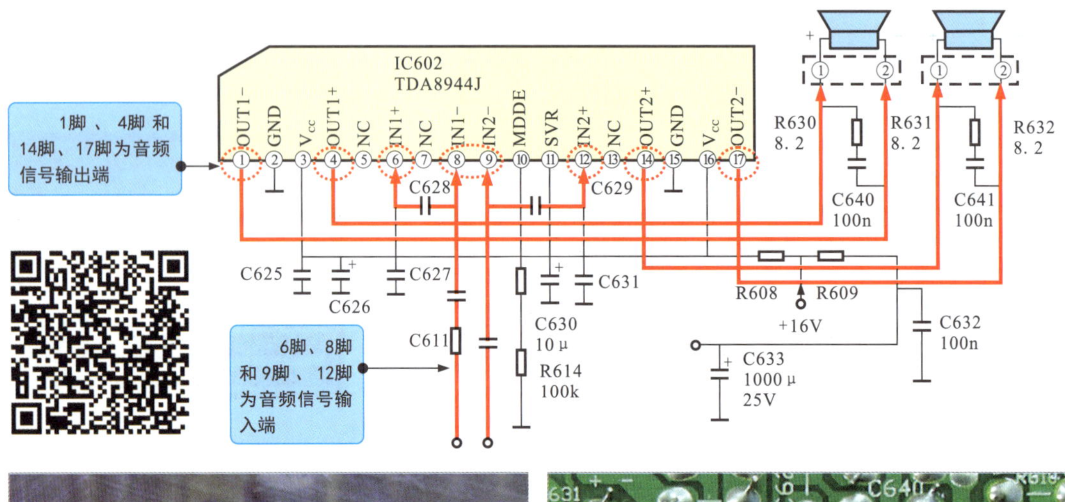

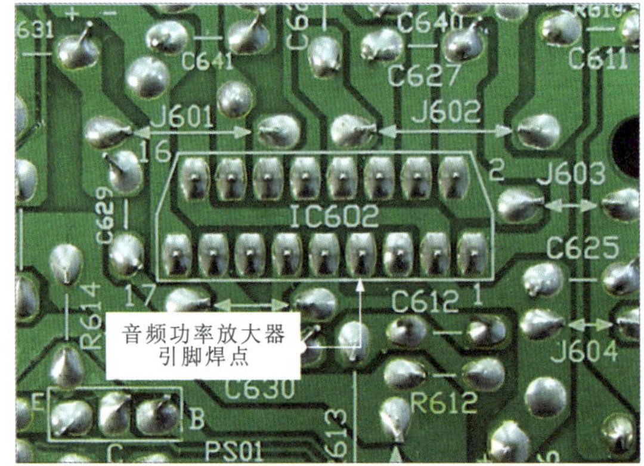

图14-36　了解和明确待测音频功率放大器的各引脚功能

音频功率放大器（TDA8944J）的3脚和16脚为电源供电端；6脚和8脚为左声道信号输入端；9脚和12脚为右声道信号输入端；1脚和4脚为左声道信号输出端；14脚和17脚为右声道信号输出端。这些引脚是音频信号的主要检测点，除了检测输入、输出音频信号外，还需对电源供电电压进行检测。

采用信号检测法检测音频功率放大器（TDA8944J）需要明确音频功率放大器的基本工作条件正常，如供电电压、输入端信号等应满足工作条件。

音频功率放大器的检测方法如图14-37所示。

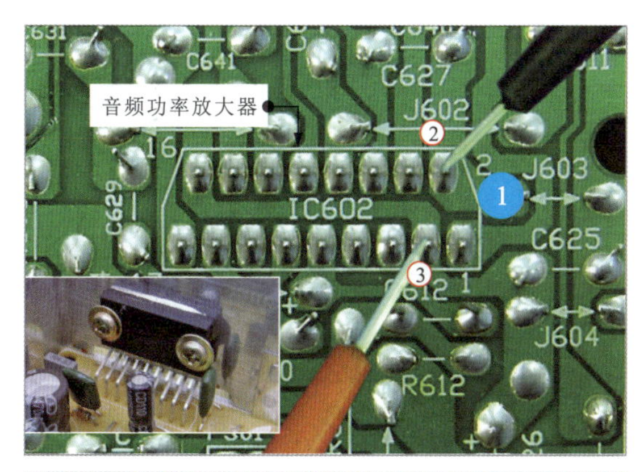

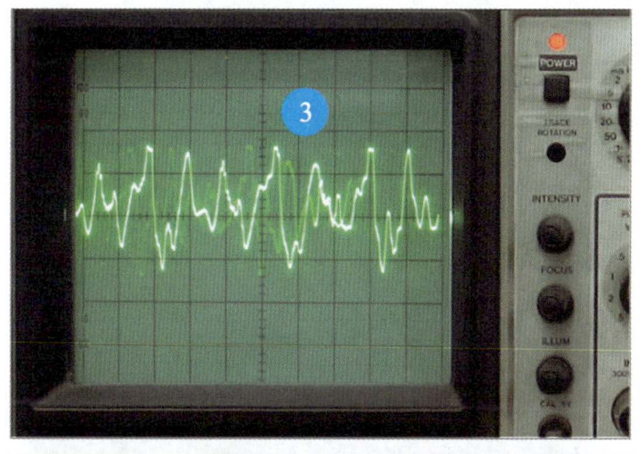

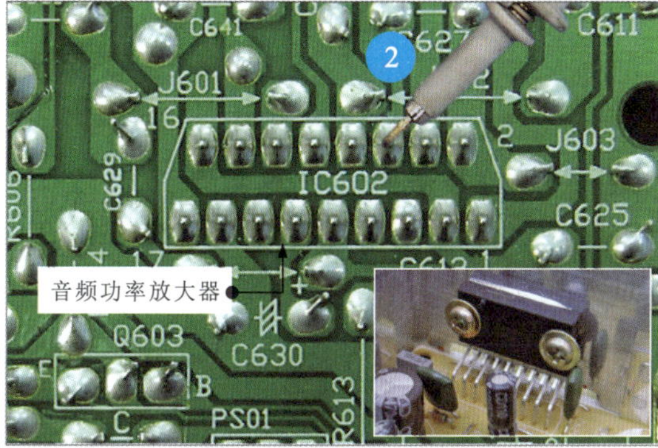

图14-37 音频功率放大器的检测方法

划重点

1 将万用表的黑表笔搭在音频功率放大器的接地端（2脚），红表笔搭在音频功率放大器的供电引脚端（以3脚为例）。

实测音频功率放大器3脚的直流电压约为16V（万用表的量程旋钮调至直流50V电压挡）。

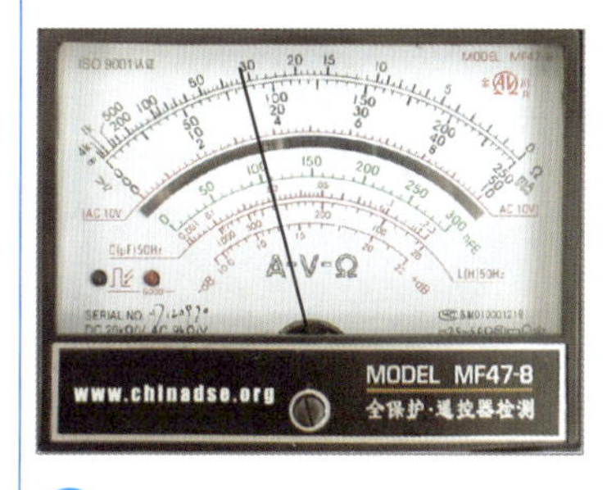

2 将示波器的接地夹接地，探头搭在音频功率放大器的音频信号输入端。

3 在正常情况下，可观测到音频信号波形。

4 将示波器的接地夹接地，探头搭在音频功率放大器的音频信号输出端。

划重点

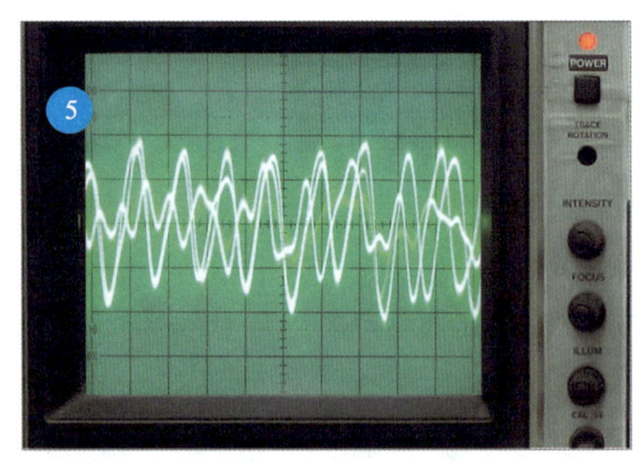

5 在正常情况下，可观测到经过放大后的音频信号波形。

图14-37　音频功率放大器的检测方法（续）

若经检测，音频功率放大器的供电正常，输入信号也正常，但无输出或输出信号异常，则多为音频功率放大器内部损坏。

需要注意的是，只有在明确音频功率放大器工作条件正常的前提下检测输出信号才有实际意义，否则，即使音频功率放大器本身正常、工作条件异常，也无法输出正常的音频信号，影响检测结果。

检测音频功率放大器也可采用检测各引脚对地阻值的方法，如图14-38所示。

1 将万用表的量程旋钮调至欧姆挡，黑表笔搭在接地端，红表笔依次搭在各引脚上，检测各引脚的正向阻值（在路检测阻值时，应确保音频功率放大器处于未通电状态）。从万用表的显示屏上可读取实测各引脚的正向阻值。

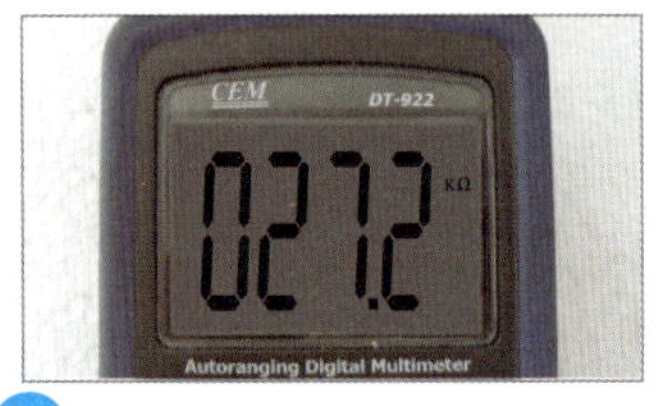

2 调换表笔，将万用表的红表笔搭在接地端，黑表笔依次搭在各引脚上，检测各引脚的反向阻值。从万用表的显示屏上可读取实测各引脚的反向阻值。

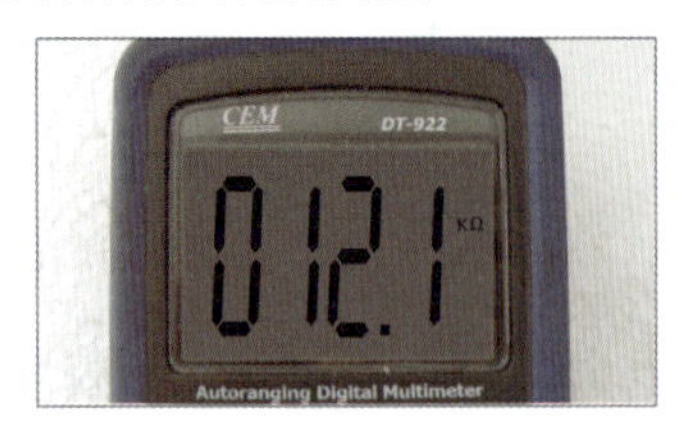

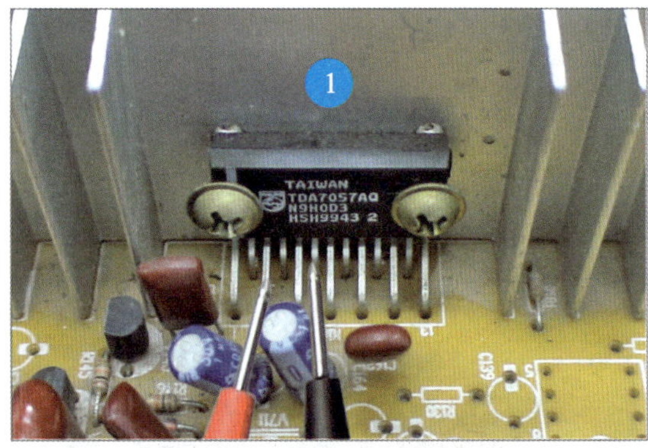

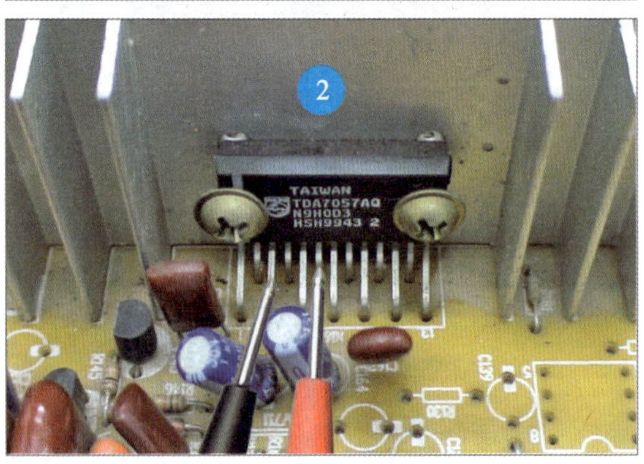

图14-38　音频功率放大器对地阻值的检测方法

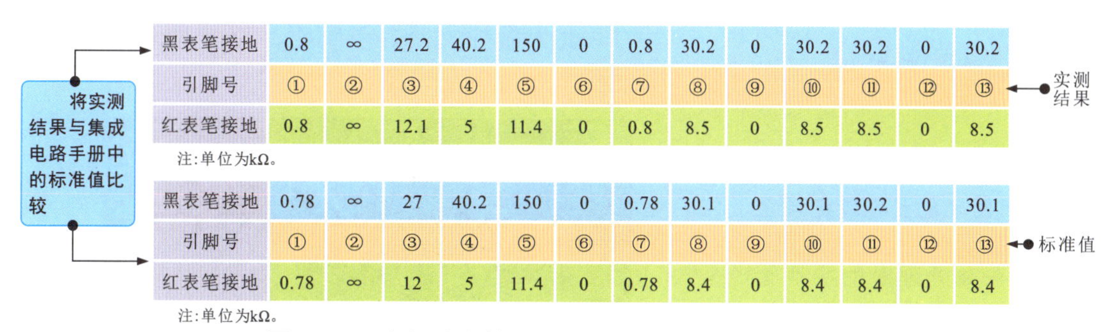

黑表笔接地	0.8	∞	27.2	40.2	150	0	0.8	30.2	0	30.2	30.2	0	30.2
引脚号	①	②	③	④	⑤	⑥	⑦	⑧	⑨	⑩	⑪	⑫	⑬
红表笔接地	0.8	∞	12.1	5	11.4	0	0.8	8.5	0	8.5	8.5	0	8.5

注：单位为kΩ。

黑表笔接地	0.78	∞	27	40.2	150	0	0.78	30.1	0	30.1	30.2	0	30.1
引脚号	①	②	③	④	⑤	⑥	⑦	⑧	⑨	⑩	⑪	⑫	⑬
红表笔接地	0.78	∞	12	5	11.4	0	0.78	8.4	0	8.4	8.4	0	8.4

注：单位为kΩ。

图14-38 音频功率放大器对地阻值的检测方法（续）

若实测结果与标准值相同或十分相近，则说明音频功率放大器正常。若出现多组引脚正、反向阻值为零或无穷大，则表明音频功率放大器内部损坏。

用电阻法检测音频功率放大器需要与标准值比较才能做出判断，如果无法找到集成电路手册资料，则可以找一台与所测型号相同的、正常的机器作为对照，通过与相同部位各引脚阻值的比较进行判断，若相差很大，则多为音频功率放大器损坏。

14.3.4 微处理器的检测

目前，大多数电子产品都具有自动控制功能，都是由微处理器实现的。由于不同电子产品的功能不同，因此微处理器所实现的具体控制功能也不同。图14-39为空调器中微处理器的实物外形及功能框图。

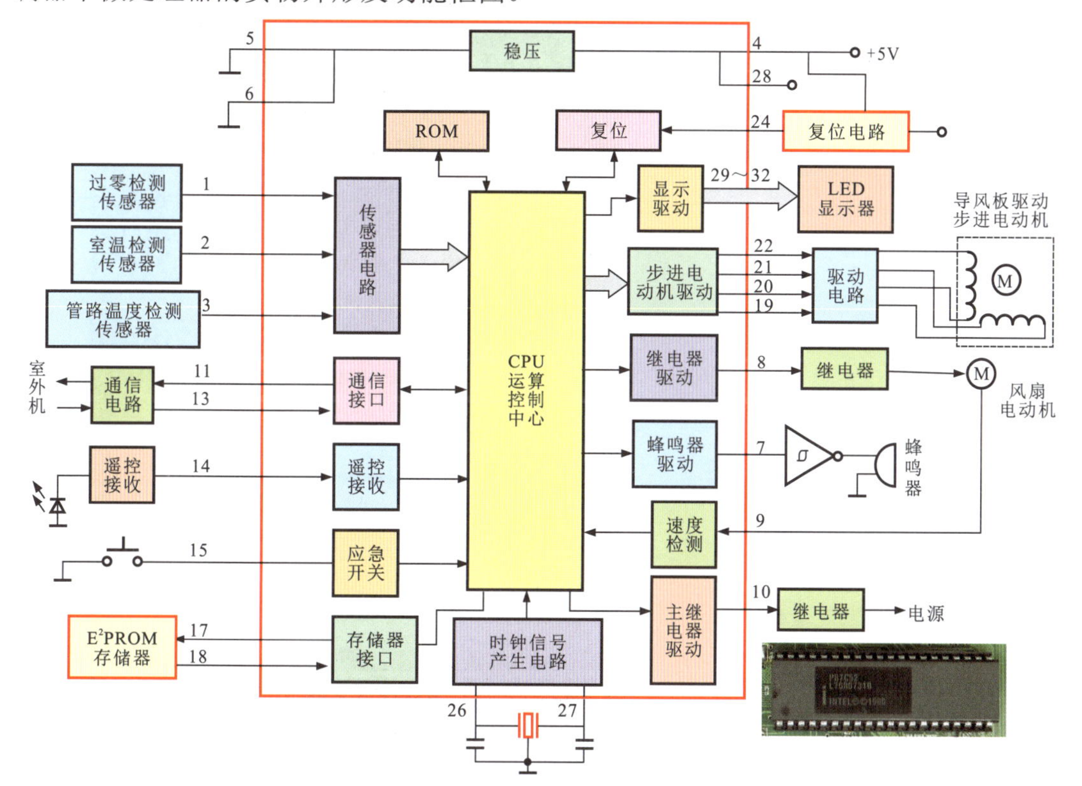

图14-39 空调器中微处理器的实物外形及功能框图

划重点

1 将万用表的量程旋钮调至$R\times1\mathrm{k}\Omega$，并进行欧姆调零，黑表笔搭在微处理器的接地端（20脚），红表笔依次搭在微处理器的各引脚上（以30脚为例）。

2 结合万用表量程旋钮的位置可知，实测微处理器30脚的正向对地阻值约为6.1×1kΩ=6.1kΩ。

3 调换表笔，将万用表的红表笔搭在接地端，黑表笔依次搭在微处理器各引脚上（以30脚为例）。

4 实测微处理器30脚的反向对地阻值约为9.2kΩ。

在正常情况下，微处理器各引脚的正、反向对地阻值应与标准值相近，否则，可能为微处理器内部损坏，需要用同型号的微处理器代换。

图14-40为微处理器各引脚正、反向对地阻值的检测方法。

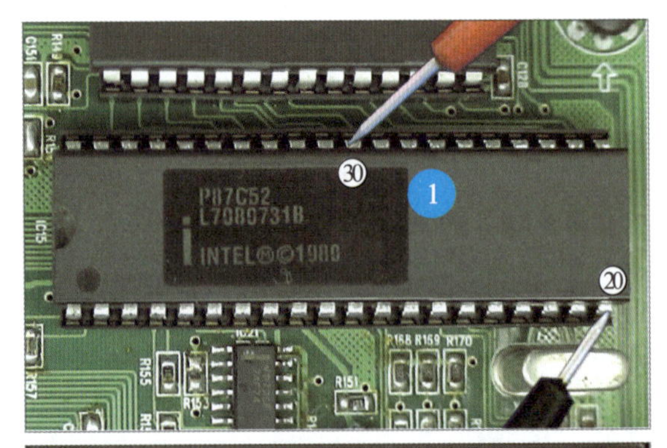

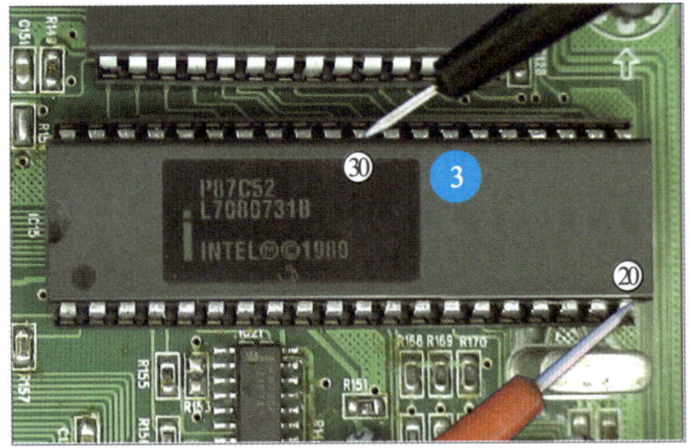

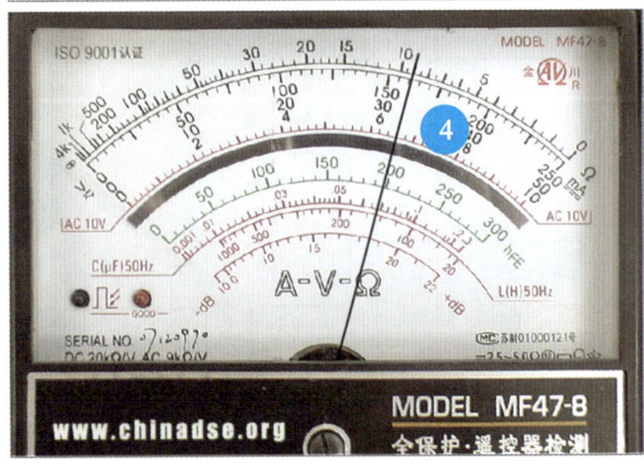

图14-40 微处理器各引脚正、反向对地阻值的检测方法

微处理器的型号不同，引脚功能也不同，但基本都包括供电端、晶振端、复位端、I²C总线信号端和控制信号输出端，因此，判断微处理器的性能可通过对这些引脚的电压或信号参数进行检测。若这些引脚的参数均正常，但微处理器仍无法实现控制功能，则多为微处理器内部电路异常。

微处理器供电及复位电压的检测方法与音频功率放大器供电电压的检测方法相同。下面主要介绍用示波器检测微处理器晶振信号、I²C总线信号的方法，如图14-41所示。

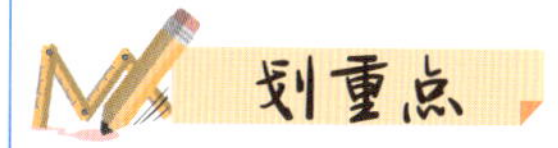

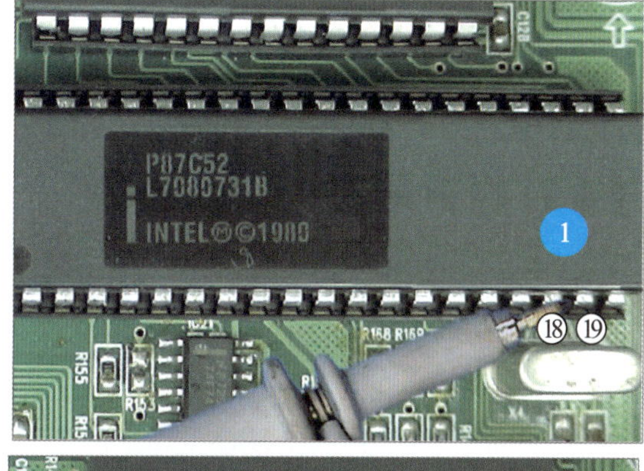

1 将示波器的接地夹接地，探头搭在微处理器的晶振信号端（18脚或19脚）。在正常情况下，可观测到晶振信号波形。

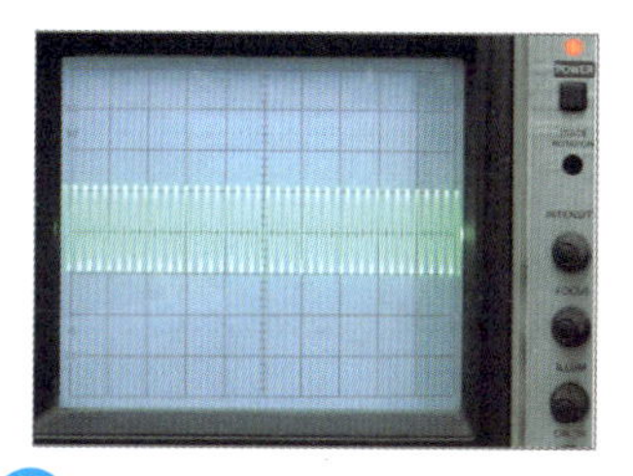

2 将示波器的接地夹接地，探头搭在微处理器I²C总线信号中的串行时钟信号端（10脚）。在正常情况下，可观测到I²C总线串行时钟信号（SCL）波形。

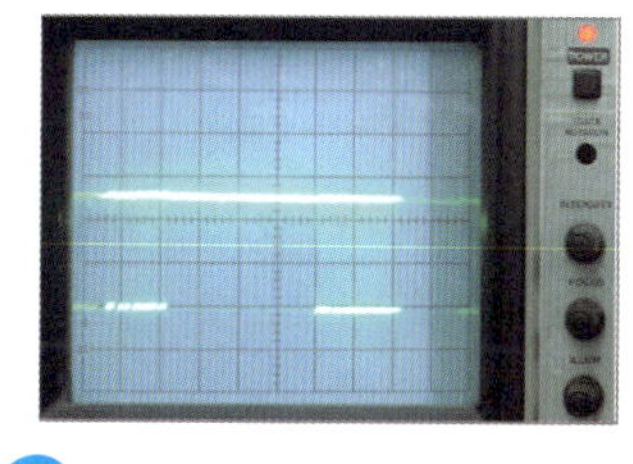

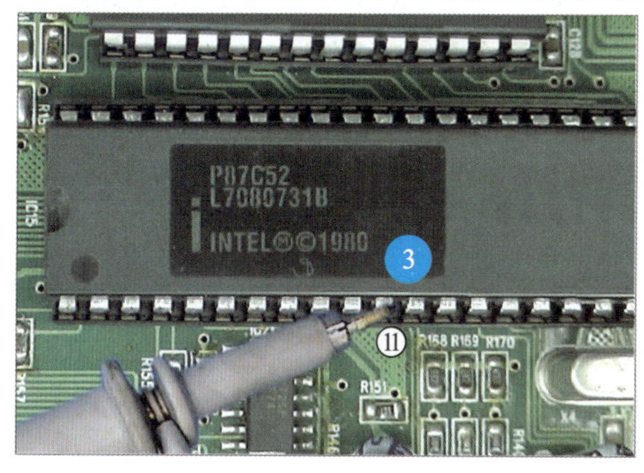

3 将示波器的接地夹接地，探头搭在微处理器I²C总线信号中的数据信号端（11脚）。在正常情况下，可观测到I²C总线数据信号（SDA）波形。

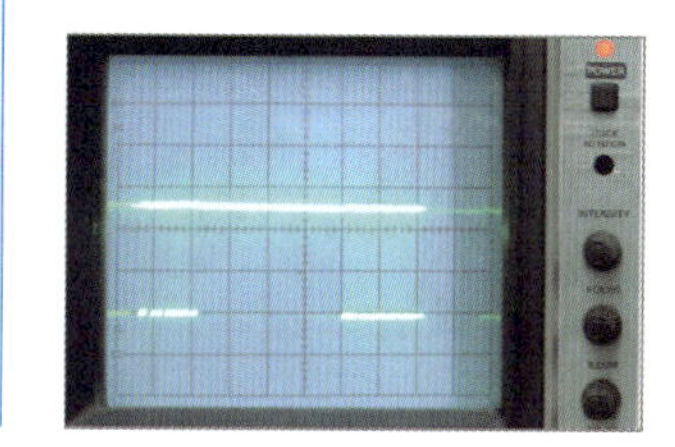

图14-41 用示波器检测微处理器晶振信号、I²C总线信号的方法

第15章 电动机

15.1 电动机的功能与分类

15.1.1 电动机的功能

电动机的主要功能是实现电能向机械能的转换，即将供电电源的电能转换为电动机转子转动的机械能，最终通过转子上转轴的转动带动负载转动，实现各种传动功能，如图15-1所示。

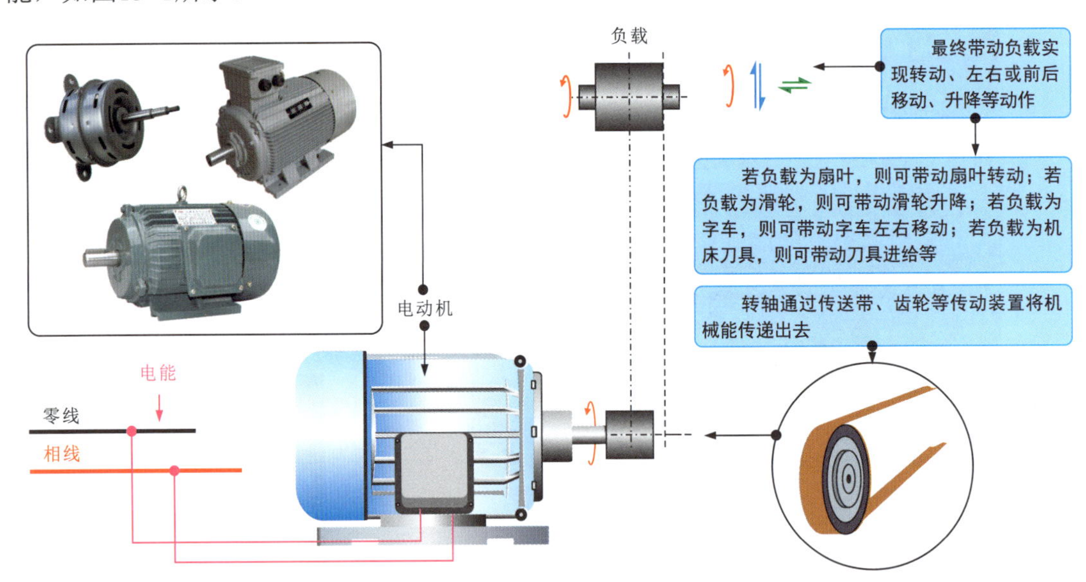

图15-1　电动机的功能示意图

图15-2为典型应用中的电动机。

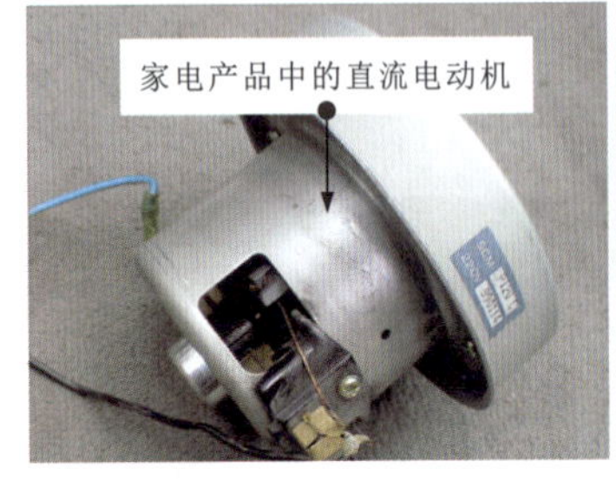

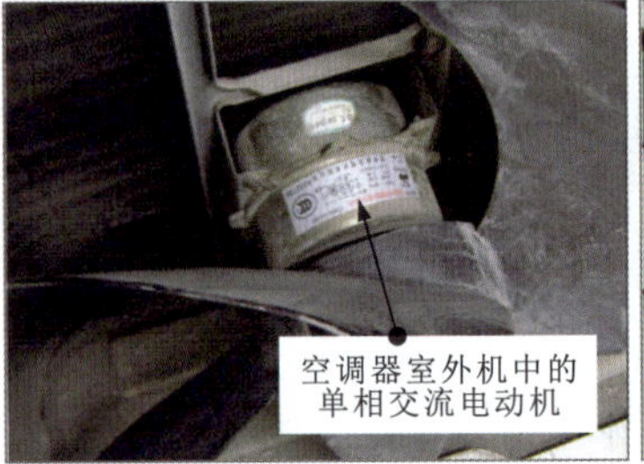

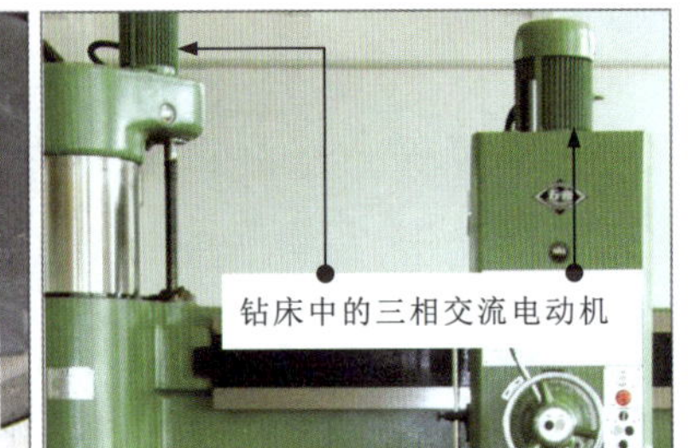

图15-2　典型应用中的电动机

15.1.2 电动机的分类

电动机的种类繁多，分类方式也多样，最简单的分类方式是按照供电类型的不同，分为直流电动机和交流电动机。

直流电动机

按照定子磁场的不同，直流电动机可以分为永磁式直流电动机和电磁式直流电动机，如图15-3所示。

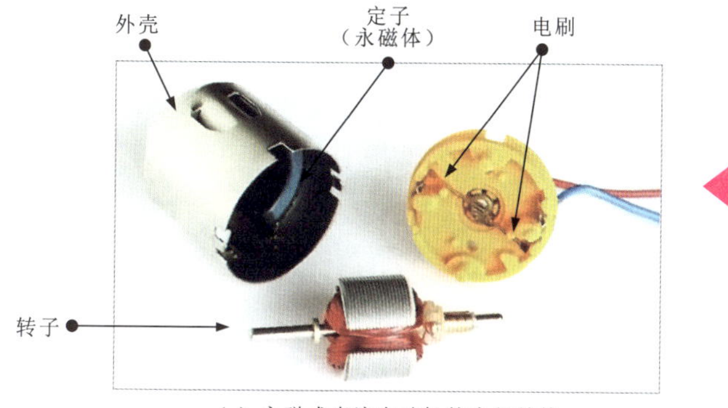

（a）永磁式直流电动机的内部结构

（b）电磁式直流电动机的内部结构

图15-3 永磁式直流电动机和电磁式直流电动机

划重点

永磁式直流电动机的定子磁极是由永磁体组成的，利用永磁体提供磁场，使转子在磁场的作用下旋转

电磁式直流电动机的定子磁极是由定子铁芯和定子线圈绕制而成的，在直流电流的作用下，定子线圈产生磁场，驱动转子旋转

按照结构的不同，直流电动机可以分为有刷直流电动机和无刷直流电动机，如图15-4所示。

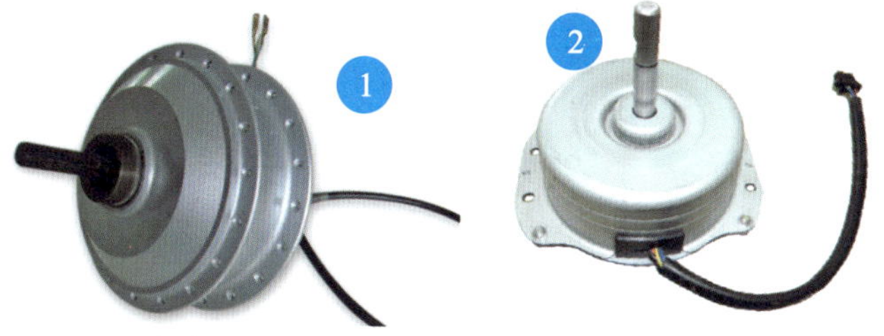

（a）有刷直流电动机　（b）无刷直流电动机

图15-4 有刷直流电动机和无刷直流电动机

1. 有刷直流电动机的定子是永磁体；转子由绕组线圈和换向器构成；电刷安装在电刷架上；电源通过电刷和换向器实现电流方向的变化。

2. 无刷直流电动机将绕组线圈安装在不旋转的定子上，并产生磁场驱动转子旋转；转子由永磁体制成，不需要为转子供电，省去了电刷和换向器。

2 交流电动机

交流电动机根据供电方式和绕组结构的不同，可分为单相交流电动机和三相交流电动机。

单相交流电动机由单相交流电源供电，多用在家用电子产品中，如图15-5所示。

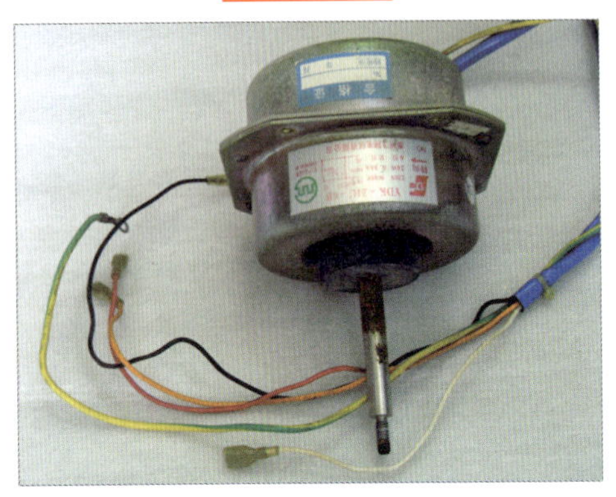

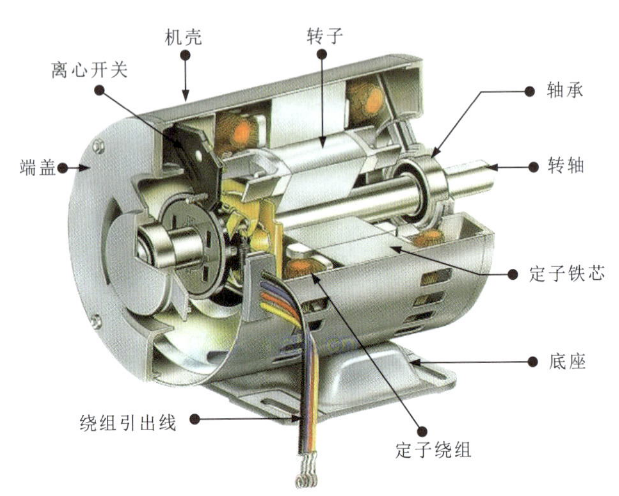

（a）单相交流电动机的电路图形符号及实物外形

（b）单相交流电动机的内部结构

图15-5 单相交流电动机

三相交流电动机由三相交流电源供电，多用在工业生产中，如图15-6所示。

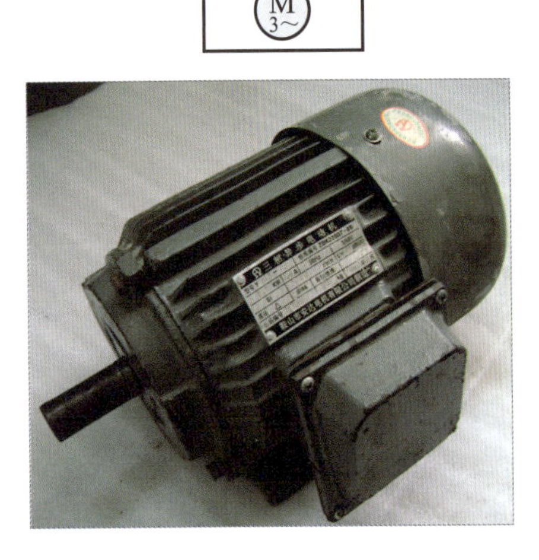

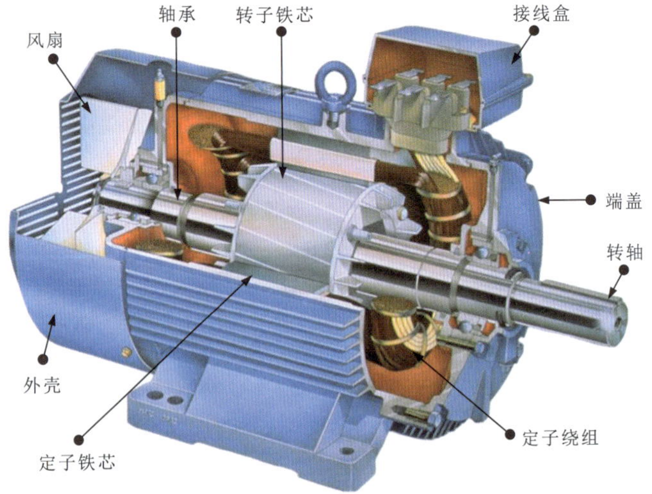

（a）三相交流电动机的电路图形符号及实物外形

（b）三相交流电动机的内部结构

图15-6 三相交流电动机

15.2 电动机的识别、选用与代换

15.2.1 电动机的识别

图15-7为电动机铭牌的位置。电动机的铭牌一般位于外壳比较明显的位置，所标识的主要技术参数可为选择、安装、使用和维修提供重要依据。

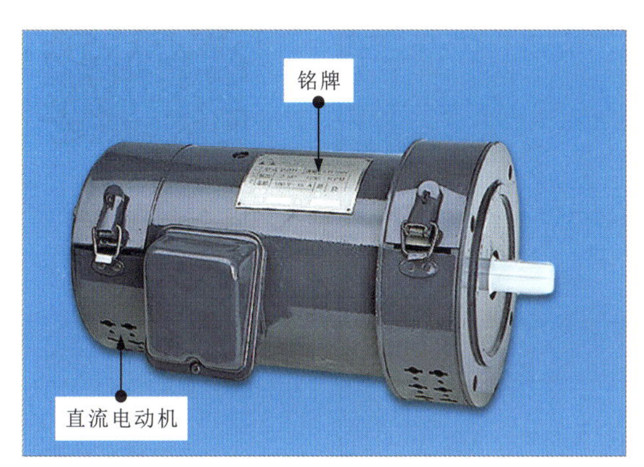

图15-7 电动机铭牌的位置

1 直流电动机的参数标识

直流电动机的主要技术参数一般都标识在铭牌上，包括型号、电压、电流、转速等，如图15-8所示。

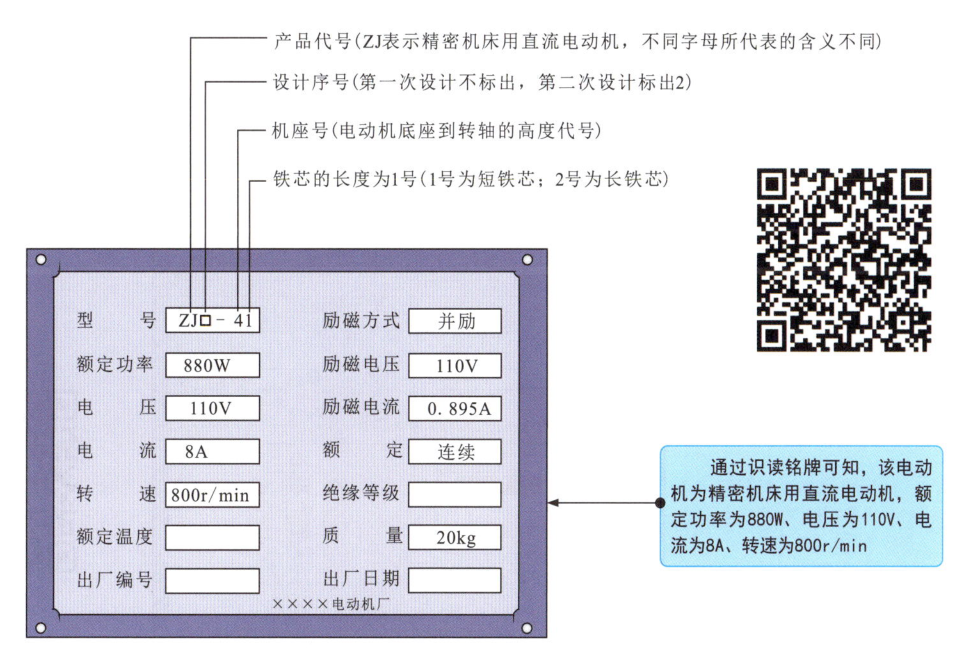

图15-8 直流电动机的参数标识

2 交流电动机的参数标识

在交流电动机中，单相交流电动机与三相交流电动机的参数标识不同。

单相交流电动机铭牌上的参数标识如图15-9所示。

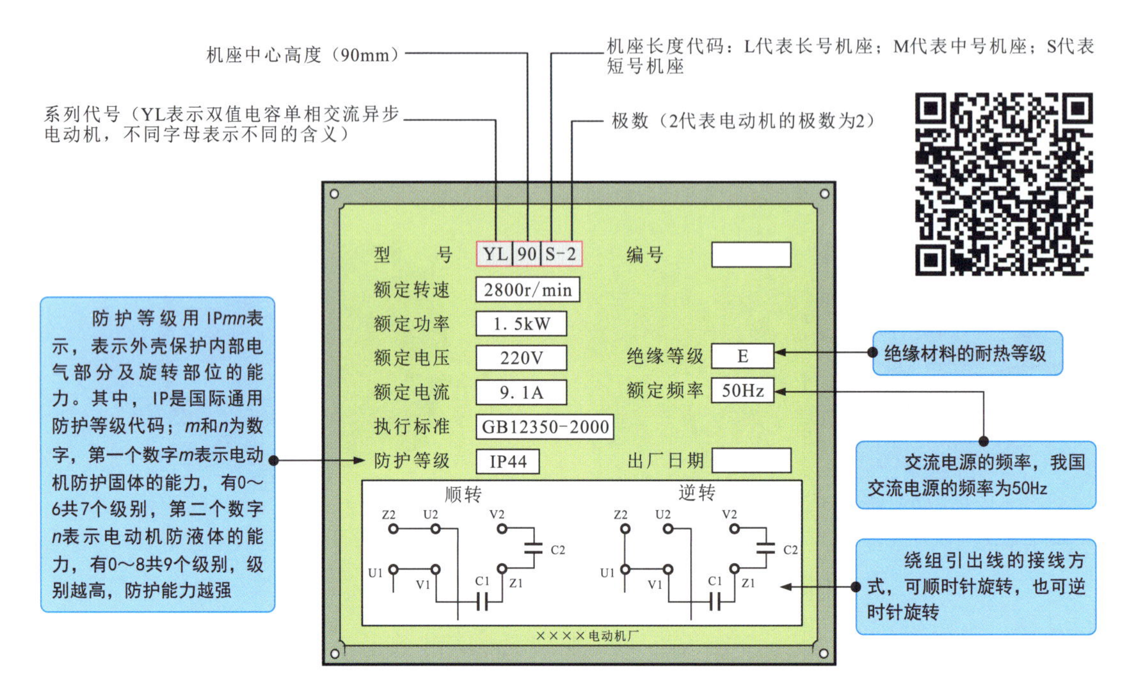

图15-9 单相交流电动机铭牌上的参数标识

图15-10为三相交流电动机铭牌上的参数标识。

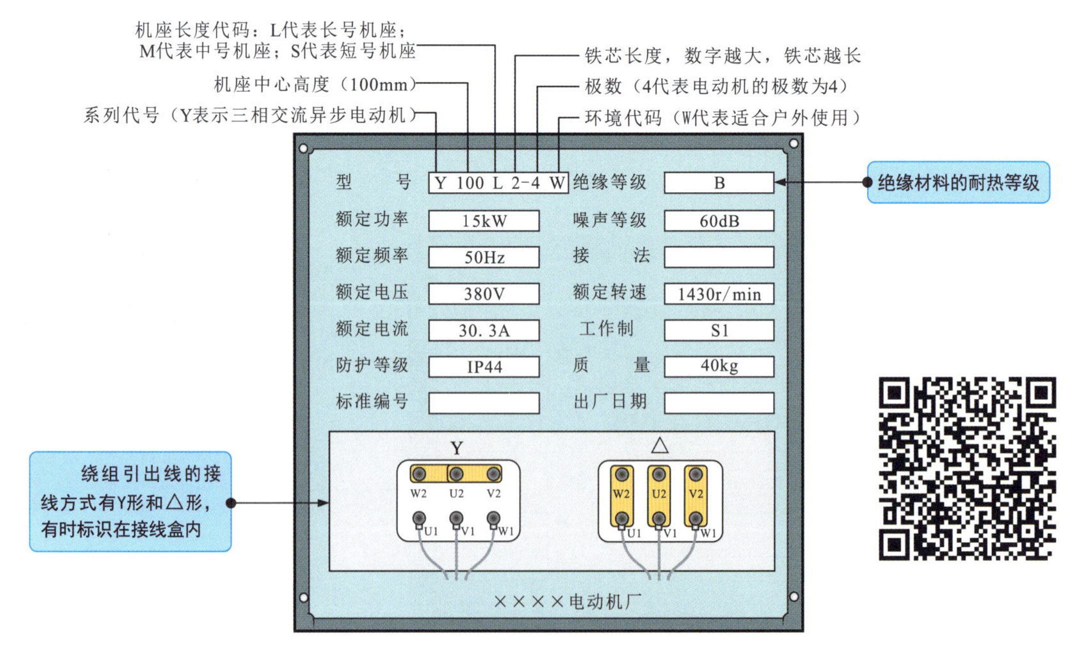

图15-10 三相交流电动机铭牌上的参数标识

15.2.2 电动机整体的选用与代换

若电动机因老化或故障导致无法使用时，可将电动机整体代换。代换时，应尽量选用规格型号一致的电动机。若无法找到规格型号完全相同的电动机，则至少应满足电压、功率、转速、安装方式、使用环境、绝缘等级、安装尺寸、功率因数等参数相同。

以电动自行车中的直流电动机为例。图15-11为电动自行车中直流电动机的整体代换方法。

图15-11 电动自行车中直流电动机的整体代换方法

划重点

电动自行车中直流电动机的内部结构较复杂，检修或更换部件后，调整操作尤为繁琐和关键，需要具有一定经验的专业维修人员才能完成，因此损坏严重时通常需要整体代换。

1 根据整体代换原则，选择与损坏直流电动机规格相同的新直流电动机进行代换。

2 将新直流电动机及后轮一同安装到原后轮的安装位置后，再与控制器连接。

整体代换应遵循的原则：

① 类型匹配：有刷直流电动机与有刷直流电动机之间进行代换；无刷直流电动机与无刷直流电动机之间进行代换。

② 型号匹配：36V直流电动机与36V直流电动机之间进行代换；48V直流电动机与48V直流电动机之间进行代换。

③ 输出引线插头与控制器插头匹配：三相绕组及霍尔元件输出引线插头应相同，否则无法与控制器匹配。

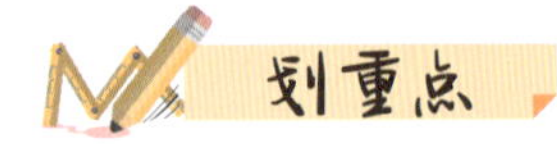

造成电刷磨损过快的原因：

① 电刷承受压力过大。

② 电刷含碳量过多，即材料成分不合格或曾经更换了错误型号的电刷。

③ 长期在温度过高或湿度过高的环境下工作。

④ 滑环表面粗糙，电刷在运行过程中磨损过大或产生火花。

检修时，应根据具体情况，找出电刷磨损的具体原因，观察电刷的磨损情况，当电刷磨损的高度占电刷原高度的一半以上时，需更换。

15.2.3 电动机零部件的选用与代换

电动机由多个零部件组成，如转子、定子、电刷、换向器、磁钢、绕组等，任何零部件异常都可能导致电动机工作异常。

若电动机仅出现个别零部件异常，整体的电气和机械性能良好，则可仅更换零部件来排除故障。

以更换电刷为例，在正常情况下，电刷允许一定程度的磨损，如果使用时间过长，电刷会出现严重磨损，这就需要进行代换，如图15-12所示。

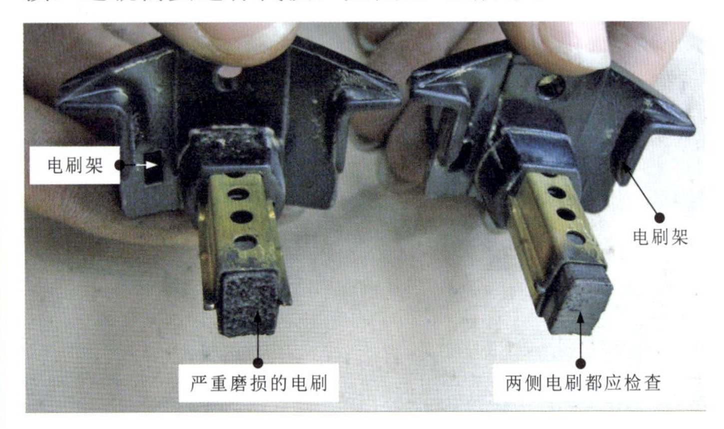

图15-12　磨损严重的电刷

图15-13为电刷的代换方法。

电刷是电动机的关键部件，若安装不当，不仅容易造成磨损，严重时还可能在通电工作时与滑环之间产生火花，损坏滑环。

1 用尖嘴钳将电刷与电源、定子绕组之间的连接引线分离。

2 用螺钉旋具拧下电刷架上的固定螺钉。

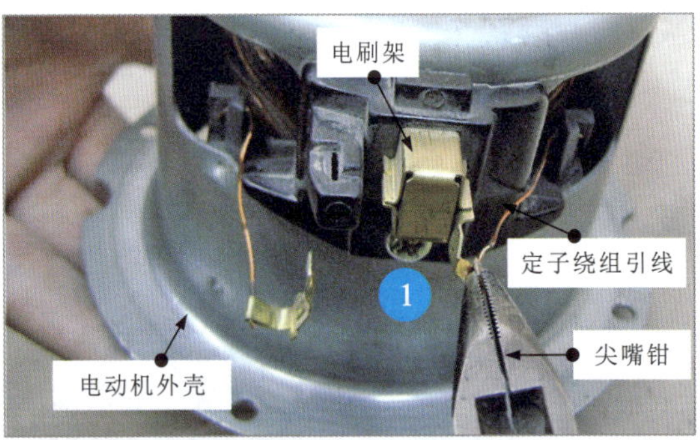

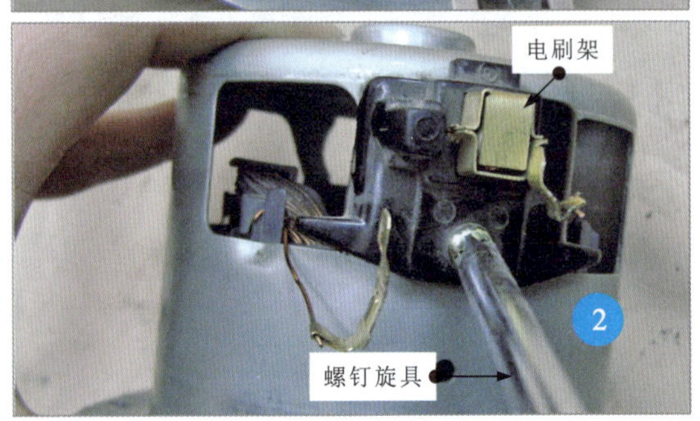

图15-13　电刷的代换方法

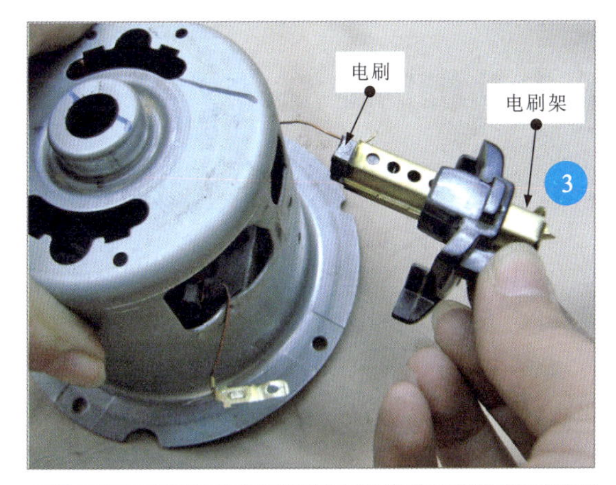

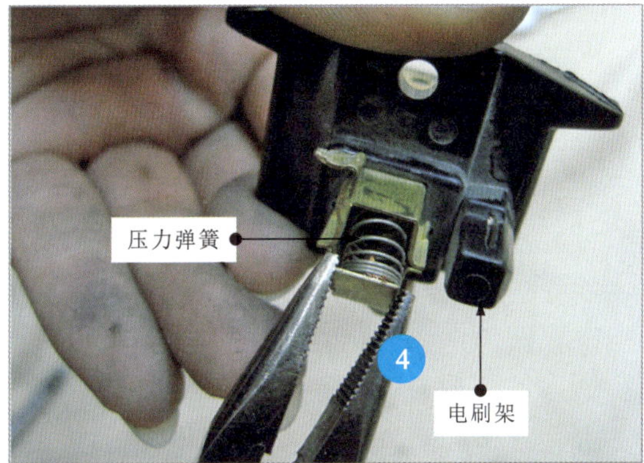

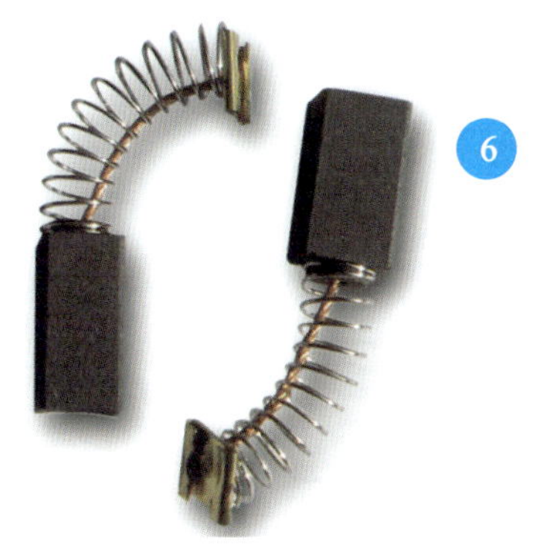

图15-13 电刷的代换方法(续)

划重点

3 将电刷架连同电刷一起取出。

4 掰开电刷架一端的金属片，即可看到电刷引线及压力弹簧。

5 将电刷连同压力弹簧一起从电刷架中抽出。

6 选用规格型号完全一致的新电刷代换后，重新安装即可。

更换新电刷时应注意：

① 应保证电刷与原电刷的型号一致，否则会因接触状态不良导致过热的故障现象。

② 最好全部更换，如果新旧混用，会出现电流分布不均匀的现象。

③ 为了使电刷与滑环接触良好，新电刷应该进行弧度研磨，一般在电动机上研磨弧度。可在电刷与滑环之间放置一张细玻璃砂纸，在正常的弹簧压力下，沿电动机的旋转方向研磨电刷，砂纸应尽量贴紧滑环，直至与电刷弧面吻合，取下细玻璃砂纸，用压缩空气吹净粉尘，用软布擦拭干净。

15.3 电动机的检测

15.3.1 小型直流电动机绕组阻值的检测

划重点

用万用表检测电动机绕组的阻值是一种比较常用，且简单易操作的方法，可粗略检测各相绕组的阻值，并可根据检测结果大致判断绕组有无短路或断路故障，如图15-14所示。

将万用表的红、黑表笔分别搭在直流电动机的两引脚端

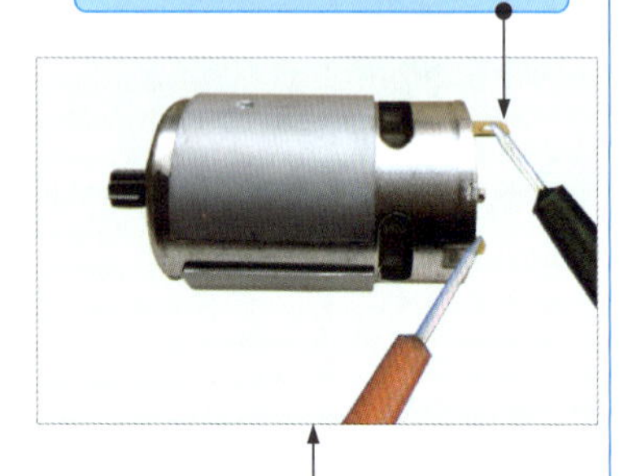

在正常情况下，应能检测到一个固定阻值。直流电动机绕组线圈的匝数、粗细不同，使用万用表检测的结果也会不同。若检测结果为零或无穷大，则说明绕组存在短路或断路的情况

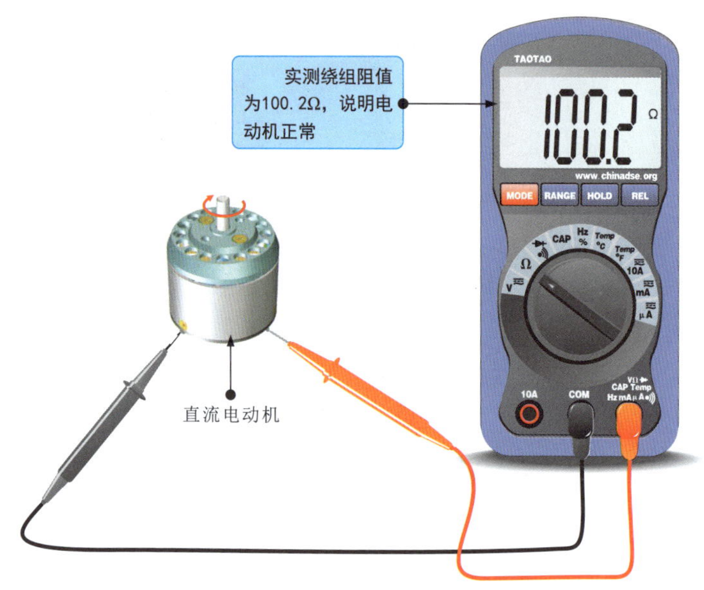

图15-14 小型直流电动机绕组阻值的检测方法

检测电动机一般可检测电动机绕组阻值、空载电流和转速。其中，检测电动机绕组的阻值主要用来检查绕组接头的焊接质量是否良好，绕组层、匝间有无短路及绕组或引出线有无折断等。

图15-15为用万用表检测小功率直流电动机的机理。

检测直流电动机绕组的阻值相当于检测一个电感线圈的阻值，因此应能检测到一个固定的数值，检测时，小功率直流电动机会因受万用表内电流的驱动而旋转。

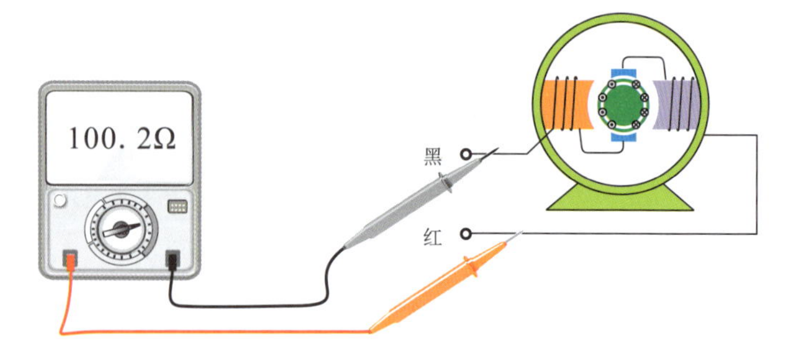

图15-15 用万用表检测小功率直流电动机的机理

15.3.2 单相交流电动机绕组阻值的检测

图15-16为单相交流电动机绕组阻值的检测方法。

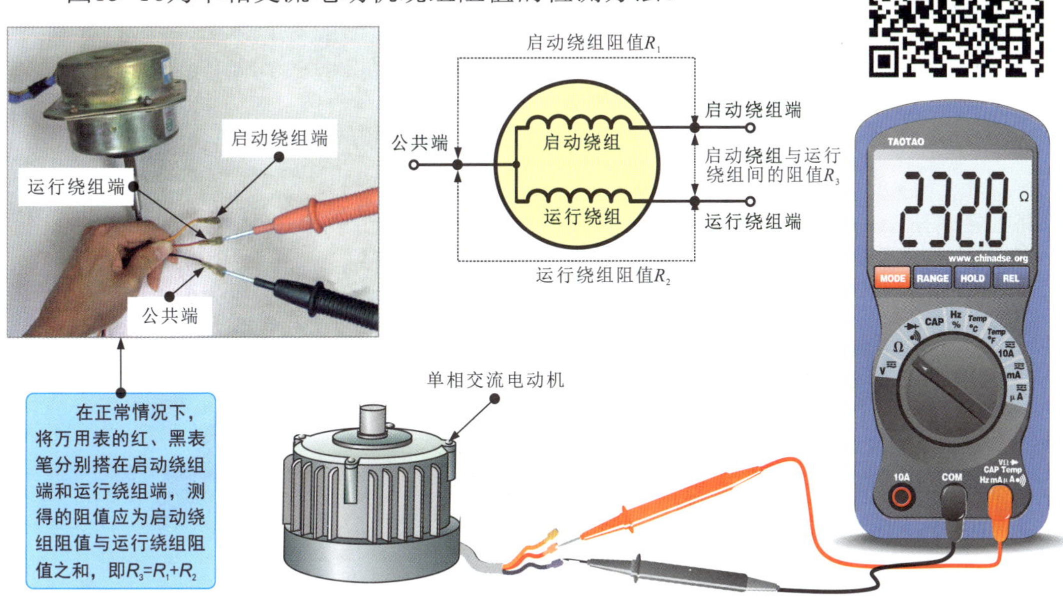

图15-16 单相交流电动机绕组阻值的检测方法

三相交流电动机绕组阻值的检测方法与单相交流电动机绕组阻值的检测方法类似。三相交流电动机每相的阻值应基本相同。若任意一相阻值为无穷大或零，均说明绕组内部存在断路或短路故障，如图15-17所示。

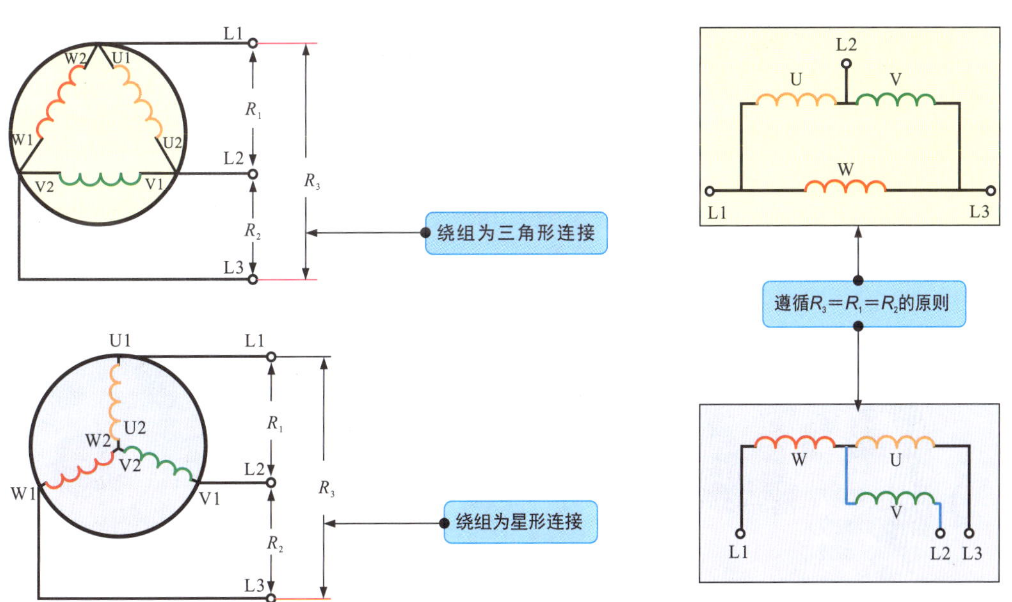

图15-17 三相交流电动机绕组阻值的检测机理

15.3.3 三相交流电动机绕组阻值的检测

用万用电桥可以精确检测三相交流电动机绕组的阻值，即使有微小的偏差也能够被发现，是判断制造工艺和性能的有效方法，如图15-18所示。

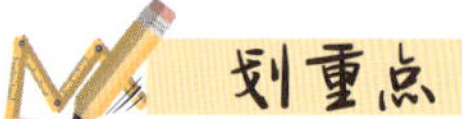

1 将连接端子上的金属片拆下，使三相绕组互相分离（断开），以保证检测结果的准确性。

2 将万用电桥测试线上的鳄鱼夹夹在一相绕组的两端，实测数值为（0.4+0.033）×10Ω=4.33Ω。

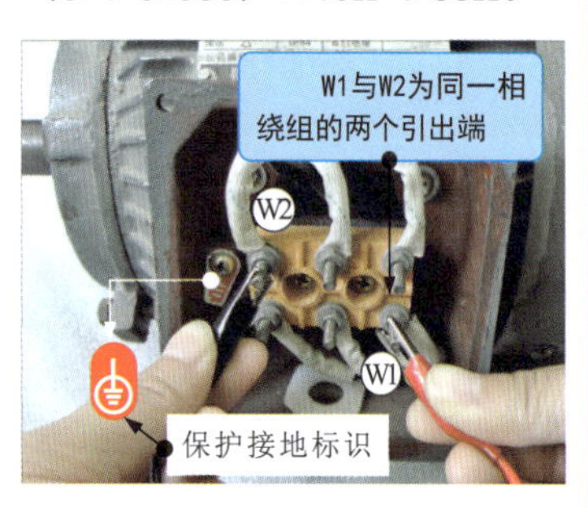

3 使用相同的方法，将鳄鱼夹夹在第二相绕组的两端，实测数值为（0.4+0.033）×10Ω=4.33Ω。

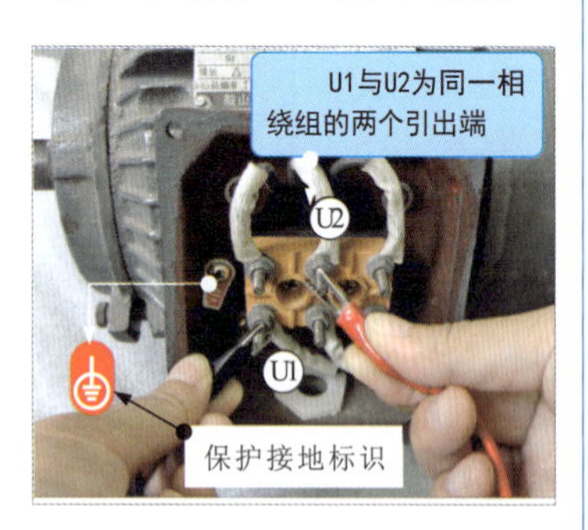

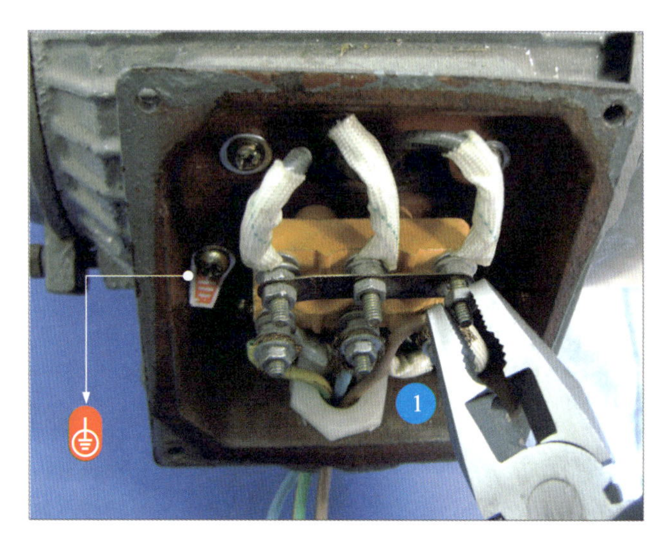

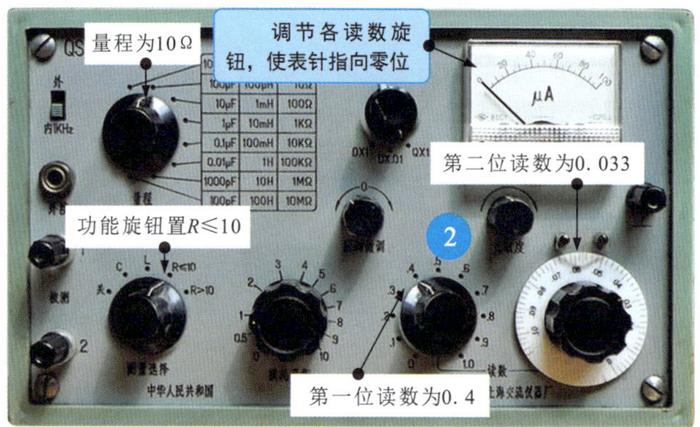

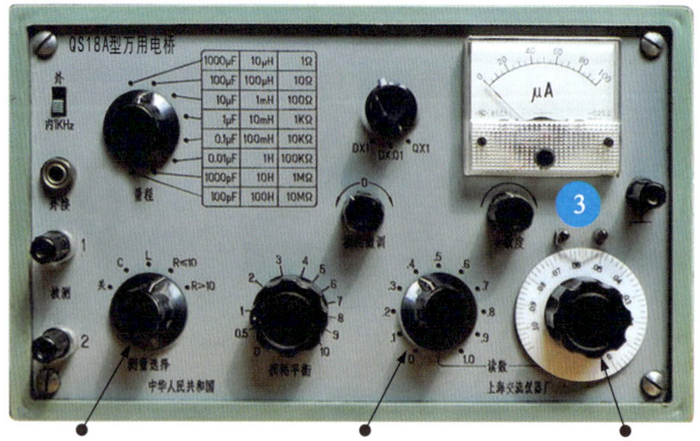

图15-18 三相交流电动机绕组阻值的检测方法

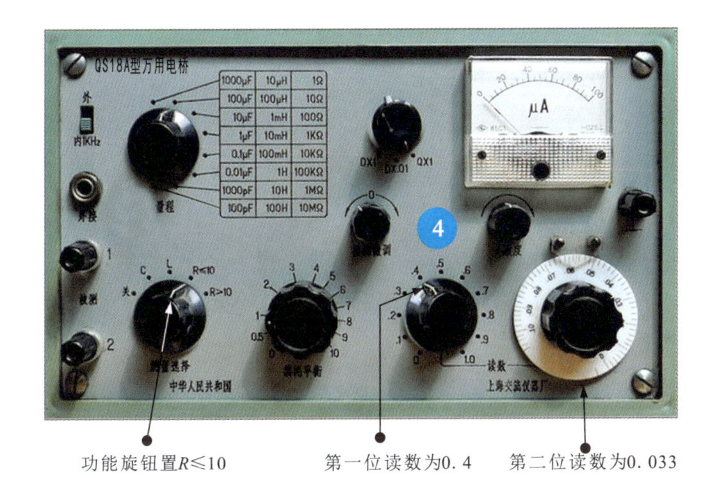

图15-18 三相交流电动机绕组阻值的检测方法（续）

划重点

4 将鳄鱼夹夹在第三相绕组的两端，实测数值为（0.4+0.033）×10Ω=4.33Ω。

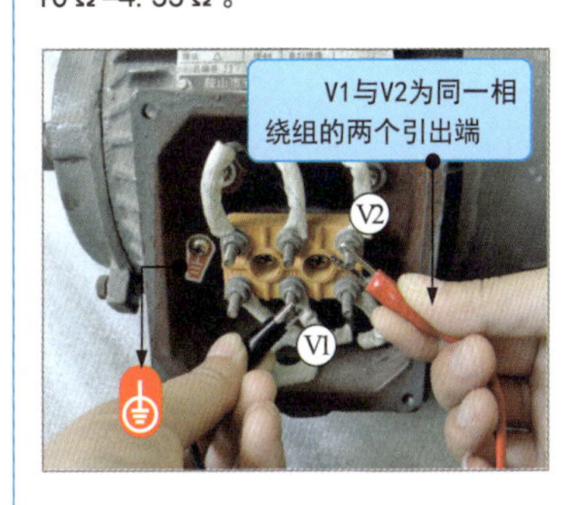

通过图15-18的检测结果可知，在正常情况下，三相交流电动机每相绕组的阻值约为4.33Ω，若测得三相绕组的阻值不同，则绕组内可能有短路或断路情况。

若通过检测发现三相绕组的阻值偏差较大，则表明三相交流电动机已损坏。

15.3.4 电动机绝缘电阻的检测

电动机一般借助兆欧表检测绝缘电阻，通过检测能有效发现设备受潮、部件局部脏污、绝缘击穿、引线接外壳及老化等问题。

1 电动机绕组与外壳之间绝缘电阻的检测

借助兆欧表检测电动机绕组与外壳之间绝缘电阻的方法如图15-19所示。

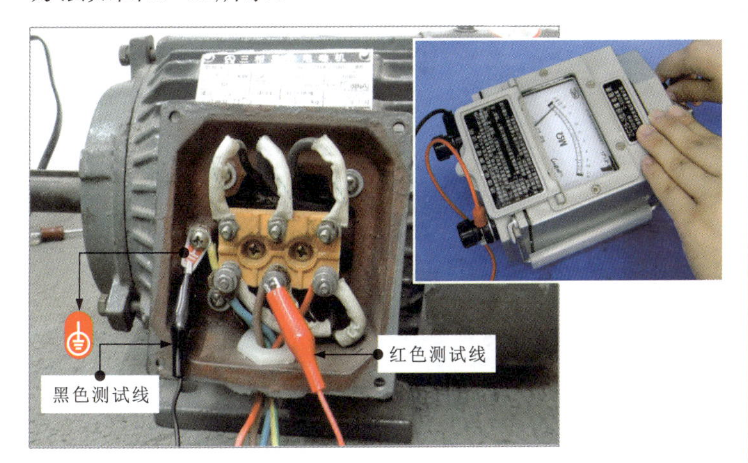

图15-19 借助兆欧表检测电动机绕组与外壳之间绝缘电阻的方法

将兆欧表的黑色测试线接在接地端，红色测试线接在任意一相绕组的引出端。

顺时针匀速转动兆欧表的手柄，观察兆欧表指针的摆动情况，实测绝缘电阻大于1MΩ。

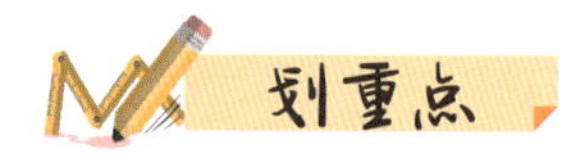

为确保测量值的准确度，当再次进行测量时，需要待兆欧表的指针慢慢回到初始位置后，再顺时针匀速转动手柄，若检测结果远小于1MΩ，则说明电动机的绝缘性能不良或内部导电部分与外壳之间有漏电情况。

2 电动机绕组与绕组之间绝缘电阻的检测

借助兆欧表检测电动机绕组与绕组之间绝缘电阻的方法如图15-20所示。

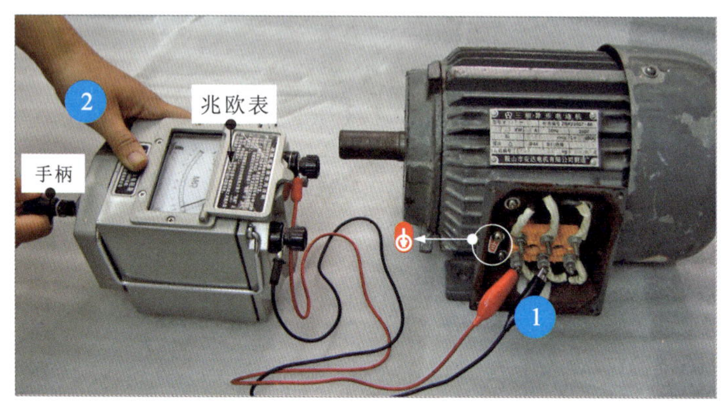

图15-20 借助兆欧表检测电动机绕组与绕组之间绝缘电阻的方法

1 将兆欧表的测试线分别夹在两相绕组的引出端上。

2 顺时针匀速转动兆欧表的手柄，测得两相绕组之间的绝缘电阻为500MΩ。

在检测绕组与绕组之间的绝缘电阻时，需取下绕组与绕组之间的金属连接片，即确保绕组与绕组之间没有任何连接关系。若测得绕组与绕组之间的绝缘电阻为零或较小，则说明绕组与绕组之间存在短路现象。

15.3.5 电动机空载电流的检测

检测电动机的空载电流，就是检测电动机在未带任何负载情况下运行时绕组中的运行电流。

为方便检测，一般使用钳形表检测三相交流电动机的空载电流，如图15-21所示。

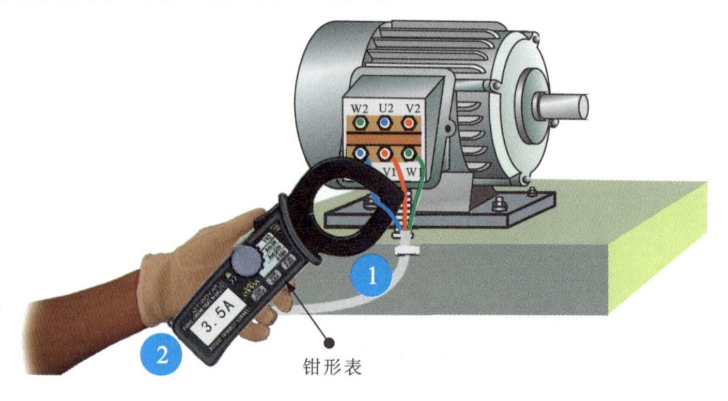

图15-21 电动机空载电流的检测方法

1 将三相绕组输出引线中的一根置于钳形表的钳口内。

2 观察钳形表的显示屏，正常时，三相绕组输出引线的空载电流应相同，若不相同或过大，均说明三相交流电动机存在异常。

第16章 数码显示器与电声器件

16.1 数码显示器的特点与检测

16.1.1 数码显示器的特点

数码显示器实际上是一种数字显示器件，又可称为LED数码管，是电子产品中常用的显示器件。

图16-1为常见数码显示器的实物外形。

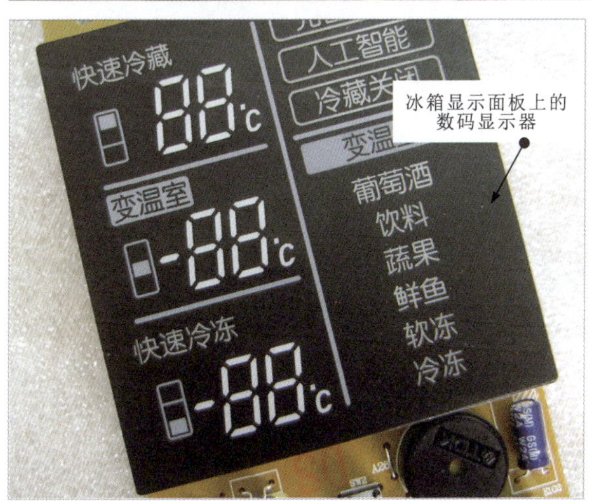

图16-1 常见数码显示器的实物外形

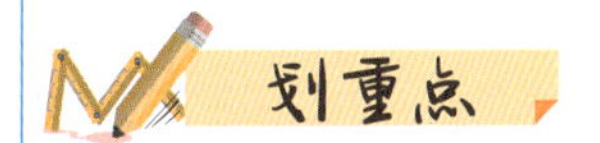

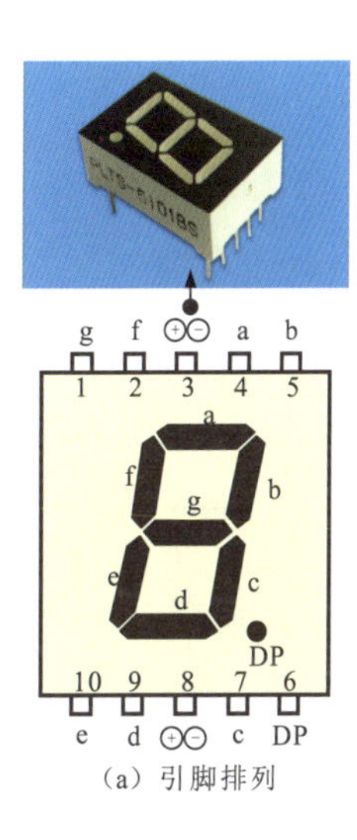

（a）引脚排列

数码显示器用多个发光二极管组成笔段显示相应的数字或图像，用DP表示小数点。

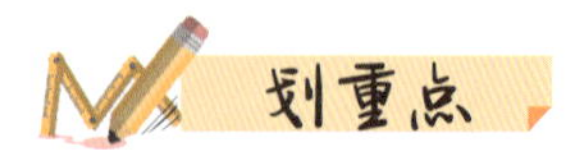

数码显示器按照字符笔画段数的不同可以分为七段数码显示器和八段数码显示器。段是指数码显示器字符的笔画（a～g）。八段数码显示器比七段数码显示器多一个发光二极管单元，即多一个小数点显示DP。

图16-2为数码显示器的引脚排列和连接方式。

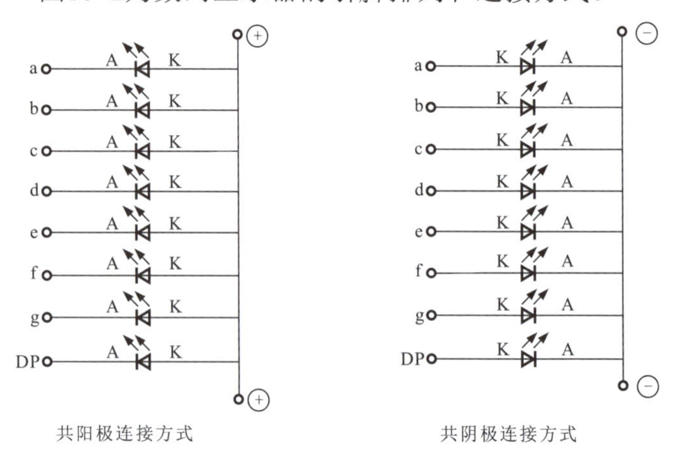

图16-2　数码显示器的引脚排列和连接方式

16.1.2 数码显示器的检测

图16-3为待测数码显示器的引脚识别。

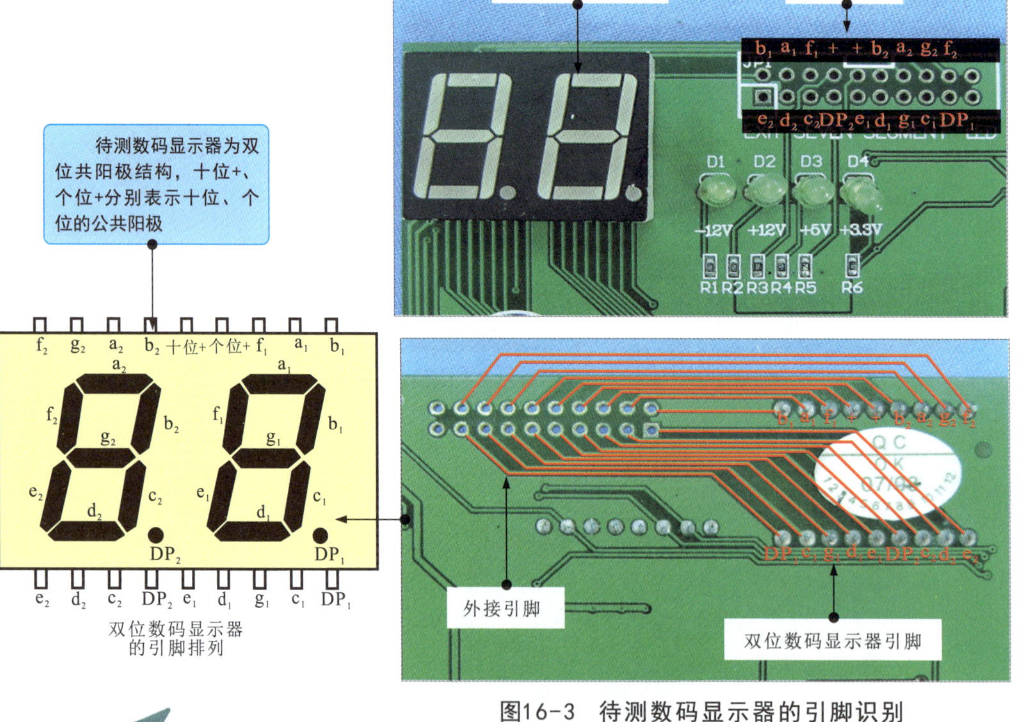

图16-3　待测数码显示器的引脚识别

数码显示器一般可借助万用表检测。检测时，可通过检测相应笔段的阻值来判断数码显示器是否损坏。检测之前，应首先了解待测数码显示器各笔段所对应的引脚。

图16-4为双位数码显示器的检测方法。

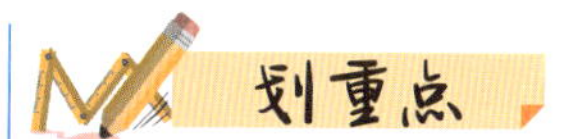

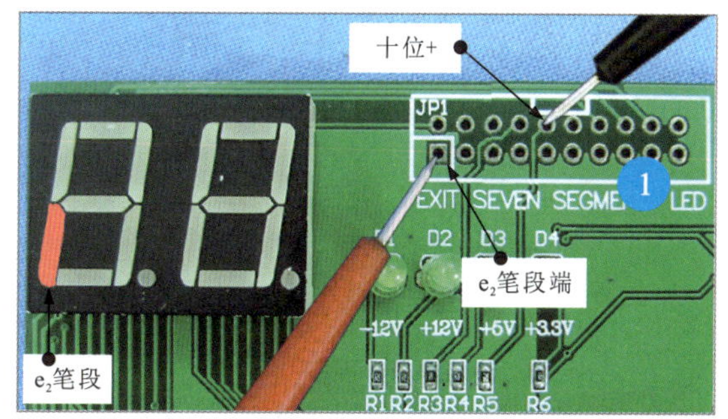

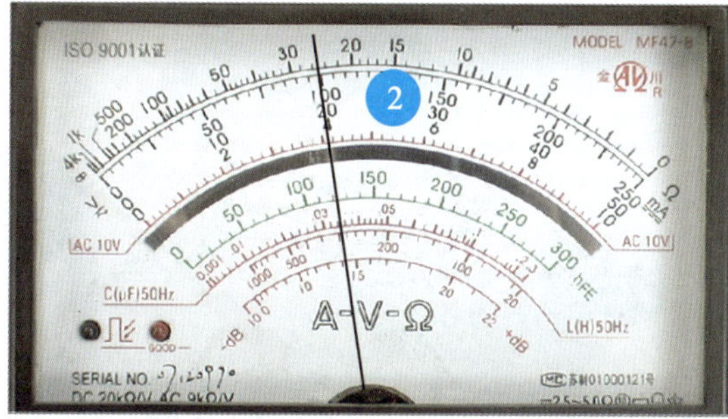

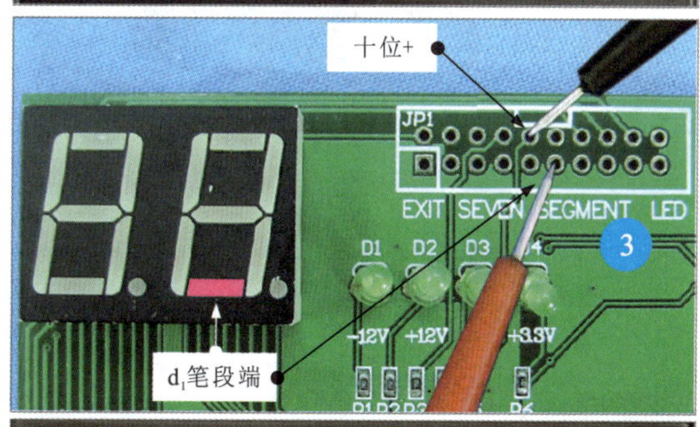

1 将万用表的量程旋钮调至 $R\times1\Omega$，并进行欧姆调零，黑表笔搭在双位数码显示器的公共阳极（十位+）端，红表笔搭在双位数码显示器的 e_2 笔段端。

2 实测值为 $25\times1\Omega=25\Omega$。

3 万用表的黑表笔位置不动，将红表笔搭在双位数码显示器的 d_1 笔段端。

4 实测值为 $23\times1\Omega=23\Omega$。

在正常情况下，当检测相应的笔段时，笔段应发光，且有一定的阻值；若笔段不发光或阻值为无穷大或零，均说明该笔段的发光二极管已损坏。

另外需要注意的是，当前待测数码显示器是采用共阳极结构的双位数码显示器，若为采用共阴极结构的双位数码显示器，则在检测时，应将红表笔接触公共阴极，黑表笔接触各个笔段端。

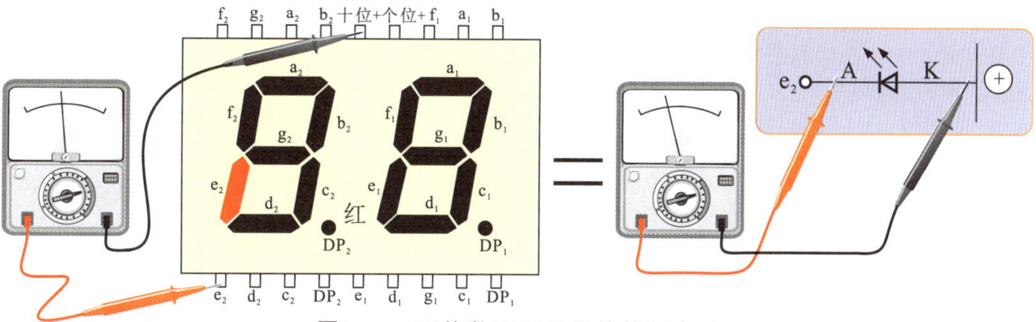

图16-4 双位数码显示器的检测方法

16.2 扬声器的特点与检测

16.2.1 扬声器的特点

扬声器俗称喇叭，是将电信号转换为声波信号的功能部件。图16-5为常见扬声器的外形结构。

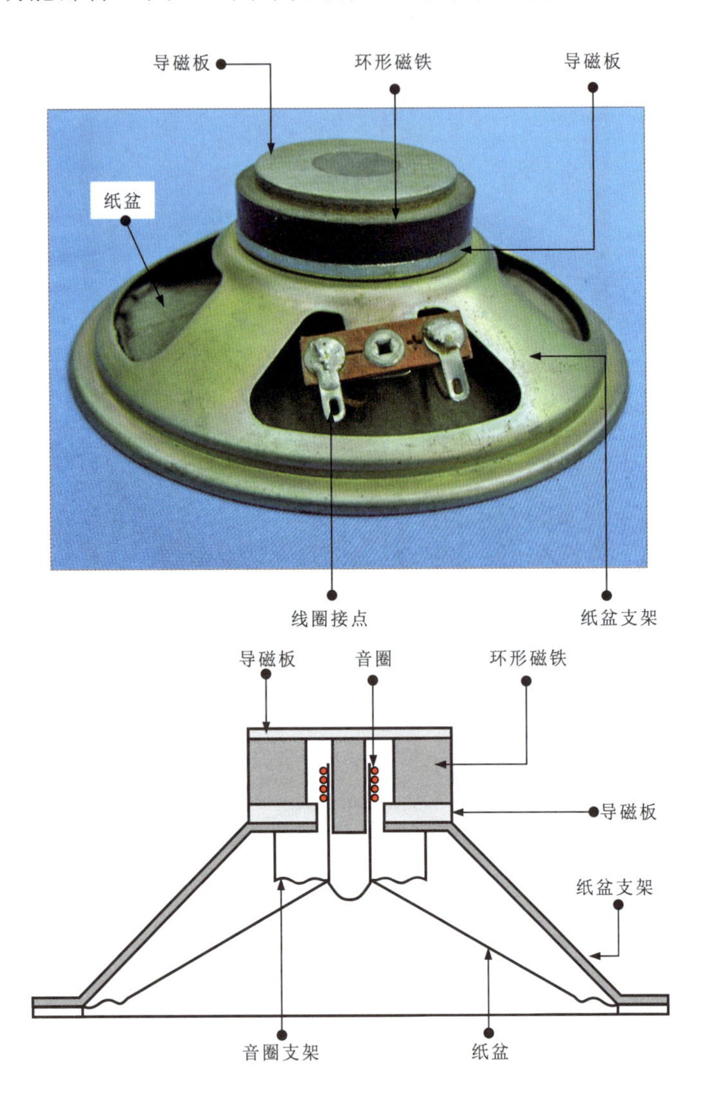

图16-5　常见扬声器的外形结构

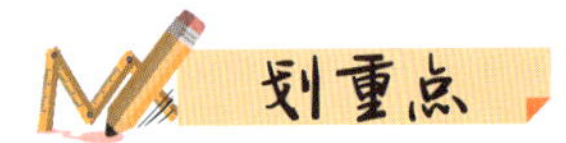

扬声器主要是由磁路系统和振动系统组成的。磁路系统由环形磁铁和导磁板组成；振动系统由纸盆、纸盆支架、音圈、音圈支架等部分组成。

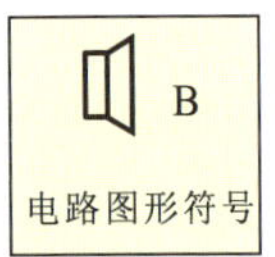

电路图形符号

扬声器的实物外形

音圈用漆包线绕制而成，圈数很少，通常只有几十圈，故阻抗很小。音圈的引出线平贴着纸盆，用胶水粘在纸盆上。纸盆是由特制的模压纸制成的，在中心加有防尘罩，防止灰尘和杂物进入磁隙，影响振动效果。

当扬声器的音圈通入音频电流后，音圈在电流的作用下产生交变的磁场，并在环形磁铁内形成的磁场中产生振动。由于音圈和纸盆相连，因此音圈带动纸盆振动，从而引起空气振动并发出声音。

16.2.2 扬声器的检测

使用万用表检测扬声器时，可先了解待测扬声器的标称交流阻抗，为检测提供参照标准，然后通过检测扬声器的阻值来判断扬声器是否损坏。

图16-6为扬声器的检测方法。

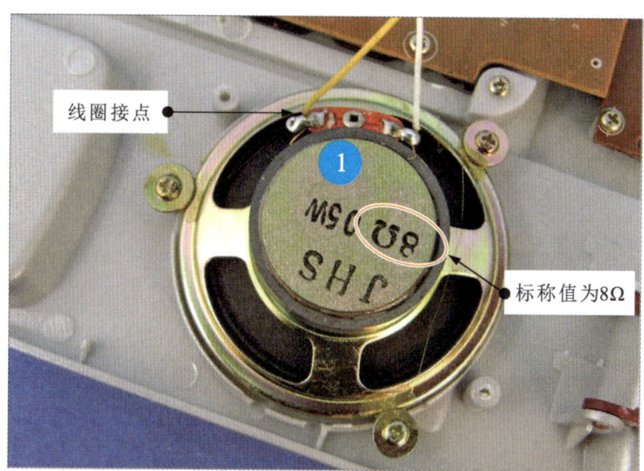

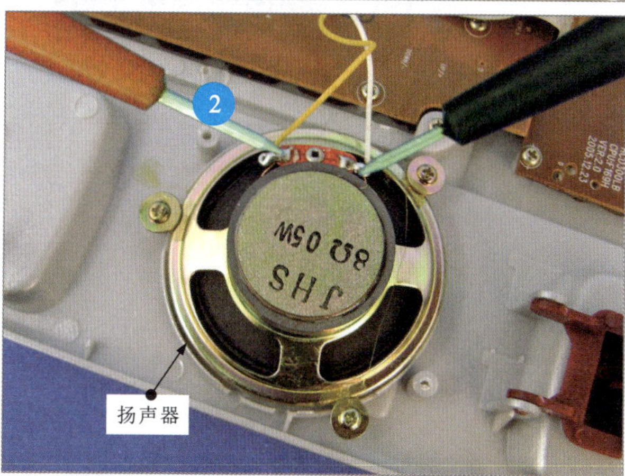

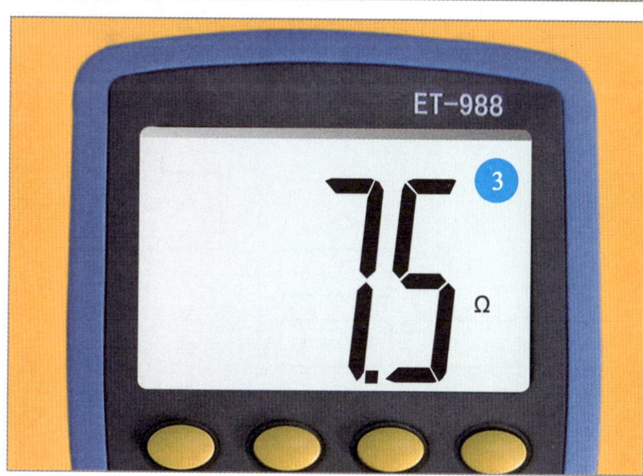

图16-6 扬声器的检测方法

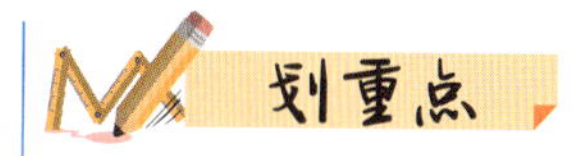

1 扬声器上的标称值8Ω是该扬声器在有正常交流信号驱动时所呈现的阻值，即交流阻值；用万用表检测时，所测的阻值为直流阻值。在正常情况下，直流阻值应接近且小于交流阻值。

2 将万用表的量程旋钮调至欧姆挡，红、黑表笔分别搭在待测扬声器线圈的两个接点上，检测线圈的阻值。

3 测得的阻值为7.5Ω，略小于标称值，正常。

实际检测过程中，若所测阻值为零或无穷大，则说明扬声器已损坏，需要更换。

如果扬声器性能良好，则在检测时，将万用表的一支表笔搭在线圈的一个接点上，当另一支表笔触碰线圈的另一个接点时，扬声器会发出“咔咔”声。

如果扬声器损坏，则不会有声音发出。

此外，如果扬声器出现线圈粘连或卡死、纸盆损坏等情况，则用万用表检测是判别不出来的，必须通过试听音响效果才能判别。

16.3 蜂鸣器的特点与检测

16.3.1 蜂鸣器的特点

图16-7为常见蜂鸣器的外形结构。

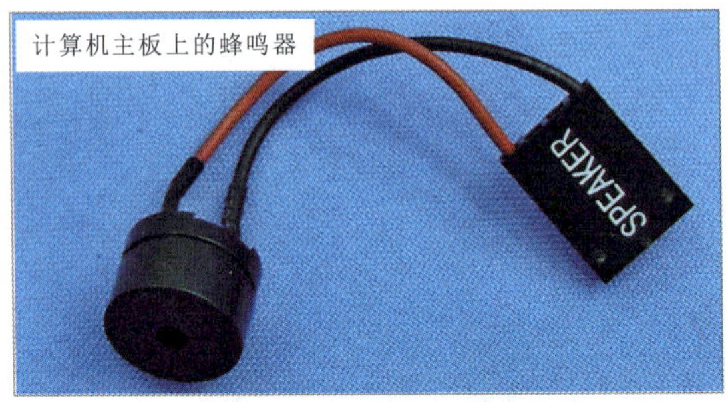

图16-7　常见蜂鸣器的外形结构

图16-8为简易门窗防盗报警电路。该电路主要是由振动传感器CS01及其外围元器件构成的。在正常状态下，CS01的输出端为低电平信号输出，继电器不工作；当CS01受到撞击时，其内部电路将振动信号转化为电信号并由输出端输出高电平，使继电器KA吸合，控制蜂鸣器发出警示声音，引起人们的注意。

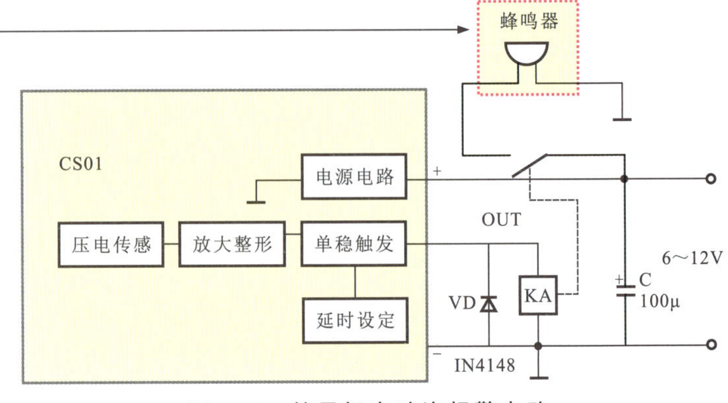

图16-8　简易门窗防盗报警电路

划重点

5V有源蜂鸣器

无源通用蜂鸣器

蜂鸣器主要作为发声器件广泛应用在各种电子产品中。

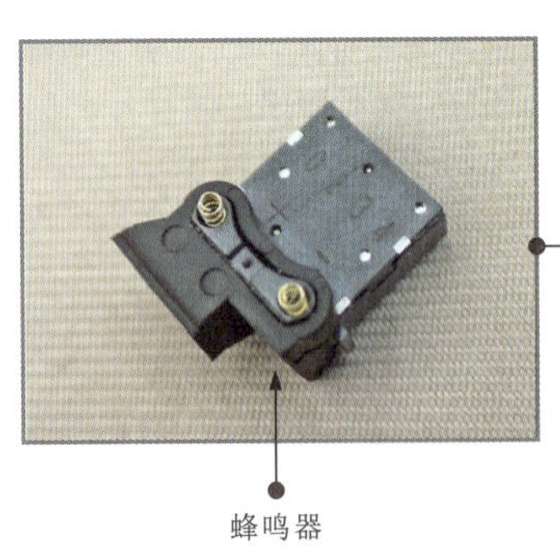

16.3.2 蜂鸣器的检测

1 借助万用表检测蜂鸣器

在检测蜂鸣器前，首先根据待测蜂鸣器上的标识识别出正、负极引脚，为蜂鸣器的检测提供参照标准。图16-9为使用万用表检测蜂鸣器的方法。

划重点

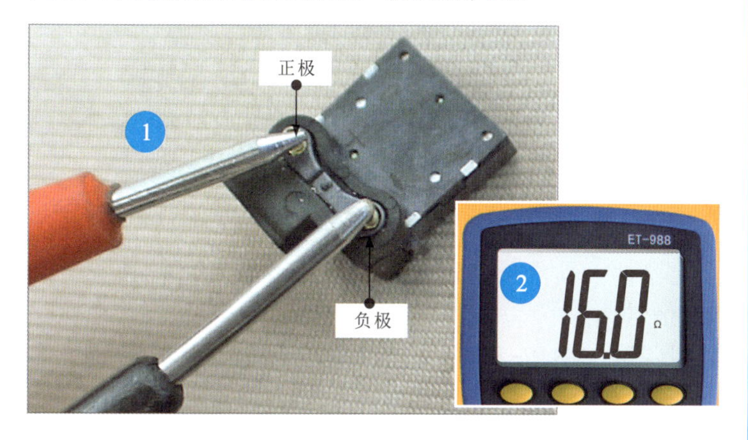

图16-9 使用万用表检测蜂鸣器的方法

1 将万用表的黑表笔搭在待测蜂鸣器的负极引脚端，红表笔搭在正极引脚端。

2 实测阻值为16Ω。

2 借助直流稳压电源检测蜂鸣器

图16-10为直流稳压电源与蜂鸣器的连接方法。直流稳压电源用于为蜂鸣器提供直流电压。首先将直流稳压电源的正极与蜂鸣器的正极（蜂鸣器的长引脚端）连接，负极与蜂鸣器的负极（蜂鸣器的短引脚端）连接。

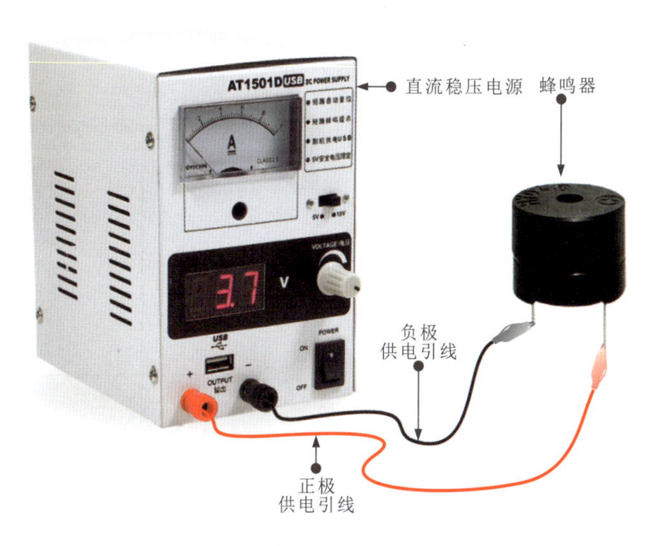

图16-10 直流稳压电源与蜂鸣器的连接方法

蜂鸣器的引脚有正、负极之分，在使用直流稳压电源供电时需要区分正、负极，否则蜂鸣器不响。

大多蜂鸣器会在标签上明确标识出正、负极。若未标识，则可根据蜂鸣器引脚的长短进行判断。其中，长引脚端为正极，短引脚端为负极

在正常情况下，借助直流稳压电源为蜂鸣器供电时，蜂鸣器能发出声响，且随着供电电压的升高，声响变大；随着供电电压的降低，声响变小。若实测时不符合，则多为蜂鸣器失效或损坏，此时一般选用同规格型号的蜂鸣器代换即可。

第17章

光电耦合器与霍尔元件

17.1 光电耦合器的种类与检测

17.1.1 光电耦合器的种类

光电耦合器是一种光电转换元器件。其内部实际上是由一个光敏三极管和一个发光二极管构成的，以光电方式传递信号。

光电耦合器有直射型和反射型两种。图17-1为常见光电耦合器的实物外形及工作原理。

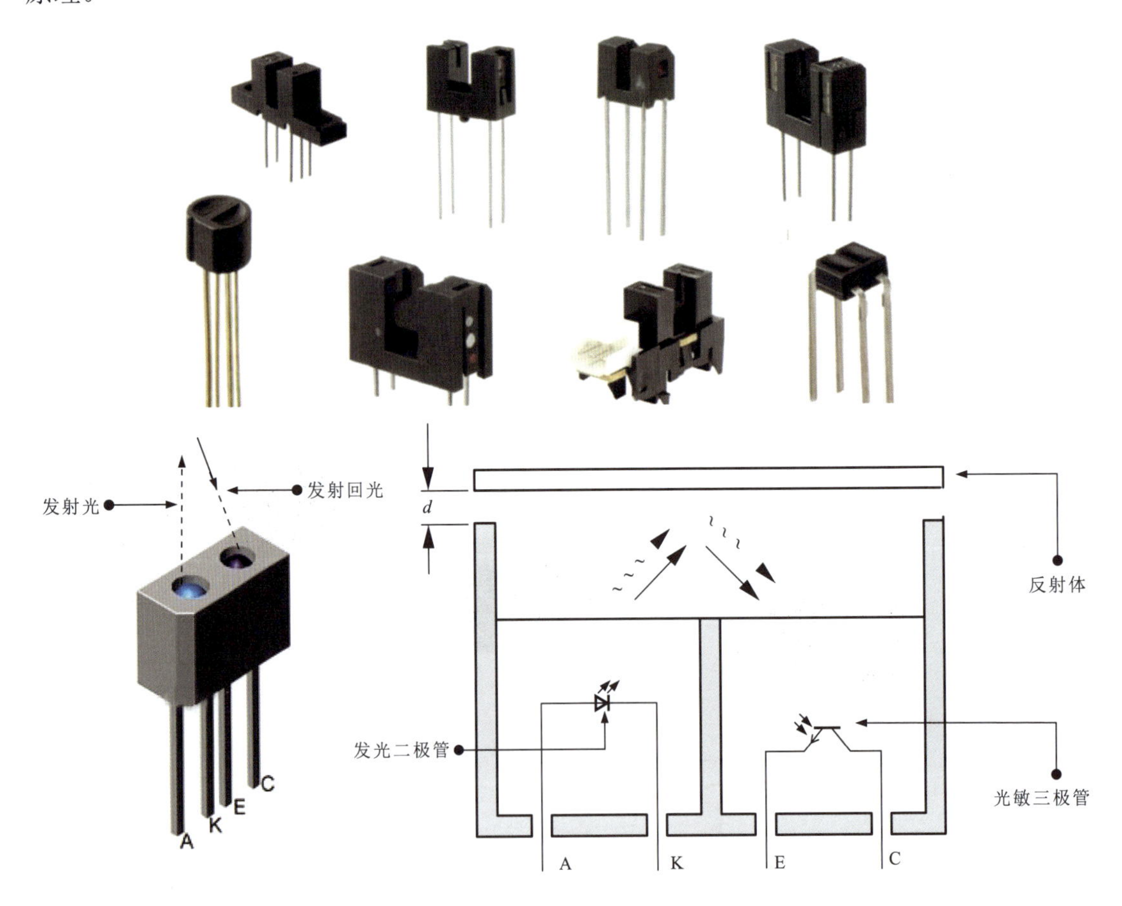

图17-1 常见光电耦合器的实物外形及工作原理

光电耦合器的应用如图17-2所示。

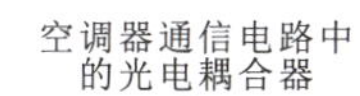
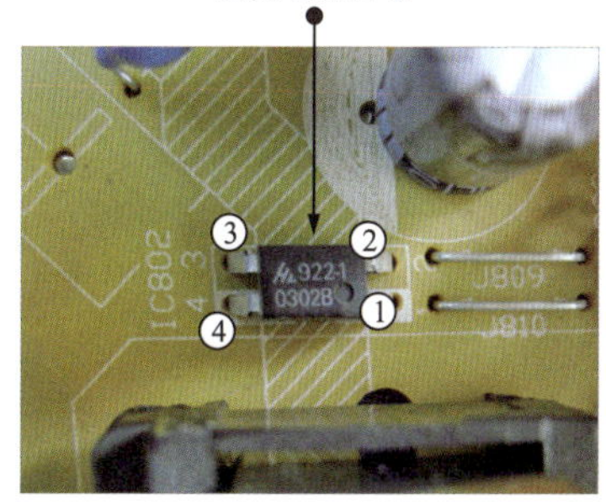

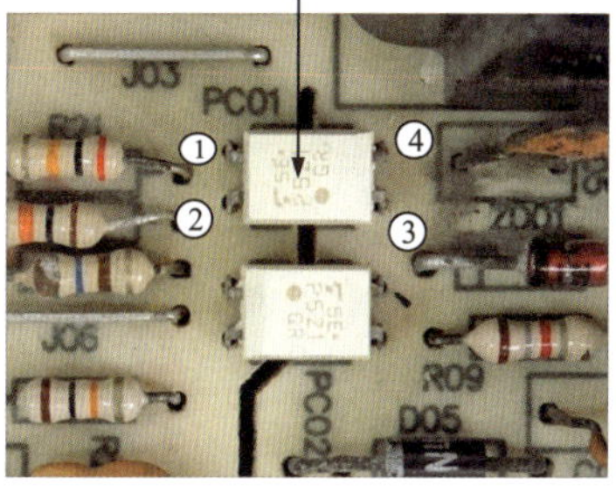

图17-2 光电耦合器的应用

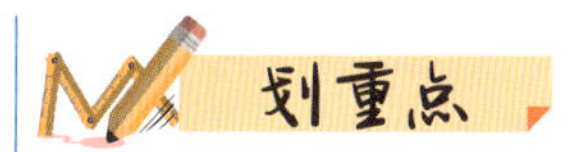

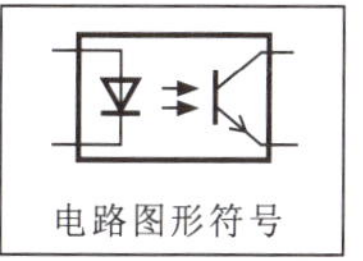

17.1.2 光电耦合器的检测

光电耦合器一般可通过分别检测二极管侧和光敏三极管侧的正、反向阻值来判断内部是否存在击穿短路或断路情况。图17-3为光电耦合器的检测方法。

图17-3 光电耦合器的检测方法

1 将万用表的量程旋钮调至欧姆挡，并进行欧姆调零，红、黑表笔分别搭在光电耦合器的1脚和2脚，即检测内部发光二极管两个引脚间的正、反向阻值。

2 可测得正向有一定阻值，反向阻值趋于无穷大。

在正常情况下，若不存在外围元器件的影响（若有影响，则可将光电耦合器从电路板上取下），则光电耦合器内部发光二极管侧的正向应有一定的阻值，反向阻值应为无穷大；光敏三极管侧的正、反向阻值都应为无穷大。

17.2 霍尔元件的特点与检测

17.2.1 霍尔元件的特点

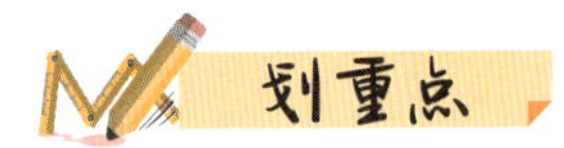

霍尔元件在外加偏压的条件下，受到磁场的作用会有电压输出，输出电压的极性和强度与外加磁场的极性和强度有关。用霍尔元件制作的磁场传感器被称为霍尔传感器，为了提高输出信号的幅度，通常将放大电路与霍尔元件集成在一起，制成三端元器件或四端元器件，为实际应用提供极大方便。

霍尔元件是一种锑铟半导体元器件。图17-4是霍尔元件的电路图形符号和等效电路。

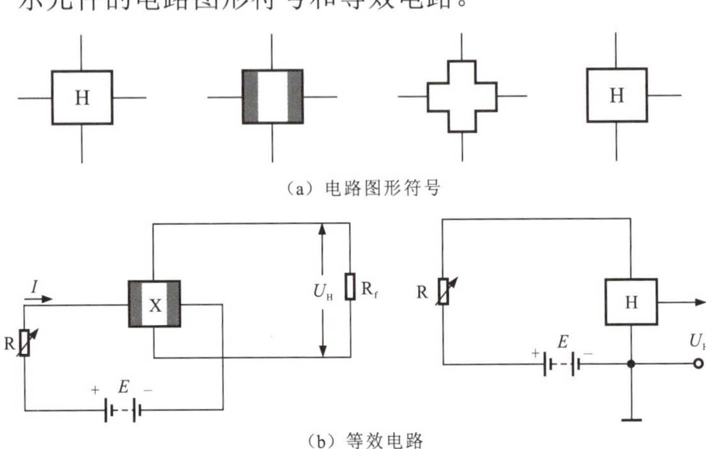

图17-4　霍尔元件的电路图形符号和等效电路

霍尔元件是将放大器、温度补偿电路及稳压电源集成在一个芯片上的元器件，如图17-5所示。

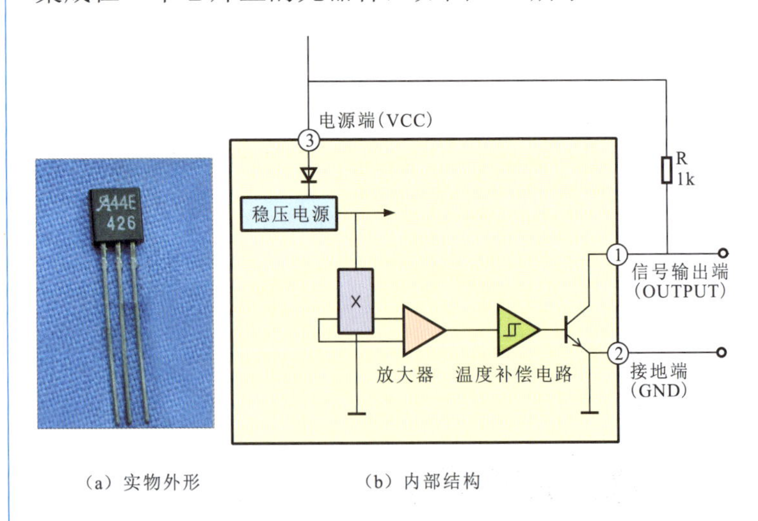

图17-5　霍尔元件的实物外形及内部结构

霍尔元件可以检测磁场的极性，并将磁场的极性变成电信号的极性，主要应用于需要检测磁场的场合，如在电动自行车无刷电动机、调速转把中均有应用。

霍尔元件常用的接口电路如图17-6所示。它可以与三极管、晶闸管、二极管、TTL电路和MOS电路等配接，应用非常便利。

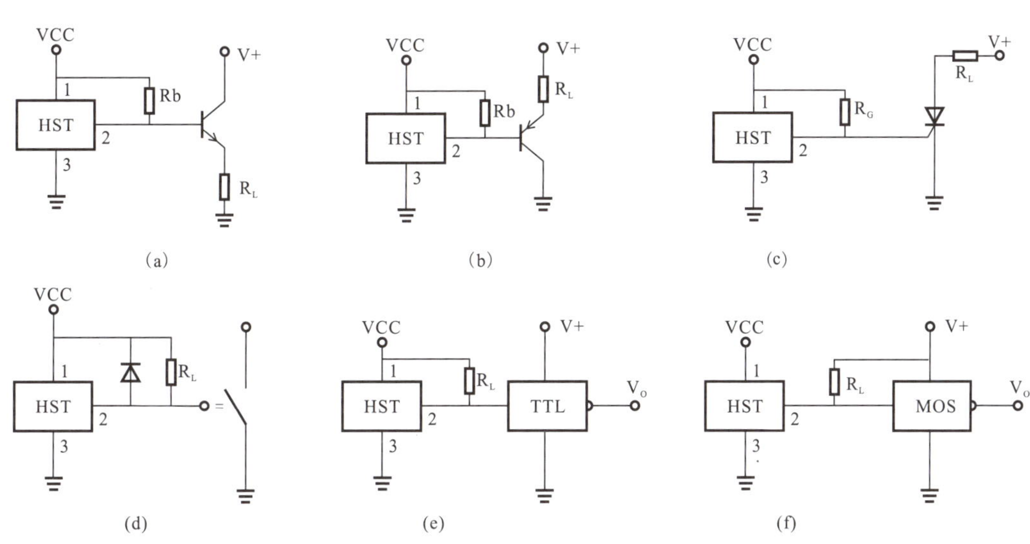

图17-6 霍尔元件常用的接口电路

无刷电动机定子绕组必须根据转子磁极的方位切换电流方向才能使转子连续旋转，因此在无刷电动机内必须设置一个转子磁极位置的传感器。这种传感器通常采用霍尔元件。图17-7为霍尔元件在电动自行车无刷电动机中的应用。

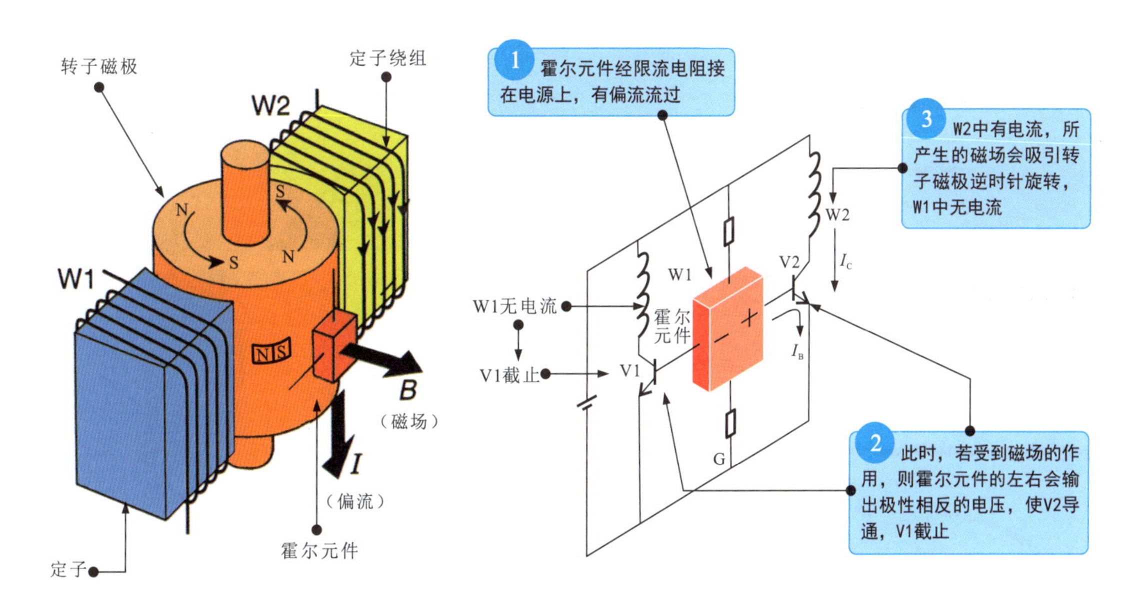

图17-7 霍尔元件在电动自行车无刷电动机中的应用

图17-8为霍尔元件在电动自行车调速转把中的应用。

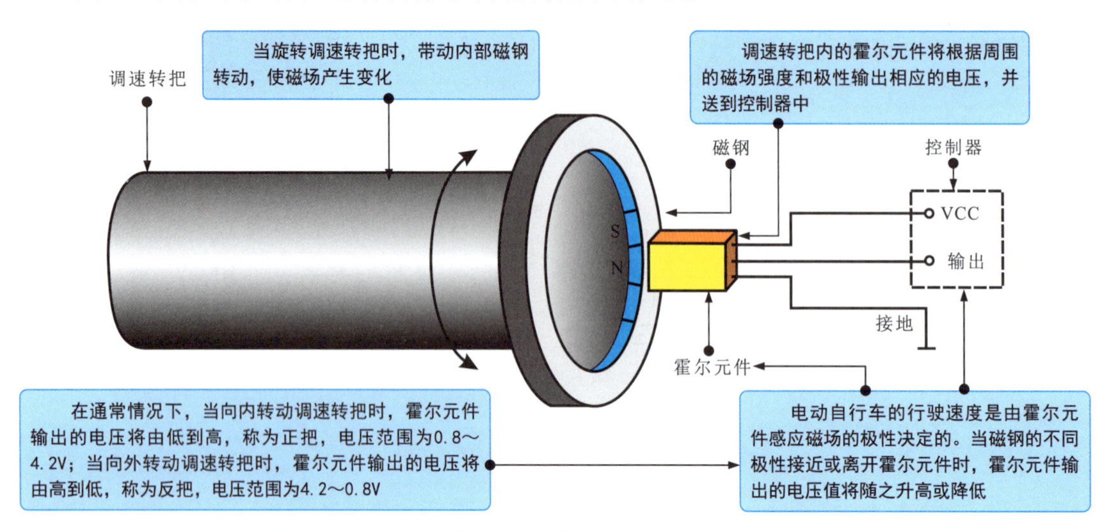

图17-8　霍尔元件在电动自行车调速转把中的应用

17.2.2 霍尔元件的检测

判断霍尔元件是否正常时，可使用万用表分别检测霍尔元件引脚间的阻值。

图17-9为电动自行车调速转把中霍尔元件的检测方法。

① 将万用表的量程旋钮调至$R\times 1\text{k}\Omega$，并进行欧姆调零，红、黑表笔分别搭在霍尔元件的供电端和接地端，测得两引脚间的阻值为0.9kΩ。

② 保持黑表笔位置不动，将红表笔搭在霍尔元件的输出端，测得两引脚间的阻值为8.7kΩ。

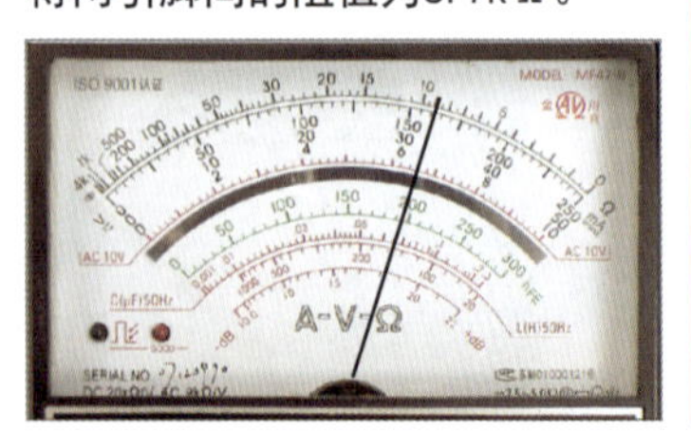

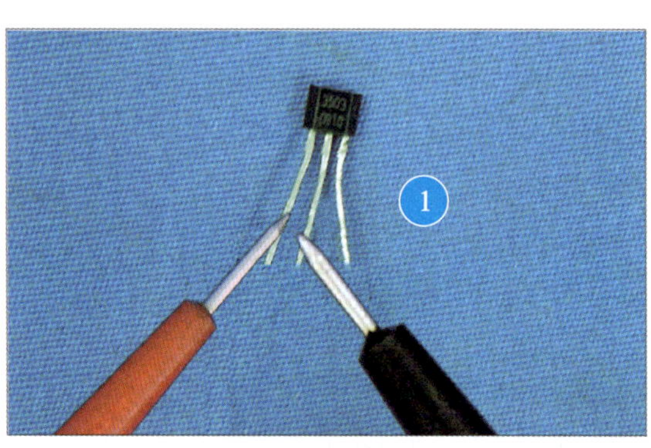

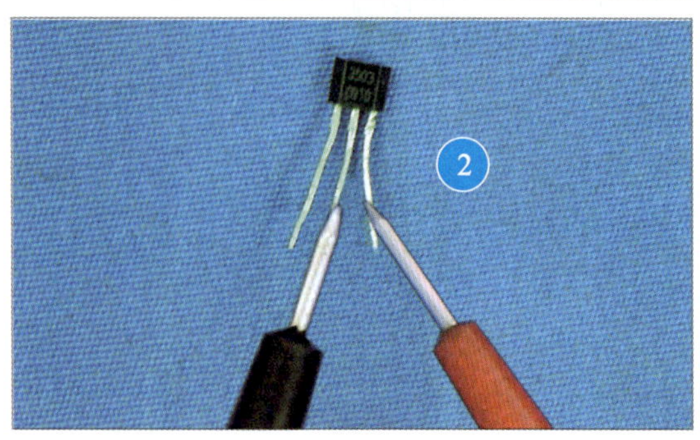

图17-9　电动自行车调速转把中霍尔元件的检测方法

电气线路中的元器件

典型电气线路中的元器件

18.1.1 电动机控制线路中的主要元器件

图18-1为典型电动机启/停控制线路。

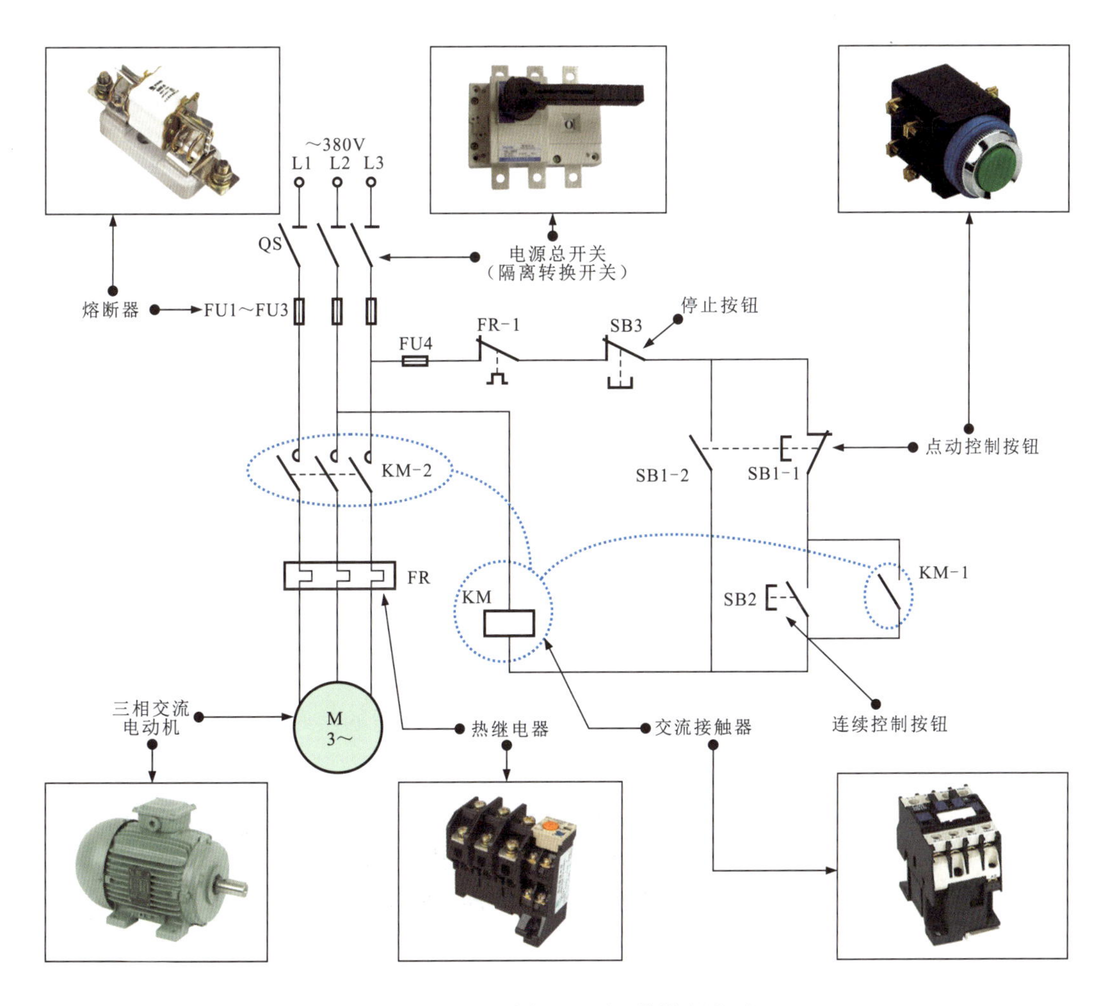

图18-1 典型电动机启/停控制线路

图18-1是控制电动机启/停的电气线路，主要由电源总开关、熔断器、交流接触器、热继电器、点动控制开关、连续控制开关及三相交流电动机等构成的。

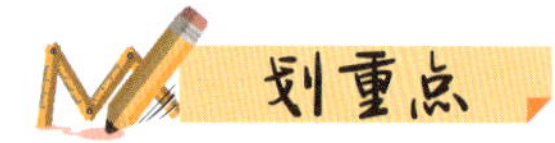

电源总开关

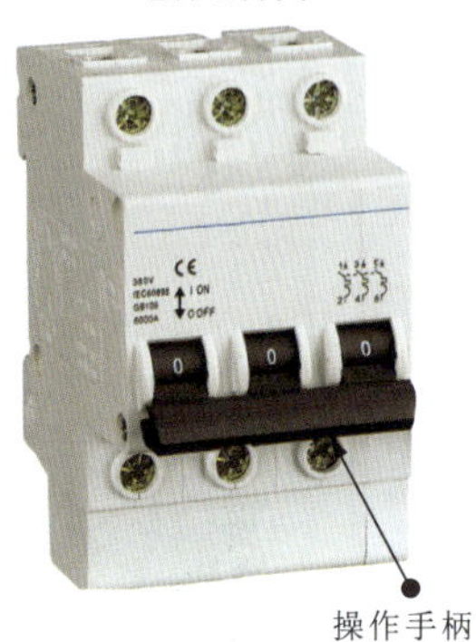

1 当电源总开关不动作时，其内部触点处于断开状态，三相交流电动机不能启动。

2 当电源总开关动作时，其内部触点处于闭合状态，三相交流电动机得电，启动运转。

1 电源总开关

如图18-2所示，电源总开关在电动机启/停控制线路中用于接通与断开供电电源。

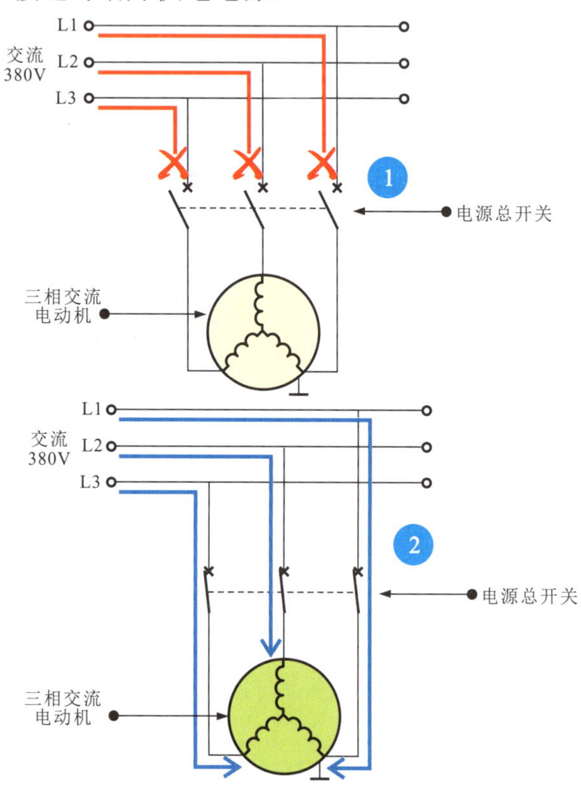

图18-2 电源总开关的控制作用

2 控制按钮

控制按钮主要用于对控制线路发出操作指令，从而实现对线路的控制。

图18-3为常用控制按钮的实物外形。

图18-3 常用控制按钮的实物外形

常见控制按钮的文字标识和电路图形符号见表18-1。

表18-1 常见控制按钮的文字标识和电路图形符号

控制按钮	文字标识	电路图形符号	控制按钮	文字标识	电路图形符号
不闭锁的常开按钮	SB		不闭锁的常闭按钮	SB	
可闭锁的按钮	SB		复合按钮	SB-1 SB-2	SB-1 SB-2

3 继电器

常见的继电器主要有电磁继电器、热继电器、中间继电器、时间继电器、速度继电器、压力继电器、温度继电器、电压继电器、电流继电器等，如图18-4所示。

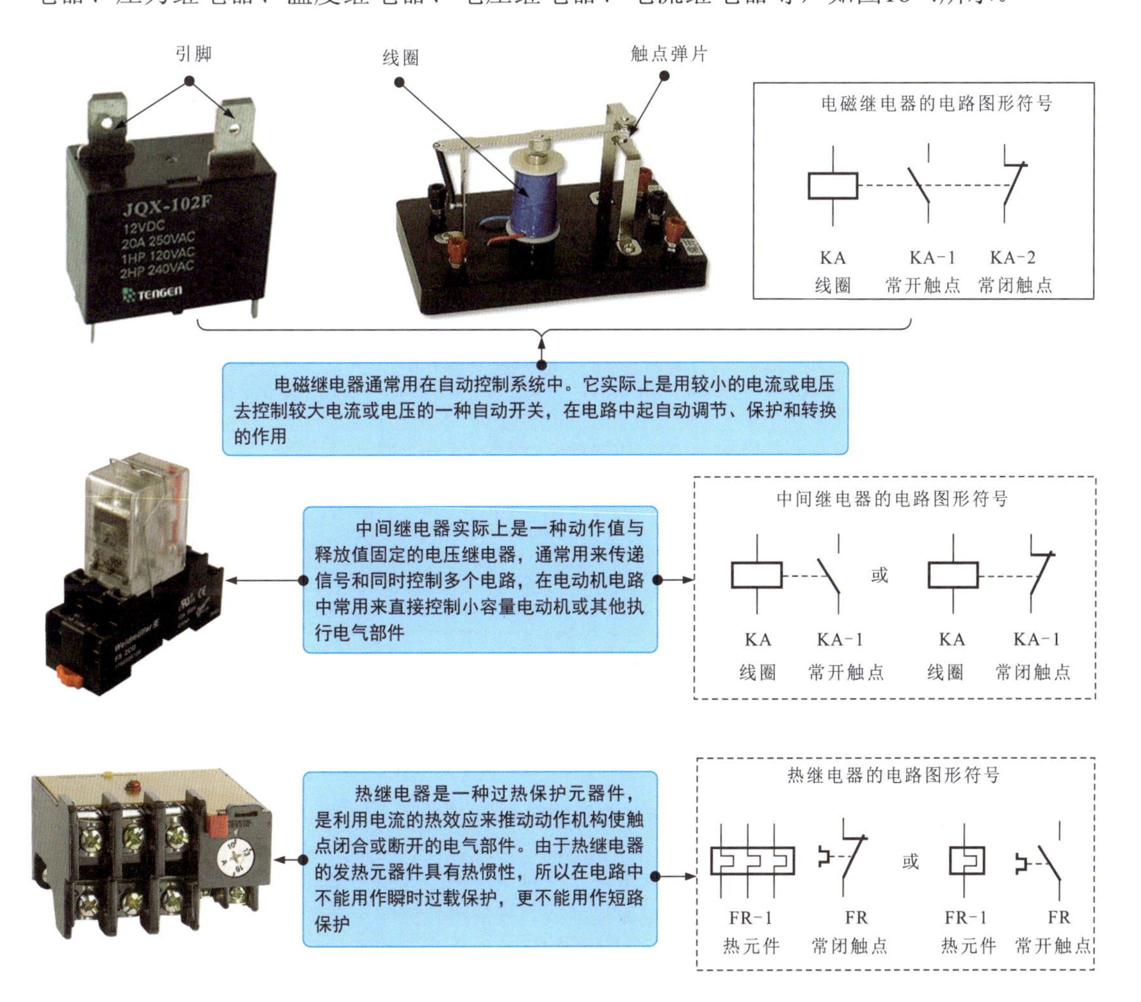

图18-4 常见的继电器

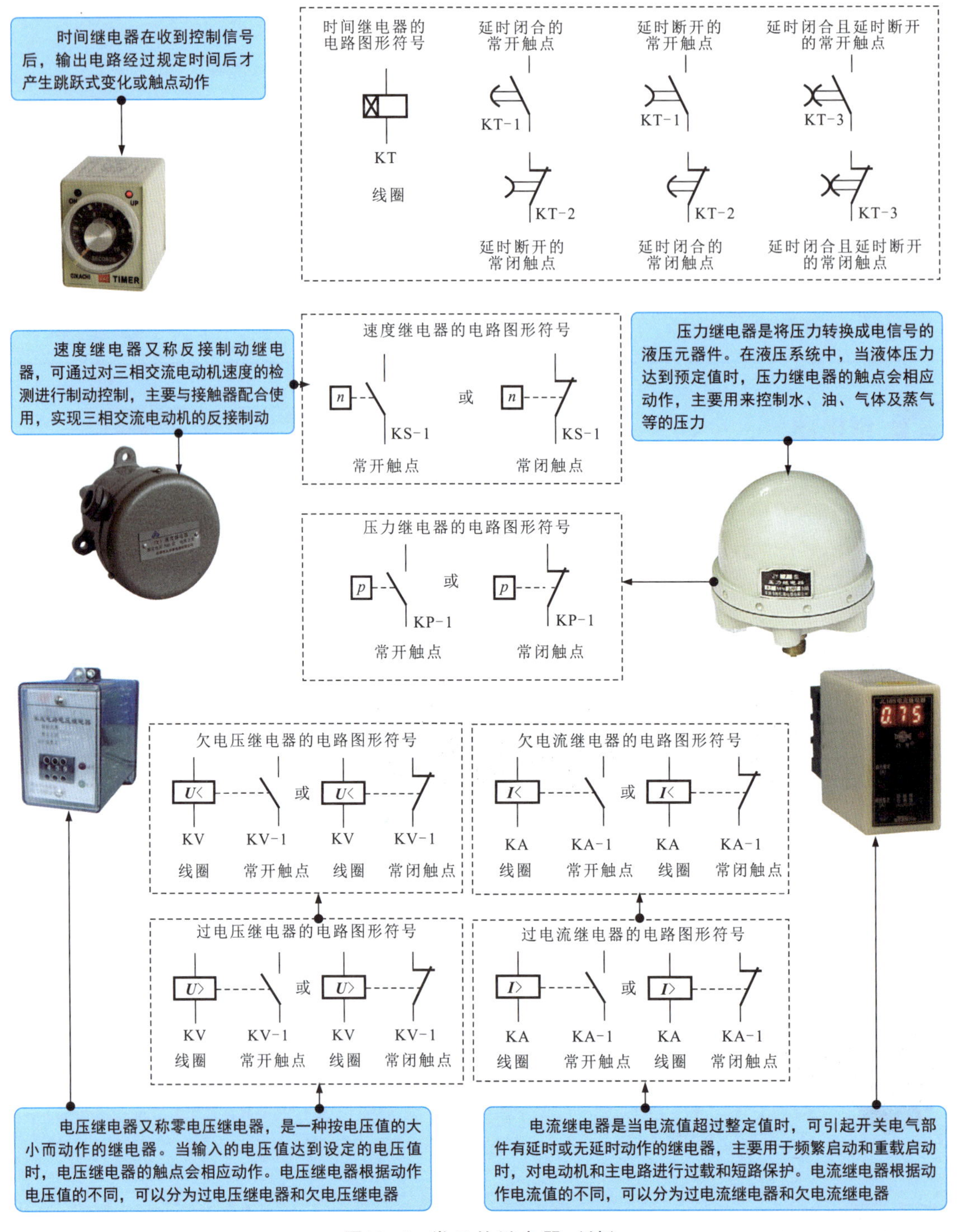

图18-4　常见的继电器（续）

继电器是一种可根据外界输入量（电、磁、声、光、热）来控制电路接通或断开的电气控制元器件，当输入量的变化达到规定要求时，控制量将发生预定的跃阶变化。输入量可以是电压、电流等电量，也可以是非电量，如温度、速度、压力等。

接触器

接触器是一种由电压控制的开关装置，适用于远距离频繁地接通和断开控制系统。根据触点通过电流的种类，接触器主要可以分为交流接触器和直流接触器。

图18-5为交流接触器的实物外形。

图18-5　交流接触器的实物外形

图18-6为直流接触器的实物外形。

图18-6　直流接触器的实物外形

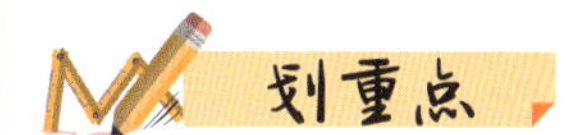

交流接触器是一种应用在交流电源环境中的通、断开关，在各种控制线路中应用广泛，具有欠电压、零电压释放保护及工作可靠、性能稳定、操作频率高、维护方便等特点。

直流接触器是一种应用在直流电源环境中的通、断开关，具有低电压释放保护、工作可靠、性能稳定等特点，多用在精密机床中控制直流电动机。

接触器属于控制类元器件，是电力拖动系统、机床控制线路等自动控制系统中使用最广泛的低压电器之一。交流接触器和直流接触器的工作原理和控制方式基本相同，都是通过线圈得电控制常开触点闭合、常闭触点断开，线圈失电控制常开触点复位断开、常闭触点复位闭合。

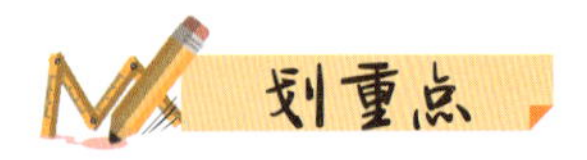

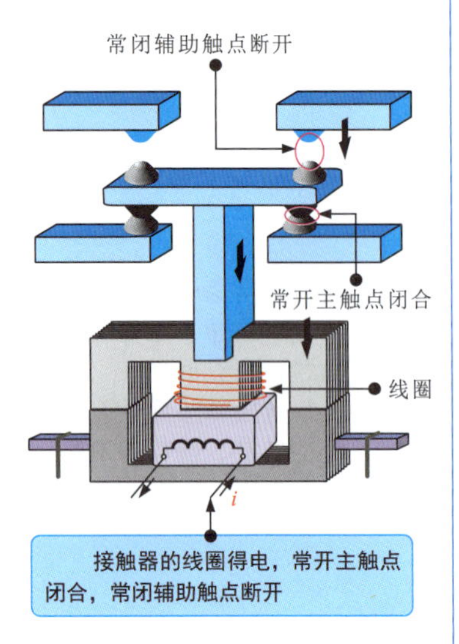

接触器KM主要是由线圈、一组常开主触点KM-1、两组常开辅助触点和一组常闭辅助触点构成的。闭合电源总开关QS，接通三相交流电源，380V电压经接触器KM的常闭辅助触点KM-3为停机指示灯HL2供电，HL2点亮；按下启动按钮SB1，接触器KM线圈得电，常开主触点KM-1闭合，水泵电动机接通三相交流电源启动运转，同时，常开辅助触点KM-2闭合实现自锁功能，常闭辅助触点KM-3断开，切断停机指示灯HL2的供电，HL2熄灭；常开辅助触点KM-4闭合，运行指示灯HL1点亮。

图18-7为接触器的结构及功能特点。接触器的内部结构主要有线圈、衔铁和触点等几部分。工作时，接触器的核心工作过程是在线圈得电的状态下，上下两块衔铁因磁化而相互吸合，由衔铁动作带动触点动作，如常开主触点闭合、常闭辅助触点断开。

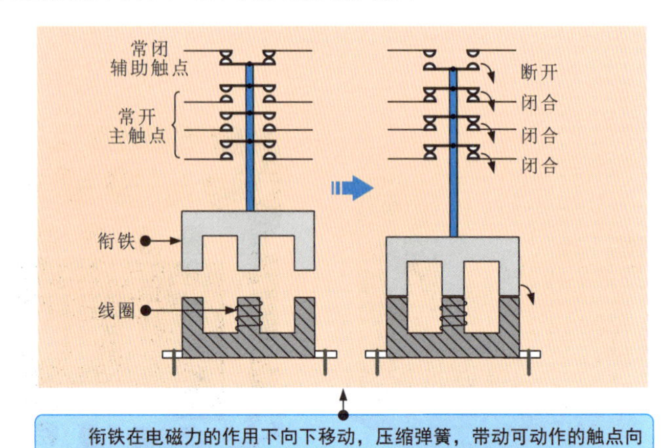

图18-7　接触器的结构及功能特点

在控制电路中，接触器一般利用常开主触点接通或分断主电路和负载，常闭辅助触点执行控制指令。图18-8为水泵控制电路中接触器的功能应用。

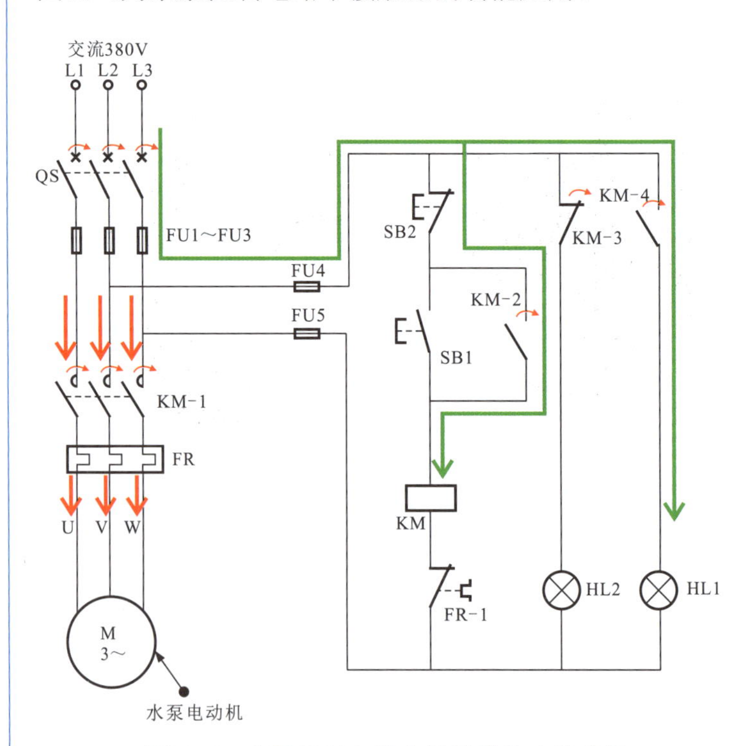

图18-8　水泵控制电路中接触器的功能应用

18.1.2 供电线路中的主要元器件

图18-9为典型低压供电线路，主要是由电度表、总断路器和分支断路器等部分构成的。

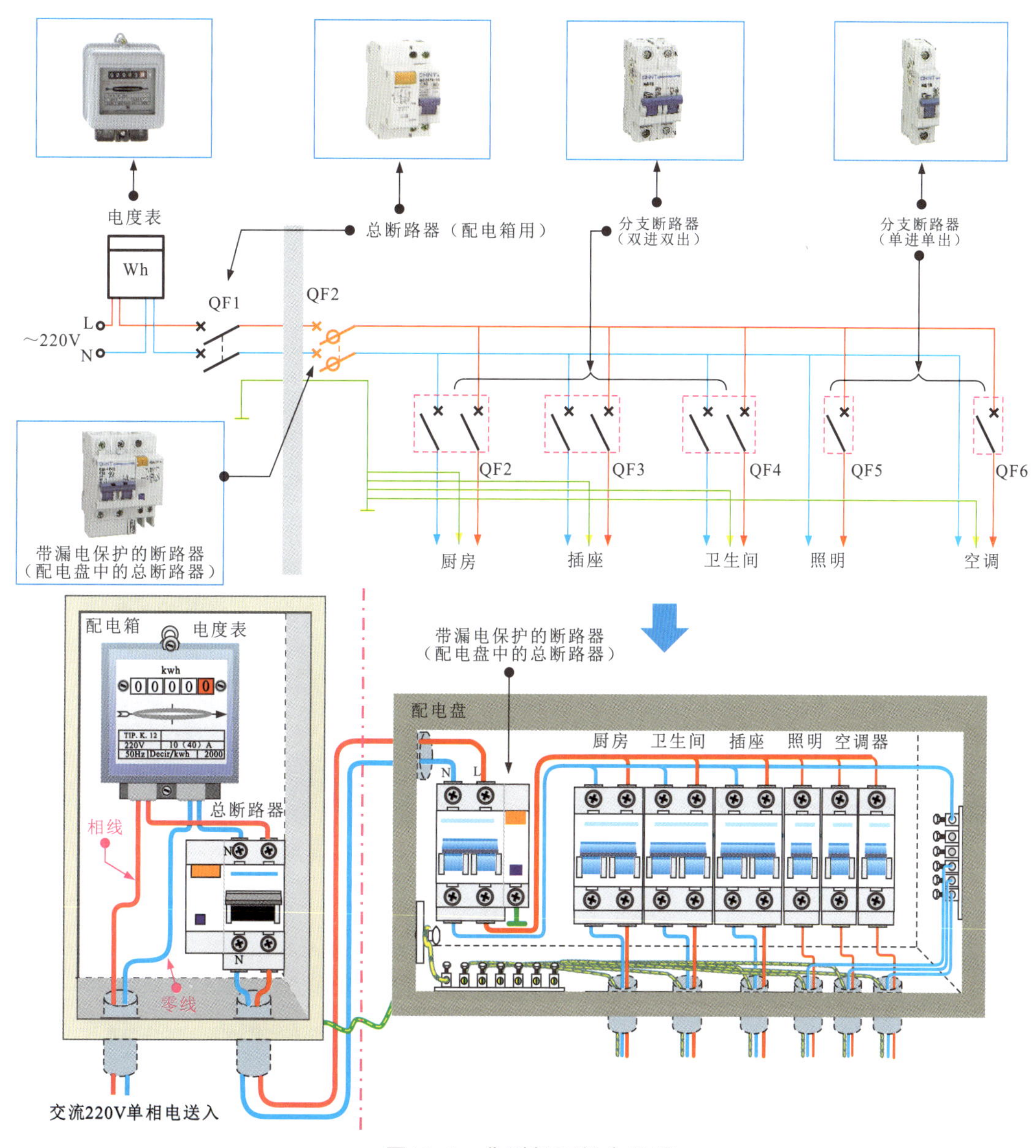

图18-9　典型低压供电线路

不带漏电保护功能的低压断路器通常用作电动机和照明系统的控制开关、供电线路的保护开关等。带漏电保护的低压断路器又叫漏电保护开关。低压供配电线路中，用户配电盘中的总断路器一般选用带漏电保护功能的低压断路器，具有漏电、触电、过载、短路保护功能，安全性好，对避免因漏电而引起的人身触电或火灾事故具有明显的效果。

划重点

18.2 电气线路中主要元器件的检测

18.2.1 电气线路中按钮开关的检测

1 常开开关的检测

图18-10为常开开关的检测方法。

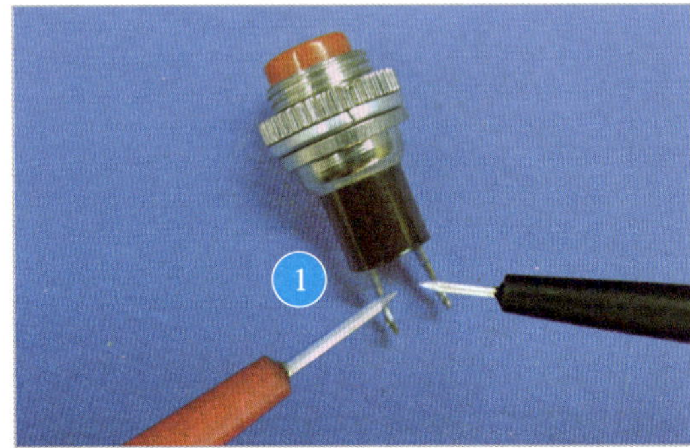

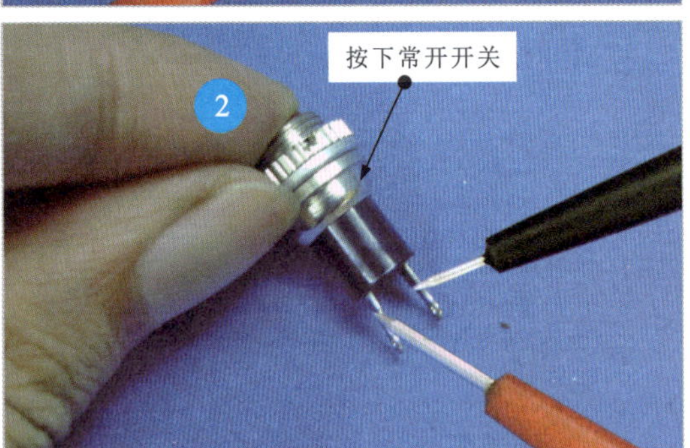

图18-10 常开开关的检测方法

1 将万用表调至R×1欧姆挡并进行欧姆调零，红、黑表笔分别搭在常开开关的两个触点接线柱上，在正常情况下，测得阻值应为无穷大。

2 按下常开开关后，测得阻值应为0。若测得阻值偏差很大，则说明常开开关已损坏。

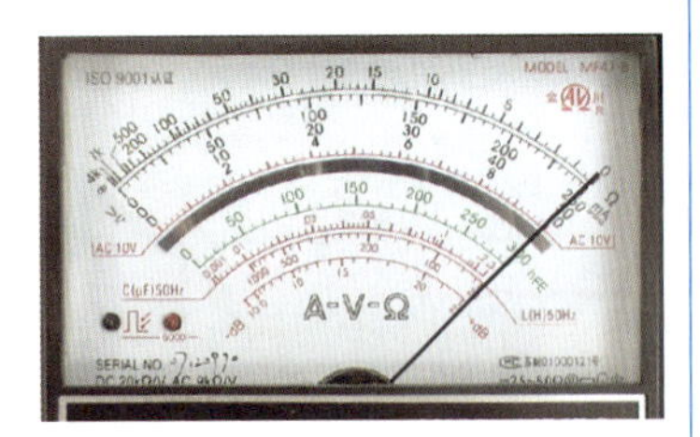

2 复合开关的检测

图18-11为复合开关的检测方法。

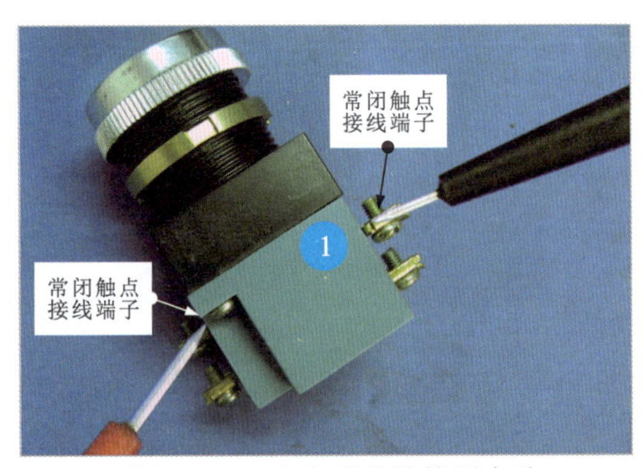

图18-11 复合开关的检测方法

1 将万用表调至R×1欧姆挡并进行欧姆调零，红、黑表笔分别搭在两个常闭触点接线端子上，在正常情况下，测得阻值应为0。

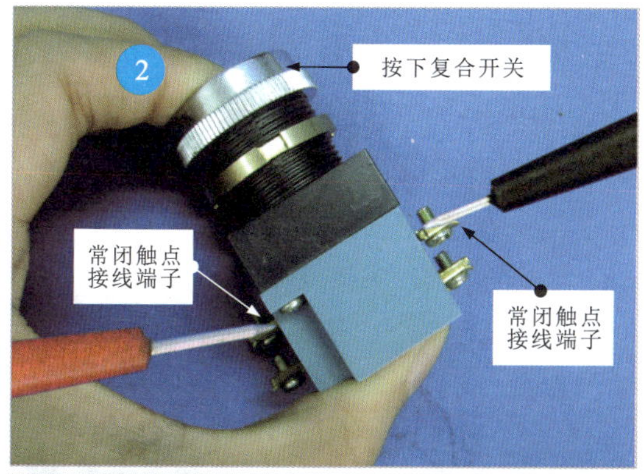

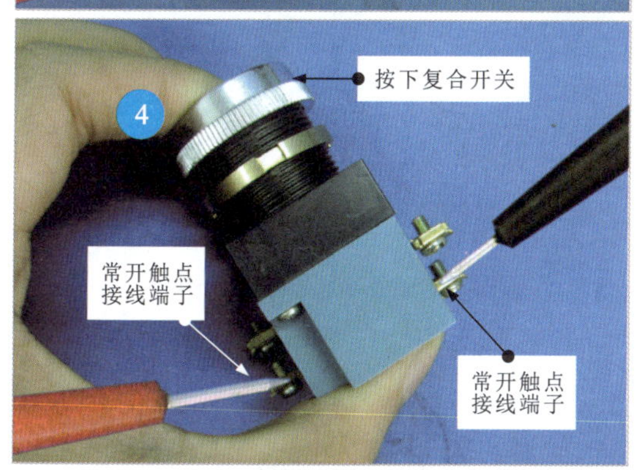

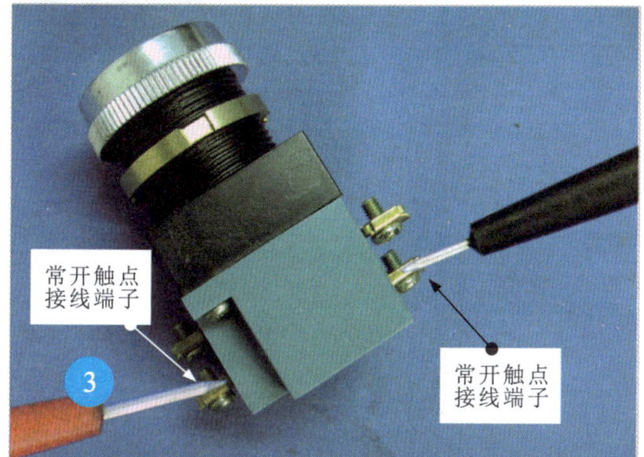

图18-11 复合开关的检测方法（续）

2 保持红、黑表笔不动，按下复合开关，在正常情况下，测得阻值应为无穷大。

3 采用同样方法，将红、黑表笔分别搭在两个常开触点接线端子上，在正常情况下，测得阻值应为无穷大。

4 保持红、黑表笔不动，按下复合开关，在正常情况下，测得阻值应为0。

若检测结果不正常，则说明复合开关已损坏，可将复合开关拆开，检查内部的部件是否有损坏，如图18-12所示。

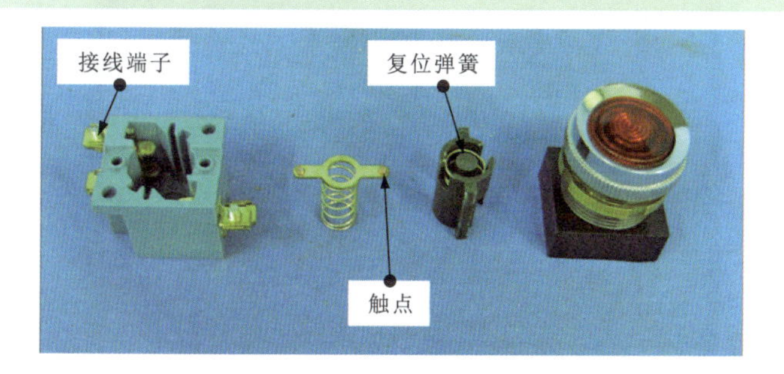

图18-12 复合开关的内部结构

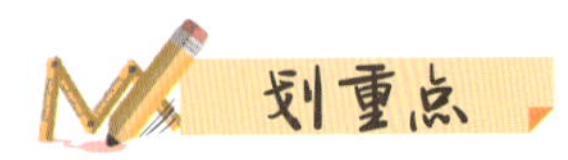

18.2.2 电气线路中电磁继电器的检测

检测电磁继电器时，通常是在断电的状态下检测其内部线圈阻值和引脚间阻值。

图18-13为电磁继电器的检测方法。

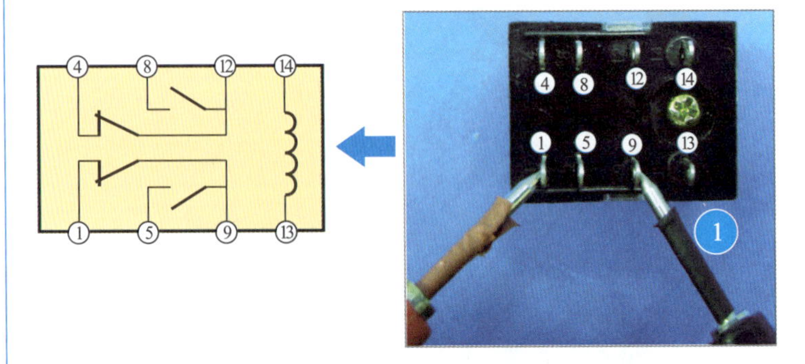

① 将万用表的量程旋钮调至$R\times1$欧姆挡并进行欧姆调零，红、黑表笔分别搭在电磁继电器的常闭触点两引脚端，测得阻值为0Ω。

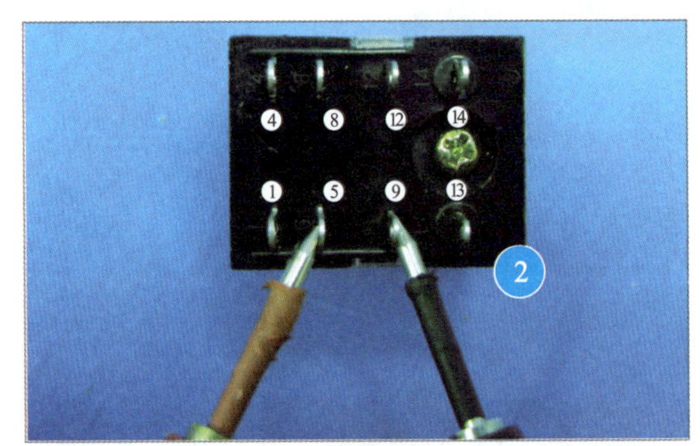

② 将万用表的红、黑表笔分别搭在电磁继电器的常开触点两引脚端，测得阻值应为无穷大。

③ 将万用表的红、黑表笔分别搭在电磁继电器的线圈两引脚端。

④ 测得线圈有一定的阻值。

图18-13 电磁继电器的检测方法

18.2.3 电气线路中时间继电器的检测

图18-14为时间继电器的检测方法。

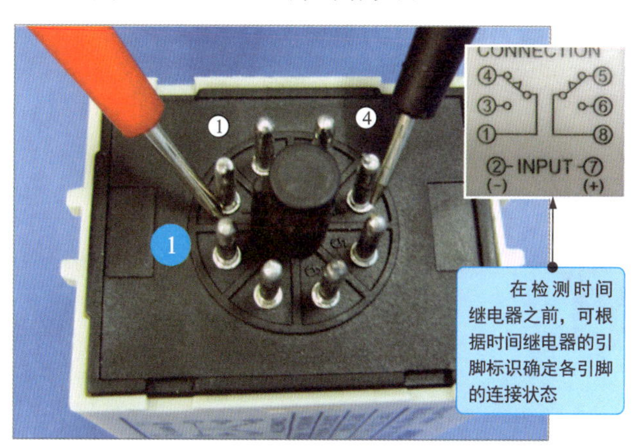

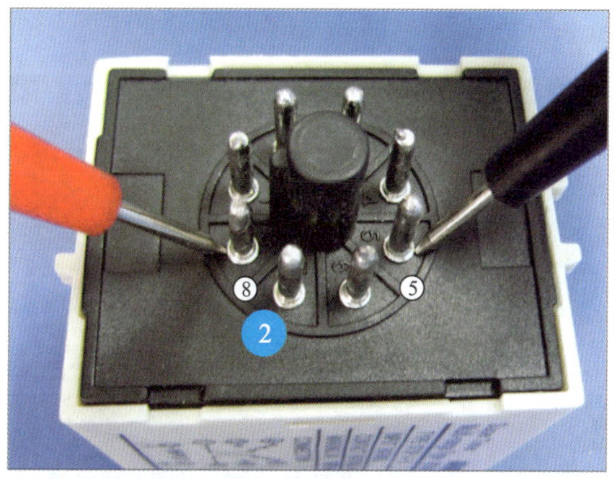

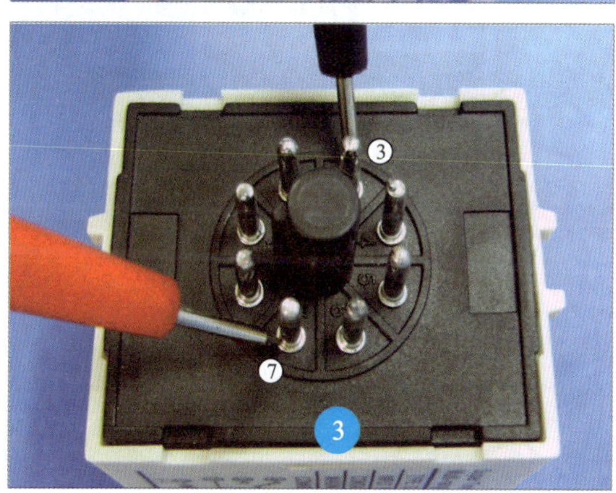

图18-14 时间继电器的检测方法

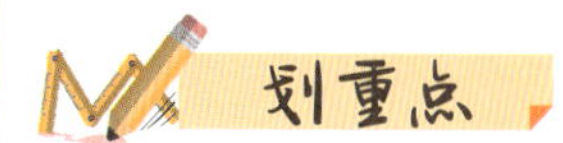

1 将万用表的量程旋钮调至$R\times1$欧姆挡并进行欧姆调零，红、黑表笔分别搭在时间继电器的1脚和4脚，测得阻值应为0Ω。

2 将万用表的红、黑表笔分别搭在时间继电器的5脚和8脚，测得阻值应为0Ω。

3 将万用表的红、黑表笔分别搭在时间继电器的正极和其他引脚端，如3脚，测得阻值应为无穷大。

图18-14中，在未通电状态下，1脚和4脚、5脚和8脚是闭合状态，在通电并延迟一定时间后，1脚和3脚、6脚和8脚是闭合状态，闭合引脚间的阻值应为0Ω，未接通引脚间的阻值应为无穷大。

18.2.4 电气线路中热继电器的检测

检测热继电器是否正常时，主要是在正常环境下和过载环境下检测触点间阻值的变化情况。检测前，首先识别热继电器的引脚，如图18-15所示。

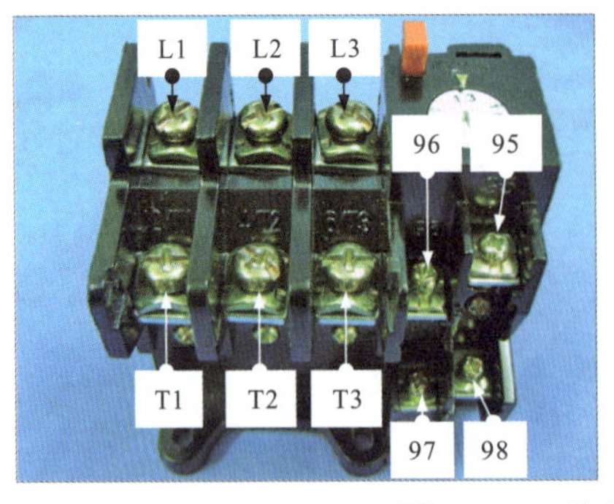

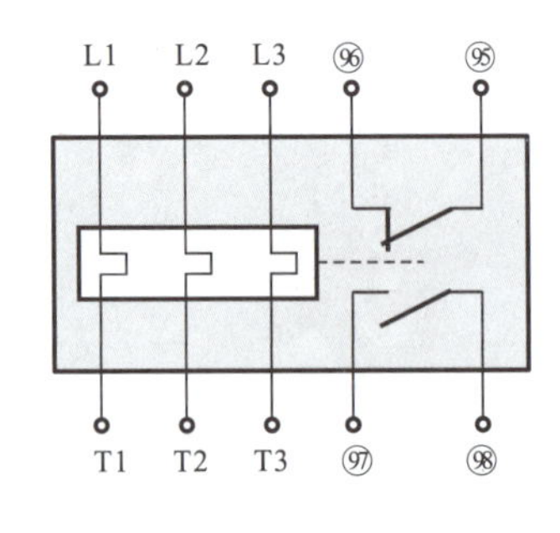

图18-15　热继电器引脚的识别

划重点

1 将万用表的量程旋钮调至*R*×1欧姆挡并进行欧姆调零，红、黑表笔分别搭在热继电器的常闭触点两引脚端，测得阻值应为0Ω。

2 将万用表的红、黑表笔分别搭在热继电器的常开触点两引脚端，测得阻值应为无穷大。

3 用手拨动测试杆，使热继电器处于模拟过载环境下，再次对常开触点、常闭触点间的阻值进行检测。

4 测得热继电器常闭触点间的阻值应为无穷大。

5 测得热继电器常开触点间的阻值应为0Ω。

图18-16为热继电器的检测方法。

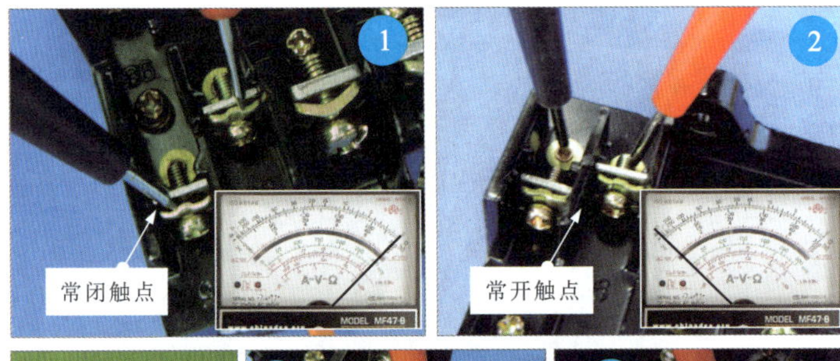

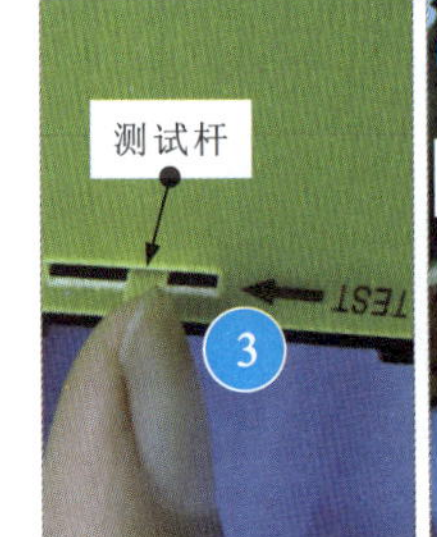

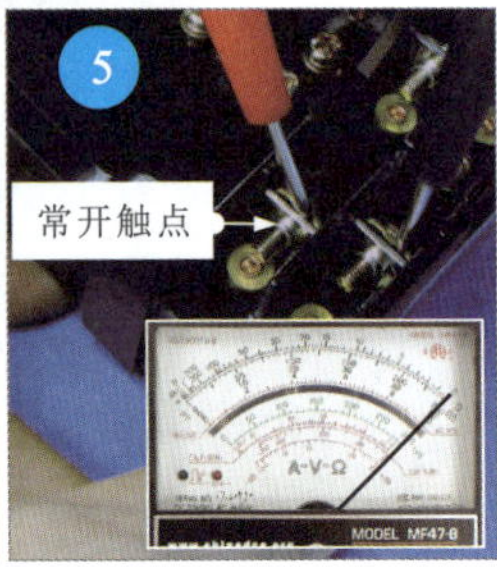

图18-16　热继电器的检测方法

由图18-16可知：在正常情况下，热继电器常闭触点间的阻值为0Ω，常开触点间的阻值为无穷大；用手拨动测试杆，在模拟过载环境下，热继电器动作，此时常闭触点间的阻值应为无穷大，常开触点间的阻值应为0Ω。若测得的阻值偏差较大，则可能是热继电器本身损坏。

热继电器接线端子L1、L2、L3分别与T1、T2、T3相连，在正常情况下，相对应端子间的阻值应接近于0Ω，不对应端子间的阻值应为无穷大。

18.2.5 电气线路中接触器的检测

检测接触器时，可借助万用表检测接触器各引脚间（包括线圈间、常开触点间、常闭触点间）的阻值，或者在工作状态下，当线圈未得电或得电时，通过检测触点所控制电路的通、断状态来判断接触器的性能好坏。图18-17为交流接触器的检测方法。

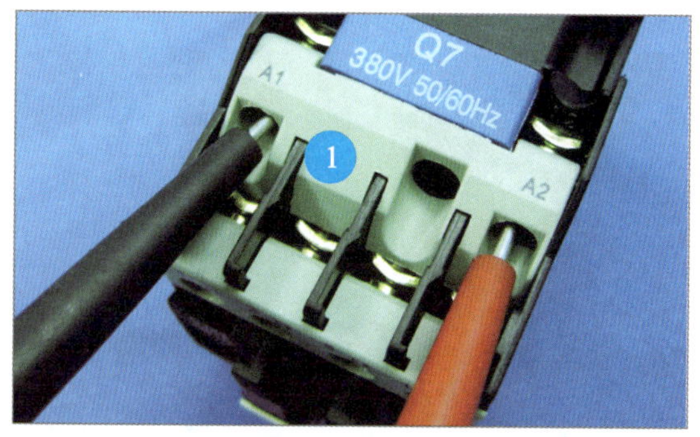

图18-17 交流接触器的检测方法

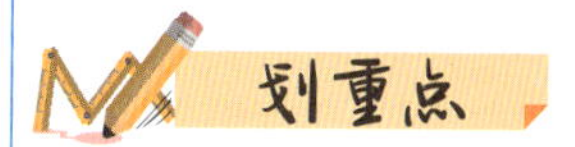

1 将万用表的量程旋钮调至欧姆挡，红、黑表笔分别搭在交流接触器的A1和A2引脚端，测得阻值为1.694kΩ。

2 将万用表的红、黑表笔分别搭在交流接触器的L1和T1引脚端，测得阻值为无穷大。

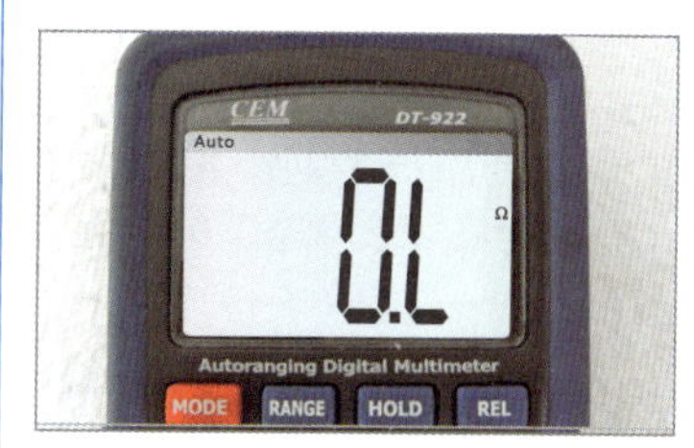

3 保持万用表的红、黑表笔不动，按动交流接触器上端的开关按键，使内部开关处于闭合状态，测得阻值为0。

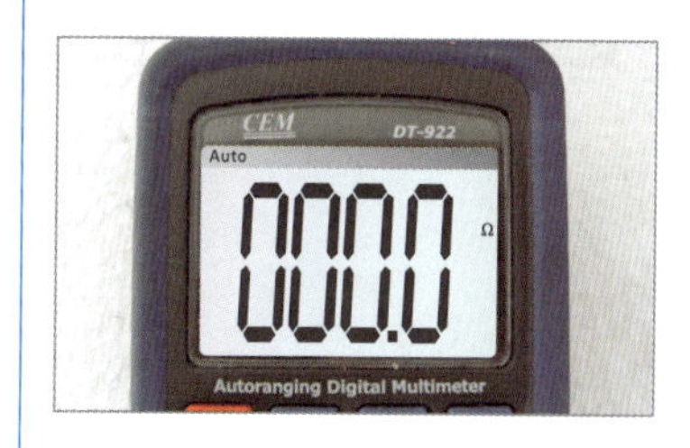

图18-17中，使用同样的方法可分别检测L2和T2、L3和T3、NO端在开关闭合和断开时的阻值：当内部线圈通电时，内部开关触点吸合；当内部线圈断电时，内部开关触点断开。由于是在断电状态下检测交流接触器的好坏，因此需要按动交流接触器上端的开关按键，强制开关闭合。

18.2.6 电气线路中断路器的检测

断路器的种类多样，检测方法基本相同。下面以带漏电保护的断路器为例介绍断路器的检测方法。在检测断路器前，应首先观察断路器表面标识的内部结构，判断各引脚之间的关系。

图18-18为带漏电保护断路器的检测方法。

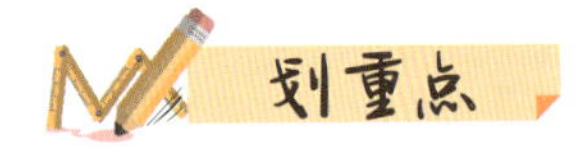

① 将红、黑表笔分别搭在带漏电保护断路器的两个接线端子上，测得在断开状态下的阻值应为无穷大。

② 将红、黑表笔分别搭在带漏电保护断路器的两个接线端子上，测得在闭合状态下的阻值应为0Ω。

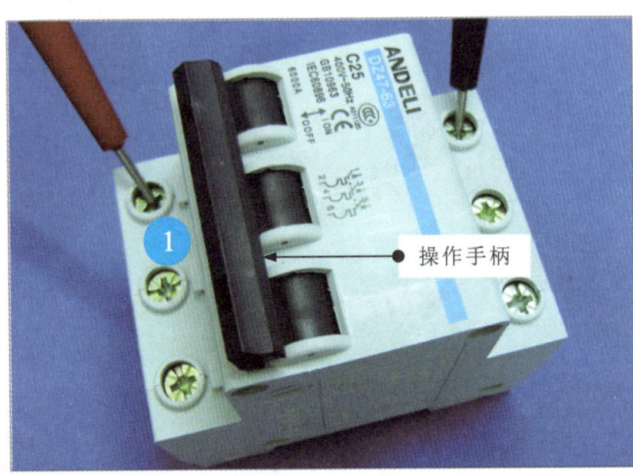

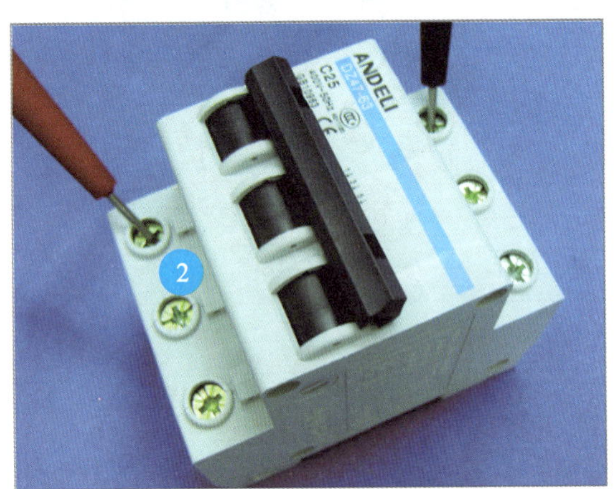

图18-18　带漏电保护断路器的检测方法

在检测断路器时可通过下列方法判断好坏：

①若测得接线端子间在断开状态下的阻值均为无穷大，在闭合状态下的阻值均为零，则表明正常。

②若测得接线端子间在断开状态下的阻值均为零，则表明内部触点损坏。

③若测得接线端子间在闭合状态下的阻值均为无穷大，则表明内部触点断路损坏。

④只要有一组接线端子间的阻值有偏差，均说明断路器已损坏。

第19章

实用电路中的元器件

19.1 电源电路

19.1.1 电源电路中的主要元器件

电源电路是各种电子产品中不可缺少的功能电路，主要用来为电子产品提供最基本的工作条件。图19-1为电磁炉中的电源电路。

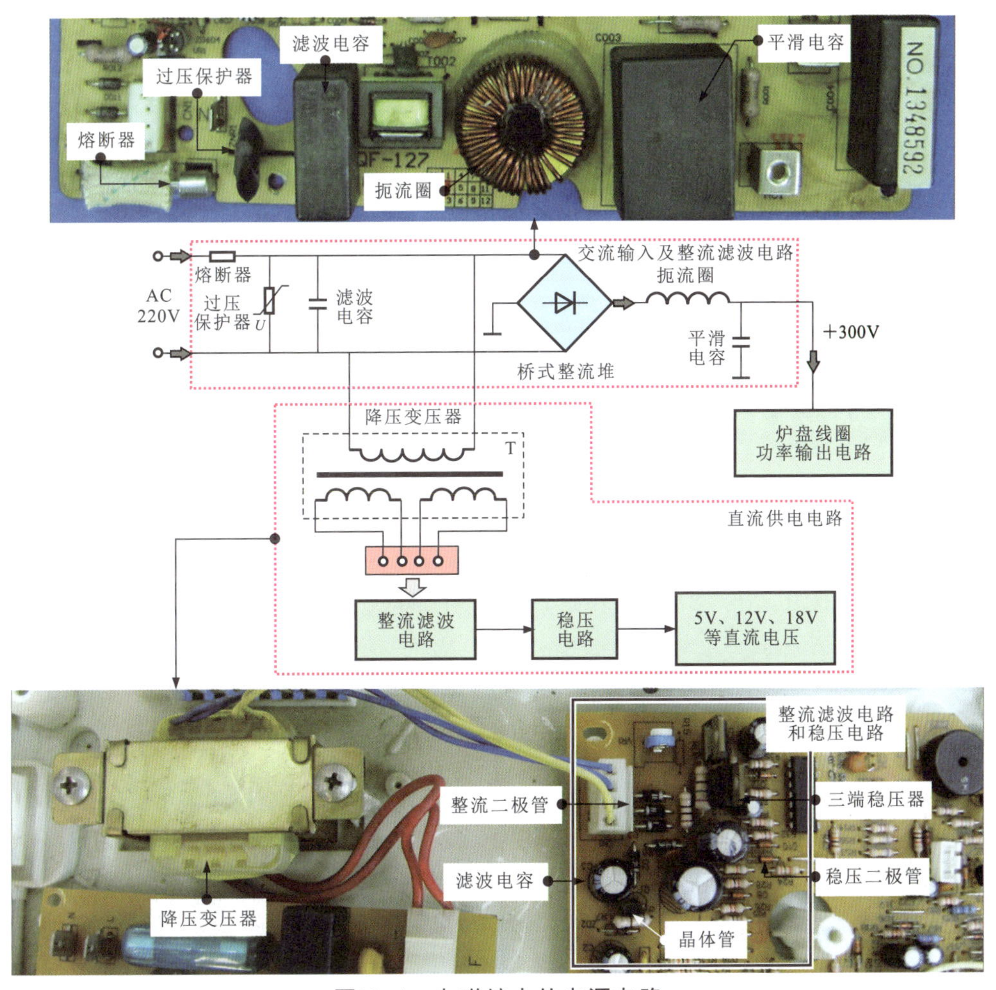

图19-1 电磁炉中的电源电路

电源电路主要是由熔断器、过压保护器、滤波电容、降压变压器、桥式整流堆、扼流圈、三端稳压器、稳压二极管、平滑电容等构成的。

1 熔断器

熔断器在电源电路中起保护作用。图19-2为电源电路中熔断器的实物外形。

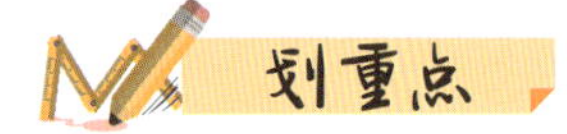

当电源电路发生短路故障时，电流增大，过大的电流有可能损坏电路中的某些重要元器件，甚至可能烧毁电路。此时，熔断器会在电流异常增大到一定程度时自身熔断，切断电源电路，起断电保护作用。

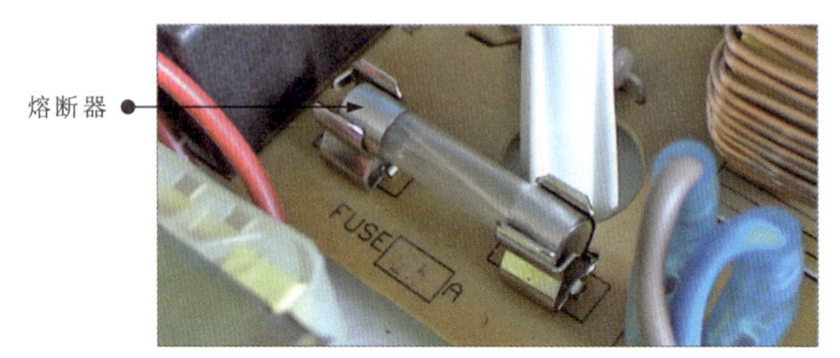

图19-2　电源电路中熔断器的实物外形

2 过压保护器

如图19-3所示，电源电路中的过压保护器实际为压敏电阻，主要用于过压保护。

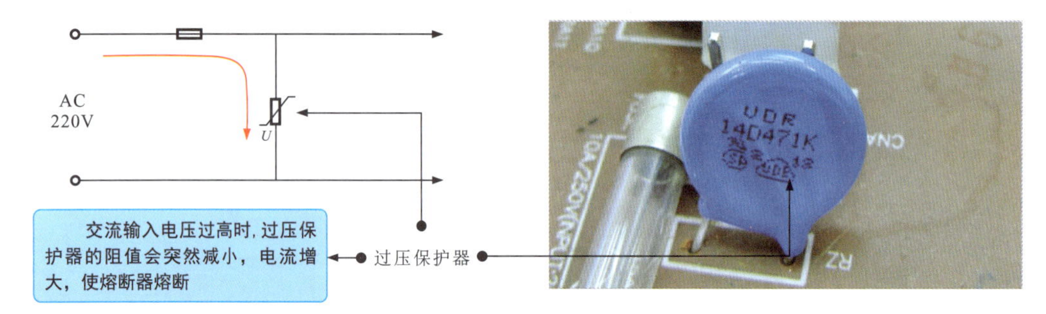

图19-3　电源电路中过压保护器的实物外形

3 滤波电容

图19-4为电源电路中滤波电容的实物外形。滤波电容在电源电路中主要用来滤除市电中的高频干扰。

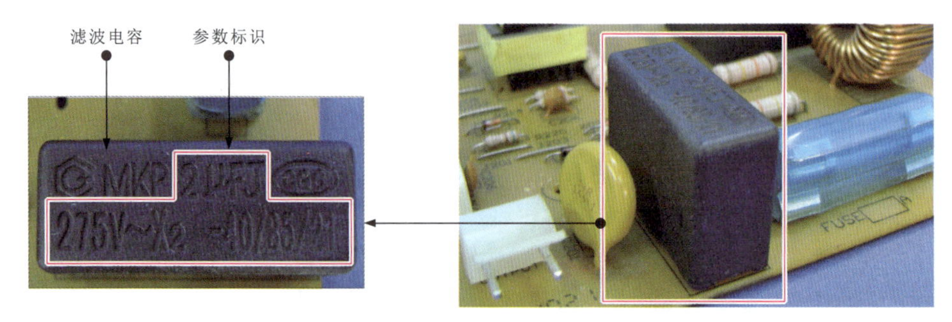

图19-4　电源电路中滤波电容的实物外形

4 降压变压器

降压变压器可将220V的交流电压降为适合电路需要的各种低压，如图19-5所示。

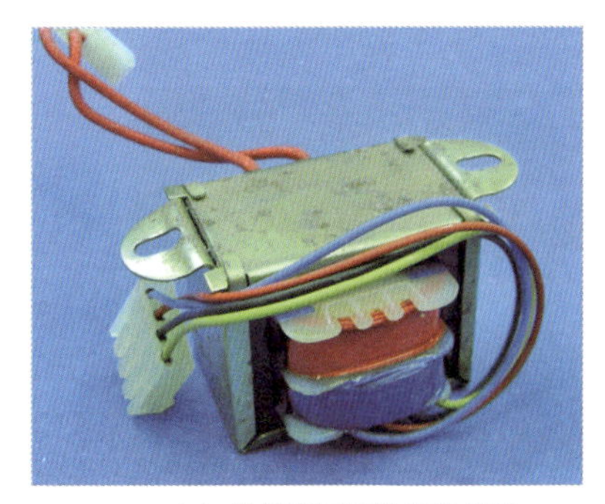

（a）降压变压器的实物外形

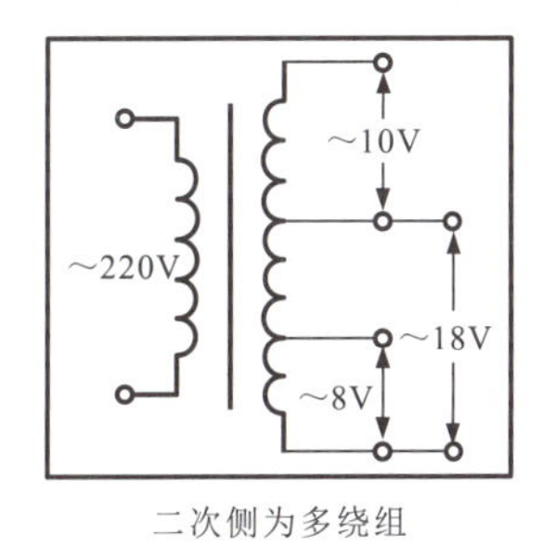

二次侧为多绕组

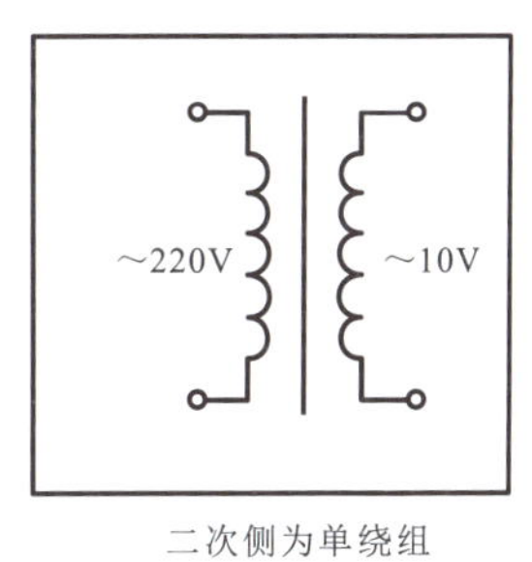

二次侧为单绕组

（b）降压变压器的绕组类型

图19-5 电源电路中降压变压器的实物外形和绕组类型

5 桥式整流堆

如图19-6所示，桥式整流堆可将220V交流电压整流为直流+300V电压，由四个整流二极管桥接构成。

图19-6 电源电路中桥式整流堆的实物外形及应用电路

6 扼流圈

电源电路中的扼流圈又称电感线圈，主要起扼流、滤波等作用，如图19-7所示。

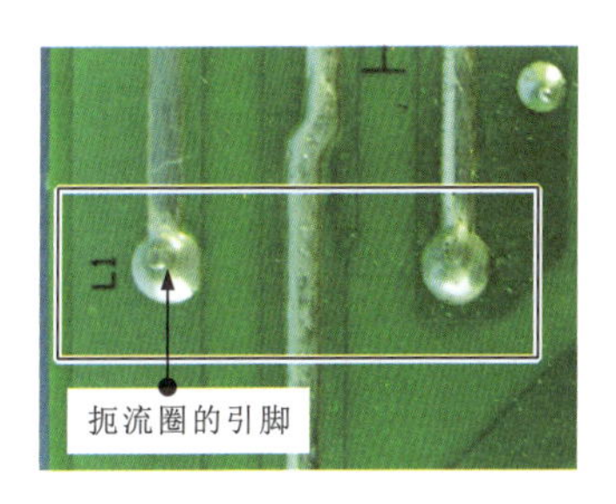

图19-7 电源电路中扼流圈的实物外形及引脚

7 稳压二极管

稳压二极管工作在反向击穿状态下，电压不随电流变化，如图19-8所示。

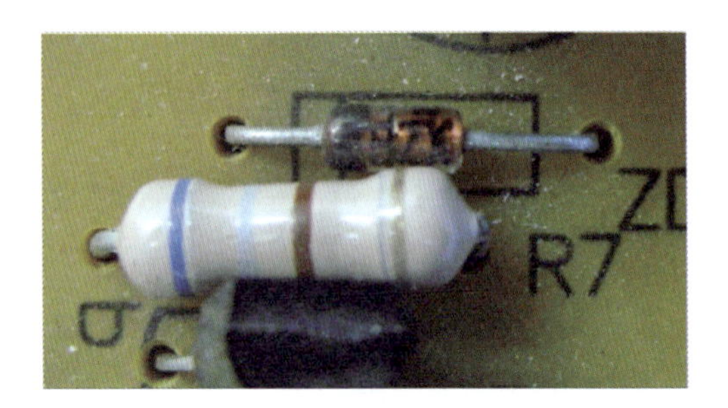

图19-8 电源电路中稳压二极管的实物外形

划重点

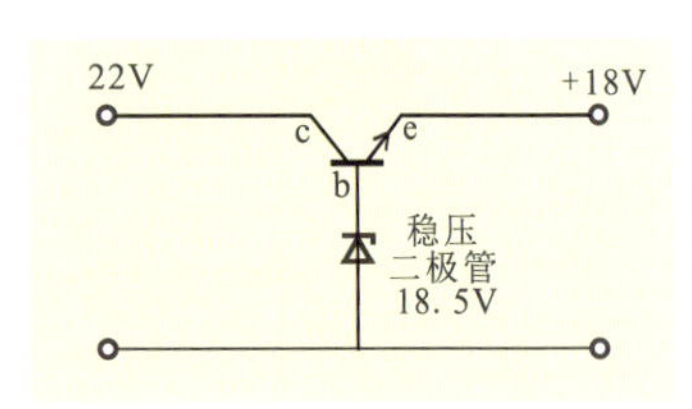

19.1.2 电源电路中熔断器的检测

图19-9为熔断器的检测方法。熔断器的检测方法有两种：一种是直接观察，看熔断器是否被烧断、烧焦；另一种是用万用表检测熔断器的阻值，判断熔断器是否损坏。

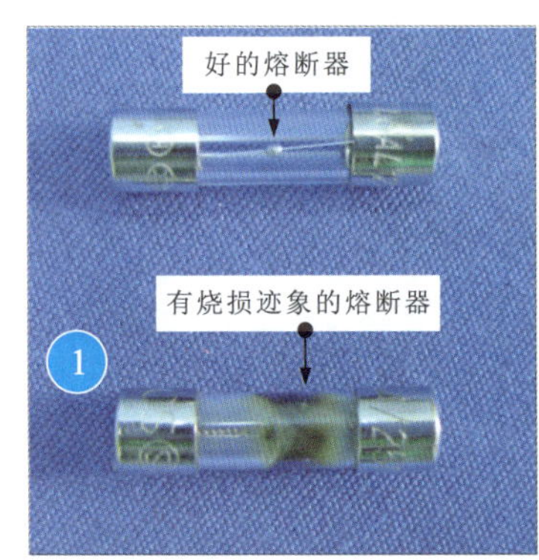

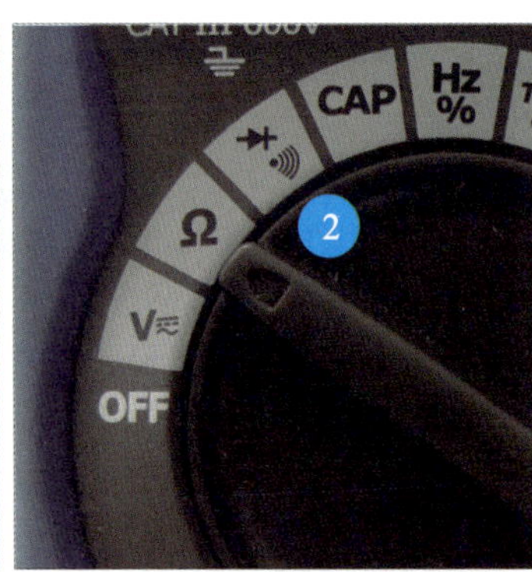

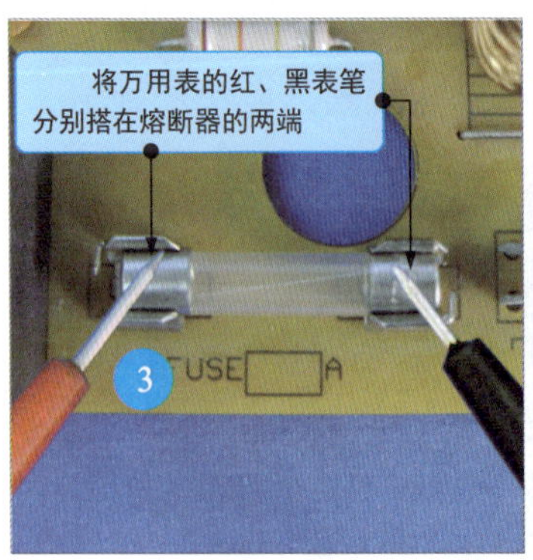

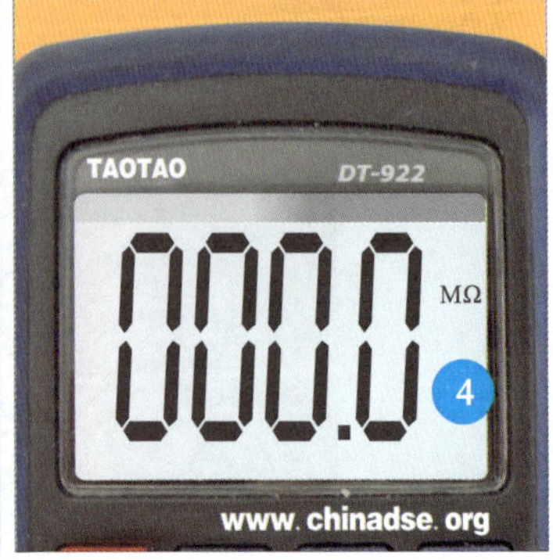

图19-9 熔断器的检测方法

1 观察熔断器是否有烧损的迹象。

2 将万用表的量程旋钮调至欧姆挡。

3 将万用表的红、黑表笔分别搭在熔断器的两端。

4 若测得的阻值趋于零，则说明熔断器良好；若阻值为无穷大，则说明熔断器已损坏。

19.1.3 电源电路中过压保护器的检测

图19-10为过压保护器的检测方法。

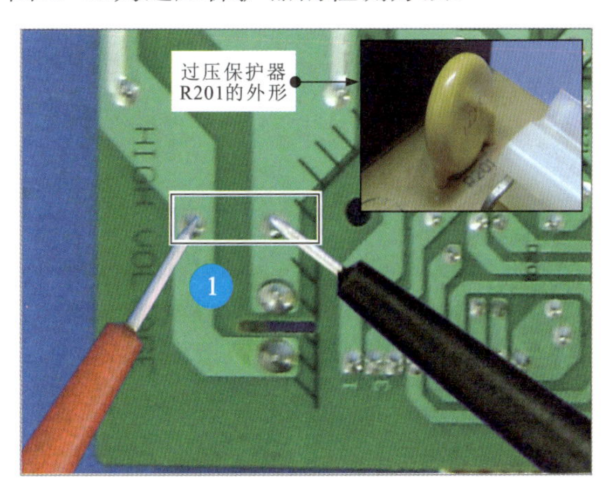

图19-10 过压保护器的检测方法

划重点

1 将万用表的量程旋钮调至欧姆挡，并进行欧姆调零，红、黑表笔分别搭在过压保护器的两引脚端。

2 在正常情况下，万用表的指针应摆动一定角度。

19.1.4 电源电路中桥式整流堆的检测

图19-11为桥式整流堆的检测方法。

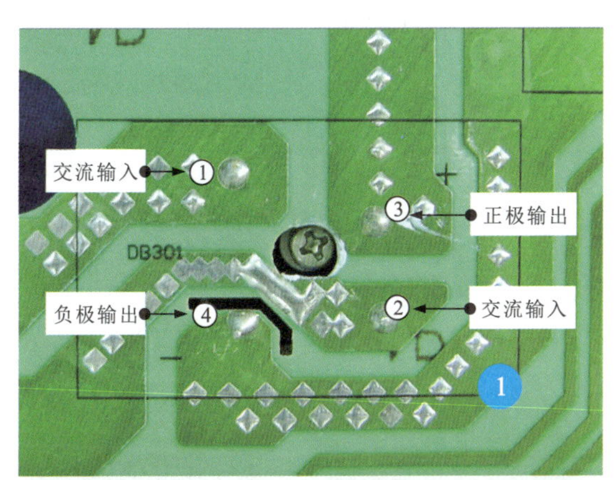

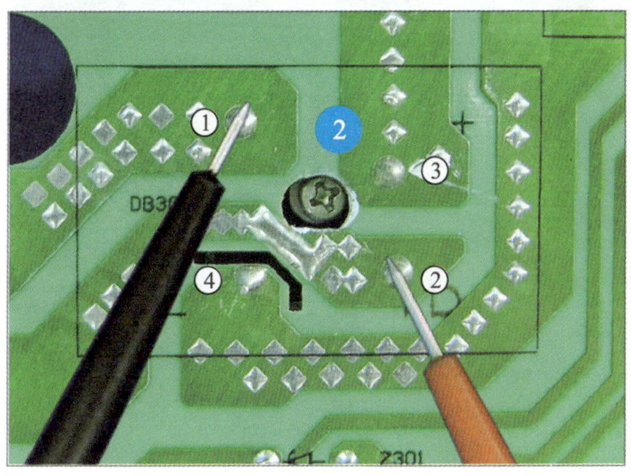

图19-11 桥式整流堆的检测方法

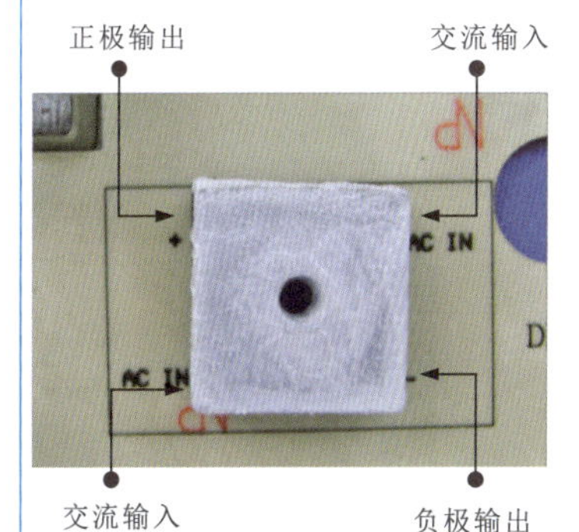

1 根据桥式整流堆旁边的标识，识别和明确桥式整流堆的交流输入引脚和直流输出引脚。

2 将万用表的量程旋钮调至交流250V电压挡，红、黑表笔分别搭在桥式整流堆的交流输入引脚端。

3 在正常情况下，应能检测到220V的交流电压。

划重点

4 将万用表的量程旋钮调至直流500V电压挡，黑表笔搭在桥式整流堆的负极输出引脚端，红表笔搭在桥式整流堆的正极输出引脚端。

5 在正常情况下，应能检测到约300V的直流电压。

桥式整流堆用来为功率输出电路供电。若桥式整流堆损坏，则会引起电源电路不工作、输出异常等故障。

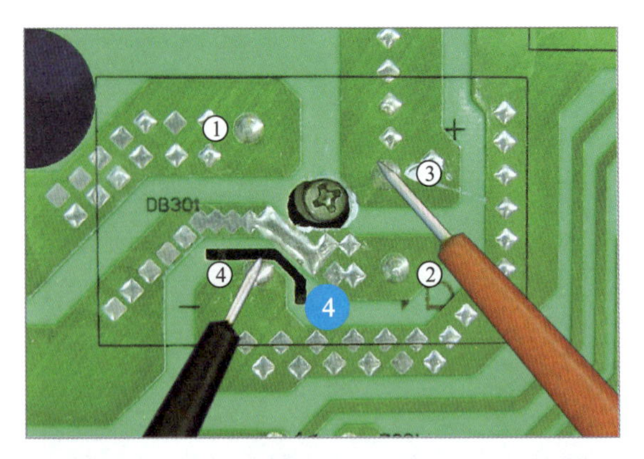

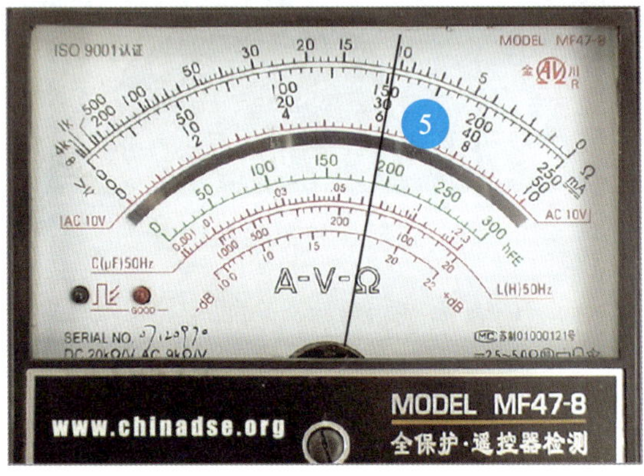

图19-11 桥式整流堆的检测方法（续）

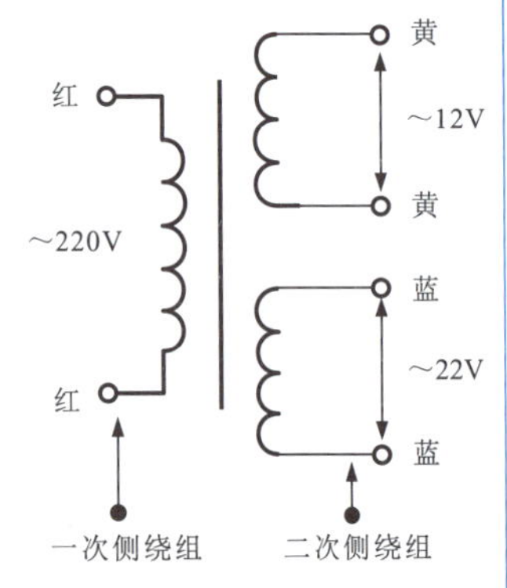

根据降压变压器的功能，明确输入侧、输出侧的电压关系及绕组关系。

19.1.5 电源电路中降压变压器的检测

若降压变压器故障，将导致电磁炉不工作或加热不良等，检测时，可在通电状态下，使用万用表检测输入侧和输出侧的电压值来判断好坏。图19-12为降压变压器的检测方法。

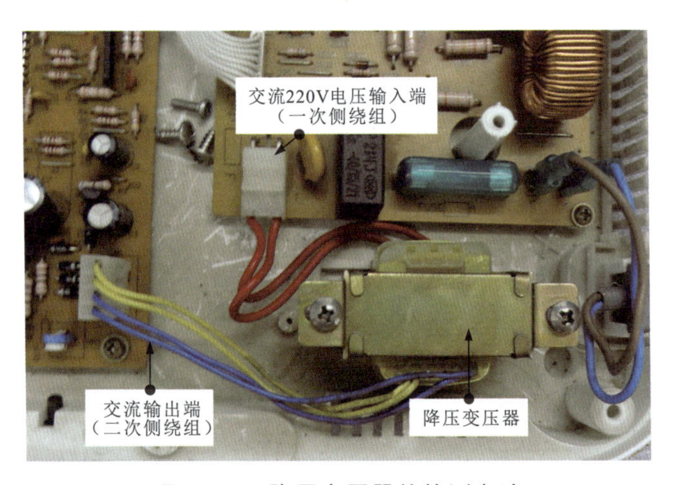

图19-12 降压变压器的检测方法

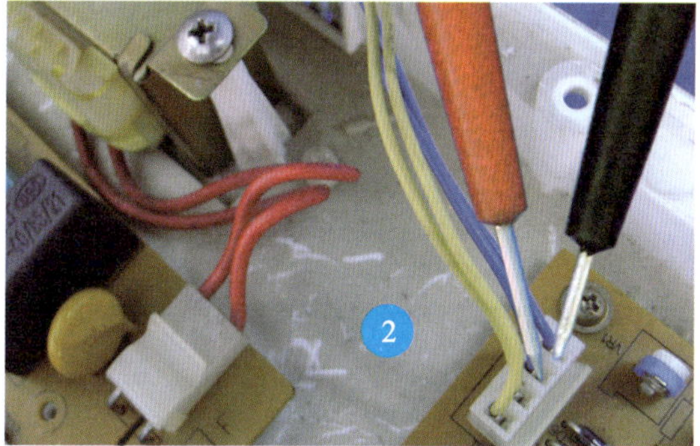

图19-12 降压变压器的检测方法（续）

划重点

1 将万用表的量程旋钮调至交流250V电压挡，红、黑表笔分别搭在降压变压器一次侧绕组插件上。在正常情况下，应能检测到220V的交流电压。

2 将万用表的量程旋钮调至交流50V电压挡，红、黑表笔分别搭在降压变压器二次侧绕组（22V）插件上。在正常情况下，应能检测到22V交流电压。

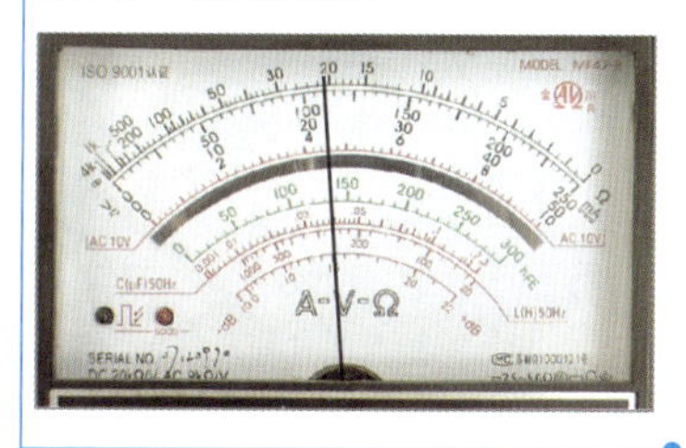

19.1.6 电源电路中稳压二极管的检测

图19-13为稳压二极管的检测方法。稳压二极管故障将导致电磁炉输出的直流低电压不正常，造成主控电路或操作显示电路不能正常工作。检测时，可在断电状态下，用万用表检测稳压二极管的正、反向阻值。

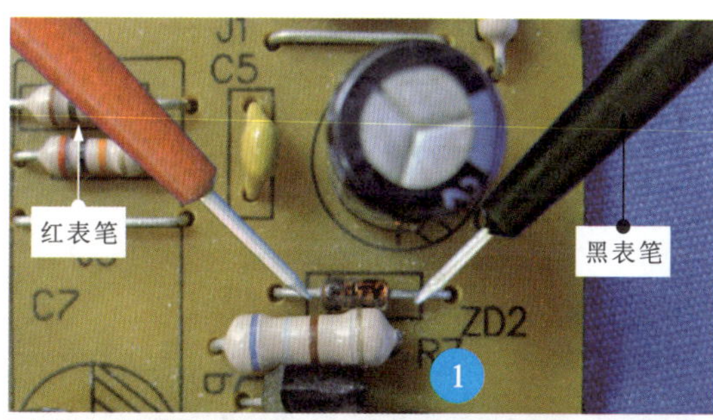

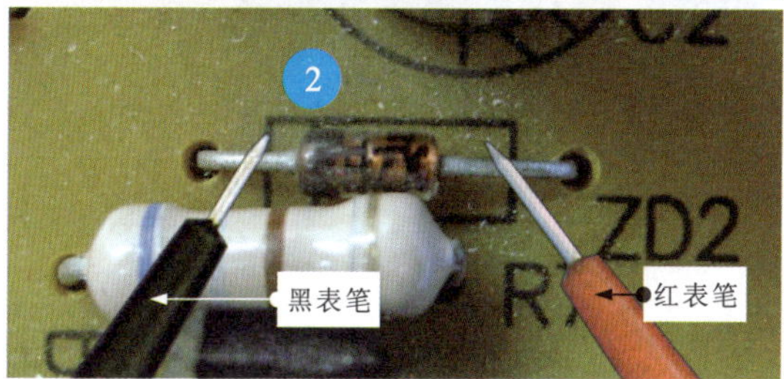

图19-13 稳压二极管的检测方法

1 将万用表的量程旋钮调至$R\times1k\Omega$，并进行欧姆调零，红表笔搭在稳压二极管的负极，黑表笔搭在稳压二极管的正极，测得稳压二极管的正向阻值为12kΩ。

2 将万用表的红、黑表笔调换，检测其反向阻值，测得稳压二极管的反向阻值为180kΩ。

19.2 遥控电路

19.2.1 遥控电路中的主要元器件

遥控电路是实现遥控控制和显示的电路，主要由遥控器、遥控接收器及显示部分构成。

1 遥控器

遥控器是可以发送遥控指令的独立电路单元，用户通过遥控器可将人工指令信号以红外光的形式发送给接收电路，如图19-14所示。

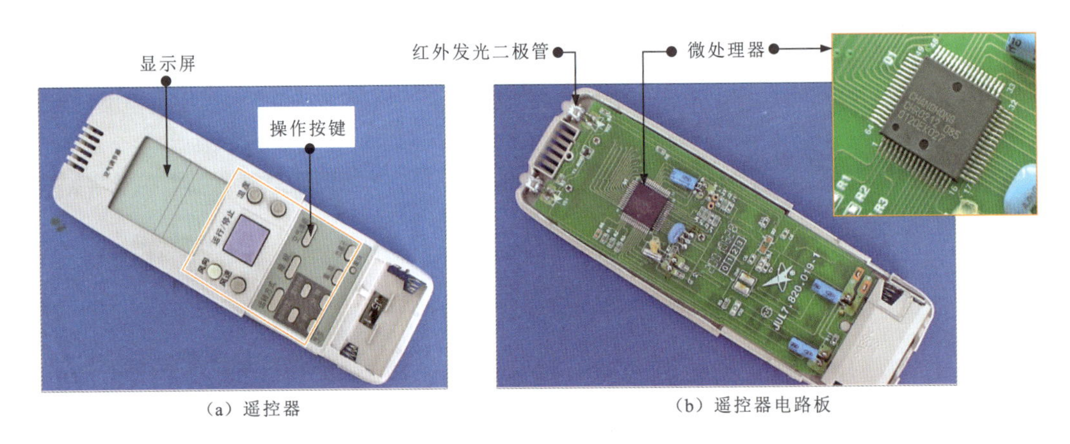

图19-14　遥控器及遥控器电路板

2 遥控接收器

图19-15为遥控接收器的实物外形。

遥控接收器可将接收到的信号放大、滤波及整形处理后变成脉冲控制信号，并将其送到控制电路中。

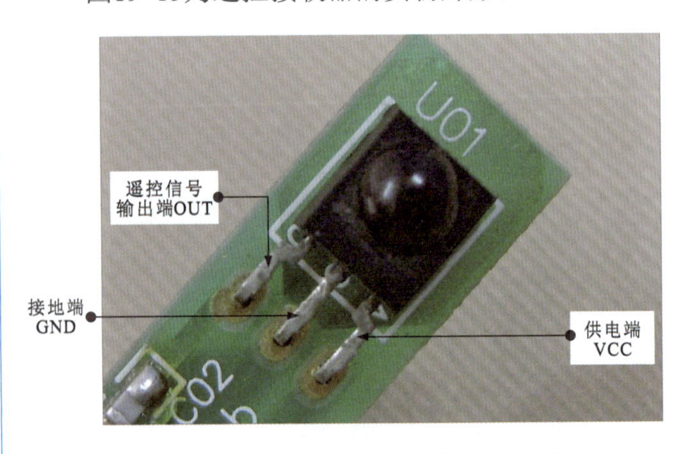

图19-15　遥控接收器的实物外形

3 发光二极管

图19-16为空调器遥控显示电路中的发光二极管。

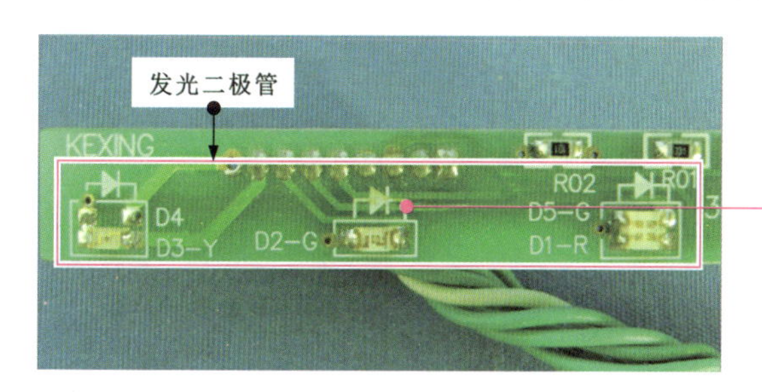

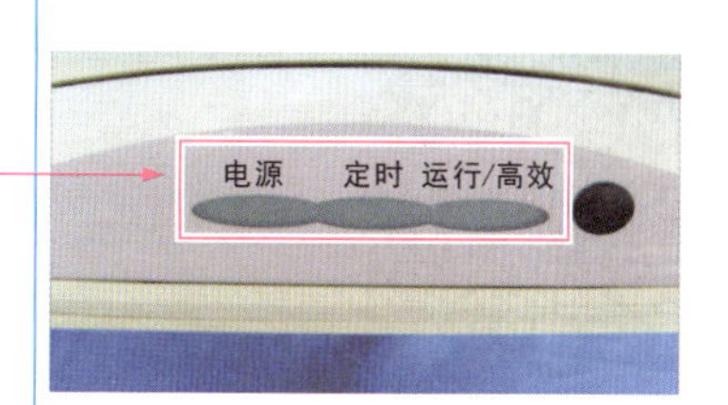

图19-16 空调器遥控显示电路中的发光二极管

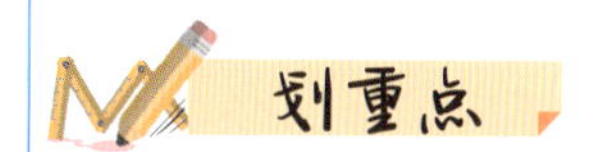

19.2.2 遥控电路中遥控器的检测

遥控器是遥控显示及接收电路中的重要部件。若损坏，则无法通过遥控器实现控制功能。

检测时，可通过检查遥控器能否发射红外光来初步判断整体性能，如图19-17所示。

红外光是人眼不可见的，可通过数码相机或手机的拍照模式观察是否有红外光。

若遥控器能够发射红外光，则说明遥控器正常；若无红外光发出，则说明遥控器存在异常。

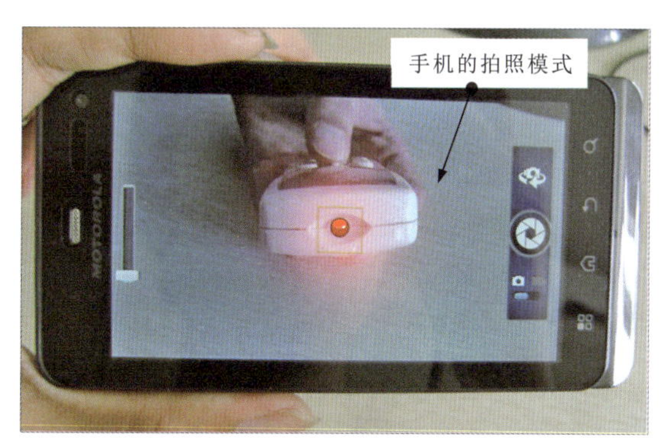

图19-17 遥控器整体性能的初步判断

发光二极管的好坏直接影响遥控信号能否发送成功，其检测方法如图19-18所示。

将万用表的量程旋钮调至欧姆挡，并进行欧姆调零，黑表笔搭在发光二极管的正极，红表笔搭在发光二极管的负极，检测其正向阻值；调换表笔检测其反向阻值。在正常情况下，正向阻值应有一固定数值，反向阻值为无穷大。

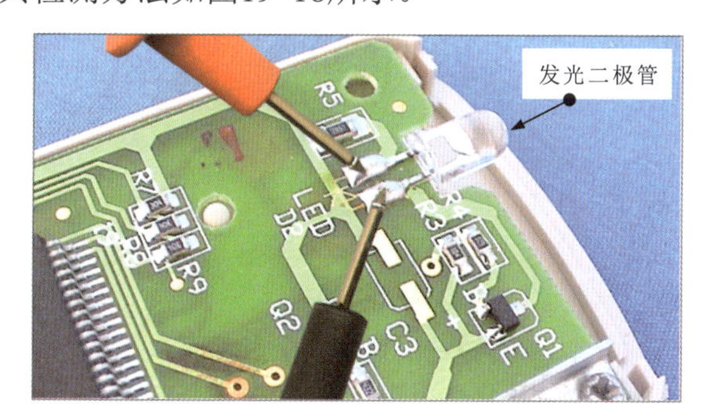

图19-18 发光二极管的检测方法

19.2.3 遥控电路中遥控接收器的检测

若遥控接收器损坏，会造成在使用遥控器操作时，电路无反应的故障。图19-19为遥控接收器性能好坏的排查方法。

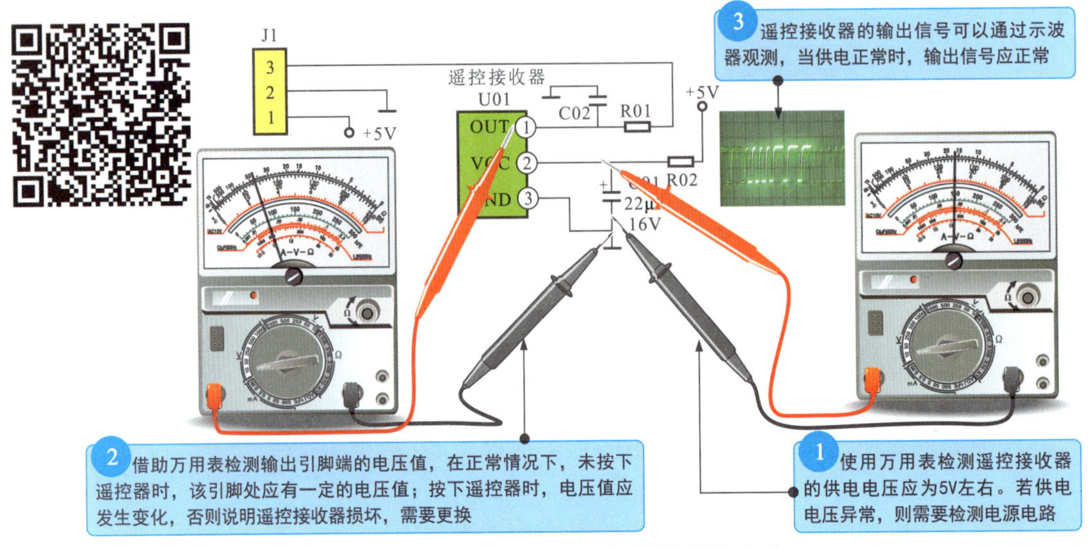

图19-19　遥控接收器性能好坏的排查方法

19.2.4 遥控电路中指示灯的检测

图19-20为遥控电路中指示灯的检测。指示灯多采用发光二极管。

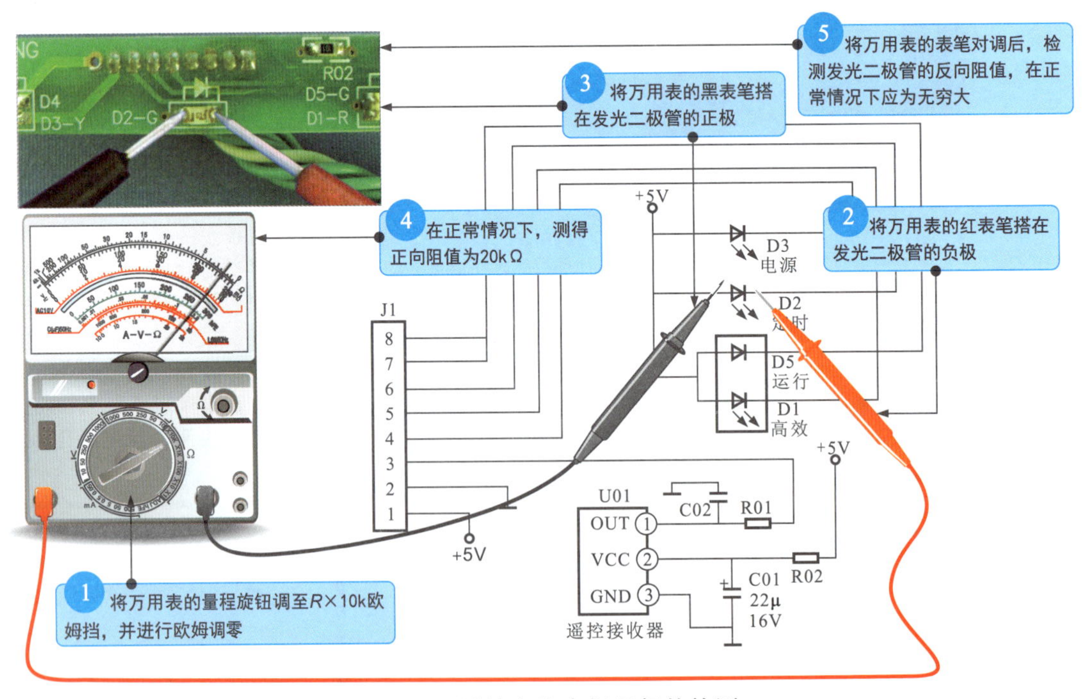

图19-20　遥控电路中指示灯的检测

19.3 音频处理电路

19.3.1 音频处理电路中的主要元器件

音频处理电路是能够处理、传输、放大音频信号的功能电路，主要是由音频信号处理芯片、音频功率放大器和扬声器等构成的。图19-21为典型液晶电视机中的音频处理电路。

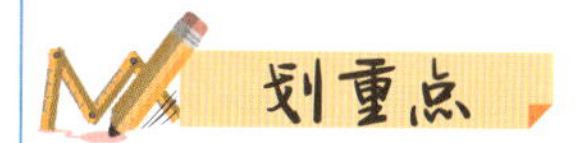

在音频处理电路中，音频信号处理芯片、音频功率放大器和扬声器都是重要的功能部件。

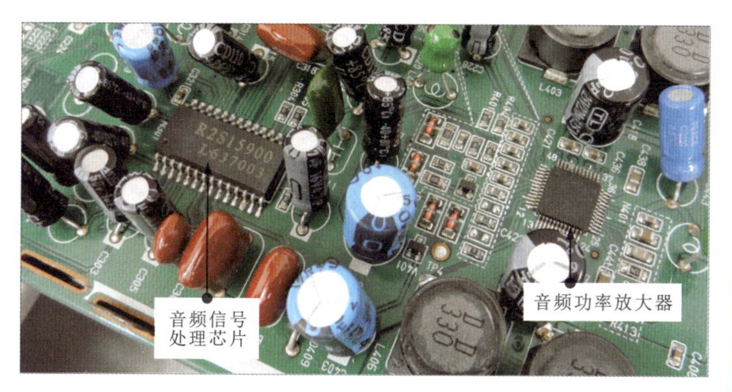

图19-21 典型液晶电视机中的音频处理电路

1 音频信号处理芯片

图19-22为音频信号处理芯片的实物外形。

大规模集成电路的型号直接标识在芯片表面，可直接识读，如R2S15900

左下角用小圆点标识1号引脚的位置

图19-22 音频信号处理芯片的实物外形

音频信号处理芯片用来对输入的音频信号进行解调，并对解调后的音频信号和外部设备输入的音频信号进行切换、数字处理和D/A转换等，拥有全面的音频信号处理功能，能够进行音调、平衡、音质及声道切换控制，并将处理后的音频信号送入音频功率放大器中。

音频信号经过处理后不足以驱动扬声器发声。因此，液晶电视机采用专门的音频功率放大器对音频信号进行功率放大，驱动扬声器发声。

2 音频功率放大器

图19-23为音频功率放大器的实物外形。

图19-23　音频功率放大器的实物外形

19.3.2 音频处理电路中音频信号处理芯片的检测

图19-24为音频信号处理芯片的检测方法。

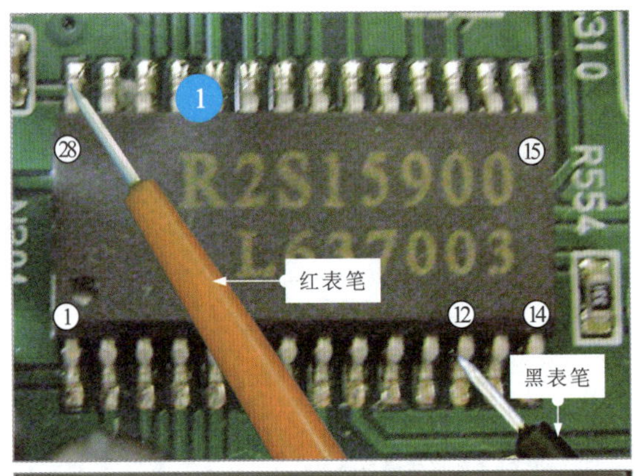

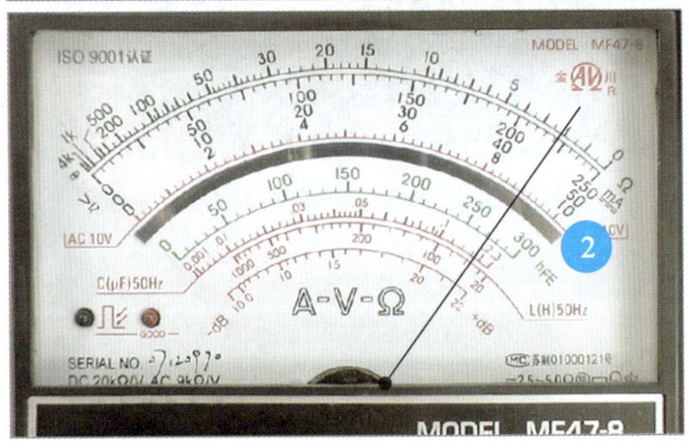

图19-24　音频信号处理芯片的检测方法

1 将万用表的量程旋钮调至直流10V电压挡，黑表笔搭在音频信号处理芯片的接地端，红表笔搭在音频信号处理芯片的供电端。

2 在正常情况下，应能检测到+9V的供电电压。

音频信号处理芯片异常将导致无声音或声音异常的故障。检测时，可首先对其供电条件进行检测，即检测音频信号处理芯片的供电引脚端是否有供电电压。若供电电压正常，再依次对音频信号处理芯片输出端和输入端的波形进行检测。

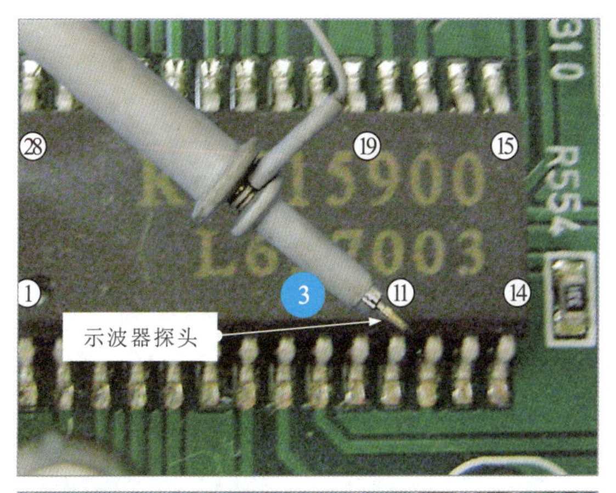

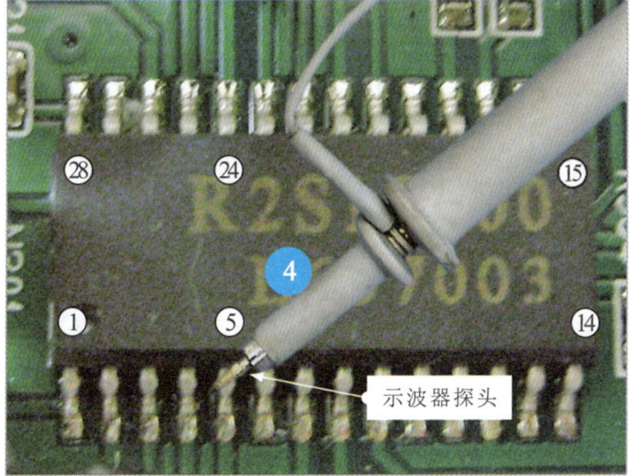

图19-24 音频信号处理芯片的检测方法（续）

划重点

3 将示波器的接地夹夹在音频信号处理芯片的接地端，探头搭在音频信号处理芯片的11脚输出端。在正常情况下，可观测到音频信号处理芯片输出的音频信号波形。

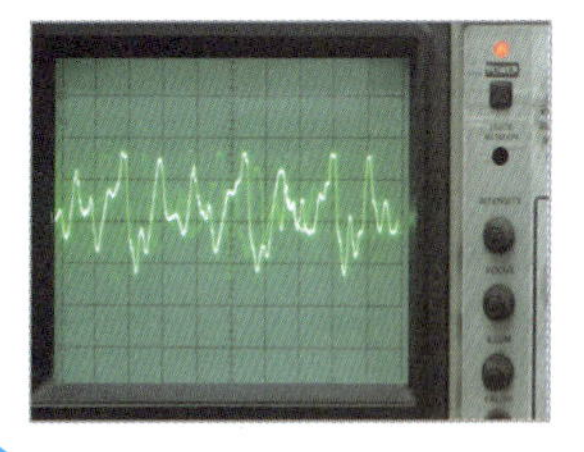

4 将示波器的接地夹夹在音频信号处理芯片的接地端，探头搭在音频信号处理芯片的2～6脚输入端。在正常情况下，可观测到音频信号处理芯片输入的音频信号波形。

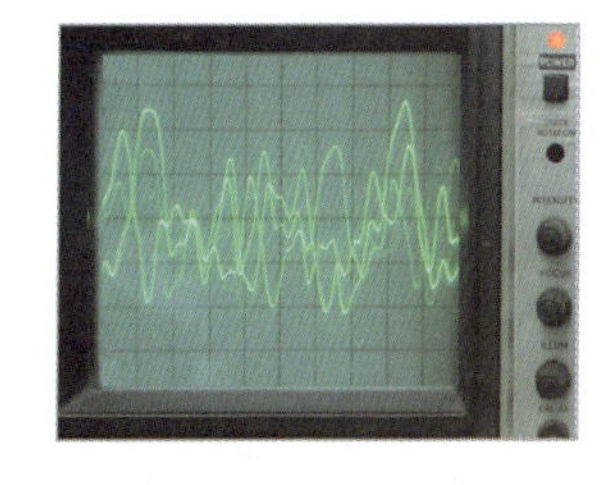

19.3.3 音频处理电路中音频功率放大器的检测

图19-25为音频功率放大器的检测方法。音频功率放大器损坏通常会引起无声或声音异常的故障。

图19-25 音频功率放大器的检测方法

1 将万用表的量程旋钮调至直流50V电压挡，黑表笔搭在音频功率放大器的接地端，红表笔搭在音频功率放大器的供电端。在正常情况下，应能检测到18V的供电电压。

划重点

2 将示波器的接地夹夹在音频功率放大器的接地端，即电容负极，探头搭在音频功率放大器的3脚输入端。在正常情况下，应能观测到音频功率放大器输入的音频信号波形。

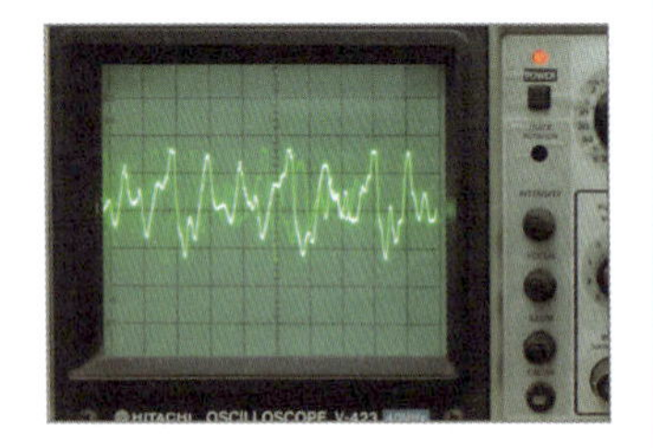

3 将示波器的接地夹夹在音频功率放大器的接地端，即电容负极，探头搭在音频功率放大器的16脚输出端。在正常情况下，应能观测到音频功率放大器输出的音频信号波形。

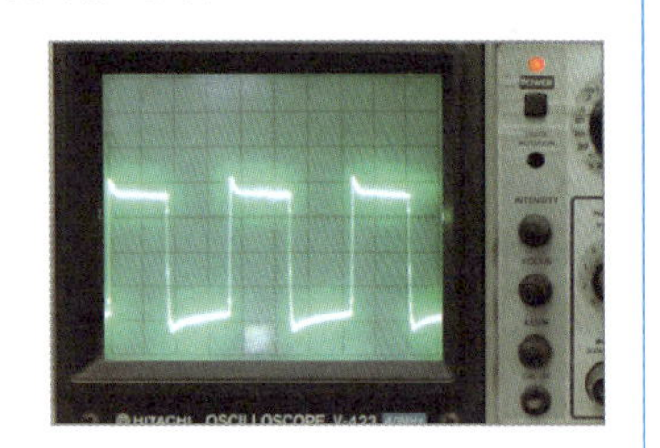

图19-25 音频功率放大器的检测方法（续）

若音频功率放大器的供电正常，输入的音频信号正常，无任何输出，则多为内部损坏。

19.4 控制电路

19.4.1 控制电路中的主要元器件

控制电路是以微处理器为核心的具有控制功能的电路。其中，常见的功能部件主要有微处理器、反相器、电压比较器、三端稳压器等。

1 微处理器

图19-26为微处理器的实物外形。

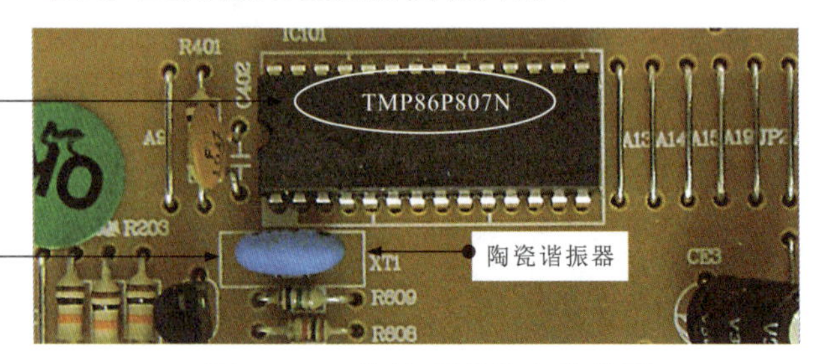

图19-26 微处理器的实物外形

图19-26 微处理器的实物外形（续）

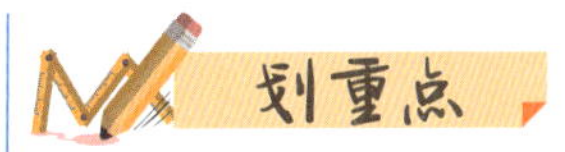

微处理器是控制电路的核心部件，其内部集成有运算器、控制器、存储器和接口电路等，对电路进行运算控制。

2 反相器

图19-27为反相器的实物外形。

图19-27 反相器的实物外形

反相器主要用来将微处理器输出的控制信号反相放大，可作为微处理器的接口电路，对继电器、蜂鸣器或电动机等功能部件进行控制。

3 电压比较器

电压比较器是控制电路中的关键器件，是通过两个输入端电压值（或信号）的比较结果决定输出端状态的一种放大元器件。

图19-28为电压比较器AS339的实物外形。

图19-28 电压比较器AS339的实物外形

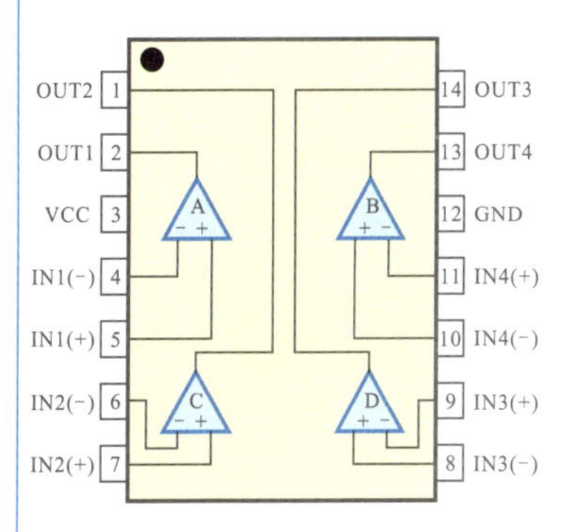

电压比较器AS339的引脚功能

划重点

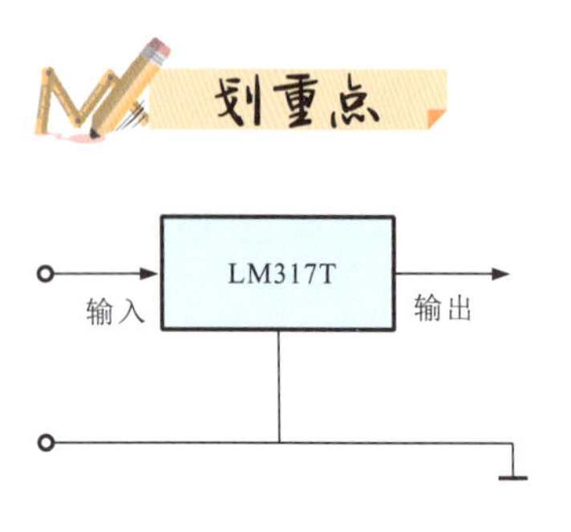

三端稳压器可将供电电压变成稳定的直流电压，为控制电路供电。

4 三端稳压器

图19-29为三端稳压器的实物外形。

图19-29　三端稳压器的实物外形

19.4.2 控制电路中微处理器的检测

微处理器可通过在通电状态下检测输入、输出信号及工作条件是否正常，在满足三个基本工作条件（供电、复位、时钟）的前提下，若输入信号正常，无任何信号输出，则多为微处理器损坏。

图19-30为微处理器输入、输出信号的检测方法。

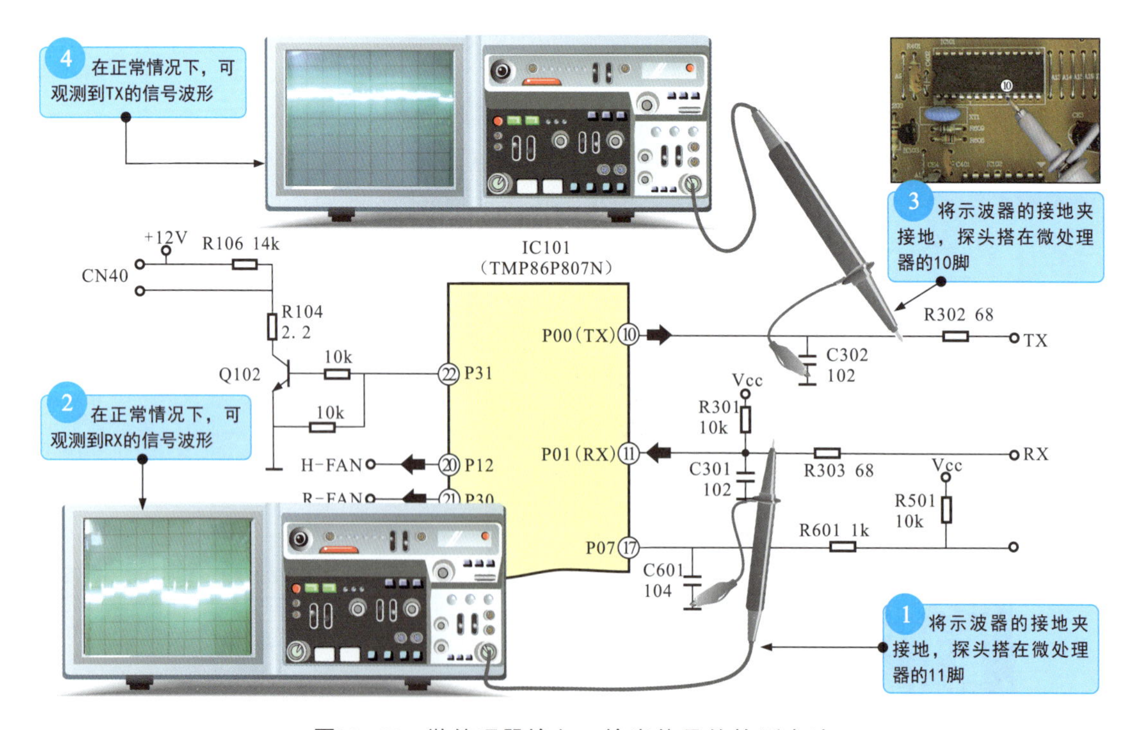

图19-30　微处理器输入、输出信号的检测方法

若输入信号（RX）正常，无输出信号（TX），尚不能说明微处理器芯片损坏，还需要进一步检测微处理器芯片是否满足工作条件。

直流供电电压、复位信号和时钟信号是微处理器正常工作的三个基本工作条件，任何一个条件不满足，微处理器均不能工作，其检测方法如图19-31所示。

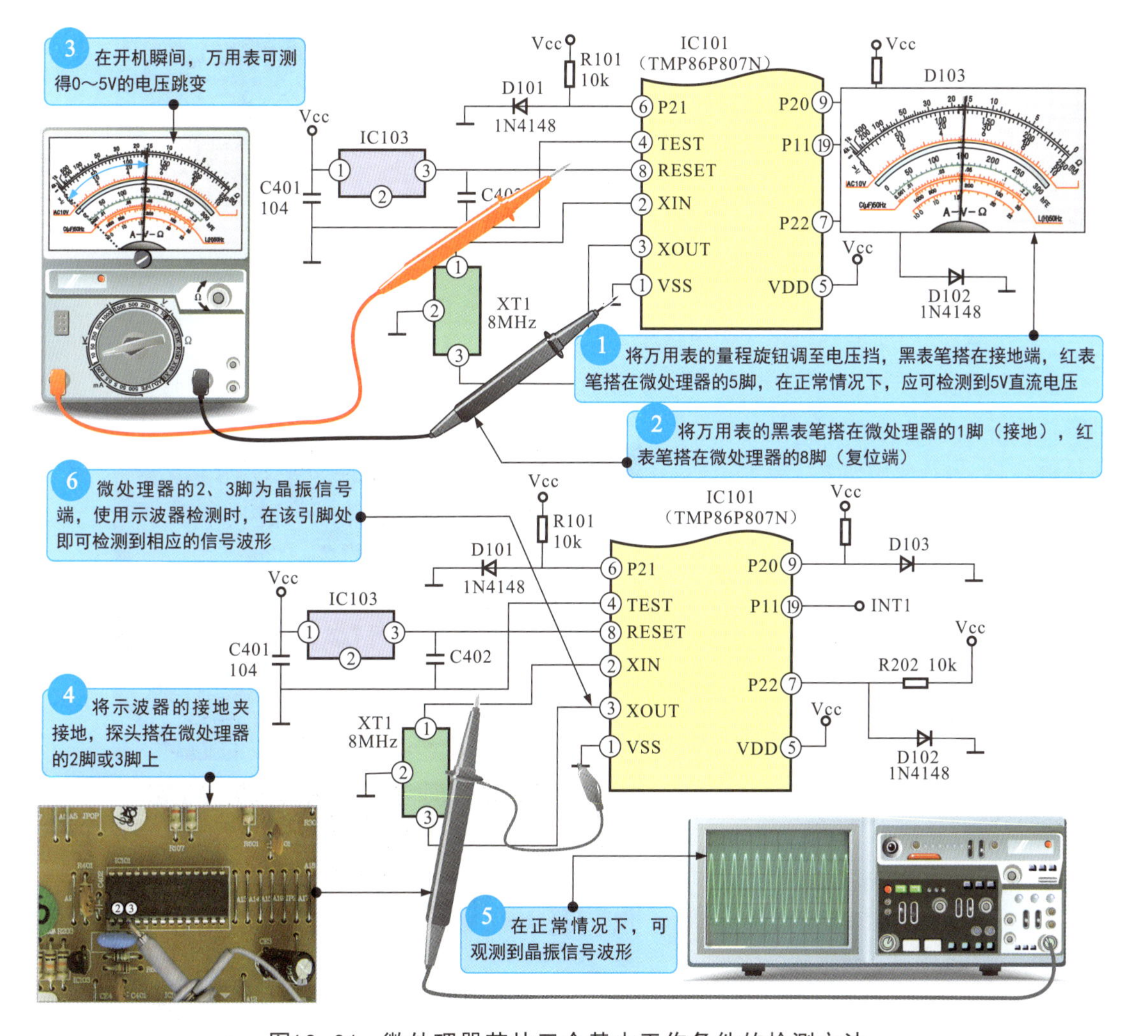

图19-31 微处理器芯片三个基本工作条件的检测方法

若供电电压不正常，需要对电源电路及供电引脚外围元器件进行检测；若复位信号异常，则需要对复位电路及外围元器件进行检测；若时钟信号不正常，则需要对陶瓷谐振晶体进行检测。

若供电电压、复位信号、时钟信号均正常，但控制功能无法实现，则需要对相关控制元器件的性能进行检测，如反相器、继电器等。

将万用表的量程旋钮调至R×1kΩ，并进行欧姆调零，黑表笔接地，红表笔搭在反相器的1脚，检测1脚的正向阻值；调换表笔检测1脚的反向阻值。测得1脚的正向阻值为6kΩ，反向阻值为8.5kΩ。

19.4.3 控制电路中反相器的检测

反相器连接在微处理器的输出端，是微处理器对各电气部件进行控制的中间环节，一般可通过检测各引脚的阻值来判断好坏，如图19-32所示。

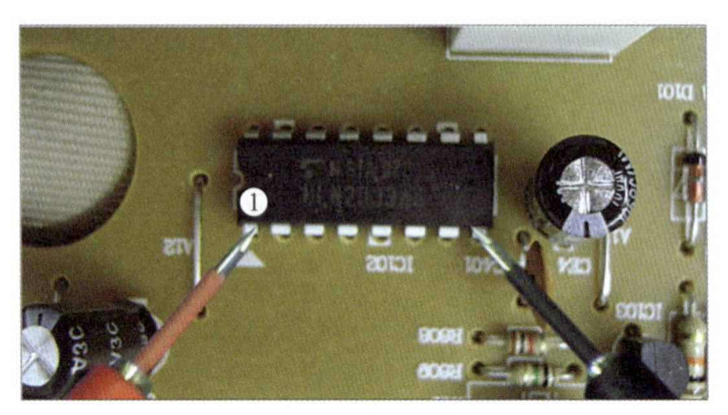

图19-32 反相器的检测方法

19.4.4 控制电路中电压比较器的检测

图19-33为电压比较器（AS339）的检测方法。

① 将万用表的量程旋钮调至R×10Ω，并进行欧姆调零，黑表笔搭在电压比较器的接地端，红表笔搭在电压比较器的4脚，测得4脚正向对地阻值为27×10Ω=270Ω。

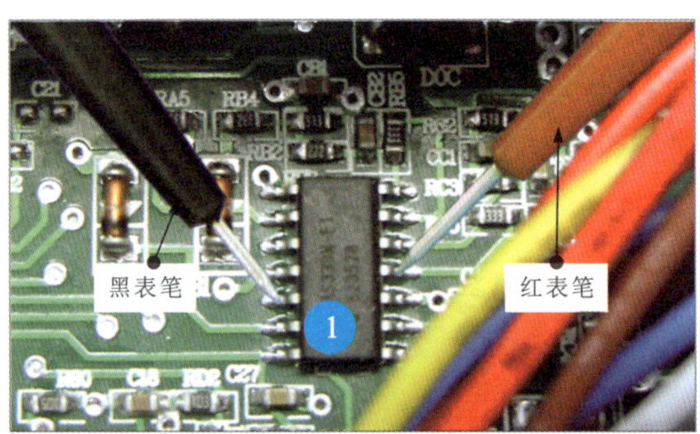

② 将万用表的量程旋钮调至R×1kΩ，并进行欧姆调零，红表笔搭在电压比较器的接地端，黑表笔搭在电压比较器的4脚，测得4脚反向对地阻值为18×1kΩ=18kΩ。

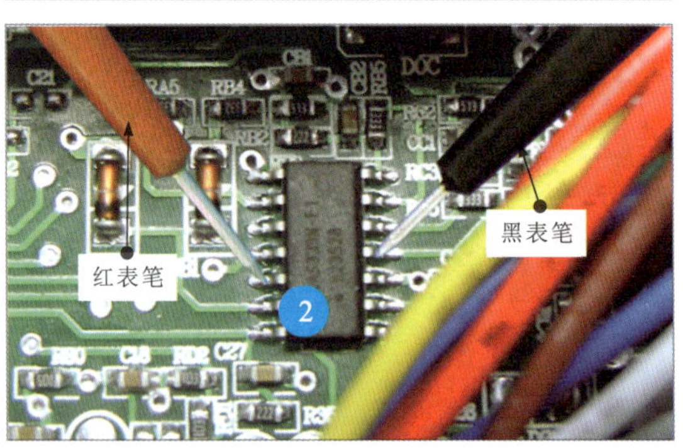

图19-33 电压比较器（AS339）的检测方法

在正常情况下，电压比较器（AS339）各引脚的正、反向阻值见表19-1。若实测结果偏差较大，则可能是芯片内部电路损坏，应用同型号的芯片更换。

表19-1 电压比较器（AS339）各引脚的正、反向阻值

引脚号	黑表笔接地测正向阻值（×10Ω）	红表笔接地测反向阻值（×1kΩ）	引脚号	黑表笔接地测正向阻值（×10Ω）	红表笔接地测反向阻值（×1kΩ）
①	14	2.6	⑧	27	18
②	14.5	2.5	⑨	36	18
③	13.9	1.4	⑩	16	8.5
④	27	18	⑪	26	4
⑤	32	18	⑫	0	0
⑥	27.5	18	⑬	16	∞
⑦	39	18	⑭	14	3.8

19.4.5 控制电路中三端稳压器的检测

图19-34为三端稳压器的检测方法。

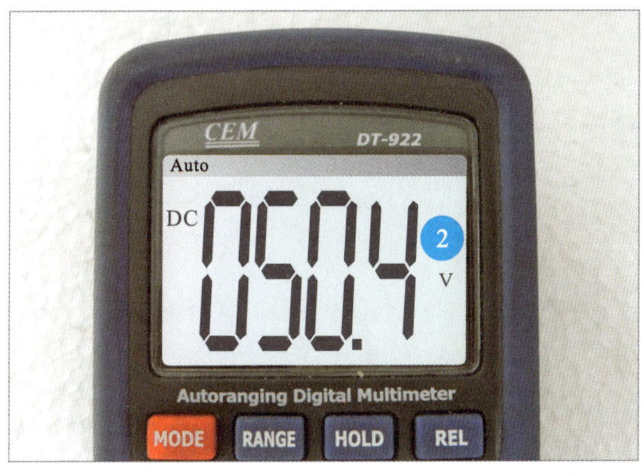

图19-34 三端稳压器的检测方法

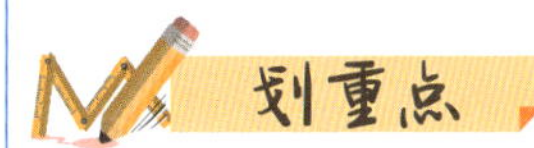

1 将万用表的量程旋钮调至欧姆挡，黑表笔搭在三端稳压器的接地端，红表笔搭在三端稳压器的输入端。

2 实测输入端电压为50.4V。

3 采用同样的方法将红表笔搭在三端稳压器的输出端，实测输出电压为24.3V。

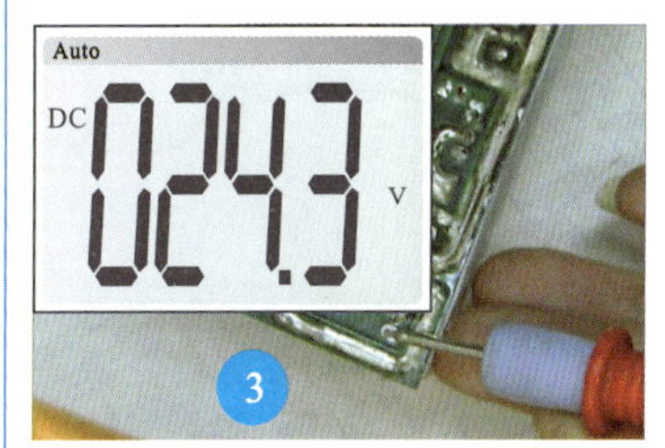

若三端稳压器的输入电压正常但无输出，则表明三端稳压器损坏，应选用同型号的三端稳压器更换。

第20章 元器件的检测案例

20.1 电风扇中元器件的检测案例

20.1.1 电风扇中启动电容器的检测

在检测电风扇的过程中，检测启动电容器是非常重要的。启动电容器在电风扇中的位置如图20-1所示。

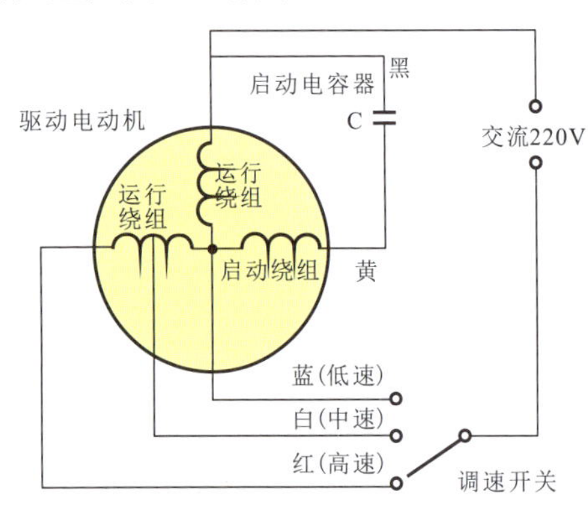

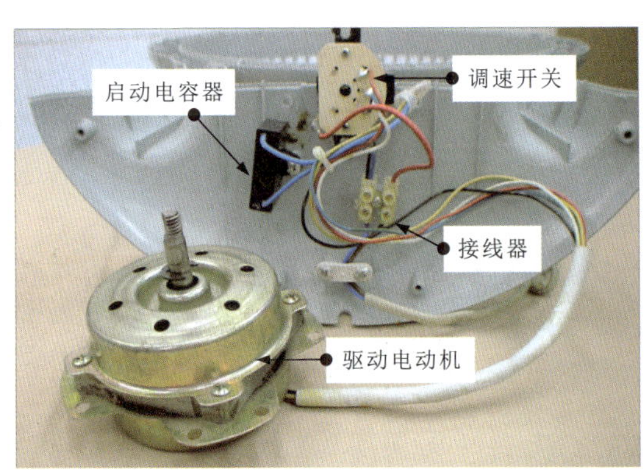

图20-1 启动电容器在电风扇中的位置

多说两句！

启动电容器的一端接交流220V市电，另一端与驱动电动机的启动绕组相连。其主要功能是在电风扇启动运转时，为驱动电动机的启动绕组提供启动电压。

通常，对启动电容器的检测可采用开路检测的方式。用指针万用表检测启动电容器的操作如图20-2所示。

在将指针万用表的红、黑表笔接触启动电容器两接线端的瞬间，指针应从阻值无穷大的位置向阻值小的方向迅速摆动，随即缓慢回摆，最终停留在一个阻值偏大的位置。

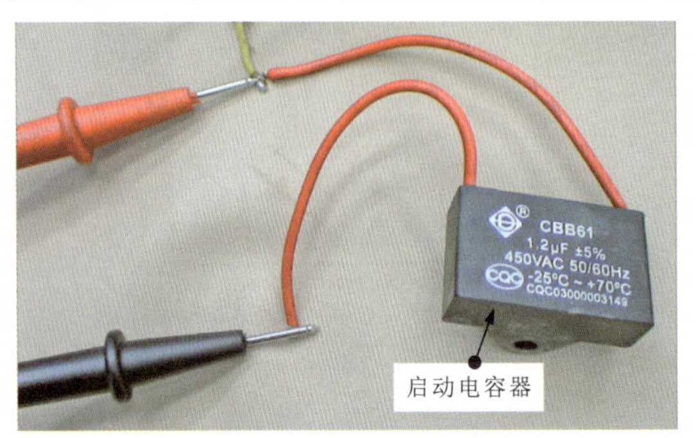

图20-2 用指针万用表检测启动电容器的操作

检测时，若指针不摆动或摆动到一定位置后不回摆，均表示启动电容器的性能不良。

图20-3为使用数字万用表检测启动电容器的操作。

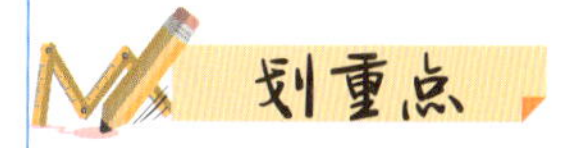

1 将启动电容器从电风扇上取下，识读电容量的标称值。

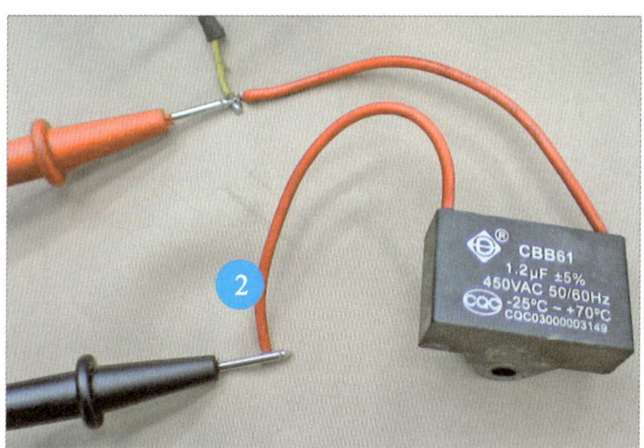

2 将万用表的量程旋钮调至电容挡，红、黑表笔分别搭在启动电容器的两接线端。

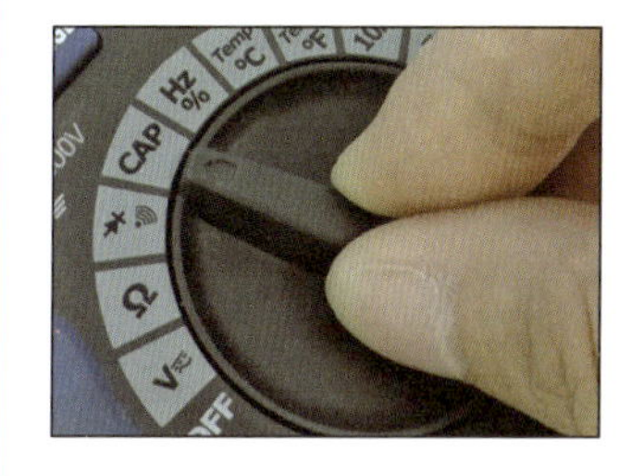

3 观察显示屏，读出实测数值为1.2μF。

图20-3 使用数字万用表检测启动电容器的操作

若实测值与标称值相同或相近，则表明启动电容器正常；若实测值小于标称值，则说明启动电容器性能不良。在实际检修中，大多情况下，启动电容器不会完全损坏，只是因漏液、变形等导致电容量减小。

20.1.2 电风扇中驱动电动机的检测

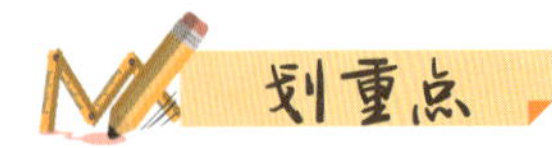

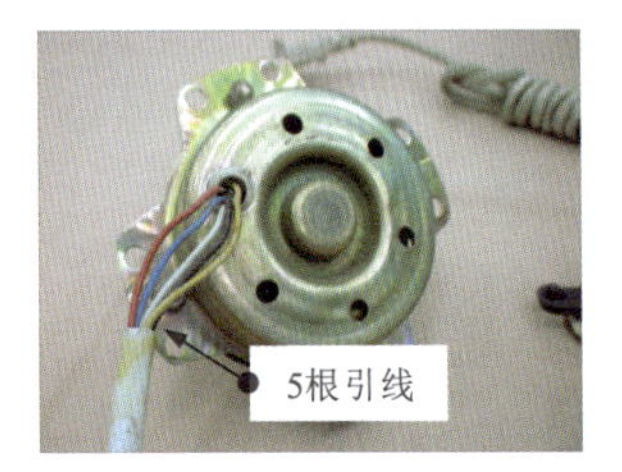

在电风扇中，驱动电动机是很重要的元器件，实物外形如图20-4所示。

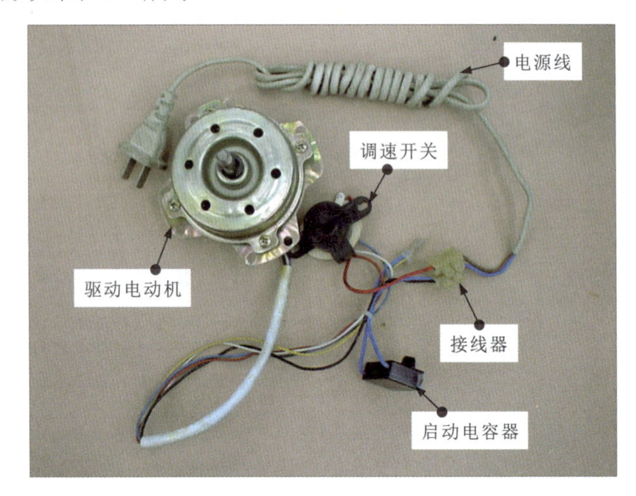

图20-4 驱动电动机的实物外形

通常，装有调速开关的电风扇所使用的驱动电动机有5根引线。没有调速开关的电风扇所使用的驱动电动机只有2根引线。

驱动电动机是否异常可借助万用表检测各绕组之间的阻值来判断，如图20-5所示。

1 将万用表的挡位旋钮调至欧姆挡。

2 将红、黑表笔分别搭在与启动电容器连接的2根引线上。

3 实际测得的阻值为1.205kΩ。

图20-5 驱动电动机的检测方法

驱动电动机的检测示意图如图20-6所示。

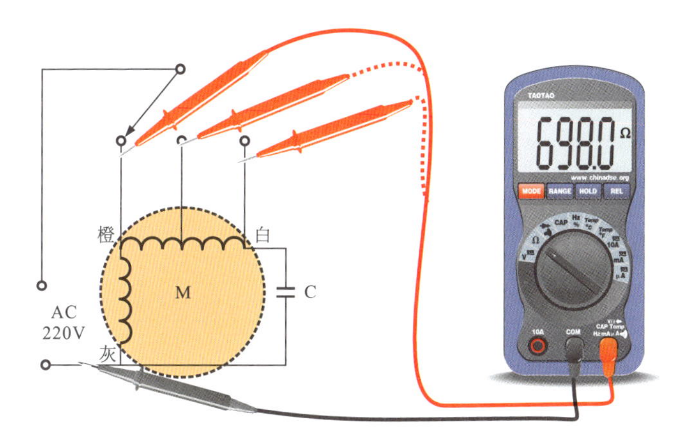

图20-6 驱动电动机的检测示意图

划重点

采用相同的方法，测量橙—白、橙—灰引线之间的阻值分别为698Ω和507Ω，即启动绕组阻值为698Ω，运行绕组阻值为507Ω，满足698Ω+507Ω=1205Ω的关系，说明驱动电动机绕组正常。

20.1.3 电风扇中摆头电动机的检测

电风扇的摆头功能主要是依靠摆头电动机实现的。摆头电动机的应用电路如图20-7所示。

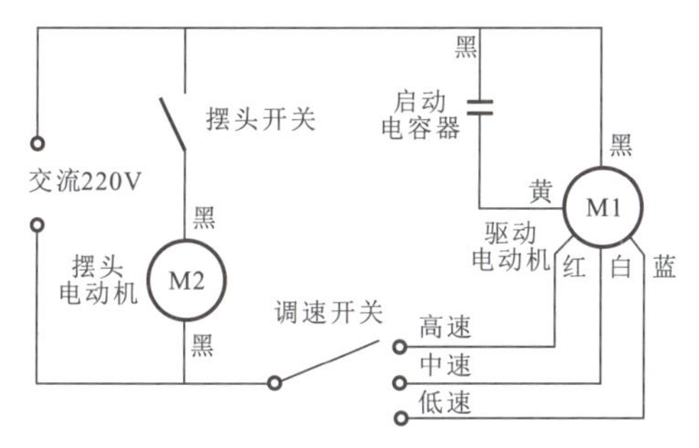

图20-7 摆头电动机的应用电路

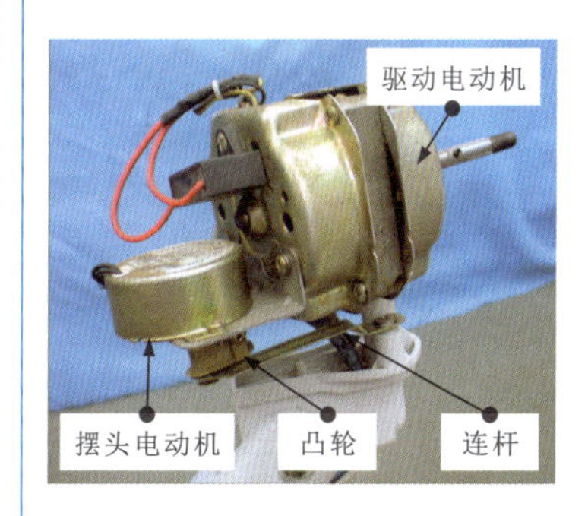

摆头电动机的检测操作如图20-8所示。

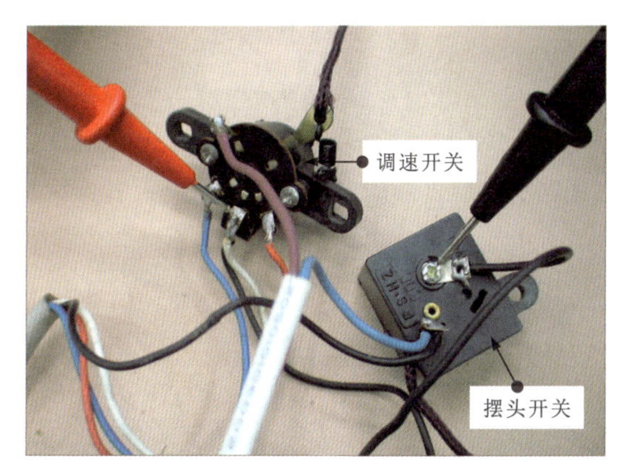

图20-8 摆头电动机的检测操作

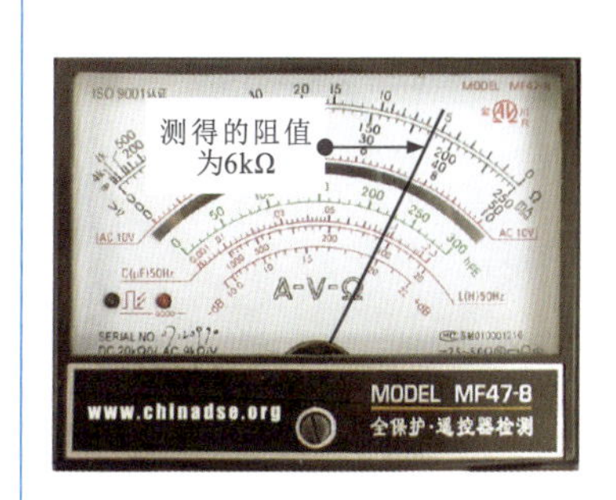

摆头电动机通常由两根黑色引线连接，其中一根黑色引线与调速开关连接，另一根黑色引线与摆头开关连接。在正常情况下，检测摆头电动机的阻值应为几千欧姆左右。如果检测时，万用表指针指向无穷大或指向零，均表示摆头电动机已经损坏。

20.2 电饭煲中元器件的检测案例

20.2.1 电饭煲中继电器的检测

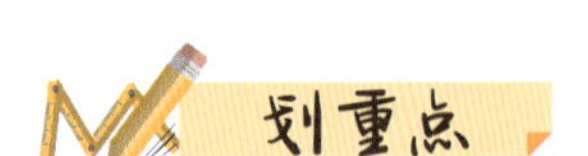

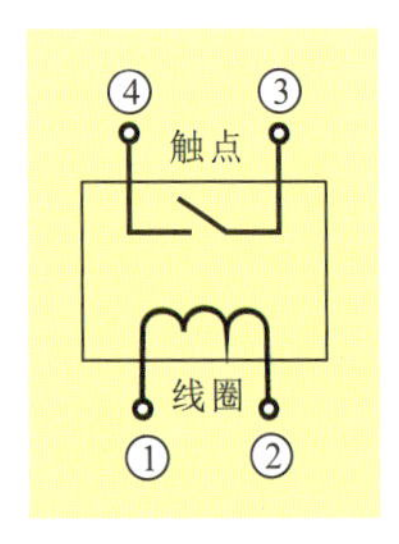

继电器电路图形符号

继电器主要用于控制加热器的供电。当用户给电饭煲接电时，继电器得电，触点吸合，加热电路导通，加热器开始加热。

在电饭煲的加热控制电路中，继电器是非常重要的元器件。继电器的实物外形和电路板背部引脚如图20-9所示。

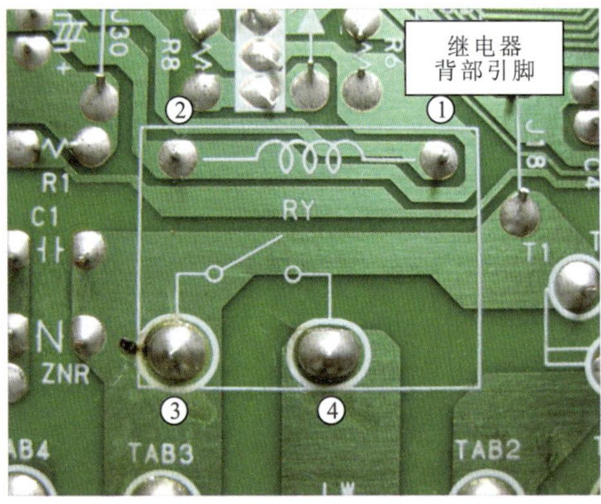

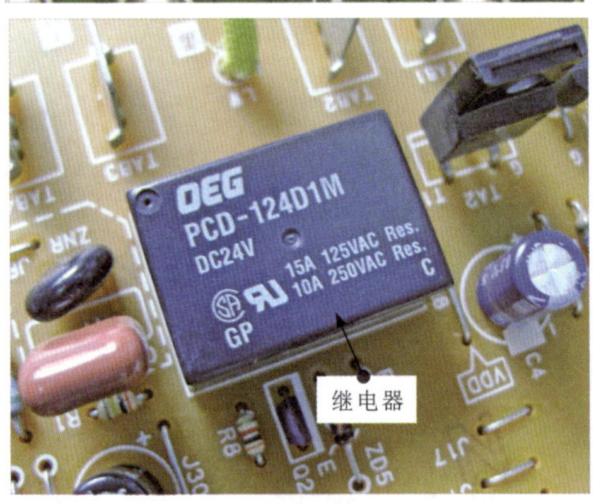

图20-9　继电器的实物外形和电路板背部引脚

在电饭煲的加热控制电路中，继电器主要用于对加热器的供电进行控制。若继电器损坏，将直接导致加热器无法工作，电饭煲不能加热的故障。

判断继电器是否正常，可借助万用表检测继电器的线圈和触点间的阻值。

继电器的检测操作如图20-10所示。

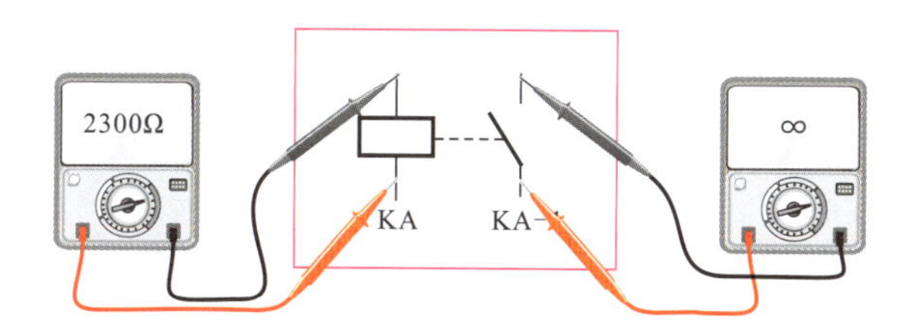

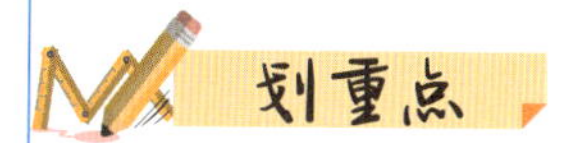

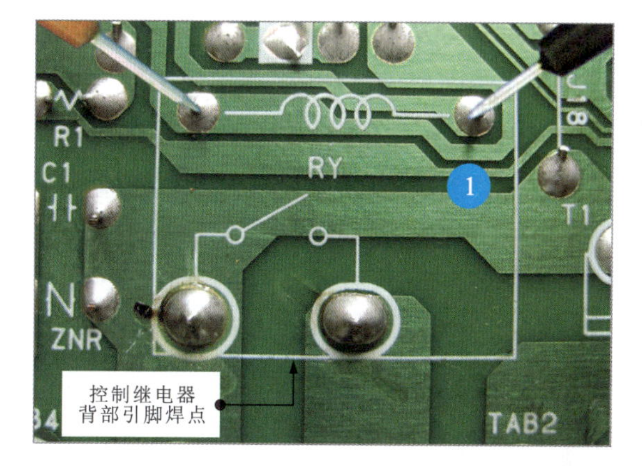

1 将万用表的红、黑表笔分别搭在继电器线圈的两引脚端。

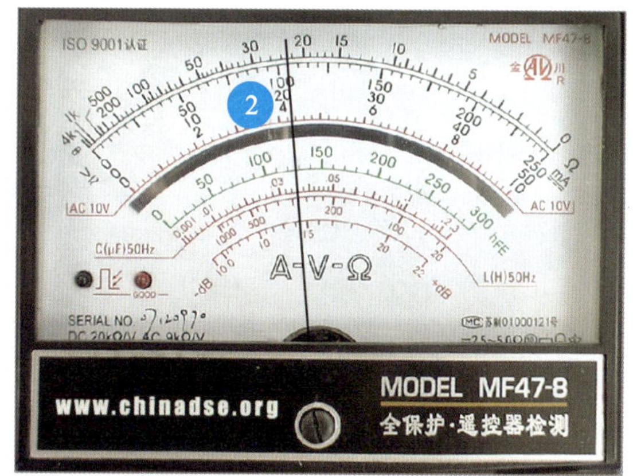

2 测得阻值为23×100Ω，属于正常范围。

图20-10 继电器的检测操作

3 将万用表的红、黑表笔分别搭在继电器触点的两引脚端，常态下，继电器线圈未通电时，触点处于断开状态，阻值应为无穷大。

20.2.2 电饭煲中双向晶闸管的检测

在电饭煲的保温控制电路中，双向晶闸管是非常重要的元器件。双向晶闸管的实物外形和在电路板上的位置如图20-11所示。

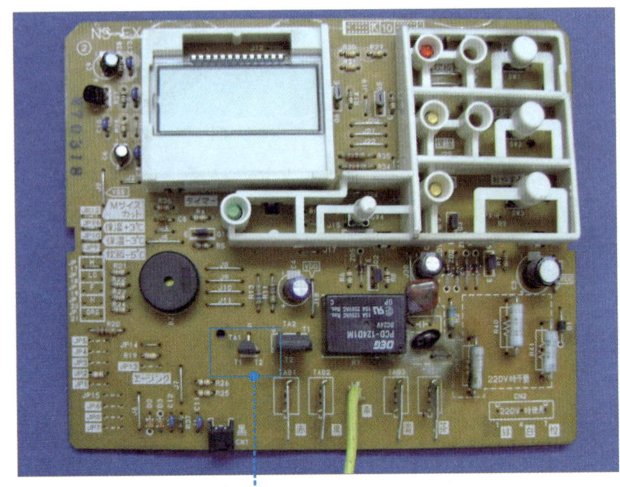

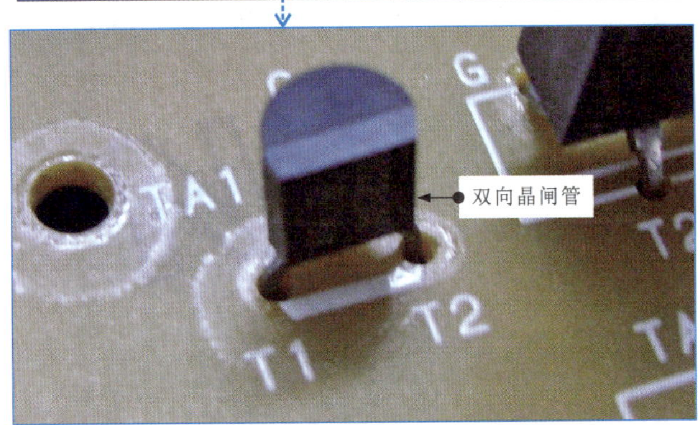

图20-11 双向晶闸管的实物外形和在电路板上的位置

划重点

双向晶闸管（可控硅）是一种半导体元器件，除了具有单向导电整流作用，还可以作为双向导通的可控开关。双向晶闸管最主要的特点是能用微小的电流控制较大的电流。如果双向晶闸管损坏，则电饭煲会失去保温功能。

双向晶闸管在电路板上的背部引脚

图20-12为双向晶闸管在电饭煲保温控制电路中的功能。

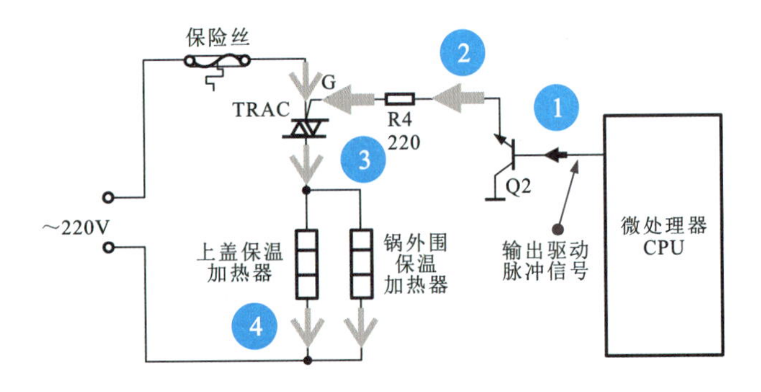

图20-12 双向晶闸管在电饭煲保温控制电路中的功能

1 电饭煲进入保温状态后，微处理器为保温控制电路输出驱动脉冲信号。

2 驱动脉冲信号经Q2反相放大后，加到双向晶闸管TRAC的触发端，即控制极（G）。

3 双向晶闸管接收到驱动脉冲信号后导通，交流220V电压为保温加热器供电。

4 保温加热器开始加热工作。

双向晶闸管的检测操作如图20-13所示。

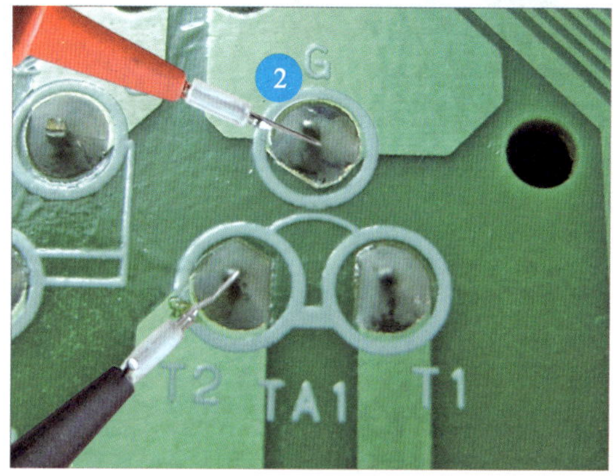

图20-13 双向晶闸管的检测操作

划重点

1 将万用表的红表笔搭在控制极G，黑表笔搭在T1，在正常情况下，阻值应为无穷大。

2 将万用表的红表笔搭在控制极G，黑表笔搭在T2，在正常情况下，能够检测到一定的阻值。

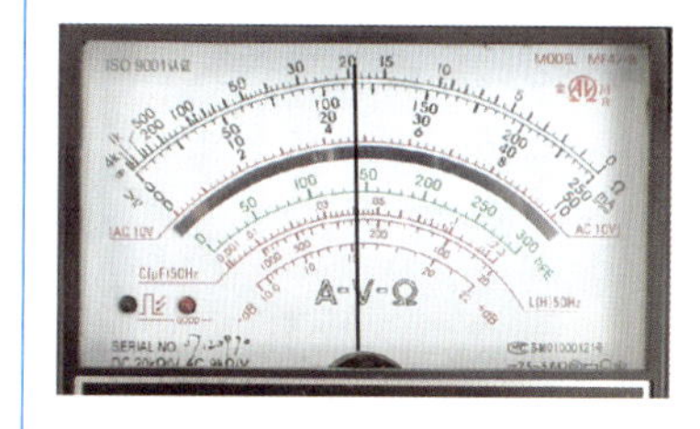

若阻值都为无穷大，则说明双向晶闸管损坏。

20.2.3 电饭煲中操作按键的检测

在电饭煲的操作电路中，操作按键的实物外形和电路板上的背部引脚如图20-14所示。

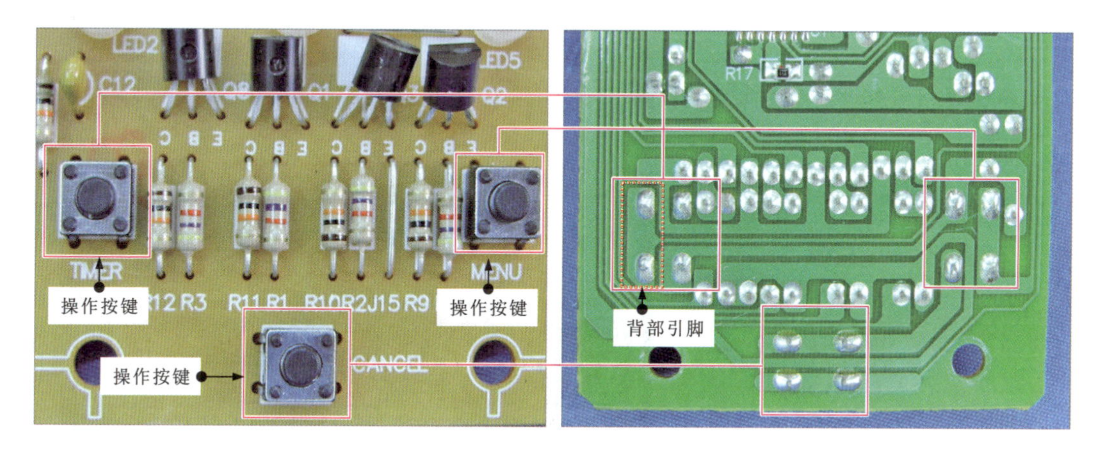

图20-14 操作按键的实物外形和电路板上的背部引脚

划重点

1 将万用表的红、黑表笔分别搭在操作按键的两个引脚上，实测阻值为无穷大，正常。

2 保持万用表的红、黑表笔位置不动，按下操作按键，内部触点闭合。

3 观察万用表指针的指示位置，实测阻值应为0Ω，正常。

若在实测过程中，按动操作按键，阻值没有变化，则说明操作按键损坏，需要更换。

图20-15为操作按键的检测方法。

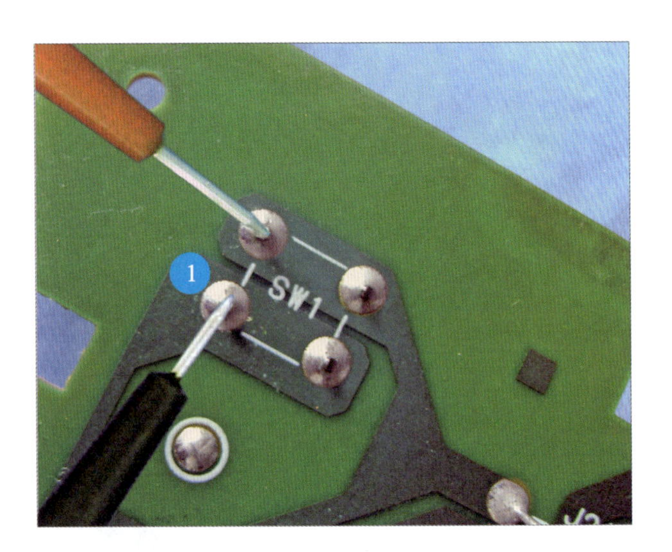

图20-15　操作按键的检测方法

20.2.4 电饭煲中整流二极管的检测

如图20-16所示，电饭煲的电源电路主要是由整流二极管、分压电阻、晶体管等构成的。其中，桥式整流电路是由四个整流二极管组成的，主要用于将交流变压器降压后输出的交流低压变成直流，再经稳压电路输出稳定的直流电压。

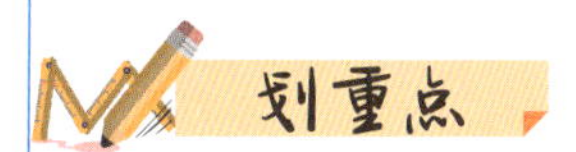

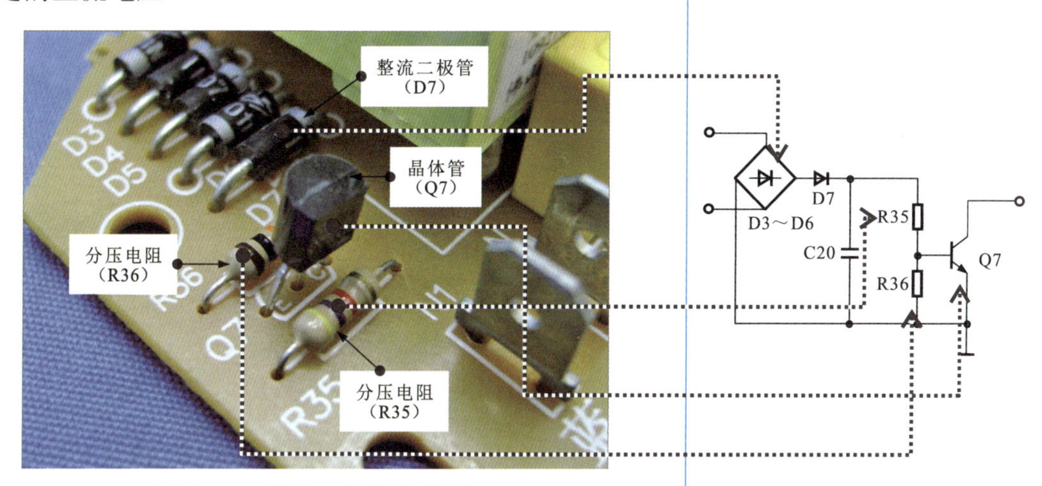

图20-16 整流二极管的位置

若电饭煲电源电路故障，则整流二极管是重点检测部件，如图20-17所示。

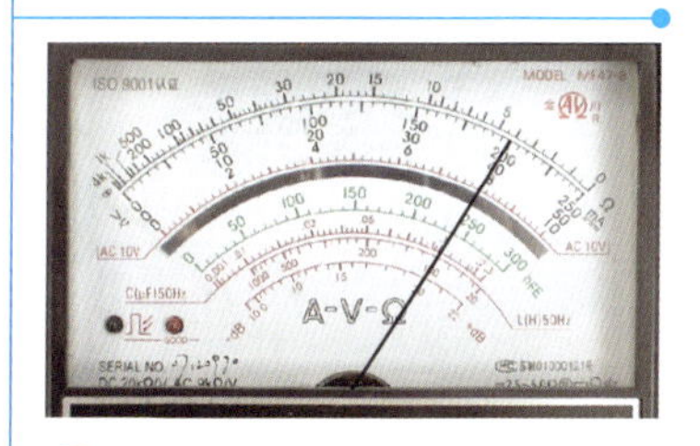

1 将指针万用表的黑表笔搭在整流二极管的正极，红表笔搭在整流二极管的负极，检测其正向阻值，在正常情况下，应可测得一定的阻值。

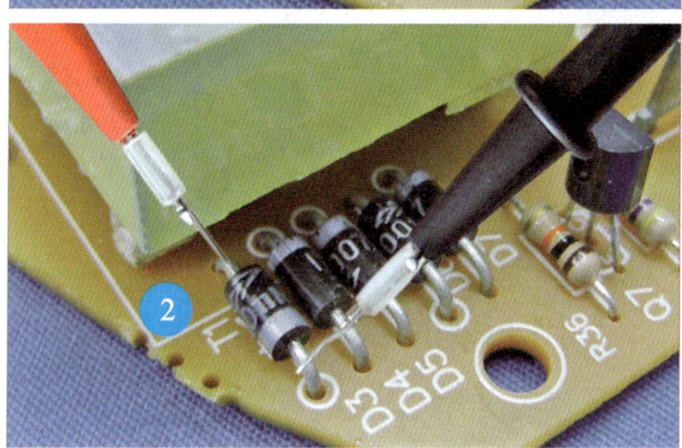

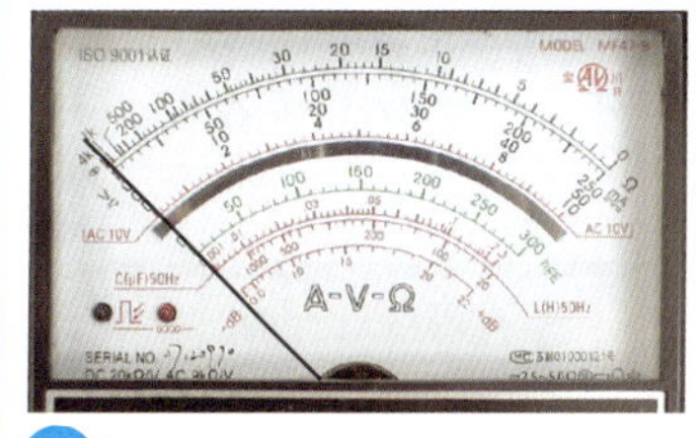

2 调换表笔，黑表笔接整流二极管的负极，红表笔搭在整流二极管的正极，检测其反向阻值，在正常情况下，应可测得阻值为无穷大。

图20-17 整流二极管的检测方法

20.3 电磁炉中元器件的检测案例

20.3.1 电磁炉中门控管的检测

在电磁炉功率输出电路中，门控管（IGBT）是十分关键的部件，用于控制炉盘线圈的电流。该电流是一种高频、高压脉冲电流。若IGBT损坏，将引起电磁炉出现开机跳闸、烧保险、无法开机或不加热等故障。

图20-18为门控管（IGBT）的实物外形和电路板背部引脚。

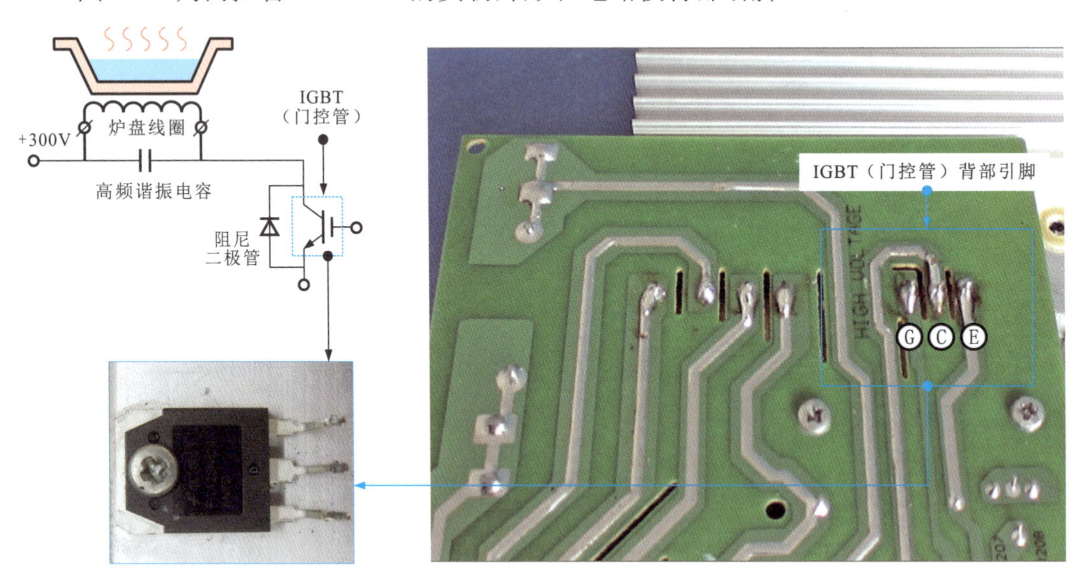

图20-18　门控管（IGBT）的实物外形和电路板背部引脚

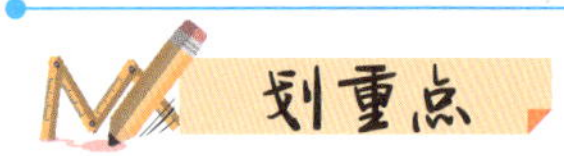

1 将万用表的功能旋钮调至R×1k欧姆挡，黑表笔搭在IGBT的控制极G引脚端，红表笔搭在IGBT的集电极C引脚端，在正常情况下，测得阻值为9×1kΩ=9kΩ。

若怀疑门控管（IGBT）异常，则可借助万用表检测其各引脚间的正、反向阻值进行判断。

门控管的检测操作如图20-19所示。

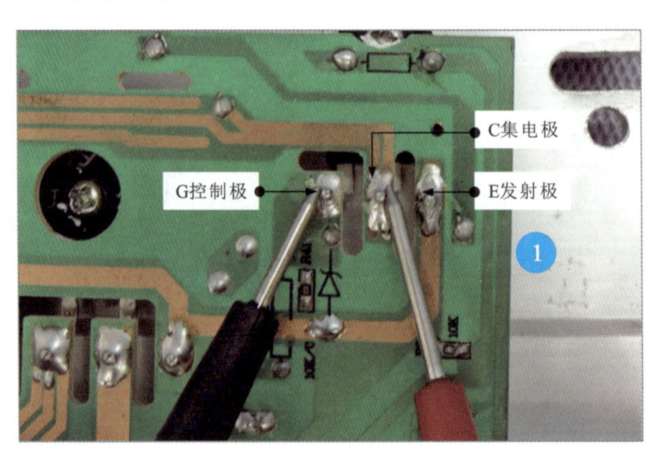

图20-19　门控管的检测操作

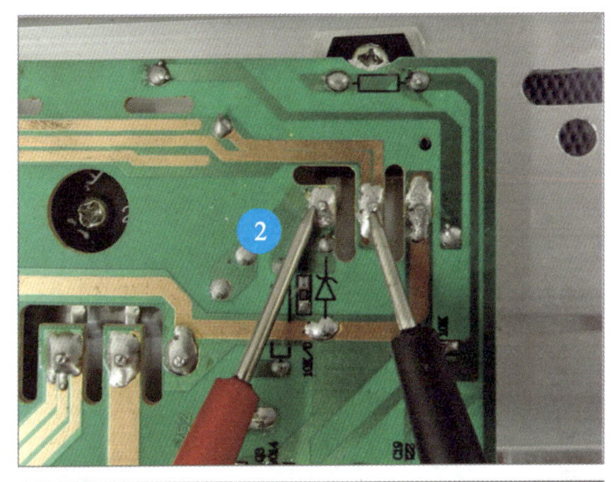

图20-19 门控管的检测操作（续）

划重点

② 保持万用表的功能旋钮位置不变，调换表笔，即红表笔搭在控制极，黑表笔搭在集电极，检测控制极与集电极之间的反向阻值。

③ 在正常情况下，反向阻值应为无穷大。使用同样的方法检测IGBT控制极G与发射极E之间的正、反向阻值，正向阻值应为3kΩ，反向阻值应为5kΩ。

20.3.2 电磁炉中微处理器的检测

在电磁炉的控制电路中，微处理器是核心部件，用于自动检测和控制电路。图20-20为电磁炉中的微处理器实物外形及引脚排列。

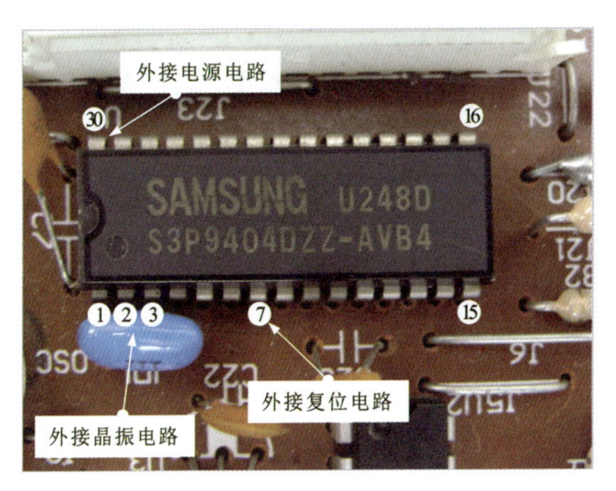

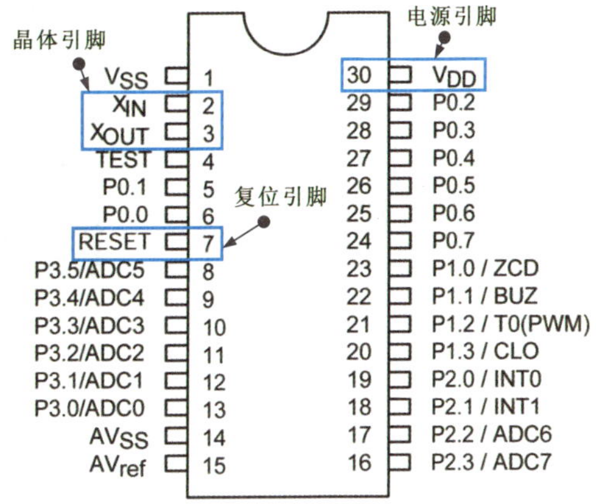

图20-20 电磁炉中的微处理器实物外形及引脚排列

划重点

如果电磁炉出现开机不工作、数码显示屏没有反应，则应首先对微处理器进行检测。

图20-21为微处理器供电电压的检测操作。

将万用表的功能旋钮调至直流10V挡，黑表笔接接地端，红表笔接电源端，正常时，应有+5V的供电电压。

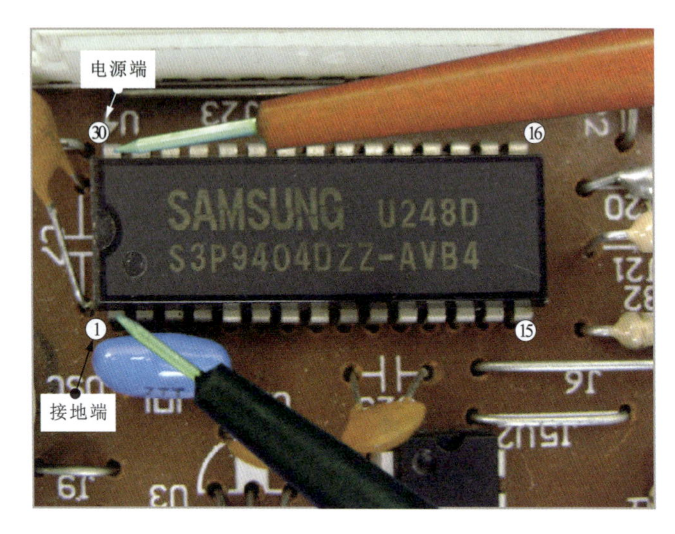

图20-21　微处理器供电电压的检测操作

在微处理器供电电压正常的情况下，继续检测晶体引脚的启振电压是否正常。启振电压的检测方法如图20-22所示。

将万用表的功能旋钮调至直流1V挡，黑表笔不动，红表笔分别连接微处理器外接晶体的②、③引脚，正常时，两引脚之间应有0.2V左右的电压。

图20-22　启振电压的检测方法

在微处理器外接晶体启振电压正常的情况下，可检测微处理器复位电压是否正常。复位电压的检测方法如图20-23所示。

图20-23 复位电压的检测方法

划重点

万用表的黑表笔不动，红表笔连接微处理器的⑦脚，在正常情况下，测得复位电压为5V左右。

若微处理器的供电电压、晶体的启振电压以及复位电压都正常，则可用示波器检测晶振电路的输出波形，以此进一步判断微处理器的性能。晶振电路输出波形的检测方法如图20-24所示。

图20-24 晶振电路输出波形的检测方法

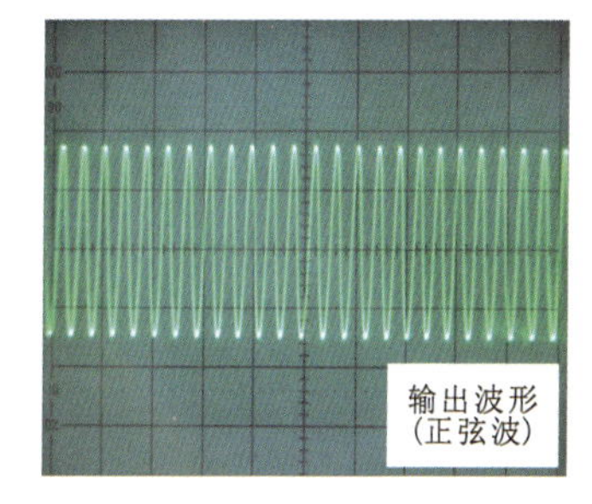

将示波器的接地夹接地，探头搭在晶体的引脚上，正常时，应能检测到输出波形。若无输出波形，则说明晶体损坏，引起微处理器不能正常工作。

20.3.3 电磁炉中蜂鸣器的检测

蜂鸣器的实物外形及其应用电路如图20-25所示。

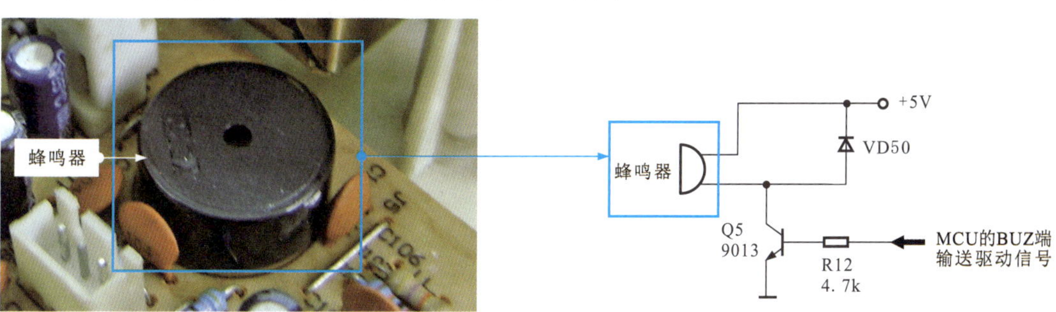

图20-25 蜂鸣器的实物外形及其应用电路

图20-26为待测蜂鸣器及其在电路板上的背部引脚。

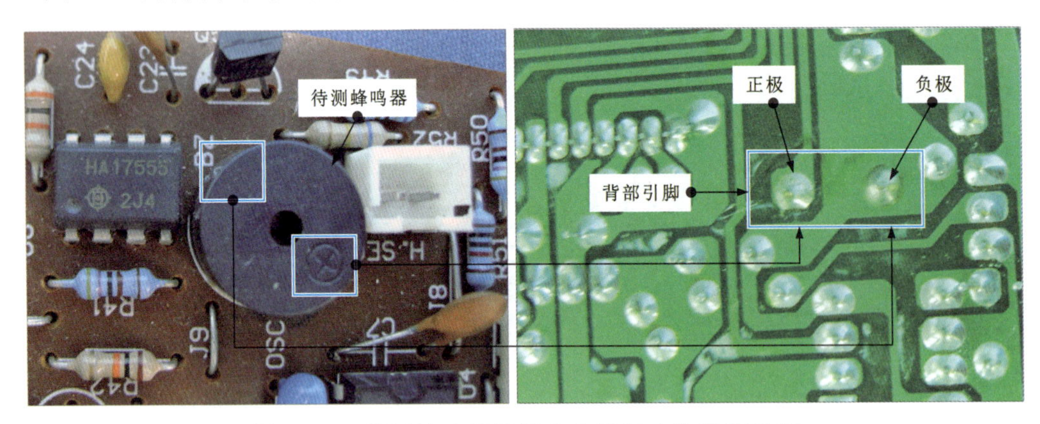

图20-26 待测蜂鸣器及其在电路板上的背部引脚

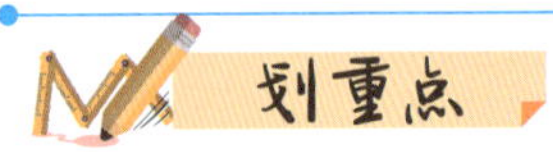

将万用表的红、黑表笔分别搭在蜂鸣器的正、负极上，在正常时，应能检测到一定的阻值（当前实测值约为18Ω），而且在红、黑表笔接触正、负极的瞬间，蜂鸣器会发出声响。反之，蜂鸣器可能损坏。

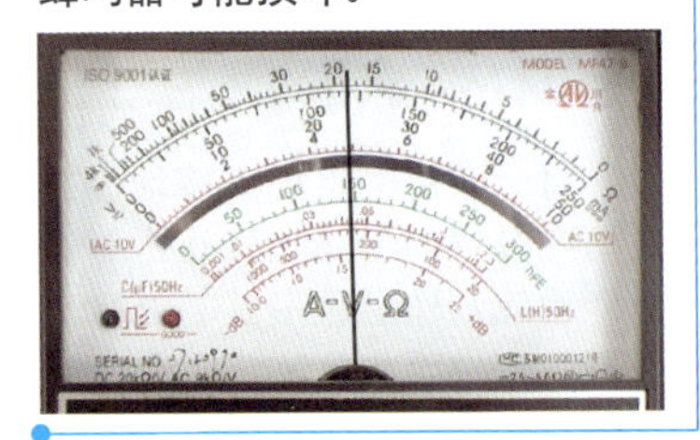

蜂鸣器的检测方法如图20-27所示。

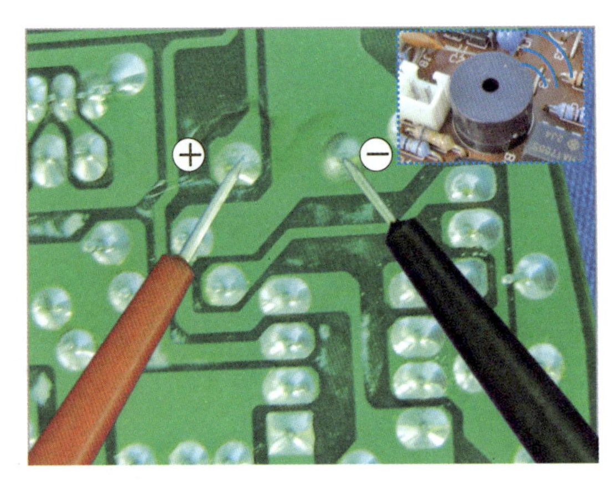

图20-27 蜂鸣器的检测方法

20.3.4 电磁炉中热敏电阻的检测

在电磁炉的供电电路中，热敏电阻是非常重要的元器件。热敏电阻的实物外形如图20-28所示。

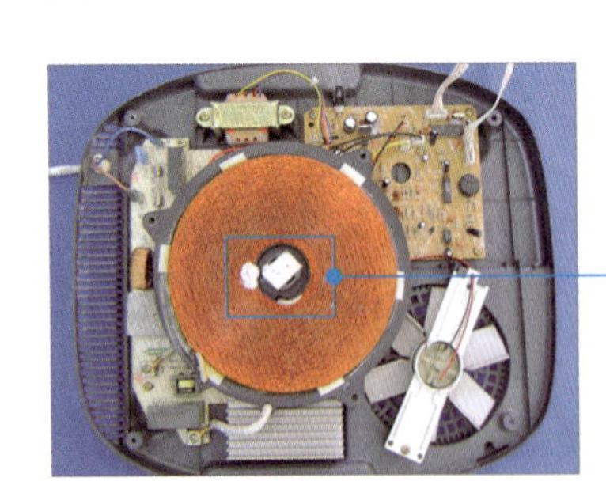

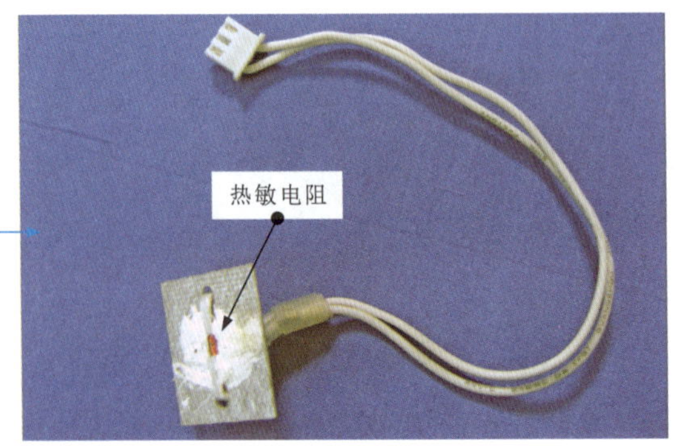

图20-28 热敏电阻的实物外形

热敏电阻的主要作用是检测炉面的温度，并将检测的温度信息转换为电信号传送给电磁炉微处理器，以此作为判断炉面温度的参数，当炉面温度达到设定温度时，电磁炉就会自动关闭。若热敏电阻损坏，则电磁炉会进入保护关机状态。

在检测热敏电阻时，可以使用万用表检测热敏电阻在常温和温度变化时的阻值来判断是否正常。检测前，将万用表的量程调至R×10k挡。常温下热敏电阻的检测方法如图20-29所示。

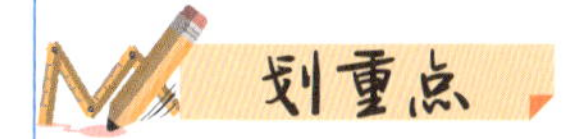

图20-29　常温下热敏电阻的检测方法

在常温下，用万用表检测热敏电阻时，阻值应为80kΩ左右。

使用热吹风机或电烙铁加热热敏电阻周围的环境。温度变化时热敏电阻的检测方法如图20-30所示。

图20-30　温度变化时热敏电阻的检测方法

当温度升高时，热敏电阻的阻值会发生变化（当前实测阻值变小），说明热敏电阻性能良好。若温度变化明显，实测阻值无明显变化，则说明待测热敏电阻性能不良。

附录A

常见电子元器件的图形符号

电子元器件	图形符号
电阻器	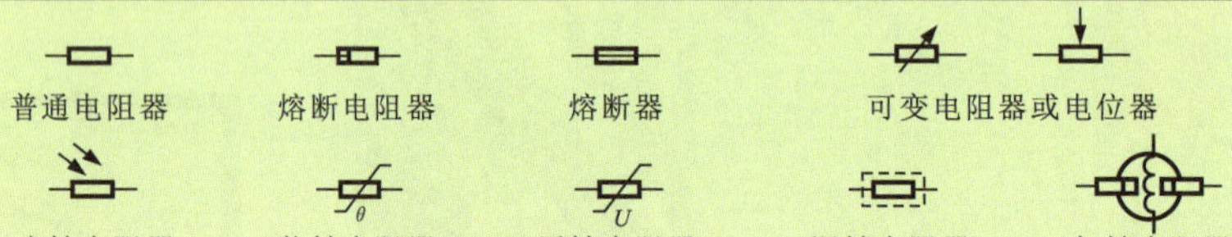 普通电阻器　熔断电阻器　熔断器　可变电阻器或电位器 光敏电阻器　热敏电阻器（θ）　压敏电阻器（U）　湿敏电阻器　气敏电阻器
电容器	普通电容器　电解电容器　微调电容器　单联可调电容器　双联可调电容器
电感器	普通电感器　带磁芯的电感器　可调电感器　带抽头的电感器
二极管	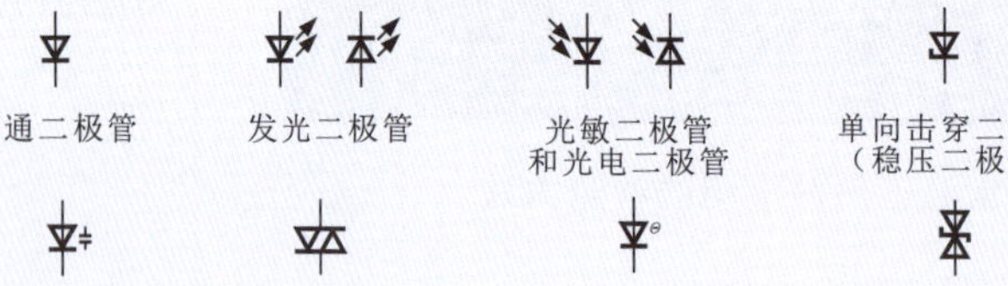 普通二极管　发光二极管　光敏二极管和光电二极管　单向击穿二极管（稳压二极管） 变容二极管　双向二极管　热敏二极管（θ）　双向击穿二极管（双向稳压管）
三极管	b、c、e　NPN三极管 b、e、c　PNP三极管 b、e、c　光敏三极管 g、c、e　IGBT
场效应晶体管	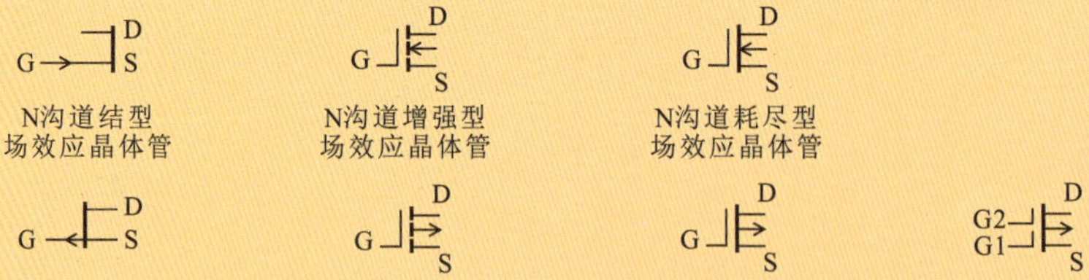 G、D、S　N沟道结型场效应晶体管 G、D、S　N沟道增强型场效应晶体管 G、D、S　N沟道耗尽型场效应晶体管 G、D、S　P沟道结型场效应晶体管 G、D、S　P沟道增强型场效应晶体管 G、D、S　P沟道耗尽型场效应晶体管 G2、G1、D、S　耗尽型双栅P沟道场效应晶体管
晶闸管	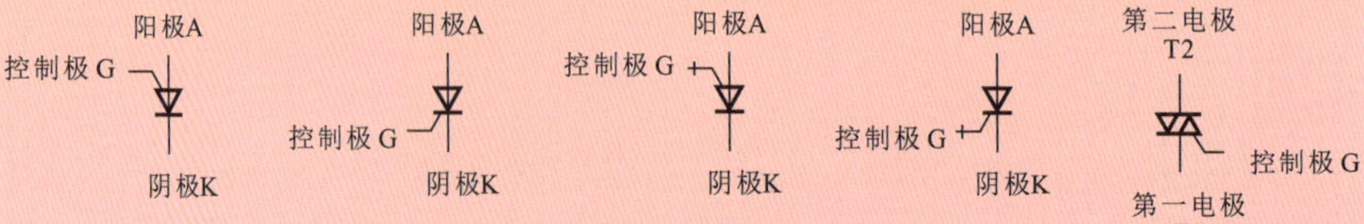 阳极A　控制极G　阴极K　阳极侧受控单向晶闸管 阳极A　控制极G　阴极K　阴极侧受控单向晶闸管 阳极A　控制极G　阴极K　可关断晶闸管（阳极受控） 阳极A　控制极G　阴极K　可关断晶闸管（阴极受控） 第二电极T2　控制极G　第一电极T1　双向晶闸管

附录B

常见电气部件的图形符号

电气部件	图形符号
低压开关	SB 不闭锁的常开按钮；SB 不闭锁的常闭按钮；SA 常开开关；SA 常闭开关；SB-1 SB-2 复合按钮；QS 隔离开关；SB 可闭锁的按钮；SA 无自动复位的旋转开关；SA 不闭锁的旋转开关；SQ-1 SQ-2 限位开关；先断后合的转换开关；总断路器QF；电源总开关QS；开启式负荷开关；万能转换开关
接触器	KM1 线圈；KM1-1 常开主触点；KM1-2 常开辅助触点；KM1-3 常闭辅助触点；KM1 线圈；KM1-1 常开触点；KM1-2 常闭触点（直流接触器）；KM1 线圈；KM1-1 常闭主触点；KM1-2 常开辅助触点；KM1-3 常闭辅助触点（交流接触器）
继电器	KA 线圈；KA-1 常开触点；或 KA 线圈；KA-1 常闭触点（中间继电器）；FR 热元件；FR-1 常闭触点；或 FR 热元件；FR-1 常闭触点（热继电器）

（续）

电气部件	图形符号
继电器	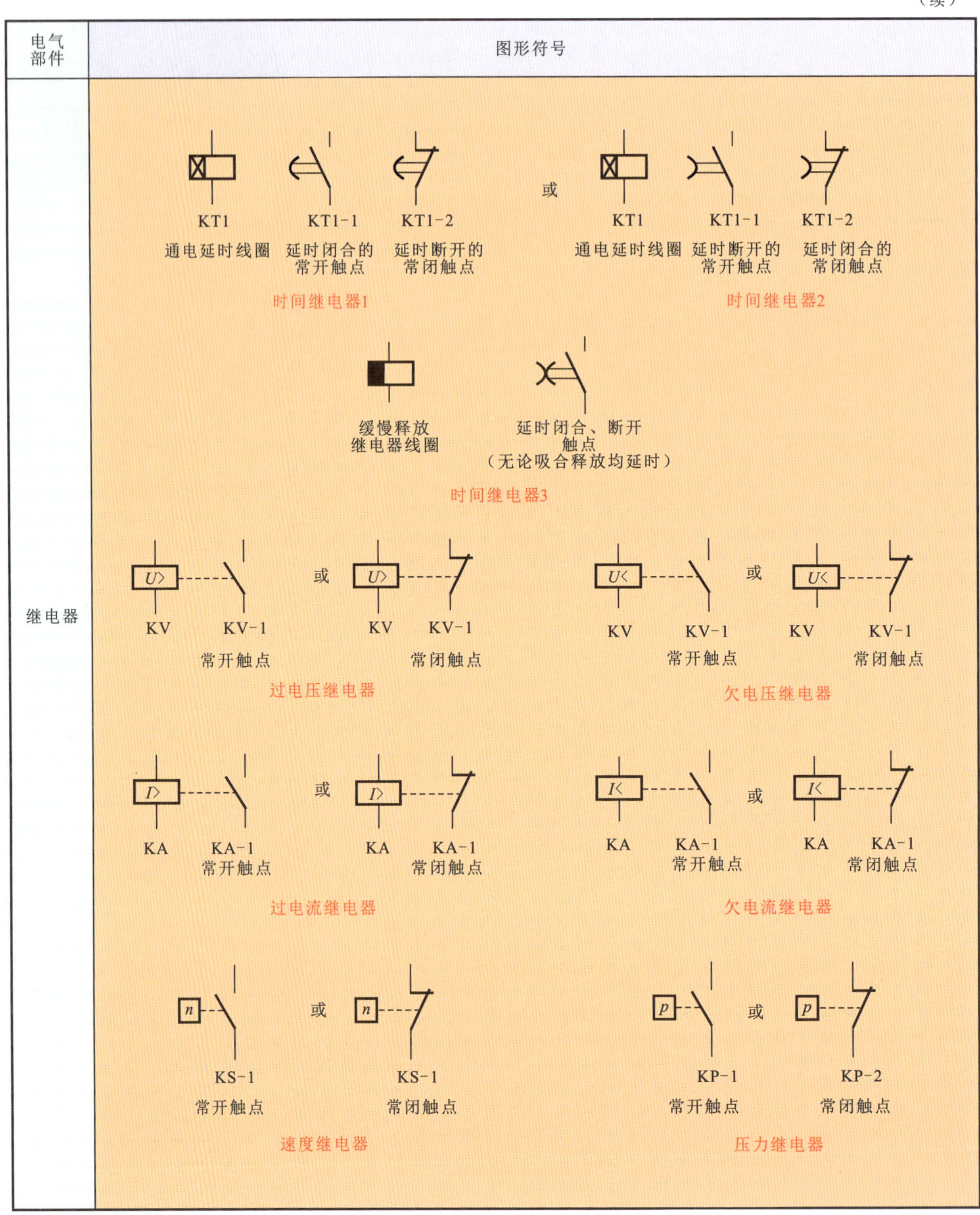